高等学校"十三五"规划教材

物理化学

第二版

何 杰 主编

邵国泉 刘 瑾 邓崇海 李林刚 副主编

U0205506

化学工业出版社

·北京·

《物理化学》（第二版）是按照工科物理化学课程教学的基本要求，结合多所学校相关专业教师的教学实践经验编写而成的。全书共分11章：气体的性质、热力学第一定律、热力学第二定律、多组分系统热力学、化学平衡、相平衡、统计热力学基础、化学反应动力学、电化学、表面现象、胶体分散系统等。本书在强调基础理论的同时，注意物理化学概念间的关联和原理的应用。各章的小结在总结主要内容的同时，凝练出本章节的主要思想与物理化学方法，给出本章节相关公式和概念间的关联。

　　《物理化学》（第二版）可作为工科类各专业以及理科应用化学专业本科生的教材，也可供化学、化工等专业的人员参考。

图书在版编目（CIP）数据

物理化学/何杰主编. —2版. —北京：化学工业出版社，2018.9（2023.2重印）
高等学校"十三五"规划教材
ISBN 978-7-122-32704-8

Ⅰ.①物⋯　Ⅱ.①何⋯　Ⅲ.①物理化学-高等学校-教材　Ⅳ.①O64

中国版本图书馆 CIP 数据核字（2018）第 161762 号

责任编辑：宋林青　江百宁　　　　　　　　装帧设计：关　飞
责任校对：王素芹

出版发行：化学工业出版社（北京市东城区青年湖南街 13 号　邮政编码 100011）
印　　装：三河市双峰印刷装订有限公司
787mm×1092mm　1/16　印张 26¾　字数 680 千字　2023 年 2 月北京第 2 版第 6 次印刷

购书咨询：010-64518888　　　　　　　　售后服务：010-64518899
网　　址：http://www.cip.com.cn
凡购买本书，如有缺损质量问题，本社销售中心负责调换。

定　　价：49.80 元

前 言

物理化学研究化学系统行为最为一般的宏观、介观、微观规律与理论，是现代化学的核心内容和理论基础，也是化学与化工等专业本科生一门重要的核心与主干基础课程。物理化学课程不仅在于它的基础性、普适性，同时还在于它诠释了基础理论中的方法论和自然科学的哲学性，在各类人才培养中起着重要的作用。

本书自 2011 年出版以来，使用的学校和专业不断增加，受到了学生和同行的好评，2015 年获中国石油与化学工业优秀出版物（教材类）一等奖。本次修订再版基于广大师生和同行专家对第一版的建议，以及在教学过程中对相关内容的进一步理解。我们的目标仍然是为学生提供一本较好的理解物理化学基本概念、基本原理以及物理化学领域概貌的教科书，使学生有一个较坚实的物理化学基础。在强调基础的同时，我们继续探索如何向学生简要介绍物理化学对相关学科的支撑作用，以强调物理化学的基础性、前沿性和活力。同时，我们仍然保持第一版的简洁性、可读性，但不增加教材的篇幅。在本次修订中，①为了使学生更好地掌握物理化学的各章概念与整体内容，加强内容的总结，章后凝练了各章节的公式；②网络技术的迅速发展为学生了解物理化学基础理论在相关学科的应用提供了很好的平台，因此，本次修订时删除了第一版中的拓展阅读材料部分。

本次修订目标适用对象仍然是化学工程与工艺、制药工程、能源化学工程和应用化学等专业的本科生，同时也考虑到高分子科学与工程、环境科学与工程、安全工程等相关专业本科生的需求。

参加本次修订工作的有：合肥学院邓崇海、刘伶俐和亳州学院邵国泉（第 1、10、11章），安徽理工大学谢慕华、邢宏龙、何杰、石建军（第 2、3、7、9 章），皖西学院钟煜、李林刚（第 4、8 章），安徽建筑大学赵东林、陈少华（第 5、6 章）。全文由何杰教授统稿并任主编，邵国泉、刘瑾、邓崇海、李林刚任副主编。对为本书修订提出建议、意见和帮助的广大师生表示衷心的感谢。

由于编者水平有限，虽然一再斟酌，但书中难免有疏漏和不当之处，恳请各位读者批评、指正。

编 者

2018 年 6 月

第一版前言

物理化学是一门理论性很强的学科。作为化学学科的一个重要分支,物理化学是现代化学的核心内容和理论基础,也是化学与化工类各专业本科生一门重要的主干基础课程。通过物理化学课程的学习,可使学生从理论高度认识大千世界所呈现的化学现象的共同本质,同时,通过物理化学基础知识向专业知识的渗透,可使学生了解基础对专业的重要支撑作用。

物理化学蕴含大量的科学方法论和哲学思想。就物理化学课程本身而言,除了让学生学到有关物理化学方面的基本理论和基本技能以外,更重要的是通过这门课的教学,培养学生从实际问题抽象为理论,并运用理论分析和解决实际问题的方法论;物理化学具有很强的逻辑性,可使学生掌握严密的逻辑推理和思维方法,从而增进学生的认知结构和重组水平,得到科学方法的训练。因此,在一些章节内容的小结中我们凸显了相关的科学方法。

物理化学还是一门实验性学科。物理化学的一项重要任务就是将离散的实验结果进行定量关联,从而建立有关化学过程的理论和技术方法。因此,对于化学化工类学生,物理化学是一门理论与实际紧密联系的学科。在本教材拓展学习材料中介绍了物理化学在相关学科应用的实例。

本教材根据几所学校教师多年的教学实践,以及在编者之间长期的合作与交流基础上,通过集体对物理化学内容的凝练编写而成。由于使用本书的学生可能来自于化学、化工、制药、应用化学、高分子材料、能源、环境科学等不同学科,因此,在内容选择、例题与习题等方面不可能做到面面俱到,只能在拓展内容上做适当兼顾。本书第 1、10、11 章由合肥学院邓崇海、邵国泉编写;第 2、3、7 章由安徽理工大学谢慕华、邢宏龙和何杰编写;第 4、8 章由皖西学院刘传芳、李林刚编写;第 5、6 章由安徽建筑工业学院赵东林、陈少华和冯绍杰编写;第 9 章由黄山学院陈国平编写。全书由何杰统稿任主编,邵国泉、刘传芳、刘瑾任副主编。

在此,对本文参考文献的作者及在编写过程中给予帮助的同行表示由衷的感谢。

由于编者水平有限,书中难免有疏漏和不当之处,恳请读者批评指正。

何 杰

2011 年 11 月于安徽理工大学

目　录

绪　　论

任何一种化学变化总是伴随着热、光或电等物理变化，而这些物理因素的作用也都会引起物质的化学变化，自然科学中化学和物理历来是相辅相成的两门基本学科。人们在长期的实践活动中注意到物理学和化学的相互联系，并且加以总结，逐步形成了一门独立的学科分支——物理化学（physical chemistry）。1877年，德国化学家奥斯特瓦尔德（W. Ostwalcl）和荷兰化学家范特霍夫（J. H. uon't Hoff）创刊《物理化学杂志》，标志着物理化学作为一门独立的学科正式形成。

0.1　物理化学研究的内容

物质的化学变化和物理现象总是紧密地联系着的。如两种物质之间的化学反应，通常必须经过两种物质分子之间的物理接触才能发生；化学键断裂的必要条件是提供足够的能量使两个原子之间的振动能超过一定限度；在燃烧过程中常伴随着光和热等物理现象产生。

物理化学从研究化学变化和物理现象之间的相互联系入手，从而探求化学变化中具有普遍性的基本规律。

物理化学又称理论化学，是化学的基础学科。物理化学在其发展过程中，逐步形成了化学热力学、化学动力学和结构化学三大支柱。

（1）化学变化的方向和限度——化学热力学

化学系统的宏观平衡性质，属于热力学范畴，以热力学三个基本定律为理论基础，研究化学变化过程中的能量变化关系、变化进行的方向以及进行的限度。同时，探讨外界条件如温度、压力、浓度等对反应方向和平衡位置的影响。它讨论的是变化过程的可能性问题，不涉及时间变量。化学热力学更多地讨论化学系统共性问题，以宏观可测量物理量来描述系统的性质，不涉及分子、原子结构，属于这方面的物理化学分支学科有化学热力学、溶液、胶体和界面化学。

（2）化学反应的速率和机理——化学动力学

化学反应的动态性质，即研究化学或物理因素的变化而引起系统中发生的化学变化过程的速率和变化机理。它讨论的是变化现实性问题，时间是重要的变量。属于这方面的物理化学分支学科有化学动力学、催化化学和光化学。

（3）物质结构和性能之间的关系——结构化学

研究化学系统的微观结构和性质。以量子理论为理论基础，研究原子和分子的结构、物体的体相结构、表面相结构，以及结构与物性之间的规律性。可对合成有特殊用途的新材料方面提供方向和线索。属于这方面的物理化学分支学科有结构化学和量子化学。统计热力学架起了微观与宏观的桥梁。

0.2　物理化学的研究方法

物理化学是探求化学内在的、普遍规律性的一门学科，方法论是物理化学课程学习中的一个重要内容。物理化学的研究方法和一般的科学研究方法有着共同之处。

（1）科学研究方法

分别采用归纳法和演绎法，理想化、模型化方法。

① 实践→归纳总结→理论→实践；

② 模型→演绎推理→理论→实践；

③ 理想化→修正→实际过程。

（2）具体的研究方法

物理化学研究除了采用一般的研究方法外，还有学科本身的研究方法，主要有热力学方法、统计热力学方法和量子力学方法。

① 热力学方法属于宏观方法。它以众多质点组成的宏观系统作为研究对象，以三个经典热力学定律为基础，从宏观可测量的物理量，如温度、压力和体积出发，用一系列热力学函数及其变量，经过归纳与演绎推理，得到一系列热力学公式或结论，用以解决物质变化过程的能量平衡、相平衡和反应平衡等问题。热力学方法不涉及变化的细节和变化的时间，经典热力学方法只适用于平衡系统。

② 统计热力学方法属于从微观到宏观的桥梁方法。玻耳兹曼（L. E. Boltzmann）通过熵与概率的联系，直接沟通了热力学系统的宏观与微观之间的关联，从而解释宏观现象并能计算一些热力学的宏观性质。化学动力学所用的方法则是宏观方法与微观方法的交叉、综合运用，用宏观方法构成了宏观动力学，采用微观方法则构成微观动力学。

③ 量子力学方法属于微观方法。用量子力学的基本方程薛定谔（E. Schrodinger）方程求解组成系统的微观粒子之间的相互作用及其规律，将量子力学方法应用于化学领域，得到了物质的宏观性质与其微观结构关系的清晰图像。

0.3　物理化学的发展

（1）物理化学的发展

物理化学的发展大致可分为三个阶段。

① 物理化学的形成——萌芽阶段　随着生产活动及科学实验的发展和深入，人类积累的化学知识越来越丰富。至 19 世纪中后期，由于众多化学家的独立研究并借助于物理学中力学、热学及气体分子运动论的已有成果，化学热力学及化学动力学已成雏形。与此同时，电化学、胶体化学、催化等物理化学分支学科都已有相当数量的基础工作。

“物理化学”一词最早于 1752 年由俄国科学家罗蒙诺索夫（M. Lomonosov）提出。现代物理化学起源于 19 世纪 60 年代至 80 年代。1887 年，“物理化学之父”——德国著名化学家奥斯特瓦尔德和荷兰化学家范特霍夫共同创办了德文的《物理化学杂志》，标志着物理化学真正形成一门独立的学科。从这一时期到 20 世纪初，物理化学以化学热力学的蓬勃发展为其特征，化学反应速率的唯象规律得以全面建立。

② 物理化学的快速发展　20 世纪 20～60 年代一般被认为是物理化学发展的第二阶段，即物理化学的快速发展阶段。随着原子结构理论的创立、X 射线的发现以及量子理论的建立，物理化学进入物质微观结构及化学变化微观规律的探索阶段。在此期间，提出了化学键理论，电解质与非电解质溶液的微观结构模型，燃烧、爆炸的链式反应机理，电极过程的氢超电势机理，以及先后提出的一些催化机理等。这一发展时期的主要特点是量子化学和结构化学的蓬勃发展，为物理化学理论奠定了坚实的基础。这期间化学热力学、电化学、溶液理

论、胶体理论、化学动力学、催化作用及其理论等都得到了迅速的发展。

③ 物理化学的深入与拓展阶段　自 20 世纪 60 年代至今，随着计算机、各种波谱、电子技术、超高真空、微波激光等技术的不断更新和发展，极大地促进了物理化学向深度和广度的发展。近代物理化学研究工作由稳态、基态向瞬态、激发态发展，由单一分子的结构和行为向研究分子间的相互作用细节发展，并由强相互作用研究向弱相互作用研究发展，由体相进入界面相，涵盖了宏观、介观和微观系统，由化学系统扩大到生物化学系统，并且发现了人们尚对其认识不够的远离平衡态的耗散结构等。

（2）物理化学发展的趋势和特点

随着与本学科密切相关的生命、材料、能源、安全、环境及电子等学科的迅猛发展，给物理化学的发展提供了新的机遇。作为化学理论基础的物理化学，历来就对物理学与数学的新成就最为敏感，不断从这些学科引入新观念、新思想和新方法。同时，物理化学的理论方法及实验技术也越来越广泛地为其他化学学科熟练地应用，更充分地发挥出基础理论的指导作用。当前物理化学的发展有以下趋势和特点：分子反应动态学是当前极为活跃的研究领域，是物理化学中最为基础的研究工作之一；分子设计、分子工程是化学科学中日趋活跃的领域；催化科学是一个活跃的研究领域，世界各国无不在催化基础性与开发性研究中投入巨大的人力、财力；表面与界面物理化学虽是物理化学的传统研究领域，但表面、界面效应及粒子尺寸效应的知识积累呈指数上升，使这一领域的研究有了新的研究方向，提出了在分子水平上进行基础研究的要求；非平衡态热力学与非平衡态统计热力学及其他非线性理论已有重大进展，并已用这类理论开展了化学体系中分叉、分形、混沌等"复杂性"问题的研究。

同时，物理化学扩充了化学研究领域并促进相关学科发展。物理化学作为一门基础学科，在为一些学科发展提供理论支撑的同时，随着学科的交叉也在不断地向其他应用学科渗透。如，时空多尺度的化学工程问题是 20 世纪末化学工程学术界的研究热点。由于用单一尺度上的平均化方法无法解决不同尺度上的过程机理，所以化学工程的许多新技术、新工艺、新装备难以放大。要解决这一难题，只有以物理化学为枢纽，在化学工程理论指导下，研究时空多尺度结构的形成与变化，掌握其共性规律。

物理化学与经济繁荣及国计民生密切相关，特别是在 21 世纪，作为战略研究内容主要部分的能源、安全与环境等学科离不开物理化学的指导。物理化学的进步将使人们在开发新能源、新材料、新食品方面取得越来越多的自由。如电化学、光化学正在敲开新的"洁净"能源大门。物理化学学科对人类生活健康与生态平衡更有积极作用与影响。物理化学的研究已广泛深入到遗传基因、生物工程、药物设计与疾病机制，为开拓新食品资源、维护人类健康做出独特的贡献。

0.4　物理化学课程的学习方法

物理化学课程独具典型的学科交叉性，对人才素质和思维能力的提高更具奠基性作用，随之也伴有知识点的宽广性与原理的费解性。物理化学课程的学习方法很多，个人特点不同，难以统一，下面的方法仅供参考。

（1）了解物理化学的发展史

在了解学科发展历史进程中，了解学科的挑战和机遇，了解学科交叉和融合对科学技术进步的作用。

（2）了解物理化学课程中的一些精髓

① 物理化学广泛使用理想化、模型化的概念，如理想气体、理想稀溶液、理想表面、可逆过程等。这些理想化的概念均可视为实际系统的某一条件趋于零时的极限。如：理想气体可视为压力趋于零时的实际气体；理想稀溶液可视为溶质组成趋于零时的实际溶液；理想表面可视为表面粗糙度趋于零时的实际表面；可逆过程可视为推动力趋于零时的实际过程等。对理想化的模型进行修正即得到近似描述实际系统性质的模型。

② 物理化学理论与实践在发展过程中始终贯穿着哲学思想。"量变到质变"在化学反应中是一个普遍发生的现象，用它可解决一些化学反应速率和化学平衡问题；矛盾的对立双方相互联系并在一定条件下相互转化的规律在物理化学中随处可见，如吸附与解吸、渗透与反渗透、润湿与反润湿、分散与自组装等。客观真理既具有绝对性，又具有相对性，二者是辩证统一的关系，它们相互联系、相互渗透。任何真理都是有其适用条件的，物理化学中的原理和定律也是有其适用条件的，如"平衡态熵最大"使用的条件是孤立系统，"吉布斯函数减小的过程一定是自发过程"这一判据适用于封闭系统等温、等压不做非体积功的过程等。

（3）做到三勤与处理好三个关系

勤于思考、勤于应用和勤于总结。对抽象的概念如熵等领悟其物理意义，甚至不妨采用形象化的理解。加强物理化学理论的应用对于加深理论的理解和解决实际问题具有很好的功效。系统与环境的关系总是涉及物质与能量的联系，物质自发变化的方向总是朝着物质分散、或能量分散或物质与能量均分散的过程。一个概念原理总是蕴含着这样几个层次的内容：原理、内涵与推论、应用，我们可以形象化地将它描述为：什么叫这个（定义），什么是这个（内涵），是这个会怎样（应用）。就横向来说，一定存在相关的原理，其间一定有内在的联系，如熵增原理、Gibbs 函数减少原理、平衡态稳定性等，通过总结其相互关系、应用条件等定会有更深的理解，又如把许多相似的公式列出对比，也能从相似与差别中感受其意义与功能。

学习物理化学要处理好宏观与微观、定性与定量、理论模型与真实结构这三个双结合关系，既要考虑轻重浓淡之别，也应斟酌相关疏密程度。

第1章 气体的性质

物质的聚集状态通常分为三种，即气态、液态和固态。无论物质处于哪一种聚集状态，都有许多宏观的物理性质，如压力 p、体积 V、温度 T、密度 ρ、热力学能 U 等。在所有宏观性质中，p、V、T 是任何物质最基本的物理性质。三者既具有非常明确的物理意义，又易于直接测量（如压力计、容量计和温度计）。通常，对于物质的量一定的纯组分系统，物质的状态决定了物质所有的宏观性质；同时，物质的宏观性质确定后，也就确定了物质所处的状态。一般地，对于物质的量一定的纯组分系统，只要确定 p、V、T 中任意两个量后，第三个量即随之确定，亦确定了物质所处的状态。

在物质的三种聚集状态中，气体与液体均可流动，统称为流体；而液体和固体又统称为凝聚态。通常，分子（或原子）是构成物质的基本粒子，微观上的分子时刻在高速的运动当中，分子与分子之间存在相互作用，既有引力作用，又有斥力作用。作为凝聚态的液体和固体，分子间的距离较小，表现出较强的相互作用力；而气体分子间的距离较大，分子间作用力相对较弱。

与同温、同压下的液体或固体相比，气体的性质具有明显的优越性。等物质的量的气体的体积比同温、同压下液体或固体的体积要大得多，气体分子间的距离较大，分子间作用力较弱，通常可以忽略；由于气体占有的体积较大，以致气体分子本身的体积相对于其占有的体积也可以忽略。所以气体的性质相对于液体和固体而言要简单得多，人们对其研究起来也就最方便，结果也最完美。凝聚态的液体和固体的结构相对都比较复杂，分子间作用力大，人们对其研究还不充分，甚至还无法研究。但对气体的一些性质加以修正，用来处理液体、固体行为，亦能得到令人满意的结果。因此，物理化学中首先讨论气体的性质，根据讨论的 p、T 范围及使用精度的要求，把气体又分为理想气体和真实气体。

1.1 理想气体

1.1.1 理想气体模型

（1）分子间力

无论以何种状态存在的物质，其内部的分子之间都存在着相互作用，相互作用包括分子之间的相互吸引与相互排斥。分子间吸引力主要表现为范德华力（包括永久偶极、诱导偶极、色散效应）；当分子间距离较近时，分子间排斥力主要有电子云及原子核重叠产生的静电排斥作用力。按照兰纳德-琼斯（Lennard-Jones）的理论，两个分子间的排斥作用与分子间距离 r 的 12 次方成反比，而吸引作用与距离 r 的 6 次方成反比（负号表示作用力方向）。以 E 代表两分子间总的相互作用势能，则可表示为：

$$E = E_{吸引} + E_{排斥} = -\frac{A}{r^6} + \frac{B}{r^{12}} \tag{1.1-1}$$

式中，A、B 分别为吸引和排斥常数，其值与物质的分子结构有关。将式(1.1-1)以图例形式表示，即为著名的兰纳德-琼斯势能曲线，如图 1-1 所示。由图可知，当两个分子相距较远时，它们之间几乎没有相互作用。随着 r 的减小，分子间引力开始起主导作用，且逐

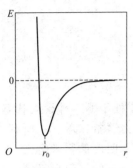

图 1-1　兰纳德-琼斯
势能曲线

渐增强，分子间表现为相互吸引作用，当 $r=r_0$ 时，分子间引力达到最大；当 r 进一步减小时，分子间斥力很快上升为主导作用，从而阻碍分子进一步靠近。气体分子之间的距离较大，故分子间的相互作用较小；液体和固体的存在，正是分子间有相互吸引作用的证明；而液体、固体难以压缩，进一步证明了分子间在近距离时很强的排斥作用。

（2）理想气体模型

对气体而言，在高温、低压条件下，分子间的距离非常大，分子间的作用力非常小，通常可以忽略不计；同时气体分子本身的体积与气体所占有的体积相比也可以忽略不计，以致气体分子可以看作是没有体积（大小）的质点。从高温、低压下的气体行为出发，从微观上提出理想气体的概念，把分子间无相互作用力、分子本身没有体积的气体称为理想气体。理想气体在微观上具有以下两个特征：a. 分子之间无相互作用力——将气体分子看作是无内部结构的刚性小球；b. 分子本身不占有体积——将气体分子看作是无体积的运动质点。

理想气体是一个科学抽象的概念，实际上绝对的理想气体是不存在的，人们不可能直接来研究理想气体的行为，但它可以看作是真实气体在压力趋近于零时的极限状况。因此，在实验研究过程中，都是把在高温、低压下的真实气体作为工质来研究理想气体的性质，因为在高温时，分子热运动速度快，分子间的作用力很小，可以忽略不计；同时在低压下，分子间的距离大，分子本身的体积相对于气体所占有的体积也可忽略不计，从而在结构上具备了理想气体的两个微观基本特征。

1.1.2　理想气体状态方程

联系 p、V、T 之间关系的方程称为状态方程。对于组成恒定的纯组分气体系统（即物质的量 n 为恒量），一定状态下，描述其性质的 p、V、T 三个变量中只有两个是独立的，即当压力和温度确定之后，系统的体积也随着确定了下来：

$$V=f(p,T)$$

对于物质的量可变的纯气体系统，描述系统性质时则需要引入另一变量——气体的物质的量 n，即：

$$V=f(p,T,n)$$

理想气体状态方程的实验基础是低压下（$p<1\text{MPa}$）气体的三个实验定律：波义耳（Boyle）定律、查理士-盖·吕萨克（Charles-Gay-Lussac）定律和阿伏伽德罗（Avogadro）定律。

（1）波义耳定律

1662 年波义耳由实验得出如下结论：在物质的量和温度恒定的条件下，气体的体积与压力成反比，即：

$$pV=常数　　（n、T 一定）\tag{1.1-2}$$

波义耳定律是第一个描述气体运动的数量公式，为气体的量化研究和化学分析奠定了基础。

（2）盖·吕萨克定律

1802 年盖·吕萨克在查理士的实验基础上进一步总结出如下规律：在物质的量和压力恒定的条件下，气体的体积与热力学温度成正比，即：

$$V/T = 常数 \quad (n，p\ 一定) \tag{1.1-3}$$

（3）阿伏伽德罗定律

1811 年阿伏伽德罗做出如下假设，后经实验证实：在相同的温度、压力下，相同体积的任何气体具有相同的分子数，即：

$$V/n = 常数（T，p\ 一定） \tag{1.1-4}$$

上述三个定律分别描述了气体的 p、V、T、n 四个性质量之间的变化关系，显示出其中两个物理量不变时，另外两个量的变化规律。将上述三个经验定律相结合，通过数学处理可得到理想气体状态方程：

$$pV = nRT \tag{1.1-5a}$$

式（1.1-5a）即为理想气体状态方程的数学表达式。式中，p 的单位为 Pa；V 的单位为 m^3；n 的单位为 mol；T 的单位为 K；R 称为摩尔气体常数，实验测定其值为：

$$R = 8.314510 Pa \cdot m^3 \cdot mol^{-1} \cdot K^{-1}$$

因 $1 Pa \cdot m^3 = 1 J$，故：

$$R = 8.314510 J \cdot mol^{-1} \cdot K^{-1}$$

在一般计算中，可取 $R = 8.314 J \cdot mol^{-1} \cdot K^{-1}$。

波义耳定律、盖-吕萨克定律和阿伏伽德罗定律，仅与低压（$p \to 0$）下的实验结果符合，故由它们导出的理想气体状态方程式也仅适用于低压情况下。然而，对实验事实进行抽象，建立理论模型是物理化学处理问题使用的方法之一，即理想化、模型化方法。建立模型之后，根据实际系统的性质，通过对理想模型进行修正，得到描述实际系统或近似描述实际系统的方程。

因为摩尔体积 $V_m = V/n$，物质的量 $n = m/M$，所以理想气体状态方程又有以下两种表达形式：

$$pV_m = RT \tag{1.1-5b}$$

$$pV = \frac{m}{M}RT \tag{1.1-5c}$$

又密度 $\rho = m/V$，式（1.1-5c）还可写成：

$$\rho = \frac{m}{V} = \frac{pM}{RT} \tag{1.1-6}$$

故可通过上述公式对气体 p、V、T、n、m、M 和 ρ 之间进行有关计算。

【例题 1-1】　用管道输送天然气（假设天然气可看作是纯的甲烷），当输送压力为 200kPa、温度为 25℃ 时，管道内天然气的密度为多少？

解： 因甲烷的摩尔质量 $M = 16.04 \times 10^{-3} kg \cdot mol^{-1}$，由下式可得：

$$\rho = \frac{m}{V} = \frac{pM}{RT}$$

$$= \frac{200 \times 10^3 Pa \times 16.04 \times 10^{-3} kg \cdot mol^{-1}}{8.314 J \cdot mol^{-1} \cdot K^{-1} \times (25 + 273.15) K}$$

$$= 1.294 kg \cdot m^{-3}$$

理想气体状态方程适用于理想气体。通常将在任何温度和压力下均服从 $pV = nRT$ 关系的气体称为理想气体。绝对的理想气体是不存在的，但在处理真实气体问题时，在较高温度和较低压力下将其近似看作理想气体，具有重要的实际意义。至于在多大压力范围内可以使用理想气体状态方程来计算真实气体的 p、V、T 关系，尚无明确的界限。这不仅与气体的物理化学性质相关，还取决于计算精度要求。通常，在压力低于几兆帕时，理想气体状态方程能满足一般的工程计算需要。此外，易液化的气体如水蒸气、氨气、二氧化碳等适用的压力范围要窄些；而难液化的气体如氦气、氢气、氮气、氧气等所适用的压力范围相对较宽。通常在不做特别说明的情况下，对气体问题通常都可当作理想气体来处理。

1.1.3　摩尔气体常数

理想气体状态方程中的摩尔气体常数的准确数值，是通过实验获得的。因真实气体只有在压力趋于零时，才严格满足理想气体状态方程，原则上应测量一定量的气体在压力趋于零时的 p、V、T 数据，代入理想气体状态方程，方可计算出 R 的数值。

只是在压力趋于零时，系统宏观性质的实验测量有困难，但可用数学上的外推法来求得。具体可根据下式由实验确定：

$$R = \frac{\lim\limits_{p \to 0}(pV)}{nT} \tag{1.1-7}$$

在恒温下，实验测量 V 随 p 的变化关系，并做 $pV_m/T\text{-}p$ 等温线，然后将直线外推至压力趋于零($p \to 0$)，由纵坐标轴截距即可求出 R 值。图 1-2 为 $CO_2(g)$ 在不同温度下的实验结果，图 1-3 为不同气体在同一温度下(300K)的实验结果。按照波义耳定律，理想气体 pV_m/T 应不随 p 而变化，如图中虚线所示，图中实线反映了真实气体对理想气体的偏离情况，温度越低，压力越大，偏离越大。从图 1-3 中可以推断出，尽管不同的 $pV_m/T\text{-}p$ 等温线(300K)的形式不同，但在 $p \to 0$ 时，pV_m/T 都趋于一个共同的数值：8.3145J·mol^{-1}·K^{-1}：

$$R = \lim\limits_{p \to 0} \frac{pV_m}{T} = 8.3145 \text{J·mol}^{-1}\text{·K}^{-1}$$

在其他温度条件下进行类似的测定，所得 R 值完全相同。这一事实表明：在压力趋于零的极限条件下，各种气体的 pVT 行为均服从 $pV_m = RT$ 的定量关系，R 是对所有气体都普遍适用的常数。

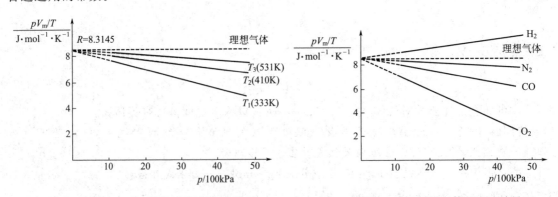

图 1-2　$CO_2(g)$ 在不同温度下的实验结果　　　图 1-3　在 300K 时不同气体的实验结果

【例题 1-2】 已知 273.2K 时，HBr 密度随压力变化的实验数据如表 1-1 所示，试用外推法求其摩尔质量。

表 1-1　各种不同压力下 HBr 的密度 (273.15K)

p/kPa	101.32	67.547	33.773
$\rho/\text{g·dm}^{-3}$	3.6444	2.4220	1.2074
$\rho/p/\text{g·dm}^{-3}\text{·kPa}^{-1}$	0.03597	0.03586	0.03575

解： 依表中数据，以 ρ/p 为纵坐标、p 为横坐标作图如下所示：

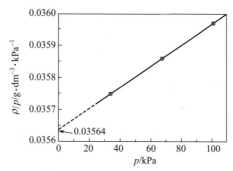

由图中线性关系外推至 $p \to 0$，得截距 $\lim\limits_{p \to 0}(\rho/p)$ 为 $0.03564\,\mathrm{g \cdot dm^{-3} \cdot kPa^{-1}}$。由式(1.1-6)可知：

$$\rho = \frac{m}{V} = \frac{pM}{RT}$$

整理得：

$$\begin{aligned}
M &= \lim_{p \to 0}\left(\frac{\rho}{p}\right)RT \\
&= (0.03564 \times 8.3145 \times 273.15)\,\mathrm{g \cdot mol^{-1}} \\
&= 80.94\,\mathrm{g \cdot mol^{-1}}
\end{aligned}$$

即 HBr 的摩尔质量为 $80.94\,\mathrm{g \cdot mol^{-1}}$。

1.2　理想气体混合物

实际工作中常遇到气体混合物系统。混合气体的状态还取决于各组分的组成，故此类系统的状态方程式具有如下形式：

$$f(p, V, T, n_1, n_2, \cdots) = 0 \tag{1.2-1}$$

式中，p、V、T 分别为混合气体的压力、体积和温度；n_1，n_2，$\cdots$ 为各组分的物质的量。若混合气体中每一组分都服从理想气体状态方程，则称为理想气体混合物。

1.2.1　混合物组成表示法

相比纯组分而言，混合物多了各组分的组成性质，混合物组分的组成变量有多种表示法，常用的有如下三种。

（1）组分 B 的摩尔分数 x_B（或 y_B）

物质 B 的摩尔分数 x_B（或 y_B）定义为组分 B 的物质的量与混合物的总物质的量之比。用公式表示为：

$$x_B（或 \ y_B）= \frac{n_B}{\sum\limits_{A} n_A} \tag{1.2-2}$$

式中，$\sum\limits_{A} n_A$ 表示混合物中所有组分的物质的量总和；x_B（或 y_B）为量纲为 1 的量，也称为物质的量分数，显然有 $\sum\limits_{B} x_B = 1$。

在气-液两相平衡系统中，通常将液态混合物的组成摩尔分数用 x_B 表示，气态混合物的组成摩尔分数用 y_B 表示，以便区分。

（2）组分 B 的质量分数 w_B

物质 B 的质量分数 w_B 定义为组分 B 的质量与混合物的总质量之比。用公式表示为：

$$w_B = \frac{m_B}{\sum\limits_A m_A} \tag{1.2-3}$$

式中，w_B 为量纲为 1 的量，显然有 $\sum\limits_B w_B = 1$。

（3）组分 B 的体积分数 φ_B

物质 B 的体积分数 φ_B 定义为在一定温度、压力下，混合前的纯组分 B 的体积与相同温度、压力下混合物的总体积之比。用公式表示为：

$$\varphi_B = \frac{x_B V_{m,B}^*}{\sum\limits_A x_A V_{m,A}^*} \tag{1.2-4}$$

式中，$V_{m,B}^*$ 表示在与混合物相同温度、压力下，纯组分 B 的摩尔体积；φ_B 为量纲一的量，亦有 $\sum\limits_B \varphi_B = 1$。

1.2.2 理想气体混合物的状态方程

由于理想气体是分子间没有相互作用力、分子本身没有体积的气体，所以理想气体的 p、V、T 性质与其化学性质无关，将一种气体分子部分地置换成另一种气体分子，形成理想气体混合物，将不影响气体的 p、V、T 关系，所以理想气体混合物的状态方程为：

$$pV = nRT = \left(\sum\limits_B n_B \right) RT \tag{1.2-5a}$$

或

$$pV = \frac{m}{M_{mix}} RT \tag{1.2-5b}$$

式中，n_B 为混合物中组分 B 的物质的量；m 为混合物的总质量；M_{mix} 为混合物的摩尔质量。注意式中的 p、V 为混合物的总压力和总体积。

混合物的摩尔质量等于混合物中各物质的摩尔质量与其摩尔分数的乘积之和。用公式表示为：

$$M_{mix} = \sum\limits_B y_B M_B \tag{1.2-6}$$

式中，M_B 为混合物中组分 B 的摩尔质量；y_B 为混合物中组分 B 的摩尔分数。

1.2.3 道尔顿分压定律

1810 年左右，英国化学家道尔顿（J. Dalton）发现：在理想气体混合物中，某一组分 B 的分压 p_B 等于与混合物相同温度、相同体积条件下，该组分单独存在（纯组分）时所具有的压力，这就是道尔顿分压定律。其数学表达式为：

$$p_B = \frac{n_B RT}{V} \tag{1.2-7}$$

式中，p_B 为组分 B 的分压；n_B 为组分 B 的物质的量。注意 T、V 为混合物的温度和体积。结合式(1.2-1) 和式(1.2-4)，可得：

$$p_B = \frac{n_B RT}{V} = \frac{n_B}{n} \frac{nRT}{V} \tag{1.2-8a}$$

$$p_B = y_B p \tag{1.2-8b}$$

式中，p_B 为组分 B 的分压；p 为混合物的总压；n_B 为组分 B 的物质的量；n 为混合物总的物质的量；y_B 为组分 B 的摩尔分数。又由于 $\sum\limits_B y_B = 1$，所以各组分的分压力之和等于混合物的总压力：

$$p = p_1 + p_2 + \cdots + p_k = \sum_B p_B \qquad (1.2\text{-}9)$$

道尔顿分压定律是理想气体的必然规律，是体现理想气体行为的必然结果。利用理想气体的状态方程，即可得：

$$\frac{p_B}{p} = \frac{n_B RT/V}{\left(\sum_A n_A\right)RT/V} = \frac{n_B}{n} = y_B \qquad (1.2\text{-}10)$$

所以道尔顿分压定律一定要在与混合物相同温度、相同体积条件下才能使用。原则上讲，它只适用于理想气体混合物，但对于低压下的真实气体混合物也可近似使用，高压下不再适用。

【例题 1-3】　一含有水蒸气的天然气混合物，温度为 300K，压力为 104kPa。已知混合物中水蒸气的分压为 3.2kPa。试求水蒸气和天然气的摩尔分数。

解： 水蒸气的摩尔分数为：

$$y_{H_2O,g} = \frac{p_{H_2O,g}}{p} = \frac{3.2kPa}{104kPa} = 0.031$$

$$y_{天然气} = 1 - y_{H_2O,g} = 1 - 0.031 = 0.97$$

1.2.4　阿马伽分体积定律

对理想气体混合物，除有道尔顿分压定律外，还有与之相应的阿马伽（Amagat）分体积定律。该定律表述为：在一定的温度和压力下，理想气体混合物的总体积 V 等于各组分 B 在相同温度、压力下单独存在时所占有的分体积 V_B^* 之和。其数学表达式为：

$$V = \sum_B V_B^* \qquad 或 \qquad V_B^* = \frac{n_B RT}{p} \qquad (1.2\text{-}11)$$

式中，V_B^* 为纯组分 B 在与混合物相同温度、压力下的体积；V 为混合物的总体积。

阿马伽分体积定律也是理想气体的必然规律，是体现理想气体行为的必然结果。利用理想气体的状态方程，即可证明：

$$\frac{V_B^*}{V} = \frac{n_B RT/p}{\left(\sum_B n_B\right)RT/p} = \frac{n_B}{n} = y_B \qquad (1.2\text{-}12)$$

所以阿马伽分体积定律一定要在与混合物相同温度、相同压力条件下才能使用。原则上它只适用于理想气体混合物，但对于低压下的真实气体混合物可近似使用。在高压下，混合前后气体的体积一般要发生变化，阿马伽定律不再适用，需要使用偏摩尔体积进行加和计算（详见第 4 章）。

【例题 1-4】　将 1.0mol N_2(g) 和 3.0mol O_2(g) 放入温度为 298K、容积为 10.0dm³ 的容器中，形成理想气体混合物。试求容器的总压和两种气体的分压及分体积。

解： 容器中混合气体总的物质的量为：

$$n = n_{N_2} + n_{O_2} = 4.0mol$$

N_2 和 O_2 的摩尔分数分别为：

$$y_{N_2} = \frac{n_{N_2}}{n} = \frac{1.0mol}{4.0mol} = 0.25$$

$$y_{O_2} = 1 - y_{N_2} = 1 - 0.25 = 0.75$$

容器的总压 p 为：

$$p = \frac{nRT}{V} = \frac{4.0\text{mol} \times 8.314\text{J} \cdot \text{mol}^{-1} \cdot \text{K}^{-1} \times 298\text{K}}{10.0 \times 10^{-3}\text{m}^3} = 991\text{kPa}$$

故两种气体的分压分别为：

$$p_{O_2} = p y_{O_2} = 743.25\text{kPa}$$
$$p_{N_2} = p y_{N_2} = 247.75\text{kPa}$$

两种气体的分体积分别为：

$$V_{N_2} = y_{N_2} V = (0.25 \times 10.0)\text{dm}^3 = 2.5\text{dm}^3$$
$$V_{O_2} = y_{O_2} V = (0.75 \times 10.0)\text{dm}^3 = 7.5\text{dm}^3$$

1.3 真实气体

1.3.1 真实气体对理想气体的偏离

真实气体只有在低压下才能近似服从理想气体状态方程式。但如温度较低或压力较高时，真实气体的行为往往与理想气体发生较大的偏差。

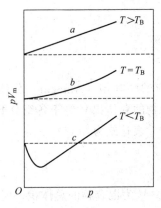

图 1-4 气体在高于、等于、低于波义耳温度下的三种典型的 pV_m-p 等温线

对于理想气体，在一定温度下 pV_m 为一定值（等于 RT），不随压力变化而变化，表现在 pV_m/T-p 等温线上应为一水平线，如图 1-3（参见 1.1.3 节）中的虚线所示。而图 1-3 中所示的其他几种真实气体的 pV_m/T-p 曲线，显示着真实气体的 pV_m/T 值随着压力 p 的增加而变化的情况，这正体现了真实气体在有限的压力下偏离理想气体的行为。一般情况下，不同化学性质、不同温度下的真实气体的 pV_m-p 等温线有三种情形，如图 1-4 所示：a. pV_m 随 p 的增加而增加；b. 随 p 的增加，pV_m 开始不变，然后增加；c. 随 p 的增加，pV_m 开始先下降，然后再上升。从图中看出，随着温度的升高（从 $c \rightarrow b \rightarrow a$），曲线的最低点不断地向上移动，在某一特殊的温度时，曲线的最低点正好落在水平的理想线上，表明该温度下的真实气体性质完全服从理想气体的状态方程。这个特殊的温度称为波义耳温度（T_B），在波义耳温度下，当压力趋于零时，pV_m-p 等温线的斜率为零。波义耳温度的数学定义式为：

$$\lim_{p \to 0}\left\{\frac{\partial(pV_m)}{\partial p}\right\}_{T_B} = 0 \tag{1.3-1}$$

每一种气体都有特定的波义耳温度，在该温度下，气体在几百千帕的压力范围内可较好地符合理想气体状态方程或波义耳定律。波义耳温度一般为气体临界温度（参见 1.3.2 节）的 2～2.5 倍。

真实气体三种典型的 pV_m-p 曲线形态是分子之间存在相互作用和分子本身占有体积的协同作用的结果。就真实气体而言，分子间距离较大，分子间的引力起主要作用，对于容器中间部分的气体分子，同时受到周围相邻分子的引力，故总体上引力作用相互抵消；但对于靠近容器壁的分子，由于只受到内部分子的吸引力，不对称的引力作用使其受到一个指向内部的引力（拉力）作用，而正是这种向内的引力作用，减弱了气体分子对器壁的碰撞，使得真实气体的压力与理想气体相比趋于减小，进而导致真实气体 pV_m 值的减小。另外，真实气体分子本身占有体积，1mol 真实分子本身占有的体积具有一定的不可压缩的空间，因此真实气体的 V_m 比理想气体的 V_m 大出的那一部分，就是分子本身所占有的体积大小，在压力升高时，这种体积效应变得越来越不可忽略，而这种作用使得真实气体的 pV_m 值趋于增大。由此可知，真实气体的 pV_m-p 曲线受两个相反因素制约，由于温度对这两种因素的影响程度不同，导致存在三种类型的 pV_m-p 曲线。在较低的温度下（$T < T_B$），在低压时，分子间引力作用占主导地位，引起 pV_m 项先减小；而随着压力的增大，体积效应逐渐起主导作用，使得 pV_m 项又逐渐增大，表现在 pV_m-p 曲线是先降低后上升，存在一最小值；在波义耳温度下，一开始时两种作用恰好相互抵消，而后体积效应又起主导作用，所以 pV_m-p 曲线开始有一水平过渡，然后随压力增大而上升；在较高的温度下（$T > T_B$），始终是体积效应起主导作用，所以 pV_m 随 p 从一开始就呈上升趋势。

1.3.2　气体的液化

（1）液体的饱和蒸气压

理想气体分子间没有相互作用力，在任何温度、压力下都不可能使其液化。而真实气体存在分子间相互作用力，分子间势能与分子间距离的关系符合兰纳德-琼斯曲线（见图 1-1），通过降低温度和增加压力都可使气体的摩尔体积减小，即分子间距离减小，这使得分子间引力增加，最终导致气体会变成液体。

在密封容器中，当温度一定时，某一物质的气体和液体可达成一种动态平衡，即单位时间内由气体分子变为液体分子的数目与由液体分子变为气体分子的数目相同，宏观上说即气体的凝结速度与液体的蒸发速度相同，将这种状态称为气-液两相平衡。处于气-液两相平衡时的气体称为饱和蒸气，液体称为饱和液体。在一定温度下，处于气-液两相平衡时，液体上方的饱和蒸气所具有的压力称为液体的饱和蒸气压。

表 1-2 列出了在不同温度下，水、乙醇和苯的饱和蒸气压数据。由表中可知，不同物质在同一温度下具有不同的饱和蒸气压，即饱和蒸气压首先是由物质的本性决定的；对纯液体而言，在指定温度下有确定的饱和蒸气压，饱和蒸气压是温度的单值函数；当液体饱和蒸气压与外界压力相等时，液体发生沸腾，此时温度称为液体的沸点。习惯将常压 101.325kPa 下的沸点称为正常沸点，如水、乙醇和苯的正常沸点分别为 100℃、78.4℃ 和 80.1℃。在 101.325kPa 下，如果将水从 20℃ 开始加热，随温度上升，水的饱和蒸气压会不断增大。当加热到 100℃ 时，水的饱和蒸气压达到 101.325kPa，此时液体在沸点时沸腾。在高原地带，外界的大气压较低（$p_{ex} < 101.325kPa$），故水的沸点较低（小于 100℃）；而在压力高于 101.325kPa 下加热水（如在高压锅中），水的沸点又会相应升高（大于 100℃）；这就解释了为什么在高原上煮鸡蛋煮不熟、而在高压锅煮饭容易熟的原因。

与液体类似，纯固体也存在饱和蒸气压，会有固体升华成蒸气、蒸气凝华成固体的现象，如单质 I_2 的升华和凝华。

表 1-2　不同温度下液体的饱和蒸气压

（粗体显示的温度就是该液体的正常沸点）

H₂O		乙醇		苯	
$t/℃$	p^*/kPa	$t/℃$	p^*/kPa	$t/℃$	p^*/kPa
20	2.338	20	5.671	20	9.9712
40	7.376	40	17.395	40	24.411
60	19.916	60	46.008	60	51.993
80	47.343	**78.4**	101.325	**80.1**	101.325
100	101.325	100	222.48	100	181.44
120	198.54	120	422.35	120	308.11

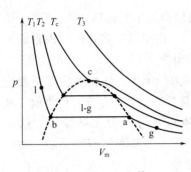

图 1-5　纯组分 CO_2 气体 $p\text{-}V_m$
一般规律部分示意图
$(T_1 < T_2 < T_c < T_3)$

(2) 真实气体 $p\text{-}V_m$ 等温图

1869 年，安德鲁斯（Andrews T）通过研究物质的量 n 一定的 CO_2 气体的性质，开展了一系列采取降温加压措施使气体体积缩小的实验，发现气体有可能最终转化为液体。这种转化过程的 $p\text{-}V_m$ 关系遵循着一定的规律。图 1-5 是纯组分 CO_2 气体 $p\text{-}V_m$ 一般规律的示意，图上每条曲线都是等温线，即在一定温度下的真实气体摩尔体积与压力的变化关系。

图中曲线分为三种类型。一种在较低的温度下的曲线表明（以 T_1 温度下的加压过程为例）：从右向左显示了 CO_2 在 T_1 温度下通过增加压力发生液化（g→l）的变化过程，射线 ag 表示气态的 CO_2；水平线段 ab 之间表示 CO_2 的气-液两相平衡；射线 bl 表示液态的 CO_2。从 g→a，CO_2 气体(g) 的摩尔体积 V_m 随着压力的增大而逐渐减小；当压力增加到状态点 a 时，气体为饱和蒸气，压力为饱和蒸气压，体积为饱和蒸气的摩尔体积 V_m(g)。恒温下继续压缩，气体不断液化（a→b），产生状态点为 b 的饱和液体，其摩尔体积为 V_m(l)。由于温度一定，液体的饱和蒸气压不变，故只要有气相存在，系统的压力则维持在饱和蒸气压值不变。ab 水平线段即是气-液两相共存平衡时的情况，系统是由状态点 a 的饱和蒸气和状态点 b 的饱和液体组成。此时系统总的摩尔体积 V_m 是气-液两相共存时的摩尔体积。若气相、液相的物质的量分别为 n(g)、n(l)，总物质的量为 $n = n$(g) $+ n$(l)，则：

$$V_m = \frac{n(g)V_m(g)}{n} + \frac{n(l)V_m(l)}{n} \tag{1.3-2}$$

在外界压力作用下，从 a→b 的过程是气体持续不断的液化过程，气相的物质的量 n(g) 逐渐减少，液相的物质的量 n(l) 逐渐增大，而又 V_m(g)$>V_m$(l)，所以系统总的摩尔体积 V_m 逐渐减小，到达 b 点时，气体完全液化。纯组分的饱和蒸气压与平衡温度在数学上是一一对应的单调递增的关系，温度升高，液体的饱和蒸气压增大。所以当温度升高到 T_2 时，液体的饱和蒸气压比 T_1 的大，表现在饱和蒸气压增加，对应 $p\text{-}V_m$ 图中的水平线段上升；同时引起饱和蒸气的摩尔体积 V_m(g) 减小、而饱和液体的摩尔体积 V_m(l) 增大，即水平线段缩短。

(3) 临界状态

因此，随着温度的不断升高，气-液平衡的水平段逐步上升且两端点不断靠拢。当在某一温度 T_c 时，a、b 两端点必将汇聚于一状态点 c，这为真实气体 $p\text{-}V_m$ 曲线的第二种类型。c 点称为临界点，临界点所处的状态称为临界状态。

因此，临界状态是指纯物质气、液两相平衡共存的极限热力学状态，亦即物质的气态和液态平衡共存时的一个边缘状态。描述临界状态的状态函数称为临界参数：温度称为临界温度，以 T_c 表示；压力称为临界压力，以 p_c 表示；摩尔体积称为临界摩尔体积，以 $V_{m,c}$ 表示。T_c、p_c、$V_{m,c}$ 统称为物质的临界参数，是物质的特性参数。表 1-3 列出了一些常见气体的临界参数。不同的物质因性质不同，其 $p\text{-}V_m$ 图有所差异，但其他各种真实气体液化过程的基本规律都如图 1-5 所示。

临界点是饱和蒸气与饱和液体无区别的点，在 $p\text{-}V_m$ 图上 c 点是 T_c 时等温线的转折点，数学上称为拐点，拐点处的压力对摩尔体积的一阶偏导数（曲线的斜率）和二阶偏导数（曲线的曲率）均为 0，其数学关系式可表示为：

$$\left(\frac{\partial p}{\partial V_m}\right)_{T_c}=0;\quad \left(\frac{\partial^2 p}{\partial V_m^2}\right)_{T_c}=0 \qquad (1.3\text{-}3)$$

表 1-3　常见气体的临界参数

气体	T_c/K	p_c/MPa	$V_{m,c}/10^{-6}m^3 \cdot mol^{-1}$	Z_c
He	5.19	0.227	57	0.300
Ne	44.4	2.76	42	0.312
Ar	150.87	4.898	75	0.293
H_2	32.97	1.293	65	0.307
N_2	126.21	3.39	90	0.291
O_2	154.59	5.043	73	0.286
CO	132.91	3.499	93	0.295
CO_2	304.13	7.375	94	0.274
H_2O	647.30	22.13	57.06	0.235
HCl	324.7	8.31	81	0.249
H_2S	373.2	8.94	98.60	0.285
NH_3	405.5	11.35	72	0.242
CH_4	190.56	4.599	99	0.281
C_2H_4	282.34	5.041	131	0.279
C_2H_6	305.32	4.872	145.5	0.283
C_6H_6	562.05	4.895	256	0.268
Cl_2	416.9	7.991	123	0.284

临界温度的另一重要意义：临界温度 T_c 是气体能够发生液化的最高极限温度。当气体温度在临界温度以下，随着气体压力的增加，气体能被液化。当气体温度在临界温度之上时，无论外界施加多大压力，都不能使气体液化，如图中 T_3 温度下的 $p\text{-}V_m$ 加压曲线，即为真实气体 $p\text{-}V_m$ 曲线的第三种类型。

温度和压力同时略高于临界点的状态称为超临界状态。这时物质的气态和液态混为一体，无法区分，气体与液体的摩尔体积几乎相同，它既不是液体，又不是气体，所以称为超临界流体。这种流体具有液体的密度，有很强的溶解能力，而黏度又与气体相似，有很强的扩散能力，因此，超临界流体在萃取等方面具有广泛的用途。如 CO_2 的临界温度是304.13K，临界压力是 7.375MPa，比较容易达到，而且低毒、无味，价格便宜又容易与被萃取物分离，已广泛用于提取天然植物油中的有效药用或保健用的成分及油脂等。

1.3.3　真实气体状态方程

为了描述真实气体的 p、V、T 关系，曾提出过上百种状态方程。下面主要讨论范德华方程，简述维里方程，并介绍其他几个重要方程。真实气体的状态方程的共同特点就是它们均是在理想气体状态方程的基础上，经过修正得出的，当压力趋于零时，均可还原为理想气体状态方程。

（1）范德华方程

描述真实气体的状态方程一般可分为两类：一类是纯经验公式；另一类则是具有一定物理模型基础的半经验方程。范德华方程是最有代表性的半经验半理论方程。

1873 年，荷兰科学家范德华（van der Waals）从理想气体与真实气体的差别出发，考察了实际气体分子间有相互作用力和分子本身占有体积对 p、V、T 行为的影响，修正了理想气体方程，建立了范德华方程。根据理想气体的微观模型，在一定温度下，$pV_m=RT$ 的含义可表达为：

（分子间无相互作用力时表现的压力）×（理想气体的摩尔体积）$= RT$

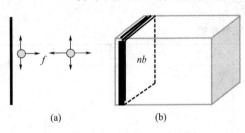

图 1-6　分子间作用力（a）和
分子本身占有体积（b）示意

由于气体分子间引力作用［见图 1-6（a）］，如前所述，当分子位于系统内部时，周围分子对它的作用力相互对称，可以相互抵消，合力为零。而对于靠近容器壁的分子来说，就会受到一个不对称的拉力作用，使其撞向器壁的动量减小，进而导致系统的压力减小。设气体分子引力作用引起内聚压力 p_i，根据位能的规律，内聚压力 p_i 既与被牵引分子的密度成正比，也与牵引分子的密度成正比，即 p_i 正比于 $(1/V_m)^2$。由于分子间作用力的作用，使得真实气体施加于器壁的压力相对于理想气体减少了 p_i，所以要补偿其因为分子相互作用而减少的压力项 $a(1/V_m)^2$，即为 $p + a(1/V_m)^2$。

同时，由于真实分子本身占有体积，设 b 为 1mol 气体中分子本身大小及排斥所引起的使分子自由运动空间减小的体积，即当 $p \to \infty$，$V_m \to b$［见图 1-6（b）］，所以 1mol 真实气体分子的摩尔体积 V_m 相对于理想气体增加了 b，因此要除去其因为分子体积效用而增加的体积项 b，即为 $V_m - b$。

将修正后的压力、摩尔体积代入理想气体状态方程的对应项，即得著名的范德华方程：

$$\left(p + \frac{a}{V_m^2}\right)(V_m - b) = RT \tag{1.3-4a}$$

将 V_m 用等式 $V_m = V/n$ 替换，可得气体物质的量为 n 的范德华方程为：

$$\left(p + \frac{n^2 a}{V^2}\right)(V - nb) = nRT \tag{1.3-4b}$$

式中，a，b 称为范德华常数，其值与各气体性质有关，均为正值，与气体的温度条件无关。一般情况下，分子间作用力越大，a 值越大，其量纲为 $Pa \cdot m^6 \cdot mol^{-2}$；气体本身体积越大，$b$ 值也越大，一般是硬球气体分子本身体积的 4 倍，其量纲为 $m^3 \cdot mol^{-1}$。各种真实气体的 a、b 值可以由实验测定 p、V_m 和 T 的数据拟合得出，也可以通过气体的临界参数计算求取。

当压力 $p \to 0$ 时，$V_m \to \infty$，此时范德华方程可还原为理想气体状态方程。

由范德华气体在临界温度 T_c 下的等温线 p-V_m 在临界点处的一阶、二阶导数均为零，可以进一步推导范德华常数与临界参数的关系。将范德华气体状态方程改写成 T_c 下的 p-V_m 的函数关系：

$$p = \frac{RT_c}{V_m - b} - \frac{a}{V_m^2} \tag{1.3-5}$$

对上式进行一阶、二阶求导，并令其导数为零，则有：

$$\left(\frac{\partial p}{\partial V_m}\right)_{T_c} = \frac{-RT_c}{(V_m - b)^2} + \frac{2a}{V_m^3} = 0 \tag{1.3-6}$$

$$\left(\frac{\partial^2 p}{\partial V_m^2}\right)_{T_c} = \frac{2RT_c}{(V_m - b)^3} - \frac{6a}{V_m^4} = 0 \tag{1.3-7}$$

联立求解，解得 V_m 值即临界摩尔体积 $V_{m,c} = 3b$，再将其代入上式及范德华方程式中，可得：

$$V_{m,c} = 3b, \quad T_c = \frac{8a}{27Rb}, \quad p_c = \frac{a}{27b^2}$$

式(1.3-5)表明范德华气体常数 a、b 与气体的临界参数 T_c、p_c、$V_{m,c}$ 之间的关系。由于 $V_{m,c}$ 较难测准,故一般可由 T_c、p_c 求算范德华气体常数 a、b:

$$a=\frac{27R^2T_c^2}{64p_c}, \quad b=\frac{RT_c}{8p_c}$$

范德华方程是一种简化了的真实气体的数学模型,是描述真实气体的经典方程。人们常常把任何温度、压力条件下均服从范德华方程的气体称作范德华气体。实践表明,许多真实气体在几个兆帕的中压范围内,其 p、V、T 性质能较好地服从范德华方程。但从现代理论来看,范德华对内压力反比于 V_m^2,以及 b 的导出等观点都不尽完善,也未考虑温度对 a、b 的影响。精确测定表明范德华常数 a、b 除了与气体种类有关外,还与气体的温度有关,甚至不同的拟合方法也会得出不同的数值。表 1-4 列出了常见气体的范德华常数。

表 1-4　常见气体的范德华常数

气体	$10^3 a/m^6\cdot Pa\cdot mol^{-2}$	$10^6 b/m^3\cdot mol^{-1}$	气体	$10^3 a/m^6\cdot Pa\cdot mol^{-2}$	$10^6 b/m^3\cdot mol^{-1}$
He	3.44	23.7	NH_3	422.5	37.1
H_2	24.52	26.5	C_2H_2	451.6	52.2
NO	135	27.9	C_2H_4	461.2	58.2
O_2	138.2	31.9	NO_2	535	42.2
N_2	137.0	38.7	H_2O	553.7	30.5
CO	147.2	39.5	C_2H_6	558.0	65.1
CH_4	230.3	43.1	Cl_2	634.3	54.2
CO_2	365.8	42.9	SO_2	686.5	56.8

【**例题 1-5**】　在 273K 时有 1mol CO_2 气体,分别放入不同容积的容器内:(1)容积为 22.4L,(2)容积为 0.20L。试分别用理想气体状态方程和范德华方程计算这两种容器内的压力(已知 CO_2 的范德华常数 a、b 分别为 0.3658Pa·m^6·mol^{-2}、$0.429\times10^{-4}m^3$·mol^{-1})。

解: 因为 CO_2 为 1mol,它在容器中的体积就是该条件下的摩尔体积。

(1)当 $V_m=22.4dm^3\cdot mol^{-1}$,按理想气体状态方程计算:

$$p=\frac{RT}{V_m}=\frac{8.314J\cdot mol^{-1}\cdot K^{-1}\times273K}{22.4\times10^{-3}m^3\cdot mol^{-1}}=101.3kPa$$

按范德华方程计算:

$$p=\frac{RT}{V_m-b}-\frac{a}{V_m^2}$$

$$=\frac{8.314J\cdot mol^{-1}\cdot K^{-1}\times273K}{(22.4\times10^{-3}-0.429\times10^{-4})m^3\cdot mol^{-1}}-\frac{0.3658Pa\cdot m^6\cdot mol^{-2}}{(22.4\times10^{-3}m^3\cdot mol^{-1})^2}$$

$$=101.5kPa$$

计算表明,在常温、常压下,两者计算结果基本相同。

(2)当 $V_m=0.20dm^3\cdot mol^{-1}$,按理想气体状态方程计算:

$$p=\frac{RT}{V_m}=\frac{8.314J\cdot mol^{-1}\cdot K^{-1}\times273K}{0.20\times10^{-3}m^3\cdot mol^{-1}}=1.13\times10^4kPa$$

按范德华方程计算:

$$p=\frac{RT}{V_m-b}-\frac{a}{V_m^2}$$

$$=\frac{8.314J\cdot mol^{-1}\cdot K^{-1}\times273K}{(0.20\times10^{-3}-0.429\times10^{-4})m^3\cdot mol^{-1}}-\frac{0.3658Pa\cdot m^6\cdot mol^{-2}}{(0.20\times10^{-3}m^3\cdot mol^{-1})^2}$$

$$=5.29 \times 10^3 \, \text{kPa}$$

表明随着气体体积变小，压力增大，分子间引力增强。所以用范德华方程计算出的压力要比理想气体状态方程计算出的压力要小。

（2）维里方程

"维里"来源于拉丁文"virial"，是"力"的意思。维里方程是卡末林-昂尼斯（Kammerlingh-Onnes）于 20 世纪初提出的纯经验方程，用无穷级数表示，一般有两种形式，即：

$$pV_m = RT\left(1 + \frac{B'}{V_m} + \frac{C'}{V_m^2} + \frac{D'}{V_m^3} + \cdots\right) \tag{1.3-8a}$$

或

$$pV_m = RT(1 + Bp + Cp^2 + Dp^3 + \cdots) \tag{1.3-8b}$$

式中，B、C、$D\cdots$ 与 B'、C'、$D'\cdots$ 分别称为第二、第三、第四……维里系数，它们都是温度 T 的函数，并与气体的本性有关。两式中的维里系数有不同的数值和单位，其值通常由实测的 p、V、T 数据拟合得出，前者称为显容型，后者称为显压型。当压力 $p \to 0$，体积 $V_m \to \infty$ 时，维里方程还原为理想气体状态方程，因此，维里方程也可以看作是对理想气体方程修正的形式。虽然维里方程表示成无穷级数的形式，但实际上通常只用最前面的几项进行计算。在计算精度要求不高时，有时只用到第二项即可，所以第二维里系数较其他维里系数更为重要。

维里方程从统计热力学的角度得到了证明，已由原来的纯经验式发展为具有一定理论意义的方程。第二维里系数反映了两个气体分子间的相互作用对气体 p、V、T 关系的影响，第三维里系数则反映了三分子相互作用引起的气体性质对理想气体的偏差。因此，通过由宏观 p、V、T 性质测定拟合得出的维里系数，可建立起宏观的 p、V、T 性质与微观领域的势能函数之间的联系。维里方程适用于几兆帕中压以下的范围，在较高压力下，维里方程也不再适用。

（3）其他重要的状态方程

除了范德华方程和维里方程外，工程上还发展了许多其他的双参数和多参数方程，但也都只适用于描述一定温度、压力范围的部分气体行为。通常方程包含的物理量参数越多，其计算结果的精度越高，适用范围也越宽，但计算过程越复杂。下面再介绍其中几个较为重要的状态方程。

① R-K（Redlich-Kwong）方程　方程表达式为：

$$\left[p + \frac{a}{T^{1/2}V_m(V_m - b)}\right](V_m - b) = RT \tag{1.3-9}$$

该方程是在范德华方程的基础上提出的含有两个常数的方程，即式中的 a、b 常数，但它们不同于范德华方程中的常数。该方程适用于烃类等非极性气体，且适用的 T、p 范围较宽。对极性气体精度较差。

② S-R-K（Soave-Redlish-Kwong）方程　为了提高 R-K 方程对极性物质及饱和液体 p、V、T 计算的准确度，Soave 对 R-K 方程进行了改进，称为 R-K-S（或 S-R-K）方程。方程的形式为：

$$p = \frac{RT}{V_m - b} - \frac{a(T)}{V_m(V_m + b)} \tag{1.3-10}$$

R-K-S 方程提高了对极性物质及含有氢键物质的 p、V、T 的计算精度，特别是该方程在饱和液体密度的计算中更准确。该方程可用于混合物的气-液平衡计算，在工业上有广泛应用。

③ 贝塞罗（Berthelot）方程　方程表达式为：

$$\left(p+\frac{a}{TV_{\mathrm{m}}^2}\right)(V_{\mathrm{m}}-b)=RT \tag{1.3-11}$$

该方程是在范德华方程的基础上，进一步考虑了温度对分子间相互吸引力的影响而提出的。

④ 多参数状态方程——B-W-R（Benedict-Webb-Rutbin）方程　与简单的状态方程相比，多参数状态方程可以在更宽的 T、p 范围内准确地描述不同物系的 p、V、T 关系；但其缺点是方程形式复杂，计算难度和工作量都较大。Benedict-Webb-Rutbin 方程表达式为：

$$p=\frac{RT}{V_{\mathrm{m}}}+\left(B_0RT-A_0-\frac{C_0}{T^2}\right)\frac{1}{V_{\mathrm{m}}^2}+(bRT-a)\frac{1}{V_{\mathrm{m}}^3}+a\alpha\frac{1}{V_{\mathrm{m}}^6}+\frac{c}{T^2V_{\mathrm{m}}^3}\left(1+\frac{\gamma}{V_{\mathrm{m}}^2}\right)\mathrm{e}^{-\gamma/V_{\mathrm{m}}^2}$$

$$\tag{1.3-12}$$

式中 A_0、B_0、C_0、α、γ、a、b、c 均为常数，该方程为 8 参数状态方程。随着计算机的普及，计算多参数方程已并非难事。该方程较适用于碳氧化合物及其混合物的计算。

1.4　对应状态原理及普遍化压缩因子图

理想气体状态方程是一个不涉及气体本身特性的普遍化方程，真实气体状态方程中常含有与气体性质有关的物理参数，如范德华常数、维里系数等。本节讨论采用对应状态原理，将理想气体状态方程用压缩因子 Z 加以修正，予以描述真实气体的 p、V、T 性质，是一最简单直接、准确度高且适用压力范围最广泛的研究方法，能够导出一个普遍化适用的真实气体状态方程，在理论和实践中都具有重要的研究意义。

1.4.1　压缩因子

对理想气体（n 一定）而言，由理想气体的状态方程 $pV_{\mathrm{m}}=RT$ ［见式（1.1-5b）］，若令：

$$Z=\frac{pV_{\mathrm{m}}}{RT}\equiv1 \tag{1.4-1}$$

式（1.4-1）表明理想气体的 Z 值恒等于 1，且与压力无关。Z 即称为压缩因子，将理想气体状态方程用压缩因子 Z 加以修正，用来描述真实气体的 p、V、T 性质。气体的压缩因子的一般定义为：

$$Z=\frac{pV}{nRT}=\frac{pV_{\mathrm{m}}}{RT} \tag{1.4-2}$$

Z 的量纲为一。显然，真实气体的 Z 值与 1（理想气体的 Z 值）的大小关系就体现了该气体相对理想气体的偏离程度。在温度和压力一定的情况下，真实气体的 Z 还可表示为：

$$Z=\frac{V_{\mathrm{m}}(真实)}{V_{\mathrm{m}}(理想)} \tag{1.4-3}$$

因此，当 $Z<1$ 时，说明真实气体的 V_{m} 比同样条件下理想气体的要小，此时真实气体比理想气体就易于压缩；反之，当 $Z>1$ 时，说明真实气体的 V_{m} 比同样条件下理想气体的要大，此时真实气体比理想气体更难以压缩。由于 Z 反映出真实气体被压缩的难易程度，所以称之为压缩因子。

根据压缩因子定义，维里方程实际上是用一个无穷级数来修正真实气体于不同条件下的 Z 值，即：

$$Z = 1 + \frac{B}{V_m} + \frac{C}{V_m^2} + \frac{D}{V_m^3} + \cdots \tag{1.4-4a}$$

或

$$Z = 1 + B'p + C'p^2 + D'p^3 + \cdots \tag{1.4-4b}$$

因此，引入压缩因子 Z，表达真实气体对理想气体的偏差就可以不用 $pV_m\text{-}p$ 等温线，而用 $Z\text{-}p$ 等温线。由于任何气体在 $p \to 0$ 时均接近理想气体，故在 $Z\text{-}p$ 图中所有真实气体在任何温度下的曲线，在 $p \to 0$ 时均趋于 $Z = 1$。图 1-7 为某种气体在不同温度下的 $Z\text{-}p$ 曲线，图中虚线为理想气体的 $Z\text{-}p$ 关系。

图 1-7　同种气体在不同温度下的 $Z\text{-}p$ 曲线

真实气体的压缩因子在精确计算时，需要通过实测真实气体的 p、V、T 数据，然后由定义式（1.4-2）来求算。许多真实气体的 p、V、T 数据可由手册和文献查阅。随着计算机技术的飞速发展，实际工作中可根据需要将某种气体 $Z\text{-}p$ 关系与计算机关联，在压力变化较大的情况下，通过计算机分段进行的方法，可以提高精度。将压缩因子运用于真实气体的临界状态，可得出临界压缩因子 Z_c，其数学式为：

$$Z_c = \frac{p_c V_{m,c}}{RT_c} \tag{1.4-5}$$

将实测的气体的各临界参数代入上式，可计算得到大多数气体的 Z_c 值在 $0.26 \sim 0.29$ 之间。部分气体的 Z_c 值参见 1.3.2 节的表 1-3。

对于范德华气体，由于其在临界状态的临界参数与范德华常数之间的关系为 $V_{m,c} = 3b$，$T_c = 8a/27Rb$，$p_c = a/27b^2$。将之代入式（1.4-4）可得：

$$Z_c = \frac{p_c V_c}{RT_c} = \frac{\dfrac{a}{27b^2} \times 3b}{R \times \dfrac{8a}{27Rb}} = \frac{3}{8} = 0.375$$

$Z_c = 0.375$ 体现了范德华气体偏离理想气体的程度。由实验测得的大多数气体的 Z_c 值与 0.375 有较大偏离（如表 1-3 中数值），这说明范德华气体模型只是一个近似的模型，与气体的真实情况还有一定的距离。但这一结果却反映出气体的临界压缩因子 Z_c 大体上是一个与气体性质无关的常数，暗示了各种气体在临界状态下的性质具有一定的普遍规律，这为在工程计算建立一些普遍化的 p、V、T 经验关系奠定了一定的基础。

1.4.2　对应状态原理与普遍化压缩因子图

各种真实气体虽然性质不同，但在临界点时却有共同的性质，即临界点处的饱和蒸气与饱和液体无区别，而且计算得到的大多数气体的 Z_c 值在一区间变化不大。因此以临界参数为基准，将气体的 p、V_m、T 分别除以相应的临界参数，引入对比参数。如：

$$p_r = \frac{p}{p_c}; \quad V_r = \frac{V_m}{V_{m,c}}; \quad T_r = \frac{T}{T_c} \tag{1.4-6}$$

式中，p_r、V_r、T_r 分别称为对比压力、对比体积和对比温度，统称为气体的对比参数，均为无量纲的量。对比参数反映了气体所处状态偏离临界点的倍数。

（1）对应状态原理

对应状态原理（又叫对比态原理）：若两种不同的气体有两个对比参数彼此相等，则第三个对比状态参数大体上具有相同的值。

把对比状态参数的表达式(1.4-6)引入压缩因子的定义式(1.4-2)，并结合临界压缩因子 Z_c 的数学式(1.4-4)可得：

$$Z = \frac{pV_m}{RT} = \frac{p_c V_{m,c}}{RT_c} \frac{p_r V_r}{T_r} = Z_c \frac{p_r V_r}{T_r} \qquad (1.4-7)$$

实验表明，大多数气体的临界压缩因子 Z_c 可近似作为常数处理。上式说明无论气体的性质如何，处在相同对应状态的气体，具有大致相同的压缩因子。换句话说，也就是当不同气体处在偏离其临界状态程度相同的状态时，它们偏离理想气体的程度也大致相同。已知对比参数 p_r、V_r、T_r 中只有两个是独立变量，所以可将 Z 表示为两个对比参数的函数，通常选 p_r 和 V_r 为变量，故有：

$$Z = f(p_r, V_r) \qquad (1.4-8)$$

凡是组成、结构、分子大小相近的物质能比较严格地遵守对比状态定律。对于 van der Waals 气体：

$$\left(p_r + \frac{3}{V_r{}^2}\right)(3V_r - 1) = 8T_r \qquad (1.4-9)$$

状态方程普遍化后的显著表现为不含物性常数，以对比参数作为独立变量。

（2）压缩因子图

根据式(1.4-7)，不同的气体在相同的对应状态下与理想气体的偏差大致相同。因此，当 T_r 为常数时，有 $Z = f(p_r)$。

荷根（Hongen O A）及华德生（Watson K M）在 20 世纪 40 年代用若干种无机、有机气体实验数据的平均值，描绘出了适用于各种不同气体的压缩因子图，如图 1-8 所示，表达了函数式(1.4-7)的普遍化关系，称为双参数普遍化压缩因子图。由图 1-8 可知，在任何对比温度 T_r 下，当 $p_r \rightarrow 0$ 时，$Z \rightarrow 1$；而 p_r 相同时，T_r 越大，Z 偏离 1 的程度越小，这说明低压高温的气体更接近理想气体。当 $T_r < 1$ 时，Z-p_r 曲线均中断于某一点 p_r，这是因为 $T_r < 1$ 的真实气体升压到饱和蒸气压时会发生液化。在 T_r 不太高时，大多数 Z-p_r 曲线随 p_r 的增加先下降后上升，历经一个最低点，这体现了真实气体在加压过程中从开始的较易压缩转变到后来的较难压缩的情况。

由于此普遍化压缩因子图适用于各种气体，故由图中查到的压缩因子的准确性并不高，但可满足工业上的应用，有很大的实用价值。因为只要知道了真实气体所处状态及临界参数，即可从图中查出相应的 Z 值，然后通过式(1.4-2)对其进行有关 p、V_m、T 的计算。对氢气、氦气和氖气三种气体的计算误差较大，可采用下式计算对比压力和对比温度：

$$p_r = \frac{p}{p_c + 8 \times 10^5 \text{Pa}} \qquad (1.4-10)$$

$$T_r = \frac{T}{T_c + 8\text{K}} \qquad (1.4-11)$$

【例题 1-6】 试求在 40℃和 6000kPa 下，1000mol CO_2 气体的体积是多少？分别用(1) 理想气体状态方程，(2) 压缩因子图计算，试比较两种方法的计算误差（已知实验值为 0.304m³）。

解：（1）按理想气体状态方程计算，得：

$$V = \frac{nRT}{p} = \left[\frac{1000 \times 8.314 \times (273.15 + 40)}{6000 \times 10^3}\right]\text{m}^3 = 0.429\text{m}^3$$

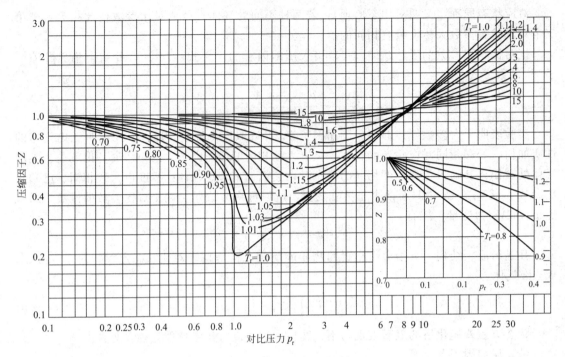

图 1-8　双参数普遍化压缩因子图

（2）用压缩因子图计算

查表 1-2 可得 CO_2 的：

$$p_c = 7.38 \times 10^6 \, \text{Pa}$$

$$T_c = 304.1 \, \text{K}$$

按式（1.4-5）

$$p_r = \frac{p}{p_c} = \frac{6000 \times 10^3 \, \text{Pa}}{7.38 \times 10^6 \, \text{Pa}} = 0.82$$

$$T_r = \frac{T}{T_c} = \frac{313.5}{304.2} = 1.03$$

由图 1-8 查得

$$Z = 0.66$$

由式（1.4-2）得

$$V' = \frac{ZnRT}{p} = ZV = (0.66 \times 0.429) \, \text{m}^3 = 0.283 \, \text{m}^3$$

若实验值为 0.304m^3，第一种方法的相对误差为：

$$\frac{0.429 \text{m}^3 - 0.304 \text{m}^3}{0.304 \text{m}^3} \times 100\% = 41.12\%$$

第二种方法的相对误差为：

$$\frac{0.283 \text{m}^3 - 0.304 \text{m}^3}{0.304 \text{m}^3} \times 100\% = -6.91\%$$

可见，在 6000kPa 下，用压缩因子图比用理想气体状态方程要精确得多。

本 章 小 结

本章重点介绍了理想气体的性质、状态方程的数学表达式及其应用，讨论了外推法在求得普适常数中的应用；讨论了气体发生液化的条件与临界状态以及临界状态的特点；简要介绍了理想气体方程的几种衍生式——近似描述真实气体的状态方程，以及满足在工程上应用的双参数普遍化关系。

本章还建立了物理化学处理实际系统性质的两种方法——理想化模型化方法和参考态方法。以 $p \to 0$ 状态下的气体性质作为参考态建立理想气体模型，以临界状态作为参考态建立对应状态原理。

本章核心概念和公式：

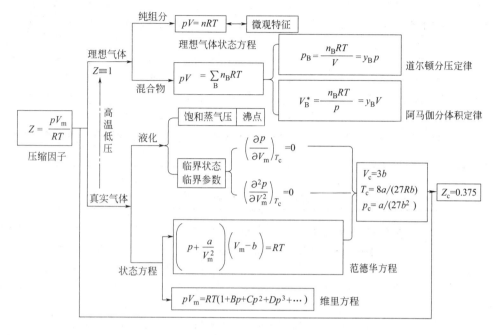

思　考　题

1. 为什么在相同条件下，对易于液化的气体用理想气体状态方程作近似计算，所得结果与实验值的偏差要比难以液化的气体大？

2. 已知 25℃时水的饱和蒸气压是 3.168kPa。如果在 25℃时将水完全充满一封闭容器，使液体上方没有任何气体存在，此时容器中的水还有没有饱和蒸气压？如果有是多少？

3. 如何将理想气体的微观模型运用到真实气体研究中去？

4. 若某一实际气体在特定条件下其分子间引力可以忽略不计，但分子本身占有体积不可忽略，那么其状态方程可写成什么形式？

5. 为什么实际气体在 T_c 温度以上，无论施加多大压力都不会使其液化？

6. 如何由波义耳定律、盖·吕萨克定律和阿伏伽德罗定律获得理想气体状态方程？

7. 解释压缩因子是如何随压力和温度变化的，并描述它如何揭示真实气体中分子间相互作用的信息。

8. 临界常数的意义是什么？

9. 范德华方程是如何解释临界行为的？

10. 证明范德瓦尔斯方程导致 $Z > 1$ 和 $Z < 1$ 的值，并确定得到这些值的条件。

习　　题

1. 物质的体膨胀系数 α_V 与等温压缩率 κ_T 的定义如下：

$$\alpha_V = \frac{1}{V}\left(\frac{\partial V}{\partial T}\right)_p \qquad \kappa_T = -\frac{1}{V}\left(\frac{\partial V}{\partial p}\right)_T$$

试导出理想气体的 α_V、κ_T 与压力、温度的关系。

2. 气柜内储有 121.6kPa、27℃的氯乙烯（C_2H_3Cl）气体 300m³，若以每小时 90kg 的流量输往使用车间，试问储存的气体能用多少小时？

3. 目前气球仍然被用来监测气象现象。利用理想气体定律来研究热气球技术是可行的。假设所使用的气球半径为 3m：（a）在海平面 298K 的环境温度下，需要多少摩尔氢气能使气球压力达到 1atm？（b）如空气的密度为 $1.22kg \cdot m^{-3}$，要使气球上升，其最大质量为多少？（c）如果使用 He 气代替氢气，其载荷量将是多少？

4. 一抽成真空的球形容器，质量为 25.00g，充以 4℃ 水之后，总质量为 125.00g。若改充以 25℃、13.33kPa 的某碳氢化合物气体，则总质量为 25.016g。试估算该气体的摩尔质量（水的密度按 $1g \cdot cm^{-3}$ 计算）。

5. 两个容积均为 V 的玻璃球泡之间用细管连接，泡内密封着标准状况下的空气。若将其中一个球加热到 100℃，另一个球则维持 0℃，忽略连接细管中气体的体积，试求该容器内空气的压力。

6. 今有 20℃ 的乙烷-丁烷混合气体，充入一抽成真空的 $200cm^3$ 容器中，直至压力达 101.325kPa，测得容器中混合气体的质量为 0.3897g。试求该混合物气体中两种组分的摩尔分数及分压力。

7. 0℃ 时氯甲烷（CH_3Cl）气体的密度 ρ 随压力的变化如下。试作 ρ/p-p 图，用外推法求氯甲烷的摩尔质量。

p/kPa	101.325	67.550	50.663	33.775	25.331
$\rho/g \cdot dm^{-3}$	2.3074	1.5263	1.1401	0.75713	0.56660

8. 氯乙烯、氯化氢及乙烯构成的混合气体中，各组分的摩尔分数分别为 0.89、0.09 及 0.02。于恒定压力 101.325kPa 下，用水吸收其中的氯化氢，所得混合气体中增加了分压力为 2.670kPa 的水蒸气。试求洗涤后的混合气体中 C_2H_3Cl 和 C_2H_4 的分压力。

9. CO_2 气体在 40℃ 时摩尔体积为 $0.381dm^3 \cdot mol^{-1}$。设 CO_2 为范德华气体，试求其压力，并比较与实验值 5066.3kPa 的相对误差。

10. 大多数汽车现在都配备了气囊，以保护驾驶员和乘客在迎面相撞或侧面碰撞的情况下免遭危险。气囊中的氮气是由叠氮化钠爆炸分解产生的（在 KNO_3 和二氧化硅存在下）：

$$2NaN_3(s) \longrightarrow 2Na(s) + 3N_2(g)$$

气囊在大约 0.050s 内完全充气，因为典型的汽车碰撞持续约 0.125s。调查一下气囊内的压力与气囊的体积，计算在室温下需要多少氮化钠爆炸后产生的气体才能保证驾驶员的安全。设此时氮气的行为可用范德华气体方程来描述。

11. 25℃ 时饱和了水蒸气的湿乙炔气体（即该混合物气体中水蒸气分压为同温度下水的饱和蒸气压）总压力为 138.7kPa，于恒定总压下冷却到 10℃，使部分水蒸气凝结为水。试求每摩尔干乙炔气在该冷却过程中凝结出水的物质的量（已知 25℃ 及 10℃ 时水的饱和蒸气压分别为 3.168kPa 及 1.23kPa）。

12. 假设气体遵守下列状态方程：

$$p = \frac{RT}{V_m} - \frac{B}{V_m^2} + \frac{C}{V_m^3}$$

用 B 和 C 求气体的临界常数和临界压缩因子的表达式。

13. 把 25℃ 的氧气充入 $40dm^3$ 的氧气钢瓶中，压力达 $202.7 \times 10^2 kPa$。试用普遍化压缩因子图求钢瓶中氧气的质量。

14. 试由波义耳温度 T_B 的定义式，证明范德华气体的 T_B 可表示为：$T_B = a/(bR)$，式中 a、b 为范德华常数。

15. 300K 时 $40dm^3$ 钢瓶中储存乙烯的压力为 $146.9 \times 10^2 kPa$。欲从中提用 300K、101.325kPa 的乙烯气体 $12m^3$，试用压缩因子图求钢瓶中剩余乙烯气体的压力。

第2章 热力学第一定律

2.1 热力学概论

人类很早就对热有所认识，并加以应用，但是将热力学当成一门科学且有定量的研究，则是由 17 世纪末开始的，也就是在温度计制造技术成熟以后，才真正开启了对热力学的研究。热力学是自然科学中建立最早的学科之一。

热力学发展史，可分成四个阶段。

① 17 世纪末到 19 世纪中叶　此时期积累了大量的实验与观察结果，并制造出蒸汽机，对于热的本质展开研究与争论，为热力学的理论建立做了大量前期工作。在 19 世纪前半叶，出现了卡诺理论、热机理论、热功转换原理等。在这一阶段中，热力学还是停留在描述热力学现象上，尚未形成系统的理论或建立数学模型。这段时期，布莱克（Joseph Black，1728—1799，英国）、瓦特（James Watt，1736—1819，英国）、拉瓦锡（Lavoisier）和拉普拉斯（Laplace）、麦哲伦（Magellan）、卡诺（Sadi Carnot，1796—1832，法国）等做了大量的工作。

② 19 世纪中叶到 19 世纪 70 年代末　此阶段热力学得到迅速发展，由热功转换原理建立了热力学第一定律（能量守恒定律），第一定律和卡诺理论的结合，建立了热力学第二定律。在这一阶段中，汤姆逊（Benjamin Thompson，1753—1814，美籍英国人）、卡诺（Sadi Carnot，1796—1832，法国）、克拉贝龙（Benoit-Pierre Clapeyron，1799—1864，法国）、迈尔（Julius Robert Mayer，1814—1878，荷兰）、焦耳（James Prescott Joule，1818—1889，英国）、开尔文（Lord Kelvin，1824—1907，英国）、亥姆霍兹（Hermann Ludwig Ferdinand von Helmholtz，1821—1894，德国）、詹姆斯·汤姆生（James Thomson，1822—1892，英国）、克劳修斯（Rudolf Clausius，1822—1888，德国）、吉布斯（Josiah Willard Gibbs，1839—1903，美国）等做出了杰出的贡献。

③ 19 世纪 70 年代末到 20 世纪初　这段时间内，由玻尔兹曼将热力学与分子动力学的理论结合，而导致统计热力学的诞生，同时他也提出非平衡态的理论基础，至 20 世纪初吉布斯（Gibbs）提出系综理论建立统计热力学的基础。1912 年，M. 普朗克在能斯特热定理的基础上，进一步假设当温度趋近于 0K 时，所有纯液体和纯固体的熵值为零。G. N. 路易斯和 M. 兰德尔对普朗克的假设做了进一步修正，建立了热力学第三定律。

④ 20 世纪 30 年代至今　1930 年，英国物理学家福勒（R. H. Fowler）正式提出系统之间的热平衡定律，即热力学第零定律。该阶段由于量子力学的引进而建立了量子统计热力学，同时非平衡态理论更进一步发展，形成了近代理论与实验物理学中最重要的一环。

2.1.1 热力学的研究对象

热力学是研究各种形式能量相互转化规律的科学。将热力学的基本原理用来研究化学现象以及与化学现象有关的物理现象称为化学热力学。

化学热力学的主要内容是：利用热力学第一定律来计算变化中的热效应，利用热力学第二定律来解决变化的方向和限度问题，以及相平衡和化学平衡中的有关问题。热力学第三定律是一个关于低温现象的定律，主要是解决物质在一定状态下的规定熵的数值。它的基础虽然没有第一定律和第二定律广泛，但是对于化学平衡的计算却具有重要意义。

　　热力学是解决实际问题的一种非常有效的重要工具。在生产实践中已经和正在发挥着巨大的作用。如由石墨制造金刚石的实验，以前很多人曾进行多次实验都未成功，后来通过热力学计算才知道，在常温常压下石墨是碳的同素异形体中的最稳定相，只有当压力超过大气压力 15000 倍时，石墨才有可能转变成金刚石。在热力学理论的指导下，现已成功地实现了这个转变过程。又例如世界上煤的蕴藏量远远超过石油，如何利用煤作为能源和化工原料来合成一系列有用的产品，即如何发展 C_1 化学，已成为近几年来人们所关注的问题。人们可以从合成气（$CO+H_2$）出发，设计一系列的合成路线，以制备低碳醇和汽油等。此类物质非常有用，可以作为高辛烷值的燃料、聚醇原料等。但是，人们必须首先考虑所设计的反应路线是否可行，即所设计的反应能否发生？只有在确知存在反应的可能性时，再去考虑反应的速率，选用何种催化剂以及实施的一些具体问题。

2.1.2　热力学的研究方法

　　热力学的研究方法是一种演绎推理的方法，它通过对研究对象在变化过程中热和功的关系分析，用热力学定律来判断该转变是否进行以及进行的程度。热力学的研究方法有以下几个特点：

　　① 热力学研究的对象是由大量粒子所构成系统的宏观性质，所得的结论具有统计平均意义。对物质的微观性质，即个别的分子、原子或离子的个体行为不适用。

　　② 热力学不考虑物质的微观结构和过程进行的机理，只要知道研究对象的始末态以及过程进行的外界条件，就可进行相应的计算和判断。

　　这正是热力学能简易而方便得到广泛应用的重要原因，但也正是由于这个原因，热力学对变化能否自发进行的判断，只着重在对客观事物的结论，而不知其内在原因。

　　③ 在热力学所研究的变量中，没有时间因素，它不涉及变化过程的速率问题。

　　因此，热力学只能说明过程能否进行，以及进行到什么程度为止，至于过程在什么时候发生，以怎样的速率进行，热力学无法预测。因此，热力学只解决可能性问题，而不解决现实性问题。这些特点既是热力学方法的优点，也是它的局限性。

　　虽然热力学方法有些局限性，但它仍是一种非常有用的理论工具。因为热力学有着极其牢固的实验基础，处理问题的方法也是严谨的，所以其结论具有高度的可靠性与普遍性。

2.2　热力学基本概念

2.2.1　系统与环境

　　在热力学中，把研究的对象称为系统（system），它是指根据研究的需要，从周围的物体中划分出来的那一部分；把系统以外与系统有相互联系的有限部分称为环境（surrounding）。系统与环境是共存的，在系统与环境之间总有一个实际存在的或假想的界面存在，讨论问题时必须考虑两者间的联系。

　　系统与环境之间的联系有能量交换与物质交换两种。针对二者之间联系情况的不同，可把系统分成以下三类：

　　① 敞开系统　系统与环境之间既有物质交换，又有能量交换。例如，一个盛有热水的暖水瓶，敞开放置，将会向空气中挥发水蒸气，同时散发热量。若以暖水瓶中的热水作为系

统，这种系统就是敞开系统。敞开系统又称开放系统（图 2-1）。

② 封闭系统　系统与环境之间没有物质交换，但有能量交换。例如，将上例中的暖水瓶盖上能传热的盖子后，则暖水瓶中的热水就成为一个封闭系统。在封闭系统内，可以发生化学变化和由此引起成分变化，只要不从环境引入或向环境输出物质即可。物理化学上常常讨论这种系统。

图 2-1　三种不同系统示意图

③ 隔离系统　系统与环境之间既无物质交换，亦无能量交换。例如，把盛有热水的暖水瓶盖上不能传热的盖子，这时暖水瓶中的热水就是一个隔离系统。严格地说，自然界中并不存在绝对的隔离系统，因为每一事物的运动都和它的周围其他事物互相联系和互相影响。但是，当这种影响小到可以忽略不计的程度时，就可以将它设想为隔离系统了。因此，与前述的理想气体概念一样，隔离系统是科学抽象出来的概念，实际上只能近似地体现。另外，热力学中有时把所研究的系统和环境作为一个整体来对待，这个整体就是隔离系统。隔离系统也称为孤立系统。

需要说明的是：①系统与环境的划分是相对的。②系统与环境之间不一定有明显的界面。③环境对系统的作用、影响，是通过能量传递或物质传递来进行的。在以后讨论中，只研究系统的变化，不讨论环境的变化，就是说把环境作为巨大的热库、功库、物质库，环境无论得到一点还是消耗一点都保持不变。④若以系统中存在的物质种类数或相数为依据分类，热力学系统可分为：单组分系统或多组分系统，单相系统或多相系统。

2.2.2　状态与状态函数

（1）系统的热力学性质

热力学系统是由大量微观粒子组成的宏观集合体。这个集合体所表现出来的集体行为，就称为热力学系统的宏观性质，简称为热力学性质。包括如温度 T、压力 p、体积 V、密度 ρ 等可以通过实验直接测定的物理量；也包括如热力学能 U、焓 H、熵 S、亥姆霍兹函数 A、吉布斯函数 G 等无法通过实验测定的物理量。系统的热力学性质按是否有加和性分为以下两类：

① 广度性质　是指与系统中物质的量成正比的性质。广度性质表现系统的"量"的特征，具有加和性。诸如系统的质量、物质的量、体积、热力学能等。例如，将盛有 30g 的一杯水与盛有 50g 的另一杯水，在相同温度条件下混合在一起后，总质量为 80g。广度性质亦称容量性质。

② 强度性质　是指与系统中物质的量无关的性质，如温度、压力、密度、黏度等。强度性质仅取决于系统自身的特性，表现系统的"质"的特征，不具有加和性。例如，将一杯温度为 50℃ 的水，任意分成两部分，仍是 50℃，而不是变为 25℃。

在此要注意，两个广度性质的比值变为强度性质，例如密度（$\rho = m/V$）、摩尔体积（$V_m = V/n$）、浓度（$C = n/V$）等。因为比值中的分子项与分母项都与物质的量成正比。

（2）状态与状态函数

热力学系统的状态是系统所有宏观性质的综合表现。系统所有的性质确定之后，系统的状态就完全确定。反之，系统的状态确定之后，它的所有的性质均有唯一确定的值，与系统到达该状态前的经历无关。鉴于状态与性质之间的这种单值对应关系，故将系统的每一种热力学性质又称作状态函数。体积、压力、温度、热容、热力学能、焓、熵、亥姆霍兹函数、吉布斯函数等都是热力学里很重要且经常用到的状态函数。

状态函数有以下基本特征：

① 状态函数是系统状态的单值函数。当系统的状态变化时，状态函数 Z 的改变量 ΔZ 只决定于系统始态函数值 Z_1 和末态函数值 Z_2，而与变化的途径无关，即：

$$\Delta Z = Z_2 - Z_1$$

如 $\Delta T = T_2 - T_1$，$\Delta U = U_2 - U_1$。状态函数变化量的这一特性在热力学研究中有广泛的应用。利用状态函数这一性质的研究方法称为状态函数法。

② 系统状态的微小变化所引起状态函数 Z 的变化用全微分 $\mathrm{d}Z$ 表示，若 $Z = f(x, y)$，则其全微分为：

$$\mathrm{d}Z = \left(\frac{\partial Z}{\partial x}\right)_y \mathrm{d}x + \left(\frac{\partial Z}{\partial y}\right)_x \mathrm{d}y$$

③ 定量、组成不变的均相流体系统，系统的任意两个独立的状态函数就可以描述系统的平衡状态。也就是说该系统的任意一个状态函数是另外两个独立的状态函数的函数，如：

$$T = f(p, V)；\quad p = f(T, V)；\quad V = f(p, T)$$

由状态函数的基本特征，有以下推论：

① 系统状态函数之间并非完全独立，要确定一个系统的热力学状态，并不需要确定其所有的状态函数，而只要确定其中几个即可。如理想气体 p、V、T、n 四种性质之间可通过状态方程 $pV = nRT$ 把它们联系起来，四个变量中只有三个是独立的。

② 至于究竟需要几个状态函数，热力学本身不能预见，对不同的研究系统，只能依靠经验来确定。

2.2.3　热力学平衡态

系统的性质取决于状态。这里所说的状态指的是平衡状态，即平衡态。因为只有在平衡态下，系统的性质才能确定。所谓热力学平衡态是指系统在一定环境条件下，经足够长的时间，其各部分可观测到的宏观性质都不随时间而变，此后将系统隔离，系统的宏观性质仍不改变的状态。

系统若处在平衡状态，一般应满足以下几个平衡：

① 热平衡　系统内部温度相同。若系统不是绝热的，系统的温度应等于环境的温度。当系统内有绝热壁隔开时，绝热壁两侧物质的温差不会引起两侧状态的变化，因而这种温度的不同不再是确定系统是否处于平衡态的条件。

② 力平衡　系统内部压力相同。若系统是在带有活塞的气缸中（活塞无质量，活塞与器壁无摩擦），系统的压力应等于环境的压力。当系统内有刚性壁隔开时，刚性壁两侧的压差不会引起两侧状态的变化，因而这种压力的不同不再是确定系统是否处于平衡态的条件。

③ 相平衡　系统中各相的组成和数量不随时间而变化。

④ 化学平衡　系统中化学反应达到平衡时，系统的组成不随时间而变化。

＊平衡态公理：一个隔离系统，在足够长的时间内必将趋于唯一的平衡态，而且永远不能自动地离开它。

在以后的讨论中，如果不特别注明，热力学中所提到的状态都是指平衡态。如果上述条件有一个得不到满足，则该系统就不处于热力学平衡态，其状态就不能用简单的方法描述出来。

2.2.4　过程与途径

当系统的状态发生变化时，我们称之为经历了一个过程。前一个状态称为始态，后一个状态称为末态。实现这一过程的具体步骤称为途径。

物理化学中，按照系统内部物质变化的类型，将过程分为单纯 p、V、T 变化、相变化和化学变化三类。

根据过程进行的特定条件，将其分为恒温过程（$T = T_{amb}$ = 定值）、恒压过程（$p = p_{amb}$ = 定值）、恒容过程（V = 定值）、绝热过程（状态变化的过程中，系统与环境交换的热为零）、循环过程（系统由始态出发，经历一系列具体变化途径后又回到原来状态的过程）等。当然，这些条件也可以有两种或两种以上同时存在，例如，恒温恒压过程、恒温恒容过程。

热力学对状态与过程的描述常用方框图法。方框表示状态，箭头表示过程。例如，将 1mol 理想气体于始态 $T_1 = 298.15K$、$p_1 = 101.325kPa$、V_1 恒温膨胀至末态的过程，可用下图表示。该方法的优点不仅描述了系统的状态变化，而且表示了变化的条件，从图中还可以看出，实现某一过程可以通过不同途径。

2.3　热力学第一定律

2.3.1　热和功

（1）热

系统与环境之间因温度不同而交换的能量称之为热。热用符号 Q 表示，单位为焦耳（J）。热力学上规定：在某一个过程中，若系统从环境中吸收热，Q 值为正；反之系统向环境中散热，Q 值为负。热是一个与过程相关的量，它总是与发生的过程相联系，没有过程发生就没有热。因此，热不是系统本身的属性，也就不是状态函数，而是一个过程函数。

值得注意的是既然热不是状态函数，在完成一个过程时，系统与环境之间交换的热，不能写成"ΔQ"，写为 Q 即可，微小过程的热用 δQ 表示。

热有以下三种形式：

① 显热　在单纯 pVT 变化过程中，仅因系统温度改变而与环境交换的热，如在一定条件下，将水从 25℃升温至 100℃所吸收的热。

② 潜热　在一定温度、压力下，系统发生相变化时与环境交换的热，如水在 100℃、101.325kPa 下变成 100℃、101.325kPa 的水蒸气时所吸收的热。

③ 化学反应热　任一化学反应系统，在反应过程中不做非体积功且产物与反应物温度相同时，系统所吸收或放出的热量。

（2）功

除热量以外，系统与环境之间交换的其他所有形式的能量均称为功，用符号 W 表示，单位为焦耳（J）。功和热一样，也是与过程相关的量，不是状态函数，是一个过程函数。在完成一个过程时，系统与环境之间交换的功，不能写成"ΔW"，写为 W 即可，微小过程的功用 δW 表示。

热力学上规定：系统得功，即环境对系统做功，W 为正值；系统失功，即系统对环境做功，W 为负值。

从微观的角度看，热是大量质点作无序运动方式而传递的能量，而功是大量质点以有序运动方式而传递的能量。

功分为体积功和非体积功两种形式。系统因体积发生变化反抗环境压力而与环境交换的能量称为体积功，用 W 表示。除体积功以外的其他形式的功，如电功、表面功等统称为非体积功，用 W' 表示。

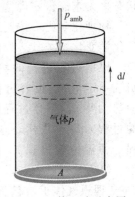

图 2-2 体积功示意图

体积功在热力学中具有特殊的意义，关于体积功的计算，举例说明如下。

如图 2-2 所示，设有一个带活塞的汽缸，内盛气体。假定活塞本身没有质量，且与汽缸内壁间没有摩擦力。若环境压力为 p_{amb}，活塞面积为 A，则活塞所受总外力为 $p_{amb}A$。假设活塞向上移动的距离为 dl，按照对功的符号的规定，则体积功为：

$$\delta W = -p_{amb}A\,dl = -p_{amb}\,dV \tag{2.3-1}$$

式(2.3-1) 为体积功的计算公式。

由式(2.3-1) 可知，系统膨胀时，$dV>0, \delta W<0$，表示系统对环境做功；当系统被压缩时，$dV<0, \delta W>0$，表示环境对系统做功。

计算有限过程的功，要对式(2.3-1) 分步求和：

$$W = \sum \delta W = \sum -p_{amb}\,dV = -\int_{V_1}^{V_2} p_{amb}\,dV \tag{2.3-2}$$

式中，p_{amb} 是环境的压力；V 是系统的体积；p_{amb} 与 V 的关系随过程不同而不同。

对于恒外压过程（p_{amb} 恒定的过程），则上式变为：

$$W = -p_{amb}(V_2 - V_1) = -p_{amb}\Delta V \tag{2.3-3}$$

2.3.2 热力学能

一个系统的总能量包括三个方面，即系统整体运动时的动能，系统在引力场中的势能，以及系统的热力学能。在热力学中，一般不考虑系统整体运动的动能和系统在外场中的势能，只关注热力学能。

热力学能是系统内部各种能量的总和，它包括系统中所有分子的平动能、转动能、分子内部各原子间的振动能、电子运动能、原子核运动的能量以及分子间相互作用的势能等，用符号 U 表示，单位为焦耳（J）。

热力学能是系统自身的属性，为系统状态的单值函数，其数值大小与系统内部物质的数量成正比，具有加和性。由于系统内部粒子运动以及粒子间相互作用的复杂性，所以迄今为止无法确定系统在某状态下热力学能 U 的绝对数值。但是，U 的这一特性并不妨碍它的实际应用，因为热力学计算中涉及的仅是热力学能的变化量 ΔU，而不使用各状态下热力学能 U 的绝对数值。

热力学上规定，系统发生变化后，如果其热力学能增加，ΔU 为正值；反之热力学能减少，ΔU 为负值。

2.3.3 热力学第一定律的文字表述

自然界中的一切物质都具有能量，能量有多种不同形式，能够从一种形式转化为另一种形式，（如图 2-3 所示），但在转化过程中，能量的总值不变，这就是能量守恒与转化原理。

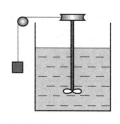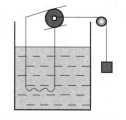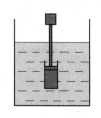

图 2-3　能量转化示意图

对热力学系统而言，能量守恒与转化原理就是热力学第一定律，它说明热力学能、热和功之间可以相互转化，但总的能量不变。

热力学第一定律是人类经验的总结。从第一定律所导出的结论，还没有发现与经验相矛盾的，这就有力证明了这个定律的正确性。根据第一定律，要想制造一种机器，它既不靠外界供给能量，本身也不减少能量，却能不断地对外做功，这是不可能的。人们把这种假想的机器称为第一类永动机。因此，热力学第一定律也可以表述为：第一类永动机是不可能造成的。

2.3.4　封闭系统热力学第一定律的数学表达式

如图 2-4 所示，一封闭系统由始态 1 变至末态 2，从环境吸收的热量为 Q，得到的功为 W，根据热力学第一定律，环境传递给系统的这两部分能量只能转变为系统的热力学能，即 $U_2 = U_1 + Q + W$，故：

$$\Delta U = Q + W \qquad (2.3\text{-}4)$$

对于无限小的过程，上式可写成：

$$\mathrm{d}U = \delta Q + \delta W \qquad (2.3\text{-}5)$$

图 2-4　热力学第一定律示意图

式(2.3-4)、式(2.3-5)均为封闭系统的热力学第一定律的数学表达式。它表明封闭系统中热力学能的改变量等于变化过程中系统与环境之间传递的热与功的总和。应指出，这里的功包括了体积功和非体积功。

由式(2.3-4)、式(2.3-5)可得到如下结论：

① 隔离系统与环境之间无能量交换，所以隔离系统内进行任何过程时，其热力学能守恒，这是热力学第一定律的又一种说法；

② 尽管 Q、W 均为过程函数，而它们的和 $Q+W$ 却与状态函数的增量 ΔU 相等。这表明，沿不同途径所交换的热和功之和（$Q+W$），只取决于封闭系统的始、末状态，而与具体途径无关。

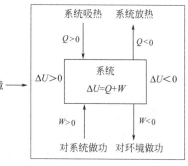

图 2-5　热和功的符号
与热力学能变化的关系

热和功的符号与热力学能变化的关系总结如图 2-5 所示。

【例题 2-1】　比较在 $25\,℃$、$101.325\,\mathrm{kPa}$ 下通过燃烧和电池完成下列反应时，热力学量的变化有何异同？

$$2\mathrm{H_2(g)} + \mathrm{O_2(g)} \longrightarrow 2\mathrm{H_2O(l)}$$

解：采用燃烧反应或电池反应两种不同的过程（如下所示）：

其功、热和热力学能变化量的数据如下所示：　　　　　　　　　　　　　　　　单位：kJ

类目　　　反应方式	燃烧反应	电池反应
热	−571.5	−97.2
体积功	7.4	7.4
电功	—	−474.3
热力学能变化量	−564.1	−564.1

此例表明热力学能是系统的状态函数，而功和热则不是状态函数。功和热不能单靠系统变化前后的状态来决定，而与实现这一变化的具体过程有关。

2.4　可 逆 过 程

2.4.1　功与过程

以气体恒温膨胀为例，系统由相同的始态 1 膨胀到相同的末态 2，现计算在不同的恒温膨胀过程中系统所做的功。

（1）自由膨胀

环境压力 p_{amb} 为零的膨胀称为自由膨胀。此时，$p_{amb}=0$，所以：

$$W_1 = -\int_{V_1}^{V_2} p_{amb}\,\mathrm{d}V = 0$$

（2）恒外压膨胀

① 一次恒外压膨胀

如图 2-6 途径 a 所示，将活塞上的四个砝码一次同时移去三个，环境的压力由 p_1 降到 p_2，即在环境压力 $p_{amb}=p_2$＝定值下，一次性由 V_1 膨胀到 V_2，则此过程系统所做的功为：

$$W_2 = -\int_{V_1}^{V_2} p_{amb}\,\mathrm{d}V = -p_2(V_2 - V_1)$$

W_2 的绝对值相当于图 2-7（a）中阴影部分的面积。

② 两次恒外压膨胀

如图 2-6 途径 b 所示，将活塞上的四个砝码分两次移去三个，即先移去两个砝码，在环境压力 $p_{amb}=p'$＝定值下，体积由 V_1 膨胀到 V'；再移去一个砝码，在环境压力 $p_{amb}=p_2$＝定值下，体积由 V' 膨胀到 V_2。整个过程系统所做的功为：

$$W_3 = -\int_{V_1}^{V_2} p_{amb}\,\mathrm{d}V = -p'(V' - V_1) - p_2(V_2 - V')$$

W_3 的绝对值相当于图 2-7（b）中阴影部分的面积。

（3）准静态膨胀过程

在过程进行的每一瞬间，系统都接近于平衡状态，以致在任意选取的短时间 $\mathrm{d}t$ 内，状态参量在整个系统的各部分都有确定的值，整个过程可以看成是由一系列极接近平衡的状态所构成，这种过程称为准静态过程。

准静态过程是一种理想的过程，实际上是办不到的。但当一个过程进行得非常非常慢，速度趋近于零时，这个过程就趋于准静态过程。无限缓慢地膨胀和无限缓慢地压缩过程可近似为准静态过程。

无限缓慢的膨胀过程，可设想是这样膨胀的：如图 2-6 途径 c 所示，将活塞上的四个砝码移去三个，换上等质量的一堆无限细的粉末。初始状态与前同，然后在恒温条件下逐次取下一颗粉末，直到剩下一个砝码时止。在这一过程中，每当取下一颗粉末，环境的压力就减少 $\mathrm{d}p$，则相应地气体的体积就膨胀 $\mathrm{d}V$，直至环境压力逐渐变至末态压力 p_2，气体的体积变至末态体积 V_2。在整个过程中，$p_{\mathrm{amb}}=p-\mathrm{d}p$，系统所做的功为：

$$W_4=-\int_{V_1}^{V_2}p_{\mathrm{amb}}\mathrm{d}V=-\int_{V_1}^{V_2}(p-\mathrm{d}p)\mathrm{d}V=-\int_{V_1}^{V_2}p\,\mathrm{d}V \tag{2.4-1}$$

上式中略去了二级无穷小 $\mathrm{d}p\mathrm{d}V$。若气缸内装的是理想气体，则：

$$W_4\doteq-\int_{V_1}^{V_2}p\,\mathrm{d}V=-\int_{V_1}^{V_2}\frac{nRT}{V}\mathrm{d}V=-nRT\ln\frac{V_2}{V_1} \tag{2.4-2}$$

W_4 的绝对值相当于图 2-7(c) 中阴影部分的面积。显然，$|W_1|<|W_2|<|W_3|<|W_4|$。

由此可见，从同样的始态到同样的末态，由于膨胀方式不同，系统所做的功也不同，所以功与变化的过程有关，不是状态函数。在准静态膨胀过程中，系统做功的绝对值最大。

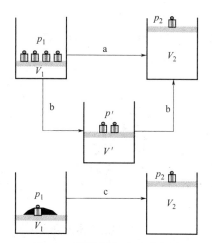

图 2-6　不同膨胀过程示意图

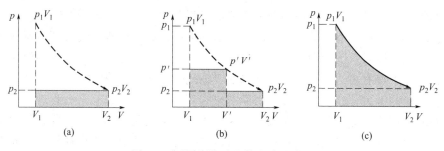

图 2-7　不同膨胀过程体积功示意图

同理，若采取与图 2-6 中 a、b、c 途径相反的步骤，将膨胀后的气体压缩到始态，则由于压缩过程不同，环境对系统所做的功也不同。

① 一次恒外压压缩，即将移去的三个砝码一次加上，使气体在外压恒定为 p_1 下，体积从 V_2 恒温压缩到 V_1，则环境对系统所做的功为：

$$W_2'=-p_1(V_1-V_2)$$

W_2'的值相当于图 2-8(a) 中阴影部分面积。

②两次恒外压压缩，即将移去的三个砝码分两次加上，首先加上一个砝码，使气体在外压恒定为 p' 下，体积从 V_2 恒温压缩到 V'；再加上两个砝码，此时气体在外压恒定为 p_1 下，体积从 V' 恒温压缩到 V_1，则整个压缩过程环境所做的功为：

$$W_3' = \int_{V_2}^{V_1} - p_{amb} dV = -p'(V' - V_2) - p_1(V_1 - V')$$

W_3'的值相当于图 2-8(b) 中阴影部分面积。

③准静态压缩，即将准静态膨胀过程中取下的粉末一粒一粒地重新加到活塞上，则系统将会按原过程的逆方向由末态回到初始状态。在此压缩过程中，环境压力始终比系统压力大一个无穷小，即 $p_{amb} = p + dp$，环境所做的功为：

$$W_4' = -\int_{V_2}^{V_1} p_{amb} dV = -\int_{V_2}^{V_1} (p + dp) dV = -\int_{V_2}^{V_1} p dV = \int_{V_1}^{V_2} p dV \qquad (2.4-3)$$

若是理想气体，则

$$W_4' = -\int_{V_2}^{V_1} p dV = \int_{V_1}^{V_2} p dV = \int_{V_1}^{V_2} \frac{nRT}{V} dV = nRT \ln \frac{V_2}{V_1} \qquad (2.4-4)$$

W_4'的值相当于图 2-8(c) 中阴影部分面积。

由此可见，压缩时分步越多，环境对系统所做的功就越少。在准静态压缩过程中，环境对系统所做的功最小。

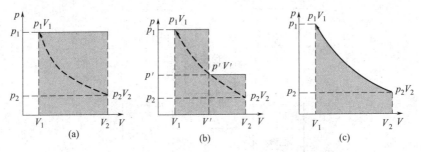

图 2-8　不同压缩过程体积功示意图

2.4.2　可逆过程与不可逆过程

上述准静态过程是热力学中一种极为重要的过程。比较图 2-7(c) 和图 2-8(c) 阴影部分的面积可知，在无摩擦等因素造成能量的耗散时，准静态膨胀过程系统对环境所做的功，与准静态压缩过程环境对系统所做的功，数值相等而符号相反。这就是说，当系统回到原来的状态时，在环境中没有功的得失。由于系统回到原态，$\Delta U = 0$，根据 $\Delta U = Q + W$，所以在环境中也没有热的得失，亦即当系统回到原态时，环境亦回到原态。某过程进行之后系统恢复原状的同时，环境也能恢复原状而未留下任何永久性的变化，则该过程称为热力学可逆过程。这样，上述准静态膨胀（压缩）过程没有因摩擦等因素造成能量的耗散，可看作是一种可逆过程。

如果系统发生了某一过程之后，无论用什么方法，都不能使系统和环境同时回到原来的状态，则该过程称为不可逆过程。上述自由膨胀和恒外压膨胀均为不可逆过程。当气缸内的气体发生恒外压膨胀过程后，无论使用什么压缩方法使系统回到原态，其结果都是在系统回到原态的同时，环境总是失去功得到等量的热，即环境不能同时回到原态，因此，上述气缸内气体恒温恒外压膨胀过程为不可逆过程。

　　虽然我们是从气体的膨胀和压缩过程中引入可逆过程与不可逆过程的概念，实际上任何其他变化也有可逆过程与不可逆过程之分。从普遍意义上讲，一切可逆过程的共同特征可概括如下：

　　① 可逆过程进行时，系统状态变化的动力与阻力相差无限小，所以在恒温条件下，系统可逆膨胀时对环境所做的功最大，系统可逆压缩时从环境得到的功最小；

　　② 可逆过程进行时，系统与环境始终无限接近于平衡态；或者说，可逆过程是由一系列连续的、渐变的平衡态构成的；

　　③ 若变化按原过程的逆方向进行，系统和环境同时回到原态，未留下任何永久性的变化；

　　④ 可逆过程进行得无限缓慢，完成任一有限量变化所需时间无限长。

　　应当强调指出，实际上能察觉到的过程都不是真正的可逆过程，或者说，实际过程只可能无限地趋近可逆过程。尽管如此，提出可逆过程的概念是非常重要的，其重要意义在于：

　　首先，可逆过程为相同始、末态之间各种过程中效率最高的一种过程。这种最高效率的过程虽然不能完全实现，但它提供了一种提高效率的限度。

　　其次，可以将一些进行得很缓慢的实际过程近似地当作可逆过程。如很缓慢地膨胀（压缩）或传热过程等。也可以将接近于平衡状态下发生的变化看作可逆过程，例如液体在其沸点下的蒸发或蒸气冷凝，凝固点下的熔化或液体凝固等。

　　此外，对某些重要状态函数的变化值（将在第 3 章讨论），只有通过可逆过程才能求算，而这些函数的变化值在解决实际问题中起着重要作用。

　　【例题 2-2】　某双原子理想气体 1mol 从始态 350K、200kPa，经过如下三种不同过程达到各自的平衡态，求各过程系统所做的功。

　　（1）恒温向真空膨胀到 50kPa；

　　（2）恒温反抗 50kPa 恒外压膨胀；

　　（3）恒温可逆膨胀到 50kPa。

　　解：本题变化过程可用下图表示：

　　（1）恒温向真空膨胀到 50kPa，因为 $p_{amb}=0$，所以 $W_1=0$

　　（2）恒温反抗 50kPa 恒外压膨胀，所以 $V_2=4V_1$，即

$$W_2=-p_{amb}(V_2-V_1)=-p_2\left(V_2-\frac{1}{4}V_2\right)=-\frac{3}{4}p_2V_2$$

$$=-\frac{3}{4}nRT=-2183\text{J}$$

　　（3）恒温可逆膨胀到 50kPa，$V_2=4V_1$，即

$$W_3=-\int_{V_1}^{V_2}p\,\mathrm{d}V=-\int_{V_1}^{V_2}\frac{nRT}{V}\mathrm{d}V=nRT\ln\frac{V_1}{V_2}$$

$$=\left(1\times8.314\times350\times\ln\frac{1}{4}\right)\text{J}=-4034\text{J}$$

　　此例的计算表明，虽然系统的始、末状态相同，但因途径不同，体积功的数值不同，证明功与途径有关。在恒温可逆膨胀过程中系统做的功最大（绝对值）。

2.5　恒容热、恒压热及焓

化学化工实验及生产中，绝大多数过程是在恒容或恒压条件下进行的，因此，将热力学第一定律的数学表达式应用于恒容、不做非体积功或恒压、不做非体积功的过程，以计算这两类过程的热效应，有着重要的实际价值。

热不是状态函数，其大小与过程有关，但我们将看到，在恒容或恒压且无非体积功的过程中热效应仅仅取决于系统的始态和末态。

2.5.1　恒容热 Q_V

系统在恒容且不做非体积功的过程中与环境交换的热称为恒容热，以符号 Q_V 表示。根据热力学第一定律

$$\Delta U = Q + W$$

式中，W 是总功，包括体积功与非体积功。因恒容过程 $dV = 0$，则过程的体积功为零；又因过程中不做非体积功，即 $W' = 0$，则过程的总功 $W = 0$。于是有：

$$Q_V = \Delta U \quad (dV = 0, W' = 0) \tag{2.5-1}$$

上式表明：在恒容且不做非体积功的过程中，封闭系统吸收的热量在数值上等于系统热力学能的增加，放出的热量在数值上等于系统热力学能的减小。

对不做非体积功的微小变化过程，则有：

$$\delta Q_V = dU \quad (dV = 0, W' = 0) \tag{2.5-2}$$

2.5.2　恒压热 Q_p 与焓

系统在恒压且不做非体积功的过程中与环境交换的热称为恒压热，以符号 Q_p 表示。因过程恒压，即 $p = p_{amb} =$ 定值，则过程的体积功为：

$$W = -p_{amb}(V_2 - V_1) = -p(V_2 - V_1) = p_1 V_1 - p_2 V_2 \tag{2.5-3}$$

在不做非体积功的条件下，将上式代入热力学第一定律数学表达式：

$$\Delta U = U_2 - U_1 = Q_p + W = Q_p + p_1 V_1 - p_2 V_2$$

则可得系统的恒压热 Q_p 为：

$$Q_p = (U_2 + p_2 V_2) - (U_1 + p_1 V_1) \quad (dp = 0, W' = 0) \tag{2.5-4}$$

由于 U、p、V 都是状态函数，故它们的组合 $(U + pV)$ 也是状态函数，热力学上把 $(U + pV)$ 定义为焓，用符号 H 表示，即：

$$H \xrightarrow{\text{def}} U + pV \tag{2.5-5}$$

于是有：

$$Q_p = H_2 - H_1 = \Delta H \quad (dp = 0, W' = 0) \tag{2.5-6}$$

式（2.5-6）表明：系统在恒压且不做非体积功的过程中所吸收的热，全部用于增加系统的焓。对不做非体积功的微小变化过程，有：

$$\delta Q_p = dH \quad (dp = 0, W' = 0) \tag{2.5-7}$$

由焓的定义可知，焓是状态函数，属于广度性质，单位为焦耳（J），焓的绝对数值无法确定。由于其变化量与 Q_p 相关联，为热力学研究带来了很大方便，是热力学中很重要的热力学函数。

需注意的是，虽然我们从恒压过程引入焓的概念，但并不是说只有恒压过程才有焓这个热力学函数。焓是状态函数，是系统的性质，无论在何种确定的状态下皆有确定的值；无论什么过程，只要系统的状态改变了，系统的焓就可能有所改变，仅在不做非体积功的恒压过

程中，才有 $Q_p = \Delta H$。

需要说明的是，对等压（即仅始末态压力相等且等于恒定的环境压力）且不做非体积功的过程，式(2.5-6) 和式(2.5-7) 也同样成立。因为对等压过程，环境的压力始终保持不变，所以计算体积功 W 的公式(2.5-3) 同样成立，故式(2.5-6) 和式(2.5-7) 对等压且不做非体积功的过程同样成立。

对于任意一个过程：

$$\Delta H = \Delta(U + pV) = \Delta U + \Delta(pV) = Q + W + \Delta(pV) \tag{2.5-8}$$

如果进行一个恒压过程，又有非体积功 W' 存在，因为 $W = -p\Delta V + W'$，$\Delta(pV) = p\Delta V$，所以式(2.5-8) 变为：

$$\Delta H = Q + W' \tag{2.5-9}$$

式(2.5-9) 反映了恒压、非体积功不为零时 ΔH 与 Q 的关系。例如：电池在恒压下的放电过程，由于过程中有非体积功 W'（电功）的存在，所以，电池反应的焓变不等于电池反应的热效应。

最后说明一下：$Q_V = \Delta U$、$Q_p = \Delta H$，仅是数值上相等，物理意义上无联系。虽然，在这两个特定条件下，Q_V、Q_p 的数值也与途径无关，由始、末态确定，但是，不能改变 Q 是过程函数的本质，不能认为 Q_V、Q_p 也是状态函数。

【例题 2-3】　在某一反应器中进行着下列反应：

$$CO(g) + H_2O(g) \longrightarrow CO_2(g) + H_2(g)$$

$$T_1 = 423K \qquad\qquad T_2 = 723K$$

$$p = 100kPa \qquad\qquad p = 100kPa$$

已知该反应在 $T = 298.15K$、$p = 100kPa$ 下的反应热效应为 Q_0，求在上述条件下反应产生的热效应。

解：由于上述反应的起始压力与终态压力相同，且不做非体积功，因此，$Q = \Delta H$，而 ΔH 只取决于变化的始态和终态，而与变化途径无关，因此，对于上述反应设计如下过程：

$$Q = \Delta H = \Delta H_1 + \Delta H_2 + \Delta H_3 = Q_1 + Q_0 + Q_2$$

只要计算出 Q_1 和 Q_2，就能计算出题给反应过程的热效应。

2.6　热　容

对只有单纯 pVT 变化，且不做非体积功的单相封闭系统，升高单位热力学温度时所吸收的热称为热容，用符号 C 表示，根据定义则有：

$$C(T) = \frac{\delta Q}{dT} \tag{2.6-1}$$

热容 C 的单位为 $J \cdot K^{-1}$。

热容与系统所含的物质的量及升温条件有关，摩尔热容定义为：

$$C_m(T) = \frac{C(T)}{n} = \frac{1}{n}\frac{\delta Q}{dT} \tag{2.6-2}$$

式中，n 是系统中物质的量；摩尔热容 C_m 的单位为 $J \cdot K^{-1} \cdot mol^{-1}$。在恒容过程中的摩尔热容称为摩尔定容热容，用符号 $C_{V,m}$ 表示，在恒压过程中的摩尔热容称为摩尔定压热容，用符号 $C_{p,m}$ 表示，其定义式如下：

$$C_{V,m} = \frac{1}{n}\frac{\delta Q_V}{dT} = \frac{1}{n}\left(\frac{\partial U}{\partial T}\right)_V \tag{2.6-3}$$

$$C_{p,m} = \frac{1}{n}\frac{\delta Q_p}{dT} = \frac{1}{n}\left(\frac{\partial H}{\partial T}\right)_p \tag{2.6-4}$$

无论是热力学能对温度的导数，还是焓对温度的导数，都是同一状态下，状态函数的运算，它仍然是系统的状态函数。因此，当系统处于一定状态时，$C_{p,m}$ 和 $C_{V,m}$ 都具有确定的值，当系统的状态发生变化时，它们也可能随之变化，其中最明显的是随温度的变化。

将式(2.6-3)及式(2.6-4)分离变量积分，分别得：

$$Q_V = \Delta U = n\int_{T_1}^{T_2} C_{V,m}dT \tag{2.6-5}$$

$$Q_p = \Delta H = n\int_{T_1}^{T_2} C_{p,m}dT \tag{2.6-6}$$

式(2.6-5)及式(2.6-6)对气体、液体和固体分别在恒容、恒压条件下，发生不做非体积功的单纯 pVT 变化时，计算 Q_V、ΔU、Q_p 及 ΔH 均适用。

热容数据对于单纯变温过程热的计算非常重要，其值是温度的函数，这种函数关系因物质、物态、温度的不同而异。一般根据实测的摩尔定压热容与温度的数据，将摩尔定压热容归纳成温度的各种关系式，常用的如：

$$C_{p,m} = a + bT + cT^2 + \cdots \tag{2.6-7}$$

$$C_{p,m} = a + bT + c'T^{-2} + \cdots \tag{2.6-8}$$

式中，a、b、c 和 c' 均为实测的经验常数，由各种物质自身的特性决定，可从有关手册查到。查表时应注意它们适用的温度范围和单位。

【例题 2-4】 在 $101.3kPa$ 下，使 $0.1kg$ 生石灰（CaO）从 $25℃$ 升温到 $1527℃$，求所吸收热和系统的焓变。已知 CaO 的摩尔定压热容为：

$$C_{p,m} = [48.83 + 4.52 \times 10^{-3}(T/K) - 6.53 \times 10^5 (T/K)^{-2}]J \cdot K^{-1} \cdot mol^{-1}$$

解： CaO 的物质的量为：　　$n = \frac{100}{56}mol$

$$T_1 = 298.15K, \quad T_2 = 1800.15K$$

根据式(2.6-6)得：

$$\Delta H = Q_p = n\int_{T_1}^{T_2} C_{p,m}dT$$

$$= \frac{100}{56}mol \times \int_{298.15}^{1800.15} [48.83 + 4.52 \times 10^{-3}(T/K) - 6.53 \times 10^5 (T/K)^{-2}]J \cdot K^{-1} \cdot mol^{-1}dT$$

$$= \frac{100}{56} \times \left[48.83 \times (1800.15 - 298.15) + \frac{1}{2} \times 4.52 \times 10^{-3}(1800.15^2 - 298.15^2) + \right.$$

$$\left. 6.53 \times 10^5 \times \left(\frac{1}{1800.15} - \frac{1}{298.15}\right)\right]J = 1.477 \times 10^5 J$$

【例题 2-5】 一物质在一定温度范围内的平均摩尔定压热容定义为：

$$\overline{C}_{p,m} = \frac{Q_p}{n(T_2 - T_1)} \tag{2.6-9}$$

式中，n 为物质的量。已知 $CO_2(g)$ 的摩尔定压热容为：

$$C_{p,\text{m}} = [26.75 + 42.258 \times 10^{-3}(T/\text{K}) - 14.25 \times 10^{-6}(T/\text{K})^2]\text{J} \cdot \text{K}^{-1} \cdot \text{mol}^{-1},$$

（1）求 300～800K 间 $CO_2(\text{g})$ 的平均摩尔定压热容 $\overline{C}_{p,\text{m}}$；

（2）求 1kg 常压下的 $CO_2(\text{g})$ 从 300K 恒压加热至 800K 时所需要的热 Q_p。

解：（1）根据平均摩尔定压热容定义式：

$$\overline{C}_{p,\text{m}} = \frac{Q_p}{n(T_2 - T_1)}$$

$$= \frac{\int_{300}^{800} 1\text{mol} \times [26.75 + 42.258 \times 10^{-3}(T/\text{K}) - 14.25 \times 10^{-6}(T/\text{K})^2]\text{J} \cdot \text{K}^{-1} \cdot \text{mol}^{-1}\text{d}T}{1\text{mol} \times (800 - 300)\,\text{K}}$$

$$= 45.38\text{J} \cdot \text{K}^{-1} \cdot \text{mol}^{-1}$$

（2）由平均摩尔定压热容定义式变形得：

$$Q_p = n\,\overline{C}_{p,\text{m}}(T_2 - T_1)$$

所以
$$Q_p = \frac{1000}{44}\text{mol} \times 45.38\text{J} \cdot \text{K}^{-1} \cdot \text{mol}^{-1} \times (800 - 300)\,\text{K}$$

$$= 5.156 \times 10^5\,\text{J}$$

平均摩尔定压热容 $\overline{C}_{p,\text{m}}$ 的引入使得 Q_p 的计算变得简单。但精确计算热量时，不能采用平均热容法，应采用真热容。

2.7　热力学第一定律对理想气体的应用

2.7.1　理想气体的热力学能和焓

（1）理想气体的热力学能

焦耳于 1843 年用实验研究了气体的热力学能与体积或压力的关系，装置如图 2-9 所示。左容器中充满低压气体，右容器内为真空，两容器由带活塞的导管相连，并浸入绝热的水浴中。实验时打开活塞，左容器中的气体便向右容器自由膨胀，直至平衡。实验中发现，水浴的温度没有发生变化。

现用热力学第一定律对此过程进行分析：选气体为系统，容器和水浴为环境。气体向真空膨胀，则 $W = 0$；水浴温度没有发生变化，则 $Q = 0$，根据

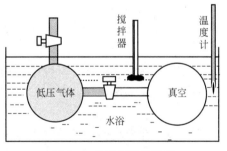

图 2-9　焦耳实验示意图

热力学第一定律可得，$\Delta U = 0$ 或 $\text{d}U = 0$，即气体在膨胀之后热力学能不变。

对单相封闭系统，经验证明，状态函数 p、V、T 中的任意两个可以确定其状态。由于热力学能是状态函数，所以状态函数 p、V、T 中的任意两个也可以确定系统的热力学能，即 $U = f(T, V)$ 或 $U = f(T, p)$。根据状态函数的全微分性质，有：

$$\text{d}U = \left(\frac{\partial U}{\partial T}\right)_V \text{d}T + \left(\frac{\partial U}{\partial V}\right)_T \text{d}V \quad \text{或} \quad \text{d}U = \left(\frac{\partial U}{\partial T}\right)_p \text{d}T + \left(\frac{\partial U}{\partial p}\right)_T \text{d}p \tag{2.7-1}$$

因为 $\text{d}U = 0$，$\text{d}T = 0$，而 $\text{d}p \neq 0$，$\text{d}V \neq 0$，若使上两式成立，必有：

$$\left(\frac{\partial U}{\partial V}\right)_T = 0 \quad \text{或} \quad \left(\frac{\partial U}{\partial p}\right)_T = 0 \tag{2.7-2}$$

由于实验中采用的是低压气体，因而可看成理想气体。式（2.7-1）表明，只要温度 T

恒定，理想气体的热力学能 U 就恒定，与体积或压力无关。换句话说，理想气体的热力学能 U 只是温度 T 的函数，即 $U=f(T)$。刚球模型气体（该气体微观模型是：气体分子本身有体积，但分子之间无相互作用力，其状态方程为：$pV_m=RT+\partial p$）也具有这个性质，但范德华气体不具有该性质。

这一由实验得出的结果也可以用理想气体模型解释：理想气体分子间没有相互作用力，因而不存在分子间相互作用的势能，其热力学能只是分子的平动、转动、分子内部各原子间的振动、电子的运动、核的运动的能量等，而这些能量均只取决于温度。

实际上，焦耳实验的设计是不精确的，因为实验中气体的压力较低，水的热容又较大，气体自由膨胀后，即使与环境交换了少量的热，也无法用温度计测出水温的变化。尽管如此，原始焦耳实验的不精确性并不影响"理想气体的热力学能 U 只是温度 T 的函数"这一结论的正确性。

（2）理想气体的焓

由焓的定义及理想气体状态方程有：

$$H=U+pV=U+nRT$$

因为理想气体的热力学能 U 仅是温度 T 的函数，与体积和压力的变化无关，所以理想气体的焓 $H=U+nRT$ 也仅是温度 T 的函数，与体积和压力的变化无关，可表示为：

$$\left(\frac{\partial H}{\partial V}\right)_T=0 \quad \text{或} \quad \left(\frac{\partial H}{\partial p}\right)_T=0 \quad \text{或} \quad H=f(T) \tag{2.7-3}$$

但对于分子间无作用力的刚球模型气体，H 不仅仅只与温度有关。

因此，当理想气体的温度由 T_1 变为 T_2 时，不论其压力、体积如何变化，其热力学能 U 和焓 H 都有确定的变化值，即不论过程是否恒容，都有：

$$\Delta U=\int_{T_1}^{T_2} C_V \,\mathrm{d}T=n\int_{T_1}^{T_2} C_{V,m}\,\mathrm{d}T \tag{2.7-4}$$

不论过程是否恒压，都有：

$$\Delta H=\int_{T_1}^{T_2} C_p \,\mathrm{d}T=n\int_{T_1}^{T_2} C_{p,m}\,\mathrm{d}T \tag{2.7-5}$$

但应注意，对非恒容过程，$\Delta U \neq Q$，对非恒压过程，$\Delta H \neq Q$。

对理想气体恒温过程，有：

$$\Delta U=0,\ \Delta H=0,\ Q=-W$$

如果过程是可逆的，功可由式(2.4-1)计算：

$$W=-\int_{V_1}^{V_2} p\,\mathrm{d}V=-\int_{V_1}^{V_2}\frac{nRT}{V}\mathrm{d}V=nRT\ln\frac{V_1}{V_2}=nRT\ln\frac{p_2}{p_1}$$

所以

$$Q=-W=nRT\ln\frac{V_2}{V_1}=nRT\ln\frac{p_1}{p_2} \tag{2.7-6}$$

【例题 2-6】 4mol 理想气体由 27℃、100kPa 恒温可逆压缩到 1000kPa，求该过程的 Q、W、ΔU 和 ΔH。

解：本题变化过程可用下图表示：

因理想气体恒温过程：$\Delta U=0$，$\Delta H=0$，对于理想气体恒温可逆过程：

$$Q = -W = nRT\ln\frac{p_1}{p_2} = \left(4 \times 8.314 \times 300 \times \ln\frac{100}{1000}\right)J = -22980J$$

2.7.2　理想气体 $C_{p,m}$ 与 $C_{V,m}$ 的关系

在恒容过程中，系统不做体积功，当升高温度时，它从环境所吸收的热全部用来增加热力学能。但在恒压过程中，升高温度时，系统除增加热力学能外，还要多吸收一部分热以对外做体积功。因此对于气体来说，$C_{p,m}$ 恒大于 $C_{V,m}$。

根据 $C_{p,m}$ 与 $C_{V,m}$ 的定义，

$$C_{p,m} - C_{V,m} = \left(\frac{\partial H_m}{\partial T}\right)_p - \left(\frac{\partial U_m}{\partial T}\right)_V = \left(\frac{\partial U_m}{\partial T}\right)_p + p\left(\frac{\partial V_m}{\partial T}\right)_p - \left(\frac{\partial U_m}{\partial T}\right)_V \quad (2.7\text{-}7)$$

令 $U_m = f(T, V_m)$，则：

$$dU_m = \left(\frac{\partial U_m}{\partial T}\right)_V dT + \left(\frac{\partial U_m}{\partial V_m}\right)_T dV_m$$

在恒压条件下以 dT 除上式的两边，则有：

$$\left(\frac{\partial U_m}{\partial T}\right)_p = \left(\frac{\partial U_m}{\partial T}\right)_V + \left(\frac{\partial U_m}{\partial V_m}\right)_T\left(\frac{\partial V_m}{\partial T}\right)_p \quad (2.7\text{-}8)$$

将式(2.7-8) 代入式(2.7-7)，得：

$$C_{p,m} - C_{V,m} = \left(\frac{\partial U_m}{\partial V_m}\right)_T\left(\frac{\partial V_m}{\partial T}\right)_p + p\left(\frac{\partial V_m}{\partial T}\right)_p = \left[\left(\frac{\partial U_m}{\partial V_m}\right)_T + p\right]\left(\frac{\partial V_m}{\partial T}\right)_p \quad (2.7\text{-}9)$$

该式为各种物质的 $C_{p,m}$ 与 $C_{V,m}$ 的一般关系式。式中 $(\partial V_m/\partial T)_p$ 为恒压下 1mol 物质温度升高 1K 时的体积增量。从此式可以看出 $C_{p,m}$ 与 $C_{V,m}$ 的差别来自两个方面。前一项 $\left(\frac{\partial U_m}{\partial V_m}\right)_T\left(\frac{\partial V_m}{\partial T}\right)_p$ 相当于 1mol 物质恒压升高 1K 时，由于体积膨胀，要克服分子间的吸引力，使得热力学能增加而从环境吸收的热量；后一项 $p(\partial V_m/\partial T)_p$ 相当于 1mol 物质恒压下升温 1K 时抵抗外力所做的体积功。

对于理想气体，因为 $\left(\frac{\partial U_m}{\partial V_m}\right)_T = 0$，$\left(\frac{\partial V_m}{\partial T}\right)_p = \frac{R}{p}$

代入式(2.7-9)，可得：

$$C_{p,m} - C_{V,m} = R \quad (2.7\text{-}10)$$

式(2.7-10) 为理想气体的 $C_{p,m}$ 与 $C_{V,m}$ 之间的关系式。

根据能量均分原理，每个分子能量表达式中的一个平方项对热力学能的贡献为 $\frac{1}{2}kT$，对热容的贡献为 $\frac{1}{2}k$。而对于单原子分子理想气体，分子只有 3 个平动自由度，根据能量均分原理，每个分子对热力学能的贡献为 $3/2kT$，故 1mol 单原子分子理想气体的热力学能为：

$$U_m = N_A \times \left(\frac{3}{2}\right)kT = \frac{3}{2}RT \quad (2.7\text{-}11)$$

所以

$$C_{V,m} = \left(\frac{\partial U_m}{\partial T}\right)_V = \frac{3}{2}R \quad (2.7\text{-}12)$$

双原子分子理想气体：分子具有 3 个平动自由度，2 个转动自由度，1 个振动自由度；一般温度下，分子的振动运动总处在最低能级，对热容无贡献；在求算热容时，只考虑平动和转动的贡献，双原子分子理想气体的摩尔定容热容为：

$$C_{V,m} = \left(\frac{\partial U_m}{\partial T}\right)_V = \frac{5}{2}R \quad (2.7\text{-}13)$$

多原子分子理想气体：分子具有 3 个平动自由度和 3 个转动自由度，每个分子对热力学

能的贡献为 $3kT$。多原子分子理想气体的摩尔定容热容为（不考虑振动）：

$$C_{V,m} = \left(\frac{\partial U_m}{\partial T}\right)_V = 3R \tag{2.7-14}$$

对于范德华气体：

$$C_{p,m} - C_{V,m} = T\left(\frac{\partial p}{\partial T}\right)_V \left(\frac{\partial V_m}{\partial T}\right)_p = R + \frac{2ap}{RT^2} \tag{2.7-15}$$

对刚球模型气体，则：

$$C_{p,m} - C_{V,m} = \left[\left(\frac{\partial U_m}{\partial V_m}\right)_T + p\right]\left(\frac{\partial V_m}{\partial T}\right)_p = (0+p)\frac{R}{p} = R \tag{2.7-16}$$

对于凝聚态（固态或液态）物质，因其体积随温度的变化很小，一般认为 $C_{p,m}$ 和 $C_{V,m}$ 近似相等。

【例题 2-7】 1mol 理想气体于 27℃、101.325kPa 状态下受某恒定外压恒温压缩到平衡，再由该状态恒容升温至 97℃，则压力升到 1013.25kPa，求整个过程的 Q、W、ΔU 和 ΔH（已知该气体的 $C_{V,m}$ 恒定为 20.92J·K^{-1}·mol^{-1}）。

解：由题意可得，$T_1 = (27+273.5)K = 300.15K$，$T_3 = (97+273.5)K = 370.15K$，整个过程的示意如下：

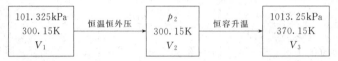

因为是 1mol 理想气体，所以：

$$V_1 = \frac{RT_1}{p_1} = \frac{8.314J·mol^{-1}·K^{-1} \times 300.15K}{101325Pa} = 2.462 \times 10^{-2}\,m^3$$

$$V_2 = V_3 = \frac{RT_3}{p_3} = \frac{8.314J·mol^{-1}·K^{-1} \times 370.15K}{1013250Pa} = 3.037 \times 10^{-3}\,m^3$$

$$p_2 = \frac{RT_2}{V_2} = \frac{8.314J·mol^{-1}·K^{-1} \times 300.15K}{3.037 \times 10^{-3}\,m^3} = 8.22 \times 10^5\,Pa$$

由理想气体热力学能和焓的性质可知：

$\Delta U = nC_{V,m}(T_3 - T_1)$

　　 $= 1mol \times 20.92J·K^{-1}·mol^{-1} \times (370.15-300.15)K = 1.464 \times 10^3\,J$

$\Delta H = nC_{p,m}(T_3 - T_1)$

　　 $= 1mol \times (20.92+8.314)J·K^{-1}·mol^{-1} \times (370.15-300.15)K = 2.046 \times 10^3\,J$

由题意可知：$W = W_1 + W_2$，第一步为恒外压压缩过程，所以：

$W_1 = -p_{amb}(V_2 - V_1) = -p_2(V_2 - V_1)$

　　 $= -8.217 \times 10^5\,Pa \times (3.037-24.63) \times 10^{-3}\,m^3 = 1.774 \times 10^4\,J$

第二步为恒容过程，即 $dV = 0$，所以 $W_2 = 0$，故：

$W = W_1 + W_2 = 1.774 \times 10^4\,J$

$Q = \Delta U - W = 1.464 \times 10^3\,J - 1.774 \times 10^4\,J = -1.628 \times 10^4\,J$

2.7.3 理想气体的绝热可逆过程

根据热力学第一定律，在绝热过程中：

$$dU = \delta W \tag{2.7-17}$$

从式（2.7-17）可以看出，绝热过程中系统与环境间交换的功来源于系统热力学能的增减。

对理想气体绝热过程：

$$\Delta U = \int_{T_1}^{T_2} nC_{V,\mathrm{m}}\,\mathrm{d}T$$

若 $C_{V,\mathrm{m}}$ 为常数，则：

$$W = \Delta U = nC_{V,\mathrm{m}}(T_2 - T_1) \tag{2.7-18}$$

式(2.7-18)是计算理想气体绝热过程功的基本公式，无论过程可逆与否均适用。

对理想气体不做非体积功的绝热可逆过程，有：

$$\mathrm{d}U = \delta W_{\mathrm{r}} = -p\,\mathrm{d}V$$

将理想气体的 $\mathrm{d}U = nC_{V,\mathrm{m}}\mathrm{d}T$ 及 $p = nRT/V$ 代入上式，得：

$$nC_{V,\mathrm{m}}\mathrm{d}T = -\frac{nRT}{V}\mathrm{d}V$$

整理得：

$$\frac{\mathrm{d}T}{T} = -\frac{R}{C_{V,\mathrm{m}}}\frac{\mathrm{d}V}{V}$$

$$\frac{\mathrm{d}T}{T} = -\frac{C_{p,\mathrm{m}} - C_{V,\mathrm{m}}}{C_{V,\mathrm{m}}}\frac{\mathrm{d}V}{V} = -\left(\frac{C_{p,\mathrm{m}}}{C_{V,\mathrm{m}}} - 1\right)\frac{\mathrm{d}V}{V}$$

令 $\dfrac{C_{p,\mathrm{m}}}{C_{V,\mathrm{m}}} = \gamma$（$\gamma$ 称为热容比），得：

$$\frac{\mathrm{d}T}{T} = (1 - \gamma)\frac{\mathrm{d}V}{V}$$

当理想气体由始态（p_1、V_1、T_1）绝热可逆变化到末态（p_2、V_2、T_2）时，积分上式得：

$$\int_{T_1}^{T_2}\frac{\mathrm{d}T}{T} = (1 - \gamma)\int_{V_1}^{V_2}\frac{\mathrm{d}V}{V}$$

即 $\qquad T_1 V_1^{\gamma-1} = T_2 V_2^{\gamma-1} \quad$ 或 $\quad TV^{\gamma-1} = $ 常数 $\tag{2.7-19}$

将理想气体状态方程 $T = \dfrac{pV}{nR}$ 代入得：

$$p_1 V_1^{\gamma} = p_2 V_2^{\gamma} \quad 或 \quad pV^{\gamma} = 常数 \tag{2.7-20}$$

同理，将 $V = nRT/p$ 代入得：

$$p_1^{1-\gamma} T_1^{\gamma} = p_2^{1-\gamma} T_2^{\gamma} \quad 或 \quad p^{1-\gamma}T^{\gamma} = 常数 \tag{2.7-21}$$

式(2.7-19)、式(2.7-20) 和式(2.7-21)是理想气体绝热可逆过程始末态间 p、V、T 独有的关系式，均称为理想气体绝热可逆过程方程。用此三式可以进行理想气体绝热可逆过程 p、V、T 的计算。

有了理想气体绝热可逆过程的 p、V 关系，也可以由体积功的定义式计算过程的体积功，即：

$$W_{\mathrm{r}} = -\int_{V_1}^{V_2} p\,\mathrm{d}V$$

将绝热可逆过程方程 $pV^{\gamma} = C$（C 为常数）代入并积分可得

$$W_{\mathrm{r}} = -\int_{V_1}^{V_2}\frac{C}{V^{\gamma}}\mathrm{d}V = \frac{C}{1-\gamma}\left(\frac{1}{V_2^{\gamma-1}} - \frac{1}{V_1^{\gamma-1}}\right) \tag{2.7-22}$$

因为 $p_1 V_1^{\gamma} = p_2 V_2^{\gamma} = C$，所以：

$$W_{\mathrm{r}} = \frac{p_2 V_2 - p_1 V_1}{\gamma - 1} = \frac{nR(T_2 - T_1)}{\gamma - 1} \tag{2.7-23}$$

式（2.7-23）只适用于理想气体绝热可逆过程。

设一定量的理想气体由同一始态 A，分别经过恒温可逆过程与绝热可逆过程膨胀到相同体积的末态，在 p-V 图上画出恒温线和绝热线（图2-10）。

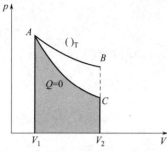

图 2-10 理想气体恒温线和
绝热线比较

在绝热可逆过程中，压力随体积的增加而下降得更快，因为除了体积增大压力下降外，还因为气体绝热过程中向外做功，消耗气体的热力学能，气体温度降低又使压力下降。这两个原因共同作用，使气体绝热可逆过程的压力下降变化率大于恒温过程。从同一始态出发，经恒温可逆膨胀与绝热可逆膨胀到相同体积，恒温可逆膨胀做得功多。

【**例题 2-8**】 设 $1dm^3 O_2(g)$ 由 298K、500kPa 用下列几种不同方式，膨胀到最后压力为 100kPa：（1）恒温可逆膨胀；（2）绝热可逆膨胀；（3）在恒外压为 100kPa 下绝热不可逆膨胀。计算各过程的 W（假定 O_2 为理想气体，$C_{p,m}=3.5R$，且不随温度而变）。

解：气体物质的量为：

$$n=\frac{pV}{RT}=\frac{500\times10^3 Pa\times1\times10^{-3} m}{8.314J\cdot K^{-1}\cdot mol^{-1}\times298K}=0.202mol$$

（1）恒温可逆膨胀

过程（1）可用下图表示：

$$W_r=nRT\ln\frac{p_2}{p_1}=(0.202mol)\times(8.314J\cdot K^{-1}\cdot mol^{-1})\times(298K)\times\ln\frac{100kPa}{500kPa}$$
$$=-805.47J$$

（2）绝热可逆膨胀：

过程（2）可用下图表示：

因为 $O_2(g)$ 为双原子分子，故：

$$C_{p,m}=\frac{7}{2}R, \quad C_{V,m}=\frac{5}{2}R, \quad \gamma=\frac{C_{p,m}}{C_{V,m}}=1.4$$

根据绝热可逆方程式（2.7-21），可得：

$$T_2=T_1\left(\frac{p_2}{p_1}\right)^{\frac{\gamma-1}{\gamma}}$$

将 $T_1=298K$，$p_1=5\times10^5 Pa$，$p_2=1\times10^5 Pa$ 及 $\gamma=1.4$ 代入上式，得：

$$T_2 = 298\text{K} \times \left(\frac{10^5}{5 \times 10^5}\right)^{\frac{1.4-1}{1.4}} = 188\text{K}$$

$$W = \Delta U = \int_{T_1}^{T_2} C_V \mathrm{d}T = n C_{V,\text{m}}(T_2 - T_1)$$
$$= 0.202\text{mol} \times (2.5 \times 8.314\text{J} \cdot \text{K}^{-1} \cdot \text{mol}^{-1}) \times (188\text{K} - 298\text{K})$$
$$= -461.84\text{J}$$

（3）恒外压绝热膨胀

过程（3）可用下图表示：

此过程为不可逆膨胀。首先求末态温度。因绝热，故

$$W = \Delta U = n C_{V,\text{m}}(T_2 - T_1)$$

同时，对于恒外压膨胀，有：

$$W = -p_{\text{amb}}\Delta V = -p_2(V_2 - V_1) = -p_2\left(\frac{nRT_2}{p_2} - \frac{nRT_1}{p_1}\right)$$

联立上面两式得：

$$C_{V,\text{m}}(T_2 - T_1) = -p_2\left(\frac{RT_2}{p_2} - \frac{RT_1}{p_1}\right)$$

将上式整理后，得：

$$T_2 = \left(C_{V,\text{m}} + R\frac{p_2}{p_1}\right) \times \frac{T_1}{C_{p,\text{m}}}$$

将 $p_1 = 500\text{kPa}$、$p_2 = 100\text{kPa}$、$T_1 = 298\text{K}$ 及 $C_{V,\text{m}} = 2.5R$、$C_{p,\text{m}} = 3.5R$，代入上式可得：

$$T_2 = 230\text{K}$$
$$W = \Delta U = n C_{V,\text{m}}(T_2 - T_1)$$
$$= 0.202\text{mol} \times (2.5 \times 8.314\text{J} \cdot \text{K}^{-1} \cdot \text{mol}^{-1}) \times (230\text{K} - 298\text{K})$$
$$= -285.50\text{J}$$

由此例可见，从同一始态出发，达到相同的末态压力，但因过程不同，末态温度也不同，所做功也不同，恒温可逆膨胀的功最大，绝热不可逆膨胀的功最小（皆为绝对值）。并且从同一始态出发，经绝热可逆过程和绝热不可逆过程，不可能达到相同的末态。计算两种过程到末态温度的方法也不同。绝热不可逆过程不能使用绝热可逆过程方程式。

2.8　热力学第一定律对实际气体的应用

前面已经提到，焦耳的自由膨胀实验在实验设计上不够精确。为了能较好地观察实际气体在膨胀后所发生的温度变化，1852 年，焦耳-汤姆逊设计了另一个实验，即焦耳-汤姆逊实验，设计的新实验比较精确地观察到气体由于膨胀而发生的温度变化。这个实验使我们对实际气体的 U、H 等性质有所了解，并且在获得低温和气体液化工业有着重要的应用。

2.8.1　焦耳-汤姆逊实验

图 2-11 是焦耳-汤姆逊实验装置示意图。在绝热圆筒中有两个绝热活塞，中间置有一刚性多孔塞。当有气体流过多孔塞时，会在多孔塞两侧形成压力差。实验前，作为研究对象的

气体全在多孔塞左侧，在维持左、右两侧压力分别保持 p_1、p_2（$p_1 > p_2$）不变的前提下，将左侧气体通过多孔塞渐渐压入其右侧。当气体经过一定时间达到稳定后，可以观察到两侧气体的温度分别稳定在 T_1、T_2。像这种维持一定压力差的绝热膨胀称为节流膨胀。

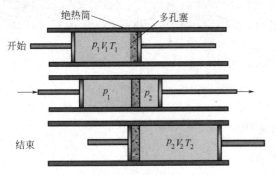

图 2-11　焦耳-汤姆逊实验示意图

焦耳-汤姆逊实验结果表明：通常情况下，实际气体经节流膨胀后温度均发生变化，大多数气体温度降低，产生制冷效应；而少数气体（如 H_2、He）温度反而升高，产生制热效应；实验还发现，各种气体在压力足够低时，节流膨胀后气体温度基本不变。

节流膨胀有广泛的应用。在科学研究及生产活动中，经常通过气体或液体的节流膨胀来获得低温。另外，还经常利用节流膨胀使气体液化。

2.8.2　节流膨胀过程的热力学特征

现用热力学第一定律对上述节流膨胀过程进行分析。

由于 $Q = 0$，$W' = 0$，而节流膨胀过程中的体积功 W：

① 在左侧环境对系统做功：$W_1 = -p_1 \Delta V_1 = -p_1(0 - V_1) = p_1 V_1$

② 在右侧系统对环境做功：$W_2 = -p_2 \Delta V_2 = -p_2(V_2 - 0) = -p_2 V_2$

所以　　　　　　　$\Delta U = U_2 - U_1 = Q + W = W = p_1 V_1 - p_2 V_2$

$$U_2 + p_2 V_2 = U_1 + p_1 V_1$$

即　　　　　　　　　　$H_2 = H_1$　或　$\Delta H = 0$　　　　　　　　　　（2.8-1）

所以，实际气体的节流膨胀为恒焓过程。可以进一步引申，流体在节流膨胀过程中焓保持不变。

2.8.3　焦耳-汤姆逊系数及其应用

由实验观测出在节流膨胀中，气体压力变化的同时，往往也发生温度的变化。为了描述气体节流膨胀过程中温度随压力的变化，引入焦耳-汤姆逊系数 $\mu_{\text{J-T}}$，定义如下：

$$\mu_{\text{J-T}} = \left(\frac{\partial T}{\partial p} \right)_H \tag{2.8-2}$$

$\mu_{\text{J-T}}$ 的是系统的强度性质，表示在节流膨胀过程中，降低单位压力所引起的温度改变。

若 $\mu_{\text{J-T}} > 0$，节流膨胀后温度降低，产生致冷效应；

若 $\mu_{\text{J-T}} < 0$，节流膨胀后温度升高，产生致热效应；

若 $\mu_{\text{J-T}} = 0$，则流体节流后温度不变。

$|\mu_{\text{J-T}}|$ 越大，表示其致冷或致热效果越显著。$\mu_{\text{J-T}}$ 的值与气体种类及其温度和压力有关，因此对于同一种气体，$\mu_{\text{J-T}}$ 的值随气体的状态不同而变化。在常温常压下，大多数气体的 $\mu_{\text{J-T}} > 0$，而 H_2 和 He 例外，在常温常压下 $\mu_{\text{J-T}} < 0$。表 2-1 列出几种气体在 273.15K、100kPa 下的 $\mu_{\text{J-T}}$ 值。

表 2-1　几种气体在 273.15K，100kPa 下的 $\mu_{J\text{-}T}$ 值

气体	He	H₂	O₂	N₂	CO₂	空气
$10^6\,\mu_{J\text{-}T}/K \cdot Pa^{-1}$	−0.62	−0.296	3.06	2.67	12.9	2.75

【例题 2-9】　(1) $CO_2(g)$ 通过一节流孔由 $5\times10^6\,Pa$ 向 $10^5\,Pa$ 膨胀，其温度由原来的 25℃ 下降到 −39℃，试估算其 $\mu_{J\text{-}T}$。(2) 已知 $CO_2(g)$ 的沸点为 −78.5℃，当 25℃ 的 $CO_2(g)$ 经过一步节流膨胀欲使其温度下降到沸点，试问其起始压力应为若干（末态压力为 $10^5\,Pa$）？

解： (1) 假设在实验的温度和压力范围内 $\mu_{J\text{-}T}$ 为一常数，则：

$$\mu_{J\text{-}T}=\left(\frac{\partial T}{\partial p}\right)_H \approx \frac{\Delta T}{\Delta p}=\left(\frac{-39-25}{10^5-5\times10^5}\right)K \cdot Pa=1.306\times10^{-5}\,K \cdot Pa^{-1}$$

(2) 根据 $\mu_{J\text{-}T}$ 的定义及 (1) 的结果，则：

$$\mu_{J\text{-}T}=\frac{\Delta T}{\Delta p}$$

$$1.306\times10^{-5}=\frac{-78.5-25}{10^5-(p_1/Pa)}$$

$$p_1=8.024\times10^6\,Pa$$

2.8.4　焦耳-汤姆逊转化曲线

为了求得一种气体的 $\mu_{J\text{-}T}$，需要进行多次焦耳-汤姆逊实验。在 p_1、T_1 的初始状态下，选定比 p_1 小的压力 p_2 做节流膨胀实验，测量温度 T_2，然后在 T-p 图上画出两点 (T_1, p_1) 和 (T_2, p_2)，即图 2-12 中的点 1 和点 2。然后再选定新的压力 p_3 代替 p_2，重复这一实验，在图中画出点 3。经过多次实验，便在 T-p 图上得到许多等焓点，最后用一条平滑曲线把这些点连接起来，称为等焓曲线。曲线上任一点处的斜率 $(\partial T/\partial p)_H$ 即是在该状态下气体的 $\mu_{J\text{-}T}$ 值。图中点 3 是等焓曲线上的极值点，其左边各点 $\mu_{J\text{-}T}>0$，节流膨胀后气体温度降低；其右边各点 $\mu_{J\text{-}T}<0$，节流膨胀后气体温度升高。点 3 处 $\mu_{J\text{-}T}=0$，T_3 称为转化温度。在转化温度时，节流膨胀后气体温度不变。每一种气体都有自己的转化温度。同一种气体的转化温度与压力有关。例如 H₂ 在 101325Pa 下的转化温度为 195K。如果另换一个始态，作一系列的节流膨胀实验，又可得到一条形状相似但极值点位置不同的等焓线。把各等焓线的极值点连接起来，便得到图 2-13 中的曲线，称为转化温度曲线。图 2-14 是由实验测定而绘制的 H₂、He 和 N₂ 的转化曲线。转化曲线把气体的 T-p 图划分成两个区，在转化曲线以内 $\mu_{J\text{-}T}>0$，是致冷区；在转化曲线以外 $\mu_{J\text{-}T}<0$，是致热区。

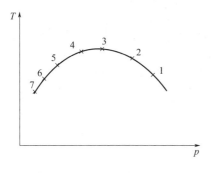

图 2-12　等焓曲线

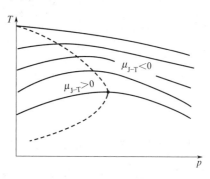

图 2-13　转化温度曲线

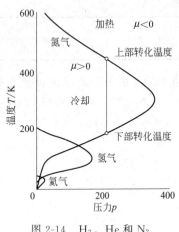

图 2-14　H₂、He 和 N₂
的转化曲线

由图 2-14 可知，在一定压力范围内，每种气体均有高、低两个转化温度，在这两个转化温度之间 $\mu_{J\text{-}T}>0$，随着压力 p 的增加，高、低转化温度逐渐靠近，并重合于一点。若气体的压力高于此点对应的压力，无论温度是多少，节流膨胀后，温度总是升高的。

由图 2-14 还可知，N₂ 在常压下的转化温度高于室温，因此不要事先冷却，直接用来节流膨胀，就可以液化。H₂ 和 He 在常压下的转化温度远远低于室温，不能直接节流膨胀来降温液化。而必经事先冷却到高转化温度之下，才能进行。H₂ 要事先用液氨冷却到 200K 以下，He 要用液 H₂ 冷却才行。

2.8.5　实际气体恒温过程中的 ΔH 和 ΔU 的计算

实际气体的 H 和 U 不仅是温度的函数，还与体积（或压力）有关。实际气体恒温过程中的 ΔH 和 ΔU 均不等于零，其 ΔH 和 ΔU 的值可以通过下述两个步骤来计算。

设有定量的某种实际气体从 T_1、p_1、V_1 恒温变到 T_1、p_2、V_2，可将其分解为两步完成：

① 先使实际气体经节流膨胀由 T_1、p_1、V_1 变到 T_2、p_2、V_3，这一步为等焓过程，所以 $\Delta H_1=0$。而 T_2 的值可由 $\mu_{J\text{-}T}$ 计算得到。

② 然后在恒压下改变气体的温度，使气体由 T_2、p_2、V_3 变到 T_1、p_2、V_2，这一步的焓变 $\Delta H_2=C_p(T_1-T_2)$，式中 C_p 是压力为 p_2 时该气体的恒压热容。

根据状态函数法，整个过程的焓变 ΔH 为：

$$\Delta H=\Delta H_1+\Delta H_2=C_p(T_1-T_2)$$

相应的热力学能变为：

$$\Delta U=\Delta H-\Delta(pV)=\Delta H-\Delta(p_2V_2-p_1V_1)$$

【例题 2-10】 已知 $CO_2(g)$ 的 $\mu_{J\text{-}T}=1.306\times10^{-5}$ K·Pa^{-1}，$C_{p,m}=36.6$ J·K^{-1}·mol^{-1}，试求算 50g $CO_2(g)$ 在 25℃ 下由 10^5 Pa 恒温压缩到 10^6 Pa 时的 ΔH。如果实验气体是理想气体，则 ΔH 又应为何值？

解： 依题意，可设计过程如下：

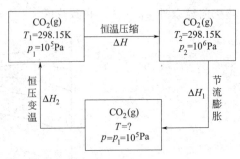

由于节流膨胀是恒焓过程，故 $\Delta H_1=0$

由焦耳-汤姆逊系数定义式 $\mu_{J\text{-}T}=\left(\dfrac{\partial T}{\partial p}\right)_H$，得：

$$\int_{T_2}^{T} \mathrm{d}T = \mu_{\mathrm{J\text{-}T}} \int_{p_2}^{p} \mathrm{d}p$$

$$T - T_2 = \mu_{\mathrm{J\text{-}T}} \times (p - p_2)$$

$$T - 298.15\mathrm{K} = 1.306 \times 10^{-5}\mathrm{K \cdot Pa^{-1}} \times (1 \times 10^5 \mathrm{Pa} - 10 \times 10^5 \mathrm{Pa})$$

$$T = 286.40\mathrm{K}$$

$$\Delta H_2 = \int_{T}^{T_1} nC_{p,\mathrm{m}} \mathrm{d}T$$

$$= \frac{50}{44}\mathrm{mol} \times 36.6\mathrm{J \cdot K^{-1} \cdot mol^{-1}} \times (298.15\mathrm{K} - 286.40\mathrm{K}) = 488.7\mathrm{J}$$

由于 H 是状态函数，故：

$$\Delta H = -(\Delta H_1 + \Delta H_2) = -488.7\mathrm{J}$$

如果实验气体是理想气体，则 $\Delta H = 0$。

2.9　相　变　焓

2.9.1　相与相变

（1）相

系统中物理性质和化学性质完全均匀的部分称为相。例如，冰和水虽然两者的化学性质相同，但物理性质不同，故冰-水共存系统中，液态水是一相，固态冰是另一相。又如石墨与金刚石均由碳原子构成，化学性质相同，但两者的晶型不同，物理性质差异极大，故石墨与金刚石是两个不同的相。不同相之间有明显的界面，越过相界面时，某些宏观性质会发生突跃式的变化。需要注意的是，相的存在与物质的多少无关，如一滴水是一相，一烧杯水也只是一相。还需注意相是个宏观概念，几个水分子不能构成一相，必须分子数目足够大时才能构成一个宏观相，才能体现出相应的物理性质和化学性质。

（2）相变

系统中的同一种物质在不同相态之间的转变称为相变。对纯物质，常遇到的相变化过程如图 2-15 所示，有液体的蒸发、凝固，固体的熔化、升华，气体的凝结、凝华以及固体的晶型转变等。

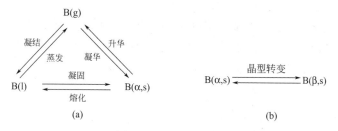

图 2-15　相变化过程

相变化如非特别指明，一般看作恒温恒压过程。若相变发生在两相平衡的条件下，则相变为可逆相变，如在 100℃、101.325kPa 下水和水蒸气之间的相变，在 0℃、101.325kPa 下水和冰之间的相变，均为可逆相变；反之，不在两相平衡的条件下进行的相变过程为不可逆相变，如水在 100℃下向真空中蒸发，在 101.325kPa 下 −10℃ 的过冷水结冰，这些均为不可逆相变。

2.9.2　相变焓及可逆相变过程 ΔU、ΔH、W 和 Q 的计算

相变焓是指物质在恒定温度 T 及该温度平衡压力下由 α 相变为 β 相时的焓变，用符号 $\Delta_{\alpha}^{\beta}H$ 表示。1mol 物质在恒定的温度和压力下由 α 相变为 β 相时的焓变，称为摩尔相变焓，用符号 $\Delta_{\alpha}^{\beta}H_{m}$ 表示，其单位为 $J \cdot mol^{-1}$。对纯物质两相平衡系统，温度 T 一旦确定，则该温度下的平衡压力也就确定，故摩尔相变焓仅仅是温度 T 的函数，即 $\Delta_{\alpha}^{\beta}H_{m}(T)$。对一种物质手册上往往给出常压（101.325kPa）及其平衡温度下的摩尔相变焓，如：

$$H_2O(l) \xrightarrow{101.325kPa,100℃} H_2O(g) \quad \Delta_{vap}H_m = \Delta_l^g H_m = 40.668kJ \cdot mol^{-1}$$

$$H_2O(s) \xrightarrow{101.325kPa,0℃} H_2O(l) \quad \Delta_{fus}H_m = \Delta_s^l H_m = 6.008kJ \cdot mol^{-1}$$

其他任意温度及其平衡压力下的摩尔相变焓可利用状态函数法计算。

相变焓与摩尔相变焓的关系为：

$$\Delta_{\alpha}^{\beta}H = n\Delta_{\alpha}^{\beta}H_m \tag{2.9-1}$$

因为焓是状态函数，所以在相同的温度和压力下，同一物质发生的两种互为相反的可逆相变过程，其相变焓数值相等，符号相反，即：

$$\Delta_{\alpha}^{\beta}H = -\Delta_{\beta}^{\alpha}H \tag{2.9-2}$$

如水在同样条件下的摩尔蒸发焓与摩尔凝结焓、摩尔熔化焓与摩尔凝固焓、摩尔升华焓与摩尔凝华焓等均有上述关系。

相变过程的热效应称为相变热，由于相变过程通常是在恒温恒压且不做非体积功的情况下进行的，所以，相变热与相变焓在量值上相等，即：

$$Q_p = \Delta_{\alpha}^{\beta}H \tag{2.9-3}$$

若物质在 T_1 到 T_2 的温度范围内，既有简单的状态变化又有相变化，则计算过程热需要将相变热加进去，并分段积分计算。例如，某物质从 T_1 到 T_2 的温度范围内经过了熔点和沸点，则所需热量按下式计算：

$$固体(T_1) \rightarrow 固体(T_{fus}) \xrightarrow{熔化} 液体(T_{fus}) \rightarrow 液体(T_{vap}) \xrightarrow{蒸发} 气体(T_{vap}) \rightarrow 气体(T_2)$$

$$Q_p = \Delta H = \int_{T_1}^{T_{fus}} nC_{p,m}(s)dT + n\Delta_{fus}H_m + \int_{T_{fus}}^{T_{vap}} nC_{p,m}(l)dT + n\Delta_{vap}H_m + \int_{T_{vap}}^{T_2} nC_{p,m}(g)dT$$

【例题 2-11】 已知水在 100℃ 的饱和蒸气压 $p^* = 101.325kPa$，在此温度、压力下水的摩尔蒸发焓为 $40.67kJ \cdot mol^{-1}$。求在 100℃，101.325kPa 下使 1kg 水蒸气全部凝结成液态水时的 Q、W、ΔU 和 ΔH。设水蒸气适用理想气体状态方程。

解： 依题意，可设计过程如下：

$$\boxed{\begin{array}{c}1kg\ H_2O(g)\\100℃\\101.325kPa\end{array}} \xrightarrow{可逆相变} \boxed{\begin{array}{c}1kg\ H_2O(l)\\100℃\\101.325kPa\end{array}}$$

因过程为可逆相变，故

$$Q_p = \Delta H = \frac{1000}{18}mol \times (-40.67kJ \cdot mol^{-1})$$

$$= -2259.44kJ$$

$$\Delta U = \Delta H - \Delta(pV) = \Delta H - p(V_1 - V_g)$$

$$\approx \Delta H + pV_g = \Delta H + nRT$$

$$= -2259.44\text{kJ} + \frac{1000}{18} \times 8.314 \times 373.15 \times 10^{-3}\text{kJ}$$

$$= -2087.09\text{kJ}$$

$$W = -p(V_1 - V_g) \approx pV_g = nRT$$

$$= 172.35\text{kJ}$$

2.9.3　相变焓与温度的关系

纯物质在某确定相态下的摩尔焓应当是 T、p 的双变量函数，所以 $\Delta_\alpha^\beta H_m$ 也应是 T、p 的改变量函数。由于相变焓的定义中确定相变压力是相变温度下的平衡压力，纯物质相平衡压力是相平衡温度的函数，所以任一物质 B 的相变焓 $\Delta_\alpha^\beta H_m$ 均可归结为温度的单变量函数，即：

$$\Delta_\alpha^\beta H_m = f(T)$$

前面已经提到，通常由文献中给出的是大气压力 101.325kPa 及其平衡温度下的相变焓数据。但是有时需要其他温度下的相变数据，这可以利用某已知温度下的相变焓及相变前后两相的热容数据，通过设计途径利用状态函数法求出。

以物质 B 由 α 相转化为 β 相的摩尔相变焓 $\Delta_\alpha^\beta H_m$ 为例。已知温度 T_1 及其平衡压力 p_1 下的摩尔相变焓 $\Delta_\alpha^\beta H_m(T_1)$，求温度 T 及其平衡压力 p 下的摩尔相变焓 $\Delta_\alpha^\beta H_m(T)$。两相的摩尔定压热容分别为 $C_{p,m}(\alpha)$ 及 $C_{p,m}(\beta)$。设计途径如下：

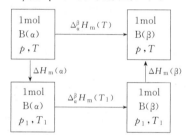

根据状态函数的性质，有：

$$\Delta_\alpha^\beta H_m(T) = \Delta H_m(\alpha) + \Delta_\alpha^\beta H_m(T_1) + \Delta H_m(\beta)$$

计算 $\Delta H_m(\alpha)$、$\Delta H_m(\beta)$ 时，不论 α、β 是气态、液态还是固态，只要气相可视为理想气体，液态和固态物质的焓随压力 p 变化可忽略，均有：

$$\Delta H_m(\alpha) = \int_T^{T_1} C_{p,m}(\alpha)\mathrm{d}T = -\int_{T_1}^T C_{p,m}(\alpha)\mathrm{d}T$$

$$\Delta H_m(\beta) = \int_{T_1}^T C_{p,m}(\beta)\mathrm{d}T$$

代入前式并整理，得：

$$\Delta_\alpha^\beta H_m(T) = \Delta_\alpha^\beta H_m(T_1) + \int_{T_1}^T [C_{p,m}(\beta) - C_{p,m}(\alpha)]\mathrm{d}T$$

若令

$$\Delta_\alpha^\beta C_{p,m} = C_{p,m}(\beta) - C_{p,m}(\alpha) \tag{2.9-4}$$

则

$$\Delta_\alpha^\beta H_m(T) = \Delta_\alpha^\beta H_m(T_1) + \int_{T_1}^T \Delta_\alpha^\beta C_{p,m}\mathrm{d}T \tag{2.9-5}$$

式(2.9-5) 给出了两个不同温度下摩尔相变焓之间的关系。

式(2.9-5) 的微分式为：

$$\frac{\mathrm{d}\Delta_\alpha^\beta H_m}{\mathrm{d}T} = \Delta_\alpha^\beta C_{p,m} \tag{2.9-6}$$

由式（2.9-5）和式（2.9-6）可知，若 $\Delta_\alpha^\beta C_{p,m}=0$，则摩尔相变焓 $\Delta_\alpha^\beta H_m(T)$ 不随温度变化。

【例题 2-12】 已知 $H_2O(l)$ 在 $100℃$ 的摩尔蒸发焓 $\Delta_{vap}H_m=40.67\mathrm{kJ\cdot mol^{-1}}$，水和水蒸气在 $25\sim100℃$ 间的平均摩尔定压热容分别为 $\overline{C}_{p,m}(H_2O,l)=75.6\mathrm{J\cdot K^{-1}\cdot mol^{-1}}$，$\overline{C}_{p,m}(H_2O,g)=33.8\mathrm{J\cdot K^{-1}\cdot mol^{-1}}$。求 $25℃$ 时水的摩尔蒸发焓。

解：由式（2.9-5）可得：

$$\Delta_{vap}H_m(298.15\mathrm{K})=\Delta_{vap}H_m(373.15\mathrm{K})+\int_{373.15\mathrm{K}}^{298.15\mathrm{K}}\Delta_{vap}C_{p,m}\mathrm{d}T$$

将题目中的相关数据代入上式得：

$$\Delta_{vap}H_m(298.15\mathrm{K})=\Delta_{vap}H_m(373.15\mathrm{K})+[C_{p,m}(g)-C_{p,m}(l)]\times(298.15-373.15)\mathrm{K}$$
$$=40.67\mathrm{kJ\cdot mol^{-1}}+41.8\times75\times10^{-3}\mathrm{kJ\cdot mol^{-1}}=43.8\mathrm{kJ\cdot mol^{-1}}$$

2.9.4 非平衡相变（非平衡压力或非平衡温度下）

可逆相变焓可由基础热力学数据直接算出，而不可逆相变过程的焓变需设计一个包含可逆相变过程在内的一系列过程求得。

【例题 2-13】 冰（H_2O，s）在 $101.325\mathrm{kPa}$ 下的熔点为 $0℃$，此条件下的摩尔熔化焓 $\Delta_{fus}H_m=6.012\mathrm{kJ\cdot mol^{-1}}$。已知在 $-10\sim0℃$ 范围内过冷水（H_2O，l）和冰的摩尔定压热容分别为 $C_{p,m}(H_2O,l)=76.28\mathrm{J\cdot K^{-1}\cdot mol^{-1}}$ 和 $C_{p,m}(H_2O,s)=37.20\mathrm{J\cdot K^{-1}\cdot mol^{-1}}$。求在 $101.325\mathrm{kPa}$ 及 $-10℃$ 下，$1\mathrm{mol}$ 过冷水结冰过程的 Q、W、ΔU、ΔH。

解：水在 $101.325\mathrm{kPa}$、$263.15\mathrm{K}$ 下的凝固为不可逆相变，其相变焓可通过设计一个包含可逆相变过程在内的一系列过程求得，过程设计如下：

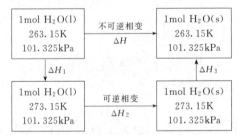

根据状态函数的性质，状态函数的增量与变化的途径无关，则：

$$\Delta H=\Delta H_1+\Delta H_2+\Delta H_3$$

ΔH_2 为水在 $373.15\mathrm{K}$ 和 $101.325\mathrm{kPa}$ 下的凝固焓，由题目中的条件可知：

$$\Delta H_2=-\Delta_{fus}H_m=-6.012\mathrm{kJ\cdot mol^{-1}}$$

ΔH_1 和 ΔH_3 分别是液态水和冰恒压变温过程的焓变，可以用热容数据计算。

$$\Delta H_1=nC_{p,m}(l)(T_2-T_1)=1\mathrm{mol}\times76.28\mathrm{J\cdot K^{-1}\cdot mol^{-1}}\times(373.15\mathrm{K}-363.15\mathrm{K})=762.8\mathrm{J}$$
$$\Delta H_3=nC_{p,m}(s)(T_1-T_2)=1\mathrm{mol}\times37.20\mathrm{J\cdot K^{-1}\cdot mol^{-1}}\times(363.15\mathrm{K}-373.15\mathrm{K})=-372.0\mathrm{J}$$

所以
$$\Delta H=-5.621\mathrm{kJ\cdot mol^{-1}}$$
$$Q_p=\Delta H=-5.62\mathrm{kJ},\quad W=-p\Delta V\approx0,\quad \Delta U=Q+W\approx Q=-5.62\mathrm{kJ}$$

【例题 2-14】 在 $373\mathrm{K}$ 和 $101.325\mathrm{kPa}$ 时，有 $1\mathrm{g}$ $H_2O(l)$ 经（1）恒温、恒压可逆汽化；（2）在恒温 $373\mathrm{K}$ 的真空箱中突然蒸发，都变为同温、同压的 $H_2O(g)$。分别计算两个过程的 Q、W、ΔU 和 ΔH 的值。已知水的蒸发热 $2259\mathrm{J\cdot g^{-1}}$，可以忽略液态水的体积。

解：（1）水恒温、恒压可逆蒸发

过程（1）可用下图表示：

$$Q_p = \Delta H = 1\text{g} \times 2259\text{J} \cdot \text{g}^{-1} = 2259\text{J}$$

$$W = -p(V_g - V_1) \approx -pV_g \approx -n_g RT$$

$$= -\frac{m}{M_{H_2O}}RT = \left(-\frac{1}{18} \times 8.314 \times 373\right)\text{J} = -172.3\text{J}$$

$$\Delta U = Q + W = (2259 - 172.3)\text{J} = 2086.7\text{J}$$

（2）在真空箱中突然蒸发

过程（2）可用下图表示：

$p_{amb} = 0$，故 $W = 0$，ΔU、ΔH 为状态函数，即只要始末态相同，则数值相等，即有：

$$\Delta H = 2259\text{J}, \quad \Delta U = Q = 2086.7\text{J}$$

2.10　化学反应热

若一化学反应系统，在反应过程中不做非体积功，且产物与反应物温度相同时，系统所吸收或放出的热量，称为化学反应热效应，简称反应热，研究反应热的计算与测量的科学称为热化学。

"热化学"是物理化学中的一个重要分支，它研究伴随化学反应所产生的各种热效应。热化学最初是作为实验科学先于热力学发展起来的，热化学的一个重要定律——盖斯（Hess）定律，它是许多实验结果的总结。热力学第一定律提出之后，盖斯定律可以看成是热力学第一定律的一个必然结论，而盖斯定律则是第一定律另一方面的实验基础。热化学是热力学第一定律对相变及化学反应中的具体应用。

在一定条件下，反应热与反应系统中化学反应的程度有关。例如，在 298.15K、101.325kPa 时，反应系统中有 1mol C(石墨) 完全燃烧，则放热 393.5kJ；如果系统中有 2mol C(石墨) 完全燃烧，则放热 787.0kJ。为此，在讨论反应热之前，先引入一个描述化学反应进行程度的量——化学反应进度。

2.10.1　化学反应进度

设有一化学反应，其化学计量方程式为：

$$a\text{A} + b\text{B} = y\text{Y} + z\text{Z}$$

若将反应物移到方程式右端，得：

$$0 = y\text{Y} + z\text{Z} - a\text{A} - b\text{B}$$

若用 B 代表反应系统中任意物质，则上式可化简写成：

$$0 = \sum_B \nu_B B \tag{2.10-1}$$

式中，ν_B 为物质 B 的化学计量系数，产物的化学计量系数为正值，反应物的化学计量系数为负值，ν_B 为量纲为一的量。

对于反应 $0 = \sum_B \nu_B B$，反应进度 ξ 的定义式如下：

$$d\xi \equiv \frac{dn_B}{\nu_B} \qquad (2.10\text{-}2)$$

式中，n_B 为反应中任意物质 B 的物质的量；ν_B 为该物质的化学计量数。

若规定反应开始的 $\xi = 0$，将式（2.10-2）积分，则得：

$$\xi = \frac{n_B(\xi) - n_{B,0}}{\nu_B} = \frac{\Delta n_B}{\nu_B} \qquad (2.10\text{-}3)$$

式中，$n_{B,0}$ 为反应前，即 $\xi = 0$ 时 B 的物质的量；$n_B(\xi)$ 为反应进度为 ξ 时 B 的物质的量。对产物 Δn_B、ν_B 均为正值，而对反应物 Δn_B、ν_B 均为负值，故反应进度 ξ 总是正值，反应进度的单位为摩尔。

关于反应进度，需要说明以下三点：

① 一般情况下，反应过程中各物质的量的变化并不相等，但是各物质的量的变化是相互关联的，它们与各自化学计量数之比必定相等而与物质种类无关，即：

$$\frac{\Delta n_A}{\nu_A} = \frac{\Delta n_B}{\nu_B} = \frac{\Delta n_Y}{\nu_Y} = \frac{\Delta n_Z}{\nu_Z} \qquad (2.10\text{-}4)$$

所以，反应进度 ξ 的值与选用反应系统中何种物质的量的变化来进行计算无关。

② 当反应系统中的各物质的量的变化 $\Delta n_B = \nu_B$ 时，$\xi = 1\text{mol}$，则系统中发生了 1mol 反应进度。例如，$N_2(g) + 3H_2(g) \Longrightarrow 2NH_3(g)$，若 1mol 的 N_2 和 3mol 的 H_2 反应并生成 2mol 的 NH_3，则称此反应进行了 1mol 的反应进度。

③ 同一反应，当物质 B 的变化量 Δn_B 一定时，因化学计量方程式的写法不同，ν_B 不同，故反应进度 ξ 的值也不同。例如，合成氨反应，当 $\Delta n(N_2) = -1\text{mol}$ 时，若化学计量方程式写作：

$$N_2(g) + 3H_2(g) \Longrightarrow 2NH_3(g)$$

则：

$$\xi = \frac{\Delta n(N_2)}{\nu(N_2)} = \frac{-1\text{mol}}{-1} = 1\text{mol}$$

若化学计量方程式写作： $\quad \frac{1}{2}N_2(g) + \frac{3}{2}H_2(g) \Longrightarrow NH_3(g)$

则：$\xi = \dfrac{\Delta n(N_2)}{\nu(N_2)} = \dfrac{-1\text{mol}}{-0.5} = 2\text{mol}$，所以，应用反应进度时必须指明化学计量方程式。

2.10.2 摩尔反应热

反应热分为恒容反应热 Q_V 和恒压反应热 Q_p 两种。根据式（2.5-1），$Q_V = \Delta_r U$，根据式（2.5-6），$Q_p = \Delta_r H$（下标"r"表示化学反应），故恒容反应热也称反应热力学能，恒压反应热也称反应焓。由于大多数化学反应是在恒压下进行的，所以通常所说的反应热是指 $\Delta_r H$，其值的大小与反应进度 ξ 有关。

设系统中进行的反应为：$aA + bB \Longrightarrow yY + zZ$。当系统处于一定状态时，$T$、$p$、$y_A$、$y_B$、$y_Y$、$y_Z$ 均有定值，则各物质的摩尔焓也有定值，分别记作 H_A，H_B，H_Y，H_Z。设在一定的 T 与 p 下，反应进行微量反应进度 $d\xi$，无限小的变化不致引起任何物质 B 的 y_B 发生有意义的变化，此时可以认为 H_B 仍保持不变。反应进度 $d\xi$ 引起系统 H 的微变为：

$$dH = H_Y dn_Y + H_Z dn_Z + H_A dn_A + H_B dn_B$$
$$= (yH_Y + zH_Z - aH_A - bH_B)d\xi$$

$$= \left(\sum_B \nu_B H_B \right) d\xi$$

令：

$$\Delta_r H_m = \frac{dH}{d\xi}$$

则：

$$\Delta_r H_m = \sum_B \nu_B H_B \tag{2.10-5}$$

$\Delta_r H_m$ 称为摩尔反应焓。它表示在 T、p 及组成恒定的条件下，进行微量反应进度 $d\xi$ 引起反应焓的变化 dH，折合成 1mol 反应进度时的焓变。$\Delta_r H_m$ 单位为 $J \cdot mol^{-1}$ 或 $kJ \cdot mol^{-1}$，下标"m"表示反应进度为 1mol。

对于物质的量为无限大的反应系统，在 T、p 恒定条件下进行 $\Delta\xi$ 反应进度时，也可以认为反应系统中各组分的组成不变，设其对应的焓变为 $\Delta_r H$，则：

$$\Delta_r H_m = \frac{\Delta_r H}{\Delta\xi}$$

引入摩尔反应焓，便于比较不同化学反应热效应的大小。因物质的摩尔焓是 T、p 及反应系统组成的函数，所以摩尔反应焓也是 T、p 及反应系统组成的函数。

既然反应 $0 = \sum_B \nu_B B$ 的热效应，是指发生 1mol 反应进度时的焓变 $\Delta_r H_m$，因此，在写热化学方程式时必须注明每一种物质的状态。若不注明温度和压力，则均指 298.15K、101.325kPa。另外，在方程式之后写出反应热 $\Delta_r H_m$ 的值。例如，在 298.15K、101.325kPa 下，1mol C(石墨) 在氧气中完全燃烧，放热 393.5kJ，热化学方程式应写作：

$$C(石墨) + O_2(g) \Longrightarrow CO_2(g)；\Delta_r H_m = -393.5kJ \cdot mol^{-1}$$

说明：①热化学方程式一方面将化学反应式和反应热效应联系起来，使之更完整地表达化学反应本质和物理现象；另一方面利用方程式的数学规律，也可以进行不同反应之间热效应的换算。②热化学方程式中的反应热，是指发生 1mol 反应进度时系统的焓变，但并不说明该反应一定能够发生或能够进行到底。

2.10.3　物质的标准态及标准摩尔反应焓

化学反应系统一般是混合物，其中任一组分 B 的任一热力学状态函数，不仅与混合物中 B 的状态参数温度、压力和组成有关，还与存在的其他组分的种类有关，因不同种类、组成的分子间相互作用有所差别。为了使同一种物质在不同的化学反应中能够有一个共同的参考状态，以此作为建立基础数据的严格标准，热力学规定了物质的标准状态。

气体：任意温度 T、标准压力 $p^\ominus = 100kPa$ 下表现出理想气体性质的纯气体状态。

液体或固体：任意温度 T、标准压力 $p^\ominus = 100kPa$ 下的纯液体或纯固体状态。

至于其他情况下物质的标准状态将在第 4 章中介绍。

由上述规定可知，标准态对温度没有做出规定，即物质在每一个温度 T 下都有各自的标准态。通常查表所得的热力学标准态的有关数据大多是在 $T = 298.15K$ 时的数据。

若参与反应的所有物质都处于标准状态，则该反应的摩尔反应焓称为标准摩尔反应焓，用符号 $\Delta_r H_m^\ominus$ 表示。对于标准状态下的任一化学反应：$0 = \sum_B \nu_B B$，显然：

$$\Delta_r H_m^\ominus = \sum_B \nu_B H_{m,B}^\ominus \qquad (2.10\text{-}6)$$

式中，$H_{m,B}^\ominus$ 表示参与反应的任意物质 B 的标准摩尔焓。

由标准态的规定可知，标准摩尔反应焓 $\Delta_r H_m^\ominus$ 为一个假想反应（即反应前各反应物组分是压力为 $p^\ominus$ 下的纯态，生成的产物组分也是压力为 $p^\ominus$ 下的纯态）过程的焓变，它与相同温度 T 下的实际反应的焓变 $\Delta_r H_m$ 是有差别的。由标准态的规定还可知，$\Delta_r H_m^\ominus$ 只是 T 的函数。

说明：① 当参与反应的各组分均为理想气体时，$\Delta_r H_m(T) = \Delta_r H_m^\ominus(T)$

② 当反应各组分间混合焓可忽略不计时，$\Delta_r H_m(T) \approx \Delta_r H_m^\ominus(T)$

2.10.4 标准摩尔反应焓的计算

（1）盖斯定律

1840 年，盖斯在总结大量实验结果的基础上，得出如下结论：一个化学反应，不论是一步完成或者分步完成，其热效应总是相同的，这个结论称为盖斯定律（Hess's Law）。

盖斯定律是在热力学第一定律建立之前得出的，而在热力学第一定律建立后，就是热力学第一定律运用于化学反应过程的必然结果。因为化学反应通常是在不做非体积功的恒压或恒容条件下进行的，$Q_V = \Delta_r U$，$Q_p = \Delta_r H$，$\Delta_r U$ 及 $\Delta_r H$ 的值只取决于系统的始末态，与反应的途径无关，故 Q_V、Q_p 的值也与反应的途径无关。

盖斯定律是热化学的基本定律，它的意义在于使热化学反应方程式像普通代数方程式那样进行运算，从而可以根据已知准确测定了的反应热，来求算难以直接测定或根本不能测定的反应热；可以根据已知的反应热，求算出未知的反应热。

但要注意，各个化学反应式的反应条件必须相同。如，若反应一步恒容，则需步步恒容；若一步恒压，则需步步恒压。对于一些难于直接测量或根本不能测量的反应热，可以用已知化学反应的热效应来推算。无机化学中的"玻恩-哈伯循环法"就是这个定律的运用。

例如，反应：

$$C(石墨) + \frac{1}{2}O_2(g) =\!=\!= CO(g) ; \quad \Delta_r H_{m,1}^\ominus \qquad ①$$

其 $\Delta_r H_{m,1}^\ominus$ 很难直接测定。因为石墨与氧气反应生成一氧化碳的过程中不可避免地有一些二氧化碳生成。但是，石墨与氧气反应生成二氧化碳和一氧化碳与氧气反应生成二氧化碳这两个反应的热效应是很容易测定的，因此可以利用盖斯定律把反应①的热效应 $\Delta_r H_{m,1}^\ominus$ 间接地计算出来。已知：

$$C(石墨) + O_2(g) =\!=\!= CO_2(g) ; \quad \Delta_r H_{m,2}^\ominus = -393.5 \text{kJ} \cdot \text{mol}^{-1} \qquad ②$$

$$CO(g) + \frac{1}{2}O_2(g) =\!=\!= CO_2(g) ; \quad \Delta_r H_{m,3}^\ominus = -283.0 \text{kJ} \cdot \text{mol}^{-1} \qquad ③$$

因为 ②－③＝①，故：

$$\Delta_r H_{m,1}^\ominus = \Delta_r H_{m,2}^\ominus - \Delta_r H_{m,3}^\ominus = -393.5 \text{kJ} \cdot \text{mol}^{-1} - (-283.0 \text{kJ} \cdot \text{mol}^{-1})$$

$$= -110.5 \text{kJ} \cdot \text{mol}^{-1}$$

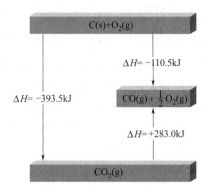

又例如，由单质生成乙醇的反应热无法从实验中直接测定：

$$2C(石墨)+3H_2(g)+\frac{1}{2}O_2(g)\Longrightarrow C_2H_5OH(l)；\Delta_rH_m^{\ominus}(298.15K)$$

然而，碳、氢气和乙醇均易燃烧，它们燃烧时热效应数据分别为：

$$C(石墨)+O_2(g)\Longrightarrow CO_2(g)；\Delta_rH_{m,1}^{\ominus}=-393.5kJ\cdot mol^{-1} \quad ④$$

$$H_2(g)+\frac{1}{2}O_2(g)\Longrightarrow H_2O(l)；\Delta_rH_{m,2}^{\ominus}=-285.8kJ\cdot mol^{-1} \quad ⑤$$

$$C_2H_5OH(l)+3O_2(g)\Longrightarrow2CO_2(g)+3H_2O(l)；\Delta_rH_{m,3}^{\ominus}=-1366.9kJ\cdot mol^{-1} \quad ⑥$$

利用上述三个反应的反应热，结合盖斯定律可以计算出由单质生成乙醇的反应热，即 $2×④+3×⑤-⑥$：

$$2C(石墨)+3H_2(g)+\frac{1}{2}O_2(g)\Longrightarrow C_2H_5OH(l)$$

故

$$\Delta_rH_m^{\ominus}(298.15K)=2\Delta_rH_{m,4}^{\ominus}+3\Delta_rH_{m,5}^{\ominus}-\Delta_rH_{m,6}^{\ominus}$$

$$=-277.5kJ\cdot mol^{-1}$$

（2）由标准摩尔生成焓计算

由式(2.10-6)可知，若能知道参加反应各种物质的标准摩尔焓的绝对值，就能方便地计算出任意反应的标准摩尔反应焓。但物质的标准摩尔焓的绝对值是不知道的，因此还不能用式(2.10-6)计算反应的标准摩尔反应焓。为了解决这一问题，人们就采用一种相对标准求出焓的改变量，标准摩尔生成焓和标准摩尔燃烧焓就是常用的两种相对焓变，利用它们结合状态函数法，就可以计算化学反应的标准摩尔反应焓。

在标准压力和指定温度下，由稳定相单质生成1mol β相的某物质 B 的标准摩尔反应焓，称为 β 相的该物质在该温度下的标准摩尔生成焓，用符号 $\Delta_fH_m^{\ominus}(B,\beta,T)$ 表示，单位为 J·mol^{-1}或 kJ·mol^{-1}，下标 f 表示生成反应。

例如，在 298.15K 及标准压力 $p^{\ominus}$ 下：

$$C(石墨)+O_2(g)\Longrightarrow CO_2(g)；\Delta_rH_m^{\ominus}(298.15K)=-393.5kJ\cdot mol^{-1}$$

则 $CO_2(g)$ 在 298.15K 时的 $\Delta_fH_m^{\ominus}(CO_2,g,298.15K)=-393.5kJ\cdot mol^{-1}$

$$H_2(g)+\frac{1}{2}O_2(g)\Longrightarrow H_2O(l)；\Delta_rH_m^{\ominus}(298.15K)=-285.8kJ\cdot mol^{-1}$$

则 $H_2O(l)$ 在 298.15K 时的 $\Delta_f H_m^{\ominus}(H_2O, l, 298.15K) = -285.8 kJ \cdot mol^{-1}$

$\Delta_f H_m^{\ominus}$ 可通过测量生成反应的热效应而得到。对于那些不能进行或不易测量的生成反应，$\Delta_f H_m^{\ominus}$ 可通过易测反应的 $\Delta_r H_m^{\ominus}$ 利用盖斯定律求得。显然，稳定相单质的标准摩尔生成焓 $\Delta_f H_m^{\ominus}$ 为零。298.15K 下，各种物质的 $\Delta_f H_m^{\ominus}$ 数据可从附录中查到。

根据化学反应中各种物质的标准摩尔生成焓，可以求该反应的标准摩尔反应焓。因为化学反应都有一共同的特征，即始态反应物与末态产物均可由同样物质的量的相同种类的单质来生成。例如，为了计算 298.15K 时反应的 $\Delta_r H_m^{\ominus}$，

$$a\,A + b\,B \Longrightarrow y\,Y + z\,Z$$

可将反应按如下设计的途径进行：

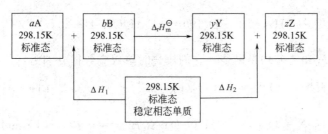

其中
$$\Delta H_1 = a\Delta_f H_m^{\ominus}(A, 298.15K) + b\Delta_f H_m^{\ominus}(B, 298.15K)$$

$$\Delta H_2 = y\Delta_f H_m^{\ominus}(Y, 298.15K) + z\Delta_f H_m^{\ominus}(Z, 298.15K)$$

$$\Delta_r H_m^{\ominus}(298.15K) = \Delta H_2 - \Delta H_1$$

$$\Delta_r H_m^{\ominus}(298.15K) = [y\Delta_f H_m^{\ominus}(Y, 298.15K) + z\Delta_f H_m^{\ominus}(Z, 298.15K)] -$$
$$[a\Delta_f H_m^{\ominus}(A, 298.15K) + b\Delta_f H_m^{\ominus}(B, 298.15K)]$$

或简写成：

$$\Delta_r H_m^{\ominus}(298.15K) = \sum_B \nu_B \Delta_f H_m^{\ominus}(B, 298.15K) \tag{2.10-7}$$

即在 298.15K 下任意反应的 $\Delta_r H_m^{\ominus}$ 等于同温度下参与反应的各组分的 $\Delta_r H_m^{\ominus}$ 与其化学计量数乘积的代数和。考虑到 ν_B 的符号，$\Delta_r H_m^{\ominus}$ 实质是各产物总的标准摩尔生成焓之和减去各反应物总的标准摩尔生成焓之和（如下所示）。

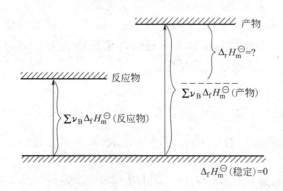

【例题 2-15】　由标准摩尔生成焓计算如下反应在 298.15K 时标准摩尔反应焓：

$$4NH_3(g)+5O_2(g)=\!\!=\!\!=4NO(g)+6H_2O(g)$$

解： 查表得

$$\Delta_f H_m^{\ominus}(NO,g)=90.25kJ\cdot mol^{-1}$$

$$\Delta_f H_m^{\ominus}(H_2O,g)=-241.82kJ\cdot mol^{-1}$$

$$\Delta_f H_m^{\ominus}(NH_3,g)=-46.11kJ\cdot mol^{-1}$$

由标准摩尔生成焓的定义知 $\Delta_f H_m^{\ominus}(O_2,g)=0$，则

$$\Delta_r H_m^{\ominus}=[4\Delta_f H_m^{\ominus}(NO,g)+6\Delta_f H_m^{\ominus}(H_2O,g)]-[4\Delta_f H_m^{\ominus}(NH_3,g)+5\Delta_f H_m^{\ominus}(O_2,g)]$$

$$=[4\times90.25kJ\cdot mol^{-1}+6\times(-241.82kJ\cdot mol^{-1})]-[4\times(-46.11kJ\cdot mol^{-1})+5\times0]$$

$$=-905.48kJ\cdot mol^{-1}$$

（3）由标准摩尔燃烧焓计算

在标准压力和指定温度下，1mol β 相的 B 物质与氧气进行完全氧化反应时，该反应的标准摩尔反应焓，称为 β 相的该物质在该温度下的标准摩尔燃烧焓，用符号 $\Delta_c H_m^{\ominus}(B,\beta,T)$ 表示，符号中的下标"c"表示燃烧，单位为 $J\cdot mol^{-1}$ 或 $kJ\cdot mol^{-1}$。

例如，在 298.15K 及标准压力下：

$$CH_3OH(l)+\frac{3}{2}O_2(g)=\!\!=\!\!=CO_2(g)+2H_2O(l)；\Delta_r H_m^{\ominus}(298.15K)=-726.6kJ\cdot mol^{-1}$$

则 $CH_3OH(l)$ 在 298.15K 时的 $\Delta_c H_m^{\ominus}(CH_3OH,l,298.15K)=-726.6kJ\cdot mol^{-1}$

"完全氧化"是指燃烧物质分子中的元素变成最稳定的氧化物或单质。例如，物质中的 C 元素，完全氧化后的最终产物为 $CO_2(g)$；若含 H 元素，其完全氧化物规定为 $H_2O(l)$；若含 S 元素，其完全氧化物规定为 $SO_2(g)$；若含 N 元素，氧化后规定生成 $N_2(g)$。由标准摩尔燃烧焓的定义可知，氧化的产物如 $CO_2(g)$、$H_2O(l)$、$SO_2(g)$、$N_2(g)$ 等的 $\Delta_c H_m^{\ominus}=0$。298.15K 时各种有机物的 $\Delta_c H_m^{\ominus}$ 数据可从附录中查到。

可以证明，对于 298.15K 的任意反应 $0=\sum_B \nu_B B$，存在如下规律：

$$\Delta_r H_m^{\ominus}(298.15K)=-\sum_B \nu_B \Delta_c H_m^{\ominus}(B,298.15K) \tag{2.10-8}$$

即在 298.15K 下，任意反应的 $\Delta_r H_m^{\ominus}$ 等于同温度下参与反应的各组分的 $\Delta_c H_m^{\ominus}$ 与其化学计量数乘积的代数和的负值。考虑到 ν_B 的符号，$\Delta_r H_m^{\ominus}$ 实质是各反应物总的标准摩尔燃烧焓之和减去各产物总的标准摩尔燃烧焓之和（如下所示）。

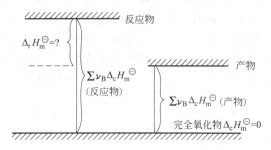

【例题 2-16】　已知 298.15K 时：

① $(COOH)_2(s) + \frac{1}{2}O_2(g) \Longrightarrow 2CO_2(g) + H_2O(l)$；$\Delta_r H_m^{\ominus} = -251.5 kJ \cdot mol^{-1}$

② $CH_3OH(l) + \frac{3}{2}O_2(g) \Longrightarrow CO_2(g) + 2H_2O(l)$；$\Delta_r H_m^{\ominus} = -726.6 kJ \cdot mol^{-1}$

③ $(COOCH_3)_2(l) + \frac{7}{2}O_2(g) \Longrightarrow 4CO_2(g) + 3H_2O(l)$；$\Delta_r H_m^{\ominus} = -1677.8 kJ \cdot mol^{-1}$

试求算反应：

④ $(COOH)_2(s) + 2CH_3OH(l) \Longrightarrow (COOCH_3)_2(l) + 2H_2O(l)$ 在 298.15K 的 $\Delta_r H_m^{\ominus}$。

解：反应①、②、③的 $\Delta_r H_m^{\ominus}$ 分别为 $(COOH)_2(s)$、$CH_3OH(l)$ 及 $(COOCH_3)_2(l)$ 的 $\Delta_c H_m^{\ominus}$，$\Delta_c H_m^{\ominus}(H_2O,l) = 0$。由式 (2.10-8) 可得：

$$\Delta_r H_m^{\ominus} = -\{-\Delta_c H_m^{\ominus}[(COOH)_2,s] - 2\Delta_c H_m^{\ominus}[CH_3OH,l] + \Delta_c H_m^{\ominus}[(COOCH_3)_2,l] +$$
$$2\Delta_c H_m^{\ominus}[H_2O,l]\}$$
$$= -[-(-251.5) - 2 \times (-726.6) + (-1677.8) + 0] kJ \cdot mol^{-1}$$
$$= -26.9 kJ \cdot mol^{-1}$$

应注意，物质的 $\Delta_c H_m^{\ominus}$ 往往是一个很大的值，而一般的 $\Delta_r H_m^{\ominus}$ 只是一个较小的值，从两个大数之差求一较小的值易造成误差。例如，上例中 $(COOCH_3)_2(l)$ 的 $\Delta_c H_m^{\ominus}$ 只有 1% 的偏差时为 16.8kJ，但对反应④的 $\Delta_r H_m^{\ominus}$ 就可能造成 60% 以上的偏差。所以用 $\Delta_c H_m^{\ominus}$ 计算 $\Delta_r H_m^{\ominus}$ 时，必须注意其数据的可靠性。

【例题 2-17】 已知 $C_2H_5OH(l)$ 在 25℃ 时，$\Delta_c H_m^{\ominus} = -1366.8 kJ \cdot mol^{-1}$，试用 $CO_2(g)$ 和 $H_2O(l)$ 在 25℃ 时的 $\Delta_f H_m^{\ominus}$，求算 $C_2H_5OH(l)$ 在 25℃ 时的 $\Delta_f H_m^{\ominus}$。

解：根据燃烧焓的定义可知，$C_2H_5OH(l)$ 的 $\Delta_c H_m^{\ominus}$ 为如下反应的 $\Delta_r H_m^{\ominus}$，即：

$$C_2H_5OH(l) + 3O_2(g) \Longrightarrow 2CO_2(g) + 3H_2O(l)$$；$\Delta_r H_m^{\ominus} = -1366.8 kJ \cdot mol^{-1}$

查表得 $\Delta_f H_m^{\ominus}(CO_2,g) = -393.5 kJ \cdot mol^{-1}$，$\Delta_f H_m^{\ominus}(H_2O,l) = -285.8 kJ \cdot mol^{-1}$

由标准摩尔生成焓的定义知 $\Delta_f H_m^{\ominus}(O_2,g) = 0$

根据式 (2.10-7) 得：

$$\Delta_r H_m^{\ominus} = [2\Delta_f H_m^{\ominus}(CO_2,g) + 3\Delta_f H_m^{\ominus}(H_2O,l) - \Delta_f H_m^{\ominus}(C_2H_5OH,l) - 3\Delta_f H_m^{\ominus}(O_2,g)]$$

解此方程得：

$$\Delta_f H_m^{\ominus}(C_2H_5OH,l) = 2\Delta_f H_m^{\ominus}(CO_2,g) + 3\Delta_f H_m^{\ominus}(H_2O,l) - \Delta_r H_m^{\ominus} - 3\Delta_f H_m^{\ominus}(O_2,g)$$
$$= [2 \times (-393.5) + 3 \times (-285.8) - (-1366.8) - 0] kJ \cdot mol^{-1}$$
$$= -277.69 kJ \cdot mol^{-1}$$

（4）标准摩尔离子生成焓

对于有离子参加的反应，如果能够知道每种离子的生成焓，则同样可以计算这一反应的焓变。由于溶液总是电中性的，正负离子总是同时存在，不存在单一离子的溶液，因而不能由实验直接测得某种离子的摩尔生成焓。如果选定一种离子，对它的离子生成焓给予一定的数值，从而获得其他各种离子在无限稀释时的相对生成焓。利用相对值仍然可以计算有离子参加的反应焓。现在公认的标准是，规定 H^+ 在无限稀释时的标准摩尔生成焓为零，即：

$$\frac{1}{2}H_2(g) + \infty aq \Longrightarrow H^+(\infty aq) + e^- \qquad \Delta_f H_m^{\ominus}(H^+,\infty aq) = 0$$

式中，∞aq 代表无限稀释水溶液。

表 2-2 中的数据是根据这一规定，计算出来的其他离子的标准摩尔生成焓。

表 2-2　一些离子在 298.15K 的 $\Delta_f H_m^{\ominus}$

离子	$\Delta_f H_m^{\ominus}$/kJ·mol^{-1}	离子	$\Delta_f H_m^{\ominus}$/kJ·mol^{-1}	离子	$\Delta_f H_m^{\ominus}$/kJ·mol^{-1}	离子	$\Delta_f H_m^{\ominus}$/kJ·mol^{-1}
H^+	0	Ba^{2+}	-537.64	Zn^{2+}	-153.89	I^-	-55.19
Li^+	-278.49	Al^{3+}	-531.0	Cd^{2+}	-75.90	NO_2^-	-104.6
Na^+	-240.12	Mn^{2+}	-220.75	Hg_2^{2+}	$+172.4$	NO_3^-	-205.0
K^+	-252.38	Fe^{2+}	-89.1	Hg^{2+}	$+171.1$	ClO^-	-103.97
NH_4^+	-132.51	Fe^{3+}	-48.5	Sn^{2+}	-8.79	S^{2-}	$+33.1$
Ag^+	$+105.59$	Co^{2+}	-58.2	Pb^{2+}	-1.70	SO_3^{2-}	-635.5
Mg^{2+}	-466.85	Ni^{2+}	-54.0	OH^-	-229.99	SO_4^{2-}	-909.27
Ca^{2+}	-542.96	Cu^+	$+71.67$	Cl^-	-167.16	CO_3^{2-}	-677.14
Sr^{2+}	-545.51	Cu^{2+}	$+64.77$	Br^-	-121.55	CH_3COO^-	-486.01

【例题 2-18】　已知 $CaCO_3(s)$ 的标准生成焓为 $-1206.9kJ·mol^{-1}$，试计算在标准态下无限稀溶液中 $CaCl_2$ 与 Na_2CO_3 混合的热效应。

解： $CaCl_2(\infty aq) + Na_2CO_3(\infty aq) \Longrightarrow CaCO_3(s) + 2NaCl(\infty aq)$ 反应的热效应实质上是 $Ca^{2+}(\infty aq)$ 与 $CO_3^{2-}(\infty aq)$ 生成 $CaCO_3$ 沉淀的热效应：

$$Ca^{2+}(\infty aq) + CO_3^{2-}(\infty aq) \Longrightarrow CaCO_3(s)$$

由表 2-2 查出：

$$\Delta_f H_m^{\ominus}(Ca^{2+},\infty aq, 298.15K) = -542.96kJ·mol^{-1}$$
$$\Delta_f H_m^{\ominus}(CO_3^{2-},\infty aq, 298.15K) = -676.25kJ·mol^{-1}$$
$$\Delta_f H_m^{\ominus}(CaCO_3, s, 298.15K) = -1206.9kJ·mol^{-1}$$

$$\Delta_r H_m^{\ominus}(298.15K) = \Delta_f H_m^{\ominus}(CaCO_3, s) - \Delta_f H_m^{\ominus}(Ca^{2+},\infty aq) - \Delta_f H_m^{\ominus}(CO_3^{2-},\infty aq)$$
$$= [-1206.9 - (-542.96) - (-676.25)]kJ·mol^{-1}$$
$$= -12.3kJ·mol^{-1}$$

2.10.5　反应热的测量

不论用哪种方法计算反应热，都需要足够的实验数据，因此热效应的测量是热化学的重要内容。测量热效应的设备称为量热计。量热计有许多种，对于有气体参加且热效应很大的化学反应（如燃烧反应），通常用弹式量热计进行测定，如图 2-16 所示。

测定时将反应物装入氧弹内，设法使反应在其中发生，用温度计准确测定反应前后水浴温度的变化。若整个量热计的热容已知，就不难算出该反应的热效应。用弹式量热计测出的是恒容热。但工作中用得最多的是恒压热，下面讨论如何由恒容热计算恒压热。

设任意反应 $0 = \sum\limits_B \nu_B B$ 分别经等温恒压途径（1）和等温恒容途径（2）完成（见图 2-17）。途径（1）和途径（2）的生成物相同，但生成物的状态不同，途径（2）的生成物经等温膨胀或压缩［途径（3）］至途径（1）的生成物状态。

由于 H 是状态函数，故：

$$\Delta_r H_1 = \Delta_r H_2 + \Delta H_3 = \Delta_r U_2 + \Delta(pV)_2 + \Delta H_3 \tag{2.10-9}$$

式中，$\Delta(pV)_2$ 表示途径（2）的末态与始态 pV 之差，即：

$$\Delta(pV)_2 = (pV)_{末态,2} - (pV)_{始态,2}$$

对于反应系统中的固态与液态物质，其体积与气态物质相比要小得多，且反应前后的体积变化很小，因此固态与液态物质 $\Delta(pV)$ 可忽略不计，只要考虑气态物质的 $\Delta(pV)$。若气体为理想气体，则：

$$\Delta(pV)_2 = (pV)_{末态,2} - (pV)_{始态,2} = (\Delta n)RT$$

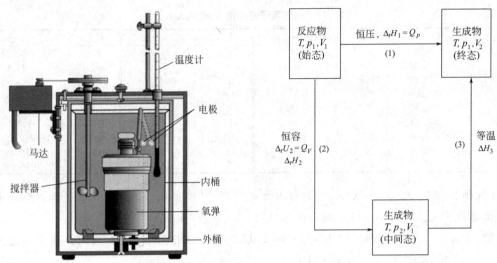

图 2-16　环境恒温式弹式量热计示意图

图 2-17　Q_p 与 Q_V 的关系

式中，Δn 是生成物中气体组分的物质的量与反应物中气体组分的物质的量之差。

对理想气体，$\Delta H_3 = 0$（等温过程），对其他物质来说，ΔH_3 虽不等于零，但与由化学反应而引起的 $\Delta_r H_2$ 比较，也可忽略不计。所以式（2.10-9）可写为：

$$\Delta_r H_1 = \Delta_r U_2 + (\Delta n)RT \quad 或 \quad Q_p = Q_V + (\Delta n)RT \tag{2.10-10}$$

若反应进度 $\Delta \xi$ 为 1mol，其摩尔恒压反应热与摩尔恒容反应热的关系如下：

$$\Delta_r H_m = \Delta_r U_m + \sum_B \nu_B RT \quad 或 \quad Q_{p,m} = Q_{V,m} + \sum_B \nu_B RT \tag{2.10-11}$$

式中，ν_B 是指气体物质的化学计量数。

【**例题 2-19**】　设有 0.1mol C_7H_{16}(l) 在量热计中完全燃烧，在 25℃ 时测得放热 480.4kJ。分别计算下列两个计量方程的 $\Delta_r H_m$ 和 $\Delta_r U_m$。

(1) $C_7H_{16}(l) + 11O_2(g) = 7CO_2(g) + 8H_2O(l)$

(2) $2C_7H_{16}(l) + 22O_2(g) = 14CO_2(g) + 16H_2O(l)$

解：在量热计中测出的是恒容热效应，即：

$$\Delta_r U = Q_V = -480.4kJ$$

对计量方程（1）：

$$\Delta \xi = \frac{\Delta n(C_7H_{16})}{\nu(C_7H_{16})} = \frac{0 - 0.1}{-1} mol = 0.1mol$$

$$\Delta_r U_m = \frac{\Delta_r U}{\Delta \xi} = \frac{-480.4kJ}{0.1mol} = -4804kJ \cdot mol^{-1}$$

$$\Delta_r H_m = \Delta_r U_m + \sum_B \nu_B RT$$

$$= -4804kJ \cdot mol^{-1} + (-11+7) \times (8.314J \cdot K^{-1} \cdot mol^{-1}) \times (298K) \times 10^{-3}$$

$$= -4814kJ \cdot mol^{-1}$$

对计量方程（2）：

$$\Delta \xi = \frac{\Delta n(C_7H_{16})}{\nu(C_7H_{16})} = \frac{0 - 0.1}{-2} mol = 0.05mol$$

$$\Delta_r U_m = \frac{\Delta_r U}{\Delta \xi} = \frac{-480.4kJ}{0.05mol} = -9608kJ \cdot mol^{-1}$$

$$\Delta_r H_m = \Delta_r U_m + \sum_B \nu_B R T$$
$$= -9608 \text{kJ} \cdot \text{mol}^{-1} + (-22 + 14) \times (8.314 \text{J} \cdot \text{K} \cdot \text{mol}^{-1}) \times (298 \text{K}) \times 10^{-3}$$
$$= -9628 \text{kJ} \cdot \text{mol}^{-1}$$

由此例可见，计量方程（2）的化学计量数是计量方程（1）的两倍，计量方程（2）的 $\Delta_r H_m$ 和 $\Delta_r U_m$ 也是计量方程（1）的两倍。因此，计量方程式的写法不同，其 $\Delta_r H_m$ 和 $\Delta_r U_m$ 也不同，故 $\Delta_r H_m$ 和 $\Delta_r U_m$ 必须与具体的计量方程对应。

2.10.6 标准摩尔反应焓与温度的关系

由于通常从各种手册上查到的都是 298.15K 时的 $\Delta_f H_m^{\ominus}$ 和 $\Delta_c H_m^{\ominus}$ 数据，因而利用这些数据只能计算出 298.15K 时反应的 $\Delta_r H_m^{\ominus}$。但在实际生产中，许多反应都是在更高的温度下进行的，为了计算其他温度下的反应热，我们必须知道 $\Delta_r H_m^{\ominus}$ 与温度 T 的关系。这可利用状态函数法由下图关系来推导：

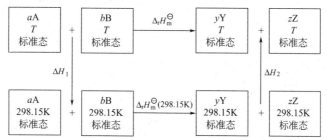

根据状态函数法，有：

$$\Delta_r H_m^{\ominus}(T) = \Delta H_1 + \Delta H_2 + \Delta_r H_m^{\ominus}(298.15 \text{K})$$

$$\Delta H_1 = \int_T^{298.15\text{K}} [a C_{p,m}^{\ominus}(A) + b C_{p,m}^{\ominus}(B)] \, dT$$

$$\Delta H_2 = \int_{298.15\text{K}}^T [y C_{p,m}^{\ominus}(Y) + z C_{p,m}^{\ominus}(Z)] \, dT$$

代入上式并整理，得：

$$\Delta_r H_m^{\ominus}(T) = \Delta_r H_m^{\ominus}(298.15\text{K}) + \int_{298.15\text{K}}^T \Delta_r C_{p,m}^{\ominus} \, dT \tag{2.10-12}$$

其中
$$\Delta_r C_{p,m} = [y C_{p,m}^{\ominus}(Y) + z C_{p,m}^{\ominus}(Z)] - [a C_{p,m}^{\ominus}(A) + b C_{p,m}^{\ominus}(B)]$$

或
$$\Delta_r C_{p,m} = \sum_B \nu_B C_{p,m}^{\ominus}(B) \tag{2.10-13}$$

式(2.10-12) 称为基尔霍夫公式。根据此式可以利用 298.15K 时的 $\Delta_r H_m^{\ominus}$，计算另一温度 T 时的 $\Delta_r H_m^{\ominus}(T)$。

基尔霍夫公式的微分形式是：

$$\left(\frac{\partial \Delta_r H_m^{\ominus}}{\partial T} \right)_p = \Delta_r C_{p,m}^{\ominus} \tag{2.10-14}$$

由基尔霍夫公式的微分形式可知：

① 若 $\Delta_r C_{p,m}^{\ominus} = 0$，则 $\left(\frac{\partial \Delta_r H_m^{\ominus}}{\partial T} \right)_p = 0$，即标准摩尔反应焓不随温度改变。

② 若 $\Delta_r C_{p,m}^{\ominus} = $ 常数 $\neq 0$，则基尔霍夫公式可简化为：

$$\Delta_r H_m^{\ominus}(T) = \Delta_r H_m^{\ominus}(298.15\text{K}) + \Delta_r C_{p,m}(T - 298.15) \tag{2.10-15}$$

③ 若 $\Delta_r C_{p,m}^{\ominus} = f(T)$，只要将 $\Delta_r C_{p,m}^{\ominus}$ 关于 T 的具体函数关系表达式代入式(2.10-12)

并积分即可。

应注意，从 298.15K 到 T 的过程中若有相变，在使用基尔霍夫公式时应分段积分。例如，在温度为 T' 时有相变发生，则可先从 298.15K 积分至 T'，然后计算 T' 时的相变热，再从 T' 积分至 T。积分时还需注意，聚集状态不同，$C_{p,m}$ 也不同。

【例题 2-20】 已知标准压力下 $CO(g)$、$H_2O(g)$、$CO_2(g)$、$H_2(g)$ 的平均摩尔定压热容 $\overline{C}_{p,m}$ 分别为 30.82J·K^{-1}·mol^{-1}、36.89J·K^{-1}·mol^{-1}、47.40J·K^{-1}·mol^{-1}、29.42J·K^{-1}·mol^{-1}。求反应 $CO(g)+H_2O(g)\Longrightarrow CO_2(g)+H_2(g)$ 在 700℃ 时的 $\Delta_r H_m^{\ominus}$。

解： 从附录中查得 25℃ 及标准压力下 $CO(g)$、$H_2O(g)$、$CO_2(g)$ 的 $\Delta_f H_m^{\ominus}$ 分别为 -110.5kJ·mol^{-1}、-241.8kJ·mol^{-1}、-393.5kJ·mol^{-1}，则：

$$\Delta_r H_m^{\ominus}(298.15K)=[\Delta_f H_m^{\ominus}(CO_2,g,298.15K)+\Delta_f H_m^{\ominus}(H_2,g,298.15K)]-$$
$$[\Delta_f H_m^{\ominus}(CO,g,298.15K)+\Delta_f H_m^{\ominus}(H_2O,g,298.15K)]$$
$$=\{[(-393.5)+0]-[(-110.5)+(-241.8)]\}kJ\cdot mol^{-1}$$
$$=-41.2kJ\cdot mol^{-1}$$

$$\Delta_r C_{p,m}^{\ominus}=\overline{C}_{p,m}(CO_2,g)+\overline{C}_{p,m}(H_2,g)-\overline{C}_{p,m}(CO,g)-\overline{C}_{p,m}(H_2O,g)$$
$$=(47.40+29.42-30.82-36.89)J\cdot K^{-1}\cdot mol^{-1}$$
$$=9.11J\cdot K^{-1}\cdot mol^{-1}$$

将以上数据代入式(2.10-12) 得：

$$\Delta_r H_m^{\ominus}(973.15K)=\Delta_r H_m^{\ominus}(298.15K)+\int_{298.15K}^{973.15K}\Delta_r C_{p,m}^{\ominus}dT$$
$$=-41.2kJ\cdot mol^{-1}+9.11J\cdot K^{-1}\cdot mol^{-1}\times(973.15-298.15)K\times10^{-3}$$
$$=-35.05kJ\cdot mol^{-1}$$

【例题 2-21】 反应 $N_2(g)+3H_2(g)\Longrightarrow 2NH_3(g)$ 在 25℃ 时的恒压反应热为 $\Delta_r H_m^{\ominus}(298K)=-92.38$kJ·mol^{-1}。又知：

$$C_{p,m}(N_2)=[26.98+5.912\times10^{-3}(T/K)-3.376\times10^{-7}(T/K)^2]J\cdot K^{-1}\cdot mol^{-1}$$
$$C_{p,m}(H_2)=[29.07-0.837\times10^{-3}(T/K)+20.12\times10^{-7}(T/K)^2]J\cdot K^{-1}\cdot mol^{-1}$$
$$C_{p,m}(NH_3)=[25.89+33.06\times10^{-3}(T/K)-30.46\times10^{-7}(T/K)^2]J\cdot K^{-1}\cdot mol^{-1}$$

试计算此反应在 125℃ 的恒压反应热 $\Delta_r H_m^{\ominus}(398K)$。

解： 由基尔霍夫公式，可以计算此反应在 125℃ 的恒压反应热 $\Delta_r H_m^{\ominus}(398K)$。

$$\Delta_r H_m^{\ominus}(398K)=\Delta_r H_m^{\ominus}(298K)+\int_{298K}^{398K}\Delta_r C_{p,m}^{\ominus}dT$$

若每种物质的 $C_{p,m}$ 表示成如下的函数关系：

$$C_{p,m}=a+bT+cT^2$$

则有

$$\Delta_r C_{p,m}=\Delta a+(\Delta b)T+(\Delta c)T^2$$

式中

$$\Delta a=\sum_B \nu_B a_B,\quad \Delta b=\sum_B \nu_B b_B,\quad \Delta c=\sum_B \nu_B c_B$$

$\Delta a=(2\times25.89-26.98-3\times29.07)J\cdot mol^{-1}\cdot K^{-1}=-62.41J\cdot K^{-1}\cdot mol^{-1}$

$\Delta b=(2\times33.06-5.912+3\times0.837)\times10^{-3}J\cdot K^{-2}\cdot mol^{-1}=62.72\times10^{-3}J\cdot K^{-2}\cdot mol^{-1}$

$\Delta c=[-(2\times30.46)+3.376-3\times20.12]\times10^{-7}J\cdot K^{-3}\cdot mol^{-1}=-117.9\times10^{-7}J\cdot K^{-3}\cdot mol^{-1}$

所以：

$$\Delta_r C_{p,m}=[-62.41+62.72\times10^{-3}(T/K)-117.9\times10^{-7}(T/K)^2]J\cdot K^{-1}\cdot mol^{-1}$$

将上述数据代入基尔霍夫公式积分可得：

$$\Delta_r H_m^{\ominus}(398K) = -92.38 kJ \cdot mol^{-1} + [-62.41 \times (398-298) + 31.36 \times 10^{-3} \times (398^2 - 298^2) - 39.3 \times 10^{-7} \times (398^3 - 298^3)] \times 10^{-3} kJ \cdot mol^{-1} = -96.58 kJ \cdot mol^{-1}$$

2.10.7　非等温反应过程热的计算

以上介绍的均是等温反应热效应的计算，即环境温度恒定，而且反应系统始末态温度与环境温度保持相等时的反应热效应。但是实际上有些反应以较快的速率进行，反应系统与环境不能及时交换热量，致使反应系统温度发生变化，产物温度与反应物不同，如例题 2-3。一般说来，只要知道了产物温度，即可计算该过程的热效应。若过程恒压不做非体积功，热效应为 $\Delta_r H_m^{\ominus}$；若过程恒容不做非体积功，热效应为 $\Delta_r U_m^{\ominus}$。于是可根据状态函数的特点，设计合理过程（往往包含 298.15K、标准态下的反应）充分利用物质的 $\Delta_f H_m^{\ominus}$ 或 $\Delta_c H_m^{\ominus}$ 等基础热数据使问题得以解决。例如，在例题 2-3 中：

$$\Delta H_1 = \int_{T_1}^{298.15K} [a C_{p,m}(A) + b C_{p,m}(B)] dT$$

$$\Delta H_3 = \int_{298.15K}^{T_2} [y C_{p,m}(Y) + z C_{p,m}(Z)] dT$$

$$\Delta H_2 = \sum_B \nu_B \Delta_f H_m^{\ominus}(B)$$

所以，只要查得各物质的热容及生成焓数据，便可求得以上三步的焓变，可通过：

$$\Delta H = \Delta H_1 + \Delta H_2 + \Delta H_3$$

求得非等温反应的热效应。

对于非等温反应系统，如果知道该过程的热效应，往往能够求得产物的温度。

【例题 2-22】　在 $p^{\ominus}$ 和 298.15K 时把甲烷与理论量的空气[设空气中 $n(O_2):n(N_2)=1:4$]混合后，在恒压下使之燃烧，求系统所能达到的最高温度（即最高火焰温度）。

解：燃烧反应是瞬时完成的，整个过程可认为是恒压绝热，即 $Q_p = \Delta H = 0$。以 1mol $CH_4(g)$ 作计算基准，现设计如框图所示的途径：

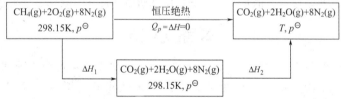

$$\Delta H_1 = \Delta_r H_m^{\ominus} = \Delta_f H_m^{\ominus}(CO_2,g) + 2\Delta_f H_m^{\ominus}(H_2O,g) - \Delta_f H_m^{\ominus}(CH_4,g)$$
$$= [-393.51 + 2 \times (-241.82) - (-74.81)] kJ \cdot mol^{-1}$$
$$= -802.34 kJ \cdot mol^{-1}$$

$$\Delta H_2 = \int_{298.15K}^{T} [C_{p,m}(CO_2,g) + 2 C_{p,m}(H_2O,g) + 8 C_{p,m}(N_2,g)] dT$$

各物质热容数据可由附录查出，经代入、整理可得：

$$\Delta H_2 = \left\{ \int_{298.15K}^{T} [305.12 + 104.56 \times 10^{-3}(T/K) - 125.02 \times 10^{-7}(T/K)^2] d(T/K) \right\} J$$
$$\approx \{305.12(T/K - 298.15) + 52.28 \times 10^{-3} \times [(T/K)^2 - 298.15^2]\} J$$

$$\Delta H = \Delta H_1 + \Delta H_2 = 0$$

将 ΔH_1、ΔH_2 的数值代入上式得，$898095 \approx 305.12(T/K) + 52.28(T/K)^2$

解得

$$T \approx 2151K$$

【例题 2-23】　1mol H_2 与过量 50% 的空气混合物的始态为 25℃、101.325kPa，若该混合气体于恒容容器中发生爆炸，设所有气体均可按理想气体处理，试估算气体所能达到的最高爆炸温度。已知 25℃ 时 $\Delta_f H_m(H_2O,g)=-241.82kJ \cdot mol^{-1}$，$C_{V,m}(H_2O,g)=37.66$ $J \cdot K^{-1} \cdot mol^{-1}$，$C_{V,m}(O_2,g)=C_{V,m}(N_2,g)=25.10J \cdot K^{-1} \cdot mol^{-1}$。

解： 设爆炸过程为恒容绝热过程，即 $Q_V=\Delta U=0$。爆炸前 O_2 的量为：$1.5 \times 0.5mol=0.75mol$，爆炸后 O_2 的量为：$(0.75-0.5)mol=0.25mol$，N_2 的量为：$0.75mol \times 79/21=2.821mol$。

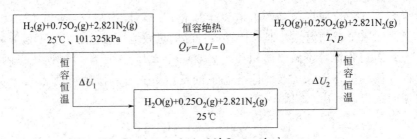

$\Delta_r H_m(298K)=\Delta_f H_m(H_2O,g)=-241.82kJ \cdot mol^{-1}$

$\Delta U_1=\Delta_r U_m(298K)=\Delta_r H_m(298K)-\sum \nu_B(g) \times RT$

$\quad =[-241.82 \times 10^3-(-0.5 \times 8.314 \times 298)]J$

$\quad =-240.58 \times 10^3 J$

$\Delta U_2=[C_{V,m}(H_2O,g)+0.25C_{V,m}(O_2,g)+2.821C_{V,m}(N_2,g)](T-298K)$

$\quad =(37.66+0.25 \times 25.10+2.821 \times 25.10)(T/K-298)J$

$\quad =114.75(T/K-298)J$

$\Delta U=\Delta U_1+\Delta U_2=0$，则

$\quad -240.58 \times 10^3+114.75(T/K-298)=0$

得 $T=2395K$

实际反应常常既不是完全的等温，又不是完全的绝热，并且在绝热反应过程中，由于温度发生变化也可能产生一些副反应，但是有了这两种极端情况的计算，其结果就有很大的参考价值。

本 章 小 结

1. 物理化学的主要目的是揭示系统的行为，并以有用的方式加以应用。热力学第一定律反映了隔离系统的能量守恒与转化关系。封闭系统中热力学第一定律的数学表达式为 $\Delta U=Q+W$，表示系统与环境交换的总能量等于其热力学能的变化，利用它可解决系统变化过程中的能量衡算问题，如单纯的 pVT 变化、相变化以及化学变化等中的能量变化。

2. 本章引入了两个重要的状态函数热力学能 U 与焓 H，两个重要的过程函数热 Q 与功 W。为了计算过程的热 Q、热力学能变 ΔU 及焓变 ΔH 等，还介绍了三类基础热数据，即物质的摩尔定容热容 $C_{V,m}$ 及摩尔定压热容 $C_{p,m}$、摩尔相变焓 $\Delta_\alpha^\beta H_m^\ominus$、物质的标准摩尔生成焓 $\Delta_f H_m^\ominus$ 及标准摩尔燃烧焓 $\Delta_c H_m^\ominus$，它们分别是单纯的 pVT 变化、相变化以及化学变化过程热力学计算的基础。

3. "系统状态函数的增量仅仅与始态、末态有关，而与变化的具体途径无关"。利用状态函数的这一特点，可以通过设计途径，计算待求过程相应状态函数的改变量——状态函数法，它是热力学中一种极为重要的方法。

4. 可逆过程是一个重要的理想化模型。在可逆变化过程中，系统内部及系统与环境间在任何瞬间均无限接近平衡，当系统沿可逆途径逆转复原时，系统及环境均能完全复原，不留任何"痕迹"。可逆过程在热力学中是极为重要的过程，热力学中的许多重要公式正是通过可逆过程建立的。

　　5. 本章核心概念和公式

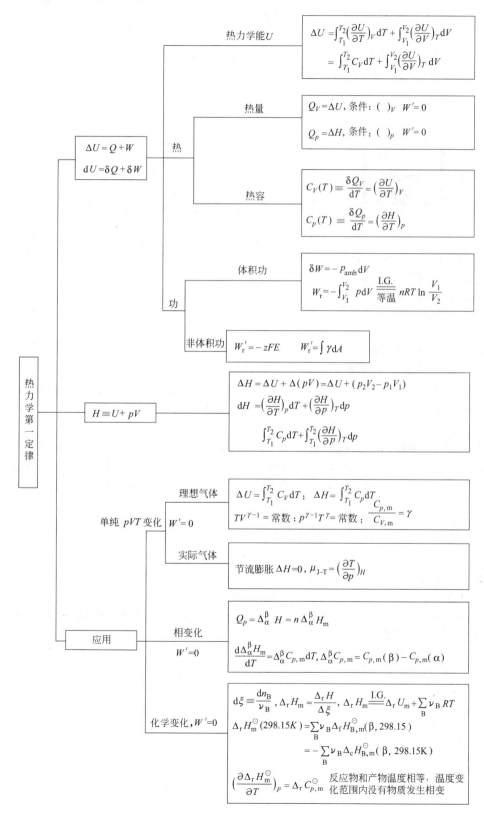

思　考　题

1. 一杯水放在一绝热箱中，判断下列情况下属于什么系统？

（1）把水作为系统；

（2）把水与水蒸气作为系统；

（3）把绝热箱中的水、水汽、空气作为一个系统。

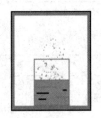 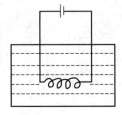

2. 设有一电炉丝浸入水中（见右上图），接上电源，通以电流一段时间。分别按下列几种情况作为系统，试问 ΔU、Q、W 为正、为负，还是为零？

（1）以水和电阻丝为系统；

（2）以水为系统；

（3）以电阻丝为系统；

（4）以电池为系统；

（5）以电池、电阻丝为系统；

（6）以电池、电阻丝、水为系统。

3. 一定量的水，从海洋蒸发变为云，云在高山上变为雨、雪，并凝结成冰。冰、雪融化变成水流入江河，最后流入大海，这一定量的水又回到始态。问历经整个循环，水的热力学能和熵的变化是多少？

4. 若一封闭系统从某一始态变化到某一末态。

（1）Q、W、$Q+W$、ΔU 是否已完全确定；

（2）若在绝热条件下，使系统从某一始态变化到某一末态，则（1）中的各量是否已完全确定？为什么？

5. 判断下列过程中哪些是可逆的？

（1）摩擦生热；

（2）N_2 和 O_2 的混合过程；

（3）房间内一杯水蒸发为水蒸气；

（4）水在沸点时变成同温、同压的水蒸气；

（5）恒温下将 1mol 水倾入大量溶液中，溶液浓度未变。

6. 在一个绝热真空箱上刺一个小洞，让空气很快进入，当两边压力相等时，两边温度是否相同？如不同，是不是与焦耳实验矛盾了？

7. 请指出所列公式的适用条件：

（1）$H = U + pV$；

（2）$\Delta H = Q_p$；

（3）$\Delta U = Q_V$；

（4）$\Delta H = \int_{T_1}^{T_2} C_p \, \mathrm{d}T = n \int_{T_1}^{T_2} C_{p,\mathrm{m}} \, \mathrm{d}T$；

（5）$W = -nRT \ln \dfrac{V_2}{V_1}$；

（6）$W = -p \Delta V$。

8. 298K、101.3kPa 压力下，一杯水蒸发为同温、同压的气是不可逆过程，试将它设计成可逆过程。

9. 因为 $\Delta U = Q_V$，$\Delta H = Q_p$，所以 Q_V、Q_p 是特定条件下的状态函数。

10. 物质的量相同的理想气体：He、O_2 和 CO_2，从相同始态出发，进行恒容吸热过程，如果吸热相同，问温度升高是否相同？压力增加是否相同？

11. 分别判断下列各过程中的 Q、W、ΔU 和 ΔH 为正、为负还是为零？

(1) 理想气体自由膨胀；

(2) 理想气体恒温可逆膨胀；

(3) 理想气体节流膨胀；

(4) 理想气体绝热、反抗恒外压膨胀；

(5) 水蒸气通过蒸汽机对外做出一定量的功之后恢复原态，以水蒸气为体系；

(6) 水（101325Pa，273.15K）$\longrightarrow$ 冰（101325Pa，273.15K）；

(7) 在充满氧的恒容绝热反应器中，石墨剧烈燃烧，以反应器及其中所有物质为体系。

12. 试举出三个化学反应，它们的反应热效应可以说是反应物中某物质的生成焓又可以是该反应中另一物质的燃烧焓。

13. Zn 与盐酸发生反应，分别在敞口和密闭容器中进行，哪一种情况放热更多？

14. 在一个容器中发生如下化学反应：$H_2(g) + Cl_2(g) \Longrightarrow 2HCl(g)$。如果反应前后 T、p、V 均未发生变化，设所有气体均可视作理想气体，因为理想气体的 $U = f(T)$，所以该反应的 $\Delta U = 0$。这个结论对不对？为什么？

15. 在相同的温度和压力下，一定量氢气和氧气从两种不同的途径生成水：（1）氢气在氧气中燃烧；（2）氢氧燃料电池。在所有反应中，保持反应始态和末态都相同，请问这两种变化途径的热力学能和焓的变化值是否相同？

16. 使用基尔霍夫定律计算公式应满足什么条件？

17. 在 p-V 图中，A→B 是等温可逆过程，A→C 是绝热可逆过程，若从 A 点出发：

(1) 经绝热不可逆过程同样到达 V_2，则终点在 C 点之上还是在 C 点之下？

(2) 经绝热不可逆过程同样到达 p_2，则终点 D 在 C 点之左还是在 C 点之右？为什么？

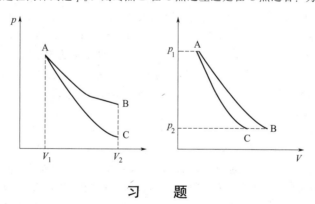

习　题

1. 1mol 水蒸气在 100℃、101.325kPa 下全部凝结成液态水，求过程的功（假设：相对于水蒸气的体积，液态水的体积可以忽略不计）。

2. 系统由 A 态变化到 B 态，沿途径 I 放热 100J，环境对系统做功 50J，问：（1）由 A 态沿途径 II 到 B 态，系统做功 80J，则过程的热量 Q 为多少？（2）如果系统再由 B 态沿途径 III 回到 A 态，环境对系统做功 50J，则过程热量 Q 是多少？

3. 计算 1mol 理想气体在下列四个过程中所做的体积功。已知始态体积为 25dm³，末态体积为 100dm³，始态及末态温度均为 100℃。

(1) 向真空膨胀；

(2) 在外压恒定为气体末态的压力下膨胀；

（3）先在外压恒定为体积等于 $50dm^3$ 时气体的平衡压力下膨胀，当膨胀到 $50dm^3$（此时温度仍为 100℃）以后，再在外压等于 $100dm^3$ 时气体的平衡压力下膨胀；

（4）恒温可逆膨胀。

试比较这四个过程的功。比较的结果说明什么？

4. 假设 N_2 为理想气体。在 0℃ 和 $5×10^5$ Pa 下，用 $2dm^3$ N_2 作恒温膨胀到压力为 10^5 Pa。

（1）如果是可逆膨胀；

（2）如果膨胀是在外压恒定为 10^5 Pa 的条件下进行。

试计算此两过程的 Q、W、ΔU 和 ΔH。

5. 有 1mol 单原子分子理想气体在 0℃、10^5 Pa 时经一变化过程，体积增大一倍，$\Delta H = 2092J$，$Q = 1\,674J$。

（1）试求算终态的温度、压力及此过程的 ΔU 和 W；

（2）如果该气体经定温和定容两步可逆过程到达上述终态，试计算 Q、W、ΔU 和 ΔH。

6. 1mol 单原子理想气体，始态为 $2p^{\ominus}$ 和 $11.2dm^3$，经过 pT ＝ 常数的可逆压缩过程到 $4p^{\ominus}$，求此过程的 W、Q、ΔU 和 ΔH。

7. 已知 300K 时，NH_3 的 $\left(\dfrac{\partial U_m}{\partial V}\right)_T = 840J \cdot m^{-3} \cdot mol^{-1}$，$C_{V,m} = 37.3J \cdot K^{-1} \cdot mol^{-1}$。当 1mol NH_3 气经一压缩过程其体积减少 $10cm^3$ 而温度上升 2K 时，试计算此过程的 ΔU。

8. 计算在 298K 和 101.325kPa 时，下列两个化学反应过程的 W、Q、ΔU 和 ΔH。

（1）1mol Zn 块溶于过量稀盐酸中，放热 151.5kJ，同时逸出 1mol $H_2(g)$。

（2）在 2.2V 直流电下，电解 1mol 水，放热 139kJ。

9. 在一个装有氧气的气缸中，缸内有一无摩擦的活塞使氧气压力恒定为 101.325kPa，现向缸中放入 2mol 细铁粉，铁粉与氧气缓慢反应完全生成 $Fe_2O_3(s)$，同时从气缸中不断取走热量以维持 298K 的恒温，计算这一过程的 W、Q 和 ΔU（已知共取走 831.08kJ 的热量）。

10. 已知 $CH_4(g)$ 的 $C_{p,m} = (22.34 + 48.12×10^{-3} T/K)J \cdot K^{-1} \cdot mol^{-1}$。试计算 1mol 的 $CH_4(g)$ 在恒定压力为 100kPa 下，从 25℃ 升温到其体积增加一倍时的 ΔU 和 ΔH［设 $CH_4(g)$ 为理想气体］。

11. 已知 $H_2(g)$ 的摩尔定压热容为：$C_{p,m} = [29.07 - 0.836×10^{-3}(T/K) + 2.01×10^{-6}(T/K)^2]$ J·$K^{-1} \cdot mol^{-1}$，现将 1mol $H_2(g)$ 从 300K 升到 1000K，试求：（1）在恒压下吸收的热；（2）在恒容下吸收的热；（3）在此温度范围内，$H_2(g)$ 的平均摩尔定压热容［设 $H_2(g)$ 为理想气体］。

12. 容器中有氮气 100g，温度为 298.2K，压力为 $100p^{\ominus}$。令该气体反抗外压为 $10p^{\ominus}$ 做恒外压绝热膨胀，直至气体的压力和外压相等，试计算：（1）气体的末态温度；（2）膨胀过程气体做的功和焓变（设氮气为理想气体，$C_{V,m} = 20.71J \cdot K^{-1} \cdot mol^{-1}$）。

13. 1mol 氢气在 298.2K 及 101.325kPa 下，经绝热可逆压缩到 $5dm^3$，试计算：（1）氢气的最后温度；（2）这一过程的 W、Q、ΔU 和 ΔH。

14. $10dm^3$ 氧气由 273K、1MPa 经过（1）绝热可逆膨胀；（2）反抗恒定外压 0.1MPa 做绝热不可逆膨胀，使气体最后压力均为 0.1MPa。求两种情况下所做的功（设氧气为理想气体，$C_{p,m} = 29.361J \cdot K^{-1} \cdot mol^{-1}$）。

15. 某高压容器所含的气体可能是 N_2 或是 Ar。今在 25℃ 时取出一些样品由 $5dm^3$ 绝热可逆膨胀到 $6dm^3$，发现温度下降了 21℃，试判断容器中为何气体？

16. 在 573K 及 0 至 $6×10^6$ Pa 的范围内，$N_2(g)$ 的焦耳-汤姆逊系数可近似用下式表示：
$$\mu_{J\text{-}T} = [1.40×10^{-7} - 2.53×10^{-14}(p/Pa)]K \cdot Pa^{-1}$$
假设此式与温度无关。$N_2(g)$ 自 $6×10^6$ Pa 做节流膨胀到 $2×10^6$ Pa，求温度变化。

17. 已知范德华气体的 $\mu_{J\text{-}T} = \dfrac{1}{C_{p,m}}\left(\dfrac{2a}{RT} - b\right)$，试用范德华方程（1）估算 $N_2(g)$ 在 273K 和 101.325kPa 条件下的 $\mu_{J\text{-}T}$；（2）估算 $N_2(g)$ 的反转温度（已知 $a = 0.1368Pa \cdot m^6 \cdot mol^{-2}$，$b = 0.386×10^{-4} m^3 \cdot mol^{-1}$，$C_{p,m} = 28.72J \cdot K^{-1} \cdot mol^{-1}$）。

18. 某气体自 30MPa、298K 绝热向真空膨胀后终态为 0.1MPa、200K，已知该气体常压下可视为理想气体，且 $C_{V,m}=2.5R$。求在恒定温度 298K 下，1mol 此气体由 0.1MPa 压缩至 30Ma 时的 ΔU。

19. 将 115V、5A 的电流通过浸在 100℃装在绝热筒中的水中的电加热器，电流通了 1h。试计算：

(1) 有多少水变成水蒸气？(2) 将做出多少功？(3) 以水和蒸气为系统，求 ΔU。已知水的汽化热为 2259J·g^{-1}。

20. 恒压 101.3kPa 下，使 2mol、50℃液态水成为 150℃的水蒸气，求过程的热。设水蒸气为理想气体，已知 $C_{p,m}(l)=75.31J·mol^{-1}·K^{-1}$，$C_{p,m}(g)=33.47J·mol^{-1}·K^{-1}$，水在 100℃、101.3kPa 时的摩尔蒸发焓为 40.67kJ·mol^{-1}。

21. 将 100℃、$5×10^4$ Pa 的水蒸气 100dm^3 恒温可逆压缩至标准压力（此时仍全为水蒸气），并继续在标准压力下压缩到体积为 10dm^3 时为止（此时已有一部分水蒸气凝结成水）。试计算此过程的 Q、W、ΔU 和 ΔH。假设凝结成的水的体积可忽略不计；水蒸气可视为理想气体。

22. 已知水在 100℃的饱和蒸气压 $p^*=101.325kPa$，在此温度、压力下水的摩尔蒸发焓为 40.67 kJ·mol^{-1}。求在 100℃、101.325kPa 下使 1kg 水蒸气全部凝结成液态水时的 W、Q、ΔU 和 ΔH。设水蒸气适用理想气体状态方程。

23. 将 1 小块冰投入过冷到 −5℃的 100g 水中，使过冷水有一部分凝结为冰，同时使温度回升到 0℃。由于此过程进行得较快，系统与环境间来不及发生热交换，可近似看作是一绝热过程。试计算此过程中析出的冰的质量。已知冰的熔化热为 333.5J·g^{-1}；0℃到 −5℃之间水的热容为 4.314J·g^{-1}·K^{-1}。

24. 已知 100℃、101.325kPa 下，$H_2O(l)$ 的摩尔蒸发焓 $\Delta_{vap}H_m=40.67kJ·mol^{-1}$，100℃至 142.9℃之间水蒸气的摩尔定压热容 $C_{p,m}(g)=[29.16+14.49×10^{-3}(T/K)-2.022×10^{-6}(T/K)^2]J·K^{-1}·mol^{-1}$，水的平均摩尔定压热容 $\overline{C}_{p,m}(l)=76.56J·K^{-1}·mol^{-1}$，试计算水（$H_2O$, l）在 142.9℃平衡条件下的摩尔蒸发焓 $\Delta_{vap}H_m(142.9℃)$。

25. 已知水在 100℃、101.325kPa 下的摩尔蒸发焓为 40.67kJ·mol^{-1}，试分别计算下列两过程的 W、Q、ΔU 和 ΔH（水蒸气可按理想气体处理）。

(1) 在 100℃、101.325kPa 条件下，1kg 水蒸发为水蒸气；

(2) 在恒定 100℃的真空容器中，1kg 水蒸发为水蒸气，并且水蒸气的压力恰好为 101.325kPa。

26. 试求 10mol 过热水在 383.15K、101.325kPa 下蒸发为水蒸气过程的焓变。已知水在正常沸点（373.15K、101.325kPa）的摩尔蒸发焓 $\Delta_{vap}H_m=40.67kJ·mol^{-1}$。水和水蒸气在此温度范围内的摩尔恒压热容分别为 $C_{p,m}(l)=75.3J·K^{-1}·mol^{-1}$，$C_{p,m}(g)=33.6J·K^{-1}·mol^{-1}$。

27. 25℃下，密闭恒容的容器中有 10g 固体萘 $C_{10}H_8(s)$ 在过量的 $O_2(g)$ 中完全燃烧成 $CO_2(g)$ 和 $H_2O(l)$。过程放热 401.727kJ。求：

(1) $C_{10}H_8(s)+12O_2(g)=10CO_2(g)+4H_2O(l)$ 的反应进度；

(2) $C_{10}H_8(s)$ 的 $\Delta_c U_m^{\ominus}$；

(3) $C_{10}H_8(s)$ 的 $\Delta_c H_m^{\ominus}$。

28. 应用附录中有关物质在 25℃的标准摩尔生成焓的数据，计算下列反应在 25℃时的 $\Delta_r H_m^{\ominus}$ 和 $\Delta_r U_m^{\ominus}$。

(1) $4NH_3(g)+5O_2(g)=\!\!=\!\!=4NO(g)+6H_2O(g)$

(2) $3NO_2(g)+H_2O(l)=\!\!=\!\!=2HNO_3(l)+NO(g)$

(3) $Fe_2O_3(s)+3C(石墨)=\!\!=\!\!=2Fe(s)+3CO(g)$

29. B_2H_6 按下式进行燃烧反应：$B_2H_6(g)+3O_2(g)=\!\!=\!\!=B_2O_3(s)+3H_2O(g)$，25℃常压下，每燃烧 1mol $B_2H_6(g)$ 放热 2020kJ，同样条件下 2mol 硼单质燃烧生成 1mol $B_2O_3(s)$，放热 1264kJ。求 25℃时 $B_2H_6(g)$ 的标准摩尔生成焓。

30. 已知 298.15K 时，下列反应的热效应：

(1) $CO(g)+\dfrac{1}{2}O_2(g)=\!\!=\!\!=CO_2(g)$　　　　　　　$\Delta_r H_m^{\ominus}=-283kJ·mol^{-1}$

(2) $H_2(g)+\dfrac{1}{2}O_2(g)=\!\!=\!\!=H_2O(l)$　　　　　　　$\Delta_r H_m^{\ominus}=-285.8kJ·mol^{-1}$

(3) $C_2H_5OH(l)+3O_2(g)=\!\!=\!\!=2CO_2(g)+3H_2O(l)$　　$\Delta_r H_m^{\ominus}=-1370kJ·mol^{-1}$

计算反应 $2CO(g)+4H_2(g)\!=\!=\!C_2H_5OH(l)+H_2O(l)$ 的 $\Delta_r H_m^{\ominus}$（298.15K）。

31. 计算反应 $CH_3COOH(g)\!=\!=\!CH_4(g)+CO_2(g)$ 在 727℃时的标准摩尔反应焓。已知该反应在 25℃时的标准摩尔反应焓为 $-36kJ\cdot mol^{-1}$，$CH_3COOH(g)$、$CH_4(g)$ 与 $CO_2(g)$ 的平均摩尔定压热容分别为 $66.5J\cdot mol^{-1}\cdot K^{-1}$、$35.309J\cdot mol^{-1}\cdot K^{-1}$ 与 $37.11J\cdot mol^{-1}\cdot K^{-1}$。

32. 已知 $H_2(g)+I_2(s)\!=\!=\!2HI(g)$ 在 18℃时的 $\Delta_r H_m^{\ominus}=49.45kJ\cdot mol^{-1}$；$I_2(s)$ 的熔点是 113.5℃，其熔化热为 $1.674\times10^4 J\cdot mol^{-1}$；$I_2(l)$ 的沸点是 184.3℃，其汽化热为 $42.68kJ\cdot mol^{-1}$；$I_2(s)$、$I_2(l)$ 及 $I_2(g)$ 的平均摩尔定压热容分别为 55.65、$62.67J\cdot K^{-1}\cdot mol^{-1}$ 及 $36.86J\cdot K^{-1}\cdot mol^{-1}$。试计算该反应在 200℃时的恒压反应热（其他所需数据可查附录）。

33. 对于化学反应：$CH_4(g)+H_2O(g)\!=\!=\!CO(g)+3H_2(g)$。应用附录中四种物质在 25℃时的标准摩尔生成焓数据及摩尔定压热容与温度的函数关系式：

（1）将 $\Delta_r H_m^{\ominus}(T)$ 表示成温度的函数关系式；

（2）求反应在 1000K 时的 $\Delta_r H_m^{\ominus}$（1000K）。

34. 甲烷与过量 50% 的空气混合，为使恒压燃烧的最高温度能达 2000℃，则混合气体燃烧前温度应预热到多少？$N_2(g)$、$O_2(g)$、$H_2O(g)$、$CH_4(g)$、$CO_2(g)$ 的平均定压摩尔热容 $\overline{C}_{p,m}$ 分别为 $33.47J\cdot K^{-1}\cdot mol^{-1}$、$33.47J\cdot K^{-1}\cdot mol^{-1}$、$41.84J\cdot K^{-1}\cdot mol^{-1}$、$75.31J\cdot K^{-1}\cdot mol^{-1}$ 及 $54.39J\cdot K^{-1}\cdot mol^{-1}$，所需其他数据见附录。

35. 某工厂中生产氯气的方法如下：将比例为 1:2 的 18℃的氧气和氯化氢混合物连续地通过一个 386℃的催化塔。如果气体混合物通得很慢，在塔中几乎可达成平衡，即有 80% 的 $HCl(g)$ 转化成 $Cl_2(g)$ 和 $H_2O(g)$。试求算欲使催化塔温度保持不变，则每通过 1mol HCl 时，需从系统取出多少热？

36. 某工厂用接触法制备发烟硫酸时，将二氧化硫和空气的混合物通入一盛有铂催化剂的反应室。进入反应室的混合气体的温度为 380℃，此温度为发生快速反应所需的最低温度。由于反应的结果，反应室的温度将升高。为了避免生成的三氧化硫大量解离，必须控制温度升高的数值不超过 100℃，这可以用通入过量空气的办法达到目的。试计算为了使温度升高值不超过 100℃，一体积 SO_2 最少需要和若干体积的空气混合？已知在 380℃时 $SO_3(g)+1/2O_2(g)\!=\!=\!SO_3(g)$ 的 $\Delta_r H_m^{\ominus}=-92.0kJ\cdot mol^{-1}$，各气体的摩尔热容与氧或氮气相同，即 $C_{p,m}=(27.2+4.18\times10^{-3}T/K)J\cdot K^{-1}\cdot mol^{-1}$ 并假定有 97% $SO_2(g)$ 转化为 $SO_3(g)$，反应室与外界的热交换可略去不计。

37. 已知 $\Delta_f H_m^{\ominus}(H_2O,g,298.15K)=-241.82kJ\cdot mol^{-1}$，$C_{V,m}(H_2O,g)=4.5R$，参与反应的物质均为理想气体：

$$H_2(g)+0.5O_2(g)\!=\!=\!H_2O(g)$$

该反应系统始态的温度为 298.15K、压力为 100kPa，试分别计算在下列条件下进行单位反应时，反应系统末态的温度及过程的 W、ΔU、ΔH 各为若干？

（1）绝热、恒压反应；

（2）绝热、恒容反应。

第3章 热力学第二定律

热力学第一定律在本质上就是能量守恒和转化定律的具体表现，它解决了不同形式能量相互转化的问题，隔离系统中能量守恒，正如前述的封闭系统与环境交换的总能量等于其热力学能的增量。

热力学第一定律是宏观系统发生过程的必要条件，但它不是充分条件。因为能量（Q 与 W）的"品质"不同，能量间的转化是有方向性的。热力学第二定律是解决热和功能量形式的转化方向的。利用热力学第一定律并不能判断一定条件下什么过程不可能进行，什么过程可能进行，进行的最大限度是什么。例如：热能在什么条件下可能转为功？转化中的效率有没有界限？提高效率的关键是什么？之所以出现这些问题，是因为当时生产上迫切希望提高蒸汽机的机械效率。

要解决此类过程方向与限度的判断问题，就需要用到自然界的另一普遍规律——热力学第二定律。

热力学第二定律是随着蒸汽机的发明、应用及热机效率等理论研究逐步发展、完善并建立起来的。卡诺（Carnot）、克劳修斯（Clausius）、开尔文（Kelvin）等在热力学第二定律的建立过程中做出了重要贡献，而吉布斯（Gibbs）等人对热力学第二定律的发展和应用做出了卓越的贡献。

热力学第二定律是实践经验的总结，反过来，它指导生产实践活动，热力学第二定律关于某过程不能发生的断言是十分肯定的，而关于某过程可能发生的断言则仅指有发生的可能性，它不涉及速率问题。

3.1 自发过程的共同特征

3.1.1 自发过程

从实践中可以看出，自然过程有一定的规律性：如水往低处流，气体自高压流向低压，一壶开水会自动降温直至与环境同温，物质自高浓度处向低浓度处扩散，在光照射下，氢气和氯气自动地化合成氯化氢……

常把在自然界中不需借助外力就能自动进行的过程，称为"自发过程"或"自然过程"。反之，如果是需要外力帮助才能进行的过程则称为非自发过程。例如：

（1）理想气体向真空膨胀

这是一个自发过程，根据热力学第一定律，在这个过程中，$Q=0$，$W=0$，$\Delta U=0$，$\Delta T=0$。要使膨胀了的理想气体恢复原状，这个压缩过程不可能自动发生。设想将膨胀后的气体经一定温度可逆压缩过程压回原状，压缩过程中，环境要对气体做功 W，同时吸收了系统放出的热 Q，虽然数值上 Q 与 W 相等，但环境失去了功，而得到了热。要使环境也复原，也就是使理想气体的真空膨胀成为一个可逆过程，条件是：让这些热全部变为功而不留下其他影响。

（2）化学反应

$$Zn+CuSO_4 =\!\!= Cu+ZnSO_4$$

金属锌放入硫酸铜溶液中可自发地置换出金属铜，此反应为自发反应，且放热 Q。反应所放出的能量，以热的形式散失掉。然而同一反应如在电池中发生（即改以锌片插入硫酸锌溶液和铜片插入硫酸铜溶液分别组成的锌电极和铜电极串接起来构成丹尼尔电池），则系统根据负载情况可对外输出一定的电功，而将金属铜放入硫酸锌溶液中则看不到任何变化。但是用电解的方法可以使金属铜和硫酸锌溶液发生反应，要使这个化学反应完全可逆，让环境和系统全部恢复原状，条件是：Zn 和 $CuSO_4$ 溶液反应放出的热全部变成电功，再用来电解 Cu 和 $ZnSO_4$ 溶液。

3.1.2　自发过程的实质

从上面的讨论可以看出，热是否可以无条件地全部转变成功是自发过程是否为热力学可逆过程的前提。经验表明，功完全转变成热是可以的，可以不引起其他变化，但把热完全转变成功而不引起其他变化是不可能的。进一步研究可发现，自发过程具有如下共同的特征：

① 自发过程有方向性和有限度　所有自发过程都有方向和限度。自发过程的逆过程虽然并不违反能量守恒定律，但不能无条件自发进行，必须有外力帮助。

② 自发过程是不可逆的　自发过程的逆过程不能无条件进行，逆过程进行的结果是系统恢复原状，但环境以消耗功而获得热作为代价。

总的来说，自发过程的共同特征是不可逆的，这一不可逆性的本质是功与热转换的不可逆性。

一个自发过程能否可逆的关键在于，人们能否实现自单一热源取热使之全部变成当量的功而不引起其他任何变化，或能否实现热量自动从低温向高温处传递这一过程。大量实践已经证明，以上两种结论在宏观系统中都无法实现，即后果不可消除原理，从而得出热力学第二定律。

3.2　热力学第二定律

关于热力学第二定律，有多种表述方式，其中最常见的就是下面两种经典说法。

(1) 克劳修斯（Clausius）说法（1850 年）

热不能自动地自低温物体传递到高温物体而不产生其他变化。

(2) 开尔文（L. Kelvin）说法（1851 年）

不可能制作一种循环操作的机器，其作用是从一个热源吸取热量转变为当量的功而不引起任何其他的变化。

说明：①两种说法是等价的，只是强调的方面不同。Clausius 说法指明高温向低温传热过程的不可逆性，Kelvin 说法指明了功热转换的不可逆性，若克氏说法不成立，则开氏说法也一定不成立；②要理解整个说法的完整性切不可断章取义。当热从高温物体传给低温物体，或者功转变为热（例如摩擦生热）后，将再也不能简单地逆转而完全复原了。能量具有一定的品位或"质量"。在第 2 章已经说明，功是一种有序的能量，而热是一种无序的能量，因而前者比后者具有高的能量品位；另外，高温热源传递的热的品位比低温热源的高。如果没有其他的变化，能量的品位只可能降低，不能升高。

热力学第二定律否定了自发过程成为可逆过程的可能性。因此，热力学第二定律的另一种实质性的表达形式是："一切自发过程（实际过程）都是不可逆的。"

第二定律指出了"热"和"功"这两种不同的能量传递方式——相互转变的条件。原则上说，各种形式的功（如机械功、电功、表面功……）之间可以无条件地 100% 地相互转变。功可以无条件地 100% 地转变为热，而热却不能 100% 地无条件地转变为功，如果要使热 100％ 地转变为功，则同时必然引起一些其他的变化，或留下痕迹即永久性的变化。

　　热力学第二定律是实验现象的总结，高度可靠。但它不能被任何方式加以证明，其正确性只能由实验事实来检验，至今未发现任何一件宏观事件违背了热力学第二定律。自然界万事万物的各种运动都必须遵循热力学第二定律，它是自然界的根本规律。

　　热力学第二定律在阐述能源转化方向性的同时也告诉我们"不可能性"的正面价值：永动机不可能，任何机器都不可能具有大于 1 的效率，没有两个热源的热机是不可能工作的等。"不可能性"的建立，说明现实世界蕴涵着某种出乎意料的内在关联，导致了某些人类长期怀有的美梦的破灭。热力学、相对论和量子力学都起源于发现了这些不可能性。以"不可能性"为基础同样可以来表述自然界的规律。它们既标志着一种已到达其极限的探索的终止，同时也开辟了许多新机会。

3.3　卡诺循环和卡诺定理

3.3.1　热机效率

　　热力学第二定律指明热转化为功有一定的限制，那么热究竟能多大程度转变为功呢？这个问题我们可以通过研究热机效率来解决。

　　热机是一种把内能转化为机械能的装置，通过工作物质（如汽缸中的气体）从高温热源吸取热量对环境做功，然后向低温热源放热而复原，如此循环，不断将热转化为功的机器。

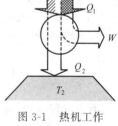

　　以内燃机为例：汽缸中的气体得到燃料燃烧时产生的热量 Q_1，推动活塞做功 W，然后排出废气，同时放出热量 Q_2。其工作原理如图 3-1 所示。

　　我们把在一次循环中，热机对环境所做的功 W 与它从热源吸收的热量 Q_1 的比值叫作热机的效率，即：

$$\eta = -W/Q_1 \tag{3.3-1}$$

　　式中，η 为热机效率；W 为热机对环境所做的功，为负值，J 或 kJ；Q_1 为热机从高温热源吸收的热量，为正值，J 或 kJ。

图 3-1　热机工作原理示意图

　　实际中，只有当汽缸中工作物质的温度比大气温度高时，内燃机才能工作，因此 Q_2 这部分热量是不可避免的。热机工作时，总要向冷凝器散热，总要由工作物质带走一部分热量 Q_2，所以热机的效率不可能达到 100％。

3.3.2　卡诺循环

　　1824 年法国的年轻工程师卡诺（S. Carnot，1796—1832）发现，热机在最理想的情况下也不能把所取的热全部转化为功，它存在一个极限。他设计了一部理想热机，工作物质是理想气体，将其放入带活塞的汽缸中，活塞无重量，与汽缸壁无摩擦，为使该热机输出的功最大——设计可逆过程，为了不损失热量——两热源间由绝热过程连接。以理想气体为工作介质且所经历的四个过程均为可逆过程，则称为理想气体可逆卡诺循环。图 3-2 为理想气体可逆卡诺循环示意图。该循环从理论上证明了热机效率的极限。

　　（1）恒温可逆膨胀

　　将汽缸与温度为 T_1 的高温热源接触，令汽缸中物质的量为 n 的理想气体从始态 A(p_1,V_1,T_1) 经恒温可逆膨胀到状态 B（p_2,V_2,T_1)。在此过程中，系统从高温热源吸收了 Q_1 的热，同时对环境做功为 W_1(A→B)。因为是理想气体恒温可逆过程，故：

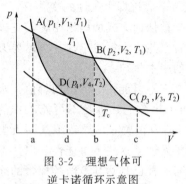

图 3-2　理想气体可
逆卡诺循环示意图

$$\Delta U_1=0, \quad Q_1=-W_1=nRT_1\ln\frac{V_2}{V_1} \tag{3.3-2}$$

（2）绝热可逆膨胀

膨胀到状态 B 的理想气体，再绝热可逆膨胀到状态 $C(p_3,V_3,T_2)$。由于绝热，$Q=0$，故 $\Delta U_2=W_2$，即系统对环境做 W_2 的功是消耗系统热力学能的结果，因此温度由 T_1 降为 T_2，即：

$$W_2=\Delta U_2=nC_{V,\mathrm{m}}(T_2-T_1) \tag{3.3-3}$$

（3）恒温可逆压缩

当汽缸中气体温度降至 T_2 后，将汽缸与温度为 T_2 的低温热源接触，并将理想气体从状态 $C(p_3,V_3,T_2)$ 恒温可逆压缩到状态 $D(p_4,V_4,T_2)$。此时因 $\Delta U_3=0$，所以系统从环境得到 W_3 的功，同时向低温热源放出 Q_2 的热：

$$Q_2=-W_3=nRT_2\ln\frac{V_4}{V_3} \tag{3.3-4}$$

（4）绝热可逆压缩

将处于状态 $D(p_4,V_4,T_2)$ 的理想气体经绝热可逆压缩回到始态 $A(p_1,V_1,T_1)$。此过程系统从环境得到 W_4 的功，并使系统的热力学能增加了 ΔU_4，温度升至 T_1。因 $Q=0$，故：

$$W_4=\Delta U_4=nC_{V,\mathrm{m}}(T_1-T_2) \tag{3.3-5}$$

对整个循环而言，从高温热源 T_1 吸热 Q_1，一部分对环境做功 $-W$（ABCD 曲线所围面积），另一部分热 Q_2 放给低温热源 T_2。

整个循环过程中，系统对环境做的功：

$$-W=-(W_1+W_2+W_3+W_4)=nRT_1\ln\frac{V_2}{V_1}+nRT_2\ln\frac{V_4}{V_3} \tag{3.3-6}$$

由于过程（2）和（4）均为理想气体绝热可逆过程，根据方程式(2.7-19)，$TV^{\gamma-1}=$ 常数，可得：

对过程（2）　$T_1V_2^{\gamma-1}=T_2V_3^{\gamma-1}$，则 $\left(\dfrac{V_3}{V_2}\right)^{\gamma-1}=\dfrac{T_1}{T_2}$

对过程（4）　$T_2V_4^{\gamma-1}=T_1V_1^{\gamma-1}$，则 $\left(\dfrac{V_4}{V_1}\right)^{\gamma-1}=\dfrac{T_1}{T_2}$

因此，$V_3/V_2=V_4/V_1$，移项得 $V_3/V_4=V_2/V_1$

将此式代入式(3.3-6)中得：

$$-W=nR(T_1-T_2)\ln\frac{V_2}{V_1} \tag{3.3-7}$$

从上面的卡诺循环可以看出：①两个绝热可逆过程的功数值相等，符号相反；②两个恒温可逆过程的功则不同：恒温可逆膨胀时因过程可逆使得热机对外做的功最大，而恒温可逆压缩时因过程可逆使系统从外界得的功最小。因此，系统完成一个循环过程后，总结果是热机以极限的做功能力向外界提供了最大功，因而其效率是最大的。

3.3.3　卡诺热机效率

由式(3.3-1)热机效率的定义，故对于可逆的卡诺热机效率，有：

$$\eta = \frac{-W}{Q_1} = \frac{nR(T_1 - T_2)\ln(V_2/V_1)}{nRT_1\ln(V_2/V_1)}$$

即

$$\eta = \frac{T_1 - T_2}{T_1} = 1 - \frac{T_2}{T_1} \tag{3.3-8}$$

故

$$\eta = \frac{Q_1 + Q_2}{Q_1} = 1 - \frac{T_2}{T_1} \tag{3.3-9}$$

即 T_1 与 T_2 相差越大，热机的效率越高。

所以

$$\frac{Q_1}{T_1} + \frac{Q_2}{T_2} = 0 \tag{3.3-10}$$

结果表明，以理想气体为工作物质的可逆卡诺循环，其热效率仅取决于高温及低温两个热源的温度。

从卡诺循环及其效率式(3.3-8) 可得出：

① 热机效率仅与两个热源的温度（T_1，T_2）有关，温差愈大，η 愈大。这就指明了提高热机效率的方向，可以从加大高温热源与低温热源之间的温度差着手。

② T_2 相同的条件下，则 T_1 越高，热机效率越大，这意味着从 T_1 热源传出同样的热量时，T_1 越高，热机对环境所做的功越大。能量除了有量的多少外，还有"品位"或"质量"的高低，而热的"品位"或"质量"与温度有关，温度越高，热的"品位"或"质量"越高。

③ 卡诺循环中，$\dfrac{Q_2}{T_2} + \dfrac{Q_1}{T_1} = 0$，$\dfrac{Q}{T}$ 称为热温商，该式表明，在可逆的卡诺循环中，其热温商之和等于零，这意味着它具有状态函数的性质，这为以后熵函数的引出奠定了基础。

④ 由于卡诺循环为可逆循环，故当所有四步都逆向进行时，环境对系统做功，可把热从低温物体转移到高温物体——冷冻机的工作原理。

【例题 3-1】　冬季利用空调从 0℃ 的室外吸热，向 18℃ 的室内放热。若每分钟用 100kJ 的功开动空调，试估算空调每分钟最多能向室内供热若干？

解：由 $\eta = \dfrac{-W}{Q_1} = \dfrac{T_1 - T_2}{T_1}$ 可知

$$Q_1 = -W\frac{T_1}{T_1 - T_2} = -100 \times \frac{18 + 273.15}{(18 + 273.15) - (0 + 273.15)}\text{kJ} = -1617.5\text{kJ} < 0$$

结果表明：用电能驱动空调（冷冻机），可得到 16 倍电能的热，而通电用电炉却只能得到与电能等量的热。显然，利用空调取暖比用一般电加热器要经济得多。

3.3.4　卡诺定理及推论

（1）卡诺定理

卡诺热机所用工作物质不是理想气体而是真实气体或其他物质时，效率是否不同？若在相同的高、低温热源之间进行其他热机的循环，其效率是否会大于可逆的卡诺热机效率？卡诺从理论上证明了热机工作效率的极限。

卡诺定理："在两个不同温度的热源之间工作的所有热机，以可逆热机效率最大"，即：

$$\eta_i \leqslant \eta_r \tag{3.3-11}$$

式中，η_i 表示任意热机 i 的效率；η_r 表示可逆热机 r 的效率。

根据热机效率定义式和式(3.3-9)，代入式（3.3-11）得：

$$\frac{Q_1}{T_1}+\frac{Q_2}{T_2}\leqslant 0 \quad (=0，可逆；<0，不可逆) \tag{3.3-12}$$

对一个无限小的循环，工作物质只从热源吸收或放出微量的热 δQ，则：

$$\frac{\delta Q_1}{T_1}+\frac{\delta Q_2}{T_2}\leqslant 0 \quad (=0，可逆；<0，不可逆) \tag{3.3-13}$$

T_1 和 T_2 是热源温度，只有对可逆机才是系统温度。

从式(3.3-12)、式(3.3-13)可看出：在两恒温热源间工作的热机，其热温商之和等于零表示进行的是可逆循环；热温商之和小于零是可能的，表示进行的是不可逆循环；而热温商之和大于零则不可能。

卡诺定理的意义：

① 引入了一个不等号 $\eta_i<\eta_r$，原则上解决了化学反应的方向问题；

② 解决了热机效率的极限值问题。

（2）卡诺定理的推论

由卡诺定理还可以得出如下推论：

"不论工作介质性质如何，工作于两个固定温度热源间的可逆热机，其热效率相等。"

热机效率只与两个热源的温度有关，工作物质可为任意物质，与该物质的本性无关，如：真实气体、理想气体，也可为易挥发液体；不仅适于 pVT 变化，也适于其他任何变化（如相变化和化学变化）。

【例题 3-2】 有两个可逆热机，在高温热源温度为 500K，低温热源温度分别为 300K 和 250K 之间工作，若两者分别经历一个循环所做的功相等，试问：

（1）两热机的效率是否相等？

（2）两个热机自高温热源吸收的热量是否相等？向低温热源放出的热量是否相等？

解：（1）$\eta_a=\frac{-W_a}{Q_1}=1-\frac{T_2}{T_1}=1-300/500=40\%$

$$\eta_b=\frac{-W_b}{Q_1'}=1-\frac{T_2'}{T_1}=1-250/500=50\%$$

所以 $\eta_b>\eta_a$

（2）因为 $W_a=W_b$，$\eta_b>\eta_a$

所以 $\frac{-W_b}{Q_1'}>\frac{-W_a}{Q_1}$

而 $-W_a>0，-W_b>0$

故 $Q_1>Q_1'$

而 $1+\frac{Q_2}{Q_1}=0.4，Q_2=-0.6Q_1$

$$1+\frac{Q_2'}{Q_1'}=0.5，Q_2'=-0.5Q_1'$$

$Q_1>Q_1'>0$ 故 $|Q_2|>|Q_2'|$

3.4 熵的概念、克劳修斯不等式和熵增原理

3.4.1 熵的导出

（1）熵的导出

对于卡诺循环，系统从每个热源吸收的热量与相应热源的温度的比值 Q_i/T_i（称作热温商，其中 $i = 1, 2$）之和等于零。

这一结论也可以用另一种方式表示：

$$\sum \frac{Q_i}{T_i} = 0 \tag{3.4-1}$$

式中，$\sum$ 为加和号。

对某一任意可逆循环（见图 3-3），可在其中划出一个卡诺循环：在任意可逆循环的曲线上取很靠近的 PQ 过程，通过 P、Q 点分别作 RS 和 TU 两条可逆绝热膨胀线，在 P、Q 之间通过 O 点作等温可逆膨胀线 VW，使两个三角形 PVO 和 OWQ 的面积相等，这样使 PQ 过程与 PVOWQ 过程所做的功相同。同理，对 MN 过程作相同处理，使两个三角形 MXO′ 和 O′YN 的面积相等，则使 MXO′YN 折线所经过程做功与 MN 过程相同。VWYX 就构成了一个卡诺循环。

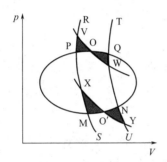

图 3-3　任意的可逆循环

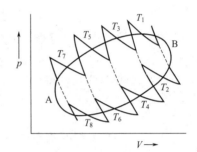

图 3-4　任意可逆循环的分割

进一步可对图 3-4 中的任意可逆循环，采用图示一系列绝热可逆线（虚线）和恒温可逆线（实线）分隔，则这一可逆循环就分割成许多由两条绝热可逆线和两条恒温可逆线构成的小卡诺循环。图中每一条虚线的绝热线既是前一个小卡诺循环的绝热可逆压缩线，又是紧靠着的后一个小卡诺循环的绝热可逆膨胀线，因为方向相反，故可相互抵消。因此，这些小卡诺循环的总和恰好是一个沿曲线圈 ABA 的封闭折线。分割线越密，则折线与曲线越重合，折线包围的面积与曲线包围的面积相等，即折线所经的途径与曲线所经的途径完全相同。因此，任意一个可逆循环过程均可用无限多个小可逆卡诺循环之和来代替。

对每个小可逆卡诺循环都有：

$$\frac{\delta Q_1}{T_1} + \frac{\delta Q_2}{T_2} = 0,$$

$$\frac{\delta Q_3}{T_3} + \frac{\delta Q_4}{T_4} = 0$$

$$\cdots$$

式中，T_1、T_2、T_3、T_4、… 分别为每个小卡诺循环中热源的温度。上面各式相加，可得：

$$\sum \frac{\delta Q_r}{T} = 0 \tag{3.4-2}$$

因为循环中每一步均为可逆过程，故 δQ_r 为微小卡诺循环中热源温度为 T 时的可逆热，T 为系统的温度。$\delta Q_r/T$ 为可逆热温商。在极限条件下，上式可写成：

$$\oint (\delta Q_r/T) = 0 \tag{3.4-3}$$

式中，符号 $\oint$ 表示沿封闭曲线的环积分。该式指出："可逆循环的热温商总和为零"。式中 δQ_r 表示每一微小变化过程中所吸收之热，而 T 为在微小变化过程中与系统接触的热源温度。

（2）熵的定义

根据"积分定理"：若沿封闭曲线的环积分为零，则所积变量应当是某函数的全微分。该变量的积分值就应当只取决于系统的始、末态，而与过程的具体途径无关，即该变量为状态函数。克劳修斯将此状态函数定义为熵，用 S 表示。用熵的变化可以判断系统进行的方向。

$$dS \xrightarrow{\text{def}} \delta Q_r / T \tag{3.4-4}$$

式（3.4-4）是熵的普遍定义式，熵的单位为 $J \cdot K^{-1}$。它适用于任何系统的任何过程。对于一个由状态 1 到状态 2 的宏观变化过程，其熵变为：

$$\Delta S = \int_1^2 \frac{\delta Q_r}{T} \tag{3.4-5}$$

对无非体积功的微小可逆过程，由热力学第一定律：

$$\delta Q_r = dU - \delta W = dU + p\,dV$$

代入熵的定义式（3.3-4），得：

$$dS = \frac{dU}{T} + \frac{p\,dV}{T} \tag{3.4-6}$$

U、p、V、T 均是系统的状态函数，状态确定后，它们就有确定的值，故熵也是状态函数，其变量只取决于系统的始末态；又 U 和 V 为广度量，故 S 也是广度量。

3.4.2 克劳修斯不等式

从卡诺定理得到，$\dfrac{Q_1}{T_1} + \dfrac{Q_2}{T_2} \leqslant 0$（$=0$，可逆；$<0$，不可逆），对一个无限小的任意循环：

$$\frac{\delta Q_1}{T_1} + \frac{\delta Q_2}{T_2} \leqslant 0 \quad (=0，可逆；<0，不可逆)$$

对于一个任意的不可逆循环，则有：

$$\oint \left(\frac{\delta Q}{T} \right)_{ir} < 0 \tag{3.4-7}$$

设有一系统由状态 A 经不可逆途径到达状态 B，然后由状态 B 经可逆途径回到状态 A，如图 3-5 所示，所组成的循环过程为不可逆循环。

由式（3.4-7）可得：

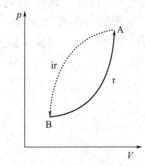

图 3-5 任意的
不可逆循环

$$\int_A^B \frac{\delta Q_{ir}}{T} + \int_B^A \frac{\delta Q_r}{T} < 0 , \quad -\int_B^A \frac{\delta Q_r}{T} > \int_A^B \frac{\delta Q_{ir}}{T}$$

因 $\quad \displaystyle\int_B^A \frac{\delta Q_r}{T} = S_A - S_B$ ，故 $-\displaystyle\int_B^A \frac{\delta Q_r}{T} = S_B - S_A$

由此得：

$$\Delta S = S_B - S_A > \int_A^B \frac{\delta Q_{ir}}{T} \tag{3.4-8}$$

式（3.4-8）表明，系统由状态 A 经不可逆途径到状态 B 的热温商之和一定小于系统在

此过程中的熵变 ΔS。

若将可逆过程与不可逆过程一起来表示，则可得克劳修斯不等式：

$$\Delta S \geqslant \int_A^B \left(\frac{\delta Q}{T} \right) \qquad (>，不可逆过程；=，可逆过程) \qquad (3.4\text{-}9)$$

$$dS \geqslant \frac{\delta Q}{T} \qquad (>，不可逆过程；=，可逆过程) \qquad (3.4\text{-}10)$$

式（3.4-9）和式（3.4-10）均称为克劳修斯不等式。克劳修斯不等式是一个相当重要的不等式，以后我们所用到的公式中的不等号均来自于该不等式。

克劳修斯不等式可作为过程的方向与限度的判断：

① 若过程的热温商之和小于熵变，则过程不可逆；

② 若过程的热温商之和等于熵变，则过程可逆；

③ 不可能有 $dS < \delta Q / T$ 的情况出现，否则将违反热力学第二定律。

克劳修斯不等式也称为热力学第二定律的数学表达式。然而用克劳修斯不等式判断过程方向时，不仅要计算系统的熵变，还需要计算过程中的热温商，而实际过程中的热温商有时并不容易计算，因此其应用有时并不是很方便，有必要进一步得到更方便的判据。

3.4.3　熵增原理、熵判据

根据克劳修斯不等式，即式（3.4-9）、式（3.4-10）知，若过程绝热（$Q=0$），则：

$$\Delta S \geqslant 0 \begin{cases} >0 & 表示过程不可逆 \\ =0 & 表示过程可逆 \end{cases} \qquad (3.4\text{-}11)$$

在绝热条件下，系统发生不可逆过程时，其熵值增大；系统发生可逆过程时，其熵值不变；不可能发生熵值减小的过程——熵增加原理。

对于隔离系统（isolated system，简写 iso），因 $Q=0$，

$$\Delta S_{iso} \geqslant 0 \begin{cases} >0 & 表示过程不可逆 \\ =0 & 表示过程可逆 \\ <0 & 表示不可能发生 \end{cases} \qquad (3.4\text{-}12)$$

对于隔离系统，因为没有受到外力的作用，在其中能够发生的不可逆过程必然是自发过程。即在隔离系统系中，过程总是自发地朝着熵值增加的方向进行，而以达到指定条件下熵值最大的状态时为止。此时各部分的热力学性质趋于均匀一致，即系统达到了平衡态。因此，"熵增原理"的另一种表达形式是："在隔离系统中过程总是自发地朝着熵值增加的方向进行，而当达到熵值最大的状态时，系统处于平衡。"

对于非隔离系统，如对于封闭系统，其与环境间可以有热交换，这时系统的熵可以减小。但是如果系统与环境合在一起形成大的隔离系统，系统与环境之间没有热和功的交换，也是绝热的。因此有：

$$\Delta S_{iso} = \Delta S_{sys} + \Delta S_{amb} \geqslant 0 \begin{cases} >0 & 表示系统发生不可逆过程 \\ =0 & 表示系统发生的是可逆过程 \\ <0 & 表示不可能发生 \end{cases} \qquad (3.4\text{-}13)$$

对无限小变化：

$$dS_{iso} = dS_{sys} + dS_{amb} \geqslant 0 \begin{cases} >0 & 表示系统发生不可逆过程 \\ =0 & 表示系统发生的是可逆过程 \\ <0 & 表示不可能发生 \end{cases} \qquad (3.4\text{-}14)$$

按熵变的定义，无论系统或环境，必须在可逆的条件下接受或给出热量。因此常把环境设想为由一组温度不同的大热源所组成，需要时分别与系统接触，使系统与环境温度差别极小，这样的热传导过程才是可逆的。

3.5 熵变的计算与应用

熵变的计算需注意以下几个要点：

① 如果系统从始态经过某一个过程到达末态，始末两态均为平衡态，那么系统的熵变也就确定了，与过程是否可逆无关，但系统熵变的计算必须设计可逆过程求其热温商；

② 环境熵变按照实际过程求其热温商，且系统热与环境热大小相同，符号相反；

③ 判断过程的方向必须用总熵变，绝热时可用系统熵变；

④ 计算系统熵变的基本公式：

$$\Delta S = \int_1^2 \frac{\delta Q_r}{T} = \int_1^2 \frac{dU + p\,dV}{T} \tag{3.5-1}$$

⑤ 熵是广度性质，具有加和性。如果系统分为几个部分，则系统的熵变等于各部分熵变之和。

3.5.1 环境的熵变

一般环境往往是大气或很大的热源，当系统与环境间发生有限量的热量交换时，仅引起环境温度、压力无限小的变化，环境可认为时刻处于无限接近平衡的状态。这样，整个热交换过程对环境而言可看成是在恒温下的可逆过程。当系统放热时，则环境吸热；而系统吸热时则环境放热，故有如下关系：

$$\delta Q_{amb} = -\delta Q_{sys}$$

代入熵定义式(3.4-12)，得：

$$\Delta S_{amb} = \int_1^2 \frac{\delta Q_{r,amb}}{T_{amb}} = \int_1^2 \frac{-\delta Q_{sys}}{T_{amb}} = \frac{Q_{amb}}{T_{amb}} = -\frac{Q_{sys}}{T_{amb}} \tag{3.5-2}$$

式中，Q_{sys} 为系统实际和环境交换的热；Q_{amb} 为环境实际和系统交换的热，两者绝对值相等，符号相反；T_{amb} 为环境的热力学温度，K。

式(3.5-2)就是常用的计算环境熵变的公式。

3.5.2 单纯 p、V、T 变化过程熵变的计算

单纯 pVT 变化过程熵变的计算，以熵的定义式和无非体积功时热力学第一定律为出发点。

因为：$\delta Q_r = dU + p\,dV$，而 $dU = dH - d(pV) = dH - p\,dV - V\,dp$

则：$\delta Q_r = dH - V\,dp$，将上述两 δQ_r 的表达式代入 $dS = \delta Q_r/T$ 式中，得：

$$dS = (dU + p\,dV)/T \tag{3.5-3}$$

$$dS = (dH - V\,dp)/T \tag{3.5-4}$$

式(3.5-3)和式(3.5-4)是熵变计算的最基本计算式，其适用于封闭系统，可逆过程，非体积功为零。

(1) 理想气体单纯 pVT 变化过程熵变的计算

此处理想气体指遵循 $pV = nRT$，$C_{p,m} - C_{V,m} = R$ 及 $C_{V,m}$、$C_{p,m}$ 均为常数，不随压力及温度变化的气体。

理想气体单纯 pVT 可逆变化，非体积功 $\delta W' = 0$，因为 U、H 仅为温度的函数，则将 $\mathrm{d}U = nC_{V,\mathrm{m}}\mathrm{d}T$ 及 $p/T = nR/V$ 代入式(3.5-3)，得：

$$\mathrm{d}S = \frac{\mathrm{d}U}{T} + \frac{p\,\mathrm{d}V}{T} = nC_{V,\mathrm{m}}\frac{\mathrm{d}T}{T} + nR\frac{\mathrm{d}V}{V} \tag{3.5-5}$$

积分，得：

$$\Delta S = nC_{V,\mathrm{m}}\ln\frac{T_2}{T_1} + nR\ln\frac{V_2}{V_1} \tag{3.5-6}$$

此公式适用于可将两种热容视为常数的，已知始、末态温度及体积的可逆 pVT 变化的计算。

对于已知始、末态温度及体积的不可逆变化，实际也可按此公式进行计算。因为熵是状态函数，只要始末态确定，熵变就确定，与具体途径可逆与否无关。问题只在于，由不可逆过程达到的终态，是否与经过可逆过程达到的终态一样。

描述一定量的气体有 p、V、T 三种变量，其中独立的变量只有两种，描述方式一共有三种：

若已知 (T_1, p_1) 及 (T_2, p_2)，因为 $\dfrac{p_1 V_1}{T_1} = \dfrac{p_2 V_2}{T_2}$，则 $\dfrac{V_2}{V_1} = \dfrac{p_1 T_2}{p_2 T_1}$，且 $C_{V,\mathrm{m}} + R = C_{p,\mathrm{m}}$，代入式(3.5-6)，得：

$$\Delta S = nC_{p,\mathrm{m}}\ln\frac{T_2}{T_1} + nR\ln\frac{p_1}{p_2} \tag{3.5-7}$$

若已知 (p_1, V_1) 及 (p_2, V_2)，因为 $\dfrac{p_1 V_1}{T_1} = \dfrac{p_2 V_2}{T_2}$，则 $\dfrac{T_2}{T_1} = \dfrac{p_2 V_2}{p_1 V_1}$，且 $C_{p,\mathrm{m}} - C_{V,\mathrm{m}} = R$，代入式(3.5-6)，得：

$$\Delta S = nC_{V,\mathrm{m}}\ln\frac{p_2}{p_1} + nC_{p,\mathrm{m}}\ln\frac{V_2}{V_1} \tag{3.5-8}$$

式(3.5-6)、式(3.5-7)和式(3.5-8)是计算理想气体单纯 pVT 变化过程熵变的通式，也适用于理想气体混合物及其中任一组分的熵变计算。对于组成不变的混合物，$C_{p,\mathrm{m}}$、$C_{V,\mathrm{m}}$ 为混合物摩尔热容。注意：对混合物中任意组分来说，公式中的 p 为该组分的分压，体积为该气体分子遍及的整个体积。

若理想气体发生简单的恒温可逆状态变化，则根据通式，得：

$$\Delta S = nR\ln\frac{p_1}{p_2} = nR\ln\frac{V_2}{V_1} \tag{3.5-9}$$

【例题 3-3】　5mol 理想气体（$C_{p,\mathrm{m}} = 29.10\,\mathrm{J \cdot K^{-1} \cdot mol^{-1}}$）由始态 400K、200kPa 恒压冷却到 300K，试计算过程的 Q、W、ΔU、ΔH 及 ΔS。

解：题给过程如下：

因过程恒压，故：

$$Q_p = \Delta H = \int_{T_1}^{T_2} nC_{p,\mathrm{m}}\mathrm{d}T = nC_{p,\mathrm{m}}(T_2 - T_1) = [5 \times 29.10 \times (300 - 400)]\mathrm{J} = -14.55\mathrm{kJ}$$

$$\Delta U = \int_{T_1}^{T_2} nC_{V,\mathrm{m}}\mathrm{d}T = \int_{T_1}^{T_2} n(C_{p,\mathrm{m}} - R)\mathrm{d}T = n(C_{p,\mathrm{m}} - R)(T_2 - T_1)$$

$$= [5 \times (29.10 - 8.314) \times (300 - 400)]J$$

$$= -10.40kJ$$

$$W = \Delta U - Q = 4.15kJ，或 W = -p\Delta V = -nRT = 4.15kJ$$

$$\Delta S = nC_{p,m}\ln T_2/T_1 = (5 \times 29.10 \times \ln 300/400)J \cdot K^{-1} = -41.86J \cdot K^{-1}$$

系统向大气放热，不是隔离系统，ΔS 不能作判据，$\Delta S < 0$ 并不表示过程不可能进行。

【例题 3-4】　4mol 某理想气体，$C_{V,m} = 2.5R$，由 600K、1000kPa 的始态，经绝热反抗 600kPa 的恒外压力膨胀至平衡态之后，再恒压加热到 600K 终态。试求整个过程的 ΔS。

解：题给过程如下：

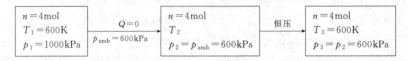

因为 $T_3 = T_1 = 600K$，恒温，故对理想气体，$\Delta U = 0$，$\Delta H = 0$，则根据式（3.5-9）

$$\Delta S = nR\ln(p_1/p_2) = [(4 \times 8.314)\ln(1000/600)]J \cdot K^{-1} = 16.988J \cdot K^{-1}$$

（2）凝聚态物质单纯 pVT 变化过程熵变的计算

① 恒容变温过程　因为 $dV = 0$，$\delta Q_V = dU = nC_{V,m}dT$，代入式（3.5-3），得：

$$\Delta S = \int_{T_1}^{T_2} \frac{nC_{V,m}}{T}dT \tag{3.5-10}$$

当 $C_{V,m}$ 恒定，得：

$$\Delta S = nC_{V,m}\ln\left(\frac{T_2}{T_1}\right) （恒容过程） \tag{3.5-11}$$

② 恒压变温过程　因为 $dp = 0$，$\delta Q_p = dH = nC_{p,m}dT$，代入式（3.5-4），得：

$$\Delta S = \int_{T_1}^{T_2} \frac{nC_{p,m}dT}{T} \tag{3.5-12}$$

当 $C_{p,m}$ 恒定，得：

$$\Delta S = nC_{p,m}\ln\left(\frac{T_2}{T_1}\right) （恒压过程） \tag{3.5-13}$$

③ 非恒容、恒压过程　因为 p 对液体、固体等凝聚态物质的 S 影响一般很小，可以忽略。由第 2 章知识我们知道 $dH = nC_{p,m}dT$，代入式（3.5-4）并积分，得：

$$\Delta S = \int_{T_1}^{T_2} \frac{nC_{p,m}dT}{T}$$

当 $C_{p,m}$ 为常数时，得 $\Delta S = nC_{p,m}\ln\left(\frac{T_2}{T_1}\right)$

当 $C_{p,m} = f(T)$ 时，将其代入式（3.5-12）进行积分即可。

（3）理想气体、凝聚态物质的混合过程熵变的计算

这里的混合仅限两种或两种以上不同理想气体的混合，或不同温度的两部分或多部分同一种液态物质的混合。混合过程熵变的计算就是分别计算各组成部分的熵变，然后求和。

【例题 3-5】　将 300g、40℃水和 100g、0℃的冰在杜瓦瓶中（恒压、绝热）混合，求终态温度及此过程的 ΔH、ΔS [已知冰的熔化热为 335J·g^{-1}，C_p（水）= 4.18J·K^{-1}·g^{-1}]。

解：设水和冰为系统。因恒压、绝热，所以 $\Delta H = Q_p = \Delta H$（水）$+ \Delta H$（冰）$= 0$，先假设冰完全融化，混合系统最终温度为 0℃，则：

$$\Delta H（冰）= 100g \times 0.335kJ \cdot g^{-1} = 33.50kJ；$$

$$\Delta H（水）= 300g \times 4.18J \cdot K^{-1} \cdot g^{-1} \times (273K - 313K) = -50.16kJ$$

$\Delta H($冰$) + \Delta H($水$) < 0$，说明冰不仅能全部融化，还能继续升温。设终态温度为 T，因为 $\Delta H = \Delta H($水$) + \Delta H($冰$) = 0$，即 $-\Delta H($水$) = \Delta H($冰$)$，则：

$-300\text{g} \times 4.18\text{J} \cdot \text{K}^{-1}\text{g}^{-1} \times (T - 313\text{K}) = 33500\text{J} + 100\text{g} \times 4.18\text{J} \cdot \text{K}^{-1} \cdot \text{g}^{-1} \times (T - 273\text{K})$，

解得：$T = 283\text{K}$，故平衡后的状态为：400g、10℃ 的水，此过程：$\Delta H = 0$

$$\Delta S = \Delta S(\text{水}) + \Delta S(\text{冰}) = \left(300 \times 4.18 \times \ln\frac{283}{313} + \frac{33500}{273} + 100 \times 4.18 \times \ln\frac{283}{273} \right) \text{J} \cdot \text{K}^{-1}$$

$$= 11.4\text{J} \cdot \text{K}^{-1}$$

如果有多种理想气体，温度和压力均相同，分别为 T 和 p，若将它们混合成同温同压下的理想气体混合物，则此过程是不同理想气体在恒温恒压下的混合过程。其中任意气体 B 在混合前后的状态变化为 $\text{B}(n_B, T, p) \longrightarrow \text{B}(n_B, T, p_B)$，此处 p_B 表示气体混合物中 B 的分压。这个状态变化相当于气体 B 的恒温膨胀过程，则根据式(3.3-10)，其熵变为：

$$\Delta S = n_B R \ln\frac{p}{p_B} = -n_B R \ln\frac{p_B}{p} = -n_B R \ln x_B \qquad (3.5\text{-}14)$$

其中 x_B 代表气体混合物中 B 的摩尔分数。将参与混合的所有气体的熵变加和，得混合熵 $\Delta_{\text{mix}} S$：

$$\Delta_{\text{mix}} S = -R \sum_B n_B \ln x_B \qquad (3.5\text{-}15)$$

此式可计算恒温恒压下不同理想气体的混合熵，实际上还适用于形成理想液态混合物的混合过程（见第 4 章）。

【例题 3-6】 在 273K 时，将一个 22.4dm^3 的盒子用隔板一分为二，一边放 0.5mol $\text{O}_2(\text{g})$，另一边放 0.5mol $\text{N}_2(\text{g})$。

0.5mol O₂(g)	0.5mol N₂(g)
273K	273K
11.2dm³	11.2dm³

求抽去隔板后，两种气体混合过程的熵变。

解法 1：因为 $\quad \Delta S(\text{O}_2) = nR \ln\dfrac{V_2}{V_1} = 0.5R \ln\dfrac{22.4}{11.2}$

$$\Delta S(\text{N}_2) = 0.5R \ln\frac{22.4}{11.2}$$

则 $\quad \Delta_{\text{mix}} S = \Delta S(\text{O}_2) + \Delta S(\text{N}_2) = R\ln(22.4/11.2) = R\ln2 = 5.76\text{J} \cdot \text{K}^{-1}$

解法 2：直接利用公式(3.5-15)，则

$$\Delta_{\text{mix}} S = -R \sum_B n_B \ln x_B = -R\left[n(\text{O}_2)\ln\frac{1}{2} + n(\text{N}_2)\ln\frac{1}{2} \right]$$

$$= -R\ln\frac{1}{2} = R\ln2 = 5.76\text{J} \cdot \text{K}^{-1}$$

【例题 3-7】 4mol 某理想气体，其 $C_{V,m} = 2.5R$，由始态 600K、1000kPa 依次经历下列途径：(1) 绝热、反抗 600kPa 的恒定环境压力膨胀至平衡态；

(2) 再恒容加热至 800kPa；

(3) 最后绝热可逆膨胀至 500kPa 的末态。

问整个过程的 Q、W、ΔH、ΔU 和 ΔS 各为若干？

解： 题中所给过程如下所示：

先将中间态及末态的温度求出。

（1）过程绝热 $Q=0$，根据热力学第一定律，$\Delta U_1 = W_1$，则：

$$nC_{V,\mathrm{m}}(T_2 - T_1) = -p_{\mathrm{amb}}(V_2 - V_1) = -p_2V_2 + p_2V_1 = -nR\left(T_2 - \frac{T_1}{p_1}p_2\right)$$

解得：$T_2 = 531.43\mathrm{K}$

又（2）过程恒容，$p_2/T_2 = p_3/T_3$　故 $T_3 = 708.57\mathrm{K}$

（3）绝热可逆过程，$\gamma = C_{p,\mathrm{m}}/C_{V,\mathrm{m}} = 1.4$，根据理想气体绝热可逆过程方程：

$$T_4 p_4^{\frac{1-\gamma}{\gamma}} = T_3 p_3^{\frac{1-\gamma}{\gamma}}$$

解得：$T_4 = 619.53\mathrm{K}$

U、H、S 均为状态函数，对于理想气体有：

$$\Delta U = nC_{V,\mathrm{m}}(T_4 - T_1) = [4 \times 2.5 \times 8.314 \times (619.53 - 600)]\mathrm{J} = 1624\mathrm{J}$$

$$\Delta H = nC_{p,\mathrm{m}}(T_4 - T_1) = [4 \times 3.5 \times 8.314 \times (619.53 - 600)]\mathrm{J} = 2273\mathrm{J}$$

$$\Delta S = nC_{p,\mathrm{m}}\ln\frac{T_4}{T_1} + nR\ln\frac{p_1}{p_4}$$

$$= \left(4 \times 3.5 \times 8.314 \times \ln\frac{619.53}{600} + 4 \times 8.314 \times \ln\frac{1000}{500}\right)\mathrm{J}\cdot\mathrm{K}^{-1} = 26.78\mathrm{J}\cdot\mathrm{K}^{-1}$$

因为　$Q_1 = 0$，$Q_3 = Q_r = 0$，$Q_2 = \Delta U_2$，因此求 Q 最简单。

$$Q = Q_1 + Q_2 + Q_3 = Q_2 = \Delta U_2 = nC_{V,\mathrm{m}}(T_3 - T_2) = 14727\mathrm{J}，所以　W = -13103\mathrm{J}$$

按定义，只有沿着可逆过程的热温商总和，才等于系统的熵变。当过程为不可逆时，则根据熵为一状态函数，系统熵变只取决于始态与终态而与过程所取途径无关；可设法绕道，找出一条或一组始终态与之相同的可逆过程，由它们的熵变间接地推算出来。

【例题 3-8】 试计算下列情况下，300K 时 1mol 理想气体由 100kPa 始态经下列各过程降至 50kPa 压力时的 ΔS_{sys}、ΔS_{amb} 和 ΔS_{iso}。

（1）恒温可逆膨胀；

（2）反抗恒外压 50kPa 不可逆膨胀至平衡态；

（3）自由膨胀。

解：题给三个过程始末态相同，且 T 恒定，即：

$$\boxed{\begin{array}{l} n=1\mathrm{mol} \\ T_1=300\mathrm{K} \\ p_1=100\mathrm{kPa} \end{array}} \longrightarrow \boxed{\begin{array}{l} n=1\mathrm{mol} \\ T_1=300\mathrm{K} \\ p_1=50\mathrm{kPa} \end{array}}$$

故各过程的熵变均为：

$$\Delta S_{\mathrm{sys}} = nR\ln\frac{V_2}{V_1} = nR\ln\frac{p_1}{p_2} = nR\ln 2 = (1 \times 8.314 \times \ln 2)\mathrm{J}\cdot\mathrm{K}^{-1} = 5.763\mathrm{J}\cdot\mathrm{K}^{-1}$$

但三个过程进行的方式各不相同，故它们的热也不等。

过程（1）为理想气体恒温可逆过程，$\Delta U_1 = 0$

$$Q_1 = -W_r = nRT\ln p_1/p_2 = T\Delta S = (300 \times 5.763)\mathrm{J} = 1.729\mathrm{J}$$

$$\Delta S_{\mathrm{amb}} = -Q_1/T = -1729\mathrm{J}/300\mathrm{K} = -5.763\mathrm{J}\cdot\mathrm{K}^{-1}，\Delta S_{\mathrm{iso}} = \Delta S_{\mathrm{amb}} + \Delta S = 0$$

过程（2）为恒温恒外压不可逆过程，$\Delta U_2 = 0$

$$Q_2 = -W_2 = p_{amb}(V_2 - V_1) = p_2 V_2 - p_2 V_1 = nRT(1 - p_2/p_1) = 0.5nRT = 1.247\text{kJ}$$

$$\Delta S_{amb} = -Q_2/T = -1247\text{J}/300\text{K} = -4.157\text{J} \cdot \text{K}^{-1}, \quad \Delta S_{iso} = \Delta S_{amb} + \Delta S = 1.606\text{J} \cdot \text{K}^{-1}$$

过程（3）是理想气体真空自由膨胀，故 $Q_3 = 0$

$$\Delta S_{amb} = -Q_3/T = 0, \quad \Delta S_{iso} = \Delta S_{sys} = 5.763\text{J} \cdot \text{K}^{-1}$$

3.5.3　相变化过程的熵变的计算

（1）恒温恒压可逆相变

纯物质两相平衡时，相平衡温度与相平衡压力间有确定的函数关系。压力确定后，温度就确定了，反之亦然。

在两相平衡压力和温度下进行的相变化称为可逆相变。如：

$$\text{H}_2\text{O(l)} \xrightarrow{p = 101.325\text{kPa}, T = 373.15\text{K}} \text{H}_2\text{O(g)}$$

$$\text{H}_2\text{O(l)} \xrightarrow{p = 70.928\text{kPa}, T = 363.15\text{K}} \text{H}_2\text{O(g)}$$

在 101.325kPa 时，水的沸点为 373.15K，此时的水与同样温度、压力下的水蒸气平衡共存；当压力为 70.928kPa 时，水的沸点是 363.15K，此时的水与 363.15K、70.928kPa 的水蒸气平衡共存。在气-液两相平衡时，若水蒸气的压力减少了无限小或温度降低了无限小都会发生可逆相变，前者导致水的蒸发，后者导致水蒸气的凝结。

相变化多在恒温、恒压下进行，如果在此温度和压力下，参加变化的两相是平衡共存的，则可视作可逆相变。此时，$Q_r = Q_p = \Delta_{相变}H$，代入熵的定义式(3.4-4)，得：

$$\Delta_\alpha^\beta S = \frac{n\Delta_\alpha^\beta H_m}{T} \tag{3.5-16}$$

式中，$\Delta_\alpha^\beta S$ 为可逆相变过程的熵变，J·K^{-1} 或 kJ·K^{-1}；$\Delta_\alpha^\beta H_m$ 为摩尔相变焓，J 或 kJ；α、β 为两个不同相态。

（2）不可逆相变过程

不是在相平衡温度或相平衡压力下进行的相变称为不可逆相变。例如：在标准压力下，低于正常熔点（凝固点）温度下过冷液体的凝固；在一定温度下，在低于液体饱和蒸气压下液体的气化等，都属于不可逆相变。

要计算不可逆相变的熵变 ΔS，需借助状态函数法设计过程计算。过程一般包括 pVT 变化＋可逆相变。在具体设计可逆途径时，又分为如下两种情形，保证途径中每步 ΔS 的计算有相应的公式可利用；有相应于每步 ΔS 计算式所需的热数据。

① 改变相变温度

$$
\begin{array}{ccc}
T_2、p \text{ 下的相变：} \alpha \text{ 相} & \xrightarrow[\Delta S(T_2)]{\text{不可逆相变}} & \beta \text{ 相} \\
\Big\downarrow \Delta S_1 & & \Big\uparrow \Delta S_2 \\
T_1、p \text{ 下的相变：} \alpha \text{ 相} & \xrightarrow[\Delta S(T_1)]{\text{可逆相变}} & \beta \text{ 相}
\end{array}
$$

$$\Delta S(T_2) = \Delta S_1 + \Delta S(T_1) + \Delta S_2 = \int_{T_2}^{T_1} \frac{nC_{p,m}(\alpha)\mathrm{d}T}{T} + \Delta S(T_1) + \int_{T_1}^{T_2} \frac{nC_{p,m}(\beta)\mathrm{d}T}{T}$$

$$= \Delta S(T_1) + \int_{T_1}^{T_2} \frac{\Delta C_p \mathrm{d}T}{T} \tag{3.5-17}$$

其中
$$\Delta C_p = nC_{p,m}(\beta) - nC_{p,m}(\alpha)$$

② 改变相变压力：

$$T，p_2 \text{ 下的相变：} \alpha \text{ 相} \xrightarrow[\Delta S(p_2)]{\text{不可逆相变}} \beta \text{ 相}$$

$$\downarrow \Delta S_1 \qquad\qquad \uparrow \Delta S_2$$

$$T，p_1 \text{ 下的相变：} \alpha \text{ 相} \xrightarrow[\Delta S(p_1)]{\text{可逆相变}} \beta \text{ 相}$$

$$\Delta S(p_2) = \Delta S_1 + \Delta S(p_1) + \Delta S_2$$

在实际计算不可逆相变过程的熵变时，究竟选择以上两种方法中的何者，应视题给已知条件进行决定。

【**例题 3-9**】 10mol 水在 373.15K、101.325kPa 下汽化为水蒸气，已知此时汽化热 $\Delta_{vap}H_m = 40.6\text{kJ} \cdot \text{mol}^{-1}$，求过程的熵变？

解：蒸发过程的熵变：

$$\Delta_{vap}S = n\Delta_{vap}H_m / T$$

$$= (10 \times 4.06 \times 10^4 / 373.15)\text{J} \cdot \text{K}^{-1} = 1088\text{J} \cdot \text{K}^{-1}$$

因系统从环境吸热，并对环境做体积功，故不是隔离系统，熵增大并不表示过程不可逆。

【**例题 3-10**】 1mol 过冷水在 263.15K、101.325kPa 下凝固成冰，求此过程系统的熵变及环境的熵变〔已知水的凝固焓 $\Delta H_m^{\ominus}(273.15\text{K}) = -6020\text{J} \cdot \text{mol}^{-1}$，冰与水的摩尔定压热容分别为：$C_{p,m}(H_2O,s) = 37.6\text{J} \cdot \text{K}^{-1} \cdot \text{mol}^{-1}$，$C_{p,m}(H_2O,l) = 75.3\text{J} \cdot \text{K}^{-1} \cdot \text{mol}^{-1}$。〕

解：(1) 在 101.325kPa 时，水的正常凝固温度是 0℃。显然所求的是一个不可逆相变过程的熵变，可设计下列三个可逆步骤计算系统的 ΔS：

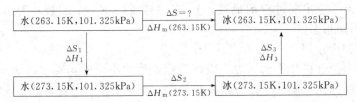

因为熵为状态函数，则 $\Delta S = \Delta S_1 + \Delta S_2 + \Delta S_3$

过程 1：恒压变温

$$\Delta S_1 = n C_{p,m}(H_2O,l) \ln \frac{T_2}{T_1}$$

$$= 1\text{mol} \times 75.3\text{J} \cdot \text{K}^{-1} \cdot \text{mol}^{-1} \times \ln \frac{273.15\text{K}}{263.15\text{K}} = 2.81\text{J} \cdot \text{K}^{-1}$$

过程 2：可逆相变

$$\Delta S_2 = \frac{n\Delta H_m^{\ominus}(273.15\text{K})}{T}$$

$$= \frac{1\text{mol} \times (-6020\text{J} \cdot \text{mol}^{-1})}{273.15\text{K}} = -22.0\text{J} \cdot \text{K}^{-1}$$

过程 3：恒压变温

$$\Delta S_1 = nC_{p,m}(H_2O,s) \ln \frac{T_1}{T_2}$$

$$=1\mathrm{mol}\times37.6\mathrm{J\cdot K^{-1}\cdot mol^{-1}}\times\ln\frac{263.15\mathrm{K}}{273.15\mathrm{K}}=-1.40\mathrm{J\cdot K^{-1}}$$

于是有：

$$\Delta S=\Delta S_1+\Delta S_2+\Delta S_3=[2.81+(-22.0)+(-1.40)]\mathrm{J\cdot K^{-1}}=-20.69\mathrm{J\cdot K^{-1}}$$

熵变为负值，说明系统的有序度增加了；不过此时不能将此熵变结果作为熵判据，因它只是系统的熵变。

（2）环境的熵变：$\Delta S_{amb}=-Q_{sys}/T_{amb}=-\Delta H_m^{\ominus}(263.15\mathrm{K})/263.15\mathrm{K}$

$$\Delta H_m^{\ominus}(263.15\mathrm{K})=\Delta H_1+\Delta H_m^{\ominus}(273.15\mathrm{K})+\Delta H_3$$
$$=1\mathrm{mol}\times75.3\mathrm{J\cdot K^{-1}\cdot mol^{-1}}\times10\mathrm{K}+1\mathrm{mol}\times(-6020\mathrm{J\cdot mol^{-1}})+$$
$$1\mathrm{mol}\times37.6\mathrm{J\cdot K^{-1}\cdot mol^{-1}}\times(-10\mathrm{K})=-5643\mathrm{J}$$

$$\Delta S_{amb}=-\frac{-5643\mathrm{J}}{263.15\mathrm{K}}=21.44\mathrm{J\cdot K^{-1}},\ \Delta S_{iso}=(-20.69+21.44)\mathrm{J\cdot K^{-1}}=0.75\mathrm{J\cdot K^{-1}}$$

由 $\Delta S_{iso}>0$ 可知，过冷水结冰是自发过程。

3.6 熵的物理意义和规定熵

3.6.1 熵的物理意义

熵是物质的状态函数。状态确定的系统，有确定的 p、V、T、U、H 值，也就有确定的熵值。熵的确切意义，需从统计热力学中得出，这里只简单介绍。

宏观状态实际上是大量微观状态的平均，自发变化的方向总是向热力学概率增大的方向进行，这与熵的变化方向相同。我们把某一宏观状态相对应的微观状态的数目，称为该宏观状态的"微观状态数"，即该宏观状态的"热力学概率 Ω"。

热力学概率 Ω 和熵 S 都是热力学能 U、体积 V 和粒子数 N 的函数，两者之间必定有某种联系，统计热力学证明：

$$S=k_B\ln\Omega \tag{3.6-1}$$

式中，k_B 为玻耳兹曼常数，$1.38\times10^{-23}\mathrm{J\cdot K^{-1}}$；$\Omega$ 为系统总的微观状态数。该式最先由玻尔兹曼推导出来，称为"玻尔兹曼熵定理"。

这是一个重要公式，因为熵是一宏观物理量，而概率是一微观量，这一公式成为宏观量与微观量联系的桥梁。式(3.6-1)指出：热力学概率愈大的状态，其熵值也愈大，故熵值的大小也是某一状态热力学概率的衡量。

热力学概率愈大（微态数愈多）的状态也就是混合的愈均匀即无序程度愈大的状态，或者说是"混乱度"愈大的状态。熵值可以作为系统"混乱度"的衡量。

在无外界影响下，自发过程总是由有序状态趋向无序状态，也就是由混乱度小的状态趋向混乱度大的状态，而以达到指定条件下混乱度最大的状态为止。因此，隔离系统中过程总是自发地朝着熵值增加的方向进行，而以达到熵值最大时为止，这就是熵增加定理的统计解释。

3.6.2 热力学第三定律

（1）能斯特（W. Nernst）"热定理"

设有任意化学反应 $0=\sum\limits_B\nu_B\mathrm{B}$，因 S 是状态函数，则有 $\Delta_r S_m=\sum\limits_B\nu_B S_{m,B}$，当参与反应的组分均为凝聚态物质时，实验发现，等温条件下，当 $T\to0$ 时，$\Delta_r S_m\to0$。

为了解释这一现象，1906 年能斯特提出如下假设：凝聚系统中任何恒温过程中的熵变，均随着温度趋于 0K 时而趋于零，即：

$$\lim_{T \to 0K} \Delta_T S = 0 \tag{3.6-2a}$$

上述假设常称为能斯特"热定理"，是热力学第三定律最早的表达形式。能斯特做出上述假设时，限于凝聚相系统。实际上所有化学物质在接近热力学 0K 时都已成为固态。

1912 年普朗克（M. Planck）把热定理推进一步，普朗克假设："在热力学 0K 时所有稳定单质的熵值均为零"。

$$\lim_{T \to 0K} S^* (0K, 凝聚相) = 0 \tag{3.6-2b}$$

式中，* 代表纯物质。

1920 年路易斯（G. N. Lewis）和吉布森（G. E. Gibson）修正为：纯物质完美晶体在 0K 时的熵值为零。至此，热力学第三定律表述得更加科学、严谨。

(2) 热力学第三定律

热力学第三定律的数学表述：温度趋于 0K 时，任何纯物质完美晶体的熵值都等于零，即：

$$S^* (完美晶体, 0K) = 0 \tag{3.6-3}$$

所谓完美晶体就是所有质点均处于最低能级、规则地排列在完全有规律的点阵结构中，形成一种唯一的排列状态。有两种或两种以上排列方式的则不是完美晶体。例如，CO 若有 CO-CO 和 CO-OC 两种方式排列，则不是完美晶体，0K 时的熵值也不等于零。

3.6.3 摩尔规定熵和标准摩尔熵

(1) 摩尔规定熵

以第三定律规定的 $S^* (完美晶体) = 0$ 为始态，以温度 T 时的状态为终态，求得 1mol 物质 B 的熵变 ΔS 即为物质 B 在该状态下的摩尔规定熵，记作 $S_m(T)$。

恒压条件下纯物质熵值随温度变化的关系可由下式确定：

$$\Delta S = S(T) - S(0K) = \int_0^T \frac{C_p}{T} dT = n \int_0^T \frac{C_{p,m}}{T} dT \tag{3.6-4}$$

根据热力学第三定律，完整晶体在热力学 0K 时熵值为零，即：

$$S(0K) = 0$$

故任意温度下的熵值 $S(T)$ 原则可由下式计算：

$$\Delta S = S(T) = n \int_0^T \frac{C_{p,m}}{T} dT \tag{3.6-5}$$

然而，温度由 0K 升高至 T 时，物质可能发生相变，必须根据实际情况对所引起的熵变加以考虑。如设一纯物质在 0K→T 时的变化为：

$$0K \to T^* (=15K) \to T_{转晶} \to T_m \to T_b \to T \to \cdots$$

则：$$S_m(T) = S_m(0 \to 15K) + \int_{T^*}^{T_{转晶}} \frac{C_{p,m}(1)}{T} dT + \frac{\Delta H_m(转晶)}{T(转晶)} + \int_{T_{转晶}}^{T_m} \frac{C_{p,m}(2)}{T} dT +$$

$$\frac{\Delta H_m(熔化)}{T(熔化)} + \int_{T_m}^{T_b} \frac{C_{p,m}(1)}{T} dT + \frac{\Delta_{vap} H_m}{T_b} + \int_{T_b}^{T} \frac{C_{p,m}(g)}{T} dT + R \ln \frac{p}{p^\ominus}$$

$$\tag{3.6-6}$$

（2）标准摩尔熵

在标准态下，温度 T 时，1mol 物质的规定熵称为标准摩尔规定熵，简称标准摩尔熵，记作 $S_m^{\ominus}(B, 298.15K)$。一些物质 298.15K 下的标准摩尔熵列于附录 8 中。

溶液中溶质的标准摩尔熵：在 $p^{\ominus}=100kPa$ 及标准质量摩尔浓度 $b^{\ominus}=1mol \cdot kg^{-1}$，且具有稀溶液性质的状态时的摩尔熵。

水溶液中离子的摩尔熵：规定氢离子 $H^+(aq)$ 的标准摩尔熵 $S_m^{\ominus}(H^+, aq)=0$，在此基础上得出其他离子的标准摩尔熵。

3.6.4 化学变化过程熵变的计算

（1）298.15K 下标准摩尔反应熵

在标准压力下，298.15K 时各物质的标准摩尔熵 $S_m^{\ominus}(298.15K)$ 有表可查。按化学反应计量方程式进行一个单位反应时，某反应的熵变即温度 T 下该反应的标准摩尔反应熵变 $\Delta_r S_m^{\ominus}(T)$。

设有化学反应 $0 = \sum\limits_B \nu_B B$，则：

$$\Delta_r S_m^{\ominus}(T) = \sum\limits_B \nu_B S_B^{\ominus}(T) \tag{3.6-7}$$

式中，ν_B 为化学反应组分计量系数。

此式常用于求 298.15K 时的标准摩尔反应熵。要注意，由于恒温恒压下物质的混合过程也有熵变，故上式计算的实际上只是反应物和产物均处于纯的标准态时反应进度为 1mol 时的熵变。

（2）任意温度 T 下的标准摩尔反应熵

相同的热量在不同温度下具有不同的品质，因而，不同温度下反应的反应熵变也必定不同。与基尔霍夫公式推导类似，由已知温度下的反应熵变可以求另一温度下的反应熵变。若已知 $\Delta_r S_m^{\ominus}(298.15K)$ 和 $C_{p,m,B}$ 的数据，且温度区间 298.15K ~ T_2 中，所有反应物及产物均没有相变化，则可用下式计算 $\Delta_r S_m^{\ominus}(T)$：

$$\Delta_r S_m^{\ominus}(T) = \Delta_r S_m^{\ominus}(298.15K) + \int_{298.15K}^{T} \frac{\Delta_r C_{p,m}}{T} dT \tag{3.6-8}$$

式中

$$\Delta_r C_{p,m} = \sum\limits_B \nu_B C_{p,m}(B)$$

【例题 3-11】 试用附录的数据，计算 298.15K 时合成甲醇反应的标准摩尔反应熵 $\Delta_r S_m^{\ominus}$。反应计量式为：$CO(g) + 2H_2(g) \Longrightarrow CH_3OH(g)$。

解： 由附录得 $CH_3OH(g)$、$CO(g)$ 及 $H_2(g)$ 的 $S_m^{\ominus}(298.15K)$ 依次为：239.8J $\cdot$ $K^{-1} \cdot mol^{-1}$、197.67J $\cdot K^{-1} \cdot mol^{-1}$ 及 130.68J $\cdot K^{-1} \cdot mol^{-1}$，将其代入式(3.6-7)：

$$\Delta_r S_m^{\ominus}(298.15K) = \sum\limits_B \nu_B S_B^{\ominus}(B, 298.15K)$$
$$= S_m^{\ominus}(CH_3OH, g) - S_m^{\ominus}(CO, g) - 2S_m^{\ominus}(H_2, g)$$
$$= (239.8 - 197.67 - 2 \times 130.68) J \cdot K^{-1} \cdot mol^{-1}$$
$$= -219.2 J \cdot K^{-1} \cdot mol^{-1}$$

注意：虽然 $\Delta_r S_m^{\ominus} < 0$，但因为不是隔离系统，因此并不说明反应不能自发进行。

【例题 3-12】 已知：$S_m^{\ominus}(H_2O, l, 298.15K) = 69.91 J \cdot K^{-1} \cdot mol^{-1}$，$\Delta_{vap}H_m = 44.01kJ \cdot mol^{-1}$，$p^*(H_2O, l, 298.15K) = 3.17kPa$，求 $S_m^{\ominus}(H_2O, g, 298.15K)$。

解： 设计如下过程

$$
\begin{array}{ccc}
\boxed{\begin{array}{c} H_2O,\ l \\ p^* \end{array}} & \xrightarrow{\ \Delta S\ } & \boxed{\begin{array}{c} H_2O,\ g \\ p^* \end{array}} \\[2mm]
{\scriptstyle \uparrow \Delta S_1} & & {\scriptstyle \downarrow \Delta S_2} \\[2mm]
\boxed{\begin{array}{c} H_2O,\ l \\ p^\ominus \end{array}} & \xrightarrow{\ \Delta S^\ominus\ } & \boxed{\begin{array}{c} H_2O,\ g \\ p^\ominus \end{array}}
\end{array}
$$

$$
\begin{aligned}
\Delta S^\ominus &= S_m^\ominus(H_2O,g,298.15K) - S_m^\ominus(H_2O,l,298.15K) \\
&= \Delta S_1 + \Delta S + \Delta S_2
\end{aligned}
$$

对于凝聚态物质，当压力变化不大时，$(\partial S/\partial p)_T \approx 0$，所以 $\Delta S_1 \approx 0$，故

$$
\begin{aligned}
S_m^\ominus(H_2O,g,298.15K) &= S_m^\ominus(H_2O,l,298.15K) + \Delta S_1 + \Delta S + \Delta S_2 \\
&\approx S_m^\ominus(H_2O,l,298.15K) + \frac{\Delta_{vap}H_m}{T} + R\ln\frac{p^*}{p^\ominus} \\
&= \left(69.91 + \frac{44.01\times1000}{298.15} + 8.3143\ln\frac{3.17}{100}\right)J\cdot K^{-1}\cdot mol^{-1} \\
&= 188.83 J\cdot K^{-1}\cdot mol^{-1}
\end{aligned}
$$

3.7　亥姆霍兹函数与吉布斯函数

热力学第一定律导出了热力学能这个状态函数，为了处理热化学中的问题，又定义了焓。热力学第二定律导出了熵这个状态函数，但用熵作为判据时，系统必须是隔离系统，也就是说必须同时考虑系统和环境的熵变，这很不方便。另一方面，大多数化学反应是在恒温恒容或恒温恒压，而且非体积功等于零的条件下进行的，找出这些条件下的判据，更有实际意义。本节由热力学第一定律和第二定律联合公式出发，讨论这两种条件下的判据——亥姆霍兹函数和吉布斯函数的导出及其作为判据的条件。

3.7.1　亥姆霍兹函数

（1）亥姆霍兹（Helmholtz）函数

设一封闭系统，与温度为 T 的热源接触，发生一个恒温过程，根据克劳修斯不等式：

$$ dS \geqslant \delta Q/T \quad (>不可逆；=可逆) $$

在恒温恒容且非体积功为零（$dT=0$，$dV=0$，$W'=0$）过程中，根据热力学第一定律，有：$\delta Q_V = dU$，将其代入克劳修斯不等式，得：

$$ dS \geqslant \frac{dU}{T} \quad (>不可逆，=可逆) \tag{3.7-1} $$

整理得：

$$ dU - TdS \leqslant 0 \quad (<不可逆，=可逆) $$

因为 T 恒定，故有：

$$ d(U - TS) \leqslant 0 \quad (< 不可逆，=可逆) $$

U、T、S 都是状态函数，它们的组合仍是状态函数。

定义一个新的状态函数——亥姆霍兹函数，用 A 表示：

$$ A \stackrel{def}{=\!=\!=} U - TS \tag{3.7-2} $$

式中，A 为亥姆霍兹函数，J 或 kJ。

A 亦称亥姆霍兹自由能，简称亥氏函数。由于 U、T、S 都是状态函数，它们的组合仍是状态函数；因为 U、S 是广度性质，所以 A 也是广度性质，其值仅由状态决定；A 本身

没有物理意义；又因为 U 的绝对值未知，所以 A 的绝对值也未知，只能求出它的变化值；T 和 S 的乘积具有能量的量纲，U 的单位是 J 或 kJ，故 A 也具有能量的量纲，其单位为 J 或 kJ，但它不是能量。又定义式中 T 和 S 都不是守恒参数，故 A 的值不守恒。

根据定义 $A = U - TS$，则 $\Delta A = \Delta U - \Delta(TS)$

恒温可逆时，$\Delta A_T = \Delta U - T\Delta S = \Delta U - Q_r = \Delta U - (\Delta U - W_r) = W_r$

则
$$\Delta A_T = W_r \tag{3.7-3}$$

因为 $W_r = W'_r - \int_{V_1}^{V_2} p\,dV$，在恒温恒容可逆条件下，$dV = 0$，则 $W_r = W'_r$，代入式 (3.7-3)，有：

$$\Delta A_{T,V} = W'_r \tag{3.7-4}$$

式 (3.7-3) 和式 (3.7-4) 指出了 ΔA 的物理意义：在恒温条件下，封闭系统所做的最大功（即可逆功）等于其亥姆霍兹函数的变化，或在恒温恒容条件下，封闭系统所做的最大非体积功等于其亥姆霍兹函数的变化。因此 ΔA_T 或 $\Delta A_{T,V}$ 反映了系统进行恒温或恒温恒容状态变化时所具有的对外做功能力的大小。这是该函数被称为功焓的原因。

（2）亥姆霍兹函数判据

当恒温、恒容无非体积功条件下，因 $\delta W'_{T,V} = 0$ 或 $W'_{T,V} = 0$

故
$$\Delta A_{T,V} \leqslant 0 \begin{cases} <0 & \text{自发(不可逆)} \\ =0 & \text{平衡(可逆)} \\ >0 & \text{非自发} \end{cases} \tag{3.7-5}$$

结果表明，封闭系统在恒温、恒容、$W' = 0$ 的条件下，当发生变化时只能自发向 A 减小的方向进行，当 $\Delta A_{T,V} = 0$ 时达到平衡。

对于微小变化过程：

$$dA_{T,V} \leqslant 0 \begin{cases} <0 & \text{自发(不可逆)} \\ =0 & \text{平衡(可逆)} \\ >0 & \text{非自发} \end{cases} \tag{3.7-6}$$

亥姆霍兹函数判据只适用于封闭系统，在恒温恒容且不做非体积功时，过程只能自发地向亥姆霍兹函数减小的方向进行，直到最小值时不再变化，达到平衡。不可能自动发生亥姆霍兹函数增大的过程，与水从高位自动流向低位类同。另外，dA 判据是从熵判据中导出的，两者本质是一样的，但用 dA 作判据时不必考虑环境的变化，比熵判据方便。

3.7.2 吉布斯函数

（1）吉布斯（Gibbs）函数

设系统在恒温、恒压条件下发生状态变化，则：

$$\Delta S\,(\text{系统}) \geqslant \frac{\Delta U - W}{T} = \frac{\Delta U + p\Delta V - W'}{T} \tag{3.7-7}$$

因为
$$T\Delta S \geqslant \Delta U + p\Delta V - W'$$

所以
$$-(\Delta U + p\Delta V - T\Delta S) \geqslant -W' \quad \text{即} \quad \Delta(U + pV - TS) \leqslant W'$$

定义
$$G \equiv U + pV - TS = H - TS \tag{3.7-8}$$

则
$$\Delta G \leqslant W'$$

式中，G 称为吉布斯函数，J 或 kJ，亦称吉布斯自由能。G 是状态函数，具有广度性质。

（2）吉布斯函数判据

当恒温、恒压且 $W'=0$ 时，故：

$$\Delta G_{T,p} \leqslant 0 \begin{cases} <0 & \text{自发（不可逆）} \\ =0 & \text{平衡（可逆）} \\ >0 & \text{非自发} \end{cases} \tag{3.7-9}$$

结果表明，封闭系统在恒温、恒压、$W'=0$ 的条件下，当发生变化时只能自发向 G 减小的方向进行，当 $\Delta G_{T,p}=0$ 时达到平衡。对于微小变化过程：

$$\mathrm{d}G_{T,p} \leqslant 0 \begin{cases} <0 & \text{自发（不可逆）} \\ =0 & \text{平衡（可逆）} \\ >0 & \text{非自发} \end{cases} \tag{3.7-10}$$

（3）ΔG 的物理意义

因为恒温、恒压下：

$$\Delta G = W'_r$$

此式表明，在恒温、恒压条件下，系统对外所做的最大非体积功等于系统吉布斯函数的减少，即在恒温、恒压条件下，ΔG 等于始末态之间系统做非体积功能力的变化。

在恒温恒压、可逆电池反应中，W'_r 为电功，利用 $\Delta G_{T,p}=W'_r$ 可推出：

$$\Delta_r G = -zEF$$

式中，z 为电池反应中得失电子的物质的量；E 为可逆电池的电动势；F 为法拉第常数。它是联系热力学和电化学的桥梁公式。

应注意，用亥姆霍兹函数判据或吉布斯函数判据与用熵判据来判断过程的方向是等价的，只不过用亥姆霍兹函数判据或吉布斯函数判据时不涉及对环境的计算，所以比用熵判据更直接、更方便。熵判据原则上适用于各种条件，而亥姆霍兹函数判据或吉布斯函数判据只能用于特定条件。对于相变和化学反应，大多在恒温、恒压且没有非体积功的条件下进行，所以吉布斯函数判据用得最多，也最有用。

还应注意，$\Delta A>0$ 或 $\Delta G>0$ 的过程也是可以发生的，只是不能自动发生，如恒温、恒压下，水分解为氢气和氧气是不能自动发生的（$\Delta G>0$），但通入电流电解或用光敏剂使之吸收合适的光能，就可以使水分解。

3.7.3 ΔA 及 ΔG 的计算

A 和 G 在化学中是极为重要、应用也是最为广泛的热力学函数。ΔG、ΔA 的计算在一定程度上比 ΔS 的计算更为重要。ΔG、ΔA 与 ΔS 一样，只有通过可逆过程方能计算，因为在可逆过程中才能成立等式关系。据状态函数的性质，对不可逆过程，可设计成可逆过程来计算 ΔG。

（1）一般等温条件下的变化

根据 A、G 的定义：$G=H-TS$，$A=U-TS$，则在任何条件下都有：

$$\Delta A = \Delta U - \Delta(TS) = \Delta U - (T_2 S_2 - T_1 S_1) \tag{3.7-11}$$
$$\Delta G = \Delta H - \Delta(TS) = \Delta H - (T_2 S_2 - T_1 S_1) \tag{3.7-12}$$

在等温条件下：

$$\Delta A = \Delta U - \Delta(TS) = \Delta U - T\Delta S \tag{3.7-13}$$
$$\Delta G = \Delta H - \Delta(TS) = \Delta H - T\Delta S \tag{3.7-14}$$

在满足等温条件的前提下，公式不论是单纯的 pVT 变化、相变化还是化学变化均成立。

（2）等温、$W'=0$ 条件下的单纯 pVT 变化

因为 $$G=H-TS$$

所以 $\qquad\qquad \mathrm{d}G = \mathrm{d}H - T\mathrm{d}S = \mathrm{d}U + p\,\mathrm{d}V + V\mathrm{d}p - T\mathrm{d}S$

而 $\qquad\qquad \mathrm{d}U = \delta Q_r - p\,\mathrm{d}V = T\mathrm{d}S - p\,\mathrm{d}V$

故 $\qquad\qquad \mathrm{d}G = V\mathrm{d}p \qquad\qquad\qquad\qquad\qquad\qquad\qquad$ (3.7-15)

对于理想气体：

$$\Delta G = \int_{p_1}^{p_2} V\mathrm{d}p = nRT\ln\frac{p_2}{p_1} = nRT\ln\frac{V_1}{V_2} \qquad\qquad (3.7\text{-}16)$$

另外还可以根据状态函数间的关系计算，如 $G = U + pV - TS$，$G = A + pV$，则：

$$\Delta G = \Delta U + \Delta(pV) - \Delta(TS) \qquad\qquad (3.7\text{-}17)$$

$$\Delta G = \Delta A + \Delta(pV) \qquad\qquad\qquad\qquad (3.7\text{-}18)$$

总之，只要灵活运用有关 A 和 G 的定义式，运用前面学过的计算 ΔS、ΔU、ΔH 等的知识，是很容易计算 ΔA 和 ΔG 的。

此外，在特定条件下，往往可以利用 ΔA 和 ΔG 与功的关系简捷地求出 ΔA 和 ΔG，即在恒温可逆过程中 $\Delta A_T = W_r$，恒温恒压可逆过程中 $\Delta G_{T,p} = W'_r$。特别是，如果分别在恒温恒容且无非体积功的过程或恒温恒压且无非体积功的过程，上述两个关系式就分别为亥姆霍兹函数判据和吉布斯函数判据，就可以直接利用判据，不必再寻找其他公式。

应注意的是：因为 A 和 G 都是状态函数，只要始态、终态相同，不论实际进行的是可逆过程还是不可逆过程，其 ΔA 和 ΔG 都是相同的。

【例题 3-13】　1mol 理想气体在 298.15K 时由 1000kPa 恒温膨胀至 100kPa，假设过程为：（1）可逆膨胀；（2）在恒外压 100kPa 下膨胀；（3）向真空膨胀。计算各过程的 Q、W、ΔU、ΔH、ΔS、ΔA 和 ΔG。

解： 三种过程始、终态相同

$$\boxed{\begin{array}{l} n = 1\,\mathrm{mol} \\ T_1 = 298.15\,\mathrm{K} \\ p_1 = 1000\,\mathrm{kPa} \end{array}} \xrightarrow{\mathrm{d}T=0} \boxed{\begin{array}{l} n = 1\,\mathrm{mol} \\ T_2 = T_1 = 298.15\,\mathrm{K} \\ p_2 = 100\,\mathrm{kPa} \end{array}}$$

（1）理想气体恒温可逆膨胀，$\Delta U = 0$，$\Delta H = 0$

$$\begin{aligned} Q = -W &= nRT\ln(p_1/p_2) \\ &= [1 \times 8.314 \times 298.15 \times \ln(1000/100)]\,\mathrm{J} \\ &= 5707.7\,\mathrm{J} \end{aligned}$$

$$\Delta S = \frac{Q_r}{T} = \frac{5707.7\,\mathrm{J}}{298.15\,\mathrm{K}} = 19.14\,\mathrm{J \cdot K^{-1}}$$

$$\Delta A = \Delta U - T\Delta S = 0 - 298.15\,\mathrm{K} \times 19.14\,\mathrm{J \cdot K^{-1}} = -5707.7\,\mathrm{J}$$

$$\Delta G = \Delta H - T\Delta S = 0 - 298.15\,\mathrm{K} \times 19.14\,\mathrm{J \cdot K^{-1}} = -5707.7\,\mathrm{J}$$

（2）恒外压恒温膨胀，$\Delta U = 0$，$\Delta H = 0$

$$\begin{aligned} Q = -W &= p_{amb}(V_2 - V_1) = p_{amb}\left(\frac{nRT}{p_2} - \frac{nRT}{p_1}\right) \\ &= nRTp_2\left(\frac{1}{p_2} - \frac{1}{p_1}\right) \\ &= \left[1 \times 8.314 \times 298.15 \times 100 \times \left(\frac{1}{100} - \frac{1}{1000}\right)\right]\mathrm{J} \\ &= 2230.9\,\mathrm{J} \end{aligned}$$

ΔS、ΔA、ΔG 与过程（1）相同。

（3）向真空膨胀，$Q=0$，$W=0$，ΔU，ΔH，ΔS，ΔA，ΔG 均与过程（1）相同。

此例 3 个过程的方向性如何判断，应用什么判据？

如判断以上过程的方向，因为它们都不是恒温恒压或恒温恒容过程，因此，不能应用吉氏函数判据或亥氏函数判据，而只能应用熵判据。对于过程（1），$\Delta S(总)=0$，因此为可逆过程；对于过程（2），$\Delta S(总)=11.66J \cdot K^{-1}>0$，故为自发过程或不可逆过程；对于过程（3），$\Delta S(总)=19.14J \cdot K^{-1}>0$，故为自发过程或不可逆过程。

【例题 3-14】 试求 1mol 物质 A(l) 在恒温、恒压下可逆相变为 A(g) 时的 ΔA 和 ΔG。[设 A(l) 与 A(g) 相比其体积可忽略不计，A(g) 可视为理想气体]。

解： 对于恒温下的可逆相变：$\Delta S(相变)=\Delta H(相变)/T(相变)$，则：

$$\Delta G=\Delta H-T\Delta S=\Delta H-\Delta H=0$$

即在可逆相变过程中，吉布斯函数保持恒定不变，而：

$$\Delta A=\Delta U-T\Delta S=\Delta U-\Delta H=-p\Delta V=W$$

【例题 3-15】 已知水在 100℃、101325Pa 下的蒸发焓 $\Delta_{vap}H_m=40.64kJ \cdot mol^{-1}$，试求 4mol 水在 100℃、101325Pa 下变为水蒸气过程的 Q，W，ΔU，ΔS，ΔA，ΔG 各为若干？（水的体积与水蒸气的体积相比较可忽略不计）

解： 题给过程可表示为：

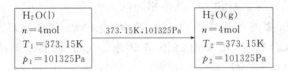

因始末状态均处于平衡态，故此过程为恒温、恒压可逆相变化过程。

$$Q_p=\Delta H=n\Delta_{vap}H_m=4mol \times 40.64kJ \cdot mol^{-1}=162.56kJ$$

$$W=-p(V_g-V_1)\approx-pV_g=-nRT=-(4 \times 8.314 \times 373.15)kJ=-12.409kJ$$

则根据热力学第一定律：$\Delta U=Q+W=\Delta H-nRT=150.15J$

根据热力学第二定律：$\Delta S=\Delta H/T=162.56 \times 10^3 J/373.15K=435.6J \cdot K^{-1}$

则 $\Delta A=\Delta U-T\Delta S=(150.15-373.15 \times 435.64)kJ=-12.409kJ$

$$\Delta G=\Delta H-T\Delta S=0$$

【例题 3-16】 苯在正常沸点（353K）时的摩尔汽化焓为 30.75kJ · mol^{-1}。今将 353K、101.325kPa 下的 1mol 液态苯向真空等温蒸发变为同温同压的苯蒸气（设为理想气体），（1）求此过程的 Q、W、ΔU、ΔH、ΔS、ΔA 和 ΔG；（2）应用有关原理，判断此过程是否为不可逆过程？

解： 题给过程为：

（1）向真空蒸发的始、终态与恒温恒压可逆相变的相同，故两种途径状态函数变化相等： $\Delta G=\Delta G(可逆)=0$（非恒温恒压不表示可逆）

$$\Delta H=\Delta H(可逆)=(1 \times 30.75)kJ=30.75kJ$$

$$\Delta S=\Delta S(可逆)=\Delta H(可逆)/T=(30.75 \times 10^3/353)J \cdot K^{-1}=87.11J \cdot K^{-1}$$

$$\Delta U=\Delta H-p\Delta V=\Delta H-nRT=(30.75-1 \times 8.314 \times 353 \times 10^{-3})kJ=27.82kJ$$

$$\Delta A = \Delta U - T\Delta S = (27.82 - 353 \times 87.11 \times 10^{-3})\text{kJ} = -2.93\text{kJ}$$

因为向真空蒸发，$p_{\text{amb}} = 0$，$W = 0$，$Q = \Delta U = 27.82\text{kJ}$

（2）因　$\Delta S_{\text{sys}} = 87.11\text{J} \cdot \text{K}^{-1}$

$$\Delta S_{\text{amb}} = -Q/T_{\text{amb}} = -(27.82 \times 10^3/353)\text{J} \cdot \text{K}^{-1}$$
$$= -78.81\text{J} \cdot \text{K}^{-1}$$
$$\Delta S_{\text{iso}} = \Delta S_{\text{sys}} + \Delta S_{\text{amb}} = (87.11 - 78.81)\text{J} \cdot \text{K}^{-1}$$
$$= 8.30\text{J} \cdot \text{K}^{-1}$$

因 $\Delta S_{\text{iso}} > 0$，所以，过程自发。

3.8　热力学基本方程

迄今已学到的热力学状态函数可分为两大类：一类是可直接测定的，如 p、V、T、$C_{p,\text{m}}$、$C_{V,\text{m}}$ 等；另一类是不能直接测定的，如 U、H、S、A、G。其中 U 和 S 是系统的基本状态函数，分别由热力学第一定律和热力学第二定律导出。而 H、A、G 是由 U 和 S 组合成的辅助状态函数，人为地引入这三个函数是为了应用方便。其中，U 和 H 用于解决能量衡算问题，而 S、A 和 G 则主要用来进行过程可能性的判断。热力学理论可将它们间的关系用基本方程相互联系起来。实际应用这五个函数时，还需要找出各函数改变量间的关系，尤其需要找出可测函数与不可直接测定的函数间的关系。因此应用热力学第一定律和热力学第二定律，可以推导出热力学函数的一些重要关系式。

3.8.1　热力学基本方程

由定义可得如下三个关系式：

$$H \xlongequal{\text{def}} U + pV \tag{3.8-1}$$

$$A \xlongequal{\text{def}} U - TS \tag{3.8-2}$$

$$G \xlongequal{\text{def}} H - TS = U - TS + pV = A + pV \tag{3.8-3}$$

这种关系可由图 3-6 表示。

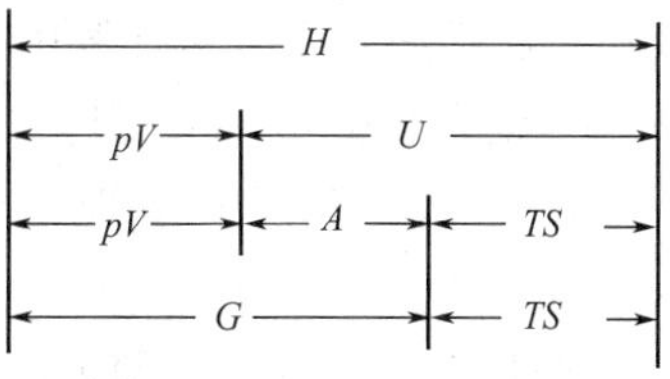

对一组成不变的均相封闭系统中发生的可逆过程，当不做非体积功时，由热力学第一定律的原始形式：$dU = \delta Q_r + \delta W$，可得 $dU = \delta Q_r - p\,dV$。代入热力学第二定律 $\delta Q_r = T\,dS$，可得四个热力学基本方程的主要形式：

$$dU = T\,dS - p\,dV \tag{3.8-4}$$

该方程为热力学第一定律与热力学第二定律的联合公式。

图 3-6　热力学函数之间的关系

因为 $H = U + pV$，则 $dH = d(U + pV) = dU + p\,dV + V\,dp$，将式（3.8-4）代入得：

$$dH = T\,dS + V\,dp \tag{3.8-5}$$

由 $A = U - TS$，$dA = d(U - TS) = dU - T\,dS - S\,dT$，将式（3.8-4）代入得：

$$dA = -S\,dT - p\,dV \tag{3.8-6}$$

由 $G = H - TS$，$dG = d(H - TS) = dH - T\,dS - S\,dT$，将式（3.8-5）代入得：

$$dG = -S\,dT + V\,dp \tag{3.8-7}$$

以上四个公式即为热力学基本方程，它们包含了热力学理论的全面信息，是热力学理论框架的中心。

这四个基本方程的适用条件是：封闭系统、$W'=0$ 的可逆过程。

它不仅适用于无相变化、无化学变化的平衡系统（纯物质或多组分、单相或多相）发生的单纯变化的可逆过程，也适用于相平衡和化学平衡系统同时发生变化及相变化和化学变化的可逆过程。

公式虽然是四个，但式(3.8-5)、式(3.8-6)、式(3.8-7) 实际上是基本公式(3.8-4) 在不同条件下的表示形式。

对状态函数 $U=f(S,V)$、$H=f(S,p)$、$A=f(T,V)$ 和 $G=f(T,p)$，根据其全微分性质并与热力学基本方程 [式(3.8-4)～式(3.8-7)] 对比，

$$dU=\left(\frac{\partial U}{\partial S}\right)_V dS+\left(\frac{\partial U}{\partial V}\right)_S dV=T dS-p dV \tag{3.8-8}$$

$$dH=\left(\frac{\partial H}{\partial S}\right)_p dS+\left(\frac{\partial H}{\partial p}\right)_S dp=T dS+V dp \tag{3.8-9}$$

$$dA=\left(\frac{\partial A}{\partial T}\right)_V dT+\left(\frac{\partial A}{\partial V}\right)_T dV=-S dT-p dV \tag{3.8-10}$$

$$dG=\left(\frac{\partial G}{\partial T}\right)_p dT+\left(\frac{\partial G}{\partial p}\right)_T dp=-S dT+V dp \tag{3.8-11}$$

通过对比，可得如下关系（或称"对应系数式"）：

$$\left(\frac{\partial U}{\partial S}\right)_V=\left(\frac{\partial H}{\partial S}\right)_p=T \tag{3.8-12}$$

$$\left(\frac{\partial U}{\partial V}\right)_S=\left(\frac{\partial A}{\partial V}\right)_T=-p \tag{3.8-13}$$

$$\left(\frac{\partial H}{\partial p}\right)_S=\left(\frac{\partial G}{\partial p}\right)_T=V \tag{3.8-14}$$

$$\left(\frac{\partial A}{\partial T}\right)_V=\left(\frac{\partial G}{\partial T}\right)_p=-S \tag{3.8-15}$$

基本方程的意义在于：可利用能够直接测定的物质特性，即 pVT 关系和热容，来获得那些不能直接测定的 U、H、S、A、G 的变化。反之，如知道 U、H、A、G 的变化规律，即那些广义的状态方程，可得到所有的其他热力学信息。因此基本方程有着广泛的应用，下面简单介绍其在热力学计算中的直接应用。

封闭系统发生 pVT 变化，若过程恒温、不做非体积功：

由 $dA=-S dT-p dV$，因 $dT=0$，则：

$$dA_T=-p dV \tag{3.8-16}$$

由 $dG=-S dT+V dp$，因 $dT=0$，则：

$$dG_T=V dp \tag{3.8-17}$$

当系统发生一个宏观过程，压力由 p_1 变为 p_2，则：

$$\Delta G=\int_{p_1}^{p_2} V dp \tag{3.8-18}$$

对于气态，用状态方程代入即可计算。如理想气体，因 $pV=nRT$，则：

$$\Delta A_T=-\int_{V_1}^{V_2} p dV=-nRT\ln\frac{V_2}{V_1}$$

$$\Delta G_T=\int_{p_1}^{p_2} V dp=nRT\ln\frac{p_2}{p_1}=nRT\ln\frac{V_1}{V_2}$$

对于凝聚态物质（固、液体），可认为体积不变，则：

$$\Delta A_T = -\int_{V_1}^{V_2} p\,\mathrm{d}V \approx 0, \ \Delta G_T = \int_{p_1}^{p_2} V\mathrm{d}p \approx V\Delta p$$

当压力变化较大时，$\Delta G_T \approx V\Delta p$ 不容忽视，一般情况下可认为它近似等于零。

3.8.2　麦克斯韦关系式

（1）麦克斯韦（Maxwell）关系式

设以 Z 代表物系的任一状态函数，且 Z 是 x 和 y 两个变量的函数，由于 Z 的变化与过程无关。在数学上称 Z 的微分为全微分，记为：$Z = f(x, y)$

$$\mathrm{d}Z = \left(\frac{\partial Z}{\partial x}\right)_y \mathrm{d}x + \left(\frac{\partial Z}{\partial y}\right)_x \mathrm{d}y = M\mathrm{d}x + N\mathrm{d}y \tag{3.8-19}$$

显然 M 和 N 也是 x 和 y 的连续函数，如 M 对 y 偏微分，N 对 x 偏微分得：

$$\left(\frac{\partial M}{\partial y}\right)_x = \frac{\partial^2 Z}{\partial x \partial y}, \quad \left(\frac{\partial N}{\partial x}\right)_y = \frac{\partial^2 Z}{\partial y \partial x} \tag{3.8-20}$$

由连续函数对两自变量做二阶偏导数与顺序无关，则有：

$$\left(\frac{\partial M}{\partial y}\right)_x = \left(\frac{\partial N}{\partial x}\right)_y \tag{3.8-21}$$

将这一结果应用到热力学基本关系式［式(3.8-4)～式(3.8-7)］中去就得到如下的热力学函数偏导数之间存在的关系式：

$$\left(\frac{\partial T}{\partial V}\right)_S = -\left(\frac{\partial p}{\partial S}\right)_V \quad \text{或} \quad \left(\frac{\partial S}{\partial p}\right)_V = -\left(\frac{\partial V}{\partial T}\right)_S \tag{3.8-22}$$

$$\left(\frac{\partial T}{\partial p}\right)_S = \left(\frac{\partial V}{\partial S}\right)_p \quad \text{或} \quad \left(\frac{\partial S}{\partial V}\right)_p = \left(\frac{\partial p}{\partial T}\right)_S \tag{3.8-23}$$

$$\left(\frac{\partial S}{\partial V}\right)_T = \left(\frac{\partial p}{\partial T}\right)_V \tag{3.8-24}$$

$$\left(\frac{\partial S}{\partial p}\right)_T = -\left(\frac{\partial V}{\partial T}\right)_p \tag{3.8-25}$$

这四个关系式称为麦克斯韦关系式。它们表示简单系统在平衡时，几个热力学函数之间的关系。麦克斯韦关系式各式表示的是系统在同一状态的两种变化率数值相等。因此便于我们将一些不能直接测量的量，用易于测量的量表示出来。如式(3.8-24) 和式(3.8-25) 右边的变化率是可以由实验直接测定的，而左边则不能，可用等式右边的变化率代替左边的变化率，分别求取定温时熵随体积和压力的变化。

（2）麦克斯韦关系式的应用

① 求内能随体积的变化　已知基本公式 $\mathrm{d}U = T\mathrm{d}S - p\mathrm{d}V$，恒温对 V 求偏微分：

$$\left(\frac{\partial U}{\partial V}\right)_T = T\left(\frac{\partial S}{\partial V}\right)_T - p \tag{3.8-26}$$

$(\partial S/\partial V)_T$ 不易测定，根据 Maxwell 关系式 $(\partial S/\partial V)_T = (\partial p/\partial T)_V$

故

$$\left(\frac{\partial U}{\partial V}\right)_T = T\left(\frac{\partial p}{\partial T}\right)_V - p \tag{3.8-27}$$

只要知道气体的状态方程，就可得到 $(\partial U/\partial V)_T$ 值，即等温时热力学能随体积的变化值。

如对于理想气体，$(\partial p/\partial T)_V = nR/V$，则 $(\partial U/\partial V)_T = 0$。

对于范德华气体：　$\left(p + \dfrac{n^2 a}{V^2}\right)(V - nb) = nRT$

或　　　　　　　　　　　　$$p = \frac{nRT}{V-nb} - \frac{n^2 a}{V^2}$$

$$\left(\frac{\partial p}{\partial T}\right)_V = \frac{nR}{V-nb}$$

$$\left(\frac{\partial U}{\partial V}\right)_T = T\left(\frac{\partial p}{\partial T}\right)_V - p$$

$$= \frac{nRT}{V-nb} - p = \frac{n^2 a}{V^2}$$

或　　　　　　　　　　　　$$\left(\frac{\partial U}{\partial V}\right)_T = \frac{a}{V_m^2} \tag{3.8-28}$$

式中，V_m 为摩尔体积。当气体的范德华常数 a 和摩尔体积为已知，则可以算出 $\left(\frac{\partial U}{\partial V}\right)_T$ 的数值来。

对于凝聚相物质如纯固体或纯液体，其状态方程式难以确定，但热膨胀系数 $\alpha = \frac{1}{V}\left(\frac{\partial V}{\partial T}\right)_V$ 和压缩系数 $\beta = -\frac{1}{V}\left(\frac{\partial V}{\partial p}\right)_T$ 则易于自实验中测定。根据全微分公式：

$$\left(\frac{\partial p}{\partial T}\right)_V \left(\frac{\partial T}{\partial V}\right)_p \left(\frac{\partial V}{\partial p}\right)_T = -1$$

$$\left(\frac{\partial p}{\partial T}\right)_V = -\frac{\left(\frac{\partial V}{\partial T}\right)_p}{\left(\frac{\partial V}{\partial p}\right)_T} = \frac{\frac{1}{V}\left(\frac{\partial V}{\partial T}\right)_p}{-\frac{1}{V}\left(\frac{\partial V}{\partial p}\right)_T} = \frac{\alpha}{\kappa}$$

所以：　　　　　　　　　　$$\left(\frac{\partial U}{\partial V}\right)_T = T\left(\frac{\alpha}{\kappa}\right) - p \tag{3.8-29}$$

式（3.8-29）右边 T、α、κ、p 均为可直接测量的物理量，由其数值可估算 $(\partial U/\partial V)_T$。

② 求 H 随 p 的变化关系　已知基本公式 $dH = TdS + Vdp$，等温对 p 求偏微分：

$$\left(\frac{\partial H}{\partial p}\right)_T = T\left(\frac{\partial S}{\partial p}\right)_T + V \tag{3.8-30}$$

因 $(\partial S/\partial p)_T$ 不易测定，据麦克斯韦关系式 $(\partial S/\partial p)_T = -(\partial V/\partial T)_p$，故：

$$\left(\frac{\partial H}{\partial p}\right)_T = V - T\left(\frac{\partial V}{\partial T}\right)_p \tag{3.8-31}$$

只要知道气体的状态方程，就可求得 $(\partial H/\partial p)_T$ 值，即等温时焓随压力的变化值。如对于理想气体，$pV = nRT$，$V = nRT/p$，$(\partial V/\partial T)_p = nR/p$，则：

$$\left(\frac{\partial H}{\partial p}\right)_T = V - T\left(\frac{\partial V}{\partial T}\right)_p = V - T \times \frac{nR}{p} = 0$$

所以，理想气体的焓只是温度的函数。

③ 熵与压力的关系　根据麦克斯韦关系式（3.8-25），则 $\Delta S = -\int_{p_1}^{p_2}\left(\frac{\partial V}{\partial T}\right)_p dp$，对理想气体 $\left(\frac{\partial V}{\partial T}\right)_p = \frac{nR}{T}$，则：

$$\Delta S = -\int_{p_1}^{p_2}\frac{nR}{p}dp = nR\ln\frac{p_1}{p_2} \tag{3.8-32}$$

3.8.3 吉布斯-亥姆霍兹方程

根据微分公式：$d\left(\dfrac{u}{v}\right) = \dfrac{1}{v}du - \dfrac{u}{v^2}dv = \dfrac{vdu - udv}{v^2}$ ，则：

$$\left[\frac{\partial(G/T)}{\partial T}\right]_p = \frac{(\partial G/\partial T)_p T - G}{T^2}$$

根据热力学基本方程：$dG = -SdT + Vdp$ ，则：

$$\left(\frac{\partial G}{\partial T}\right)_p = -S$$

所以：$\left[\dfrac{\partial(G/T)}{\partial T}\right]_p = \dfrac{-TS - G}{T^2} = \dfrac{-(TS+G)}{T^2} = -\dfrac{H}{T^2}$ ，进一步可以得到：

$$\left[\frac{\partial(\Delta G/T)}{\partial T}\right]_p = -\frac{\Delta H}{T^2} \tag{3.8-33}$$

又

$$\left[\frac{\partial(A/T)}{\partial T}\right]_V = \frac{(\partial A/\partial T)_V T - A}{T^2}$$

根据热力学基本方程：$dA = -SdT - pdV$ ，则：

$$(\partial A/\partial T)_V = -S$$

所以：$\left[\dfrac{\partial(A/T)}{\partial T}\right]_V = \dfrac{-TS - A}{T^2} = \dfrac{-(TS+A)}{T^2} = -\dfrac{U}{T^2}$ ，进一步可以得到：

$$\left[\frac{\partial(\Delta A/T)}{\partial T}\right]_V = -\frac{\Delta U}{T^2} \tag{3.8-34}$$

式（3.8-33）和式（3.8-34）称为吉布斯-亥姆霍兹方程，可用来从某一温度下的 ΔA、ΔG 求另一温度下的 ΔA、ΔG 。

【例题 3-17】 已知 25℃ 水的饱和蒸气压为 3168Pa，求水在 25℃、$p^\ominus$ 下变为水蒸气的 ΔG、ΔS、ΔH（设水蒸气为理想气体，ΔH 不随温度变化）。

解：水→水蒸气：25 ℃，$p_1 = 3168\text{Pa}$，$\Delta G(p_1) = 0$（可逆相变）；而题给 25℃ 时，$p_2 = p^\ominus$，为不可逆相变，首先应用 ΔG 随压力变化的关系式求出 $\Delta G(p^\ominus)$

$$\Delta G(p_2) - \Delta G(p_1) = \int_{p_1}^{p_2} \Delta V dp \approx \int_{p}^{p^\ominus} V_m(g)dp$$

$$\Delta G(p^\ominus) - 0 = RT\ln(p^\ominus/p) = 8585\text{J}$$

已知 $p^\ominus$ 下，$T_1 = 373\text{K}$，$\Delta G = 0$；$T_2 = 298\text{K}$，$\Delta G = 8585\text{J}$

方法一：由吉布斯-亥姆霍兹公式（ΔH 为常数）

$$\frac{\Delta G(T_2)}{T_2} - \frac{\Delta G(T_1)}{T_1} = \Delta H\left(\frac{1}{T_2} - \frac{1}{T_1}\right) ,$$

$$\frac{8585}{298} - 0 = \Delta H\left(\frac{1}{298} - \frac{1}{373}\right)$$

则：$\Delta H = 42.7\text{kJ}$；$\Delta S = (\Delta H - \Delta G)/T = 114.5 \text{ J·K}^{-1}$

方法二：根据 ΔG 随温度变化的热力学关系，设 ΔH、ΔS 为常数，则：

$$\Delta G(T_2) - \Delta G(T_1) = -\int_{T_1}^{T_2} \Delta S dT = -\Delta S(T_2 - T_1)$$

$$8585 - 0 = \Delta S \times 75$$

则　　　　$\Delta S = 114.5 \text{ J·K}^{-1}$，$\Delta H = \Delta G + T\Delta S = 42.7\text{kJ}$

方法三：据定义式：$\Delta G(T) = \Delta H - T\Delta S$，设 ΔH、ΔS 为常数，

$$\Delta G(298\text{K}) = \Delta H - 298 \times \Delta S = 8585\text{J}$$

$$\Delta G(373K)=\Delta H-373\times\Delta S=0$$

得：
$$\Delta H=42.7kJ；\Delta S=114.5 J\cdot K^{-1}$$

本章小结

1. 不可逆性是一切自发过程的共同特征。卡诺定律解决了热机极限效率问题，在此基础上得出的克劳修斯不等式和热力学第二定律（$dS\geqslant\delta Q/T$）解决了变化过程的方向和限度问题。

2. 熵 S 是热力学第二定律的基本函数，它是通过可逆过程的热温商的特征而定义的，即 $dS\equiv\delta Q_r/T$。熵是状态函数，根据状态函数的性质及结合热力学第一定律可以计算各种过程的熵变 ΔS。

3. 熵判据是过程自发进行方向的基本判据。热力学第二定律指出了自发过程通常的判断标准：隔离系统的熵不能减少。亥姆霍兹函数 A 和吉布斯函数 G 的引入简化了特定过程自发变化方向的判据，同时，它们还提供了在特定过程中系统做功的信息。通过这些热力学函数变化量的定量计算可解决过程变化的限度问题即平衡问题。

4. 热力学第三定律规定了纯物质完美晶体在 $T=0K$ 时的熵为 0，解决了物质标准熵的计算问题。同时，第二定律和第三定律还暗示 0K 不可能获得。ΔS、ΔA 及 ΔG 等作为状态函数的变量，它们的计算也常常要用到状态函数法，所用到的基础热数据除了 $C_{V,m}$、$C_{p,m}$、$\Delta_\alpha^\beta H_m$、$\Delta_f H_m^\ominus$、$\Delta_c H_m^\ominus$ 等外，还有标准摩尔熵 $S_m^\ominus$。

5. 热力学函数间具有 4 个基本方程、8 个吉布斯偏微分式和 4 个麦克斯韦偏微分式。这些关系式不仅说明状态函数之间的关系以及物理意义，还为一些实际应用提供了有用的热力学关系式，如将一些不能直接测量的量如 U、H、S、A、G 等用易于测量的量 p、V、T 等表示出来。吉布斯-亥姆霍兹方程用来反映了 ΔA、ΔG 与温度之间的关系，它们在讨论平衡问题时经常用到。

6. 本章核心概念和公式

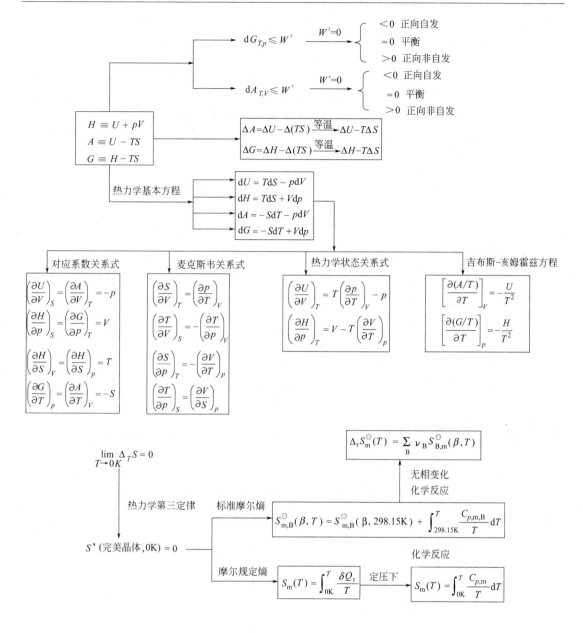

思　考　题

1. 自发过程一定是不可逆的，而不可逆过程一定是自发的。上述说法对吗？为什么？

2. 为什么热力学第二定律也可表达为："一切实际过程都是热力学不可逆的"？

3. 若有人想制造一种使用于轮船上的机器，它只是从海水中吸热而全部转变为功。你认为这种机器能造成吗？为什么？这种设想违反热力学第一定律吗？

4. 有人认为理想气体向真空膨胀是等熵过程。因为理想气体向真空膨胀时温度不变，故 $dU=0$；对外不做功，故 $pdV=0$。所以由 $dU=TdS-pdV$ 可得 $TdS=0$。因 $T\neq0$，故 $dS=0$。这样的分析正确吗？

5. $dU=TdS-pdV$ 得来时假定过程是可逆的，为什么也能用于不可逆的 pVT 变化过程？

6. "对于绝热过程有 $\Delta S\geqslant0$，则由 A 态出发经过可逆与不可逆过程都到达 B 态，这样同一状态 B 就有两个不同的熵值，熵就不是状态函数了"。显然，这一结论是错误的，错在何处？请用理想气体绝热膨胀过程阐述之。

7. 263K 的过冷水结成 263K 的冰，$\Delta S < 0$，与熵增加原理相矛盾吗？为什么？

8. 由于 $dG = -SdT + Vdp$，那么是否 101.325kPa、$-5℃$ 的水变为冰时，因 $dT = 0$、$dp = 0$，故 $dG = 0$？

9. (1) 理想气体恒温可逆膨胀过程 $\Delta U = 0$，$Q = -W$。说明理想气体从单一热源吸热并全部转变为功，这与热力学第二定律的开尔文表述有无矛盾？为什么？

(2) "在可逆过程中 $dS = \delta Q/T$，而在不可逆过程中 $dS > \delta Q/T$，所以可逆过程的熵变大于不可逆过程的熵变。"此说法是否正确，为什么？

(3) 写出下列公式的适用条件：

① $dS = \dfrac{nC_{p,m}}{T}dT$ ；② $dS = \dfrac{\delta Q}{T}$ ；

③ $dG = -SdT + Vdp$ ；④ $dG = dH - d(TS)$

10. 在等温、等压下，吉布斯函数变化大于零的化学变化都不能进行，对吗？

11. 下列说法对吗？为什么？

(1) 为了计算不可逆过程的熵变，可以在始、末态之间设计一条可逆途径来计算，但绝热过程例外；

(2) 绝热可逆过程 $\Delta S = 0$，因此，熵达到最大值；

(3) 系统经历一循环过程后，$\Delta S = 0$，因此，该循环一定是可逆循环；

(4) 过冷水凝结成冰是一自发过程，因此，$\Delta S > 0$；

(5) 孤立系统达平衡态的标态是熵不再增加。

12. 关于公式 $\Delta G_{T,p} = W'_r$ 的下列说法是否正确？为什么？

(1) "系统从 A 态到 B 态不论进行什么过程，ΔG 值为定值且一定等于 W'"；

(2) "等温等压下只有系统对外做非体积功时 G 才降低"；

(3) "G 就是系统中能做非体积功的那一部分能量"。

13. 试分别指出系统发生下列状态变化时的 ΔU、ΔH、ΔS、ΔA 和 ΔG 中何者必定为零：

(1) 任何封闭系统经历了一个循环过程；

(2) 在绝热密闭的刚性容器内进行的化学反应；

(3) 一定量理想气体的组成及温度都保持不变，但体积和压力发生变化；

(4) 某液体由始态（T，p^*）变成同温、同压的饱和蒸气，其中 p^* 为该液体在温度 T 时的饱和蒸气压；

(5) 任何封闭系统经任何绝热可逆过程到某一终态；

(6) 气体节流膨胀过程。

14. 下列求熵变的公式，哪些是正确的，哪些是错误的？

(1) 理想气体向真空膨胀 $\Delta S = nR\ln\dfrac{V_2}{V_1}$ ；

(2) 水在 298K，101325Pa 下蒸发 $\Delta S = (\Delta H - \Delta G)/T$ 。

15. 改正下列错误：

(1) 在一可逆过程中熵值不变；

(2) 在一过程中熵变是 $\Delta S = \displaystyle\int \dfrac{\delta Q}{T}$ ；

(3) 亥姆霍兹函数是系统能做非体积功的能量；

(4) 吉布斯函数是系统能做非体积功的能量。

习　题

1. 有一制冷机（冰箱），其冷冻系统必须保持在 253K，而其周围的环境温度为 298K，估计周围环境传入制冷机的热约为 10^4 J·min^{-1}，而该机的效率为可逆制冷机的 50%，试求开动这一制冷机所需之功率。

2. 实验室中某一大恒温槽（例如油浴）的温度为 400K，室温为 300K。因恒温槽绝热不良而有 4000J

的热传给空气，计算说明这一过程是否为可逆？

3. 今有 2mol 某理想气体，其 $C_{V,m} = 20.79 J \cdot K^{-1} \cdot mol^{-1}$，由 323K、$100dm^3$ 加热膨胀到 423K、$150dm^3$，求系统的 ΔS。

4. 理想气体恒温膨胀从热源吸热 Q，而做的功仅是变到相同终态最大功的 10%，试求气体及热源的熵变。该过程是否自发？

5. n mol 理想气体绝热自由膨胀，体积由 V_1 膨胀至 V_2。求 ΔS 并判断该过程是否自发？

6. 1mol 理想气体恒温下由 $10dm^3$ 反抗恒外压 $p_{amb} = 101.325kPa$ 膨胀至平衡，其 $\Delta S = 2.2 J \cdot K^{-1}$，求 W。

7. 1mol 单原子理想气体进行不可逆绝热膨胀过程达到 273K、101.325kPa，$\Delta S = 20.9 J \cdot K^{-1}$，$W = -1255J$。求始态的 p_1、V_1、T_1。

8. 始态为 $T_1 = 300K$，$p_1 = 200kPa$ 的某双原子理想气体 1mol，经下列不同途径变化到 $T_2 = 300K$、$p_2 = 100kPa$ 的终态。求各途径的 Q 和 ΔS：(1) 恒温可逆膨胀；(2) 先恒容冷却使压力降至 100kPa，再恒压加热到 T_2；(3) 先绝热可逆膨胀使压力降至 100kPa，再恒压加热至 T_2。

9. 一绝热容器中有一隔板，隔板一边是 3mol N_2，另一边为 2mol O_2，两边皆为 300K、$1dm^3$，N_2 和 O_2 视为理想气体。(1) 抽隔板后求混合过程的熵变 $\Delta_{mix}S$，并判断过程的可逆性；(2) 将混合气体恒温压缩至 $1dm^3$，求熵变；(3) 求上述两步骤熵变之和。

10. 某系统如下图所示。O_2 和 N_2 均可当作理想气体，且其 $C_{V,m}$ 均为 $20.79 J \cdot K^{-1} \cdot mol^{-1}$，容器是绝热的。试计算抽去隔板后之 ΔS，并判断过程的自发性。

1mol O_2	1mol N_2
10℃，V	20℃，V

11. 一个两端封闭的绝热汽缸中装有一无摩擦的导热活塞，将汽缸分成左右两部分。最初活塞被固定于汽缸中央，一边是 $1dm^3$、300K、200kPa 的空气，另一边是 $1dm^3$、300K、100kPa 的空气。把固定活塞的销钉取走，于是活塞就移动到平衡位置。试求最终的温度、压力及系统的熵变。

12. 1mol、300K 的水与 2mol、350K 的水在 100kPa 下绝热混合，求混合过程的熵变？$\{C_{p,m}[H_2O(l)] = 75.29 J \cdot K^{-1} \cdot mol^{-1}\}$

13. 计算下述化学反应在标准压力 $p^{\ominus}$ 下，分别在 298.15K 及 398.15K 时的 $\Delta_r S_m^{\ominus}$。$C_2H_2(g, p^{\ominus}) + 2H_2(g, p^{\ominus}) = C_2H_6(g, p^{\ominus})$，已知如下数据：

物质	$S_m^{\ominus}(298.15K)/J \cdot K^{-1} \cdot mol^{-1}$	$C_{p,m}/J \cdot K^{-1} \cdot mol^{-1}$
$H_2(g)$	130.59	28.84
$C_2H_2(g)$	200.82	43.93
$C_2H_6(g)$	229.49	52.65

设在 298.15～398.15K 的温度范围内，物质的 $C_{p,m}$ 值与温度无关。

14. 某一化学反应若在恒温、恒压（298.15K、101.325kPa）下进行，放热 40.0kJ，若使该反应通过可逆电池来完成，则吸热 4.0kJ，(1) 计算该化学反应的 $\Delta_r S_m^{\ominus}$；(2) 当该反应自发进行时（即不做电功时），求环境的熵变及总熵变；(3) 计算系统可能做的最大功为若干？

15. 在 25℃ 时，1mol 氧气（设为理想气体）从 101.325kPa 的始态自始至终用 $6 \times 101.325kPa$ 的外压恒温压缩到 $6 \times 101.325kPa$，求此过程的 Q、W、ΔU、ΔH、ΔS、ΔA 和 ΔG。

16. 25℃ 时 1mol 氧气从 1000kPa 自由膨胀到 100kPa，求过程 ΔU、ΔH、ΔS、ΔA、ΔG（设 O_2 为理想气体）。

17. 1mol 理想气体从 300K、100kPa 下等压加热到 600K，求此过程的 Q、W、ΔU、ΔH、ΔS、ΔG（已知此理想气体 300K 时的 $S_m^{\ominus} = 150.0 J \cdot K^{-1} \cdot mol^{-1}$，$C_{p,m} = 30.00 J \cdot K^{-1} \cdot mol^{-1}$）。

18. 苯的沸点为 80.1℃，设蒸气为理想气体，求 1mol 苯在 80.1℃ 时下列过程的 ΔA，ΔG？

(1) $C_6H_6(l, p^{\ominus}) \longrightarrow C_6H_6(g, p^{\ominus})$

(2) $C_6H_6(l, p^{\ominus}) \longrightarrow C_6H_6(g, 0.9p^{\ominus})$

(3) $C_6H_6(l, p^{\ominus}) \longrightarrow C_6H_6(g, 1.1p^{\ominus})$

根据所得结果能否判断过程的可能性?

19. 在 $-5℃$ 时，过冷液态苯的蒸气压为 2632Pa，而固态苯的蒸气压为 2280Pa。已知 1mol 过冷液态苯在 $-5℃$ 凝固时 $\Delta S_m = -35.65 J \cdot K^{-1} \cdot mol^{-1}$，设气体为理想气体，求该凝固过程的 ΔG 及 ΔH。

20. 已知在 101.325kPa 下，水的沸点为 100℃，其摩尔蒸发焓 $\Delta_{vap} H_m = 40.668 kJ \cdot mol^{-1}$。已知液态水和水蒸气在 100～120℃ 范围内的平均定压摩尔热容分别为 $\overline{C}_{p,m}(H_2O,l) = 76.116 J \cdot K^{-1} \cdot mol^{-1}$ 及 $\overline{C}_{p,m}(H_2O,g) = 36.635 J \cdot K^{-1} \cdot mol^{-1}$。今有 101.325kPa 下 120℃ 的 1mol 过热水变成同温同压下的水蒸气，求过程的 ΔS 和 ΔG。

21. 1mol 理想气体由 1013.25kPa、$5dm^3$、609.4K 在恒外压 101.325kPa 下膨胀至 $40dm^3$，压力等于外压。求此过程的 W、Q、ΔU、ΔH、ΔS、ΔA、ΔG（已知 $C_{V,m} = 12.5 J \cdot K^{-1} \cdot mol^{-1}$，始态熵值 $S_1 = 200 J \cdot K^{-1}$）。

22. 在中等压力下，气体的物态方程可以写作 $pV(1-\beta p) = nRT$，式中系数 β 与气体的本性和温度有关。今若在 273K 时，将 0.5mol 氧气由 1013.25kPa 的压力减到 101.325kPa，试求 ΔG（已知 273K 时氧气的 $\beta = -9.277 \times 10^{-9} Pa^{-1}$）。

23. 在一个带活塞的容器中（设理想活塞）有氮气 0.5mol，容器底部有一密闭小瓶，瓶中有水 1.5mol。整个系统恒温恒压（373K，$p^{\ominus}$）。今使小瓶破碎，在维持压力为 $p^{\ominus}$ 下水蒸发为水蒸气。已知 $\Delta_{vap} H_m^{\ominus}(373K) = 40.67 kJ \cdot mol^{-1}$。氮气和水蒸气可视为理想气体。求此过程的 Q、W、ΔU、ΔH、ΔS、ΔA、ΔG。

24. 在 25℃、101.325kPa 下，若使 1mol 铅与醋酸铜溶液在可逆情况下作用，系统可给出电功 91.75kJ，同时吸热 213.43kJ。试计算此化学反应过程的 ΔU、ΔH、ΔS、ΔA 和 ΔG。

25. 1mol、101.325kPa、100℃ 的水与 100℃ 的热源接触，真空蒸发成 101.325kPa、100℃ 的水蒸气。试选择适当的判据判断过程的自发性。

26. 在温度为 298.15K，压力为 $p^{\ominus}$ 下，C(金刚石) 和 C(石墨) 的摩尔熵分别为 $2.45 J \cdot K^{-1} \cdot mol^{-1}$ 和 $5.71 J \cdot K^{-1} \cdot mol^{-1}$，其摩尔燃烧焓分别为 $-395.40 kJ \cdot mol^{-1}$ 和 $-393.51 kJ \cdot mol^{-1}$，其密度分别为 $3513 kg \cdot m^{-3}$ 和 $2260 kg \cdot m^{-3}$。试求：(1) 在 298.15K 及 $p^{\ominus}$ 下，石墨——金刚石的 $\Delta G_m^{\ominus}$；(2) 增加压力能否使不稳定晶型变为稳定晶型？如有可能，则需要加多大的压力？

27. 试证明下列关系式：(1) $\left(\dfrac{\partial H}{\partial V}\right)_p = \left(\dfrac{\partial U}{\partial V}\right)_p + p$

$\qquad\qquad\qquad\qquad$ (2) $\left(\dfrac{\partial H}{\partial p}\right)_T = V - T\left(\dfrac{\partial V}{\partial T}\right)_p$

28. 试由热力学基本方程及麦克斯韦关系式证明，理想气体的热力学能和焓均只是温度的函数。

第4章　多组分系统热力学

含两个或两个以上组分的系统称为多组分系统（multi-component system）。多组分系统可以是均相（单相）的，也可以是非均相（多相）的。本章主要讨论以分子大小分散的均相多组分系统。

为讨论问题的方便，通常将多组分均相系统区分为混合物（mixture）和溶液（solution）两种类型。其中各组分都能以同样热力学方法处理的多组分均相系统称为混合物，而将各组分区分为溶剂和溶质，二者选用不同热力学方法处理的多组分均相系统称为溶液。

混合物按其聚集态的不同可分为气态混合物、液态混合物和固态混合物。在研究混合物时，只需选取某一种组分 B 作为研究对象，而将其结果应用于其他所有组分。

溶液可分为固态溶液和液态溶液。通常把系统中量多的一种或几种（称为混合溶剂）物质称为溶剂，而把其他量少的物质称作溶质。如果溶质的量极少，溶剂与溶质分别能遵从不同的理想状态，则称其为稀薄溶液，简称稀溶液（严格来说，溶液要达到无限稀释状态才能称作稀薄溶液，但具体稀释到什么程度并无严格的界定）。按溶液中溶质的导电性能不同，溶液又分为电解质溶液（electrolyte solution）和非电解质溶液（non electrolyte solution）。

本章主要讨论的是气态混合物和液态混合物及液态非电解质溶液，但处理问题的热力学方法及其所得结果对固态溶液或固态混合物也是适用的。

4.1　偏摩尔量

多组分系统与单组分系统主要有下面三点区别：

① 多组分变组成系统增加了各物质的组成变量。单组分封闭系统的独立变量只有两个，简称双变量系统，所以四个热力学基本公式中只涉及两个变量。在多组分变组成系统中，增加了各物质的组成变量，系统中各热力学函数值不仅与温度和压力有关，而且与各物质的组成也有关。

② 多组分系统中各容量性质一般不遵从简单加和性。单组分系统广度性质具有简单加和性，而对于多组分系统，因各物质的量 n_B 成为决定系统状态的一个变量，直接影响到系统广度性质的数值，所以，将不同物质混合后，某广度性质 Z 与混合系统各物质的纯态性质之和可能相等，也可能不相等。例如，乙醇与水混合后，系统的总体积 V 并不等于混合前乙醇体积与水体积的简单加和，即：

$$V \neq n_1 V_m^* (\text{乙醇}) + n_2 V_m^* (\text{水}) \tag{4.1-1}$$

式中，V_m^* 为纯物质的摩尔体积。因此，在研究多组分系统时，不仅要分析温度、压力对热力学性质的影响，还需考察各组分的组成变化对热力学性质的影响。

③ 摩尔热力学性质随着各物质的组成变化而变化，例如：$Z_m(T, p, x_1) \neq Z_m(T, p, x_2)$。

4.1.1　偏摩尔量的定义

（1）偏摩尔量的定义

设一个均相系统由 $1、2、\cdots、k$ 个组分组成，则系统任一容量性质 Z 应是 $T、p$ 及各组分物质的量的函数。

$$Z = f(T, p, n_1, n_1, \cdots, n_k) \tag{4.1-2}$$

全微分表达式为：

$$dZ = \left(\frac{\partial Z}{\partial T}\right)_{p,n} dT + \left(\frac{\partial Z}{\partial p}\right)_{T,n} dp + \left(\frac{\partial Z}{\partial n_1}\right)_{T,p,n_2,\cdots,n_k} dn_1 +$$

$$\left(\frac{\partial Z}{\partial n_1}\right)_{T,p,n_1,n_3,\cdots,n_k} dn_2 + \cdots + \left(\frac{\partial Z}{\partial n_k}\right)_{T,p,n_1,\cdots,n_{k-1}} dn_k$$

即

$$dZ = \left(\frac{\partial Z}{\partial T}\right)_{p,n} dT + \left(\frac{\partial Z}{\partial p}\right)_{T,n} dp + \sum_{B=1}^{k} \left(\frac{\partial Z}{\partial n_B}\right)_{T,p,n_{C(C\neq B)}} dn_B \tag{4.1-3}$$

在等温等压下，上式简化为：

$$dZ_{T,p} = \sum_{B=1}^{k} \left(\frac{\partial Z}{\partial n_B}\right)_{T,p,n_{C(C\neq B)}} dn_B \tag{4.1-4}$$

令：

$$Z_B \xlongequal{\text{def}} \left(\frac{\partial Z}{\partial n_B}\right)_{T,p,n_{C(C\neq B)}} \tag{4.1-5}$$

式(4.1-5)中，Z_B 定义为 B 物质的偏摩尔量。偏导数的下标 $C\neq B$ 表示除 B 组分外其他组分物质的量保持不变。

将偏摩尔量的定义应用于多组分系统相关热力学函数，得偏摩尔体积 V_B、偏摩尔热力学能 U_B、偏摩尔焓 H_B、偏摩尔熵 S_B、偏摩尔 Helmhotz 函数 A_B、偏摩尔 Gibbs 函数 G_B，相应的表达式为：

$$V_B = \left(\frac{\partial V}{\partial n_B}\right)_{T,p,n_{C(C\neq B)}} \qquad U_B = \left(\frac{\partial U}{\partial n_B}\right)_{T,p,n_{C(C\neq B)}} \qquad H_B = \left(\frac{\partial H}{\partial n_B}\right)_{T,p,n_{C(C\neq B)}}$$

$$S_B = \left(\frac{\partial S}{\partial n_B}\right)_{T,p,n_{C(C\neq B)}} \qquad A_B = \left(\frac{\partial A}{\partial n_B}\right)_{T,p,n_{C(C\neq B)}} \qquad G_B = \left(\frac{\partial G}{\partial n_B}\right)_{T,p,n_{C(C\neq B)}}$$

将式(4.1-5)代入式(4.1-3)中得：

$$dZ = \left(\frac{\partial Z}{\partial T}\right)_{p,n} dT + \left(\frac{\partial Z}{\partial p}\right)_{T,n} dp + \sum_{B=1}^{K} Z_B dn_B \tag{4.1-6}$$

式(4.1-6)即为多组分变组成平衡封闭系统广度性质 Z 微小改变的全微分表示式。

（2）偏摩尔量的物理意义

根据式(4.1-5)，偏摩尔量 Z_B 的物理意义可从两个方面来理解：

① 定义式是个偏导数，表示在等温、等压条件下，保持除 B 以外的其他组分的组成不变，因 B 组分的物质的量变化而引起系统广度性质 Z 随 n_B 的变化率；

② 等温等压下，在无限大系统中加入 1mol B 物质引起系统广度性质 Z 的增量。

显然，对于纯物质，偏摩尔量即是物质的量。

（3）偏摩尔量的理解

① 只有广度性质的状态函数才有偏摩尔量，强度性质的状态函数不存在偏摩尔量。

② 只有广度性质的状态函数在温度、压力和除 B 以外的其他组分保持不变的条件下，对组分 B 的物质的量的偏导数才称为偏摩尔量。

③ 偏摩尔量是强度性质的状态函数，与系统的温度、压力和组成有关。

4.1.2 偏摩尔量的集合公式

根据式(4.1-6)，在等温、等压下：

$$dZ = Z_1 dn_1 + Z_2 dn_2 + \cdots + Z_k dn_k \tag{4.1-7}$$

在保持各物质的量比例不变的条件下，同时加入物质 1、2、…、k，此时系统中各物质的组成不变，因此各物质的偏摩尔量 Z_B 也保持不变，对式（4.1-7）进行定积分：

$$Z = Z_1 \int_0^{n_1} dn_1 + Z_2 \int_0^{n_2} dn_2 + \cdots + Z_k \int_0^{n_k} dn_k$$

$$= n_1 Z_1 + n_2 Z_2 + \cdots + n_k Z_k = \sum_{B=1}^k n_B Z_B \tag{4.1-8}$$

式（4.1-8）即为偏摩尔量的集合公式。该式说明多组分系统中广度性质 Z 与各物质的偏摩尔性质 Z_B 之间的关系。前已述及，一混合系统的某广度性质 Z 可能不等于混合前各纯物质的 Z^* 性质的简单加和，由式（4.1-8）可知，对于多组分混合系统，若以偏摩尔性质 Z_B 代替纯物质的摩尔性质 Z_B^*，则满足加和性。例如：系统只有两个组分，各物质的量和偏摩尔体积分别用 n_A、V_A 和 n_B、V_B 表示，则系统的总体积：

$$V = n_A V_A + n_B V_B \tag{4.1-9}$$

同样，将偏摩尔量集合公式应用于混合系统的 V、U、H、S、A、G 等热力学性质，得到以下多组分系统偏摩尔量集合公式：

$$V = \sum_{B=1}^k n_B V_B \quad U = \sum_{B=1}^k n_B U_B \quad H = \sum_{B=1}^k n_B H_B$$

$$S = \sum_{B=1}^k n_B S_B \quad A = \sum_{B=1}^k n_B A_B \quad G = \sum_{B=1}^k n_B G_B \tag{4.1-10}$$

4.1.3　吉布斯-杜亥姆（Gibbs-Duhem）方程

根据集合公式：$Z = n_1 Z_1 + n_2 Z_2 + \cdots + n_k Z_k$，对 Z 进行微分：

$$dZ = n_1 dZ_1 + Z_1 dn_1 + \cdots + n_k dZ_k + Z_k dn_k \tag{4.1-11}$$

在等温等压下，与式（4.1-7）比较得：

$$n_1 dZ_1 + n_2 dZ_2 + \cdots + n_k dZ_k = 0$$

或写成

$$\sum_{B=1}^k n_B dZ_B = 0 \tag{4.1-12}$$

上式被称为 Gibbs-Duhem 方程。该方程描述了多组分均相系统各组分偏摩尔量变化时所存在的定量关系，即：若系统中有 k 个组分，则由于式（4.1-12）的限制，其中只有 $k-1$ 个偏摩尔量是独立的。由式（4.1-12）可知，某一偏摩尔量的变化可从其他偏摩尔量的变化中求得，如在二组分系统中，一个组分的某个偏摩尔量增加，则另一组分的偏摩尔量减小。

Gibbs-Duhem 方程还可用另一种形式表示，即：

$$\sum_{B=1}^k x_B dZ_B = 0 \tag{4.1-13}$$

式中，x_B 为物质 B 的摩尔分数。例如，对于只含 A 和 B 的二组分均相系统，它们的偏摩尔体积间有如下关系：

$$x_A dV_A + x_B dV_B = 0 \implies dV_A = -(x_B/x_A) dV_B \tag{4.1-14}$$

由式（4.1-14）可以看出：

① 通过适当积分，可以由系统中已知的某一组分的偏摩尔体积 V_B 求出另一组分的偏摩尔体积 V_A 的数值，即 V_A 和 V_B 两个量之间仅有一个是独立的；

② 若某一组分的偏摩尔体积增加，则另一组分的偏摩尔体积必然减少，增减幅度取决

于两个组分的摩尔分数之比 x_B/x_A。

4.1.4　不同偏摩尔量之间的关系

对于一均相多组分系统，$H=U+pV$，在等温等压且其他组成不变下，两边对 n_B 求导得：

$$\left(\frac{\partial H}{\partial n_B}\right)_{T,p,n_{C(C\neq B)}}=\left(\frac{\partial U}{\partial n_B}\right)_{T,p,n_{C(C\neq B)}}+p\left(\frac{\partial V}{\partial n_B}\right)_{T,p,n_{C(C\neq B)}}$$

即
$$H_B=U_B+pV_B \tag{4.1-15}$$

同理可得：

$$A_B=U_B-TS_B \tag{4.1-16}$$

$$G_B=H_B-TS_B \tag{4.1-17}$$

4.1.5　偏摩尔量的实验测定

偏摩尔量的测定方法大致可分为图解法和分析法两大类。

（1）图解法

以偏摩尔体积测定为例，在 A 和 B 混合系统中，固定 A 的物质的量 n_A 不变，改变 n_B，测量总体积 V 的变化，做出 V-n_B 变化曲线，曲线上任一点的斜率即是该组成下 B 物质的偏摩尔体积，如图 4-1 所示。同理可得到 A 的偏摩尔体积。

上述图解法的准确度较差，另一种形式的图解法——截距法则较常采用。此法的要点为定义"平均摩尔体积" V_m。设系统中有 1、2 两种物质，则：

$$V_m=\frac{V}{n_1+n_2} \tag{4.1-18}$$

可以证明：

$$V_1=V_m-x_2\left(\frac{\partial V_m}{\partial x_2}\right)_{x_1} \tag{4.1-19}$$

$$V_2=V_m-x_1\left(\frac{\partial V_m}{\partial x_1}\right)_{x_2}=V_m+(1-x_2)\left(\frac{\partial V_m}{\partial x_2}\right)_{x_1} \tag{4.1-20}$$

以实验数据作 V_m-x_2 曲线（见图 4-2）：

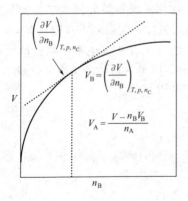

图 4-1　偏摩尔体积的图解测定法

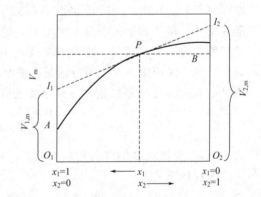

图 4-2　截距法测定偏摩尔体积

图 4-2 中 P 点切线在 $x_2=0$ 轴上的截距 O_1I_1 即为组分 1 的偏摩尔体积 $V_{1,m}$，而在 $x_2=1$（即 $x_1=0$）轴上的截距 O_2I_2 即为组分 2 的偏摩尔体积 $V_{2,m}$。用此法可求出各种浓度下的 $V_{1,m}$ 和 $V_{2,m}$。

（2）分析法

分析法的要点为将实验中所得 V 随 m 的变化关系数据写为如下级数形式：

$$V = a + bm + cm^2 + \cdots \tag{4.1-21}$$

式中，V 为溶液总体积；m 为溶质的质量摩尔浓度（为区别常数 b，这里用 m 表示）；a、b、$c\cdots$在一定温度和压力下为常数。如以 1 代表溶剂而 2 代表溶质，则：

$$V_{2,m} = \left(\frac{\partial V}{\partial n_2}\right)_{n_1} = \left(\frac{\partial V}{\partial m}\right)_{n_1} = b + 2cm + \cdots \tag{4.1-22}$$

根据偏摩尔量集合公式知：

$$V = n_1 V_1 + n_2 V_2$$

与式（4.1-21）比较（忽略高次项，取表达式的前三项）得：

$$a + bm + cm^2 = n_1 V_1 + n_2 V_2 \tag{4.1-23}$$

所以

$$V_1 = \frac{(a + bm + cm^2) - n_2 V_2}{n_1} \tag{4.1-24}$$

【例题 4-1】　1mol 水-乙醇溶液中，水的物质的量为 0.4mol，乙醇的偏摩尔体积为 $57.5 \times 10^{-6}\,\mathrm{m^3 \cdot mol^{-1}}$，溶液的密度为 849.4kg·m^{-3}。试求溶液中水的偏摩尔体积。已知水和乙醇的摩尔质量分别为 $18.02 \times 10^{-3}\,\mathrm{kg \cdot mol^{-1}}$ 和 $46.05 \times 10^{-3}\,\mathrm{kg \cdot mol^{-1}}$。

解： 取含有 0.4mol 水和 0.6mol 乙醇的溶液为系统，其体积可通过下式进行计算：

$$V = \frac{m}{\rho} = \frac{n_{水} M_{水} + n_{乙醇} M_{乙醇}}{\rho}$$

代入数据，得到该系统的体积：

$$V = \frac{0.4\mathrm{mol} \times 18.02 \times 10^{-3}\mathrm{kg \cdot mol^{-1}} + 0.6\mathrm{mol} \times 46.05 \times 10^{-3}\mathrm{kg \cdot mol^{-1}}}{849.4\mathrm{kg \cdot mol^{-1}}} = 4.101 \times 10^{-5}\mathrm{m^3}$$

根据偏摩尔量集合公式：$V = n_{水} V_{水} + n_{乙醇} V_{乙醇}$，则：

$$V_{水} = \frac{V - n_{乙醇} V_{乙醇} V_{水}}{n_{水}}$$

代入数据，得到该系统中水的偏摩尔体积：

$$V_{水} = \frac{4.101 \times 10^{-5}\mathrm{m^3} - 0.6\mathrm{mol} \times 57.5 \times 10^{-6}\mathrm{m^3 \cdot mol^{-1}}}{0.4\mathrm{mol}} = 16.275 \times 10^{-6}\mathrm{m^3 \cdot mol^{-1}}$$

【例题 4-2】　在 298K 和大气压下，甲醇的摩尔分数为 0.3 的水溶液中，水和甲醇的偏摩尔体积分别为：$V_{水} = 17.765 \times 10^{-6}\,\mathrm{m^3 \cdot mol^{-1}}$，$V_{甲醇} = 38.632 \times 10^{-6}\,\mathrm{m^3 \cdot mol^{-1}}$。已知在该条件下水和甲醇的摩尔体积分别为：$V_{水}^* = 18.068 \times 10^{-6}\,\mathrm{m^3 \cdot mol^{-1}}$，$V_{甲醇}^* = 40.722 \times 10^{-6}\,\mathrm{m^3 \cdot mol^{-1}}$。现在需要配制上述溶液 1dm^3，试求：

（1）需要纯水与纯甲醇的体积；

（2）混合前后体积的变化值。

解：（1）设配制 1dm^3 溶液，需甲醇的物质的量为 $n_{甲醇}$，甲醇的摩尔分数为 0.3

由：$x_{甲醇} = \dfrac{n_{甲醇}}{n_{水} + n_{甲醇}}$，则：$n_{水} = \dfrac{(1 - x_{甲醇})n_{甲醇}}{x_{甲醇}} = \dfrac{(1 - 0.3)n_{甲醇}}{0.3} = \dfrac{7}{3}n_{甲醇}$

根据偏摩尔量集合公式：$V = n_{水} V_{水} + n_{甲醇} V_{甲醇}$

$$1 \times 10^{-3}\mathrm{m^3} = \frac{7}{3}n_{甲醇} \times 17.765 \times 10^{-6}\mathrm{m^3 \cdot mol^{-1}} + n_{甲醇} \times 38.632 \times 10^{-6}\mathrm{m^3 \cdot mol^{-1}}$$

解得：$n_{甲醇} = 12.487\mathrm{mol}$，$n_{水} = 29.136\mathrm{mol}$

则配制 1dm^3 溶液，需要纯水与纯甲醇的体积分别为：

$$V_{水} = n_{水}V_{水}^* = 29.136 \text{mol} \times 18.068 \times 10^{-6} \text{m}^3 \cdot \text{mol}^{-1} = 526.4 \times 10^{-6} \text{m}^3 = 0.5264 \text{dm}^3$$

$$V_{甲醇} = n_{甲醇}V_{甲醇}^* = 12.487 \text{mol} \times 40.722 \times 10^{-6} \text{m}^3 \cdot \text{mol}^{-1} = 508.5 \times 10^{-6} \text{m}^3 = 0.5085 \text{dm}^3$$

（2）混合前体积：

$$V_{前} = V_{水} + V_{甲醇} = 0.5264 \text{dm}^3 + 0.5085 \text{dm}^3 = 1.0349 \text{dm}^3$$

$$\Delta V = V_{后} - V_{前} = 1 \text{dm}^3 - 1.0349 \text{dm}^3 = -0.0349 \text{dm}^3$$

4.2 化 学 势

4.2.1 化学势及其物理意义

（1）化学势的定义

在各偏摩尔量中，偏摩尔 Gibbs 函数应用最广泛，将其定义为化学势，用符号 μ_B 表示：

$$\mu_B \overset{\text{def}}{=} \left(\frac{\partial G}{\partial n_B} \right)_{T,p,n_{C(C \neq B)}} \tag{4.2-1}$$

即保持温度、压力和除 B 以外的其他组分组成不变，系统的 Gibbs 函数随 n_B 的变化率被称为化学势。式（4.2-1）是化学势的狭义定义式，由此定义式可导出多组分变组成均相系统在不做非体积功情况下发生微小变化时，系统 Gibbs 函数全微分表示式。

对于均相多组分系统，$G = G(T,p,n_1,n_2,\cdots,n_k)$，全微分表示式为：

$$dG = \left(\frac{\partial G}{\partial T} \right)_{p,n} dT + \left(\frac{\partial G}{\partial p} \right)_{T,n} dp + \sum_{B=1}^{k} \left(\frac{\partial G}{\partial n_B} \right)_{T,p,n_{C(C \neq B)}} dn_B$$

将式（4.2-1）代入，并结合单组分系统热力学基本关系得：

$$dG = -SdT + Vdp + \sum_{B=1}^{k} \mu_B dn_B \tag{4.2-2}$$

式（4.2-2）即是多组分均相系统在不做非体积功时 Gibbs 函数全微分表示式。

（2）化学势的物理意义

先看两个化学势的应用实例：

① 多组分系统的两相变化方向的判断　设物质 B 发生如下相变：

$$B(T,p,\alpha) \longrightarrow B(T,p,\beta)$$

在等温等压下，有 dn_B 物质由 α 相转移到 β 相，即：

$$dn_B(\alpha) \longrightarrow dn_B(\beta)$$

根据式（4.2-2），系统 Gibbs 函数变化为：

$$dG = \sum_B \mu_B dn_B = \mu_B(\alpha)dn_B(\alpha) + \mu_B(\beta)dn_B(\beta)$$

因为 $dn_B(\alpha) = -dn_B(\beta)$，代入上式得：

$$dG = [\mu_B(\beta) - \mu_B(\alpha)]dn_B(\beta)$$

再根据 Gibbs 函数判据，得：

$$dG = [\mu_B(\beta) - \mu_B(\alpha)]dn_B(\beta) \leqslant 0$$

即：

$$[\mu_B(\beta) - \mu_B(\alpha)] \leqslant 0 \begin{cases} < 0 & \alpha \text{ 相} \rightarrow \beta \text{ 相自发} \\ = 0 & \text{相变为平衡可逆} \\ > 0 & \beta \text{ 相} \rightarrow \alpha \text{ 相自发} \end{cases} \tag{4.2-3}$$

式（4.2-3）表明，物质在相变中是从化学势高的相向化学势低的相转移。

② 化学反应方向的判断　　如化学反应：

$$2SO_2(g) + O_2(g) \Longrightarrow 2SO_3(g)$$

当该反应在等温、等压下发生了 $d\xi$ 变化时，Gibbs 函数变化为：

$$dG = \sum_B \mu_B dn_B = \mu(SO_2)dn(SO_2) + \mu(O_2)dn(O_2) + \mu(SO_3)dn(SO_3)$$

因 $dn(SO_2) = -2d\xi$、$dn(O_2) = -d\xi$、$dn(SO_3) = 2d\xi$，代入上式得：

$$dG = \sum_B \mu_B dn_B = 2\mu(SO_3)d\xi - 2\mu(SO_2)d\xi - \mu(O_2)d\xi$$

$$= [2\mu(SO_3) - 2\mu(SO_2) - \mu(O_2)]d\xi$$

再根据 Gibbs 函数判据 $dG \leqslant 0$，得：

$$2\mu(SO_3) - [2\mu(SO_2) + \mu(O_2)] \leqslant 0 \begin{cases} < 0 & \text{反应正向自发} \\ = 0 & \text{反应处于平衡} \\ > 0 & \text{反应逆向自发} \end{cases} \tag{4.2-4}$$

由上面两个实例可知，一个过程进行的方向性取决于始、终态物质化学势的大小，满足下面不等式：

$$\sum_B \nu_B \mu_B \leqslant 0 \begin{cases} < 0 & \text{过程正向自发进行} \\ = 0 & \text{过程达平衡} \\ > 0 & \text{过程逆向自发进行} \end{cases} \tag{4.2-5}$$

由此可知，化学势的物理意义为：化学势是决定物质传递和变化方向的一个强度因素。

不等式(4.2-5)是封闭系统物质传递和变化方向与平衡的热力学判据，根据该式，一系统达平衡时，系统中各物质的化学势代数和为零，即等温等压不做非体积功的封闭系统变化过程达平衡的条件是：

$$\sum_B \nu_B \mu_B = 0 \tag{4.2-6}$$

4.2.2　多组分均相系统的热力学基本方程（关系式）

在多组分封闭系统中，热力学函数的值不仅与其双特征变量有关，还与组成系统的各组分的物质的量有关，四个热力学基本公式中应包含有 n_B 变量的部分。如将 U、H、A、G 按各自特征变量表示成如下形式：

$$U = U(S, V, n_1, n_2, \cdots, n_k)$$
$$H = H(S, p, n_1, n_2, \cdots, n_k)$$
$$A = A(T, V, n_1, n_2, \cdots, n_k)$$
$$G = G(T, p, n_1, n_2, \cdots, n_k)$$

在不做非体积功时，它们的全微分表示式分别为：

$$dU = \left(\frac{\partial U}{\partial S}\right)_{V,n} dS + \left(\frac{\partial U}{\partial V}\right)_{S,n} dV + \sum_{B=1}^{k} \left(\frac{\partial U}{\partial n_B}\right)_{S,V,n_{C(C \neq B)}} dn_B$$

$$dH = \left(\frac{\partial H}{\partial S}\right)_{p,n} dS + \left(\frac{\partial H}{\partial p}\right)_{S,n} dp + \sum_{B=1}^{k} \left(\frac{\partial H}{\partial n_B}\right)_{S,p,n_{C(C \neq B)}} dn_B$$

$$dA = \left(\frac{\partial A}{\partial T}\right)_{V,n} dT + \left(\frac{\partial A}{\partial V}\right)_{T,n} dV + \sum_{B=1}^{k} \left(\frac{\partial A}{\partial n_B}\right)_{T,V,n_{C(C \neq B)}} dn_B$$

$$dG = \left(\frac{\partial G}{\partial T}\right)_{p,n} dT + \left(\frac{\partial G}{\partial p}\right)_{T,n} dp + \sum_{B=1}^{k} \left(\frac{\partial G}{\partial n_B}\right)_{T,p,n_{C(C \neq B)}} dn_B$$

因 $H = G + TS$，所以有：

$$dH = dG + TdS + SdT$$

将式(4.2-2)代入得：

$$dH = TdS + Vdp + \sum_{B=1}^{k} \mu_B dn_B$$

同理可得 U、A 等热力学函数与化学势的关系，得如下多组分均相系统热力学基本关系式：

$$dU = TdS - pdV + \sum_B \mu_B dn_B \tag{4.2-7}$$

$$dH = TdS + Vdp + \sum_B \mu_B dn_B \tag{4.2-8}$$

$$dA = -SdT - pdV + \sum_B \mu_B dn_B \tag{4.2-9}$$

$$dG = -SdT + Vdp + \sum_B \mu_B dn_B \tag{4.2-10}$$

将式(4.2-7)～式(4.2-10)与单组分封闭系统热力学基本关系式比较可知，多组分系统各热力学函数变化值增加了一项由于各物质组成变化而引起的增量，此项变化的推动力是化学势。从式(4.2-7)～式(4.2-10)可给出化学势的广义定义：

$$\mu_B = \left(\frac{\partial U}{\partial n_B}\right)_{S,V,n_{C(C \neq B)}} = \left(\frac{\partial H}{\partial n_B}\right)_{S,p,n_{C(C \neq B)}}$$

$$= \left(\frac{\partial A}{\partial n_B}\right)_{T,V,n_{C(C \neq B)}} = \left(\frac{\partial G}{\partial n_B}\right)_{T,p,n_{C(C \neq B)}} \tag{4.2-11}$$

即：保持特征变量和除 B 以外的其他组分不变，某热力学函数随其物质的量 n_B 的变化率称为化学势。

4.2.3 化学势与温度和压力的关系

(1) 化学势与压力的关系

根据式(4.2-1)：

$$\left(\frac{\partial \mu_B}{\partial p}\right)_{T,n} = \left[\frac{\partial}{\partial p}\left(\frac{\partial G}{\partial n_B}\right)_{T,p,n_{C(C \neq B)}}\right]_{T,n} = \left[\frac{\partial}{\partial n_B}\left(\frac{\partial G}{\partial p}\right)_{T,n}\right]_{T,p,n_{C(C \neq B)}} = \left(\frac{\partial V}{\partial n_B}\right)_{T,p,n_{C(C \neq B)}} = V_B$$

即

$$\left(\frac{\partial \mu_B}{\partial p}\right)_{T,n} = V_B \tag{4.2-12}$$

当 $V_B > 0$，则温度、组成不变时，化学势随压力升高而增加，或化学势随压力下降而减小。对于纯物质，一般情况下 $V_m(g) \gg V_m(l) \approx V_m(s) > 0$，所以压力对气态物质的化学势影响较大，而对凝聚态物质的化学势影响较小。

(2) 化学势与温度的关系

根据式(4.2-1)：

$$\left(\frac{\partial \mu_B}{\partial T}\right)_{p,n} = \left[\frac{\partial}{\partial T}\left(\frac{\partial G}{\partial n_B}\right)_{T,p,n_{C(C \neq B)}}\right]_{p,n} = \left[\frac{\partial}{\partial n_B}\left(\frac{\partial G}{\partial T}\right)_{p,n}\right]_{T,p,n_{C(C \neq B)}}$$

$$= \left(-\frac{\partial S}{\partial n_B}\right)_{T,p,n_{C(C \neq B)}} = -S_B$$

即

$$\left(\frac{\partial \mu_B}{\partial T}\right)_{p,n} = -S_B \tag{4.2-13}$$

因 $S_B > 0$，据式(4.2-13)，当压力、组成不变时，化学势随温度的升高而减小，或化学势随温度下降而增加。对于纯物质，一般情况下，$S_m(g) > S_m(l) > S_m(s)$，所以温度升高时气态物质的化学势下降最大，液态次之，固态最小。

设组成不变下，化学势是温度和压力的函数：

$$\mu_B = f(T, p)$$

则化学势的全微分式为：

$$d\mu_B = \left(\frac{\partial \mu_B}{\partial T}\right)_{p,n} dT + \left(\frac{\partial \mu_B}{\partial p}\right)_{T,n} dp$$

将式（4.2-12）、式（4.2-13）代入得：

$$d\mu_B = -S_B dT + V_B dp \tag{4.2-14}$$

式中，S_B 为 B 物质的偏摩尔熵；V_B 是偏摩尔体积。式（4.2-14）即为在组成不变时，B 物质的化学势的全微分表示式。

4.3　气体物质的化学势

4.3.1　理想气体的化学势

（1）纯态理想气体的化学势

等温下，式（4.2-14）可简化为：

$$d\mu = V_B dp$$

因纯物质的偏摩尔体积等于摩尔体积，代入理想气体方程式得：

$$d\mu = V_m dp = RT \frac{dp}{p}$$

对上式定积分：

$$\int_{\mu^\ominus(T, p^\ominus)}^{\mu(T, p)} d\mu = \int_{p^\ominus}^{p} V_m dp = \int_{p^\ominus}^{p} \frac{RT}{p} dp$$

$$\mu(T, p) - \mu^\ominus(T, p^\ominus) = RT \ln \frac{p}{p^\ominus}$$

整理得：

$$\mu(T, p) = \mu^\ominus(T, p^\ominus) + RT \ln \frac{p}{p^\ominus} \tag{4.3-1}$$

式中，$\mu^\ominus(T, p^\ominus)$ 为理想气体 $p = p^\ominus$ 时的化学势，也称为标准态化学势，通常用 $\mu^\ominus(T)$ 表示。

（2）理想气体混合物中 B 物质的化学势

对于混合理想气体设计一个混合箱，如图 4-3 所示。箱子左边是混合理想气体，右边是纯 B 理想气体，中间半透膜只允许 B 气体通过。达到平衡后，对于气体 B 而言，有：

$$\mu_B = \mu_B^*, \quad p_B = p_B^*$$

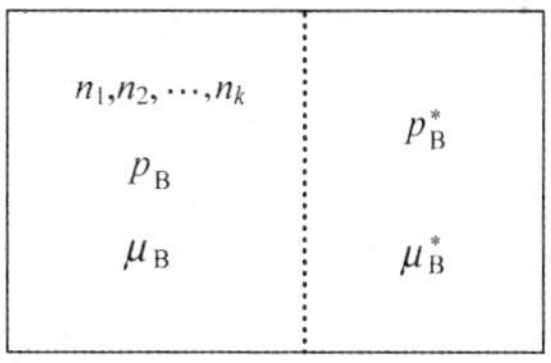

则箱子右边纯 B 的化学势为：

$$\mu_B^* = \mu_B^\ominus(T) + RT \ln \frac{p_B^*}{p^\ominus}$$

因 $\mu_B = \mu_B^*$、$p_B = p_B^*$，代入上式得：

$$\mu_B = \mu_B^\ominus(T) + RT \ln \frac{p_B}{p^\ominus} \tag{4.3-2}$$

图 4-3　理想气体混合箱示意图

式（4.3-2）即为理想气体混合物中 B 的化学势表示式。比较式（4.3-2）与式（4.3-1），显然，将纯态理想气体化学势表示式中压力 p 换成混合气体中 B 的分压 p_B，即可得到理想气体混合物中 B 的化学势表示式。

与纯态理想气体化学势表达式相同，$\mu_B^{\ominus}(T)$ 为 $p_B = p^{\ominus}$ 时 B 物质的化学势，称为理想气体混合物中 B 的标准态化学势。

对于理想气体混合物，将 Dalton 分压定律 $p_B = px_B$ 代入式(4.3-2) 得：

$$\mu_B(T,p) = \mu_B^{\ominus}(T) + RT\ln\frac{p}{p^{\ominus}} + RT\ln x_B$$
$$= \mu_B^*(T,p) + RT\ln x_B$$

即
$$\mu_B(T,p) = \mu_B^*(T,p) + RT\ln x_B \tag{4.3-3}$$

式(4.3-3) 是混合理想气体中 B 化学势的另一种表达形式。式中，p 是混合理想气体的总压力；$\mu_B^*(T,p)$ 是纯态 B 气体在压力为 p 时的化学势，该化学势不是标准态化学势；x_B 是 B 的摩尔分数。

【例题 4-3】 在温度 T 和压力 p 下，将 n_A 的 A 理想气体和 n_B 的 B 理想气体混合成同温同压的混合理想气体，试求该混合过程中系统热力学函数变化 $\Delta_{mix}H$、$\Delta_{mix}G$、$\Delta_{mix}S$ 和 $\Delta_{mix}V$，计算结果说明了什么？

解： 根据热力学第一定律，理想气体的焓仅与温度有关，而与体积和压力无关，所以混合前后焓不变，即 $\Delta_{mix}H = 0$。

对混合过程
$$\Delta G_A = n_A[\mu_A(T,p_A) - \mu_A^*(T,p)] = n_A RT\ln x_A$$
$$\Delta G_B = n_B[\mu_B(T,p_B) - \mu_B^*(T,p)] = n_B RT\ln x_B$$

所以
$$\Delta_{mix}G = \Delta G_A + \Delta G_B = RT(n_A\ln x_A + n_B\ln x_B) < 0$$
$$\Delta_{mix}S = (\Delta_{mix}H - \Delta_{mix}G)/T = -R(n_A\ln x_A + n_B\ln x_B) > 0$$

又因 $\Delta_{mix}G$ 与压力无关，根据热力学基本公式有：

$$\Delta_{mix}V = \left(\frac{\partial \Delta_{mix}G}{\partial p}\right)_{T,n} = 0$$

以上计算结果表明：理想气体等温等压混合是一自发、熵增、无热效应及无体积变化的过程。

4.3.2 实际气体物质的化学势

原则上可用上面理想气体化学势的推导方法导出实际气体的化学势表示式，由于实际气体不遵守理想气体状态方程式，且状态方程不定，所以化学势表示式复杂，甚至难以获得。为使实际气体的化学势具有与理想气体化学势类似简单的表达形式，在 1901 年，美国化学家路易斯（G. N. Lewis）提出逸度的概念。对纯态实际气体，令：

$$f = p\gamma \tag{4.3-4}$$

式中，γ 称作逸度因子（或逸度系数）；f 称作逸度。气体的状态方程不同，逸度和逸度因子也不同。当 $p \to 0$，$\gamma \to 1$，此时 $f = p$，即：

$$\lim_{p \to 0}(f/p) = \lim_{p \to 0}\gamma = 1 \tag{4.3-5}$$

式(4.3-5) 说明，在压力趋于 0 时，实际气体符合理想气体的特征。用 f 代替理想气体式中的压力 p，得实际气体化学势表达式为：

$$\mu(T,p) = \mu^{\ominus}(T) + RT\ln\left(\frac{p\gamma}{p^{\ominus}}\right) = \mu^{\ominus}(T) + RT\ln\frac{f}{p^{\ominus}}$$

即
$$\mu(T,p) = \mu^{\ominus}(T) + RT\ln\frac{f}{p^{\ominus}} \tag{4.3-6}$$

式(4.3-6) 即是纯态实际气体的化学势表达式。式中 $\mu^{\ominus}(T)$ 是实际气体的标准态化学势。但是与理想气体的标准态化学势不同的是，这里的 $\mu^{\ominus}(T)$ 并不是实际气体压力为标准压力时的化学势。比较式(4.3-6) 和式(4.3-2)，实际气体的标准态选取与理想气体相同，即选取压力为标准压力且仍遵从理想气体的状态为标准态，满足下面关系：

$$\gamma = 1; \quad f = p; \quad p = p^{\ominus}$$

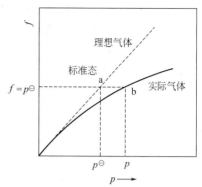

图 4-4　逸度与压力之间
的关系及标准态

但是对于实际气体，当压力等于标准压力时已偏离理想气体，此时逸度因子 $\gamma \neq 1$，显然，$\mu^{\ominus}(T)$ 并不等于压力为标准压力时实际气体的化学势，所以，此标准态是假想标准态。图 4-4 是实际气体标准态选取示意图。

图 4-4 中的 a 点是标准态，对应压力为标准压力，而此时实际气体的压力为 p，实际状态为 b 点，显然 a 点并不是实际气体的状态点，所以，a 点对应的化学势 $\mu^{\ominus}(T)$ 并不是实际气体的 b 状态点代表的化学势。

对于混合实际气体，参照混合理想气体处理办法可得各气体的化学势表示式，如下式所示：

$$\mu_B(T, p) = \mu_B^{\ominus}(T) + RT\ln\frac{f_B}{p^{\ominus}} \tag{4.3-7}$$

式中，$f_B = p_B\gamma_B$，为实际气体 B 的逸度，γ_B 是 B 的逸度因子。同样 f_B 与 γ_B 也应满足下面的关系：

$$\lim_{p \to 0}(f_B/p_B) = \lim_{p \to 0}\gamma_B = 1 \tag{4.3-8}$$

逸度的求算归结于逸度因子的求算。对于纯态实际气体，将 $f = p\gamma$ 代入式(4.3-6) 得：

$$\mu(T, p) = \mu^{\ominus}(T) + RT\ln\frac{\gamma p}{p^{\ominus}}$$

等温下，对上式两边求导并整理得：

$$\left(\frac{\partial\ln\gamma}{\partial p}\right)_T = \frac{V_m}{RT} - \frac{1}{p} \tag{4.3-9}$$

对式(4.3-9) 进行变量分离并定积分。考虑到当 $p \to 0$，$\gamma = 1$，所以：

$$\int_1^{\gamma}\mathrm{d}\ln\gamma = \int_0^p\left(\frac{V_m}{RT} - \frac{1}{p}\right)\mathrm{d}p$$

积分得

$$\ln\gamma = \int_0^p\left(\frac{V_m}{RT} - \frac{1}{p}\right)\mathrm{d}p \tag{4.3-10}$$

或

$$\gamma = \exp\left[\int_0^p\left(\frac{V_m}{RT} - \frac{1}{p}\right)\mathrm{d}p\right] \tag{4.3-11}$$

代入逸度表示式(4.3-4) 得：

$$f = p\exp\left[\int_0^p\left(\frac{V_m}{RT} - \frac{1}{p}\right)\mathrm{d}p\right] \tag{4.3-12}$$

式(4.3-11) 与式(4.3-12) 分别是逸度因子和逸度的解析式，原则上可根据公式计算纯态实际气体的逸度因子 γ 和逸度 f。但是由于实际气体的状态方程不定，所以，逸度及逸度因子通常采用图解法、对比状态法和近似法等求解。这里简单介绍图解法。

图解法是在大量实验基础上的图解积分法，适用于某些尚不知道状态方程的实际气体的逸度和逸度因子的计算。

将式（4.3-10）改写为：

$$\ln\gamma = -\frac{1}{RT}\int_0^p \left(\frac{RT}{p} - V_m\right)dp$$

由于 RT/p 和 V_m 分别代表 T、p 状态下理想气体和实际气体的摩尔体积，若令摩尔体积差为 α，即：

$$\alpha = \frac{RT}{p} - V_m$$

则前式可写为：

$$\ln\gamma = -\frac{1}{RT}\int_0^p \alpha\,dp \tag{4.3-13}$$

此式即是图解法的依据，其中 α 是 T 和 p 的函数，在等温下 α 只随压力而变化。由等温实验数据可绘出 $\alpha\text{-}p$ 图，用图解积分法求出不同压力下的积分值 $\int_0^p \alpha\,dp$，从而可求出不同压力下的逸度因子和逸度。本方法直接由实验数据求算，所以结果准确可靠。

4.4 稀溶液中的两个经验定律

4.4.1 拉乌尔定律

1887 年，法国化学家拉乌尔（Raoult）从实验中归纳出一个经验定律，即：定温下，稀溶液中溶剂的蒸气压与溶液中溶剂的摩尔分数成正比。用公式表示为：

$$p_A = p_A^* x_A \tag{4.4-1}$$

式中；比例系数 p_A^* 是纯溶剂在同温度下的饱和蒸气压；x_A 是溶剂在溶液中的摩尔分数；p_A 是稀溶液中溶剂的蒸气压。

如果溶液中只有 A、B 两个组分，因 $x_A + x_B = 1$，式（4.4-1）可表示为：

$$p_A = p_A^*(1-x_B) \quad \text{或} \quad \Delta p_A = p_A^* - p_A = p_A^* x_B \tag{4.4-2}$$

式中，Δp_A 是溶剂的蒸气压降低值。式（4.4-2）表明，稀溶液中溶剂的蒸气压降低值与加入的溶质的摩尔分数 x_B 成正比，溶质的 x_B 越大，溶剂的蒸气压下降值越大，式（4.4-2）也可看作是 Raoult 定律的另一种表述形式。

使用 Raoult 定律时的几点注意：

① Raoult 定律适用于稀溶液中的溶剂，也适用于理想液态混合物（后述）；

② 若溶剂分子在稀溶液中发生缔合现象，其摩尔质量仍用气态分子的摩尔质量；

③ 对稀溶液来说，溶液越稀，Raoult 定律符合得越精确；

④ 不论溶质是否挥发，Raoult 定律均适用。

蒸气压可用来衡量溶液中某一组分分子逸入气相倾向的大小，这种倾向和该组分在溶液中所处状态有关。研究溶液蒸气压随温度、压力和浓度变化的规律，是讨论溶液其他平衡性质变化规律（如冰点下降、沸点上升等现象）的基础。

4.4.2 亨利定律

1803 年英国化学家亨利（Henry）根据实验总结出另一条经验定律：在一定温度和平衡

状态下，气体物质在液体中的溶解度（用摩尔分数 x_B 表示）与该气体的平衡分压 p_B 成正比。

后来，人们发现该定律对稀溶液中挥发性溶质均适用，所以 Henry 定律又可表述为：在一定温度和平衡状态下，挥发性溶质在液面上的平衡分压与溶质在溶液中的摩尔分数成正比。用公式表示为：

$$p_B = k_{x,B} x_B \qquad\qquad (4.4\text{-}3)$$

式中，$k_{x,B}$ 称为 Henry 定律系数（或 Henry 常数），其数值不等于纯态溶质的饱和蒸气压，$k_{x,B}$ 值与温度、压力、溶剂和溶质的性质有关；p_B 是稀溶液中溶质的蒸气压。Henry 定律的另两种表示形式为：

当用摩尔浓度表示浓度时：　　　$p_B = k_{c,B} c_B$ 　　　　　　　　(4.4-4)

当用质量摩尔浓度表示浓度时：　$p_B = k_{b,B} b_B$ 　　　　　　　　(4.4-5)

三个公式所表示的 p_B 值是同一个值，因不同浓度的数值表示不同，所以，三个比例系数 k 值不同。可以证明，对于稀溶液，它们具有如下关系：

$$k_c \frac{\rho}{M_A} = k_b \frac{1}{M_A} = k_x, \quad k_b = k_c \rho \qquad\qquad (4.4\text{-}6)$$

使用 Henry 定律应注意：

① Henry 定律只适用于稀溶液中的溶质；

② Henry 定律表示式中，p_B 为液面上 B 气体的分压，若溶液中溶有多种气体，在总压不大时，忽略各气体间的相互作用，Henry 定律分别适用于每一种气体；

③ 溶质 B 在气相和在溶液中的分子状态必须相同，如 HCl 在气相为 HCl 分子，在水溶液中电离为 H^+ 和 Cl^-，此种情况 Henry 定律不适用；

④ 溶液浓度愈稀，溶质对 Henry 定律符合得愈好。对气体溶质，升高温度或降低压力，降低了溶解度，能更好服从 Henry 定律。

4.4.3　拉乌尔定律和享利定律的比较

共同点：都是反映理想稀溶液的性质。溶液越稀，定律越准确。

不同点：Raoult 定律反映的是稀溶液中溶剂的蒸气压与组成的关系，而 Henry 定律反映的是溶液中挥发性溶质的蒸气压与组成的关系，如图 4-5 所示。

在图 4-5 中 x_A、x_B 较小的稀溶液区，两个组分的蒸气压与组成的关系呈直线，这说明若溶剂服从 Raoult 定律，则溶质必服从 Henry 定律。

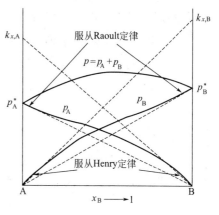

图 4-5　二组分溶液蒸气
分压与组成的关系

【**例题 4-4**】　在 298K 时，已知液体 A 和 B 的饱和蒸气压分别为 $p_A^* = 5 \times 10^4 \, \text{Pa}$，$p_B^* = 6 \times 10^4 \, \text{Pa}$。假设 A 和 B 能形成理想的液态混合物（即 A 和 B 均遵从 Raoult 定律），在液相中 x_A 为 0.4 时，求与之达成平衡的气相中 B 的摩尔分数 y_B 的值。

解：根据 Raoult 定律，B 在气相中的分压为

$$p_B = p_B^* x_B = p_B^* (1 - x_A) = 6 \times 10^4 \, \text{Pa} \times$$
$$(1 - 0.4) = 3.6 \times 10^4 \, \text{Pa}$$

平衡气体的总压等于 A 和 B 的分压之和，即

$$p = p_A + p_B = p_A^* x_A + p_B = 5 \times 10^4 \, \text{Pa} \times 0.4 + 3.6 \times 10^4 \, \text{Pa} = 5.6 \times 10^4 \, \text{Pa}$$

气相中 B 的摩尔分数为

$$y_B = \frac{p_B}{p} = \frac{3.6 \times 10^4 \, \text{Pa}}{5.6 \times 10^4 \, \text{Pa}} = 0.64$$

4.5 理想液态混合物及各组分的化学势

溶液或液态混合物中的质点间相互作用比较大，所以它们的热力学行为与气体有较大的不同。研究溶液或液态混合物的热力学行为在实际应用中有很重要的意义。

4.5.1 理想液态混合物的定义

在一定温度和压力下，液态混合物中任一组分 B 在全部浓度范围内均符合 Raoult 定律，则该混合物称为理想液态混合物，简称理想溶液，用公式表示为：

$$p_B = p_B^* x_B \tag{4.5-1}$$

式中，p_B^*、p_B 分别为组分 B 在温度 T 下纯态饱和蒸气压和混合物液面上的蒸气分压；x_B 为组分 B 在液相中的摩尔分数。

实验表明，理想液态混合物的混合过程中，系统的体积与焓均不发生变化，即 $\Delta_{mix}H = 0$ 和 $\Delta_{mix}V = 0$，这表明理想液态混合物中 B 的偏摩尔体积等于纯物质的摩尔体积，偏摩尔焓等于纯物质的摩尔焓。由此说明形成理想液态混合物的分子大小与结构彼此相似，分子间作用力应完全相等。若用 f_{A-A}、f_{B-B} 和 f_{A-B} 分别表示 A 分子间、B 分子间及 A-B 分子间作用，则 A 与 B 能形成理想液态混合物必须满足 $f_{A-A} = f_{B-B} = f_{A-B}$ 的条件。所以，各组分均严格服从式(4.5-1)的理想液态混合物是不存在的，但有些情况下，如像异构体混合物和同位素混合物等可看作理想液态混合物，此外一些有机相邻同系物，如苯与甲苯、正己烷与正庚烷等也可近似看作理想液态混合物。

实际上大多数混合物或溶液均不符合该模型。之所以提出理想液态混合物的模型，是因为一方面可将此模型直接应用于某些与其性质相似的液态混合物系统，另一方面是以此理想模型作参照，只需对以此模型所得公式进行某些修正，即可应用于实际液态混合物或溶液。

4.5.2 理想液体混合物中各组分的化学势

当理想液态混合物的液相与蒸气相达到平衡时有：

$$\boxed{\begin{array}{l} B(l, T, p, x_B) \\ \mu_B(T, p, l) \end{array}} \rightleftarrows \boxed{\begin{array}{l} B(g, T, p) \\ \mu_B(T, p, g) \end{array}}$$

根据相平衡的条件，在一定温度 T 下，任一组分在液、气两相中化学势相等，即：

$$\mu_B(T, p, l) = \mu_B(T, p, g)$$

由于蒸气相压力不大，可视作混合理想气体，因此 B 的蒸气相化学势可用式(4.3-2) 表示，所以：

$$\mu_B(T, p, l) = \mu_B(T, p, g) = \mu_B^{\ominus}(T, g) + RT \ln \frac{p_B}{p^{\ominus}} \tag{4.5-2}$$

将 $p_B = p_B^* x_B$ 代入上式得：

$$\mu_B(T, p, l) = \mu_B^{\ominus}(T, g) + RT \ln \frac{p_B^* x_B}{p^{\ominus}} = \mu_B^{\ominus}(T, g) + RT \ln \frac{p_B^*}{p^{\ominus}} + RT \ln x_B$$

$$= \mu_B^*(T,p,\mathrm{l}) + RT\ln x_B$$

即 $\qquad \mu_B(T,p,\mathrm{l}) = \mu_B^*(T,p,\mathrm{l}) + RT\ln x_B \qquad (4.5\text{-}3)$

式中 $\qquad\qquad \mu_B^*(T,p,\mathrm{l}) = \mu_B^{\ominus}(T,\mathrm{g}) + RT\ln\dfrac{p_B^*}{p^{\ominus}}$

$\mu_B^*(T,p,\mathrm{l})$ 为纯液态 B（即 $x_B=1$）处于 T、p 下的化学势，l 表示液态混合物。一般规定理想液态混合物中组分 B 的标准态为标准压力下的纯态，而式(4.5-3)中 p 不是标准压力，所以 $\mu_B^*(T,p,\mathrm{l})$ 不是纯态 B 的标准态化学势。

等温下，$\mathrm{d}\mu_B^*(T,p) = V_{\mathrm{m,B}}^*(\mathrm{l})\mathrm{d}p$，将其从 $p^{\ominus}$ 到 p 进行积分：

$$\int_{\mu_B^*(T,p^{\ominus})}^{\mu_B^*(T,p)} \mathrm{d}\mu_B^*(T,p) = \int_{p^{\ominus}}^{p} V_{\mathrm{m,B}}^*(\mathrm{l})\mathrm{d}p$$

$$\mu_B^*(T,p,\mathrm{l}) = \mu_B^*(T,p^{\ominus},\mathrm{l}) + \int_{p^{\ominus}}^{p} V_{\mathrm{m,B}}^*(\mathrm{l})\mathrm{d}p$$

定义 $\mu_B^*(T,p^{\ominus},\mathrm{l})$ 为理想液态混合物中组分 B 的标准态化学势，用 $\mu_B^{\ominus}(T,\mathrm{l})$ 表示。由此，式(4.5-3) 写为：

$$\mu_B(T,p,\mathrm{l}) = \mu_B^{\ominus}(T,\mathrm{l}) + RT\ln x_B + \int_{p^{\ominus}}^{p} V_{\mathrm{m,B}}^*(\mathrm{l})\mathrm{d}p \qquad (4.5\text{-}4)$$

式中，$V_{\mathrm{m,B}}^*(\mathrm{l})$ 为纯液体 B 在该温度下的摩尔体积。由于液体体积受压力的影响不大且本身也很小，在压力 p 不是太大时，积分项可忽略不计。将 $\mu_B^{\ominus}(T,\mathrm{l})$ 简写成 $\mu_B^{\ominus}(T)$，上式可改写为：

$$\mu_B(T,p,\mathrm{l}) \approx \mu_B^{\ominus}(T) + RT\ln x_B \qquad (4.5\text{-}5)$$

式(4.5-5) 即是理想液态混合物中任一组分的化学势表示式，适用于全部浓度范围。

4.5.3 理想液态混合物的通性

理想液态混合物具有如下通性。

① 由纯液体混合成混合物时焓变 $\Delta_{\mathrm{mix}}H = 0$。

根据式(4.5-3)，等温等压下有：

$$\frac{\mu_B(\mathrm{l})}{T} = \frac{\mu_B^*(\mathrm{l})}{T} + R\ln x_B$$

因 x_B 与温度无关，所以：

$$\left\{\frac{\partial[\mu_B(\mathrm{l})/T]}{\partial T}\right\}_{p,n} = \left\{\frac{\partial[\mu_B^*(\mathrm{l})/T]}{\partial T}\right\}_{p,n}$$

根据 Gibbs-Helmholtz 方程：

$$\left\{\frac{\partial[\mu_B(\mathrm{l})/T]}{\partial T}\right\}_{p,n} = \left\{\frac{\partial[G_B(\mathrm{l})/T]}{\partial T}\right\}_{p,n} = -\frac{H_B}{T^2}$$

$$\left\{\frac{\partial[\mu_B^*(\mathrm{l})/T]}{\partial T}\right\}_{p,n} = \left\{\frac{\partial[G_{\mathrm{m,B}}^*(\mathrm{l})/T]}{\partial T}\right\}_{p,n} = -\frac{H_{\mathrm{m,B}}^*}{T^2}$$

比较上两式得：

$$H_B = H_{\mathrm{m,B}}^*$$

所以 $\qquad\qquad \Delta_{\mathrm{mix}}H = \sum n_B H_B - \sum n_B H_{\mathrm{m,B}}^* = 0 \qquad (4.5\text{-}6)$

即由几种纯液体等压下混合形成理想液态混合物时，没有热效应，混合前后的焓值不变。

② 由纯液体混合成混合物时体积变化 $\Delta_{\mathrm{mix}}V = 0$。

根据式(4.5-3)：

$$\left[\frac{\partial \mu_B(l)}{\partial p}\right]_{T,n} = \left[\frac{\partial \mu_B^*(l)}{\partial p}\right]_{T,n}$$

而

$$\left[\frac{\partial \mu_B(l)}{\partial p}\right]_{T,n} = V_B \qquad \left[\frac{\partial \mu_B^*(l)}{\partial p}\right]_{T,n} = V_{m,B}^*$$

即

$$V_B = V_{m,B}^*$$

所以

$$\Delta_{mix}V = \sum n_B V_B - \sum n_B V_{m,B}^* = 0 \qquad (4.5-7)$$

即有几种纯液体等温下混合形成理想液态混合物时，其体积等于各纯组分的体积之和，体积没有额外增加或减少。

③ 具有理想的混合 Gibbs 函数变和混合熵变。

$$\Delta_{mix}G = \sum_B n_B \mu_B(l) - \sum_B n_B \mu_B^*(l)$$
$$= \sum_B n_B [\mu_B^*(l) + RT\ln x_B] - \sum_B n_B \mu_B^*(l)$$

得

$$\Delta_{mix}G = RT \sum_B n_B \ln x_B \qquad (4.5-8)$$

因 $n_B = nx_B$，所以上式可写为：

$$\Delta_{mix}G = nRT \sum_B x_B \ln x_B \qquad (4.5-9)$$

式中，$n = \sum n_B$，即系统中总物质的量。

又

$$\Delta_{mix}G = \Delta_{mix}H - T\Delta_{mix}S$$

所以

$$\Delta_{mix}S = \frac{\Delta_{mix}H - \Delta_{mix}G}{T}$$

将式(4.5-6)、式（4.5-8）代入得：

$$\Delta_{mix}S = -R \sum_B n_B \ln x_B \qquad (4.5-10)$$

同理，上式可写为：

$$\Delta_{mix}S = -nR \sum_B x_B \ln x_B \qquad (4.5-11)$$

理想液态混合物的上述混合过程热力学函数的变化与理想气体混合物相同，这些正是理想混合物的共同特性。

另外，对理想液态混合物组分蒸气压的计算，Raoult 定律和 Henry 定律是等效的，即：

$$p_B = p_B^* x_B = k_{x,B} x_B; \quad p_B^* = k_{x,B}$$

【例题 4-5】　在标准压力和 298K 下，将 0.4mol A 和 0.6mol B 混合形成理想液态混合物，试求此混合过程中系统的 Gibbs 函数变化值 $\Delta_{mix}G$ 和混合熵变 $\Delta_{mix}S$。

解： 作过程图如下

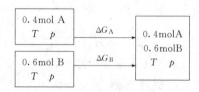

由式(4.5-8)得：

$$\Delta_{mix}G = RT(n_A \ln x_A + n_B \ln x_B)$$

$$=[8.314 \times 298(0.4\ln 0.4 + 0.6\ln 0.6)]J = -1667.4J$$

由式 (4.5-10) 得：

$$\Delta_{\text{mix}} S = -R(n_A \ln x_A + n_B \ln x_B)$$

$$= -8.314 \text{J} \cdot \text{K}^{-1} \cdot \text{mol}^{-1}(0.4\text{mol} \times \ln 0.4 + 0.6\text{mol} \times \ln 0.6)$$

$$= 5.60 \text{J} \cdot \text{K}^{-1}$$

4.6　理想稀溶液及各组分的化学势

4.6.1　理想稀溶液的定义

在一定温度和压力下的稀溶液中，在一定的浓度范围内，溶剂遵守 Raoult 定律，溶质遵守 Henry 定律，这种溶液称为理想稀溶液，简称稀溶液。若溶剂用 A 表示，溶质用 B 表示，则：

$$p_A = p_A^* x_A \qquad p_B = k_{x,B} x_B \tag{4.6-1}$$

理想稀溶液的定义告诉我们，在对理想稀溶液进行蒸气压计算时，用 Raoult 公式计算溶剂的蒸气压，用 Henry 定律计算溶质的蒸气压。原则上，当溶质的浓度达到极稀时才能符合理想稀溶液的定义，通常所指的稀溶液并不是真正的理想稀溶液，但一般将浓度很小的溶液近似看作理想稀溶液进行相关的计算。

4.6.2　理想稀溶液中各组分的化学势

（1）溶剂的化学势

因为溶剂遵从 Raoult 定律，因此溶剂 A 与理想液态混合物中某一组分 B 的化学势推导过程及结果是一致的，即溶剂 A 的化学势表示式为：

$$\mu_A = \mu_A^{\ominus}(T) + RT \ln x_A \tag{4.6-2}$$

式中，$\mu_A^{\ominus}(T)$ 是纯溶剂在标准态下的化学势，称作理想稀溶液中溶剂的标准态化学势。同样，该值与压力 p 下纯溶剂的化学势近似相等，所以，理想稀溶液中溶剂 A 的标准态是真实存在的，这与后面所讲的溶质不同。

（2）溶质的化学势

参照上述溶液各组分化学势的推导方法，若浓度用摩尔分数 x_B 表示，则溶质 B 达气-液平衡时：

$$\mu_B(T,p,x_B) = \mu_B(T,p,g) = \mu_B^{\ominus}(T,g) + RT \ln \frac{p_B}{p^{\ominus}} \tag{4.6-3}$$

将 Henry 定律表示式 $p_B = k_{x,B} x_B$ 代入上式得：

$$\mu_B(T,p,x_B) = \mu_B^{\ominus}(T,g) + RT \ln \frac{k_x x_B}{p^{\ominus}}$$

$$= \mu_B^{\ominus}(T,g) + RT \ln \frac{k_x}{p^{\ominus}} + RT \ln x_B = \mu_{x,B}^*(T,p) + RT \ln x_B$$

即　　　　$$\mu_B(T,p,x_B) = \mu_{x,B}^*(T,p) + RT \ln x_B \tag{4.6-4}$$

式中，$\mu_{x,B}^*(T,p) = \mu_B^{\ominus}(T,g) + RT \ln(k_x/p^{\ominus})$，可看作在 $x_B = 1$ 时仍能服从 Henry 定律的那个假想状态的化学势（并不等于纯态 B 的化学势），下标 x 表示浓度为摩尔分数。因压力差不大时 $\mu_{x,B}^*(T,p) \approx \mu_{x,B}^{\ominus}(T)$，将 $\mu_B(T,p,x_B)$ 简写为 μ_B，式 (4.6-4) 可写为：

$$\mu_B = \mu_{x,B}^{\ominus}(T) + RT\ln x_B \qquad (4.6\text{-}5)$$

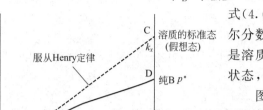

图 4-6 理想稀溶液中溶质的标准态

式(4.6-5) 即是理想稀溶液中溶质 B 当浓度用摩尔分数表示时的化学势表示式。式中，$\mu_{x,B}^{\ominus}(T)$ 是溶质 B 的标准态化学势，但此标准态是假想的状态，如图 4-6 所示。

图 4-6 中 C 点是所选取的溶质的标准态，而纯 B 的真实状态点是 D 点，显然，C 点早已偏离了纯 B 的真实状态，所以该标准态对 B 来说是不真实的。

当溶质 B 的浓度用 c_B 和 b_B 表示时，按照上面推导方法可得溶质 B 的另两种不同的化学势表示式：

$$\mu_B = \mu_{c,B}^{\ominus}(T) + RT\ln\frac{c_B}{c^{\ominus}} \qquad (4.6\text{-}6)$$

$$\mu_B = \mu_{b,B}^{\ominus}(T) + RT\ln\frac{b_B}{b^{\ominus}} \qquad (4.6\text{-}7)$$

这里 $c^{\ominus}=1\text{mol}\cdot\text{m}^{-3}$（或 $1\text{mol}\cdot\text{dm}^{-3}$），$b^{\ominus}=1\text{mol}\cdot\text{kg}^{-1}$，分别称为溶质 B 的标准物质的量浓度和标准质量摩尔浓度。式中 $\mu_{c,B}^{\ominus}(T)$、$\mu_{b,B}^{\ominus}(T)$ 是浓度分别用 c、b 表示时溶质 B 的标准态化学势，相当于 $c=c^{\ominus}$ 及 $b=b^{\ominus}$ 下 B 仍服从 Henry 定律的化学势，显然，当溶质 B 的浓度达到标准浓度时，已经偏离 Henry 定律，所以这两种标准态均是假想的。

关于理想稀溶液中各物质的标准态总结如下。

① 溶剂 A 的标准态是：$x_A=1$，即纯态，这是真实存在的标准态。

② 溶质 B 共有三个标准态：

a. 当浓度用摩尔分数 x_B 表示时，标准态为：$x_B=1$，是假想态；

b. 当浓度用物质的量浓度 c 表示时，标准态为：$c_B=c^{\ominus}$，是假想态；

c. 当浓度用质量摩尔浓度 b 表示时，标准态为：$b_B=b^{\ominus}$，是假想态。

以上各状态的压力均为标准压力。

【例题 4-6】 在 298K 和标准压力 $p^{\ominus}$ 下，将少量乙醇加入纯水中形成稀溶液，使水的摩尔分数 $x_{H_2O}=0.98$。试计算纯水的化学势与溶液中水的化学势之差值。

解： 已知在稀溶液中，溶剂 H_2O 的化学势为

$$\mu_{H_2O} = \mu_{H_2O}^{\ominus}(T) + RT\ln x_{H_2O}$$

在定温和标准压力下，纯水的化学势为 $\mu_{H_2O}^{\ominus}(T)$，所以

$$\Delta\mu = \mu_{H_2O}^{\ominus}(T) - \mu_{H_2O} = -RT\ln x_{H_2O} = -8.314\text{J}\cdot\text{mol}^{-1}\cdot\text{K}^{-1}\times298\text{K}\times\ln0.98$$
$$= 50.1\text{J}\cdot\text{mol}^{-1}$$

4.6.3 理想稀溶液的依数性及其应用

在稀溶液中，溶剂的蒸气压下降、沸点升高（加入非挥发性溶质）、凝固点下降（析出纯溶剂固体）及产生渗透压等性质只与加入溶液中溶质的微粒数有关，而与溶质的性质无关。这种现象被称作理想稀溶液的依数性质（colligative properties）。溶质的粒子可以是分子、离子、大分子或胶粒，这里只讨论粒子是分子状态的非挥发性溶质（非电解质分子）。

（1）蒸气压降低

根据前述式（4.4-2）Raoult 定律：

$$\Delta p_A = p_A^* x_B \tag{4.4-2}$$

式中，Δp_A 是溶剂的蒸气压降低值。

溶剂的蒸气压降低使得溶液中溶剂的化学势降低，这是引起稀溶液凝固点降低、非挥发性溶质的溶液沸点升高及溶剂在通过半透膜产生渗透压的根本原因。图 4-7 是其定性说明。

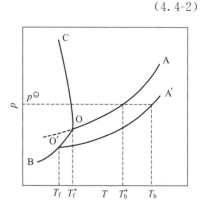

图 4-7 是水的相图，图中 OA 线是纯水的蒸气压曲线（气液两相线，下同），$O'A'$ 是理想稀溶液中水的蒸气压曲线，显然溶液的沸点 T_b 比纯水的沸点 T_b^* 增大了。OB 线是固体冰的蒸气压曲线，O 点是纯水的凝固点，对应的温度是 T_f^*，O' 点是溶液中水的凝固点，对应的温度是 T_f，所以溶液的凝固点下降了。下面对各依数性进行定量分析。

图 4-7　沸点升高和凝固点
下降示意图

蒸气压降低实验曾用来作为测量非挥发性非电解质的摩尔质量，其根据为：

$$\Delta p_A = p_A^* x_B = p_A^* \left(\frac{n_B}{n_A + n_B} \right) = p_A^* \left(\frac{m_B/M_B}{m_A/M_A + m_B/M_B} \right) \tag{4.6-8}$$

溶解一定量（m_B）溶质于一定量溶剂中（m_A），由已知溶剂的摩尔质量（M_A）、溶剂在测量温度下的饱和蒸气压 p_A^* 和由实验测得的蒸气压降低值 Δp，可自式(4.6-8)计算出溶质的摩尔质量（M_B）。但此法远不如下述凝固点降低和沸点上升法准确，目前较少应用。

（2）凝固点下降

假若系统不生成固溶体，且固态仅是纯溶剂，则溶液凝固时建立如下平衡：

$$A(l, x_A) \xrightarrow{p, T} A(s)$$

根据平衡条件：

$$\mu_A(l, T, p, x_A) = \mu_A(T, p, s)$$

因固体 A 为纯态，化学势等于 $\mu_A^*(T, p, s)$，所以有：

$$\mu_A^*(T, p, l) + RT\ln x_A = \mu_A^*(T, p, s)$$

整理得：

$$\ln x_A = \frac{1}{RT}[\mu_A^*(T, p, s) - \mu_A^*(T, p, l)] = \frac{-\Delta_{fus} G_{m,A}^*}{RT} \tag{4.6-9}$$

式中，$\Delta_{fus} G_{m,A}^* = \mu_A^*(T, p, l) - \mu_A^*(T, p, s)$，是纯 A 固体在压力 p 下的摩尔熔化 Gibbs 函数变。

等压下式(4.6-9)两边对温度求导得：

$$\left(\frac{\partial \ln x_A}{\partial T} \right)_p = \frac{1}{R} \left[\frac{\partial (-\Delta_{fus} G_{m,A}^*/T)}{\partial T} \right]_p = \frac{\Delta_{fus} H_{m,A}^*}{RT^2}$$

式中，$\Delta_{fus} H_{m,A}^*$ 为纯溶剂在压力 p 下的摩尔熔化焓。将上式进行变量分离得：

$$d\ln x_A = \frac{\Delta_{fus} H_{m,A}^*}{RT^2} dT \tag{4.6-10}$$

对上式进行定积分，x_A 由 $1 \rightarrow x_A$、T 由 $T_f^* \rightarrow T_f$，则：

$$\int_1^{x_A} d\ln x_A = \int_{T_f^*}^{T_f} \frac{\Delta_{fus} H_{m,A}^*}{RT^2} dT$$

设温度变化区间不大，则 $\Delta_{fus}H_{m,A}^*$ 可看作与温度无关的常数，则上式积分结果为：

$$\ln x_A = \frac{\Delta_{fus}H_{m,A}^*}{R}\left(\frac{1}{T_f^*} - \frac{1}{T_f}\right)$$

$$= \frac{\Delta_{fus}H_{m,A}^*}{R}\left(\frac{T_f - T_f^*}{T_f^* T_f}\right)$$

令 $\qquad\qquad\qquad \Delta T_f = T_f^* - T_f, T_f^* T_f \approx (T_f^*)^2$

代入上式得 $\qquad\qquad -\ln x_A = \frac{\Delta_{fus}H_{m,A}^*}{R}\frac{\Delta T_f}{(T_f^*)^2}$ （4.6-11）

根据数学上近似公式：当 x 很小时，$\ln(1-x) \approx -x$，则：

$$-\ln x_A = -\ln(1-x_B) \approx x_B \approx M_A b_B$$

代入式（4.6-11）整理得：

$$\Delta T_f = \frac{R(T_f^*)^2}{\Delta_{fus}H_{m,A}^*}x_B \approx \frac{R(T_f^*)^2 M_A}{\Delta_{fus}H_{m,A}^*}b_B = k_f b_B$$

即 $\qquad\qquad\qquad\qquad \Delta T_f = k_f b_B$ （4.6-12）

式（4.6-12）即是凝固点下降公式。式中，$k_f = \frac{R(T_f^*)^2}{\Delta_{fus}H_{m,A}^*}M_A$，为凝固点降低常数，$K \cdot kg \cdot mol^{-1}$；$M_A$ 是溶剂 A 的摩尔质量。k_f 的数值只与溶剂的性质有关。表 4-1 列出了几种常用溶剂的 k_f 值。

表 4-1　几种常见溶剂的 k_f 和 k_b 值

溶剂	水	乙酸	苯	二硫化碳	萘	四氯化碳	苯酚
$k_f/K \cdot kg \cdot mol^{-1}$	1.86	3.90	5.12	3.80	6.94	30	7.27
$k_b/K \cdot kg \cdot mol^{-1}$	0.51	3.07	2.03	2.37	5.80	4.95	3.04

（3）沸点升高

对非挥发性溶质的理想稀溶液，当溶液中溶剂与平衡蒸气相达到气-液两相平衡时

$$A(l, x_A) \xrightarrow{p,T} A(g)$$

$$\mu_A(l, T, p, x_A) = \mu_A(g, T, p)$$

当溶质浓度发生变化时，溶液的蒸气压也会发生变化，溶液的沸点也会随之而变化。采用与凝固点下降公式同样的推导方法，可导出理想稀溶液的沸点升高公式为：

$$\Delta T_b = k_b b_B$$ （4.6-13）

式中，$\Delta T_b = T_b - T_b^*$；$k_b = \frac{R(T_b^*)^2}{\Delta_{vap}H_{m,A}^*}M_A$；$\Delta_{vap}H_{m,A}^*$ 为纯溶剂的摩尔蒸发焓，其数值近似看作常数。k_b 为沸点升高常数，$K \cdot kg \cdot mol^{-1}$。几种常见溶剂的沸点升高常数见表 4-1。

（4）渗透压（osmotic pressure）

在一定的温度下，如图 4-8 所示的装置中间用半透膜隔开分为左右两室，在半透膜左边放纯溶剂，右边放溶液，半透膜只允许溶剂分子透过。

半透膜左侧纯溶剂的化学势等于 μ_A^*，大于右侧溶液中溶剂的化学势 μ_A，所以溶剂分子会自发地透过半透膜由左至右渗透，

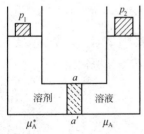

图 4-8　溶液的
渗透压示意图

使得右侧液面不断升高。若在右侧液面上施加额外的压力以增大右侧溶液中溶剂的化学势，最终使半透膜两边溶剂的化学势相等而达到渗透平衡，此时两边液面高度相等。这个额外施加的压力就定义为渗透压 Π（$\Pi = p_2 - p_1$），单位为 Pa。根据达渗透平衡时两边溶剂的化学势相等的特点，即：

$$\mu_A^*(T, p_1) = \mu_A(l, T, p_2) + RT\ln x_A \qquad (4.6\text{-}14)$$

结合热力学推导并作适当近似（过程见相关资料），得到渗透压与理想稀溶液溶质浓度的定量关系为：

$$\Pi V = n_B RT \quad \text{或} \quad \Pi = c_B RT \qquad (4.6\text{-}15)$$

式（4.6-15）即是 van't Hoff 渗透压公式。该式表明，理想稀溶液的渗透压大小只与溶质的数量有关，而与溶质的性质无关。

　　渗透现象在动、植物的生命过程中占有重要的地位。例如医学意义上的等渗溶液概念。医学实践证明，正常血浆渗透压在正常体温（37℃）时约为 769.9kPa，凡是和此渗透压近似相等的溶液为等渗溶液。人体中的血浆、胃液、胰液、肠液、胆汁、脊髓液以及泪液的渗透压都大致相等。为使药液与人体内各种液体的渗透压保持平衡，常配制成等渗溶液。临床上常用的等渗溶液有：①生理盐水（0.154mol·dm⁻³ NaCl 溶液），即 0.9％NaCl 水溶液；②0.278mol·dm⁻³ 葡萄糖溶液，即 5％葡萄糖；③0.149mol·dm⁻³ 碳酸氢钠溶液。

　　反渗透及应用：渗透是纯溶剂分子透过半透膜自发向溶液中流动的过程，使半透膜两边溶剂的化学势相等而达到渗透平衡时所施加的压力称为渗透压，若在溶液侧施加一个大于渗透压的压力时，浓溶液中的溶剂会向稀溶液流动，此种溶剂的流动方向与原来渗透的方向相反，这一过程称为反渗透，反渗透是一个非自发过程。反渗透技术广泛应用于食品饮料方面的纯净水生产、工业用软化水的制备、医药电子等行业高纯水的制备、化工工艺上的浓缩、分离和提纯、海水淡化及工业废水处理等。

　　理想稀溶液依数性的测定有如下应用：

　　① 求溶质的摩尔质量　根据质量摩尔浓度的定义式：

$$b_B = \frac{n_B}{m_A} = \frac{m_B/M_B}{m_A} \quad \Rightarrow \quad M_B = \frac{m_B/b_B}{m_A} \qquad (4.6\text{-}16)$$

通过实验测定了理想稀溶液中溶质的质量摩尔浓度 b_B，即可计算出溶质的摩尔质量 M_B。b_B 可由稀溶液的依数性测定给出，下面以凝固点下降测定为例。

　　根据式（4.6-12）可得：$b_B = \Delta T_f / k_f$

代入式（4.6-16）得：

$$M_B = \frac{k_f m_B}{\Delta T_f m_A} \qquad (4.6\text{-}17)$$

式（4.6-17）即是凝固点降低法测定溶质的摩尔质量的计算式，式中 m_A、m_B 分别是配制溶液时溶剂和溶质的质量。

　　沸点升高、渗透压等的测定同样可应用于溶质的摩尔质量的测定，特别是渗透压测定往往用于大分子的平均摩尔质量的测定，因渗透压数据较大，实验相对误差小，测量精度高。

　　② 测定溶剂的摩尔蒸发焓或摩尔熔化焓　由 k_f、k_b 与熔化焓及蒸发焓的关系：

$$k_b = \frac{R(T_b^*)^2}{\Delta_{vap}H_{m,A}^*}M_A \qquad k_f = \frac{R(T_f^*)^2}{\Delta_{fus}H_{m,A}^*}M_A$$

得

$$\Delta_{vap}H_A^* = \frac{R(T_b^*)^2}{k_b}M_A \qquad (4.6\text{-}18)$$

$$\Delta_{fus}H_{m,A}^{*} = \frac{R(T_f^*)^2}{k_f}M_A \qquad (4.6\text{-}19)$$

而 k_f、k_b 由测定凝固点降低或沸点升高值计算。

【例题 4-7】 一种精致蛋白质物质，分子量约为 5×10^4。25℃时，水的饱和蒸气压为 3167.7Pa。

(1) 估算该物质的质量分数 $w=0.02$ 的水溶液的蒸气压下降、沸点升高、凝固点降低与渗透压。

(2) 欲精确测定该物质的分子量，选用哪种依数性质能得到较好的结果？

解： 水溶液中以 A 表示溶剂水，以 B 表示溶质。按 0.1kg（0.1L）水溶液中含 2g 该物质来计算其溶质摩尔分数、质量摩尔浓度与物质的量浓度

$$x_B = \frac{n_B}{n_A+n_B} = \frac{\dfrac{0.002kg}{50kg\cdot mol^{-1}}}{\dfrac{0.098kg}{18\times10^3 kg\cdot mol} + \dfrac{0.002kg}{50kg\cdot mol^{-1}}} = 7.35\times10^{-6}$$

$$b_B = \frac{n_B}{m_A} = \frac{m_B/M_B}{m_A} = \frac{0.002/50kg\cdot mol^{-1}}{0.098kg} = 4.08\times10^{-4} mol\cdot kg^{-1}$$

稀水溶液：$c_B \approx b_B$，$c_B = 4.08\times10^{-4} mol\cdot L^{-1} = 0.408 mol\cdot m^{-3}$

(1) $\Delta p_A = p_A^* x_B = 3167.7Pa \times 7.35\times10^{-6} = 0.0233Pa$

$\Delta T_b = k_b b_B = 0.51K\cdot kg\cdot mol^{-1} \times 4.08\times10^{-4} mol\cdot kg^{-1} = 2.081\times10^{-4}K$

$\Delta T_f = k_f b_B = 1.86K\cdot kg\cdot mol^{-1} \times 4.08\times10^{-4} mol\cdot kg^{-1} = 7.589\times10^{-4}K$

$\Pi = c_B RT = 0.408 mol\cdot m^{-3} \times 8.314J\cdot K^{-1}\cdot mol^{-1} \times 298.15K = 1011Pa$

(2) 根据 (1) 的计算结果可以看出 Δp_A、ΔT_b、ΔT_f 数值太小，难以精确测量，而 Π 数值较大可以较准确测定，故用渗透压法测定分子量结果较好。

稀溶液的依数性应用应注意以下几点事项：

① 溶液必须是理想稀溶液；

② 析出的固体必须是纯溶剂固体；

③ 凝固点下降及渗透压公式对挥发性溶质仍然适用；

④ 沸点升高公式只适用于非挥发性溶质，对挥发性溶质形成的溶液来说，因总蒸气压可能升高，溶液的沸点也可能下降。

4.7 实际溶液及各组分的化学势

4.7.1 实际溶液对理想模型的偏差

实际溶液可分为两种类型，即非理想液态混合物和非理想稀溶液。实践发现，实际溶液中各组分既不服从 Raoult 定律，也不服从 Henry 定律，出现了一定偏差。如非理想液态混合物对理想液态混合物的偏差主要分为以下两种情况：一种情况是对 Raoult 定律产生正偏差，如图 4-9(a) 所示，另一种情况是对 Raoult 定律产生负偏差，如图 4-9(b) 所示。图中虚线代表理想液态混合物的蒸气压-组成曲线。

实际溶液对理想液态混合物或理想稀溶液模型产生偏差的原因是由于实际溶液中的分子间作用与理想状态不同而产生的。

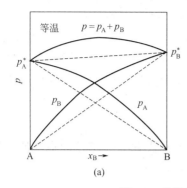 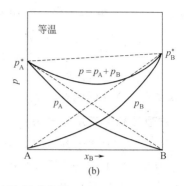

图 4-9　非理想液态混合物的蒸气压-组成曲线

4.7.2　非理想液态混合物及化学势

对于非理想液态混合物，组分 B 的化学势仍满足下面的关系式：

$$\mu_B(T,p,\mathrm{l})=\mu_B(T,p,\mathrm{g})=\mu_B^{\ominus}(T,\mathrm{g})+RT\ln\frac{p_B}{p^{\ominus}}$$

原则上若能给出蒸气压 p_B 与物质 B 浓度的关系式，代入上式即可得到非理想液态混合物的化学势表达式。但是由于非理想液态混合物中的各组分不服从 Raoult 定律，即蒸气压与浓度之间无确定的关系式，所以无法导出化学势的最终表达式。为了解决这一问题，必须研究非理想液态混合物的规律。然而非理想液态混合物千差万别，各体系的偏差程度和偏差原因也各不相同，加上至今人们对于溶液中分子间作用还缺乏足够的认知，因此，从实践到理论至今还没找到非理想液态混合物的普遍规律。物理化学中一个很重要的方法就是理想化、模型化方法，在理想模型的基础上根据实际系统的性质进行一些修改，以用来描述实际系统。人们在处理非理想液态混合物时采纳 Lewis 的建议，引入了活度——有效浓度的概念。

图 4-9 表明，非理想液态混合物组分 B 的蒸气压对 Raoult 定律发生了偏差，若在浓度项乘以一个校正因子 γ，即：

$$p_B=p_B^*\gamma_{x,B}x_B$$

定义

$$a_{x,B}\xrightarrow{\text{def}}\gamma_{x,B}x_B \tag{4.7-1}$$

则 Raoult 定律修正为：

$$p_B=p_B^*a_{x,B} \tag{4.7-2}$$

上两式中，$a_{x,B}$ 称为非理想液态混合物中 B 的相对活度，简称活度，其量纲为 1，下标 x 表示组成为摩尔分数（下同）。$a_{x,B}$ 是系统的一个强度性质，数值与系统的状态和标准态选取有关，是系统温度、压力和组成的函数。$\gamma_{x,B}$ 称为活度因子，也是量纲为 1 的量，其数值与系统的温度、压力和组成有关。活度因子的大小表明了非理想液态混合物对理想液态混合物偏差的大小，是对其非理想性的一种度量。活度因子 $\gamma_{x,B}$ 可大于 1（正偏差）、小于 1（负偏差）或等于 1（无偏差），相应 B 的活度大于、小于或等于实际浓度 x_B 的值。由于是对 Raoult 定律进行修正，所以 $\gamma_{x,B}$ 满足下式：

$$\lim_{x_B\to1}\frac{a_{x,B}}{x_B}=\lim_{x_B\to1}\gamma_{x,B}=1 \tag{4.7-3}$$

此状态即纯态。

将式(4.7-2)代入理想液态混合物化学势表示式(4.5-3) 中得：

$$\mu_B(T,p,\mathrm{l})=\mu_B^*(T,p,\mathrm{l})+RT\ln a_{x,B} \tag{4.7-4}$$

同样，$\mu_B^*(T,p,\mathrm{l}) \approx \mu_B^{\ominus}(T,\mathrm{l})$，用 $\mu_B^{\ominus}(T)$ 表示，则上式可写为：

$$\mu_B(\mathrm{l}) = \mu_B^{\ominus}(T) + RT\ln a_{x,B} \tag{4.7-5}$$

式(4.7-5) 即是非理想液态混合物组分 B 的化学势表示式，式中 $\mu_B^{\ominus}(T)$ 是组分 B 的标准态化学势。非理想液态混合物组分 B 的标准态选取与理想液态混合物相同，即标准压力下的纯态，这是真实存在的状态。

4.7.3　非理想稀溶液及化学势

非理想稀溶液是指溶剂不遵从 Raoult 定律，溶质不遵从 Henry 定律的稀溶液。处理非理想稀溶液时，将溶剂与溶质分开进行考虑。

（1）溶剂的活度及化学势

将溶剂 A 对 Raoult 定律进行修正，即令：

$$a_{x,A} = \gamma_{x,A} x_A \tag{4.7-6}$$

则
$$p_A = p_A^* \gamma_{x,A} x_A = p_A^* a_{x,A} \tag{4.7-7}$$

式中，$a_{x,A}$ 是溶剂的活度；$\gamma_{x,A}$ 是溶剂的活度因子，同样因溶剂是对 Raoult 定律进行修正的，所以 $\gamma_{x,A}$ 满足：

$$\lim_{x_A \to 1} \frac{a_{x,A}}{x_A} = \lim_{x_A \to 1} \gamma_{x,A} = 1 \tag{4.7-8}$$

将式(4.7-8) 代入理想稀溶液溶剂化学势表示式(4.6-2) 中，得非理想稀溶液中溶剂 A 的化学势表示式为：

$$\mu_A(T,p) = \mu_{x,A}^{\ominus}(T) + RT\ln a_{x,A} \tag{4.7-9}$$

式中，$\mu_{x,A}^{\ominus}(T)$ 为溶剂 A 的标准态化学势，溶剂的标准态选取为标准压力下 $x_A = 1$、$\gamma_{x,A} = 1$ 的状态，即纯态，是真实存在的。

（2）溶质的活度及化学势

理想稀溶液的溶质遵从 Henry 定律，所以对非理想稀溶液的溶质 B，采用对 Henry 定律进行修正。又溶质的浓度有三种表示形式，因此溶质的活度与活度因子也有三种形式，将对不同浓度形式的 Henry 定律修正得到的活度分别代入理想稀溶液溶质的三种化学势表示式，即可得到三种非理想稀溶液溶质的化学势表示式。

① 若溶质的浓度以摩尔分数 x_B 表示，活度定义为：

$$a_{x,B} = \gamma_{x,B} x_B \tag{4.7-10}$$

Henry 定律修正为：

$$p_B = k_x \gamma_{x,B} x_B = k_x a_{x,B} \tag{4.7-11}$$

式中，$a_{x,B}$ 为非理想稀溶液溶质 B 浓度为 x_B 时的活度；$\gamma_{x,B}$ 为其活度因子。$\gamma_{x,B}$ 与 1 偏差的大小反映溶质 B 对于 Henry 定律的偏差程度。因 $x_B \to 0$ 时溶质服从 Henry 定律，所以有：

$$\lim_{x_B \to 0} \frac{a_{x,B}}{x_B} = \lim_{x_B \to 0} \gamma_{x,B} = 1 \tag{4.7-12}$$

将式(4.7-12) 代入理想稀溶液溶质的化学势表示式(4.6-5) 中得：

$$\mu_B(T,p) = \mu_{x,B}^{\ominus}(T) + RT\ln a_B \tag{4.7-13}$$

式中，$\mu_{x,B}^{\ominus}(T)$ 是标准态化学势，其标准态选取是 $\gamma_{x,B} = 1$、$x_B = 1$，且仍服从 Henry 定律的状态。与理想稀溶液溶质标准态是假想状态一样，此标准态也是假想态。

② 若溶质的浓度以 c_B 或 b_B 表示，则活度分别定义为：

$$a_{c,B} = \gamma_{c,B}(c_B/c^\ominus) \tag{4.7-14}$$

$$a_{b,B} = \gamma_{b,B}(b_B/b^\ominus) \tag{4.7-15}$$

式中，$\gamma_{c,B}$、$\gamma_{b,B}$ 为非理想稀溶液中溶质 B 浓度为 c_B 或 b_B 时的活度因子。因 $c_B \to 0$ 及 $b_B \to 0$ 时溶质均服从 Henry 定律，所以有：

$$\lim_{c_B \to 0} \frac{a_{c,B}}{c_B/c^\ominus} = \lim_{c_B \to 0} \gamma_{c,B} = 1 \tag{4.7-16}$$

$$\lim_{b_B \to 0} \frac{a_{b,B}}{b_B/b^\ominus} = \lim_{b_B \to 0} \gamma_{b,B} = 1 \tag{4.7-17}$$

将理想稀溶液溶质 B 的化学势表示式（4.6-6）、式（4.6-7）中 $c_B/c^\ominus$ 与 $b_B/b^\ominus$ 替代为活度 $a_{c,B}$ 与 $a_{b,B}$，得以 c_B 与 b_B 浓度表示时非理想稀溶液溶质 B 的两种化学势表示式：

$$\mu_B(T,p) = \mu_{c,B}^\ominus(T) + RT\ln a_{c,B} \tag{4.7-18}$$

$$\mu_B(T,p) = \mu_{b,B}^\ominus(T) + RT\ln a_{b,B} \tag{4.7-19}$$

式中，$\mu_{c,B}^\ominus(T)$ 是浓度为 c_B 时的标准态化学势，其标准状态选取是 $\gamma_{c,B}=1$、$c_B=c^\ominus$，且仍服从 Henry 定律的假想状态。$\mu_{b,B}^\ominus(T)$ 是浓度为 b_B 时的标准态化学势，其标准状态选取是 $\gamma_{b,B}=1$、$b_B=b^\ominus$，且仍服从 Henry 定律的假想状态。

*4.7.4 活度因子的测定与计算

实际溶液的活度或活度因子的测算，是研究溶液化学要解决的问题之一。活度因子 γ_B 代表了组分 B 对于溶液理想模型的偏差，它与溶液的温度、压力、浓度等许多因素有关，所以求算 γ_B 是一个极其复杂的问题。至今，人们还无法完全从理论上计算活度因子，只能通过实验进行测定，并与相关因素进行关联。对于非电解质溶液，活度因子可通过下面几种方法进行测算。

（1）蒸气压测定法（适用于挥发性组分）

根据实际溶液蒸气压与活度关系式：

$$p_B = p_B^* a_{x,B}（对 \text{Raoult} 定律修正）$$

$$p_B = k_{x,B} a_{x,B}（对 \text{Henry} 定律修正）$$

可得：

$$a_{x,B} = p_B/p_B^* \tag{4.7-20}$$

$$a_{x,B} = p_B/k_{x,B} \tag{4.7-21}$$

式中，p_B、p_B^*、$k_{x,B}$ 均可通过蒸气压测定给出，各活度因子通过活度定义式计算。

（2）溶液依数性测定法

若将理想稀溶液依数性公式中各浓度分别用各活度替代，这些公式均适用于实际溶液，反之，若测定了实际溶液的凝固点降低、沸点升高（非挥发性溶质）及渗透压等数值，即可计算出活度值。下面以凝固点降低法为例进行说明。

在理想稀溶液的凝固点降低的公式推导中得到一个公式为：

$$\ln x_A = \frac{\Delta_{fus} H_{m,A}^*}{R}\left(\frac{1}{T_f^*} - \frac{1}{T_f}\right)$$

若以有效浓度 a_A 替换上式中的浓度 x_A，即得：

$$\ln a_A = \frac{\Delta_{fus} H_{m,A}^*}{R}\left(\frac{1}{T_f^*} - \frac{1}{T_f}\right) \tag{4.7-22}$$

该式描述了非理想稀溶液中溶剂的活度与溶液凝固点下降的关系。实验测定凝固点数据

T_f^*、T_f 等，即可计算溶剂的活度，进而计算出逸度因子 γ_A。

（3）由 Gibbs-Duhem 公式关联计算

对于二元实际溶液，根据 Gibbs-Duhem 公式：

$$x_A d\mu_A + x_B d\mu_B = 0 \tag{4.7-23}$$

由实际溶液化学势表示式和活度定义式可得：

$$d\mu_A = RT d\ln x_A + RT d\ln\gamma_{x,A}$$
$$d\mu_B = RT d\ln x_B + RT d\ln\gamma_{x,B}$$

代入式(4.7-23) 得：

$$x_A d\ln x_A + x_A d\ln\gamma_{x,A} + x_B d\ln x_B + x_B d\ln\gamma_{x,B} = 0$$

即

$$x_A d\ln\gamma_{x,A} + x_B d\ln\gamma_{x,B} + dx_A + dx_B = 0$$

对于二元溶液，因 $dx_A + dx_B = 0$，略去 x 下标，得：

$$x_A d\ln\gamma_A + x_B d\ln\gamma_B = 0 \tag{4.7-24}$$

或

$$d\ln\gamma_A = -\frac{x_B}{x_A} d\ln\gamma_B \tag{4.7-25}$$

式(4.7-24) 或式(4.7-25) 表明了二元溶液中 γ_A 和 γ_B 之间的关系。对式(4.7-25) 进行定积分：

$$\int_1^{\gamma_A} \ln\gamma_A = -\int_{\gamma_B(\gamma_B \to 0)}^{\gamma_B} \frac{x_B}{x_A} d\ln\gamma_B \quad (\text{当 } x_A = 1 \text{ 时}, \gamma_A = 1)$$

得

$$\ln\gamma_A = -\int_{\gamma_B(\gamma_B \to 0)}^{\gamma_B} \frac{x_B}{x_A} d\ln\gamma_B \tag{4.7-26}$$

当实验测定了不同浓度下的 γ_B 值，由式(4.7-26) 即可用图解积分法求得 γ_A。

本 章 小 结

本章主要讨论热力学在多组分系统中的应用，提出了偏摩尔量、化学势等热力学概念，并将这些概念运用于气体、液态混合物和溶液等均相多组分系统。

1. 偏摩尔量 Z_B 是指在等温等压且组成确定下，1mol B 物质在组分系统中占有的 Z 性质，系统总性质 Z 满足偏摩尔量集合公式，而 Gibbs-Duhem 方程反映了混合系统中各物质偏摩尔量之间的关系。

2. 化学势狭义的定义即偏摩尔 Gibbs 函数，它是多组分系统极其重要的变量。化学势的重要意义在于：化学势是决定物质传递和变化的一个强度因素。因此，化学势判据是多组分封闭系统判断过程方向和限度的普遍性判据。化学势的广义定义可以由多组分系统热力学基本方程获得。

3. 多组分均相系统分为混合物与溶液两种类型，物质的化学势表示式因标准态及参照的物理模型而有所不同。对混合理想气体，$\mu_B = \mu_B^\ominus(T) + RT\ln(p_B/p^\ominus)$，对理想气体进行修正可用于描述实际气体：$\mu_B = \mu_B^\ominus(T) + RT\ln(f_B/p^\ominus)$，逸度 f 和逸度因子 γ 描述了实际气体对理想气体的偏差。

4. 理想液态混合物、理想稀溶液模型是依据 Raoult 定律（$p_B = p_B^* x_B$）和 Henry 定律（$p_B = k_{x,B} x_B$）理想模型而建立的。实际液态混合物和溶液参照系统进行修正，活度和活度系数描述了实际系统对理想或稀溶液行为的偏差，若是对 Raoult 定律进行修正，则 $\lim_{x_B \to 1}\gamma_B = 1$，若是对 Henry 定律进行修正，则 $\lim_{x_B \to 0}\gamma_B = 1$。本章讨论的溶液系统均为非电解质系统，而电解质溶液需要特别的处理。

5. 理想稀溶液的依数性是指理想稀溶液的沸点升高、凝固点下降和渗透压等数值，仅取决于溶质的浓度而与其本质无关。利用稀溶液依数性的测定实验可测定非电解质溶质的摩尔质量及溶剂的气液相变焓和固液相变焓等。

6. 本章核心概念和公式

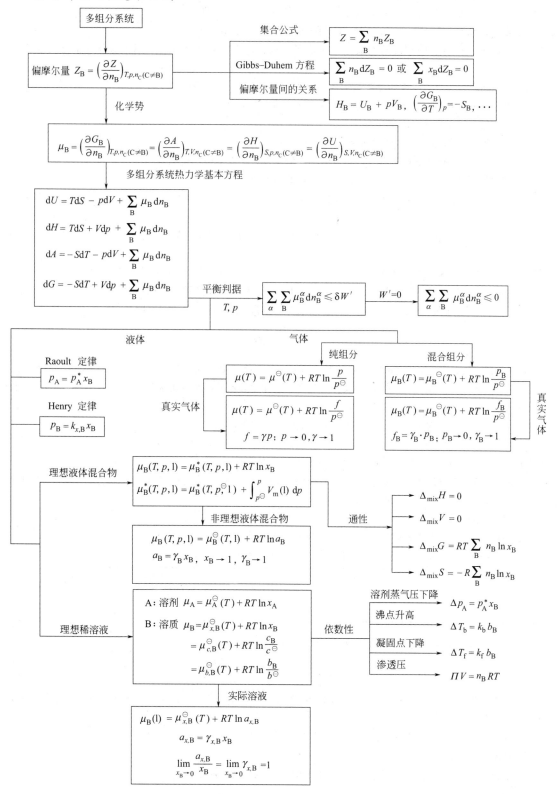

思 考 题

1. 偏摩尔量与纯物质的物质的量有何异同点?

2. 化学势的狭义定义有何特殊意义? 化学势与偏摩尔量有何区别?

3. 为什么 Raoult 定律和 Henry 定律要求在极稀溶液中才能成立?

4. 遵从 Henry 定律的理想稀溶液溶质选取了哪些标准态? 为什么说这些标准态均是假想的非真实状态?

5. 试推导理想稀溶液溶质的三个化学势表示式中标准态化学势之间的关系。

6. 为什么沸点升高公式在使用时要求溶质必须是非挥发性的?

7. 想一想下面现象的原因是什么。

(1) 冬天下雪后在路面上撒足够的盐可防止结冰;

(2) 盐碱地里庄稼总是长势不良,农田施太浓的肥料,庄稼会被"烧死";

(3) 被砂锅里的浓汤烫伤的程度要比开水烫伤的程度更严重;

(4) 北方冬天吃冻梨前,现将冻梨放在凉水里浸泡一段时间后,发现冻梨表层结了一层薄冰,而里边却已经解冻了。

8. 在稀溶液中,溶液的沸点升高、凝固点降低、渗透压等依数性都出于同一个原因,这个原因是什么?

9. 同温下,浓度相同的蔗糖溶液与食盐溶液的渗透压是否相同? 分析其原因。

10. 实际溶液偏离理想溶液模型的根本原因是什么? 这种偏离值通常用什么参数来度量?

11. 实际溶液当标准态选取不同时,其活度与活度因子是否相同,试说明原因。

习 题

1. 1mol 水-乙醇溶液中,水的物质的量为 0.4mol,乙醇的偏摩尔体积为 $57.5 \times 10^{-6} \, m^3 \cdot mol^{-1}$,溶液的密度为 849.4kg $\cdot m^{-3}$。试求溶液中水的偏摩尔体积(已知水和乙醇的摩尔质量分别为 $18 \times 10^{-3} kg \cdot mol^{-1}$ 和 $46 \times 10^{-3} kg \cdot mol^{-1}$)。

2. 实验测得在一定浓度范围内,1000g 水形成的乙酸水溶液的体积与 b 的关系式为:

$$V/cm^3 = 1007.82 + 35.504 b/mol \cdot kg^{-1} + 5.948 \, (b/mol \cdot kg^{-1})^2$$

问当 $b = 1.0724 mol \cdot kg^{-1}$ 时,溶液中乙酸与水的偏摩尔体积各为多少?

3. 在 288K 和大气压力下,某酒窖中存有白酒 10.0m³,其中含有乙醇的质量分数为 0.96。今欲加水调制成含乙醇质量分数为 0.56 的白酒,请计算:

(1) 应加水的量;

(2) 加水后,能得到含乙醇质量分数为 0.56 的白酒的体积。

已知该条件下,纯水的密度为 999.1kg $\cdot m^{-3}$,水和乙醇的偏摩尔体积如下表所示。

$w_{C_2H_5OH}$	$V_{H_2O}/10^{-6} m^3 \cdot mol^{-1}$	$V_{C_2H_5OH}/10^{-6} m^3 \cdot mol^{-1}$
0.96	14.61	58.01
0.56	17.11	56.58

4. 证明多组分均相系统中任意物质 B 的偏摩尔熵为:

$$S_B = \left(\frac{\partial S}{\partial n_B} \right)_{T,V,n_{C(C \neq B)}} + V_B \left(\frac{\partial p}{\partial T} \right)_{V,n}$$

5. 已知水在 $p^{\ominus}$ 和 100℃下达气-液平衡状态,试按从大到小的顺序把水在下列各状态的化学势进行排序。

① $H_2O(l, p^{\ominus}, 98℃)$; ② $H_2O(l, p^{\ominus}, 100℃)$; ③ $H_2O(g, p^{\ominus}, 98℃)$; ④ $H_2O(g, p^{\ominus}, 100℃)$;

⑤ $H_2O(g, p^{\ominus}, 102℃)$; ⑥ $H_2O(g, 2p^{\ominus}, 98℃)$。

6. 在 298K 时,硫酸的质量分数为 0.0947 的硫酸水溶液,其密度为 $1.0603 \times 10^3 kg \cdot m^{-3}$。在该温度

下纯水的密度为 997.1kg・m^{-3}。试求溶液中 H_2SO_4 的（1）质量摩尔浓度 b_B；（2）物质的量浓度 c_B；（3）摩尔分数 x_B。

7. 液体 A 和 B 可形成理想液态混合物，把组成为 $y_A = 0.40$ 的二元蒸气混合物放入一带有活塞的汽缸中进行恒温压缩（已知该温度时 p_A^* 和 p_B^* 分别为 40530Pa 和 121590Pa）。

（1）计算刚开始出现液相时的蒸气总压；

（2）求 A 和 B 的液态混合物在上述温度和 101325Pa 下沸腾时液相的组成。

8. 两液体 A、B 形成理想液体混合物。在 320K，溶液 I 含 3mol A 和 1mol B，总蒸气压为 5.33×10^4Pa。再加入 2mol B 形成理想液体混合物 II，总蒸气压为 6.13×10^4Pa。

（1）计算纯液体的蒸气压 p_A^* 和 p_B^*；

（2）理想液体混合物 I 的平衡气相组成 y_B；

（3）理想液体混合物 I 的混合过程的 Gibbs 函数变化 $\Delta_{mix}G$；

（4）若在理想液体混合物 II 中加入 3mol B 形成理想液体混合物 III，总蒸气压为多少？

9. 在 333K 时，液体 A 和 B 能形成理想液态混合物。已知在该温度时，液体 A 和 B 的饱和蒸气压分别为 $p_A^* = 93.30$kPa，$p_B^* = 40.00$kPa。当组成为 x_A 的混合物在 333K 气化时，收集该蒸气并将其冷凝液化，测得该冷凝液的蒸气压为 $p = 66.7$kPa。试求原混合物中 A 的摩尔分数 x_A。

10. 在 293K 和大气压力下，当氨水溶液中 NH_3 和 H_2O 的物质的量之比为 1:8.5 时，溶液 I 液面上 NH_3 分压为 10.64kPa；当氨水溶液中 NH_3 和 H_2O 的物质的量之比为 1:21 时，溶液 II 液面上 NH_3 分压为 3.597kPa。试求相同温度下：

（1）从大量的溶液 I 中转移 1mol NH_3 到溶液 II 中的 ΔG；

（2）将处于标准压力下的 1mol NH_3(g) 溶入大量溶液 II 的 ΔG。

11. 413.2K 时纯 C_6H_5Cl(l) 和纯 C_6H_5Br(l) 的蒸气压分别为 125238Pa 和 66104Pa。假定两液体形成的理想液态混合物在 413.2K 时沸腾（此时外压为 101325Pa），试求该溶液的组成以及在此情况下液面上蒸气相的组成。

12. 298K 时，以 A、B 两组分等摩尔组成的理想液态混合物 0.5mol 与纯组分 A 0.5mol 混合，试求此过程的 $\Delta_{mix}V$、$\Delta_{mix}H$、$\Delta_{mix}S$ 和 $\Delta_{mix}G$。

13. 把 0.450g 的某非电解质化合物溶于 30.0g 的水中，凝固点降低 0.150K，此化合物的摩尔质量等于多少？（已知水的凝固点降低常数 k_f 为 1.86K・kg・mol^{-1}）

14. 将 12.28g 苯甲酸溶于 100g 乙醇中，使乙醇的沸点升高了 1.13K。若将这些苯甲酸溶于 100g 苯中，则苯的沸点升高了 1.36K。计算苯甲酸在两种溶剂中的摩尔质量。计算结果说明什么问题？（已知乙醇和苯的沸点升高常数 k_b 分别为 1.19K・kg・mol^{-1} 和 2.60K・kg・mol^{-1}）

15. 在 298K 下，将 2g 某化合物溶于 1kg 水中，其渗透压与在 298K 下将 0.8g 葡萄糖（$C_6H_{12}O_6$）和 1.2g 蔗糖（$C_{12}H_{22}O_{11}$）溶于 1kg 水中的渗透压相同（已知水的凝固点下降常数 $k_f = 1.86$K・kg・mol^{-1}，298K 时水的饱和蒸气压为 3167.7Pa，稀溶液密度可视为与水相同）。

（1）求此化合物的摩尔质量；

（2）求化合物溶液的凝固点降低多少？

（3）求此化合物溶液的蒸气压降低多少？

16. 人类血浆的凝固点为 -0.5℃，已知水的凝固点下降常数 $k_f = 1.86$K・kg・mol^{-1}，设血浆的密度与水的密度近似，为 1.0×10^3kg・m^{-3}。试求：

（1）在 37℃ 时人类血浆的渗透压；

（2）假若某人在 310K 时其血浆的渗透压为 729kPa，计算与此人血浆对应的葡萄糖等渗溶液的质量摩尔浓度。

17. 在 1kg 纯水中溶解非挥发性溶质 B 2.22g，B 在水中不解离。实验测得该溶液的密度为 1.01×10^3kg・m^{-3}。已知 B 的摩尔质量为 0.111kg・mol^{-1}，水的 $\Delta_{vap}H_m^* = 40.67$kJ・mol^{-1}。设此水溶液为理想稀溶液，$\Delta_{vap}H_m^*$ 为常数。试求：

（1）此溶液在 25℃ 时的渗透压；

（2）溶液的沸点升高常数 k_b 及沸点升高值 ΔT_b。

18. 298.2K 时，质量摩尔浓度为 6.83mol·kg^{-1} 的 H_2SO_4 水溶液的水蒸气分压为 1727Pa，而质量摩尔浓度为 2.47mol·kg^{-1} 的 H_2SO_4 水溶液的水蒸气分压为 2780Pa。试计算在此两溶液中水的化学势之差 $\Delta\mu_{水}$。如果溶液看作理想稀溶液，则水在两溶液中的化学势之差又为多少？

19. 300K 时 A(l) 的蒸气压为 37.338kPa，B(l) 的蒸气压为 22.656kPa。当 2mol A(l) 和 2mol B(l) 混合后，液面上蒸气总压力为 50.663kPa，在蒸气中 A 的摩尔分数为 0.6，假定蒸气为理想气体。试求：

（1）以摩尔分数表示浓度时溶液中 A 和 B 的活度，并说明它们的标准状态是如何选取的？

（2）在溶液中活度因子 γ_A 和 γ_B 各等于多少？

（3）求混合过程的 $\Delta_{mix}G$；

（4）如果二者形成了理想液态混合物，则 $\Delta_{mix}G$ 是多少？

20. Na(B) 在汞齐（Hg 以 A 表示）中的活度服从公式：

$$\ln a_B = \ln x_B + 35.74 x_B^2$$

（1）求 Hg 的活度表示式 $a_A = f(x_A)$；

（2）当 $x_B = 0.04$ 时，γ_A、a_A 和 γ_B、a_B 各为多少？

（3）此处 A 和 B 选取的标准态各是什么？

第5章 化学平衡

在工业生产和科学研究中，总希望一定数量的反应物经反应后能得到更多的产物，但在一定工艺条件下，一项化学反应究竟能得到多大的转化率？一些外在条件，例如温度、压力、浓度的改变又将怎样影响反应的转化率？如果没有理论依据，单凭实验手段加以探索，往往事倍功半。化学反应是在宏观系统内发生的过程，我们可以用热力学为理论工具，对某一具体化学反应进行具体分析，得出该反应达到平衡状态时的转化率，以及外在条件对平衡态的影响，从而根据具体情况，制定工艺路线，创造工艺条件，设法使反应的转化率能接近甚至达到从热力学所得出的理论转化率，以获得最佳的生产效果。

5.1 化学反应的平衡条件和化学反应亲和势

设有一任意的封闭系统，在系统内发生了微小的变化（包括温度、压力和化学反应的变化），系统内各物质的量相应地发生了微小的变化（无非体积功），多组分系统热力学基本方程：$dG = -SdT + Vdp + \sum_B \mu_B dn_B$

如果 $dT = 0, dp = 0$，则

$$dG_{T,p} = \sum_B \mu_B dn_B \tag{5.1-1}$$

对于某一反应：$\quad a\mathrm{A} + b\mathrm{B} \longrightarrow y\mathrm{Y} + z\mathrm{Z}$

$t = 0 \qquad n_{A,0} \quad n_{B,0} \qquad n_{Y,0} \quad n_{Z,0}$

$t = t \qquad n_A \qquad n_B \qquad n_Y \qquad n_Z$

反应进度 $\quad \xi = \dfrac{n_A - n_{A,0}}{a} = \dfrac{n_B - n_{B,0}}{b} = \dfrac{n_Y - n_{Y,0}}{y} = \dfrac{n_Z - n_{Z,0}}{z} \tag{5.1-2}$

即 $\qquad\qquad\qquad\qquad d\xi = dn_B / \nu_B \tag{5.1-3}$

引进反应进度的最大优点是在反应进行到任意时刻时，可用任一反应物或任意生成物来表示反应进行的程度，所得到的值总是相等的，即 $\xi = \dfrac{\Delta n_A}{-a} = \dfrac{\Delta n_B}{-b} = \dfrac{\Delta n_Y}{y} = \dfrac{\Delta n_Z}{z}$（注意，此时 d、e 在反应式中是一正的数值，而 ν_B 对于反应物是负值），或：

$$d\xi = \frac{dn_A}{-a} = \frac{dn_B}{-b} = \frac{dn_Y}{y} = \frac{dn_Z}{z} \tag{5.1-4}$$

当反应按所给反应式的化学计量系数比例进行了一个单位的化学反应时，即 $\Delta n_B / \mathrm{mol} = \nu_B$ 时，这时 $\xi = 1\mathrm{mol}$。

根据 ξ 的定义，有：

$$dG_{T,p} = \sum_B \nu_B \mu_B d\xi \tag{5.1-5}$$

$$\left(\frac{\partial G}{\partial \xi}\right)_{T,p} = \sum_B \nu_B \mu_B \tag{5.1-6}$$

上式的物理意义是在 T、p、μ_B 不变的条件下，每单位反应进度的 Gibbs 函数变化，又

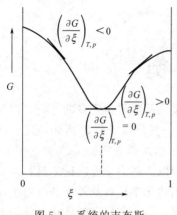

图 5-1　系统的吉布斯
函数和 ξ 的关系

称为摩尔反应 Gibbs 函数 $\Delta_r G_m$：

$$\Delta_r G_m = \sum_B \nu_B \mu_B \tag{5.1-7}$$

用 $(\partial G/\partial \xi)_{T,p}$ 判断，这相当于 G-ξ 图上曲线的斜率（见图 5-1），因为是微小变化，反应进度处于 $0 \sim 1$ mol 之间。

① 若 $(\partial G/\partial \xi)_{T,p} < 0$，即 $\Delta_r G_m < 0$，$\sum \nu_B \mu_B < 0$，表示反应向 ξ 增加的方向进行，自发过程（注意反应进度的符号）；

② 若 $(\partial G/\partial \xi)_{T,p} > 0$，表示反应向 ξ 减小的方向进行，则逆过程是自发过程；

③ 若 $(\partial G/\partial \xi)_{T,p} = 0$，$\Delta_r G_m = 0$，$\sum \nu_B \mu_B = 0$，此时反应系统达到平衡状态，这就是反应进行的限度。

对于非体积功为零的情况下的反应系统 $d\text{D} + e\text{E} \longrightarrow g\text{G} + h\text{H}$，若 $(\partial G/\partial \xi)_{T,p} < 0$，反应有可能自发地由左至右向 ξ 增加的方向进行，直到进行到 $(\partial G/\partial \xi)_{T,p} = 0$，此时反应达到最高限度，反应进度为极限进度 ξ^{eq}（"eq" 表示平衡）。若再使 ξ 增大，由于 $(\partial G/\partial \xi)_{T,p} > 0$，在无非体积功的条件下是不可能发生的，除非加入非体积功（如加入电功，如电解反应及放电的气相反应），且非体积功大于 $\Delta_r G_m$ 时，反应才有可能使 ξ 继续增大。

定义

$$A = -(\partial G/\partial \xi)_{T,p} \tag{5.1-8}$$

A 为反应亲和势：

$$A = -\Delta_r G_m = -\sum_B \nu_B \mu_B \tag{5.1-9}$$

这个定义是 T. de Donder 首先提出的，就是说反应的趋势只决定于系统变化的始、终态，与途径无关。对于给定的系统，A 为定值。对于一个给定的反应，若反应是正向自发进行的，则 $A > 0$，即亲和势为正值，这就体现了它具有 "势" 的性质。对于 $A < 0$，反应不能自发进行，其逆反应可以自发进行；若 $A = 0$，系统达到平衡。

5.2　化学反应的平衡常数和等温方程式

5.2.1　气相反应的平衡常数——化学反应的等温方程式

根据混合气体中组分 B 的化学势表达式：

$$\mu_B(T, p) = \mu_B^{\ominus}(T) + RT \ln \frac{f_B}{p^{\ominus}} \tag{4.3-7}$$

将此式代入化学平衡判断式，则：

$$\Delta_r G_m = \sum \nu_B \mu_B = \sum \nu_B \mu_B^{\ominus}(T) + \sum \left[\nu_B RT \ln \frac{f_B}{p^{\ominus}} \right]$$

$$= \Delta_r G_m^{\ominus}(T) + RT \ln \left[\prod \left(\frac{f_B}{p^{\ominus}} \right)^{\nu_B} \right] \tag{5.2-1}$$

式中

$$\Delta_r G_m^{\ominus}(T) = \sum \nu_B \mu_B^{\ominus}(T) \tag{5.2-2}$$

$\Delta_r G_m^{\ominus}(T)$ 称为化学反应标准摩尔 Gibbs 函数变化值，它只是温度的函数。

对于反应

$$a\text{A} + b\text{B} \longrightarrow y\text{Y} + z\text{Z}$$

$$Q_f = \prod \left(\frac{f_B}{p^{\ominus}} \right)^{\nu_B} = \frac{\left(\dfrac{f_Y}{p^{\ominus}} \right)^y \left(\dfrac{f_Z}{p^{\ominus}} \right)^z}{\left(\dfrac{f_A}{p^{\ominus}} \right)^a \left(\dfrac{f_B}{p^{\ominus}} \right)^b} \tag{5.2-3}$$

Q_f 称为"逸度商"，无量纲。

$$\Delta_r G_m = \Delta_r G_m^{\ominus}(T) + RT\ln Q_f \qquad (5.2\text{-}4)$$

上式即为化学反应等温方程式。

若化学反应达到平衡，则：

$$0 = \Delta_r G_m = \Delta_r G_m^{\ominus}(T) + RT\ln[Q_f]_{eq}$$

$$\Delta_r G_m^{\ominus}(T) = -RT\ln\prod\left(\frac{f_B}{p^{\ominus}}\right)^{\nu_B} \qquad (5.2\text{-}5)$$

由于定温下，对给定的反应，$\Delta_r G_m^{\ominus}(T)$ 有定值，故 $\prod\left(\dfrac{f_B}{p^{\ominus}}\right)^{\nu_B}$ 也有定值。令：

$$K_f^{\ominus}(T) = \prod\left(\frac{f_B}{p^{\ominus}}\right)^{\nu_B} \qquad (5.2\text{-}6)$$

$K_f^{\ominus}(T)$ 称为系统的热力学平衡常数，无量纲。

则：
$$\Delta_r G_m^{\ominus}(T) = -RT\ln K_f^{\ominus}(T) \qquad (5.2\text{-}7)$$

所以化学反应等温方程式也可写作：

$$\Delta_r G_m = -RT\ln K_f^{\ominus} + RT\ln J_p = RT\ln\frac{J_p}{K_f^{\ominus}} \qquad (5.2\text{-}8a)$$

当参与反应的各组分均为理想气体时，逸度因子为 1，逸度商等于压力商，即 f_B 代表 p_B，则 $K_f^{\ominus} = K^{\ominus}$，$K^{\ominus}$ 为化学反应的标准平衡常数；J_p 为反应系统中气体的压力商。

则：
$$\Delta_r G_m^{\ominus}(T) = -RT\ln K^{\ominus}(T)$$

$$\Delta_r G_m = -RT\ln K^{\ominus} + RT\ln J_p = RT\ln\frac{J_p}{K^{\ominus}} \qquad (5.2\text{-}8b)$$

$J_p < K^{\ominus}$，$\Delta_r G_m < 0$，反应正向自发进行；

$J_p = K^{\ominus}$，$\Delta_r G_m = 0$，系统达平衡状态；

$J_p > K^{\ominus}$，$\Delta_r G_m > 0$，反应逆向自发进行。

在讨论化学平衡时，式(5.2-7)、式(5.2-8a) 和式(5.2-8b) 是三个很重要的方程式，$\Delta_r G_m^{\ominus}(T)$ 和平衡常数有联系，而 $\Delta_r G_m$ 则和反应的方向有联系。式(5.2-4) 还表明了反应进行的限度。

说明：① $K^{\ominus}$ 是反应的特性常数，它定量地反映了化学反应在指定条件下可能达到的最大限度；

② $K^{\ominus}$ 与化学反应的写法有关；

③ 公式 $\Delta_r G_m^{\ominus}(T) = -RT\ln K^{\ominus}(T)$ 提供了从理论计算平衡常数的一种方法。

5.2.2　溶液中反应的平衡常数

本节讨论液态混合物和液态溶液中的化学平衡。固态混合物和固态溶液中的化学平衡也可以用同样原理讨论。

（1）常压下液态混合物中的化学平衡

液态混合物中任一组分 B 的化学势为：

$$\mu_B(l) = \mu_B^{\ominus}(T) + RT\ln a_{x,B} \qquad (4.7\text{-}5)$$

则在恒温恒压下，化学反应的等温方程式为：

$$\Delta_r G_m = \Delta_r G_m^{\ominus} + RT \ln \prod a_B^{\nu_B} \tag{5.2-9}$$

$\Delta_r G_m^{\ominus}(T) = \sum \nu_B \mu_B^{\ominus}(T)$ 为标准摩尔反应吉布斯函数。各组分的标准态均为同样温度及标准压力下的纯液体。

在反应达到平衡时：$\Delta_r G_m = 0$，则：

$$\Delta_r G_m^{\ominus} = -RT \ln \prod (a_B^{eq})^{\nu_B} \tag{5.2-10}$$

因在一定温度下 $\Delta_r G_m^{\ominus}$ 为确定值，根据 $K^{\ominus}$ 的定义式，即式 $K^{\ominus} = \exp(-\Delta_r G_m^{\ominus}/RT)$，得 $K^{\ominus}$ 的表达式为：

$$K^{\ominus} = \prod (a_B^{eq})^{\nu_B} \tag{5.2-11}$$

因

$$a_B = f_B x_B$$

故常压下：

$$K^{\ominus} = \prod (f_B^{eq} x_B^{eq})^{\nu_B} = \prod (f_B^{eq})^{\nu_B} \prod (x_B^{eq})^{\nu_B} \tag{5.2-12}$$

(2) 常压下液态溶液中的化学平衡

液态溶液中的化学反应可分为有溶剂参与和只有溶质之间反应的两类不同情况。若液态溶液中的化学反应可表示为：

$$0 = \nu_A A + \sum \nu_B B$$

式中，A 代表溶剂；B 代表任一种溶质。当 $\nu_A < 0$，表明溶剂为反应物；$\nu_A > 0$，表明溶剂为产物；$\nu_A = 0$，则溶剂不参与反应，这时，化学反应只在溶质之间进行。

常压下溶剂 A 和溶质 B 的化学势表达式为：

$$\mu_A(T, p) = \mu_A^{\ominus}(T) + RT \ln a_A$$

$$\mu_B(T, p) = \mu_B^{\ominus}(T) + RT \ln a_B$$

将其代入：

$$\Delta_r G_m(T, p) = \nu_A \mu_A(T, p) + \sum \nu_B \mu_B(T, p) \tag{5.2-13}$$

得溶液中化学反应的等温方程为：

$$\Delta_r G_m(T, p) = \Delta_r G_m^{\ominus}(T) + RT \ln(a_A^{\nu_A} \times \prod a_B^{\nu_B}) \tag{5.2-14}$$

式中 $\Delta_r G_m^{\ominus}(T) = \nu_A \mu_A^{\ominus}(T) + \sum \nu_B \mu_B^{\ominus}(T)$ 为同一温度下的标准摩尔反应吉布斯函数，注意这里溶剂 A 和溶质 B 的标准态是不同的。溶剂 A 的标准态是同样温度在标准压力下的纯液体 A，任一溶质 B 的标准态则是在同样温度标准压力下质量摩尔浓度 $b_B = b^{\ominus} = 1 \text{mol} \cdot \text{kg}^{-1}$ 且具有理想稀溶液性质的溶质。

当溶液中的化学反应达到平衡时，$\Delta_r G_m = 0$，则：

$$\Delta_r G_m^{\ominus}(T) = -RT \ln[(a_A^{eq})^{\nu_A} \times \prod (a_B^{eq})^{\nu_B}] \tag{5.2-15}$$

因在一定的温度下，$\Delta_r G_m^{\ominus}$ 为确定值，根据 $K^{\ominus} = \exp(-\Delta_r G_m^{\ominus}/RT)$ 的定义式，得溶液中化学反应 $K^{\ominus}$ 的表达式为：

$$K^{\ominus} = (a_A^{eq})^{\nu_A} \times \prod (a_B^{eq})^{\nu_B} \tag{5.2-16}$$

对于稀溶液，$\ln x_A = -\ln(1 + M_A \sum b_B) \approx -M_A \sum b_B$，定义溶剂 A 的渗透因子：

$$\varphi = -\ln a_A / M_A \sum b_B \tag{5.2-17}$$

即

$$\ln a_A = -\varphi M_A \sum b_B \tag{5.2-18}$$

将溶剂 A 的算式 $\ln a_A = -\varphi M_A \sum b_B$ 写成 $a_A = \exp(-\varphi M_A \sum b_B)$，并与 $a_B = \gamma_B b_B/b^{\ominus}$ 应用于平衡时的溶剂及各溶质，代入上式，得：

$$K^{\ominus} = [\exp(-\gamma_A \varphi^{eq} M_A \sum b_B^{eq})] \times [\prod (\gamma_B^{eq} b_B^{eq}/b^{\ominus})^{\nu_B}] \tag{5.2-19}$$

这就是常压下溶液中化学反应的标准平衡常数表达式的另一形式。

对理想稀溶液，因 $\varphi = 1$，$\gamma_B = 1$，可得：

$$K^{\ominus} = [\exp(-\gamma_A M_A \sum b_B^{eq})] \times [\prod (b_B^{eq}/b^{\ominus})^{\nu_B}] \tag{5.2-20}$$

而且当 $\sum b_B^{eq}$ 很小时，$\exp(-\gamma_A M_A \sum b_B^{eq}) \approx 1$，上式还可以进一步简化成：

$$K^{\ominus} \approx \prod (b_B^{eq}/b^{\ominus})^{\nu_B} \tag{5.2-21}$$

5.2.3　气相反应的经验平衡常数

（1）用压力表示的平衡常数 K_p

对于反应：
$$a\,A + b\,B \longrightarrow y\,Y + z\,Z$$

如果气相反应系统的压力不高，可以把它作为理想气体反应处理，则：

$$K^{\ominus} = \prod_B \left(\frac{p_B}{p^{\ominus}}\right)^{\nu_B} = \prod_B (p_B)^{\nu_B} (p^{\ominus})^{-\sum \nu_B} \tag{5.2-22a}$$

$$\sum \nu_B = y + z - a - b$$

称为化学反应计量系数的代数和，也有用 $\Delta \nu_B$ 来表示的，令：

$$K_p = \prod_B (p_B)^{\nu_B} \tag{5.2-22b}$$

式中，K_p 称为经验平衡常数，一般是有量纲的，其单位为 $\mathrm{Pa}^{\sum \nu_B}$。只有当 $\sum \nu_B = 0$ 时，量纲为一。K_p 是温度的函数，与压力无关。

（2）用摩尔分数表示的平衡常数 K_y

在理想气体反应系统中，根据 Dalton 分压定律，物质 B 的分压为 $p_B = p y_B$，其中 p 是系统的总压，y_B 是平衡时系统中物质 B 的摩尔分数，则：

$$K_p = \prod_B (p_B)^{\nu_B} = \prod_B (y_B)^{\nu_B} (p)^{\sum \nu_B} \tag{5.2-23}$$

式中
$$K_y = \prod_B y_B^{\nu_B}$$

K_y 是用摩尔分数表示的平衡常数。由于 y_B 无量纲，所以 K_y 也无量纲，它是温度、压力的函数。

5.3　标准摩尔生成吉布斯函数与平衡常数的计算

5.3.1　标准状态下的反应吉布斯函数

（1）$\Delta_r G_m^{\ominus}$ 的意义

由于 $\Delta_r G_m^{\ominus}(T) = -RT \ln K^{\ominus}$，因此在讨论化学平衡时，$\Delta_r G_m^{\ominus}(T)$ 具有特别重要的意义。

① 由反应的 $\Delta_r G_m^{\ominus}(T)$，根据式 $\Delta_r G_m^{\ominus}(T) = -RT \ln K^{\ominus}$ 可求出该反应的 $K^{\ominus}$；

② 根据状态函数的特征，某一反应的标准摩尔吉布斯函数 $\Delta_r G_m^{\ominus}(T)$ 可以通过其他已知反应的标准摩尔吉布斯函数来计算；

③ 由 $\Delta_r G_m^{\ominus}$ 可以大致估计反应的可能性。

用 $\Delta_r G_m(T, p)$ 可以判断反应的方向，而 $\Delta_r G_m^{\ominus}$ 只能反映反应的限度，即反应的标准摩尔吉布斯函数 $\Delta_r G_m^{\ominus}$ 是不能普遍地用来判断反应的方向，但：

$$\Delta_r G_m(T, p) = \Delta_r G_m^{\ominus}(T) + RT \ln J_p$$

若 $\Delta_r G_m^{\ominus}$ 的绝对值很大，则其正、负号基本上决定了 $\Delta_r G_m(T, p)$ 的正、负号。如果

$\Delta_r G_m^\ominus$ 的正值很大，则在一般情况下，$\Delta_r G_m(T,p)$ 亦为正值，这就是说实际上在一般条件下反应不能自发进行。

在 $|\Delta_r G_m^\ominus|$ 不是很大时，可以通过 J_p 数值的调节，使反应向所希望的方向进行。一般：

$\Delta_r G_m^\ominus < -40kJ \cdot mol^{-1}$ 时，通常认为反应可自发进行；

$\Delta_r G_m^\ominus > 40kJ \cdot mol^{-1}$ 时，通常认为反应不能自发进行。

当 $0 < \Delta_r G_m^\ominus < 40kJ \cdot mol^{-1}$，存在着改变 J_p 使平衡向有利于生成物方向转化的可能性，但需要具体情况具体分析。

（2）$\Delta_r G_m^\ominus$ 的求法

① 热化学法：通过反应的 $\Delta_r H_m^\ominus$ 和 $\Delta_r S_m^\ominus$，根据公式 $\Delta_r G_m^\ominus = \Delta_r H_m^\ominus - T\Delta_r S_m^\ominus$ 来计算；

② 实验测量：用易于测定的反应标准平衡常数，通过 $\Delta_r G_m^\ominus(T) = -RT\ln K^\ominus$ 计算出相应反应的 $\Delta_r G_m^\ominus$；

③ 用已知反应的 $\Delta_r G_m^\ominus$ 计算所研究反应的 $\Delta_r G_m^\ominus$；

④ 电化学方法：即将反应安排在可逆电池中进行，测其标准电动势，再通过公式 $\Delta_r G_m^\ominus = -ZFE^\ominus$，即从标准电动势 $E^\ominus$ 求得 $\Delta_r G_m^\ominus$；

⑤ 标准摩尔生成 Gibbs 函数：从标准摩尔生成 Gibbs 函数计算 $\Delta_r G_m^\ominus$：

$$\Delta_r G_m^\ominus = \sum_B \nu_B \Delta_f G_m^\ominus(B)$$

⑥ 光谱法：即利用光谱数据与配分函数求得 $\Delta_r G_m^\ominus$。

5.3.2 标准摩尔生成 Gibbs 函数

（1）标准摩尔生成 Gibbs 函数 $\Delta_f G_m^\ominus$

若能知道参加反应的各种物质的标准态 Gibbs 函数的绝对值，则求算 $\Delta_r G_m^\ominus$ 是很方便的，但这是不可能的，但是选取某种状态作为参考而取其相对值是可以的。

定义：由标准态的稳定相单质生成 1mol 同 T、$p^\ominus$，指定相态下的化合物 Gibbs 函数变称为该化合物的标准摩尔生成 Gibbs 函数，记作 $\Delta_f G_m^\ominus$。如：

$$\frac{1}{2}N_2(g,p^\ominus) + \frac{3}{2}H_2(g,p^\ominus) \longrightarrow NH_3(g,p^\ominus), \quad \Delta_f G_m^\ominus(NH_3,g) = \Delta_r G_m^\ominus$$

根据定义，稳定单质的标准摩尔生成 Gibbs 函数为零，即 $\Delta_f G_m^\ominus$（稳定相单质）$=0$。

对于有离子参与的反应，规定 $H^+(aq, b_{H^+} = 1mol \cdot kg^{-1})$ 的摩尔生成 Gibbs 函数等于零，即：

$$\Delta_f G_m^\ominus(H^+, aq, b = b^\ominus) = 0 \tag{5.3-1}$$

由此可以求出其他离子的标准摩尔生成 Gibbs 函数。

（2）由 $\Delta_f G_m^\ominus$ 计算 $\Delta_r G_m^\ominus$

对于任一反应：$dD + eE \longrightarrow gG + hH$

$$\begin{aligned}\Delta_r G_m^\ominus &= [g\Delta_f G_m^\ominus(G) + h\Delta_f G_m^\ominus(H)] - [d\Delta_f G_m^\ominus(D) + e\Delta_f G_m^\ominus(E)] \\ &= \sum_B \nu_B \Delta_f G_m^\ominus(B)\end{aligned} \tag{5.3-2}$$

【例题 5-1】 Ag 可能受到 H_2S 的腐蚀而发生反应：$H_2S(g) + 2Ag(s) \Longrightarrow Ag_2S(s) + H_2(g)$

今在 298K、101325Pa 下将 Ag 放在体积比为 2:1 的 H_2 和 H_2S 组成的混合气中，已知 298K 时，Ag_2S 和 H_2S 的 $\Delta_f G_m^\ominus(kJ \cdot mol^{-1})$ 分别为 -40.25 和 -32.93。

(1) 试问是否可能发生腐蚀而生成 Ag_2S?

(2) 混合气体中，H_2S 的百分数低于多少，才不致发生腐蚀?

解: (1) $\Delta_r G_m^{\ominus} = \sum \nu_B \Delta_f G_m^{\ominus}(B) = [(-40.25) - (-32.93)]kJ \cdot mol^{-1} = -7.32 kJ \cdot mol^{-1}$

据题意，若视气体为理想气体，则体积比等于物质的量之比，H_2 和 H_2S 的分压分别为:

$$p_{H_2} = \frac{2}{3}p, p_{H_2S} = \frac{1}{3}p$$

$$\Delta_r G_m = \Delta_r G_m^{\ominus} + RT\ln J_p$$

$$= \left(-7.32 \times 10^3 + 8.314 \times 298 \times \ln \frac{\frac{2}{3}p/p^{\ominus}}{\frac{1}{3}p/p^{\ominus}} \right) J \cdot mol^{-1} = -5.60 J \cdot mol^{-1}$$

因 $\Delta_r G_m < 0$，故上述反应正向自发，即 Ag 能被腐蚀生成 Ag_2S。

(2) 欲使 Ag 不被腐蚀，必须满足:

$$\Delta_r G_m = \Delta_r G_m^{\ominus} + RT\ln J_p > 0$$

$$\Delta_r G_m = \Delta_r G_m^{\ominus} + RT\ln \frac{y_{H_2}p/p^{\ominus}}{y_{H_2S}p/p^{\ominus}} > 0$$

$$= -7.32 \times 10^3 + 8.314 \times 298\ln \frac{1 - y_{H_2S}}{y_{H_2S}} > 0$$

解得: $y_{H_2S} < 0.0495$

因此，混合气中 H_2S 的摩尔分数应低于 0.0495，即 4.95%，Ag 才不致被腐蚀。

5.3.3　标准平衡常数与化学反应计量方程式的关系

已如前述，$\Delta_r G_m^{\ominus} = \sum \nu_B \Delta_f G_m^{\ominus}(B) = -RT\ln K^{\ominus}$，$K^{\ominus}$ 的数值取决于 $\Delta_r G_m^{\ominus}$，$\Delta_r G_m^{\ominus}$ 的值与计量方程式的写法有关。例如:

$$N_2(g) + 3H_2(g) == 2NH_3(g) \quad (1) \quad \Delta_r G_m^{\ominus}(1), K_1^{\ominus}$$

$$\frac{1}{2}N_2(g) + \frac{3}{2}H_2(g) == NH_3(g) \quad (2) \quad \Delta_r G_m^{\ominus}(2), K_2^{\ominus}$$

$$2NH_3(g) == N_2(g) + 3H_2(g) \quad (3) \quad \Delta_r G_m^{\ominus}(3), K_3^{\ominus}$$

对于反应 (1) 和 (2)，有:

$$\Delta_r G_m^{\ominus}(2) = 1/2\Delta_r G_m^{\ominus}(1)$$

$$-RT\ln K^{\ominus}(2) = \frac{1}{2}[-RT\ln K^{\ominus}(1)]$$

故　$K_2^{\ominus} = (K_1^{\ominus})^{1/2}$；同理 $K_3^{\ominus} = 1/K_1^{\ominus}$

可见，给出一个化学反应的标准平衡常数的数值时，必须明确地指出其计量方程。

【例题 5-2】 已知在 25℃下，$CO(g)$ 和 $CH_3OH(g)$ 的标准生成焓 $\Delta_f H_m^{\ominus}(298.15K)$ 分别为: $-110.52 kJ \cdot mol^{-1}$ 及 $-201.2 kJ \cdot mol^{-1}$，$CO(g)$、$H_2(g)$、$CH_3OH(l)$ 的标准摩尔熵 $S_m^{\ominus}$ (298.15K) 分别为 197.56 $J \cdot K^{-1} \cdot mol^{-1}$、130.57 $J \cdot K^{-1} \cdot mol^{-1}$ 及 127 $J \cdot K^{-1} \cdot mol^{-1}$。又知 25℃甲醇的饱和蒸气压为 $p^* = 1.66 \times 10^4 Pa$，蒸发焓 $\Delta_{vap} H_m^{\ominus} = 38.0 kJ \cdot mol^{-1}$，蒸气可视为理想气体。试求 25℃时反应: $CO(g) + 2H_2(g) == CH_3OH(g)$ 的 $\Delta_r G_m^{\ominus}$ 及 $K^{\ominus}$。

解： 设计下列过程

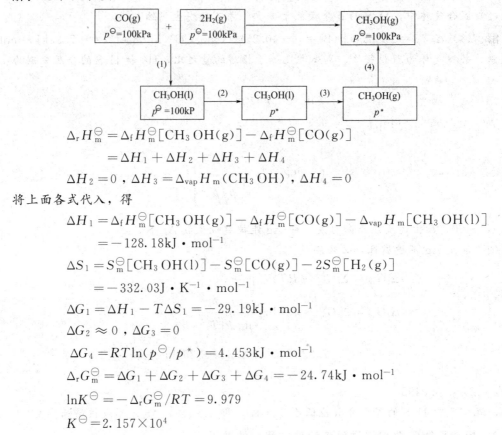

$$\Delta_r H_m^{\ominus} = \Delta_f H_m^{\ominus}[CH_3OH(g)] - \Delta_f H_m^{\ominus}[CO(g)]$$
$$= \Delta H_1 + \Delta H_2 + \Delta H_3 + \Delta H_4$$

$$\Delta H_2 = 0, \quad \Delta H_3 = \Delta_{vap} H_m(CH_3OH), \quad \Delta H_4 = 0$$

将上面各式代入，得

$$\Delta H_1 = \Delta_f H_m^{\ominus}[CH_3OH(g)] - \Delta_f H_m^{\ominus}[CO(g)] - \Delta_{vap} H_m[CH_3OH(l)]$$
$$= -128.18 kJ \cdot mol^{-1}$$

$$\Delta S_1 = S_m^{\ominus}[CH_3OH(l)] - S_m^{\ominus}[CO(g)] - 2S_m^{\ominus}[H_2(g)]$$
$$= -332.03 J \cdot K^{-1} \cdot mol^{-1}$$

$$\Delta G_1 = \Delta H_1 - T\Delta S_1 = -29.19 kJ \cdot mol^{-1}$$

$$\Delta G_2 \approx 0, \quad \Delta G_3 = 0$$

$$\Delta G_4 = RT \ln(p^{\ominus}/p^*) = 4.453 kJ \cdot mol^{-1}$$

$$\Delta_r G_m^{\ominus} = \Delta G_1 + \Delta G_2 + \Delta G_3 + \Delta G_4 = -24.74 kJ \cdot mol^{-1}$$

$$\ln K^{\ominus} = -\Delta_r G_m^{\ominus}/RT = 9.979$$

$$K^{\ominus} = 2.157 \times 10^4$$

5.4　复相化学平衡

前面讨论的化学反应，无论是反应物还是产物，均在同一相中，这类反应称为"均（匀）相反应"；如果参与反应的物质（反应物和产物）不在同一相中，则称为"复相反应"。例如碳酸盐的分解反应就是气-固复相反应的典型实例：$CaCO_3(s) \Longrightarrow CaO(s) + CO_2(g)$。

如果这类反应在封闭系统内进行，当系统达平衡时，便必须考虑系统中存在着的相平衡条件。设凝聚相（固相或液相）处于纯态，并忽略压力对凝聚相的影响，则所有纯凝聚相的化学势近似等于其标准态化学势，即 $\mu_B^*(T,p) \approx \mu_B^{\ominus}(T)$，故：

$$\mu^*(CaCO_3,s) \approx \mu^{\ominus}(CaCO_3,s) \tag{5.4-1}$$

$$\mu^*(CaO,s) \approx \mu^{\ominus}(CaO,s) \tag{5.4-2}$$

当反应达到化学平衡时：$\mu(CO_2,g) + \mu(CaO,s) - \mu(CaCO_3,s) = 0$

将式(5.4-1)、式(5.4-2) 及 $\mu_i = \mu_i^{\ominus}(T) + RT \ln(p_i/p^{\ominus})$ 代入上式有：

$$\mu^*(CaO,s) + \mu^{\ominus}(CO_2,g) + RT \ln(p_{CO_2}/p^{\ominus}) - \mu^*(CaCO_3,s) = 0$$

代入上式移项，有：

$$\mu^{\ominus}(CaO,s) + \mu^{\ominus}(CO_2,g) - \mu^{\ominus}(CaCO_3,s) = -RT \ln(p_{CO_2}/p^{\ominus})_{eq}$$

即
$$\Delta_r G_m^{\ominus} = -RT \ln(p_{CO_2}/p^{\ominus})_{eq}$$

又因 $$\Delta_r G_m^\ominus = -RT\ln K^\ominus$$

所以 $$K^\ominus = p_{CO_2}/p^\ominus$$

对于这种复相系统的化学反应，其标准平衡常数与纯的凝聚态物质无关，而只与气相物质的平衡压力有关。平衡时 p_{CO_2} 称为 $CaCO_3$ 的分解压力，此反应的标准平衡常数 $K^\ominus$ 等于平衡时 CO_2 的分压与标准压力的比值，说明在温度一定时，无论 $CaCO_3$ 和 CaO 的数量有多少，平衡时 CO_2 的分压总是定值。通常将平衡时 CO_2 的分压称为 $CaCO_3$ 分解反应的分解压。

分解压力：指固体物质在一定温度下分解达平衡时产物中气体的总压力。若分解产物中不止一种气体，则分解压力表示平衡时各气体产物分压之和。

应该注意，只有当 CO_2 与两个固体相 $CaCO_3$ 和 CaO 平衡共存时才能应用上式。

分解温度：当分解压力 p（分解）$= p$（外压）时，分解反应明显发生时的温度称为分解温度。

对于 $CaCO_3$ 分解反应，当 $p(CO_2) = p^\ominus$（大气环境压力）时，$CaCO_3$ 发生明显的分解反应，这时的温度称为 $CaCO_3$ 分解温度。$CaCO_3$ 的分解温度为 890℃。

当大气压力为 100kPa 时，温度与 $CaCO_3$ 的分解压力关系如表 5-1 所示。

表 5-1　温度与 $CaCO_3$ 分解压力关系

$t/℃$	600	700	805	890	903	1000
$p/p^\ominus$	3.7×10^{-3}	3.9×10^{-2}	0.26	1.00	1.29	4.90

例如对多种气体参加的气-固复相反应：$NH_4HS(s) \Longrightarrow NH_3(g) + H_2S(g)$，其平衡常数可表示为：

$$K^\ominus = \frac{p_{NH_3}}{p^\ominus}\frac{p_{H_2S}}{p^\ominus}$$

分解压 $p = p_{NH_3} + p_{H_2S}$。若起始 $p_{NH_3} = p_{H_2S} = 0$（无气体），则达平衡时：

$$p_{NH_3} = p_{H_2S} = p/2$$

$$K^\ominus = \frac{1}{4}(p/p^\ominus)^2$$

又如反应 $$Ag_2S(s) + H_2(g) \Longrightarrow 2Ag(s) + H_2S(g)$$

$$K^\ominus = \frac{p_{H_2S}/p^\ominus}{p_{H_2}/p^\ominus}$$

此反应不是分解反应，所以无分解压。

【例题 5-3】　已知 445℃ 时，$Ag_2O(s)$ 的分解压力为 $2.10\times10^7 Pa$，计算分解反应：$Ag_2O(s) \Longrightarrow 2Ag(s) + \frac{1}{2}O_2(g)$ 的 $\Delta_r G_m^\ominus$。

解：因为此反应为分解反应，所以平衡时 $O_2(g)$ 的压力为分解压力 $2.10\times10^7 Pa$，则

$$\Delta_r G_m^\ominus = -RT\ln K^\ominus = -RT\ln\left(\frac{p_{O_2}}{p^\ominus}\right)^{1/2}$$

$$= \left[-8.314\times718.15\times\ln\left(\frac{2.10\times10^7}{10^5}\right)^{1/2}\right]J\cdot mol^{-1}$$

$$= -15.96kJ\cdot mol^{-1}$$

【例题 5-4】　在 323.15K、$6.67\times10^4 Pa$ 下，球形瓶中充入 N_2O_4 后，其质量为 71.981g，将

瓶抽空后, 其质量为 71.217g。又在 298.15K 时, 瓶中充满纯水, 其质量为 555.9g (上列数据已作空气浮力校正)。已知 298.15K 时水的密度为 $9.970 \times 10^5 \mathrm{g \cdot m^{-3}}$。求:

(1) 球形瓶中气体的物质的量 (设为理想气体);

(2) 总物质的量与原来 N_2O_4 的物质的量之比值;

(3) 设物质的量增加是由于 N_2O_4 发生解离的缘故, 试计算 N_2O_4 的解离百分数;

(4) 若瓶中总压为 $6.67 \times 10^4 \mathrm{Pa}$, 求瓶中 N_2O_4 和 NO_2 的分压;

(5) 323.15K、$6.67 \times 10^4 \mathrm{Pa}$ 下, 上述反应的 $\Delta_r G_m^{\ominus}$。

解: (1) 因 $n = \dfrac{pV}{RT}$, 而 T、p 已知, V 可由水的质量和水密度求出。所以

$$V = \frac{555.9 - 71.217}{9.97 \times 10^5} \mathrm{m^3} = 4.86 \times 10^{-4} \mathrm{m^3}$$

$$n = \frac{pV}{RT} = \frac{6.67 \times 10^4 \times 4.86 \times 10^{-4}}{8.314 \times 323.15} \mathrm{mol} = 0.01207 \mathrm{mol}$$

(2) $\qquad N_2O_4 \Longleftrightarrow 2NO_2$

开始时 $\qquad n_0 \qquad\quad 0$

平衡 $\qquad n_0 - x \quad 2x \qquad n_总 = n_0 + x$

由 (1) 可知: $\qquad\qquad\qquad n_0 + x = 0.01207 \mathrm{mol}$ ①

又由气体质量可知:

$$(71.981 - 71.217)\mathrm{g} = (n_0 - x)M(N_2O_4) + 2xM(NO_2) ②$$

联立①②式解得: $x = 0.00377 \mathrm{mol} \quad n_0 = 0.00830 \mathrm{mol} \quad n_总 = 0.01207 \mathrm{mol}$

故 $\qquad\qquad\qquad\qquad \dfrac{n_总}{n_0} = 1.454$

(3) N_2O_4 的离解百分数 $\qquad \alpha = \dfrac{x}{n_0} \times 100\% = 45.42\%$

(4) $p_总 = 6.67 \times 10^4 \mathrm{Pa}$

$$p(N_2O_4) = \frac{n_0 - x}{n_总} p_总 = 2.50 \times 10^4 \mathrm{Pa}$$

$$p(NO_2) = (6.67 \times 10^4 - 2.50 \times 10^4)\mathrm{Pa} = 4.17 \times 10^4 \mathrm{Pa}$$

(5) $K^{\ominus} = \dfrac{[p(NO_2)/p^{\ominus}]^2}{[p(N_2O_4)/p^{\ominus}]} = 0.696$

$$\Delta_r G_m^{\ominus} = -RT \ln K^{\ominus} = 973.2 \mathrm{J \cdot mol^{-1}}$$

【例题 5-5】 转换反应 HgS (红) $\Longrightarrow$ HgS (黑) 的 $\Delta_{trs} G_m^{\ominus} = (4100 - 6.09T) \times 4.184 \mathrm{J \cdot mol^{-1}}$。

(1) 问在 373K 时哪一种 HgS 较为稳定?

(2) 求该反应的转换温度。

解: (1) 利用所给条件下 $\Delta_{trs} G_m^{\ominus}$ 的符号判断 HgS (红) 和 HgS (黑) 中的较稳定相。由 $\Delta_{trs} G_m^{\ominus} = (4100 - 6.09T) \times 4.18$ 得 $T = 373K$ 时, 有

$$\Delta_{trs} G_m^{\ominus} = (4100 - 6.09T) \times 4.18 \mathrm{J \cdot mol^{-1}} = 1.49 \times 10^4 \mathrm{J \cdot mol^{-1}} > 0$$

故在 373K 时 HgS (红) 较为稳定。

(2) 由 $\Delta_{trs} G_m^{\ominus}$ 的表达式可知, 随着温度的升高, $-6.09T$ 一项逐渐占优势。故当温度达到某值时, $\Delta_{trs} G_m^{\ominus}$ 可能变为负值, 上述转换反应则变为可能, 即

$$\Delta_{\text{trs}} G_m^{\ominus} = (4100 - 6.09T) \times 4.18 = 0$$
$$T = 673.23\text{K}$$

即为该反应的转换温度。

5.5 化学反应平衡系统的计算

5.5.1 平衡常数的应用

平衡常数的应用通常指两个方面：

① 利用热力学数据（如 $\Delta_r H_m^{\ominus}$、$\Delta_r S_m^{\ominus}$）求出平衡常数，根据平衡常数再求平衡组成；

② 通过测定平衡组成，求出平衡常数，然后利用平衡常数求算热力学数据。

5.5.2 平衡混合物组成计算

由平衡常数可以计算平衡混合物的组成，其目的就是为了了解反应系统达平衡时的组成情况，即预计反应能够进行的程度；同时通过计算也可以设法调节或控制反应所能进行的程度。平衡转化率定义：

$$平衡时物质的转化率 = \frac{B\text{已转化的量(mol)}}{反应物 B 的投放量(mol)} \times 100\% \tag{5.5-1}$$

平衡转化率也叫理论转化率或最大转化率，是平衡时反应物转化为产品的百分数。它与转化率的含义不同，转化率是指实际情况下，反应结束后反应物转化的百分数。平衡组成计算中常使用"产率"术语。

$$产率 = \frac{转化为指定产物的某反应物的物质的量(mol)}{原料中该反应物的物质的量(mol)} \times 100\% \tag{5.5-2}$$

【例题 5-6】 乙烯水合制乙醇，已知 $C_2H_4(g) + H_2O(g) \Longrightarrow C_2H_5OH(g)$ 在 400K 时，$K^{\ominus} = 0.1$，若原料系由 $1\text{mol } C_2H_4(g)$ 和 $1\text{mol } H_2O$ 所组成，计算在该温度及压力 $p = 10p^{\ominus}$ 时 $C_2H_4(g)$ 的转化率，并计算平衡系统中各气体的摩尔分数（气体可当作理想气体），即平衡系统的组成。

解：设 $C_2H_4(g)$ 转化了 α mol，则：

$$C_2H_4(g) + H_2O(g) \Longrightarrow C_2H_5OH(g)$$

平衡 n_B/mol $1-\alpha$ $1-\alpha$ α

平衡分压 p_B $\dfrac{1-\alpha}{2-\alpha}p$ $\dfrac{1-\alpha}{2-\alpha}p$ $\dfrac{\alpha}{2-\alpha}p$

平衡后混合物总物质的量 $\sum n_B/\text{mol} = (1-\alpha) + (1-\alpha) + \alpha = 2-\alpha$

$$K^{\ominus} = \frac{\dfrac{\alpha}{2-\alpha}p}{\left(\dfrac{1-\alpha}{2-\alpha}\right)^2 p^2} \left(\frac{1}{p^{\ominus}}\right)^{-1}$$

解得 $\alpha = 0.293\text{mol}$，$\sum n_B = 1.707\text{mol}$

平衡后各气体的摩尔分数：

$$y_{C_2H_4} = \frac{n_{C_2H_4}}{\sum n_B} = \frac{0.707}{1.707} = 0.414$$

$$y_{H_2O} = \frac{0.707}{1.707} = 0.414$$

$$y_{C_2H_5OH} = \frac{0.293}{1.707} = 0.172$$

【例题 5-7】 可将水蒸气通过红热的铁来制备氢气，如果此反应在 1273K 时进行。已知反应的平衡常数 $K^{\ominus} = 1.49$。

（1）试计算产生 1mol 氢所需的水蒸气为若干摩尔？

（2）在 1273K 时，1mol 水蒸气与 0.3mol 的 Fe 起反应，达到平衡时气相的组成？Fe 和 FeO 各有多少摩尔？

（3）当 1mol 水蒸气与 0.8mol 的 Fe 接触时，又将如何？

解：（1）此反应按下面形式进行：

$$H_2O(g) + Fe(s) \Longrightarrow FeO(s) + H_2(g)$$

其平衡常数：
$$K^{\ominus} = p_{H_2}/p_{H_2O} = 1.49$$

平衡时分压之比即为物质的量之比，即：$p_{H_2}/p_{H_2O} = n_{H_2}/n_{H_2O} = 1.49$

反应达平衡时，若 $n(H_2) = 1mol$，则 $n(H_2O) = (1/1.49)mol = 0.67mol$

加上产生 1mol 氢所消耗的 1mol $H_2O(g)$，总共需水蒸气为：

$$n(H_2O, 总) = (1 + 0.671)mol = 1.671mol$$

（2）欲氧化 0.3mol 的 Fe（亦即产生 0.3mol H_2），最少需要的水蒸气为：

$$(0.3 + 0.3 \times 1/1.49)mol = 0.5mol$$

所以当 1mol $H_2O(g)$ 与 0.3mol Fe 反应时，Fe 能完全被氧化，FeO 的数量应当为 0.3mol；

在气相中 $H_2O(g)$ 有 0.7mol，H_2 有 0.3mol，所以气相的组成为：

$$y_{H_2} = 30\% ; \quad y_{H_2O} = 70\% \quad （未达平衡）$$

（3）欲氧化 0.8mol 的 Fe（亦即产生 0.8mol H_2），最少需要 $H_2O(g)$ 为：

$$(0.8 + 0.8 \times 1/1.49)mol = 1.34mol$$

当 1mol $H_2O(g)$ 与 0.8mol 的 Fe 反应时，Fe 不可能完全被氧化。

设平衡时 H_2 量为 x mol，则 H_2O 量为 $(1-x)$ mol：

$$K^{\ominus} = p_{H_2}/p_{H_2O} = 1.49 = x/(1-x)$$
$$x = 0.60$$

这就是说，有 0.6mol 的 $H_2O(g)$ 与 Fe 起反应，产生 0.6mol 的 H_2 和 0.6mol 的 FeO。所以在平衡时，$n(Fe) = 0.2mol$，$n(FeO) = 0.6mol$，气相组成为：

$$y_{H_2} = 0.6/(0.6 + 0.4) = 60\% ; \quad y_{H_2O} = 40\%$$

5.6 各种因素对化学平衡的影响

5.6.1 温度对化学平衡的影响——化学反应的等压方程

（1）化学反应的等压方程

对于化学反应过程，根据吉布斯-亥姆霍兹方程：

$$\left[\frac{\partial(\Delta_r G_m^{\ominus}/T)}{\partial T}\right]_p = -\frac{\Delta_r H_m^{\ominus}}{T^2} \tag{5.6-1}$$

将 $\Delta_r G_m^{\ominus} = -RT\ln K^{\ominus}$ 代入，则：

$$\left[\frac{\partial(\Delta_r G_m^{\ominus}/T)}{\partial T}\right]_p = -R\left(\frac{\partial \ln K^{\ominus}}{\partial T}\right)_p = -\frac{\Delta_r H_m^{\ominus}}{T^2}$$

即：
$$\left(\frac{\partial \ln K^{\ominus}}{\partial T}\right)_p = \frac{\Delta_r H_m^{\ominus}}{RT^2} \quad (5.6\text{-}2)$$

此式即为化学反应的范特霍夫方程，即化学反应的等压方程。

（2）等压方程的应用

① 定性地判断温度对平衡常数的影响。

吸热反应，$\Delta_r H_m^{\ominus} > 0$，$\left(\frac{\partial \ln K^{\ominus}}{\partial T}\right)_p > 0$，则 T 升高引起 $K^{\ominus}$ 增加，即反应平衡向右移动，对产物的生成有利，否则反之。

放热反应，$\Delta_r H_m^{\ominus} < 0$，$\left(\frac{\partial \ln K^{\ominus}}{\partial T}\right)_p < 0$，则 T 降低引起 $K^{\ominus}$ 增加，即反应平衡向右移动，对产物的生成有利，否则反之。

② 定量地进行计算：对式(5.6-2)进行积分：

若 $\Delta_r C_{p,m} = 0$ 或温度区间不大，$\Delta_r H_m^{\ominus}$ 可视为常数，得定积分式为：

$$\ln K^{\ominus}(T_2) - \ln K^{\ominus}(T_1) = \frac{\Delta_r H_m^{\ominus}}{R}\left(\frac{1}{T_1} - \frac{1}{T_2}\right) \quad (5.6\text{-}3)$$

$K^{\ominus}(T_1)$、$K^{\ominus}(T_2)$ 分别为温度 T_1、T_2 时的标准平衡常数。根据该式，从已知一个温度下的平衡常数求出另一温度下的平衡常数。

或
$$\ln K^{\ominus} = -\frac{\Delta_r H_m^{\ominus}}{RT} + C \quad (5.6\text{-}4)$$

式中，C 为积分常数，上式表示了 $\ln K^{\ominus}$ 与 $1/T$ 呈线性关系。如果将上式与热力学公式比较，便不难看出 C 的物理意义。

$$\Delta_r G_m^{\ominus}(T) = \Delta_r H_m^{\ominus} - T\Delta_r S_m^{\ominus}$$

即：
$$-RT\ln K^{\ominus} = \Delta_r H_m^{\ominus} - T\Delta_r S_m^{\ominus}$$

所以：
$$\ln K^{\ominus} = -\frac{\Delta_r H_m^{\ominus}}{R}\frac{1}{T} + \frac{\Delta_r S_m^{\ominus}}{R}$$

对照两式，积分常数 C 相当于 $\Delta_r S_m^{\ominus}/R$。如有多组 T 下的 $K^{\ominus}$ 数据，作 $\ln K^{\ominus}$ 与 $1/T$ 图可得一直线，由直线的斜率及截距即可确定 $\Delta_r H_m^{\ominus}$ 及 C。

若 $\Delta_r C_{p,m}$ 不为常数或温度变化较大，$\Delta_r H_m^{\ominus}$ 不为常数，根据式 (2.10-12)，则：

$$\Delta_r H_m^{\ominus} = \Delta H^{\ominus} + \int \Delta_r C_{p,m} dT = \Delta H^{\ominus} + \Delta a T + \frac{1}{2}\Delta b T^2 + \frac{1}{3}\Delta c T^3 + \cdots \quad (5.6\text{-}5)$$

代入式(5.6-2)积分，有：

$$\ln K^{\ominus} = -\frac{\Delta H^{\ominus}}{RT} + \frac{\Delta a}{R}\ln T + \frac{\Delta b}{2R}T + \frac{\Delta c}{6R}T^2 + \cdots + I_0 \quad (5.6\text{-}6)$$

此式即为 $K^{\ominus}$ 与 T 的函数关系式。式中 I_0 为积分常数，可由某一温度 T 下的 $K^{\ominus}$ 值代入上式求得。

$$\Delta_r G_m^{\ominus}(T) = \Delta H^{\ominus} - I_0 RT - \Delta a T\ln T - \frac{1}{2}\Delta b T^2 - \frac{1}{6}\Delta c T^3 - \cdots \quad (5.6\text{-}7)$$

【例题 5-8】 由下列 25℃时的标准热力学数据估算在 100kPa 外压下 $CaCO_3(s)$ 的分解温度（实验值 $t = 890℃$）。

物质	$\Delta_f H_m^{\ominus}/kJ \cdot mol^{-1}$	$\Delta_f G_m^{\ominus}/kJ \cdot mol^{-1}$	$S_m^{\ominus}/J \cdot K^{-1} \cdot mol^{-1}$	$C_{p,m}^{\ominus}/J \cdot K^{-1} \cdot mol^{-1}$
$CaCO_3(s,方解石)$	-1206.92	-1128.79	92.9	81.88
$CaO(s)$	-635.09	-604.03	39.75	42.80
$CO_2(g)$	-393.509	-394.509	213.74	37.11

解：碳酸钙的分解反应为　　$CaCO_3(s) \Longrightarrow CaO(s) + CO_2(g)$

此反应各物质的化学计量数分别为 $\nu_{CaCO_3(s)} = -1, \nu_{CaO(s)} = 1, \nu_{CO_2(g)} = 1$

由题给数据求得 $T_1 = 298.15K$ 时，$CaCO_3(s)$ 分解反应的 $\Delta_r G_m^{\ominus}(298K)$：

$$\Delta_r G_m^{\ominus}(298K) = \sum \nu_B \Delta_f G_m^{\ominus}(B, 298K)$$
$$= [-(-1128.79) + (-604.03) + (-394.509)]kJ \cdot mol^{-1}$$
$$= 130.251kJ \cdot mol^{-1}$$

或由：
$$\Delta_r H_m^{\ominus}(298K) = \sum \nu_B \Delta_f H_m^{\ominus}(B, 298K)$$
$$= [-(-1206.92) + (-635.09) + (-393.509)]kJ \cdot mol^{-1}$$
$$= 178.321kJ \cdot mol^{-1}$$

及
$$\Delta_r S_m^{\ominus}(298K) = \sum \nu_B S_m^{\ominus}(B, 298K)$$
$$= (-92.9 + 39.75 + 213.74)J \cdot K^{-1} \cdot mol^{-1}$$
$$= 160.59J \cdot K^{-1} \cdot mol^{-1}$$

得
$$\Delta_r G_m^{\ominus}(298K) = \Delta_r H_m^{\ominus}(298K) - 298K \times \Delta_r S_m^{\ominus}(298K)$$
$$= (178.321 - 298.15 \times 160.59 \times 10^{-3})kJ \cdot mol^{-1}$$
$$= 130.441kJ \cdot mol^{-1}$$

碳酸钙的分解反应为两个纯固相参与的气体化学反应，现要产生 $100kPa$ 的 $CO_2(g)$，故压力商 $J_p = p(CO_2, g)/p^{\ominus} = 1$。

在 $298.15K$ 时，$\Delta_r G_m^{\ominus}(T_1) = 130.251kJ \cdot mol^{-1} \gg 0$，$K^{\ominus}(298K) \ll 1$，故碳酸钙分解反应不能进行。现 $\Delta_r H_m^{\ominus}(T_1) \gg 0$，升高温度，可使 $K^{\ominus}$ 迅速增大。因：

$$\Delta_r C_{p,m}^{\ominus}(298K) = \sum \nu_B C_{p,m}^{\ominus}(B, 298K)$$
$$= (-81.88 + 42.80 + 37.11)J \cdot K^{-1} \cdot mol^{-1}$$
$$= -1.97J \cdot K^{-1} \cdot mol^{-1}$$

可近似认为 $\Delta_r C_{p,m}^{\ominus}(298K) \approx 0$，若假设 $\Delta_r C_{p,m}^{\ominus}(298K)$ 在其他温度也如此，则 $\Delta_f H_m^{\ominus}$ 与温度无关为定值。

当温度升至 T_2，使 $K^{\ominus}(T) > J_p$，即 $K^{\ominus}(T_2) > 1$、$\Delta_r G_m^{\ominus}(T_2) < 0$ 时，碳酸钙即能分解，则根据式(5.6-3)：

$$\ln K^{\ominus}(T_2) - \ln K^{\ominus}(T_1) = \frac{\Delta_r H_m^{\ominus}}{R}\left(\frac{1}{T_1} - \frac{1}{T_2}\right)$$

可得：
$$-\frac{\Delta_r H_m^{\ominus}}{R}\left(\frac{1}{T_2} - \frac{1}{T_1}\right) - \frac{\Delta_r G_m^{\ominus}(T_1)}{RT_1} > 0$$

整理后得：
$$\frac{\Delta_r H_m^{\ominus}(T_2 - T_1)}{RT_1 T_2} > \frac{\Delta_r G_m^{\ominus}(T_1)}{RT_1}$$

$$T_2 > \frac{\Delta_r H_m^{\ominus}}{\Delta_r H_m^{\ominus} - \Delta_r G_m^{\ominus}(T_1)}T_1$$

代入有关数据：
$$T_2 > \frac{178.321kJ \cdot mol^{-1}}{(178.321 - 130.251)kJ \cdot mol^{-1}} \times 298.15K$$

$T_2 > 1106K$，即 $t_2 > 833℃$

还可用另一种方法。因假设 $\Delta_r C_{p,m}^{\ominus}$，不仅 $\Delta_r G_m^{\ominus}$ 为定值，并且 $\Delta_r S_m^{\ominus}$ 也为定值，均与温度无关，故对分解反应：

$$\Delta_r G_m^{\ominus}(T) = \Delta_r H_m^{\ominus} - T\Delta_r S_m^{\ominus}$$

现反应在 $p=100\text{kPa}$ 下进行，各参加反应的组分均处于标准态，因此要求 $\Delta_r G_m^{\ominus}(T)<0$ 即可，故可得碳酸钙的分解温度为：

$$T>\Delta_r H_m^{\ominus}/\Delta_r S_m^{\ominus}$$

$$T>(178.321\times10^3/160.59)\text{K}=1110\text{K}$$

【例题 5-9】 苯加氢生成环己烷的反应：$C_6H_6(g)+3H_2(g)\rightleftharpoons C_6H_{12}(g)$

（1）利用下列数据（$T=298\text{K}$）写出该反应 $\Delta_r G_m^{\ominus}$ 与 $f(T)$ 的关系；

（2）计算 400K 时反应的 $K^{\ominus}$ 和 K_p。

物质	$\Delta_f H_m^{\ominus}/\text{kJ}\cdot\text{mol}^{-1}$	$S_m^{\ominus}/\text{J}\cdot\text{K}^{-1}\cdot\text{mol}^{-1}$	$C_{p,m}=(a+bT+cT^2)/\text{J}\cdot\text{K}^{-1}\cdot\text{mol}^{-1}$		
			a	$b\times10^3$	$c\times10^6$
$C_6H_6(g)$	82.92	269	-14.8	378.1	-153.4
$C_6H_{12}(g)$	-123.1	298	-52.13	599.1	-229.9
$H_2(g)$	0	136.7	27.2	3.8	—

解：（1）将表中数据代入相应的公式：

$$\Delta_r H_m^{\ominus}(298\text{K})=\sum\nu_B\Delta_f H_m^{\ominus}(B,298\text{K})=-206.02\text{kJ}\cdot\text{mol}^{-1}$$

$$\Delta_r S_m^{\ominus}(298\text{K})=\sum\nu_B S_m^{\ominus}(B,298\text{K})=-281.1\text{J}\cdot\text{K}^{-1}\cdot\text{mol}^{-1}$$

$$\Delta_r G_m^{\ominus}(298\text{K})=\Delta_r H_m^{\ominus}(298\text{K})-T\Delta_r S_m^{\ominus}(298\text{K})=-9.245\text{kJ}\cdot\text{mol}^{-1}$$

$$\Delta_r C_{p,m}=\Delta a+\Delta bT+\Delta cT^2$$

$$\Delta a=-118.93;\ \Delta b=209.6\times10^{-3};\ \Delta c=-76.5\times10^{-6}$$

$$\Delta_r H_m^{\ominus}(T)=\Delta_r H_m^{\ominus}(298\text{K})+\int_{298\text{K}}^{T}\Delta_r C_p\,\mathrm{d}T$$

代入 298K 的数据，得：

$$\Delta_r H_m^{\ominus}(T)=I+\Delta aT+\frac{1}{2}\Delta bT^2+\frac{1}{3}\Delta cT^3$$

$$\frac{\Delta_r G_m^{\ominus}(T)}{T}=\frac{\Delta_r G_m^{\ominus}(298\text{K})}{298}+\int_{298\text{K}}^{T}\left(-\frac{\Delta_r H_m^{\ominus}(T)}{T^2}\right)\mathrm{d}T$$

代入 298K 的数据，得：

$$\Delta_r G_m^{\ominus}(T)=-1.792\times10^5+118.9\ln T-356.25T-104.8\times10^{-3}T^2+12.75T^3$$

（2）$T=400\text{K}$，得：

$$\Delta_r G_m^{\ominus}(400\text{K})=-52.70\text{kJ}\cdot\text{mol}^{-1}$$

$$K^{\ominus}=\exp(-\Delta_r G_m^{\ominus}/RT)=\exp\left(\frac{52.70\times10^3}{8.314\times673.2}\right)$$

$$K^{\ominus}(400\text{K})=1.228\times10^4$$

$$K_p=K^{\ominus}(p^{\ominus})^{\sum\nu_B}=K^{\ominus}(p^{\ominus})^{-3}$$

$$K_p(400\text{K})=1.18\times10^{-11}(\text{Pa})^{-3}$$

5.6.2 压力对化学平衡的影响

对理想气体反应系统，若气体总压为 p，任一反应组分的分压 $p_B=py_B$，则 $K^{\ominus}$ 的表达式：

$$K^{\ominus}=\Pi\left(\frac{py_B}{p^{\ominus}}\right)^{\nu_B}=\left(\frac{p}{p^{\ominus}}\right)^{\sum\nu_B}\times\Pi y_B^{\nu_B}=K_y\left(\frac{p}{p^{\ominus}}\right)^{\sum\nu_B} \tag{5.6-8}$$

可见 $\sum\nu_B\neq0$，则改变总压将影响平衡系统的 $\Pi y_B^{\nu_B}$。当 $\sum\nu_B<0$ 时，p 增大，$\Pi y_B^{\nu_B}$ 必

增大，表明平衡系统中产物的含量增高而反应物的含量降低，即平衡向体积缩小的方向移动；当 $\sum \nu_B > 0$ 时，正好相反，这与平衡移动原理是一致的。

反应系统自发进行反应的条件为降低系统的吉布斯函数，对 $\Delta_r G_m > 0$ 的反应，过程当然是不会自动发生的，但根据：

$$\left(\frac{\partial \Delta_r G_m}{\partial p}\right)_T = \Delta_r V_m \qquad (5.6\text{-}9)$$

对于反应前后具有体积差（$\Delta_r V_m \neq 0$）的系统，在恒温下改变系统的压力，必然使系统在反应前后的 $\Delta_r G_m$ 值发生改变。例如 $\Delta V < 0$，则加大压力就会减低 $\Delta_r G_m$ 值，使系统原来 $\Delta_r G_m > 0$ 的过程趋向于 $\Delta_r G_m = 0$，甚至 $\Delta_r G_m < 0$，于是使原来在常压下或低压下不会自动发生的反应，而在高压下能自发进行。对于凝聚系统的反应，由于 $\Delta_r V_m \approx 0$，因此只有压力改变很大时，才能使在原来的压力下不会自发进行的过程变为能自发进行。例如，石墨变金刚石的反应，$\Delta_r V_m = -1.987 \times 10^{-6} \, J \cdot Pa^{-1} \cdot mol^{-1}$，反应必须在压力为 $1.4 \times 10^9 \, Pa$ 的高压以及近 2000K 的高温才能自发进行。

【例题 5-10】 工业上用乙苯脱氢生产苯乙烯的反应：

$$C_6H_5C_2H_5(g) \rightleftharpoons C_6H_5C_2H_3(g) + H_2(g)$$

如反应在 900K 下进行，其 $K^{\ominus} = 1.51$，试分别计算在下述情况下，乙苯的平衡转化率：

(1) 反应压力为 100kPa；

(2) 反应压力为 10kPa。

解： 设乙苯转化率为 α，则：

$$C_6H_5C_2H_5(g) \rightleftharpoons C_6H_5C_2H_3(g) + H_2(g)$$

反应始态物质的量/mol　　　　 1　　　　　　 0　　　　　　 0

平衡时物质的量/mol　　　　 $1-\alpha$　　　　　 α　　　　　 α

平衡后总物质的量　　　$\sum_B n_B = (1 - \alpha + \alpha + \alpha)mol = (1+\alpha)mol$

因为：$\sum \nu_B = 1 > 0$，故

$$K^{\ominus} = K_n \left(\frac{p}{p^{\ominus} \sum_B n_B}\right)^{\sum \nu_B} = \frac{\alpha^2}{1-\alpha} \frac{p}{p^{\ominus}(1+\alpha)} = \frac{\alpha^2}{1-\alpha^2} \frac{p}{p^{\ominus}}$$

$$\alpha = \sqrt{\frac{K^{\ominus}}{K^{\ominus} + (p/p^{\ominus})}}$$

当：(1) $p = 100kPa$，$\alpha = \sqrt{\dfrac{1.51}{1.51+1}} = 0.776 = 77.6\%$

(2) $p = 10kPa$，$\alpha = \sqrt{\dfrac{1.51}{1.51+0.1}} = 0.968 = 96.8\%$

对于 $\sum \nu_B > 0$ 的反应，压力增加，转化率降低。

【例题 5-11】 合成氨时所用的氢和氮的比例为 3:1，在 673K、1013.25kPa 下，平衡混合物中氨的物质的量分数为 0.0385。

(1) 求此温度下 $N_2(g) + 3H_2 \rightleftharpoons 2NH_3(g)$ 的 $K^{\ominus}$。

(2) 在此温度下，若要得到 5% 的氨，总压应为多少？

解：(1) 设平衡混合物总物质的量为 n_0，NH_3 的物质的量分数为 α，则

$$N_2(g) + 3H_2(g) \rightleftharpoons 2NH_3(g)$$

平衡时 $\qquad \frac{1}{4}n_0(1-\alpha) \quad \frac{3}{4}n_0(1-\alpha) \quad n_0\alpha$

因 N_2 和 H_2 的初始物质的量之比为 $1:3$，而反应也正是按此比例消耗，故在反应进行过程中，N_2 和 H_2 物质的量之比始终为 $1:3$。

$$K^\ominus = K_n\left(\frac{p_总}{p^\ominus n_总}\right)^{\Sigma\nu_B} = \frac{n_0^2\alpha^2}{\frac{1}{4}\times\frac{27}{64}n_0^4(1-\alpha)^4}\left(\frac{p^\ominus n_0}{p_总}\right)^2 = \frac{256\alpha^2(p^\ominus)^2}{27(1-\alpha)^4 p_总^2}$$

将 $\alpha=0.0385$、$p^\ominus=100\text{kPa}$、$p_总=1013.25\text{kPa}$ 代入上式，得

$$K^\ominus = 1.6\times10^{-4}$$

(2) 将 $K^\ominus=1.6\times10^{-4}$，$\alpha=5\%$，$p^\ominus=100\text{kPa}$ 代入，得 $K^\ominus = \dfrac{256\alpha^2(p^\ominus)^2}{27(1-\alpha)^4(p_总)^2}$

$$p_总 = 1.34\times10^6\text{Pa}$$

5.6.3 惰性组分气体对化学平衡的影响

惰性气体就是实际生产过程中混有的不参加反应的气体。例如合成氨的原料气中 CH_4、Ar 等气体，倘若利用空气作为供氧来源，其中多余的 H_2、Ar 也是惰性气体，它们的存在均会降低氨产率。

系统中不参加反应的气体称为惰性气体，其存在并不影响平衡常数，但能影响平衡组成，即能使平衡发生移动。

如 SO_2 的转化反应：$2SO_2(g)+O_2(g)\xlongequal{\quad}2SO_3(g)$ 中，需要的是 O_2，而通入的是空气，其中的 N_2 不参加反应，是反应系统中的惰性气体。

$$K_p = K_y p^{\Sigma\nu_B} = \frac{y_G^g y_H^h}{y_D^d y_E^e} p^{\Sigma\nu_B} = \frac{n_G^g n_H^h}{n_D^d n_E^e}\left(\frac{p}{\Sigma n}\right)^{\Sigma\nu_B} = \prod n_B^{\nu_B}\left(\frac{p}{\Sigma n}\right)^{\Sigma\nu_B}$$

对于 $\Sigma\nu_B>0$ 的反应，若添加惰性气体，Σn 增大，$\left(\dfrac{p}{\Sigma n}\right)^{\Sigma\nu_B}$ 下降，为保持 K_p 不变（温度一定时，K_p 有定值），则 $\prod n_B^{\nu_B}$ 增大，即平衡向右移动。

如反应：$C_6H_5C_2H_5(g)\xlongequal{\quad}C_6H_5C_2H_3(g)+H_2(g)$，$\Sigma\nu_B=1+1-1>0$，若反应系统中通入 $H_2O(g)$，可使反应向右移动，增加苯乙烯产率。

【例题 5-12】 乙苯脱氢生成苯乙烯反应：$C_6H_5C_2H_5(g)\xlongequal{\quad}C_6H_5C_2H_3(g)+H_2(g)$ 已知 873K 时，$K^\ominus=0.178$。若原料气中乙苯和水蒸气的比例为 $1:9$，求乙苯的平衡转化率。若不加水蒸气，则乙苯的转化率为若干？

解：在 873K 和总压力等于 100kPa 下，通入 1mol 乙苯和 9mol 水蒸气。

$$C_6H_5C_2H_5(g)\xlongequal{\quad}C_6H_5C_2H_3(g)+H_2(g) \quad H_2O(g)$$

反应始态物质的量/mol $\qquad 1 \qquad\qquad\quad 0 \qquad\quad 0 \qquad 9$

平衡时物质的量/mol $\qquad 1-\alpha \qquad\qquad \alpha \qquad\quad \alpha \qquad 9$

平衡后总物质的量：$\displaystyle\sum_B n_B = (1-\alpha+\alpha+\alpha+9)\text{mol} = (10+\alpha)\text{mol}$

$$K^\ominus = K_n\left(\frac{p}{p^\ominus\displaystyle\sum_B n_B}\right)^{\Sigma\nu_B}$$

因为：$\sum \nu_B = 1 > 0$，反应总压力 $p = p^\ominus = 100\text{kPa}$，所以：

$$K^\ominus = \frac{\alpha^2}{(1-\alpha)(10+\alpha)} = 0.178$$

解得：
$$\alpha = 0.728$$

平衡转化率即最大转化率达 72.8%。

如果不加水蒸气：$\sum_B n_B = (1 - \alpha + \alpha + \alpha)\text{mol} = (1 + \alpha)\text{mol}$

$$K^\ominus = \frac{\alpha^2}{1 - \alpha^2} = 0.178$$

解得：
$$\alpha = 0.389$$

平衡转化率仅为 38.9%。

显然，加入水蒸气后，使苯乙烯的最大转化率从 38.9% 增到 72.8%。

在系统总压恒定的条件下，增加不参加反应的惰性气体，使总物质的量增加，因而降低了参加反应气体的分压，而对 $\sum \nu_B > 0$ 的反应，减压与添加水蒸气均使反应向右移动，从而提高转化率。

【**例题 5-13**】 773.15K 时，$2SO_2(g) + O_2(g) \Longleftrightarrow 2SO_3(g)$ 的平衡常数为 $8.39 \times 10^{-4} \text{Pa}^{-1}$。当 $SO_2 = 7.8\%$，$O_2 = 10.8\%$，$N_2 = 81.4\%$（体积分数）的气体由硫铁矿烧炉进入转化器时，一部分 SO_2 变为 SO_3 达到平衡而导出。若此时转化器内保持 101.325kPa、773.15K，试求导出的气体组成。

解：这是一个有惰性气体存在的反应系统，已知
$$2SO_2 + O_2 \Longleftrightarrow 2SO_3 \qquad K_p = 8.39 \times 10^{-4} \text{Pa}^{-1}$$

设导入气体的总量为 1mol，则 SO_2、O_2、N_2 的量分别为 0.078mol、0.108mol、0.814mol。

又设导出气体中生成了 $2x(\text{mol})$ 的 SO_3，则导出气体中各气体组分的量分别为：SO_2，$(0.078 - 2x)\text{mol}$；O_2，$(0.108 - x)\text{mol}$；SO_3，$2x\,\text{mol}$；N_2，0.814mol；总摩尔数为 $(1 - x)\text{mol}$。而

$$K_p = \frac{p^2(SO_3)}{p^2(SO_2)p(O_2)} = \frac{\left(\dfrac{2x}{1-x}p_{总}\right)^2}{\left(\dfrac{0.078-2x}{1-x}p_{总}\right)^2\left(\dfrac{0.108-x}{1-x}p_{总}\right)}$$

$$= \frac{4x^2(1-x)}{(0.078-2x)^2(0.108-x)}\frac{1}{p_{总}} = 8.39 \times 10^{-4} \text{Pa}^{-1}$$

整理上式得　　　　$336x^3 - 59.24x^2 + 3.38x - 0.05585 = 0$

用迭代法解方程得：$x = 0.028$

故导出气体组成为：SO_2，2.3%；SO_3，5.8%；O_2，8.2%；N_2，83.7%。

5.6.4　物料配比对平衡组成的影响

反应物料的配比不同却能直接影响平衡后产物的组成。怎样选择最适宜的原料比才能使所得产量最高，并达到最佳的分离效果（如吸收、冷凝、蒸馏），无疑对生产有实际意义。

对理想气体反应：　　　　$aA + bB \longrightarrow lL + mM$

可以用数学上求极大值的方法证明，若反应开始时无产物存在，两反应物的初始摩尔比等于化学计量系数比，即 $n_B/n_A = b/a$，则平衡反应进度 ξ^{eq} 最大。

在 ξ^{eq} 最大时，平衡混合物中产物 L 或 M 的摩尔分数也最高。例如，由 CO 与 H_2 合成甲醇的反应 $CO(g) + H_2(g) \longrightarrow CH_3OH(g)$，设 $n(H_2,g)/n(CO,g) = r$，则在 663.15K、

3.04×10^4 kPa 下进行时，反应物 CO 的平衡转化率 $y^{eq}(CO)$ 随 r 的增大而升高，而产物 CH_3OH 的平衡组成 $y^{eq}(CH_3OH)$（摩尔分数）则随 r 的改变经一极大值，极大值处恰符合（化学计量数比）$n(H_2)/n(CO)=r=b/a=2$（见图5-2）。

因此在实际生产中，通常采取的比例是 $n(H_2)/n(CO)=b/a$，如合成氨生产为 $n(N_2)/n(H_2)=1/3$。若 A 和 B 两种反应物中 A 比 B 贵，为了提高 A 的转化率，可提高原料气中 B 的比例，但亦不是 B 越多越好，因为 B 的含量太大将导致平衡组成中产物组成的降低，产物分离问题可转变成不经济的因素。

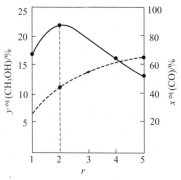

图 5-2　原料气配比对反应物平衡
转化率及产物平衡组成的影响

*5.7　同时平衡、反应耦合、近似计算

5.7.1　同时平衡

在有些化学反应中，特别是在有机化学反应中，除了主反应外，还伴有或多或少的副反应，即几个反应同时发生（如石油的裂解反应，同时可以有几十个或甚至更多的反应同时发生）。这些反应既同处于一个系统之中，它们之间必然要互相影响。

在指定的条件下，一个反应系统中的一种或几种物质同时参加两个以上的化学反应所达到的化学平衡叫同时平衡。例如：

$$FeO(s)+CO(g) = Fe(s)+CO_2(g)$$
$$2CO(g)+O_2(g) = 2CO_2(g)$$

两个反应同时存在于一个系统中，这两个反应一定是同时达到平衡。

在处理同时平衡的问题时，要考虑每个物质的数量在各个反应中的变化，并在各个平衡方程式中同一物质的数量应保持一致。

【例题 5-14】　600K 时，$CH_3Cl(g)$ 与 H_2O 发生反应生成 CH_3OH，继而又生成 $(CH_3)_2O$，同时存在两个平衡：

(1) $CH_3Cl(g)+H_2O(g) = CH_3OH(g)+HCl(g)$

(2) $2CH_3OH(g) = (CH_3)_2O(g)+H_2O(g)$

已知在该温度下，$K_1^{\ominus}=0.00154$，$K_2^{\ominus}=10.06$，今以等量的 CH_3Cl 和 H_2O 开始，求 CH_3Cl 的平衡转化率。

解：设开始时 CH_3Cl 和 H_2O 的摩尔分数为 1.0，到达平衡时，生成 HCl 的摩尔分数为 x，生成 $(CH_3)_2O$ 的摩尔分数为 y，则在平衡时各物质的量为：

(1)　$CH_3Cl(g)+H_2O(g) = CH_3OH(g)+HCl(g)$
　　　　$1-x$　　　$1-x+y$　　　$x-2y$　　　x

(2)　$2CH_3OH(g) = (CH_3)_2O(g)+H_2O(g)$
　　　　$x-2y$　　　　　　y　　　　$1-x+y$

因为两个反应的 $\sum \nu_B = 0$ 都等于零，所以 $K^{\ominus}=K_x$

而
$$K_1^{\ominus} = \frac{(x-2y)x}{(1-x)(1-x+y)} = 0.00154$$

$$K_2^{\ominus} = \frac{y(1-x+y)}{(x-2y)^2} = 10.06$$

将两个方程联立，解得：$x=0.048$，$y=0.009$

即 CH_3Cl 的转化率为 0.048 或 4.8%。

5.7.2　反应耦合

系统中同时发生两个化学反应，其中一个反应的某产物是另一个反应的一种反应物，这两个反应的关系称为反应耦合。耦合反应（coupling reaction），其实质也是同时反应，不过它是为了达到某种目的，人为地在某一反应系统中加入另外组分而发生的同时反应，其结果可实现优势互补，相辅相成。

反应耦合时，可影响反应的平衡点，甚至可由一个反应带动另一个单独存在时不能发生的反应进行。利用 $\Delta_r G_m$ 值很负的反应，将 $\Delta_r G_m$ 值负值绝对值较小甚至大于零的反应带动起来。如反应：

$$TiO_2(s) + 2Cl_2(g) = TiCl_4(l) + O_2(g) \tag{1}$$

$$\Delta_r G_m^{\ominus}(298.15K) = 161.94 kJ \cdot mol^{-1}$$

$$C(s) + O_2(g) = CO_2(g) \tag{2}$$

$$\Delta_r G_m^{\ominus}(298.15K) = -232.44 kJ \cdot mol^{-1}$$

两反应在一个系统内进行（即耦合），得：

$$C(s) + TiO_2(s) + 2Cl_2(g) = TiCl_4(l) + CO_2(g) \tag{3}$$

$$\Delta_r G_m^{\ominus}(298.15K) = -70.5 kJ \cdot mol^{-1}$$

式(1)和式(2)中 $O_2(g)$ 就是耦合关联物质，实际上耦合反应的平衡就是同时平衡。反应(1)、反应(2)耦合，使反应(3)得以顺利进行。

5.7.3　近似计算

当数据不够齐全或不需要做精确计算时，可以采取近似计算的方法。

(1) $\Delta_r G_m^{\ominus}(T)$ 的估算

当 $\Delta_r C_m$ 不大或者不需要做精确计算时，可认为 $\Delta_r H_m$ 及 $\Delta_r S_m$ 与 T 无关，则可根据公式：$\Delta_r G_m^{\ominus} = \Delta_r H_m^{\ominus} - T\Delta_r S_m^{\ominus}$，查表知 298.15K 时的值，估算任意温度下的 $\Delta_r G_m^{\ominus}$。

(2) 估计有利的反应温度

通常焓变与熵变在化学反应中的符号是相同的。要使反应顺利进行，则 $\Delta_r G_m$ 越小越好。

$\Delta_r H_m^{\ominus}(T) > 0$，$\Delta_r S_m^{\ominus}(T) > 0$，提高温度对反应有利。

$\Delta_r H_m^{\ominus}(T) < 0$，$\Delta_r S_m^{\ominus}(T) < 0$，降低温度对反应有利。

(3) 转折温度

其他条件不变时，只通过改变温度使一个化学反应由非自发性转为自发性的过程中，化学反应的 $\Delta_r G_m = 0$ 的温度叫转折温度。

根据 $\Delta_r G_m = \Delta_r H_m - T\Delta_r S_m$，当 $\Delta_r G_m = 0$，$\Delta_r H_m = T\Delta_r S_m$，则：

$$T = \frac{\Delta_r H_m}{\Delta_r S_m} = \frac{\Delta_r H_m^{\ominus}(298.15K)}{\Delta_r S_m^{\ominus}(298.15K)}$$

显然，若 $\Delta_r H_m$ 与 $\Delta_r S_m$ 的正负不一致，则 $T < 0$，无意义。所以对这类反应，不能用此法求转折温度。

本 章 小 结

1. 对于任何一个系统，热力学基本原理决定了化学平衡的状态。本章根据热力学的基本原理，推导出范特霍夫等温方程式，提出化学反应自发进行的方向、化学反应平衡的条件以及标准平衡常数 $K^{\ominus}$ 与反应系统标准摩尔反应 Gibbs 函数变化 $\Delta_r G_m^{\ominus}$ 之间的关系。$K^{\ominus}$ 是反应的特性常数，它定量地反映了化学反应在指定条件下可能达到的最大限度，关系式 $\Delta_r G_m^{\ominus} = -RT\ln K^{\ominus}$ 从理论上提供了计算 $K^{\ominus}$ 的方法。

2. 反应系统的 $\Delta_r G_m^{\ominus}$ 可以从参加反应物质的标准生成 Gibbs 函数 $\Delta_f G_m^{\ominus}(B)$ 求得，也可以从物质的生成焓与标准熵值求得。

3. 对于非理想系统或多相系统中的化学反应，通过类似于多组分实际系统对理想系统偏差的校正方法可获得。平衡常数与热力学参量之间的关系。如对于液态化学反应：$a\,A + b\,B \Longrightarrow g\,G + h\,H$，通过假定：$\mu_B^*(T,p) \approx \mu_B^*(T,p^{\ominus}) = \mu_B^{\ominus}(T)$，则：

$$K_a^{\ominus} = \left(\frac{a_G^g a_H^h}{a_A^a a_B^b}\right)_{eq}$$

4. 平衡条件下系统各组分浓度之间的关系也可由一些经验平衡常数，如 K_p、K_c、K_n、K_y 等来关联。外界条件如温度、压力和反应组分的量对化学平衡系统的位置产生影响。吉布斯-亥姆霍兹方程（化学反应的等压方程）给出了在一定压力下标准平衡常数 $K^{\ominus}$ 随温度的变化关系：

$$\left(\frac{\partial\ln K^{\ominus}}{\partial T}\right)_p = \frac{\Delta_r H_m^{\ominus}}{RT^2}$$

5. 本章核心概念和公式

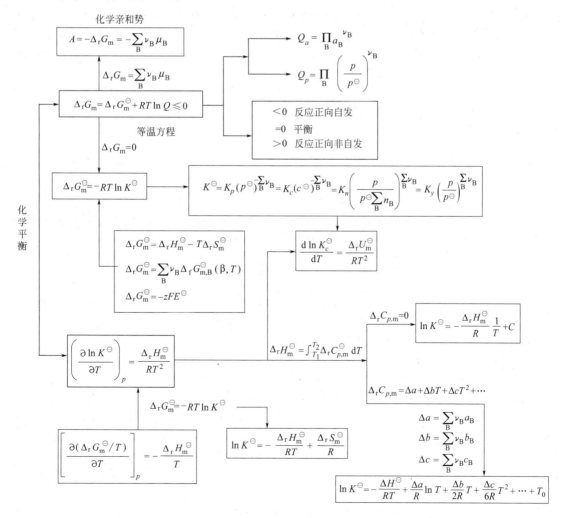

思 考 题

1. 在一定温度下，某气体混合物反应的标准平衡常数设为 $K^{\ominus}(T)$，当气体混合物开始组成不同时，$K^{\ominus}(T)$ 是否相同（对应同一的计量方程）？平衡时其组成是否相同？

2. 下列说法对吗？为什么？

(1) 任何反应物都不能百分之百地变为产物，因此，反应进度永远小于 1；

(2) 对同一化学反应，若反应计量式写法不同，则反应进度应不同。但与选用反应式中何种物质的量的变化来进行计算无关；

(3) 化学势不适用于整个化学反应系统，因此，化学亲和势也不适用于化学反应系统。

3. 是否所有单质的 $\Delta_f G_m^{\ominus}$ 皆为零？为什么？试举例说明。

4. 能否用 $\Delta_r G_m^{\ominus} > 0$、$< 0$、$= 0$ 来判断反应的方向？为什么？

5. 以下说法是否正确？为什么？

(1) 用物理方法测定平衡常数，所用仪器的响应速度不必太快；

(2) 一定温度下，由正向或逆向反应的平衡组成所测得的平衡常数应相等；

(3) 若已知某气相生成反应的平衡组成，则能求得产物的 $\Delta_f G_m^{\ominus}$；

(4) 任何情况下，平衡产率均小于平衡转化率。

6. 实践证明，两块没有氧化膜的光滑洁净的金属表面紧靠在一起时，它们会自动地黏合在一起。假定外层空间的气压为 1.013×10^{-9} Pa，温度的影响暂不考虑，当两个镀铬的宇宙飞船由地面进入外层空间对接时，它们能否自动地黏合在一起。已知 $Cr_2O_3(s)$ 的 $\Delta_r G_m^{\ominus} = -1079 kJ \cdot mol^{-1}$，设外层空间的温度为 298K，空气的组成与地面相同。从以上计算结果，能否解释为什么铁匠在黏合两块烧红的钢铁之前往往先将烧红的钢铁迅速地在酸性泥水中浸一下。

7. 出土文物青铜器编钟由于长期受到潮湿空气及水溶性氯化物的作用，生成了粉状铜锈，经鉴定含有 $CuCl$、Cu_2O 及 $Cu_2(OH)_3Cl$。有人提出，其腐蚀反应的可能途径是：

$$Cu \xrightarrow{Cl^-} CuCl \begin{array}{c} \overset{(1)}{\nearrow} Cu_2O \\ \big\downarrow (2) \\ \underset{(3)}{\searrow} Cu_2(OH)_3Cl \end{array}$$

即 $Cu_2(OH)_3Cl$ 可通过(1)+(2)及(3)两种途径生成。试用热力学方法分析上述看法是否正确。

8. 理想气体反应、真实气体反应、有纯液体或纯固体参加的理想气体反应，理想液态混合物或理想溶液中的反应，真实液态混合物或真实溶液中的反应，其 $K^{\ominus}$ 是否都只是温度的函数？

习 题

1. 反应 $CO(g) + H_2O(g) \rightleftharpoons H_2(g) + CO_2(g)$ 的标准平衡常数与温度关系为 $\lg K_p^{\ominus} = 2150K/T - 2.216$，当 $CO(g)$、$H_2O(g)$、$H_2(g)$、$CO_2(g)$ 的起初组成的质量分数分别为 0.30、0.30、0.20 和 0.20 时，总压为 100.00kPa 时，问在什么温度以下（或以上）反应才能向生产产物的方向进行？

2. 373K 时，$2NaHCO_3(s) \rightleftharpoons Na_2CO_3(s) + CO_2(g) + H_2O(g)$ 反应的 $K^{\ominus} = 0.231$。

(1) 在 $0.01m^3$ 的抽空容器中，放入 $0.1mol\ Na_2CO_3(s)$，并通入 $0.2mol\ H_2O(g)$，问最少需通入物质的量为多少的 $CO_2(g)$，才能使 $Na_2CO_3(s)$ 全部转为 $NaHCO_3(s)$？

(2) 在 373K、总压为 101.325kPa 条件下，要在 $CO_2(g)$ 和 $H_2O(g)$ 的混合气体中干燥潮湿的 $NaHCO_3(s)$，问混合气体中 $H_2O(g)$ 的分压应为多少才不致 $NaHCO_3(s)$ 分解？

3. 反应 $C(s) + 2H_2(g) \rightleftharpoons CH_4(g)$ 的 $\Delta_r G_m^{\ominus}(1000K) = 19.29 kJ \cdot mol^{-1}$，若参加反应的气体的摩尔分数分别为 $x(CH_4) = 0.1$、$x(H_2) = 0.8$、$x(N_2) = 0.1$，试问在 1000K 和 100kPa 压力下，能否有 $CH_4(g)$ 生成？

4. 在 723K 时，将 $0.10mol\ H_2(g)$ 和 $0.20mol\ CO_2(g)$ 通入抽空的瓶中，发生如下反应：

$$H_2(g) + CO_2(g) \Longrightarrow CO(g) + H_2O(g) \tag{1}$$

平衡后瓶中总压力为 50.66kPa，经分析知其中水蒸气的摩尔分数为 0.10。今在容器中加入过量的 CoO(s) 和 Co(s)，在容器中又增加了如下两个平衡：

$$CoO(s) + H_2(g) \Longrightarrow Co(s) + H_2O(g) \tag{2}$$

$$CoO(s) + CO(g) \Longrightarrow Co(s) + CO_2(g) \tag{3}$$

经分析知容器中水蒸气的摩尔分数为 0.30，计算这三个反应用摩尔分数表示的平衡常数。

5. 在 870K 和 100kPa 条件下，下列反应达到平衡：$CO(g) + H_2O(g) \Longrightarrow H_2(g) + CO_2(g)$。若将压力从 100kPa 提高到 50000kPa，问：

（1）各气体仍作为理想气体处理，其标准平衡常数有无变化？

（2）若各气体的逸度因子分别为 $\gamma(CO_2) = 1.09$、$\gamma(H_2) = 1.10$、$\gamma(CO) = 1.23$、$\gamma(H_2O) = 0.77$，则平衡应向何方移动？

6. 25℃，金刚石和石墨的标准生成焓、标准熵和密度如下：

物质	$\Delta_f H_m^{\ominus}/kJ \cdot mol^{-1}$	$S_m^{\ominus}/J \cdot K^{-1} \cdot mol^{-1}$	$\rho/g \cdot cm^{-3}$
金刚石	1.90	2.439	3.513
石墨	0	5.694	2.260

求在 25℃时，金刚石和石墨的平衡压力。

7. 已知下列氧化物的 $\Delta_f G_m^{\ominus}$ 与温度的关系为：

$$\Delta_f G_m^{\ominus}(MnO) = (-3849 \times 10^2 + 74.48T/K)J \cdot mol^{-1}$$

$$\Delta_f G_m^{\ominus}(CO) = (-1163 \times 10^2 - 83.89T/K)J \cdot mol^{-1}$$

$$\Delta_f G_m^{\ominus}(CO_2) = -3954 \times 10^2 J \cdot mol^{-1}$$

（1）计算说明在 0.133Pa 的真空条件下，用炭粉还原固态 MnO 生成纯 Mn 及 CO(g) 的最低还原温度是多少？

（2）在（1）的条件下，用计算说明还原反应能否按下列方程式进行：

$$2MnO(s) + C(s) \Longrightarrow 2Mn(s) + CO_2(g)$$

8. 已知 $Br_2(g)$ 的 $\Delta_f H_m^{\ominus} = 30.91kJ \cdot mol^{-1}$，$\Delta_f G_m^{\ominus} = 3.11kJ \cdot mol^{-1}$。设 $\Delta_r H_m^{\ominus}$ 不随温度而改变，计算：

（1）$Br_2(l)$ 在 298K 时的饱和蒸气压；

（2）$Br_2(l)$ 在 323K 时的饱和蒸气压；

（3）$Br_2(l)$ 在 100kPa 时的沸点。

9. 设在某一温度下，有一定量的 $PCl_5(g)$ 在 100kPa 压力下的体积为 1dm³，在该条件下 $PCl_5(g)$ 的解离度 $\alpha = 0.5$。用计算说明在下列几种情况下，$PCl_5(g)$ 的解离度是增大还是减小。

（1）使气体的总压降低，直到体积增加到 2dm³；

（2）通入 $N_2(g)$，使体积增加到 2dm³，而压力保持为 100kPa；

（3）通入 $N_2(g)$，使压力增加到 200kPa，而体积保持为 1dm³；

（4）通入 $Cl_2(g)$，使压力增加到 200kPa，而体积保持为 1dm³。

10. 有两个反应在 323K 达到平衡：

$$2NaHCO_3(s) \Longrightarrow Na_2CO_3(s) + CO_2(g) + H_2O(g) \tag{1}$$

$$CuSO_4 \cdot 5H_2O(s) \Longrightarrow CuSO_4 \cdot 3H_2O(s) + 2H_2O(g) \tag{2}$$

已知反应（1）的解离压力为 4.0kPa，反应（2）的水汽压力为 6.05kPa，计算由 $NaHCO_3(s)$、$Na_2CO_3(s)$、$CuSO_4 \cdot 5H_2O(s)$、$CuSO_4 \cdot 3H_2O(s)$ 所组成的系统在达到同时平衡时 $CO_2(g)$ 的分压。

11. 有人尝试用甲烷和苯为原料来制备甲苯：$CH_4(g) + C_6H_6(g) \longrightarrow C_6H_5CH_3(g) + H_2(g)$，通过不同的催化剂和选择不同的温度，但都以失败而告终。而在石化石油上，是利用该反应的逆反应使甲苯加氢来获取苯。试通过如下两种情况，从理论上计算平衡转化率。

（1）在 500K 和 100kPa 的条件下，使用适当的催化剂，若原料甲烷和苯的摩尔比为 1:1，用热力学数据估算，可能获得的甲苯所占的摩尔分数。

（2）若反应条件同上，使甲苯和氢气的摩尔比为 1 : 1，请计算甲苯的平衡转化率。

已知 500K 时：$\Delta_f G_m^{\ominus}$（CH_4, g）$= -33.08$kJ·mol^{-1}，$\Delta_f G_m^{\ominus}$（C_6H_6, g）$= 162.0$kJ·mol^{-1}，$\Delta_f G_m^{\ominus}$（$C_6H_5CH_3$, g）$= 172.4$kJ·mol^{-1}。

12. 对某气相反应，证明：

$$\left(\frac{d\ln K_c^{\ominus}}{dT} \right)_p = \frac{\Delta_r U_m^{\ominus}}{RT^2}$$

13. 已知反应 $(CH_3)_2CHOH(g) =\!=\!= (CH_3)_2CO(g) + H_2(g)$ 的 $\Delta_r C_{p,m}^{\ominus} = 16.72$J·$K^{-1}$·$mol^{-1}$。在 457K 时的 $K_p^{\ominus} = 0.36$，在 298K 时的 $\Delta_r H_m^{\ominus} = 61.5$kJ·$mol^{-1}$。

（1）写出 $\ln K_p^{\ominus} - f(T)$ 的函数关系式。

（2）计算 500K 时的 $K_p^{\ominus}$ 值。

14. 用空气和甲醇蒸气通过银催化剂制备甲醛，在反应过程中银逐渐失去光泽，并且有些碎裂。试根据下述数据，说明在 823K 和气体压力为 100kPa 的反应条件下，银催化剂是否有可能被氧化为氧化银 [已知 $Ag_2O(s)$ 的 $\Delta_f G_m^{\ominus} = -11.20$kJ·$mol^{-1}$，$\Delta_f H_m^{\ominus} = -31.05$kJ·$mol^{-1}$。$O_2(g)$、$Ag_2O(s)$ 和 $Ag(s)$ 在 298～823K 的温度区间内的平均定压摩尔热容分别为 29.36J·K^{-1}·mol^{-1}、65.86J·K^{-1}·mol^{-1}、25.35J·K^{-1}·mol^{-1}]。

15. 在 448～688K 的温度区间内，用分光光度计研究下面的气相反应：

$$I_2(g) + 环戊烯(g) =\!=\!= 2HI(g) + 环戊二烯(g)$$

得到标准平衡常数与温度的关系为 $\ln K_p^{\ominus} = 17.39 - \dfrac{51034\text{K}}{4.575T}$。计算：

（1）在 573K 时的反应的 $\Delta_r G_m^{\ominus}$、$\Delta_r H_m^{\ominus}$ 和 $\Delta_r S_m^{\ominus}$。

（2）若开始以等物质的量的 $I_2(g)$ 和环戊烯(g) 混合，温度为 573K，起始总压为 100kPa，求达到平衡时 $I_2(g)$ 的分压。

（3）起始总压为 1000kPa，求达到平衡时 $I_2(g)$ 的分压。

第6章 相 平 衡

相平衡、溶液平衡和化学平衡是热力学在化学领域中的重要应用，也是化学热力学的主要研究对象。

前面我们已经根据热力学基本原理，研究了平衡系统的性质与组成之间的变化关系，并将某些变化关系用函数关系表示出来。这种研究方法的优点很多，然而，对于多组分、几个相态同时存在的系统来说，相间变化的函数关系可能相当复杂，有时甚至还很难找到与实验结果完全符合的数学关系式。不便于相互间进行比较。因此，人们又采用几何图形来表示平衡系统的温度、压力、组成等变量与相的关系。这种几何图形称为相图或状态图。

相图是有关系统在各种条件下（温度、压力、组成）相态平衡情况的大量实验资料的记录。根据系统的相图，可以预计在某一条件下，系统的最稳定状态是由哪些相组成，以及各相的状态、组成和相对量等。同时也可以预计当系统的温度或组成发生变化时，系统的相数、相态、组成及相的相对量的变化关系。

当然，相图亦有其局限性。它只能表明系统中可能发生的什么变化，但不能回答这些变化是如何发生的，以及为什么会发生这样的变化。尽管如此，相图还是化工、冶金、材料等科学的理论基础之一。化工和冶金产品的分离和提纯，金属材料的研制，高纯金属的制取，硅酸盐（水泥、玻璃、陶瓷材料等）生产的配料，以及盐湖中无机盐的提取等，都会用到相图。

相律是相平衡中的一个基本规律。相律为多相平衡系统的研究建立了热力学基础，是物理化学中最具有普遍性的规律之一。它讨论平衡系统中相数、独立组分数与描述该平衡系统的变数之间的关系。相律只能对系统做出定性的叙述，只讨论"数目"而不讨论"数值"。例如，相律可以确定有几个因素能对复杂系统中相平衡发生影响，在一定条件下，系统有几个相同时存在等，但相律却不能告诉我们这些数目具体代表哪些变量或代表哪些相。

6.1 相 律

6.1.1 相律的基本概念

相律是 Gibbs 于 1876 年根据热力学原理导出描述平衡系统中，相数、组分数、自由度数之间关系的规律。

（1）相与相数

系统中，物理性质和化学性质完全均一的部分总称为一个"相"。

说明：完全均一是指不同物质在分子程度上的混合；相与相之间有明显的界面；界面处系统的热力学性质是间断的。

虽然相是均匀的，但并非一定要连续，例如于水中投入两块冰，只能算作两相（水和冰）而非三相。

相的数目称为"相数"，用 P 表示。通常系统中的气相、液相和固相的数目，可以用下列的方法来确定：

① 气相　通常气体能无限互溶（假定气相不发生化学反应时），所以系统中无论有多少种气体只可能有一个气相。

② 液相 依液体的互溶程度而定。

③ 固相 一般是有几种固体便有几个固相，但不同固体若能形成固体溶液则为一个相。若同一种物质以不同晶型存在，则每一种晶型为一相。

（2）组分与组分数

确定平衡系统中所有各项的组成所需要的最少数目的独立物种称为组分。

组分数 C 为系统中可独立变化的物种数目；物种数 S 为系统中化学物质种类数目。组分数与物种数之间的关系可用下式表示：

$$C = S - R - R' \tag{6.1-1}$$

式中，R 为独立的化学反应数，R' 为附加的浓度限制条件数。

（3）自由度与自由度数

在不引起旧相消失和新相形成的前提下，可在一定范围内自由变动的强度性质，称为系统在指定条件下的"自由度"。自由度通常是指体系的温度、压力和浓度等变量的个数。

指定条件下系统一共有几个自由度，这一数目称为"自由度数"，用符号 F 表示。自由度数 F 也称为独立变量数。对于一定的平衡系统，在不改变相的形态和数目的情况下，独立强度变量的数目，就是这一平衡系统的自由度数。

6.1.2 吉布斯相律的推导

设有 S 种物质分布在 P 个相中，描述一个相的状态要 T、p 和 x_1、x_2、$\cdots$、x_s 共 $S-1$ 个浓度变量，所以总变量数 $= P(S-1)+2$。在一个封闭的多相系统中，相与相之间可以有热的交换、功的传递和物质的转换。

对具有 P 个相系统的热力学平衡，实际上包含了如下四个平衡条件。

① 热平衡条件：设系统有 I、II、$\cdots$、P 个相，达到平衡时，在不存在绝热壁的情况下，各相具有相同温度，即：

$$T^I = T^{II} = \cdots = T^P$$

② 压力平衡条件：达到平衡时，在不存在刚性壁的情况下，各相的压力相等，即：

$$p^I = p^{II} = \cdots = p^P$$

③ 相平衡条件：任一物质（编号为 $1,2,\cdots,S$）在各相（编号为 I，II，$\cdots$，P）中的化学势相等，相变达到平衡，即：

$$\mu_1(I) = \mu_1(II) = \cdots = \mu_1(P)$$
$$\mu_2(I) = \mu_2(II) = \cdots = \mu_2(P)$$
$$\cdots$$
$$\mu_S(I) = \mu_S(II) = \cdots = \mu_S(P)$$

式中，$\mu_B(k)$ 分别代表第 B 种物质在第 k 相中的化学势，共有 $S(P-1)$ 个关于各物质在各相中的浓度及 T、p 的方程。

④ 化学平衡条件：化学反应（编号为 $1,2,\cdots,R$）达到平衡：

$$\sum_B \nu_B(1)\mu_B = \Delta_r G_m(1) = 0$$
$$\sum_B \nu_B(2)\mu_B = \Delta_r G_m(2) = 0$$
$$\cdots$$
$$\sum_B \nu_B(R)\mu_B = \Delta_r G_m(R) = 0$$

共 R 个关于各物质在各相中的浓度及 T、p 方程。化学反应是按计量式进行的。在有些情况下，某些物质的浓度间还满足某种关系，即某种浓度限制条件，如反应：

$$(NH_4)_2S(s) \Longrightarrow 2NH_3(g) + H_2S(g)$$

如果 NH_3 和 H_2S 都是由 $(NH_4)_2S$ 分解生成的，则有：$c(NH_3) = c(H_2S)$，但如果分解产物在不同相则不然，如反应：$CaCO_3(s) \Longrightarrow CO_2(g) + CaO(s)$，$c(CO_2,g)$ 和 $c(CaO,s)$ 无关，则无浓度限制条件。浓度限制条件仅在同一相中才能使用。

设浓度限制条件的数目为 R'，则又有 R' 个关于浓度的方程式。

自由度数＝总变量数－方程式数

总变量数＝相数×（物质种数－1）＋2＝$P(S-1)+2$

方程式数＝$S(P-1)+R+R'$

则自由度数：

$$F = S - R - R' - P + 2 = C - P + 2 \qquad (6.1-2)$$

式中，2 指 T、p 这两个强度性质。这就是著名的 Gibbs 相律公式。

相律为多相平衡系统的研究建立了热力学基础，是物理化学中最具有普遍性的规律之一。它讨论平衡系统中相数、独立组分数与描述该平衡系统的自由度之间的关系。

说明：①相律只适合于热力学平衡系统，即在系统的各相压力和温度都是同样的，且物质流动已达平衡的系统；②不是每一相都存在 S 种物质，在相律的推导中，曾假定每一组分在每一相中均存在，实际上若有些物质在某些相中不存在，则系统的总变量数少一个，同时也少一个化学势相等的方程式，这种场合下相律的数学表达式仍然成立；③考虑除温度、压力外的其他因素（外场）对平衡的影响：$F = C - P + n$。

6.1.3　吉布斯相律的局限性与应用

相律只能对系统做出定性的叙述，只讨论"数目"而不讨论"数值"。例如，相律可以确定有几个因素能对复杂系统中相平衡发生影响，在一定条件下，系统有几个相同时存在等，但相律却不能告诉我们这些数目具体代表哪些变量或代表哪些相。

【例题 6-1】　Na_2CO_3 与 H_2O 可以组成下列几种化合物：

$$Na_2CO_3 \cdot H_2O, Na_2CO_3 \cdot 7H_2O, Na_2CO_3 \cdot 10H_2O$$

（1）试说明在 1atm 时，与 Na_2CO_3 水溶液及冰共存的含水盐最多可有几种？

（2）试说明在 30℃时，与水蒸气平衡共存的含水盐最多可有几种？

解：系统由 Na_2CO_3 和 H_2O 组成，$C=2$

（1）压力恒定，所以：

$$F = C - P + 1 = 2 - P + 1 = 3 - P$$

相数最多时自由度最少，$F=0$，此时，$P=3$。所以与 Na_2CO_3 水溶液及冰共存的含水盐最多只有一种，至于是哪种含水盐则未知。

（2）温度恒定，所以：

$$F = C - P + 1 = 2 - P + 1 = 3 - P$$

当 $F=0$，$P=3$。所以与水蒸气平衡共存的含水盐，最多可有两种，同样也不能确定是哪两种含水盐。

6.2　单组分系统的相图

6.2.1　单组分系统的相律及其相图特征

由相律 $F = C - P + 2$ 可以看出，当平衡系统中组分数 C 已确定时，F 与 P 存在着相互制约的关系：系统相数愈多时，自由度数愈少。反之，相数愈少时，自由度数愈多。然而，自由度数最少仅能为零（无变量系统），故平衡时系统相数有一最大值，即当 $F=0$ 时，$P_{max}=C+2$。而系统最少相数为 1，在此条件下自由度数最多，即当 $P=1$ 时，$F_{max}=C+1$。

因此，当外界条件及系统组分数既定时，可由相律确定应该用多少变量才足以完整地描述系统的平衡性质以及在此系统中达平衡时最多相数可能是多少。

对于单组分系统（$C=1$），据相律 $F=C-P+2=3-P$。即：$F=0$ 时，$P=3$，即系统中最多只有三相共存。

$P=1$ 时，$F=2$，系统最大自由度为 2，这说明只要两个独立变量（如 T、p）就足以完整表征系统的状态。相图又称为状态图，它表明指定条件下系统是由哪些相构成的，各相的组成是什么。对于单组分系统，以实验数据为基础做出这些变量之间的图解，即可构成各类相图，例如 p-T、p-V 等相图。对于多组分系统还应引入组成的变量 x（摩尔分数），可作 p-x、T-x、T-p-x 等各种相图。以单组分系统的 T-p 相图为例，其特征与相数、自由度数之间的对应关系列于表 6-1。

表 6-1 单组分系统温度压力相图的特征

相数 P	自由度数 F	系统名称	相图特征
1	2	二变量系统	面
2	1	单变量系统	线
3	0	无变量系统	点

由表可知，单组分系统的相图为二维的，在其中有单相面、两相线、三相点，但这些面、线、点居于何处，属于哪些相构成，却不能从相律里得知，只能通过实验来确定。

6.2.2 克拉贝龙方程和克劳修斯-克拉贝龙方程

一个单组分系统，假若温度为 T、压力为 p 时，有 α、β 两相平衡共存，此时，系统中的物质在两相中的化学势必定相等：

$$\mu^{\alpha}_{(T,p)} = \mu^{\beta}_{(T,p)}$$

当温度从 T 变到 $T+\mathrm{d}T$ 时，原来的 p 不再是平衡蒸气压。随着压力也从 p 变到 $p+\mathrm{d}p$ 时，系统可以达到新的平衡状态。与此同时，系统中两相的化学势也发生了微小变化：

$$\alpha \text{ 相：} \mu^{\alpha}_{(T,p)} \rightarrow \mu^{\alpha}_{(T,p)} + \mathrm{d}\mu^{\alpha}$$

$$\beta \text{ 相：} \mu^{\beta}_{(T,p)} \rightarrow \mu^{\beta}_{(T,p)} + \mathrm{d}\mu^{\beta}$$

在新的平衡条件下（$T+\mathrm{d}T$，$p+\mathrm{d}p$），两相达到新平衡时，化学势相等：

$$\mu^{\alpha}_{(T,p)} + \mathrm{d}\mu^{\alpha} = \mu^{\beta}_{(T,p)} + \mathrm{d}\mu^{\beta}$$

故 $\qquad \mathrm{d}\mu^{\alpha} = \mathrm{d}\mu^{\beta}$

纯物质的单组分系统，$\mu = G_m$。

$$\mathrm{d}G_m = -S_m \mathrm{d}T + V_m \mathrm{d}p \tag{6.2-1}$$

$$-S^{\alpha}_m \mathrm{d}T + V^{\alpha}_m \mathrm{d}p = -S^{\beta}_m \mathrm{d}T + V^{\beta}_m \mathrm{d}p \tag{6.2-2}$$

$$(S^{\beta}_m - S^{\alpha}_m)\mathrm{d}T = (V^{\beta}_m - V^{\alpha}_m)\mathrm{d}p \tag{6.2-3}$$

$$\frac{\mathrm{d}p}{\mathrm{d}T} = \frac{S^{\beta}_m - S^{\alpha}_m}{V^{\beta}_m - V^{\alpha}_m} = \frac{\Delta S_m}{\Delta V_m} \tag{6.2-4}$$

ΔS_m 和 ΔV_m 是两相平衡共存的摩尔熵差和摩尔体积差。也就是在不破坏两相平衡的条件下，1mol 物质由 α 相变到 β 相时的熵变和体积变化。这种恒温恒压可逆相变化过程的熵

变 $\Delta S_m = \Delta H_m / T$，所以：

$$\frac{\mathrm{d}p}{\mathrm{d}T} = \frac{\Delta S_m}{\Delta V_m} = \frac{\Delta H_m}{T \Delta V_m} \tag{6.2-5}$$

上式就是反映单组分系统两相平衡时温度 T 和压力 p 之间关系的克拉贝龙（Clapyron）方程。它的含义是：若要继续保持两相平衡，当系统的温度发生了变化时，压力也随之而变化，其变化率相当于 $\Delta H_m / T \Delta V_m$。其中 ΔH_m 是 1mol 物质在平衡的两相间转变时的相变潜热，ΔV_m 是同一过程的体积变化。

Clapyron 方程对于任何物质的任何两相平衡系统都能适用。下面我们讨论其中的几种情况。

① 液-气平衡　对于液-气平衡：α（l）$\rightleftharpoons$ β（g）

因为 $V_{m,l} \ll V_{m,g}$，所以 $\Delta V_m = \Delta V_{m,g} - \Delta V_{m,l} \approx \Delta V_{m,g} = RT/p$

$$\frac{\mathrm{d}\ln p}{\mathrm{d}T} = \frac{\Delta_{vap} H_m}{RT^2} \tag{6.2-6}$$

公式(6.2-6)就是克拉贝龙-克劳修斯（Clausius-Clapyron）方程的微分形式。

$\Delta_{vap} H_m$ 是汽化热，大于零，所以 $\mathrm{d}\ln p / \mathrm{d}T > 0$。说明液体的蒸气压随着温度的升高而增大。

当温度变化不大时，$\Delta_{vap} H_m$ 可以看成是常数，对上式作定积分：

$$\int_{p_1}^{p_2} \frac{\mathrm{d}p}{p} = \frac{\Delta_{vap} H_m}{R} \int_{T_1}^{T_2} \frac{\mathrm{d}T}{T^2} \tag{6.2-7}$$

可得

$$\ln \frac{p_2}{p_1} = \frac{\Delta_{vap} H_m}{R} \left(\frac{T_2 - T_1}{T_1 T_2} \right) \tag{6.2-8}$$

公式(6.2-8)称为 Clausius-Clapyron 方程的积分形式。若知道 T_1、T_2 时的 p_1、p_2，可以求得摩尔汽化热 $\Delta_{vap} H_m$；或知道某一温度下的 p 和 $\Delta_{vap} H_m$，就可以求另一温度下的 p 值。

对微分式作不定积分，得：

$$\ln p = -\frac{\Delta_{vap} H_m}{RT} + C \tag{6.2-9}$$

或

$$\lg p = -\frac{\Delta_{vap} H_m}{2.303 RT} + B = \frac{A}{T} + B \tag{6.2-10}$$

式中，B、C 是积分常数。通过实验，在一定温度范围内，测得的饱和蒸气压随温度的变化，作 $\lg p$-$1/T$ 图，得到一直线，其斜率是 $A = -\Delta_{vap} H_m / 2.303 R$，这样通过斜率就可以求得摩尔汽化热 $\Delta_{vap} H_m$。

对于一些非极性的液体物质来说，如果分子不以缔合形式存在，则可以用经验的"特鲁顿（Trouton）规则"或"开斯夏科斯基（Kistiakowsky）规则"来近似估计汽化热的数值。

Trouton 规则　　　　　　$\Delta_{vap} H_m / T_b = 88 \mathrm{J} \cdot \mathrm{K}^{-1} \cdot \mathrm{mol}^{-1}$ \qquad (6.2-11)

T_b 是正常沸点。

Kistiakowsky 规则　　$\Delta_{vap} H_m / T_b = 8.75 + 4.576 \lg T_b$（$\mathrm{J} \cdot \mathrm{K}^{-1} \cdot \mathrm{mol}^{-1}$） \qquad (6.2-12)

若 $\Delta_{vap} H_m$ 是温度 T 的函数，可以写成：

$$\Delta_{vap} H_m = a + bT + cT^2 \tag{6.2-13}$$

则有

$$\lg p = \frac{A}{T} + B\lg T + CT + D \tag{6.2-14}$$

式中，A、B、C、D 均为常数。此式的应用范围较广，但缺点是其中的常数项太多。

还有一个半经验的安托因（Antoine）公式：

$$\lg p = -\frac{A}{t+C} + B \tag{6.2-15}$$

式中，t 是摄氏温度，该公式适合较高的温度区域。

② 固-气平衡 固体有直接升华的过程，因而也有饱和蒸气压。如碘、樟脑、干冰等，在常温下升华就很显著。与液-气平衡一样：

$$\alpha(s) \Longrightarrow \beta(g)$$

则有

$$\frac{dp}{dT} = \frac{\Delta_{sub}H_m}{T\Delta V_m} \tag{6.2-16}$$

或

$$\frac{d\ln p}{dT} = \frac{\Delta_{sub}H_m}{RT^2} \tag{6.2-17}$$

$\Delta_{sub}H_{m,s}$ 为摩尔升华焓，当温度变化不大时，$\Delta_{sub}H_{m,s}$ 可以看成是常数，对式（6.2-17）积分可得：

$$\ln\frac{p_2}{p_1} = \frac{\Delta_{sub}H_m}{R}\left(-\frac{1}{T_2}+\frac{1}{T_1}\right) = \frac{\Delta_{sub}H_m}{R}\left(\frac{T_2-T_1}{T_1 T_2}\right) \tag{6.2-18}$$

上述三式反映了固-气平衡时外压与升华温度的关系。

③ 固-液平衡 设 $\alpha(s) \Longrightarrow \beta(l)$

则有

$$\frac{dp}{dT} = \frac{\Delta_{fus}H_m}{T\Delta V_m} \tag{6.2-19}$$

$$\Delta V_m = V_m^l - V_m^s \tag{6.2-20}$$

$\Delta_{fus}H_m$ 为摩尔熔化焓。

上式反映了固-液平衡时外压与熔点的关系。外压为 101325Pa 时沸腾温度定为液体的正常沸点。对于纯水，因为冰的密度小于水的密度，故 $\Delta V_m = V_m^l - V_m^s < 0$，而 $\Delta_{fus}H_m > 0$，于是 $dp/dT < 0$，所以外压增加，冰的熔点下降。

【例题 6-2】 已知水在 101325Pa 下的沸点是 373K，汽化焓为 40668.5J·mol^{-1}，试计算 (1) 水在 298K 时的饱和蒸气压；(2) 设某高山的气压为 79993.4Pa，此时水的沸点是多少？

解： 本题可根据克-克方程：$\lg(p_2/Pa) = \lg(p_1/Pa) + \frac{\Delta_{vap}H_m}{2.303R}\frac{T_2-T_1}{T_1 T_2}$ 来计算。将数值代入公式可得：(1) $\lg(p_2/Pa) = \lg 101325 + \frac{40668.5}{2.303 \times 8.314} \times \frac{298-373}{298 \times 373}$，$p_2 = 3737.7Pa$

(2) $\lg 79993.4 = \lg 101325 + \frac{40668.5}{2.303 \times 8.314} \times \frac{T_2-373}{373 \times T_2}$，$T_2 = 366K$

6.2.3 典型的单组分系统相图

典型的单组分系统相图以纯水的相图为例来加以说明。

(1) 水的相图

水的三种不同的聚集状态在指定的温度、压力下可以互成平衡，即 冰⟶水，冰⟶蒸汽，蒸汽⟶水。在特定条件下还可以建立起 冰⟶水⟶汽 的三相平衡系统。表 6-2 的实验数据表明了水在各种平衡条件下，温度和压力的对应关系。水的相图（见图 6-1）就是根据这些数据描绘而成的。

表 6-2 水的压力-温度平衡关系

温度/℃	系统的水蒸气压力/kPa		
	水⇌蒸汽	冰⇌蒸汽	水⇌冰
−20	—	0.103	1.996×10^5
−15	0.191	0.165	1.611×10^5
−10	0.286	0.259	1.145×10^4
−5	0.421	0.401	6.18×10^4
0.00989	0.610	0.610	0.610
20	2.338	—	—
100	101.3	—	—
374	2.204×10^4	—	—

（2）水的相图分析

区域：图 6-1 中，OA、OB 和 OC 线将图分为三个区域，这三个区域分别代表三个相：气相（水蒸气）、液相（水）和固相（冰）存在的区域。在气、液、固三个单相区内：$P=1$，$F=2$，温度和压力独立、有限度的变化不会引起相的改变。

线：两个单相区域的交界线，即两相平衡线。图 6-1 中有三个两相平衡线。

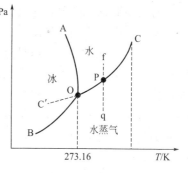

图 6-1 水的相图

OC——气-液两相平衡线，即水的蒸气压曲线，它终止于临界点。

OB——气-固两相平衡线，即冰的升华曲线，理论上可延长至 0K 附近。

OA——液-固两相平衡线，当 A 点延长至压力大于 2×10^8 Pa 时，相图变得复杂，有不同结构的冰生成。

OC′是 OC 的延长线，是过冷水和水蒸气的亚稳平衡线。过冷水与其饱和蒸汽的平衡不是稳定平衡，但它又可以在一定时间内存在，故称之为亚稳平衡。因为在相同温度下，过冷水的蒸气压大于冰的蒸气压，所以 OC′线在 OB 线之上。过冷水处于不稳定状态，一旦有凝聚中心出现，就立即全部变成冰。

点：单组分系统相图中三条平衡线的交点，即为三相点。图中 O 点是三相点（triple point），气-液-固三相共存，$P=3$，$F=0$。三相点的温度和压力皆由系统确定，不能任意改变。H_2O 的三相点温度为 273.16K，压力为 610.62Pa。

以图 6-1 为例来说明水的相图中两相平衡线上的相变过程。在两相平衡线上的任何一点，如 OC 线上的 P 点，称为相点。所谓相点就是相图中表示某个平衡组成的点，相点随温度或压力的变化而变化。在区域中的点，如 f 和 q 点则是表示整个系统状态的点称为系统点。

① 处于 f 点的水，保持温度不变，逐步减小压力，在无限接近于 P 点之前，气相尚未形成，系统自由度数为 2，用升压或降温的办法保持液相不变。

② 到达 P 点时，气相出现，系统呈气-液两相平衡，$F=1$。压力与温度只有一个可变。

③ 继续降压，离开 P 点时，最后液滴消失，呈单一气相，$F=2$。但是通常只考虑②所示的情况。

我们通常所说的水的冰点是在大气压力下，水、冰、气三相共存时的温度。当大气压力为 101.325kPa 时，冰点温度为 273.15K，改变外压，冰点也随之改变。

水的冰点温度比其三相点温度低 0.01K，它由两种因素造成：①因外压增加，使凝固点下降 0.00748K；②因水中溶有空气，使凝固点下降 0.00241K。

图 6-1 中三条两相平衡线的斜率均可由 Clausius-Clapyron 方程或 Clapyron 方程求得。

OC 线：$\dfrac{\mathrm{d}\ln p}{\mathrm{d}T} = \dfrac{\Delta_{\mathrm{vap}} H_{\mathrm{m}}}{RT^2}$，因为有 $\Delta_{\mathrm{vap}} H_{\mathrm{m}} \geqslant 0$，故此线的斜率为正。

OB 线：$\dfrac{\mathrm{d}\ln p}{\mathrm{d}T} = \dfrac{\Delta_{\mathrm{sub}} H_{\mathrm{m}}}{RT^2}$，因为有 $\Delta_{\mathrm{sub}} H_{\mathrm{m}} \geqslant 0$，故此线的斜率也为正。

OA 线：$\dfrac{\mathrm{d}p}{\mathrm{d}T} = \dfrac{\Delta_{\mathrm{fus}} H_{\mathrm{m}}}{T \Delta_{\mathrm{fus}} V}$，因为，$\Delta_{\mathrm{fus}} H_{\mathrm{m}} > 0$，$\Delta_{\mathrm{fus}} V < 0$，故此线的斜率为负。此点也与大多数纯物质相图不同，这是由于水由液态变为固态时体积增大所致。

（3）其他典型的单组分系统相图

对大多数物质来说，熔化过程中体积增大，所以相图中熔点曲线的斜率为正，二氧化碳相图就是其中的代表（见图 6-2）。

在 CO_2 的相图中，达到特定的温度、压力，即临界点时，会出现液体与气体界面消失的现象。而在临界点附近，会出现流体的密度、黏度、溶解度、热容量、介电常数等所有流体的物性发生急剧变化的现象。温度及压力均处于临界点以上的液体叫超临界流体（supercritical fluid，简称 SCF）。利用超临界流体的独特性质，发展出超临界流体萃取技术。该法将超临界流体与待分离的物质接触，使其有选择性地把极性大小、沸点高低和分子量大小不同的成分依次萃取出来。超临界方法还可用于纳米粉体的制备等。

硫的相图中反映了硫的同素异形体之间以及不同相态之间的平衡（见图 6-3）。

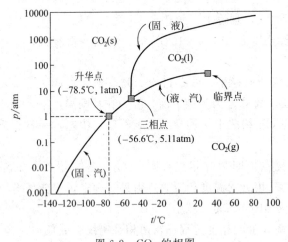

图 6-2 CO_2 的相图

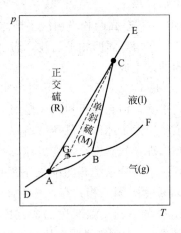

图 6-3 硫的相图

6.2.4 单组分系统相变的特征与类型

相平衡时物质在各相中的化学势相等，相变时某些物理化学性质发生突变。根据物性的不同变化有一级相变和连续相变（包括二级相变等高阶相变）之分：一级相变广为存在，如物质气、液、固之间的转变，其特点是物质在两相中的化学势一级导数不相等，且发生有限的突变，此类相变平衡曲线斜率符合克拉贝龙方程：$\dfrac{\mathrm{d}p}{\mathrm{d}T} = \dfrac{\Delta S_{\mathrm{m}}}{\Delta V_{\mathrm{m}}} = \dfrac{\Delta H_{\mathrm{m}}}{T \Delta V_{\mathrm{m}}}$。二级相变如氦 He（Ⅰ）与 He（Ⅱ）的转变，或正常状态与超导状态的转变，其特点是化学势的一级导数在相变点连续，但化学势的二级导数在相变点附近迅速变化，出现一个极大值。

6.3　二组分液态混合物的气-液平衡相图

应用相律于二组分系统，因 $C=2$，其相数与自由度数的关系为：$F=4-P$。可得：$P=1$，$F=3$　即"三变量系统"；$P=2$，$F=2$　即"二变量系统"；$P=3$，$F=1$　即"单变量系统"；$P=4$，$F=0$　即"无变量系统"。

系统最少相数 $P=1$ 时 $F=3$，有三个自由度，即需用三个独立变量才足以完整地描述系统的状态，通常情况下，描述系统状态时以温度（T）、压力（p）和组成（浓度 x_1 或 x_2）三个变量为坐标构成的立体模型图。为便于在平面上将平衡关系表示出来，常固定某一个变量，所以有 p-x 图、T-x 图、T-p 图等。前两种平面图对工业上的提纯、分离、精馏和分馏很有实用价值，是本章讨论的重点。

二组分系统相图的类型甚多，根据两相平衡时各相的聚集状态常分为：气-液系统，固-液系统和固-气系统。本节就是指仅由两种液态物质组成而研究范围内仅出现气-液两相平衡的系统，或称为双液系统。在双液系统中，常根据两种液态物质互溶程度不同又分为：完全互溶系统、部分互溶系统和完全不互溶系统。

6.3.1　二组分理想液态混合物系统气-液平衡相图

（1）压力-组成图

若两种液体 A 和 B 混合后形成理想液态混合物，设 p_A^* 和 p_B^* 分别为液体 A 和 B 在指定温度时的饱和蒸气压，p 为系统的总蒸气压。根据理想液体混合物的定义则有如下关系式：

$$p_A = p_A^* x_A = p_A^*(1-x_B) \tag{6.3-1}$$

$$p_B = p_B^* x_B \tag{6.3-2}$$

$$p = p_A + p_B = p_A^*(1-x_B) + p_B^* x_B = p_A^* + (p_B^* - p_A^*) x_B \tag{6.3-3}$$

上三式表明了 p_A-x_B、p_B-x_B、p-x_B 均成直线关系，这也是理想液态混合物的特点。

图 6-4 是苯-甲苯系统的压力-组成图。p-x 线表示系统的压力与其液相组成之间的关系，称为液相线。在温度恒定下，两相平衡时 $F=2-2+1=1$，若选液相组成为独立变量，则不仅系统的压力为液相组成的函数，而且气相组成也应为液相组成的函数。以 y_A 和 y_B 表示蒸气相中 A 和 B 的摩尔分数，若蒸气为理想气体混合物，根据道尔顿分压定律有：

$$y_B = \frac{p_B}{p} = \frac{p_B^* x_B}{p} \tag{6.3-4}$$

故　　$p_A^* < p < p_B^*$，则 $\dfrac{p_B^*}{p} > 1$，所以 $y_B > x_B$

p-y 线表示液相蒸气总压与蒸气的组成关系。把液相组成 x 和气相组成 y 画在同一张图上，即可得到理想液体混合物的压力-组成图，如图 6-5 所示。

在等温条件下，压力-组成图分为三个区域。液相

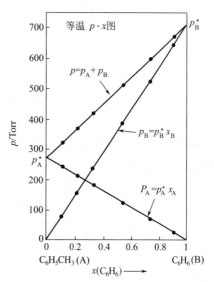

图 6-4　苯-甲苯系统的压力-组成图

区：在液相线之上，系统压力高于任一混合物的饱和蒸气压，气相无法存在；气相区：在气相线之下，系统压力低于任一混合物的饱和蒸气压，液相无法存在；气-液两相平衡区：在液相线和气相线之间的梭形区内。

（2）温度-组成图

温度-组成图亦称为沸点-组成图。它是在恒定压力下表示二组分系统气-液平衡时的温度与组成关系的相图。若外压为大气压力，当溶液的蒸气压等于外压时，溶液沸腾，这时的温度称为沸点。其组成的蒸气压越高，沸点越低，反之亦然。

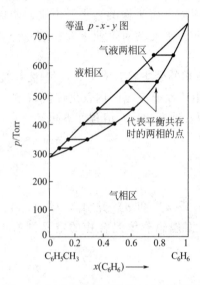

图 6-5　理想液体混合物的压力-组成图
（1Torr＝133.322Pa）

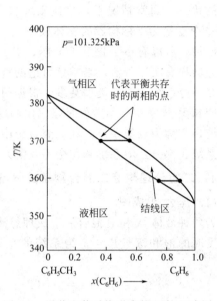

图 6-6　甲苯和苯系统形成的温度-组成图

图 6-6 表示的是甲苯和苯系统形成的温度-组成图。T-x 图在讨论蒸馏时十分有用，因为蒸馏通常在等压下进行。在 T-x 图上，气相线在上，液相线在下，上面是气相区，下面是液相区，梭形区是气-液两相区。

（3）温度-组成图和压力-组成图的关系

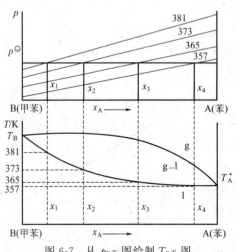

图 6-7　从 p-x 图绘制 T-x 图

T-x 图可以直接从实验绘制，但如果已有了 p-x 图，则也可以从 p-x 图求得。以苯和甲苯的双液系为例，设已知在不同温度下该系统的 p-x 关系，得 p-x 图，如图 6-7 所示的上图，图中是 357K、365K、373K、381K 时，系统的总压与组成图。在该图纵坐标为标准压力 $p^{\ominus}$ 处作一水平线与各线分别交在 x_1、x_2、x_3、x_4 各点，即组成为 x_1 的溶液在 381K 时开始沸腾，组分为 x_2 的溶液在 373K 时沸腾（其余类推）。把沸点与组成的关系相应地标在下面一个图中，就得到了 T-x 图中的液相线，再根据式（6.3-4）求出相应的气相组成，则可得到气相线。如果系统点落在气相线和液相线所夹的梭形区中，则系统为两相，自系统点作水平线与气相线和液相相的交点就分别代表两相的组成。图中 T_B^*、T_A^* 两点分别代表纯甲苯和纯苯的沸点 384K 和 353.3K。

6.3.2 二组分理想液态混合物的气-液平衡相图的应用

将液态混合物同时经多次部分汽化和部分冷凝而使之分离的操作称为精馏。精馏是二组分理想液态混合物的气-液平衡相图的重要应用之一。

图 6-8 是精馏原理示意图。若开始溶液组成为 x_1，把该溶液加热至 T_2，此时平衡两相组成为 y_2 和 x_2，把气液两相分别冷却收集即得到两个溶液。一溶液中含 A 量比开始溶液大而另一溶液含 A 量比开始溶液小，但通过一次简单蒸馏不能把 A、B 两组分完全分开。

原溶液 X 加热至系统点 O 点（T_4），O 点实际上是一个虚点，它会自动分成气相 y_4 和液相 x_4，把气相 y_4 部分冷却至 T_3，则分成 y_3 和 x_3 两相。再把 y_3 部分冷却至 T_2，则分成 y_2 和 x_2 两相，再把 y_2 部分冷却……因为 $y_1 > y_2 > y_3 > y_4$，即我们可以获得含 B 愈来愈多的溶液，最后可获得纯 B。

同样，把 x_4 部分加热至 T_5 得 y_5 和 x_5 两相，再加 x_5 部分加热到 T_6 得 y_6 和 x_6 两相……由于 $x_6 < x_5 < x_4$，即我们获得含 A 愈来愈多的溶液，最后获得纯 A。

经过反复的部分加热（蒸发）和部分冷却，使气相组成沿气相线下降，液相组成沿液相线上升，最后蒸出气相为纯 B 而剩下的是纯 A。该过程在工业上是在精馏塔中进行，精馏塔中有许多塔板，每一塔板在图 6-8 中表示为一横线，在塔板上同时进行部分蒸发和部分冷却，经过 n 层塔板的 n 次部分蒸发和部分冷却，最后塔顶气相中为纯低沸点物质而塔底是纯高沸点物质。

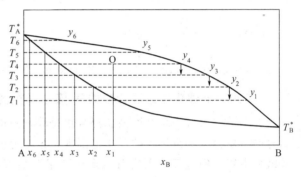

图 6-8 精馏原理示意图

6.3.3 杠杆规则及其应用

两相区内共轭两相的相对量借助于力学中的杠杆规则求算。即以系统点为支点，支点两边连接线的长度为力矩，计算液相和气相的物质的量或质量。

$$l \quad \underset{x_1}{\overset{n_1}{\bullet}} \quad\quad\quad \underset{x_M}{\overset{n_M}{\bullet}} \quad\quad\quad \underset{x_g}{\overset{n_g}{\bullet}} \quad g$$

设系统的总组成为 x_M，液、气相点的组成分别为 x_1 和 x_g，物质的量分别为 n_1 和 n_g，在系统总的物质的量为 $n_1 + n_g$，则：

$$(n_1 + n_g) x_M = n_1 x_1 + n_g x_g \tag{6.3-5}$$

$$n_g(x_g - x_M) = n_1(x_M - x_1) \tag{6.3-6}$$

$$\frac{n_g}{n_1} = \frac{x_M - x_1}{x_g - x_M} \tag{6.3-7}$$

式（6.3-7）称为杠杆规则。

说明：①杠杆规则可用于任意两相平衡区，但单相区不能用，三相区用不上；②若将公式中的 n_1 和 n_g 换成两相的质量 m_1 和 m_g，物质的量的分数换成质量分数，公式仍然成立。

【例题 6-3】 已知液体甲苯（A）和液体苯（B）在 90℃时的饱和蒸气压分别为 $p_A^* = 54.22\text{kPa}$ 和 $p_B^* = 136.12\text{kPa}$，两者可形成理想液态混合物。今有系统组成为 $x_{B,0} = 0.3$ 的甲苯-苯混合物 5mol，在 90℃下成气-液两相平衡，若气相组成为 $y_B = 0.4556$，求：（1）平衡时液相组成 x_B 及系统的压力 p；（2）平衡时气、液两相的物质的量 $n(\text{g})$，$n(\text{l})$。

解：（1）对于理想液态混合物，每个组分服从拉乌尔（Raoult）定律，因此：

$$y_B = \frac{p_B^* x_B}{p_A^* x_A + p_B^* x_B} = \frac{p_B^* x_B}{p_A^* + (p_B^* - p_A^*) x_B}$$

$$x_B = \frac{p_A^* y_B}{p_B^* - (p_B^* - p_A^*) y_B} = \frac{54.22 \times 0.4556}{136.12 - (136.12 - 54.22) \times 0.4556} = 0.25$$

$$p = p_A^* x_A + p_B^* x_B = (54.22 \times 0.75 + 136.12 \times 0.25)\text{kPa} = 74.70\text{kPa}$$

（2）系统代表点 $x_{B,0} = 0.3$，根据杠杆原理有：

$$n(\text{g})(y_B - x_{B,0}) = n(\text{l})(x_{B,0} - x_B) = [5 - n(\text{g})](x_{B,0} - x_B)$$

$$n(\text{g}) = \frac{5(x_{B,0} - x_B)}{(y_B - x_{B,0}) + (x_{B,0} - x_B)} = \left[\frac{5 \times (0.3 - 0.25)}{(0.4556 - 0.3) + (0.3 - 0.25)}\right]\text{mol} = 1.216\text{mol}$$

$$n(\text{l}) = 5\text{mol} - n(\text{g}) = (5 - 1.216)\text{mol} = 3.784\text{mol}$$

6.3.4　二组分非理想液态混合物的气-液平衡相图

绝大多数二组分完全互溶液态混合物是非理想的，称为真实液态混合物。真实混合物除了组分的摩尔分数接近于 1 的极小范围内，该组分的蒸气分压近似地遵循拉乌尔定律，其他组成液相中组分的蒸气分压均对该定律产生明显偏差，因而蒸气总压与组成并不成直线关系。若组分的蒸气压大于按拉乌尔定律计算的值，则称为正偏差，反之，则称为负偏差。

产生偏差的三个原因如下：

① 分子所处环境发生变化。当同类分子间引力大于异类分子间引力时，混合后作用力降低，挥发性增强，产生正偏差；反之，则产生负偏差；

② 挥发后分子发生缔合或解离现象引起挥发性改变。若离解度增加或缔合度减少，蒸气压增大，产生正偏差，反之，出现负偏差；

③ 两组分混合后生成恒沸物，蒸气压降低，产生负偏差；反之，产生正偏差。

二组分真实液态混合物的气-液平衡相图主要包括：蒸气压-液相组成图、压力-组成图、温度-组成图等。

（1）蒸气压-液相组成图

一般正偏差系统（见图 6-9）是指对拉乌尔定律发生正偏差的情况，虚线为理论值，实线为实验值。真实的蒸气压大于理论计算值，但在全部组成范围内，混合物的蒸气总压均介于两个纯组分的饱和蒸气压之间。

一般负偏差系统（见图 6-10）是指对拉乌尔定律发生负偏差的情况，虚线为理论值，实线为实验值。真实的蒸气压小于理论计算值，但在全部组成范围内，混合物的蒸气总压均介于两个纯组分的饱和蒸气压之间。

最大正偏差系统如图 6-11 所示，系统蒸气总压对理想情况为正偏差，但在某一组成范围内，混合物的蒸气总压比易挥发组分的饱和蒸气压还大，因而蒸气总压出现最大值。属于此类的系统还有：$CH_3OH\text{-}CHCl_3$，$H_2O\text{-}CH_3CH_2OH$，$CH_3OH\text{-}C_6H_6$，$CH_3CH_2OH\text{-}$

C_6H_6 等系统。例如，在标准压力下，$H_2O\text{-}CH_3CH_2OH$ 的最低恒沸点温度为 351.28K，含乙醇 95.57%。

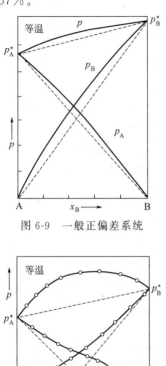

图 6-9 一般正偏差系统

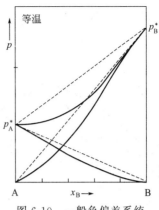

图 6-10 一般负偏差系统

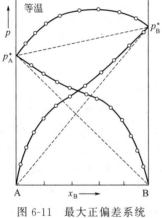

图 6-11 最大正偏差系统

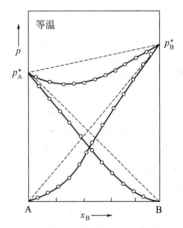

图 6-12 最大负偏差系统

最大负偏差系统如图 6-12 所示，蒸气总压对理想情况为负偏差，但在某一组成范围内，混合物的蒸气总压比不易挥发组分的饱和蒸气压还小，因而蒸气压出现最小值。属于此类的系统有：$CHCl_3\text{-}CH_3COCH_3$ 系统、$H_2O\text{-}HNO_3$ 系统、$H_2O\text{-}HCl$ 系统等。在标准压力下，$H_2O\text{-}HCl$ 的最高恒沸点温度为 381.65K，含 HCl 20.24%，分析上常用来作为标准溶液。

（2）压力（p）-组成（x）图

一般正偏差系统和一般负偏差系统的压力-组成图与理想系统的相似，主要区别是液相线不是直线，而分别为略向上凸和下凹的曲线，如图 6-13 所示。

最大正偏差系统的压力-组成图如图 6-14 所示。此类系统的气相线具有最高点，此点也是液相线的最高点，两线在最高点处相切。最高点将气-液两相区分成左右两部分。

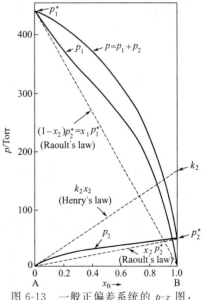

图 6-13 一般正偏差系统的 p-x 图：乙醚（A）-乙醇（B）

最大负偏差系统的压力-组成图如图 6-15 所示。此类系统的气相线具有最低点，此点也是液相线的最低点，两线在最低点处相切。最低点将气-液两相区分成左右两部分。

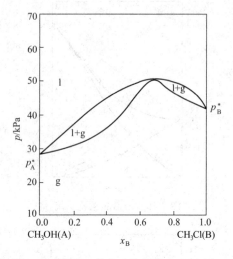

图 6-14　最大正偏差系统的压力-组成图：甲醇(A)-氯仿(B)

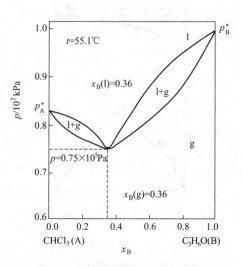

图 6-15　最大负偏差系统的压力-组成图：氯仿(A)-丙酮(B)

（3）温度-组成图

在恒定压力下，实验测定一系列不同组成液体的沸腾温度及平衡时的气-液两相的组成，即可做出该压力下的温度-组成图。一般正偏差和一般负偏差系统相图，和理想液态混合系统的相图类似，混合物的沸点介于两个纯组分的沸点之间。最大正偏差与最大负偏差的系统如图 6-16 和图 6-17 所示，混合物的沸点低于或高于两个纯组分的沸点，分别出现最低恒沸点或最高恒沸点，具有该点组成的混合物分别称为最低恒沸点混合物或最高恒沸点混合物。恒沸混合物不是一种化合物，其组成取决于压力。甲醇-氯仿系统是最大正偏差系统，具有最低恒沸点。氯仿（A）-丙酮（B）系统是最大负偏差系统，具有最高恒沸点。

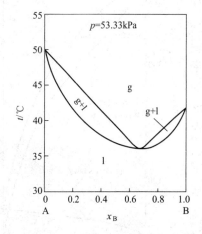

图 6-16　甲醇(A)-氯仿(B)系统的温度-组成图

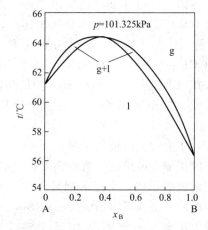

图 6-17　氯仿(A)-丙酮(B)系统的温度-组成图

在理想系统或具有一般偏差的二组分气相平衡系统中，易挥发组分在气相中的相对含量总是大于平衡液相中的相对含量。这种现象可用柯诺瓦洛夫-吉布斯（Konovalov-Gibbs）定律来说明：在一定压力下，若在液态混合物中增加某组分能使液体的沸点下降（或在一定温度下能使蒸气的总压增加），则该组分在气相中的含量大于它在平衡液相中的含量。但是在具有恒沸点的二组分气-液平衡系统则不具有这种规律。在压力（或温度)-组成图中最高点或最低点上，气、液两相的组成相同。

对于二组分形成恒沸混合物的系统，精馏结果只能得到纯 A（或纯 B）和恒沸混合物，即不能通过一次精馏操作的方法获得两个纯组分。

6.4 部分互溶和完全不互溶双液系统相图

6.4.1 部分互溶双液系统相图

（1）部分互溶液体的相互溶解度

① 具有高会溶温度 此类系统由于两液体性质相差较大，在常温下只能部分互溶，分为两层。如图 6-18 所示的是 $H_2O(A)-C_6H_5OH(B)$ 的溶解度图。NC 线为水在苯酚中的溶解度曲线，NC 线右侧区域是单一的液相，是水的苯酚溶液；MC 线为苯酚在水中的溶解度曲线，MC 线左侧区域也是单一的液相，是苯酚的水溶液。升高温度，彼此的溶解度都增加。到达 C 点，两个液相的界面消失，成为单一液相。C 点温度称为会溶温度（critical consolute temperature）T_B。温度高于 T_B，水和苯酚可无限混溶。

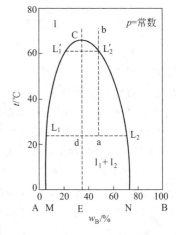

图 6-18 水（A)-苯酚（B）的溶解度图

MCN 所围的帽形区外，溶液为单一液相，帽形区内，溶液分为两层。两层分别为苯酚在水中的饱和溶液 l_1，水在苯酚中的饱和溶液 l_2，这两个溶液称为共轭溶液。曲线 MCN 内的液-液两相平衡系统在加热过程中的相变化，随系统的组成不同而有三种类型，过会溶点 C 作一条恒组成线 CE。如系统点在 CE 右侧如 a 点，两液相平衡。过 a 点作一条等温线与溶解度曲线交于 L_1、L_2 两点，L_1、L_2 即两共轭溶液的相点，L_1L_2 线即为结线。系统点从 a 升温到达 L_2' 点时，两共轭液相的相点分别沿 L_1L_1' 和 L_2L_2' 变化。两液相的相对量也不断变化，由杠杆规则可以看出，水层的质量逐渐减少，苯酚层的质量逐渐增加。系统点到达 L_2' 点时，水层消失，系统变为单一液相，最后消失的水层的状态点为 L_1' 点，从 L_2' 点到 b 点的过程为单一液相的升温过程。如系统点在 CE 线左侧，升温过程中相变化的分析与上类似，所不同的是，升温到与 MC 线相交时，是苯酚层消失。如果系统点正好在 CE 线上，如 d 点，为两液相 L_1、L_2 成平衡。升温至 C 点的过程中，两液相分别沿 MC 和 NC 线移动，两液相的量均有少量变化。到达 C 点时，两液相的组成变为完全相等。因此两液层间的相界面消失而成为均匀的一个液相，C 点以上是此液相的升温过程。会溶温度的高低反映了一对液体间的互溶能力，可以用来选择合适的萃取剂。具有高会溶点的系统：常见的还有水-苯胺，正己烷-硝基苯，水-正丁醇等系统。

② 具有低会溶温度 水-三乙基胺的溶解度图如图 6-19 所示。在温度约为 291.2K 以下，两者可以任意比例互溶，升高温度，互溶度下降，出现分层。会溶温度以下是单一液相区，以上是两相区。

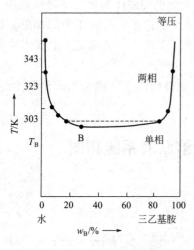

图 6-19　水-三乙基胺的溶解度图

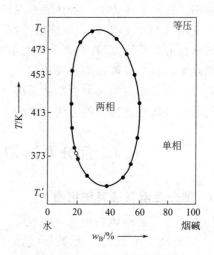

图 6-20　水-烟碱的溶解度图

③ 同时具有最高、最低会溶温度　如图 6-20 所示的是水-烟碱的溶解度图。在最低会溶温度（约 334K）以下和在最高会溶温度（约 481K）以上，两液体可完全互溶，而在这两个温度之间只能部分互溶。形成一个完全封闭的溶解度曲线，曲线之内是两液相区。

④ 不具有会溶温度　乙醚与水组成的双液系如图 6-21 所示，在它们能以液相存在的温度区间内，一直是彼此部分互溶，不具有会溶温度。

（2）共轭溶液的饱和蒸气压

共轭溶液气-液-液三相平衡时，$F=C-P+2=2-3+2=1$，即温度一定时，饱和蒸气压保持不变。系统的压力既为这一液层的饱和蒸气压，又为另一液层的饱和蒸气压。按气、液、液三相组成的关系，可将部分互溶系统分为两类：一类是气相组成介于两液相组成之间；另一类是一个液相组成介于气相组成和另一个液相组成之间。这一差别导致存在着两类不同的温度-组成图。

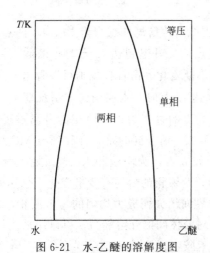

图 6-21　水-乙醚的溶解度图

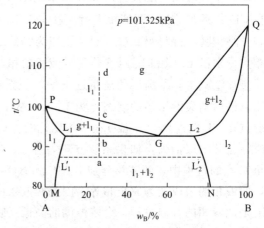

图 6-22　水（A）-正丁醇（B）系统的温度-组成图

（3）部分互溶系统的温度-组成图

① 气相组成介于两液相组成之间的系统　在 101.325kPa 下将水和正丁醇的共轭溶液加热到 92.75℃ 即 365.9K 时，溶液的饱和蒸气压即等于外压，出现气相，此气相组成介于两液相组成之间，此时该系统的温度-组成图如图 6-22 所示。

对此相图可做如下分析：

点：P、Q 两点分别为水和正丁醇的沸点，L_1、L_2 和 G 点分别为三相平衡时正丁醇在水中的饱和溶液、水在正丁醇中的饱和溶液与饱和蒸气三个相点。

线：$L_1 M$ 线和 $L_2 N$ 线为两液体的相互溶解度曲线。$L_1 G L_2$ 线为三相线（g-l_1-l_2 平衡共存）$l_1(L_1) + l_2(L_2) \Longleftrightarrow g(G)$，$F = C - P + 1 = 2 - 3 + 1 = 0$，温度、三相组成都有确定值。三相线对应的温度称为共沸温度。

区域：单相区域：l_1，l_2，g；$F = C - P + 1 = 2 - 1 + 1 = 2$，温度、组成均为独立变量。两相区域：$l_1 + l_2$，$g + l_1$，$g + l_2$；$F = 2 - 2 + 1 = 1$，温度、两相组成只有一个独立变量。

相态变化分析：系统点为 a，沿 ad 加热。

a 点：两共轭液相组成分别为 L_1' 和 L_2'。t 升高，二相组成沿 ML_1、NL_2 变化。

$t \rightarrow$ 三相线，两液相共沸有气相生成，$l_1(L_1) + l_2(L_2) \Longleftrightarrow g(G)$，$t$ 不变，直至 l_2 消失，t 升高，到达 c 点后，液相消失，进入气相区。

压力足够大时，相图形式如图 6-23 所示。相图分为两部分：上部分为有最低恒沸点的气-液平衡相图；下部分为两液体的相互溶解度图。当 p 升高时，两液体沸点也升高，共沸温度也升高，p 增至足够大时，则有泡点大于会溶点。

② 气相组成位于两液相组成的同一侧的系统　共轭溶液沸腾时，气相组成在两液相组成的同一侧，共轭溶液的共沸温度位于两纯组分的沸点之间，此类相图如图 6-24 所示。六个相区的相平衡关系已在图中注明，七条线所代表的物理意义与图 6-24 的类似，但三相线的平衡关系应为：$l_1 \Longleftrightarrow g + l_2$。

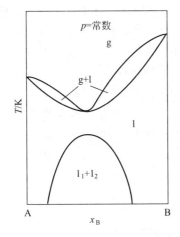

图 6-23　水（A）-正丁醇（B）类型系统的泡点
高于会溶温度时的温度-组成图

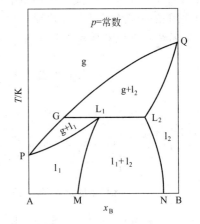

图 6-24　另一类部分互溶系统的
温度-组成图

6.4.2　完全不互溶双液系统相图

（1）完全不互溶双液系的特点

如果 A、B 两种液体彼此互溶程度极小，以致可忽略不计，则称这两种液体完全不互溶。当 A 与 B 共存时，各组分的蒸气压与单独存在时一样，液面上的总蒸气压等于两纯组分饱和蒸气压之和，即 $p = p_A^* + p_B^*$。

当两种不相溶液体共存时，不管其相对数量如何，其总蒸气压恒大于任一组分的蒸气压，而沸点则恒低于任一组分的沸点。当 $p = p_{amb}$ 时，两液体同时沸腾，称共沸点。由此可知，在同样外压下，两液体的共沸点低于两纯液体各自的沸点。

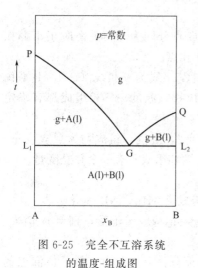

图 6-25 完全不互溶系统
的温度-组成图

（2）完全不互溶系统的温度-组成图

此类系统的相图如图 6-25 所示。四个区域的相平衡关系已经在图中注明，L_1GL_2 是三相线，G 点对应的温度称为共沸点，三相线的平衡关系：$A(l)+B(l) \rightleftharpoons g$，自由度数：$F=2-3+1=0$。

水蒸气蒸馏（不溶于水的高沸点的液体和水一起蒸馏）就是利用共沸点低于两纯液体沸点，使两液体在低于水的沸点下共沸，以保证高沸点液体不致因温度过高而分解，达到分离提纯的目的。人们通常在水银的表面盖一层水，企图减少汞蒸气，根据相图分析可知其实是徒劳的，因为水和水银形成了完全不互溶的双液系，一定温度下，水银的蒸发与有没有水无关。

应用：水蒸气蒸馏——不溶于水的高沸点液体和水一起蒸馏，使两液体在低于水的沸点下共沸，以保证高沸点液体不致因温度过高而分解，达到提纯的目的。

6.5 二组分固-液平衡系统相图

二组分固-液系统涉及范围相当广泛，最常遇到的是合金系统、水盐系统、双盐系统和双有机系统等。在本节中仅考虑液相中可以完全互溶的特殊情况。这类系统在液相中可以互溶，而在固相中溶解度可以有差别，故以其差异分为三类：①固相完全不互溶系统；②固相部分互溶系统；③固相完全互溶系统。进一步分类可归纳如下：

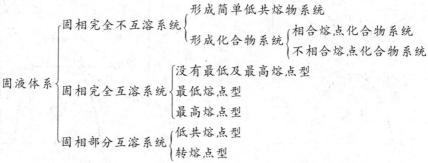

研究固液系统最常用的实验方法为"热分析"法及"溶解度"法。

6.5.1 相图与步冷曲线的绘制

（1）热分析法

热分析法绘制低共熔相图是最常用的一种方法。

其基本原理：二组分系统，指定压力不变，则有以下几类系统。

$$P=1, \quad F=2-1+1=2 \quad \text{双变量系统}$$
$$P=2, \quad F=1 \quad \text{单变量系统}$$
$$P=1, \quad F=0 \quad \text{无变量系统}$$

首先将二组分系统加热熔化，记录冷却过程中温度随时间的变化曲线，即冷却曲线（cooling curve）。当系统有新相凝聚，放出相变热，步冷曲线的斜率改变。$F=1$，出现转折点；$F=0$，出现水平线段。据此在 T-x 图上标出对应的位置，得到低共熔 T-x 图。我们以绘制 Bi-Cd 系统的相图 [图 6-25(a)] 为例来说明具体的方法。

图 6-25 (a) 中的 a 线是纯 Bi[w(Cd)＝0]的冷却曲线。aa_1 段相当于液体 Bi 的冷却,温度均匀下降。冷却到 Bi 的凝固点(熔点)273℃时,有固体 Bi 开始从液相中析出,这时相当于 a_1 点。因冷却速度缓慢,故可认为系统中液-固两相平衡。根据相律 $F＝1-2+1＝0$,故在液体凝固的过程中,温度保持不变,因而冷却曲线在 273℃时出现水平段 a_1a_1'。从热平衡角度看,这是因为冷却散热等于液体凝固时所放出的热,故系统的温度保持不变。到达 a_1' 点,液体 Bi 消失,系统成为单一固相,此后随着冷却,温度不断下降。

e 线是纯 Cd[w(Cd)＝1]的冷却曲线,其形状与 a 线相似,水平段 e_1e_1' 所对应的温度 323℃是 Cd 的凝固点(熔点)。

b 线是 w(Cd)＝0.2 的 Bi-Cd 混合物的冷却曲线。液相混合物冷却时温度均匀下降,相当于 bb_1 段。到达 b_1 点时,固体纯 Bi 开始从液相中析出。由于固体 Bi 的析出,放出了凝固热,使降温速率变慢,因而冷却曲线的斜率变小,于是在 b_1 点出现转折。继续冷却,固体 Bi 不断析出,温度不断下降。到达 b_2 点时,液相不仅对固体 Bi,而且对固体 Cd 也达到饱和,故再冷却时固相 Cd 也同时析出,使系统成三相平衡。根据相律,$F＝2-3+1＝0$,说明此后在冷却时,只要有液相存在,温度不再改变,出现水平线段 b_2b_2'。只有当液相全部凝固而消失后,$F＝2-2+1＝1$,温度才又继续下降,这相当于 b_2' 点,b_2' 点以后是固体 Bi 和固体 Cd 的降温过程。b_2b_2' 段析出的固体 Bi 和固体 Cd 的混合物是低共熔混合物,此时的温度即是低共熔点。

d 线是 w(Cd)＝0.7 的 Bi-Cd 混合物的冷却曲线。与 b 线类似,d 线上有一个转折点 d_1 和一个水平线段 d_2d_2'。d_1 点开始析出固体 Cd,d_2 点开始析出低共熔混合物,d_2' 点液相消失。d_2d_2' 段所对应的温度是低共熔点。

c 线是 w(Cd)＝0.4 的 Bi-Cd 混合物的冷却曲线,cc_1 段相当于液相混合物的冷却。由于这一混合物的组成正好是低共熔混合物的组成,所以液相开始凝固时即同时析出固体 Cd 和固体 Bi。这时相当于曲线上的 c_1 点。只要液相没有完全凝固,在三相共存时 $F＝0$,温度不降低,而出现 c_1c_1' 水平线段。到 c_1' 点液相消失,以后系统的温度又可以改变,这就是固体 Bi 和固体 Cd 的低共熔混合物的降温。这条冷却曲线的形状和纯物质的相似,没有转折点,只有水平段。

将上述五条冷却曲线中的转折点、水平段的温度及相应的系统组成描绘在温度-组成图上,得出图 6-26 (b) 中的 a_1、b_1、b_2、c_1、d_1、d_2 及 e_1 点。连接 a_1、b_1、c_1 三点所构成

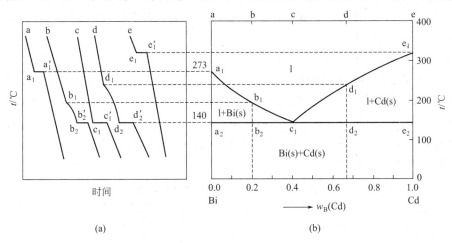

图 6-26 Bi-Cd 系统的冷却曲线 (a) 和 Bi- Cd 系统 (b) 的相图

的 a_1c_1 线是 Bi 的凝固点降低曲线；连接 e_1、d_1、c_1 三点所构成的 e_1c_1 线是 Cd 的凝固点降低曲线；通过 b_2、c_1、d_2 三点的 a_2e_2 水平线是三相平衡线。图中注明各相区的稳定相，于是绘得 Bi-Cd 系统的相图。

（2）溶解度法

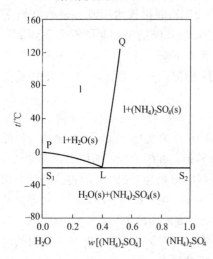

图 6-27　$(NH_4)_2SO_4$-H_2O 的相图

在温度不很高时常采用溶解度法绘制相图。水-盐类系统的相图通常采用这种方法，我们以 H_2O-$(NH_4)_2SO_4$ 系统为例来加以说明。在不同温度下测定盐的溶解度，根据大量实验数据，绘制出水-盐的 t-x 图，如图 6-27 所示。

该相图中有四个相区：PLQ 以上，溶液单相区；PLS_1 之内，冰＋溶液两相区；QLS_2 以上，$(NH_4)_2SO_4$ 和溶液两相区；S_1LS_2 线以下，冰与 $(NH_4)_2SO_4$ 两相区。

该相图中有三条曲线：LP 线，冰＋溶液两相共存时，溶液的组成曲线，也称为冰点下降曲线；LQ 线，$(NH_4)_2SO_4$＋溶液两相共存时，溶液的组成曲线，也称为盐的饱和溶解度曲线；S_1LS_2 线，冰＋$(NH_4)_2SO_4$＋溶液三相共存线。

图中有两个特殊点：Q 点，冰的熔点；盐的熔点极高，受溶解度和水的沸点限制，在图上无法标出；L 点，冰＋$(NH_4)_2SO_4$＋溶液三相共存点。溶液组成在 L 点以左者冷却，先析出冰；在 L 点以右者冷却，先析出 $(NH_4)_2SO_4$。

水-盐系统的相图可用于盐的分离和提纯，帮助人们有效地选择用结晶法分离提纯盐类的最佳工艺条件，视具体情况可采取降温、蒸发浓缩或加热等各种不同的方法。结晶法精制盐类就是应用之一。例如，由质量分数小于 40% 的粗 $(NH_4)_2SO_4$ 盐获得纯 $(NH_4)_2SO_4$ 晶体，从图 6-27 中可看出，单凭冷却是不可能的，因为冷却过程中，首先要析出冰，冷却到 $-18.50℃$，固体 $(NH_4)_2SO_4$ 与冰一同析出。所以首先要将粗盐溶解，将溶液蒸发浓缩，冷却至 LQ 线上，则有精盐析出。继续降温至 L 点（尽可能接近三相线，但要防止冰同时析出），过滤，即可得到纯 $(NH_4)_2SO_4$ 晶体。对滤液再升温，加入粗盐，滤去固体杂质，使系统点上移，再冷却，如此重复，最终将粗盐精制成精盐。母液中的可溶性杂质过一段时间要作处理，或换新溶剂。

水-盐相图具有低共熔点特征，可用来创造科学实验和实际生产中的低温条件。表 6-3 列出了一些水-盐系统的低共熔温度。例如，把冰和食盐（NaCl）混合，当有少许冰融化成水，又有盐溶入，则三相共存，溶液的浓度将向最低共熔物的组成逼近，同时系统自发地通过冰的融化耗热而降低温度直至达到最低共熔点。此后，只要冰和盐存在，且三相共存，则此系统就保持最低共熔点温度（$-21.1℃$）恒定不变。在冬天，为防止路面结冰，在路面上撒盐，用的也是冰点下降原理。

表 6-3　一些水-盐系统的低共熔温度

水-盐系统	低共熔温度	水-盐系统	低共熔温度
H_2O-NaCl(s)	252K	H_2O-KCl(s)	262.5K
H_2O-$CaCl_2$(s)	218K	H_2O-NH_4Cl(s)	257.8K

6.5.2 固相完全互溶系统相图

两个组分在固态和液态时能彼此按任意比例互溶而不生成化合物，也没有低共熔点，称为完全互溶固溶体。Sb-Bi、Au-Ag、Cu-Ni、Co-Ni 系统均属于这种类型。

Sb-Bi 的相图是其中的典型例子，图 6-28 为 Sb-Bi 的相图及从系统点 a 的冷却曲线。相图的形式与二组分液相完全不溶的系统相图相似。图中上面的一条线表示液态混合物的凝固点与其组成的关系曲线，称为液相线或凝固点曲线；下面的一条线表示固态混合物的熔点与其组成的关系曲线，称为固相线或熔点曲线。液相线以上的区域为液相区，固相线以下的区域为固相区，液相线和固相线之间的区域为液相与固相两相平衡共存区。

将状态点为 a 的液态混合物冷却降温到温度 t_1 时，系统点到达液相线上的 L_1 点，便有固相析出，此固相不是纯物质，而是固态混合物 [即固溶体（solid solution）——溶质原子溶入溶剂晶格中而仍保持溶剂类型的合金相。按溶质原子在晶格中的位置不同可分为置换固溶体和间隙固溶体]，其相点为 S_1。继续冷却，温度从 t_1 降到 t_2 的过程中，不断有固相析出，液相点沿液相线由 L_1 点变至 L_2 点，固相点相应地沿固相线由 S_1 点变至 S_2 点。在 t_2 温度下系统点与固相点重合为 S_2，液相消失，系统完全凝固，最后消失的一滴液相组成为 L_2。此样品的冷却曲线绘于图 6-28 的右侧。

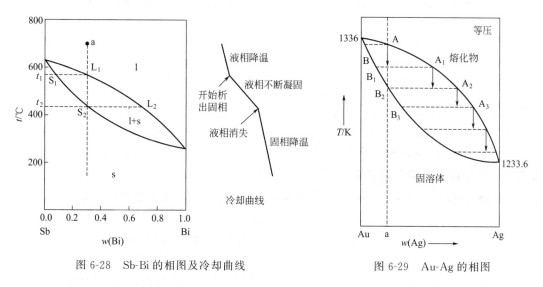

图 6-28 Sb-Bi 的相图及冷却曲线　　　　　图 6-29 Au-Ag 的相图

Au-Ag 相图也是固态完全互溶系统，其相图如图 6-29 所示。梭形区之上是溶液单相区，之下是固溶体单相区，梭形区内是固-液两相共存，上面是液相组成线，下面是固相组成线。当系统从 A 点冷却，进入两相区，析出组成为 B 的固溶体。因为 Au 的熔点比 Ag 高，固相中含 Au 较多，液相中含 Ag 较多。继续冷却，液相组成沿 AA_1A_2 线变化，固相组成沿 BB_1B_2 线变化，在 B_2 点对应的温度以下，液相消失。

此类系统相图有时完全互溶，固溶体会出现最低点或最高点。当两种组分的粒子大小和晶体结构不完全相同时，它们的 T-x 图上会出现最低点或最高点。例如：Na_2CO_3-K_2CO_3、KCl-KBr、Ag-Sb、Cu-Au 等系统会出现最低点，但出现最高点的系统较少。图 6-30 是具有最低（高）熔点的二组分固态完全互溶系统的液-固相图。

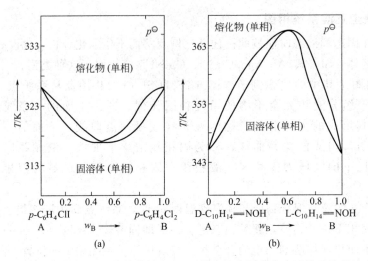

图 6-30 具有最低熔点（a）和最高熔点（b）的二组分固态完全互溶系统的液-固相图

相图与区域提纯（金属提纯）

（1）区域偏析

固溶体合金在不平衡结晶时所形成的晶内偏析，是属于一个晶粒范围内的枝干与枝间的微观偏析。除此之外，固溶体合金在不平衡结晶时还往往造成宏观偏析和区域偏析，即大范围内化学成分不均匀的现象。

（2）区域提纯

区域偏析虽然对于合金的性能有很大的影响，但是依据这一原理，可以提纯金属。可以想象，如果将杂质富集的末端去掉，然后再熔化，再凝固金属纯度就会得到不断的提高。20 世纪 50 年代初期，人们利用这个原理创造出区域熔炼技术并获得了较好的提纯效果。这种方法是将金属棒从一端向另一端顺序地进行局部熔化，凝固的过程也随之进行。由于固溶体是有选择的结晶，先结晶的晶体将溶质（杂质）排入熔化部分的液体中。如此当熔化区域走过一遍以后，圆棒的杂质就会富集于另一端，重复几次即可达到目的，这种方法就是区域提纯。从提纯的效果来看，熔化区域越短，则提纯的效果越好。这是由于熔区较长时会将已经推迟到另一端的溶质重新熔化跑到低的一端，通常熔区长度不大于试样长度的 1/10。

6.5.3 固相部分互溶系统相图

两个组分在液态可无限混溶，而在固态只能部分互溶，形成类似于部分互溶双液系的帽形区。在帽形区外，是固溶体单相，在帽形区内，是两种固溶体两相共存。

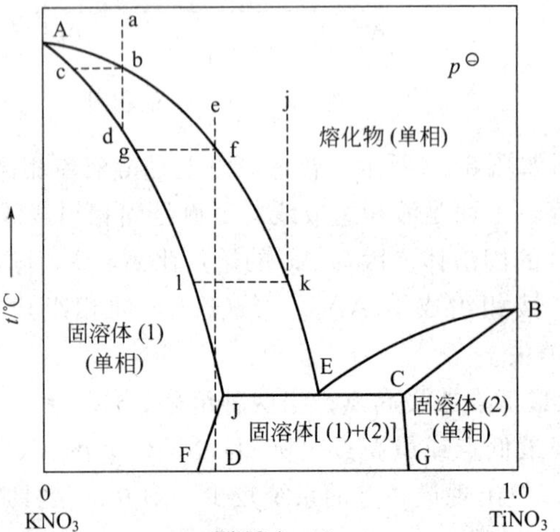

属于这种类型的相图形状各异，现介绍两种类型：有一低共熔点；有一转熔温度。

（1）系统有一低共熔点

此类相图以图 6-31 的 KNO_3-$TiNO_3$ 系统相图为例来加以说明。

在相图上有三个单相区：AEB 线以上，熔化物（L）；AJF 以左，固溶体（1）；BCG 以右，固溶体（2）。

有三个两相区：AEJ 区，L+（1）；BEC 区，L+（2）；FJECG 区，（1）+（2）。

AE、BE 是液相组成线；AJ、BC 是固溶体组成线；JEC 线为三相共存线，即（1）、（2）

图 6-31 KNO_3-$TiNO_3$ 的相图

和组成为 E 的熔液三相共存，E 点为（1）、（2）的低共熔点。两个固溶体彼此互溶的程度从 JF 和 CG 线上读出。

三条步冷曲线预示的相变化为：

① 从 a 点开始冷却，到 b 点有组成为 C 的固溶体（1）析出，继续冷却至 d 以下，全部凝固为固溶体（1）；

② 从 e 点开始冷却，依次析出的物质为：熔液 L→L＋固溶体(1)→固溶体(1)→固溶体(1)＋固溶体(2)；

③ 从 j 点开始，则依次析出的物质为：L→L＋固溶体(1)→固溶体(1)＋固溶体(2)＋L（组成为 E）→固溶体(1)＋固溶体(2)。

属于此类系统的还有 Sn-Pb 系统、Ag-Cu 系统、Cd-Zn 系统等。

（2）系统有一转熔温度

此类相图以图 6-32 的 Hg-Cd 的相图为例来加以说明。

相图上有三个单相区：BCA 线以左，熔化物 L；ADF 区，固溶体（1）；BEG 以右，固溶体（2）。

有三个两相区：BCE，L＋固溶体(2)；ACD，L＋固溶体(1)；FDEG，固溶体(1)＋固溶体(2)。

因这种两相平衡组成的曲线实验较难测定，故用虚线表示。

一条三相线 CDE：分别为：①熔液（组成为 C）；②固溶体（1）（组成为 D）；③固溶体（2）（组成为 E）三相共存。CDE 对应的温度称为转熔温度，温度升到 455K 时，固溶体（1）消失，转化为组成为 C 的熔液和组成为 E 的固溶体（2）。

6.5.4　固相完全不溶系统相图

典型的固态完全不互溶系统相图如图 6-33 所示。此图与液体完全不溶系统的液-气相图（见图 6-25）形状类似，只是各区域的相态不同，PLQ 以上区域为单一的液相，S_1LS_2 线为三相线，其下的矩形区域是纯固体 A 和 B 的混合物。

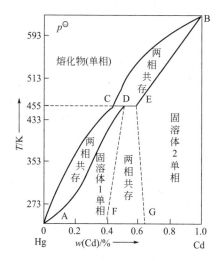

图 6-32　具有转变温度的二组分固态部分
互溶系统相图：Hg-Cd 系统

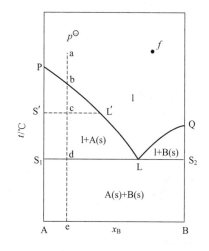

图 6-33　固态完全不互溶系统
温度-组成图

6.5.5　生成化合物系统相图

生成化合物的二组分凝聚系统相图主要分为两类：生成稳定化合物系统和生成不稳定化

合物系统。

（1）生成稳定化合物系统

稳定化合物，包括稳定的水合物，它们有自己的熔点，在熔点时液相和固相的组成相同。属于这类系统的有：CuCl(s)-FeCl$_3$(s)，Au(s)-2Fe(s)，CuCl$_2$-KCl，酚-苯酚，FeCl$_3$-H$_2$O 的 4 种水合物，H$_2$SO$_4$-H$_2$O 的 3 种水合物等。

CuCl(A) 与 FeCl$_3$(B) 可形成化合物 C，R 是 C 的熔点，在 C 中加入 A 或 B 组分都会导致熔点的降低，如图 6-34 所示。这张相图可以看作 A 与 C 和 C 与 B 的两张简单的低共熔相图合并而成，所有的相图分析与简单的二元低共熔相图类似。图中垂直线表示单组分化合物。稳定化合物，其垂直线顶端与曲线相交。

H$_2$O 与 H$_2$SO$_4$ 能形成三种稳定的水合物，即 H$_2$SO$_4$·H$_2$O(C$_3$)、H$_2$SO$_4$·2H$_2$O(C$_2$)、H$_2$SO$_4$·4H$_2$O(C$_1$)，它们都有自己的熔点，其相图如图 6-35 所示。这张相图可以看作由四张简单的二元低共熔相图合并而成。如需得到某一种水合物，溶液浓度必须控制在某一范围之内。

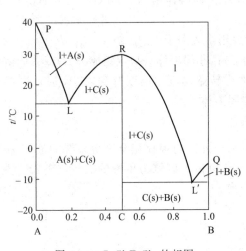

图 6-34　CuCl-FeCl$_3$ 的相图

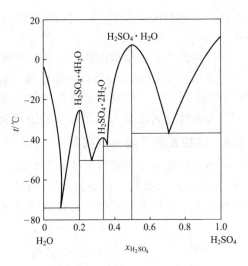

图 6-35　H$_2$O-H$_2$SO$_4$ 的相图

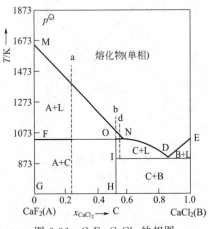

图 6-36　CaF$_2$-CaCl$_2$ 的相图

纯硫酸的熔点在 283K 左右，而与一水化合物的低共熔点在 235K，所以在冬天用管道运送硫酸时应适当稀释，防止硫酸冻结。

（2）生成不稳定化合物系统

不稳定化合物，没有自己的熔点，在熔点温度以下就分解为与化合物组成不同的液相和固相。属于这类系统的有 CaCl$_2$-CaF$_2$、Au-Sb$_2$、2KCl-CuCl$_2$、K-Na等。

图 6-36 为 CaF$_2$(A)-CaCl$_2$(B) 相图。在 CaF$_2$(A)与 CaCl$_2$(B) 相图上，C 是 A 和 B 生成的不稳定化合物。因为 C 没有自己的熔点，将 C 加热，到 O 点温度时分解成 CaF$_2$(s) 和组成为 N 的熔液，所以将 O 点的温度称为转熔温度（peritectic temperature）。FON 线也称为三相线，由 A(s)、C(s) 和组成为 N 的熔液三相

共存，与一般三相线不同的是：组成为 N 的熔液在端点，而不是在中间。不稳定化合物，其垂直线顶端与水平线相交，呈"T"字形。

相区分析与简单二元相图类似，在 OIDN 范围内是 C(s) 与熔液（L）两相共存。

分别从 a、b、d 三个系统点冷却熔液，与线相交就有相变，依次变化次序为：

a 线：$L \rightarrow A(s) + L \rightarrow A(s) + C(s) + L(N) \rightarrow A(s) + C(s)$

b 线：$L \rightarrow A(s) + L \rightarrow A(s) + C(s) + L(N) \rightarrow C(s)$

d 线：$L \rightarrow A(s) + L \rightarrow A(s) + C(s) + L(N) \rightarrow C(s) + L$

$$\rightarrow C(s) + B(s) + L(D) \rightarrow C(s) + B(s)$$

若实际中希望得到纯化合物 C，则要将熔液浓度调节在 ND 之间，温度在两条三相线之间。

6.5.6　二组分系统 *T-x* 相图的共同特征

通过分析，我们可看出二组分系统 *T-x* 相图的共同特征主要有以下几点：①所有的曲线都是两相平衡线，曲线上的点为相点；②图中的水平线都是三相线，三个相点分别在水平线段的两端和交点上，三相线上 $F = 0$；③图中垂直线表示单组分化合物，如果是稳定化合物，垂直线顶端与曲线相交，如果是不稳定化合物，垂直线顶端与水平线相交，呈"T"字形；④围成固溶体（单相）的线段中不含三相水平线；⑤两相平衡共存区内可适用杠杆规则。

6.6　三组分系统相图

根据相律，对于三组分系统 $F+P=5$，当 $P=1$，$F=4$，最多有 4 个自由度：T、P、x_1、x_2。当 $P=5$，$F=0$，故三组分系统最多为五相平衡。三组分系统相图通常在固定温度和压力情况下绘制，此时 F 最多为 "2"，可用平面图表示，而且通常采用三角形坐标来表示。

6.6.1　三角坐标表示法

表示三组分系统的三角形坐标通常有直角三角形图和等边三角形图，常用的是等边三角形图。等边三角形 ABC 的三个顶角分别表示三个纯组分，如图 6-37 所示，AB、BC 和 CA 线分别表示 A 和 B、B 和 C、C 和 A 组成的两组分系统，每边分别表示 B、C、A 的百分组成，这样在三角形中任意一点即代表一个三组分系统。例如 O 点，过 O 点作三边的平行线交边于 D、E、F，在三边上可读出 O 点所代表系统中的三个组成，CD 表示 A 的百分数（a）；AE 表示 B 的百分数（b）；BF 表示 C 的百分数（c）。可以证明 a+b+c=1。

使用等边三角形表示法有许多方便之处。例如：①含组分 A 质量分数相同的系统必在平行于 BC 的直线上，如图 6-38 中 EF 线上的任意系统含 A 量相同；②通过顶点 A 的直线 AD 上的系统含 A 量不同，但含 B 和 C 的比例是相同的（可以证明：$\dfrac{BG}{BG'} = \dfrac{AH}{AH'}$）。因此向某一系统 D 中加入 A 或取出 A，则系统点在 AD 的连线上移动；③如有两个三组分系统 M 和 N 构成新的系统 O，则 O 点必在 MN 连线上，具体位置可用杠杆规则计算 $[W_M \times l(OM) = W_N \times l(ON)]$。

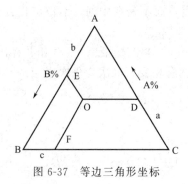

图 6-37 等边三角形坐标

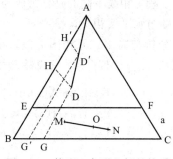

图 6-38 等边三角形坐标的性质

6.6.2 部分互溶三液系统相图

我们用含有部分互溶系统的相图来具体说明等边三角形坐标表示法。图 6-39 是具有一对部分互溶三液系统的相图，A 和 B 完全互溶，A 和 C 完全互溶而 B 和 C 部分互溶。b 点是纯 C 在纯 B 中的溶解度，c 点是 B 在 C 中的溶解度，Bb 和 Cc 是互溶区而 bc 是两相区。若系统 D 落入 bc 区则分为两相 b 点和 c 点，并有 $W_b \times l(bD) = W_c \times l(cW)$。若在系统 D 中加入组分 A，则系统 D 沿着 AD 线上升分别为 $D_1 D_2 D_3 \cdots$ 此时两相组成分别为 $b_1 b_2 b_3 \cdots$ 和 $c_1 c_2 c_3 \cdots$。$b_1 c_1$、$b_2 c_2$、$b_3 c_3$ 称连接线，b_1 和 $c_1 \cdots$ 称为共轭溶液，共轭溶液的相对量由杠杆规则求得，随 A 的加入，B 和 C 的互溶程度愈来愈大，连接线愈来愈短，最后缩为一点 O，O 点称等温会溶点 (isothermal consolute point)。

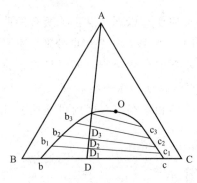

图 6-39 一对部分互溶三液系相图

图 6-40 (a) 表示两对部分互溶三液系相图，若温度降低，互溶程度减少，图 (a) 中两帽形区扩大变为图 (b)。

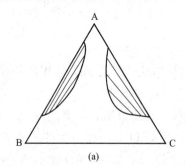

(a)

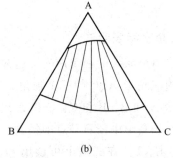

(b)

图 6-40 两对部分互溶三液系相图

三对部分互溶三液系相图如图 6-41 所示，若温度降低，三个帽形区扩大如图 6-42 所示，图中 DEF 为三相区，若物系点落入该区域为三相（D 相、E 相和 F 相），但由于物系点位置不同，三相的相对量不同。三相的相对量仍用杠杆规则计算出：

$$\begin{cases} \dfrac{W_D}{W_E} = \dfrac{l(HE)}{l(DH)} \\ \dfrac{W_D}{W_F} = \dfrac{l(GF)}{l(DG)} \end{cases}$$

$$W_D + W_E + W_F = W$$

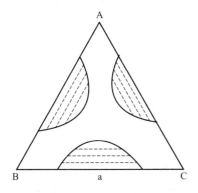

图 6-41 水-乙二腈-乙醚三液系相图

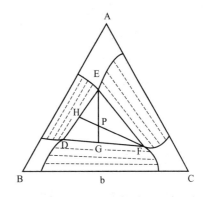

图 6-42 水-乙二腈-乙醚三液系低温下相图

6.6.3 部分互溶三液系统相图的应用

一对部分互溶的三液系相图在萃取分离中有重要应用。例如工业上烷烃和芳烃的分离常用萃取方法，以苯（A）代表芳烃，正庚烷（B）代表烷烃。选择二乙二醇醚（C）作为萃取剂，图 6-43 是苯-正庚烷-二乙二醇醚相图。其中苯和正庚烷完全互溶，苯和二乙二醇醚完全互溶，而正庚烷和二乙二醇醚部分互溶。若混合组分系统点为 P，此时加入萃取剂 C 则系统点沿 PC 线上升至 O 点。O 点进入帽形两相区，分成 x_1 和 y_1 两相，若此时把两层溶液分开，蒸去萃取剂 C 则得 N 和 M 溶液。在 M 溶液中含 A 大于 P 点溶液，而在 N 溶液中含 B 大于 P 点溶液，可见通过一次萃取我们就得到富 A 和富 B 两溶液。若在溶液

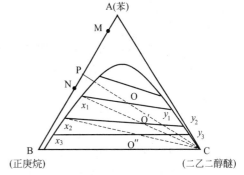

图 6-43 苯-正庚烷-二乙二醇醚相图

x_1 中再加入萃取剂 C，系统点沿 x_1C 上升至 O′ 点，O′ 点时溶液分为 x_2 和 y_2 两层溶液，显然在 x_2 溶液中含 B 量比 x_1 大。进行第三次萃取得 x_3 和 y_3 两溶液，在 x_3 溶液中含 B 量比 x_2 大。如此进行多次萃取就能得到纯的正庚烷（但不能获得纯苯）。这种多次萃取过程工业上在萃取塔中进行。

6.6.4 盐水三组分系统的固-液相图

两种盐与水组成三组分系统，有可能生成复盐、水合盐以及复盐的水合盐，于是这类系统也出现各种形式的相图，下面列举其中的四种。

① 两种盐不生成复盐，盐与水也都不生成水合盐（见图 6-44）；

② 两种盐生成复盐，但它们不与水生成水合盐（见图 6-45）；

③ 两种盐不生成复盐，但盐与水生成水合盐（见图 6-46）；

④ 既可生成复盐也可生成水合盐（见图 6-47）。

图 6-47 中，M 点是复盐 $NH_4LiSO_4 \cdot Li_2SO_4$，S 点是水合盐 Li_2SO_4；D 点是 $(NH_4)_2SO_4$ 在水中的饱和溶液，该溶液中 $(NH_4)_2SO_4$ 的浓度为它在纯水中的溶解度；G 点是 $Li_2SO_4 \cdot H_2O$ 在水中的饱和溶液；E 点是同时被 $(NH_4)_2SO_4$ 和 $NH_4 \cdot LiSO_4$ 所饱和的溶液；F 点是同时被 NH_4LiSO_4 和 $Li_2SO_4 \cdot H_2O$ 所饱和的溶液；以上的点和线都可由实验中测定的溶解度得出，该相图就是依据这些数据绘制而成的。

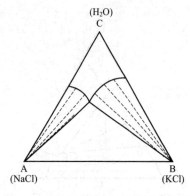

图 6-44　不生成复盐的水盐系统相图

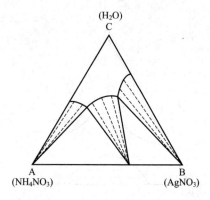

图 6-45　生成复盐且不与水生成水合盐系统相图

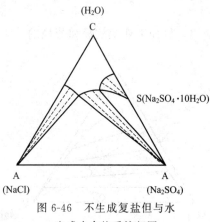

图 6-46　不生成复盐但与水
生成水合盐系统相图

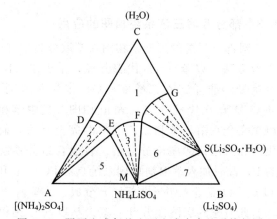

图 6-47　既可生成复盐也可生成水合盐系统相图

1—溶液；2—A(s)＋L(A 饱和)；

3—M(s)＋L(M 饱和)；4—S(s)＋L(S 饱和)；

5—A(s)＋M(s)＋L(组成为 E)；6—M(s)＋S(s)＋

L(组成为 F)；7—M(s)＋S(s)＋B(s)

本 章 小 结

1. 系统的热力学性质决定了多组分的平衡行为，包括相平衡行为。相平衡的充分必要条件是同一组分在不同相的化学势相等。以 Gibbs 相律 $F＝C－P＋2$ 为基础，讨论单组分、二组分以及三组分系统相平衡关系。在相图中，物质相态变化以及物质变化只从平衡的观点来讨论，不涉及变化的具体细节——即相转变动力学。

2. 相平衡的主要内容有单组分体系两相平衡的克拉贝龙方程、相律、相图、杠杆规则等。相律建立在热力学基础之上，相图由实验数据绘制。

3. 克拉贝龙方程描述了纯物质两相平衡时压力和温度的关系：$dp/dT＝\Delta S_m/\Delta V_m＝\Delta H_m/(T\Delta V_m)$，当平衡的两项有一相为气相时，可以用克劳修斯-克拉贝龙方程（$\ln p＝-\Delta H_m/RT＋常数$）来描述。

4. 相图分析可以从区域、线和点来分析平衡时稳定存在的相。单组分相图用 T、p 两个变量描述，其中的区域为固、液或气相区域；曲线代表两个相邻区域所代表的两个相平衡时 p-T 之间的关系，三条曲线的交点称为三相平衡点；液-气共存曲线终止于临界点，临界点以上温度，没有液-气相变，只有一个流体相。

5. 温度恒定或压力恒定下的两组分系统相图压力-组成相图和温度-组成相图给出了相平衡时各相的状态。对于液-固系统，常用温度-组成相图来描述平衡时的相变化。在二组分系统相图中，曲线围成的区域为两相共存区域，平衡物系点落在两相区，可以由物系点及两个相点在相图上的位置，利用杠杆规则计算两相的量，杠杆规则对气-液、液-液、液-固、固-固两相平衡均可适用；水平线为三相平衡线，而垂线表示形成化合物且组成由化合物所在的位置表示。步冷曲线由实验绘制，它直观地描述在温度变化过程中系统的相态变化。

6. 在二组分固溶体系相图中，需注意如下概念。①固溶体：通常以一种化学物质为基体溶有其他物质的原子或分子所组成的晶体，在分析复杂的二组分固液相图时，关键是先确定固溶体。②低共熔混合物：两种或两种以上物质形成的熔点最低的混合物，低共熔混合物的熔点称为低共熔点。低共熔点的总组成与三相点溶液相同。③稳定化合物和不稳定化合物：在二组分 T-x 相图上，垂线都表示化合物。如果是稳定化合物，垂线顶端与曲线相交，该点又叫相合熔点。如果是不稳定化合物，垂线顶端与一水平线相交，该点又叫不相合熔点或异成分熔点，该点三相共存。④转晶线与转熔线和转熔温度。

7. 对三组分系统，其恒温和恒压下的组成-组成相图用一个等边三角形来表示。液-液和液-固平衡的相图特点及其实际应用是重点，了解萃取和结晶分离的原理以及分配定律。

8. 本章核心概念和公式

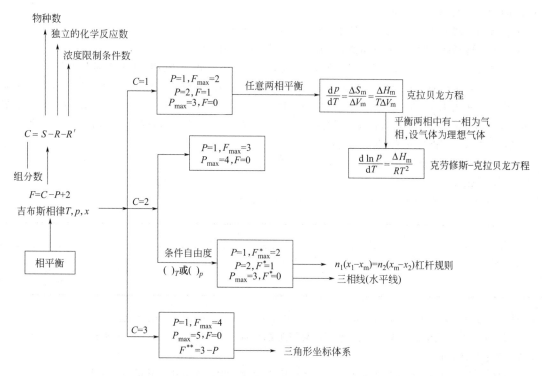

思 考 题

1. 某两相在同一温度但压力不等条件下，这两相能否达到平衡？

2. 在一个密封容器中，装满了温度为 373.2K 的水，一点空隙也不留，这时水的蒸气压约为多少？是否等于零？

3. 在 298.2K 和 $p^{\ominus}$ 的压力下，纯水的蒸气压为 p^*，若增加外压，这时 p^* 是变大还是变小？

4. 小水滴与水蒸气混在一起，它们都有相同的组成和化学性质，它们是否是同一个相？

5. 米粉和面粉混合得十分均匀，再也无法彼此分开，这时混合系统有几相？

6. 金粉和银粉混合后加热，使之熔融然后冷却，得到固体是一相还是两相？

7. 在一个真空容器中，分别使 $NH_4SH(s)$ 和 $CaCO_3(s)$ 加热分解，两种情况的独立组分数是否都等于 1？

8. 纯水在三相点处，自由度为零，在冰点时，自由度是否也等于零？为什么？

9. 我们把固体 CO_2 叫作干冰，是因为 $CO_2(s)$ 受热直接变成 $CO_2(g)$ 而没有 $CO_2(l)$ 出现，CO_2 有没有液体？在什么条件下能看到？

10. 在低共熔点的二组分多金属相图上，当出现低共熔混合物时，这时有三相共存。在低共熔点所在的水平线上，每点都表示有三相共存，那水平线的两个端点也有三相共存吗？

习　题

1. 指出下列平衡系统中的组分数、相数及自由度数。

(1) 固体 Fe、FeO、Fe_3O_4 与 CO、CO_2 达到平衡；

(2) 含有 C(s)、$H_2O(g)$、CO(g)、$CO_2(g)$、$H_2(g)$ 五种物质的平衡系统；

(3) 298K 时，蔗糖水溶液与纯水达渗透平衡；

(4) I_2 作为溶质在两不互溶液体 H_2O 和 CCl_4 中达到分配平衡（凝聚系统）。

2. 已知甲苯、苯在 90℃ 下纯液体的饱和蒸气压分别为 54.22kPa 和 136.12kPa，两者可形成理想液态混合物。取 200.0g 甲苯和 200.0g 苯置于带活塞的导热容器中，始态为一定压力下 90℃ 的液态混合物。在恒温 90℃ 下逐渐降低压力，问：

(1) 压力降到多少时，开始产生气相，此气相的组成如何？

(2) 压力降到多少时，液相开始消失，最后一滴液相的组成如何？

(3) 压力为 92.00kPa 时，系统内气-液两相平衡，两相的组成如何？两相的物质的量各为多少？

3. 设 C_6H_6 和 $C_6H_5CH_3$ 组成理想溶液。20℃ 时纯苯的饱和蒸气压是 9.96kPa，纯甲苯的饱和蒸气压是 2.97kPa。把由 1mol C_6H_6(A) 和 4mol $C_6H_5CH_3$(B) 组成的溶液放在一个带有活塞的圆筒中，温度保持在 20℃。开始时活塞上的压力较大，圆筒内为液体。若把活塞上的压力逐渐减小，则溶液逐渐气化。

(1) 求刚出现气相时蒸气的组成及总压；

(2) 求溶液几乎完全气化时最后一滴溶液的组成及总压；

(3) 在气化过程中，若液相的组成变为 $x = 0.100$，求此时液相及气相的数量。

4. 苯（A）和氯苯（B）的饱和蒸气压与温度的关系如下：

$t/℃$	90	100	110	120	132
p_A^*/kPa	135.1	178.6	232.5	298.0	395.3
p_B^*/kPa	27.7	39.1	53.7	72.3	101.3

设二者形成理想溶液，试求在 133.3kPa 下，组成为 $x_A = 0.400$ 的溶液的沸点。

5. 已知水-苯酚系统在 30℃ 液-液平衡时共轭溶液的组成 w(苯酚) 为：L_1(苯酚溶于水)，8.75%；L_2(水溶于苯酚)，69.9%。

(1) 在 30℃、100g 苯酚和 200g 水形成的系统达液-液平衡时，两液相的质量各为多少？

(2) 在上述系统中若再加入 100g 苯酚，又达到相平衡时，两液相的质量各变到多少？

6. 水-异丁醇系统液相部分互溶。在 101.325kPa 下，系统的共沸点为 89.7℃。气（G）、液（L_1）、液（L_2）三相平衡时的组成 w(异丁醇) 依次为：70.0%，8.7%，85.0%。今由 350g 水和 150g 异丁醇形成的系统在 101.325kPa 压力下由室温加热，问：

(1) 温度刚要达到共沸点时，系统处于相平衡时存在哪些相？其质量各为多少？

(2) 当温度由共沸点刚有上升趋势时，系统处于相平衡时存在哪些相？其质量各为多少？

7. 液体 H_2O(A)、CCl_4(B) 的饱和蒸气压与温度的关系如下：

$t/℃$	40	50	60	70	80	90
p_A/kPa	7.38	12.33	19.92	31.16	47.34	70.10
p_B/kPa	28.8	42.3	60.1	82.9	112.4	149.6

两液体成完全不互溶系统。

(1) 绘出 H_2O-CCl_4 系统气、液二相平衡时气相中 H_2O、CCl_4 的蒸气分压及总压对温度的关系曲线；

(2) 从图中找出系统在外压 101.325kPa 下的共沸点；

(3) 某组成为 y_B（含 CCl_4 的摩尔分数）的 H_2O-CCl_4 气体混合物在 101.325kPa 下的恒压冷却到 80℃ 时，开始凝结出液体水，求此混合物气体的组成；

(4) 上述气体混合物继续冷却至 70℃ 时，气相组成如何？

(5) 上述气体混合物冷却到多少摄氏度时，CCl_4 也凝结成液体，此时气相组成如何？

8. 下表列出了苯（A）和乙醇（B）在 101325Pa 下的气-液平衡数据：

$t/℃$	80.1	75.0	68.0	69.0	71.0	76.0	78.0
x_B	0	0.050	0.475	0.775	0.875	0.985	1.000
y_B	0	0.195	0.475	0.555	0.650	0.900	1.000

试回答：

(1) 蒸馏 $x_B = 0.875$ 的溶液，最初馏出液中乙醇的摩尔分数 y_B 是多少？

(2) 将组成为 $x_B = 0.775$ 的溶液在精馏塔中精馏，若塔板足够多，塔顶馏出液及塔釜残留液各是什么？

(3) 使 10mol 组成为 $x_B = 0.860$ 的溶液，在 71.0℃、101325Pa 下达气-液平衡。求液相组成与气相组成、液相的物质的量与气相的物质的量。

9. 90℃ 时，水（A）和异丁醇（B）部分互溶，其中水相 $x_B = 0.021$。已知水相异丁醇服从亨利定律，亨利常数 $k_{Hx, B} = 1.583MPa$。正常沸点时 H_2O 的摩尔蒸发焓为 $40.66kJ \cdot mol^{-1}$。试计算平衡气相中水和异丁醇的分压（设蒸气可视为理想气体，H_2O 的摩尔蒸发焓不随温度而变化）。

10. 常压下二组分液态部分互溶系统气-液平衡的温度-组成图如附图，指出四个区域内平衡的相。

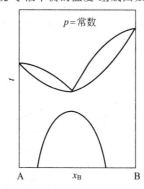

11. Ca（B）和 Mg（A）能形成稳定化合物。该二元系的热分析数据如下：

w_B	0	0.10	0.19	0.46	0.55	0.65	0.79	0.90	1
冷却曲线转折点温度/℃		610	514	700	721	650	466	725	
冷却曲线水平段温度/℃	651	514	514	514	721	466	466	466	843

(1) 画出相图；

(2) 求稳定化合物的组成；

(3) 将 $w_B = 0.40$ 的混合物 700g 熔化后，冷却至 514℃ 前所得到的固体最多是多少？

12. A-B 二组分凝聚系统相图如附图。

(1) 指出各相区稳定存在时的相；

（2）指出图中的三相线，在三相线上哪几个相成平衡关系？三者之间的相平衡关系如何？

（3）绘出图中状态点为 a、b、c 三个样品的冷却曲线，并注明各阶段时的相变化。

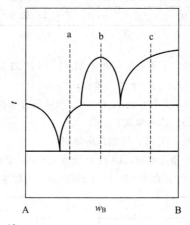

13. 有二元凝聚系统相图如下，请：

（1）标出各相区名称；

（2）绘出 a、b、c 的步冷曲线，并注明相变化情况。

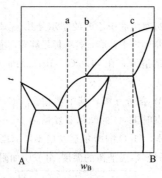

14. 工业生产中有时需要结晶与蒸馏联合运用方可得到纯净物质，已知 A 和 B 二组分形成的液态互溶、固态完全不互溶的气、液、固相图如下：

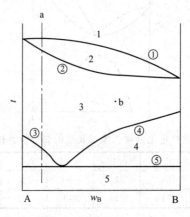

（1）标出 1、2、3、4、5 相区内的稳定相；

（2）图中①、②、③、④、⑤五条线的名称各是什么？

（3）画出系统点 a 的冷却曲线，并描述过程中的相变化。

（4）现工业中由化学反应只能得到状态为 b 的混合物。据相图，要得到纯 B 和纯 A 应如何操作？

15. 根据下面 Pb-Sb 系统的步冷曲线，绘制 Pb-Sb 相图，并指明各相区的相数、相态及自由度。

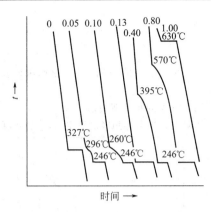

16. 某二元凝聚相图如图所示，其中 C 为不稳定化合物。

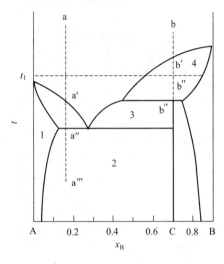

（1）填下表；

相区	平衡相态	自 由 度 数
1		
2		
3		
4		

（2）画出系统点 a 和 b 的冷却曲线，注明冷却过程的相变情况。

（3）将 5kg 的处于 b 点的熔化物冷却至 t_1 时，系统中液态物质的量与析出固体物质的量之比为多少？

17. A-B 二元凝聚系统相图示意如下：

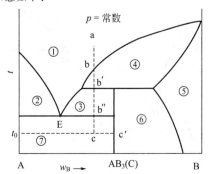

（1）试写出相图中各相区的相态：

① _____；② _____；③ _____；④ _____。

⑤ _____；⑥ _____；⑦ _____。

（2）熔融液从 a 点出发冷却，经 a→b→b′→b″ 再到 c 点。试画出该过程的步冷曲线，并描述冷却过程中的相变化情况。

（3）E 点的自由度数是多少？写出该点的相平衡关系。

18. A-B 二组分凝聚系统相图如附图。指出各相区的稳定相，三相线的相平衡关系。

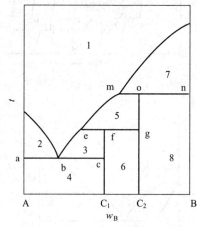

19. 某 A-B 二元凝聚系统相图如附图。标出图中各相区的稳定相，并指出图中的三相线的相平衡关系。

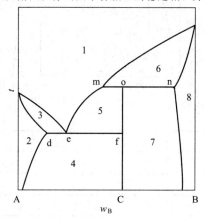

20. A-B 二组分凝聚系统相图如下所示。指出各相区的稳定相，各三相线上的平衡关系，分别画出 a、b、c 各点的步冷曲线形状，并标出冷却过程的相变化情况。

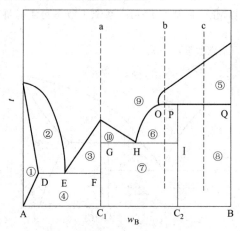

21. 已知 A、B 两组分系统在 $p^{\ominus}$ 下的相图（$T\text{-}x$ 图）如下图所示：

(1) 标出各区（1～6）的相态，水平线 EF、GDH 及垂线 CD 上的系统的自由度数是多少？

(2) 画出从 a、b、c 点冷却的步冷曲线。

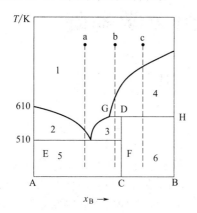
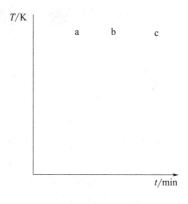

第7章　统计热力学基础

7.1　概　　述

经典热力学以宏观平衡体系为研究对象，以热力学三个定律为基础，利用热力学数据，研究平衡系统各宏观性质之间的相互关系，揭示变化过程的方向和限度。

经典热力学以大量粒子构成的集合体作为研究对象，它不涉及粒子的微观性质，不涉及具体过程与时间，不联系微观结构与运动形态，得出的结论具有普遍性。然而，经典热力学不能：①阐明系统性质的内在原因；②给出微观性质与宏观性质之间的联系，③对热力学性质进行直接的计算。

事实上，微观结构与运动形态影响物质的宏观性质，物质的形成过程与时间影响物质的宏观性质。

统计热力学（或称"分子热力学"）是一门应用统计方法以求出由众多粒子所组成体系的微观性质和宏观性质间的相互关系的科学。

统计热力学的前身是气体分子运动学说。17世纪后半叶，人们已经认识到气体的压力是大量气体分子与器壁碰撞的结果。1738年，伯努利（Bernoulli D）据此导出了波义耳定律。1856年，克雷尼希（Krönig AK）进一步运用概率论，导出气体的压力与分子质量、密度以及运动速度间的关系式。1857年，引入了分子均方速度、平均自由程和分子碰撞数等重要概念。1860年，麦克斯韦（J. C. Maxwell）建立分子速度分布定律，1868年，玻耳兹曼（L. E. Boltzmann）在速度分布定律中引进重力场，并给出了熵的统计意义。

统计热力学分为经典统计热力学和量子统计热力学。麦克斯韦和玻耳兹曼在经典力学的基础上，将分子的运动由坐标和动量的连续变化来描述，建立了经典统计力学，即麦克斯韦-玻耳兹曼统计，因而他们的方法又称为经典统计法。

1905年，爱因斯坦（A. Einstein）提出光子学说，1924年玻色（S. N. Bose）将黑体辐射视为光子气体来推导普朗克辐射方程，并获得了成功，随后，爱因斯坦进一步推广，从而发展成玻色-爱因斯坦量子统计法。1926年，费米（E. Fermi）发现，涉及电子、质子和中子等的某些物质系统，不能应用玻色-爱因斯坦统计法，其量子态受到泡利（W. E. Pauli）不相容原理的制约。据此，他和狄拉克（P. Dirac）提出了另一种量子统计法，称为费米-狄拉克量子统计法。它能很好地描述金属和半导体中自由电子的行为。

量子统计法和经典统计法在统计原理上并无差别，不同之处在于描述分子运动时所采用的力学模型，前者用量子力学，后者用经典力学。量子统计法更为严格，并且在一定条件下，可得到经典统计法所导出的结果。

统计热力学又分为平衡态统计热力学和非平衡态统计热力学。在基础物理化学课程中仅介绍平衡态统计热力学的一些基本概念、方法和应用。

7.1.1　统计热力学研究的对象与任务

统计热力学研究的对象为众多粒子组成的宏观系统。统计热力学从分析系统内部微观粒子（这里的粒子泛指分子、原子、离子、电子、光子等）的微观性质与结构数据入手，用统计的方法获得大量粒子运动统计的平均结果，确立微观粒子的运动状态和宏观性质之间的联系。统计学方法在热力学上的应用即构成了统计热力学的内容。

根据对物质结构的某些基本假定，以及实验所得的光谱数据，求得物质结构的一些基本常数，如核间距、键角、振动频率等，从而计算分子配分函数。再根据配分函数求出物质的热力学性质，这就是统计热力学的基本任务。统计热力学不仅能揭示宏观现象的本质，提供预测物质各种宏观特性的可能性，而且提供了从光谱等方面实验数据计算热力学函数的方法，同时还能够阐释一些原来无法解释的实验规律，如低温时热容随温度变化的关系等。它好比一座桥梁，沟通了物质的宏观性质与微观性质，沟通了热力学、传递现象、化学动力学与量子力学，使物理化学成为一门完整的科学。

7.1.2 统计热力学研究方法

统计热力学方法是在统计原理的基础上，运用力学规律对粒子的微观量求统计平均值，从而得到宏观性质。物质的宏观性质本质上是微观粒子不停运动的客观反映，虽然每个粒子都遵守力学定律，但是无法用力学中的微分方程去描述整个系统的运动状态，所以必须用统计学的方法。

统计热力学方法基于两个基本出发点：①宏观物质由大量的粒子构成；②热现象是大量粒子运动的整体表现。

因此，统计热力学的方法是从微观到宏观的方法，或是概率的方法。它阐明粒子的微观结构与系统宏观热力学性质之间的关系。

7.1.3 统计热力学方法的特点

统计热力学方法的优点在于揭示了系统宏观现象的微观本质，可以从分子或原子的光谱数据直接计算系统平衡态的热力学性质。

① 将系统的微观性质与宏观性质联系起来，对于简单分子的计算结果常是令人满意的。

② 不需要进行复杂的低温量热实验就能求得相当准确的熵值。

统计热力学方法也存在着一些本身的局限性。受对物质微观结构和运动规律认识程度的限制。

① 计算时必须假定结构的模型，这势必引入一定的近似性。

② 对大的复杂分子以及凝聚系统，计算尚有困难。

7.1.4 统计系统的分类

统计系统通常有两种分类方法：一种是按照粒子之间有无相互作用力进行分类——独立子系统与相依子系统（非独立子系统）；另一种是按照粒子是否可辨或是否有确定位置进行分类——定域子系统与非定域子系统。

（1）独立子系统与相依子系统

独立子系统指粒子间除了弹性碰撞外没有其他相互作用的系统。

完全没有相互作用的系统是不存在的，当粒子间的相互作用可以忽略不计时，即可称为独立子系统，或称为近独立子系统。如：理想气体属于独立子系统，而对于温度不太低、压力不太高的实际气体，可近似作为独立子系统处理。

在独立子系统中，粒子间相互作用总势能 $V=0$，系统总能量 U 为组成系统各粒子 n_i 的运动能量 ε_i 之和：

$$U = \sum_i^N n_i \varepsilon_i \tag{7.1-1}$$

式中，N 为系统中粒子的总数目。

相依子系统指粒子间的相互作用在理论处理时不容忽略的系统，如实际气体。在相依子系统中，系统总能量包括粒子的相作用总势能 V，即：

$$U = \sum_i^N n_i \varepsilon_i + V \qquad (7.1\text{-}2)$$

相依子系统之间的相互作用比较复杂，这种势能是各个粒子空间位置的函数。本书主要讨论独立子系统。

（2）定域子系统与非定域子系统

定域子系统指系统中粒子运动是定域化的，系统中的粒子彼此可以分辨。如晶体中粒子只能在晶格位置作振动，此时可通过粒子所处的位置来区分它们。"定域子系统"也称为"可分辨粒子系统"。

非定域子系统指系统中粒子运动是非定域化的，粒子之间不可区分。如气体中的粒子处于混乱运动之中，粒子自由运动的范围是系统所包含的整个空间。所以，"非定域子系统"也称为"离域子系统"或"不可分辨粒子系统"或"等同粒子系统"。

非定位系统的微观状态数在粒子数相同的情况下要比定位系统少得多。

7.1.5 统计热力学的基本假设

假设 1 一定的宏观状态对应着数目巨大的微观状态，可以用统计的方法对微观状态进行研究。

假设 2 等概率假设：在 U、V、N 一定的平衡态系统（平衡态孤立系统）中，系统中任一可能出现的微观状态具有相同的数学概率。即：

$$P_1 = P_2 = P_3 = \cdots = P_i = \frac{1}{\Omega} \qquad (7.1\text{-}3)$$

式中，P_i 为系统第 i 个微观态出现的概率；Ω 表示系统的总微态数（或总热力学概率）。

按照等概率原理，任何满足能量守恒、边界条件的运动状态都是等概率的。

推论：任何一个粒子，可以等概率出现在系统的任意地方，任何一个粒子的速度方向是任意的，同分布的。

假设 3 统计平均等效性假设：系统宏观热力学性质是观测时间内对系统一切可能的微观状态求平均，称为统计平均法。

对于某一分子而言，由于分子在不断地相互碰撞和交换能量，其能量在不断地变化，随着时间推移，它经历着不同的量子态，统计热力学用"动态"的观点来描述分子的运动性质。若 $\overline{X}$ 表示某一宏观物理量的观测值，则：

$$\overline{X} = \sum_i P_i X_i \qquad (7.1\text{-}4)$$

式中，X_i 为相应物理量在第 i 个微观态中的值。

统计平均的求算关键要找准与宏观量对应的微观量，如 U 对应的微观量是 ε，而配分函数 q 是连接宏观量与微观量的桥梁。只有当系统中分子数目众多，在一定平衡条件下，实现各量子态的概率分布才存在着一定的规律性，才能用一定的统计方法求其平均值。

7.1.6 最概然分布与平衡分布

（1）基本概念

① 粒子的量子态与系统的量子态 依量子力学方法，原则上，微观粒子的各种运动状态

可用波函数（Ψ_1、Ψ_2、…）表示，其能量是量子化的，由低至高可列成 ε_1、ε_2、…，其中有些态能量可能相等，即称能级简并。粒子的这种微观状态称为粒子的一个量子态或一个粒子态。

$$\Psi = \prod_{k=1}^{N} \Psi_i(k) \tag{7.1-5}$$

一个分子的微观运动包括：核运动（Ψ_n）、电子运动（Ψ_e）、平动（Ψ_t）、转动（Ψ_r）和振动（Ψ_v）。这些运动形态可以近似地认为相互独立、互不干扰，分子每种运动的具体状态由分子在此运动状态上所处的量子数所决定。为全面描述分子的微观状态，需要一套量子数，每套量子数均代表分子的一种微观运动状态。

不计粒子间的相互作用时，每个粒子的波函数（量子态）是其各种运动量子态的共同贡献：

$$\Psi_i = \Psi_t \Psi_r \Psi_v \Psi_e \Psi_n \tag{7.1-6}$$

由众多的微观粒子组成的系统，其微观状态用系统的波函数 Ψ 来描述，称为系统的量子态，或简称为系统态。当组成系统所有粒子态确定之后，系统态即确定，其能量用 U 表示，也是量子化的，由低至高可排序为：E_1、E_2、…

② 能级分布与状态分布　能级分布指在满足 $U = \sum_i n_i \varepsilon_i$ 和 $N = \sum_i n_i$ 前提下，系统中 N 个粒子如何分布在各能级 ε_i 上，如：

$$\varepsilon_0, \varepsilon_1, \varepsilon_2, \cdots, \varepsilon_i$$
$$n_0, n_1, n_2, \cdots, n_i$$

每个能级 ε_i 所集居的粒子数 n_i，称为该能级的分布数。

状态分布或称量子态分布，指系统中 N 个粒子是如何分布在量子态 Ψ_i 上的，如：

$$\varphi_0, \varphi_1, \varphi_2, \cdots, \varphi_i$$
$$n_0, n_1, n_2, \cdots, n_i$$

这样在每个（能级的）量子态上的粒子数，称为该状态或量子态的分布数。

若能量为 ε_i 的能级上有 g_i 个量子状态，就称此 ε_i 能级为简并的，其简并度为 g_i，如：

$$\varepsilon_0, \varepsilon_1, \varepsilon_2, \cdots, \varepsilon_i$$
$$g_0, g_1, g_2, \cdots, g_i$$
$$n_0, n_1, n_2, \cdots, n_i$$

每种运动状态都对应有自己的简并度，则：

$$g = g_t g_r g_v g_e g_n$$

式中，g_t、g_r、g_v、g_e 和 g_n 分别为平动、转动、振动、电子运动和核运动的简并度。

③ 粒子运动的能级公式　一个分子的能量可以认为是由分子的整体运动能量即平动能，以及分子内部运动的能量之和：

$$\varepsilon = \varepsilon_n + \varepsilon_e + \varepsilon_t + \varepsilon_r + \varepsilon_v \tag{7.1-7}$$

式中，ε_n、ε_e、ε_t、ε_r 和 ε_v 分别为核运动、电子运动、平动、转动和振动的能量。

④ 分布的微态数 W_D 与系统的总微态数 Ω　对于一个 U、V、N 确定的宏观系统，在满足：

$$\sum_i n_i = N, \quad \sum_i n_i \varepsilon_i = U$$

的条件下，可以有多种能级分布。每一个能级分布又包含有多个微观状态，系统总的微观状态数等于所有分布中的微观状态数之和。Ω 表示系统总的微观状态数，W_D 表示某一个能级分布包含的微观状态数：

$$\Omega = \sum_D W_D = W_1 + W_2 + \cdots + W_D \tag{7.1-8}$$

⑤ 热力学概率　对于 N、V、U 确定的系统，其中出现的每一种微态看成一个基本事件，则任一种系统分布 D 的概率 $P(D)$ 为：

$$P(D) = \frac{W_D}{\Omega} = \frac{W_D}{\sum_D W_D} \tag{7.1-9a}$$

式中，W_D 为分布 D 的微态数或分布 D 的热力学概率；Ω 为系统的总微态数。每一微态的概率为：

$$P = \frac{1}{\Omega} \tag{7.1-9b}$$

即前述的统计热力学等概率原理。

(2) W_D 的计算

对于 U、V、N 确定的系统中，每一分子均具有一组允许的能级 ε_1、ε_2、ε_3、$\cdots$、ε_i，各能级的平均独立粒子数分别为 n_1、n_2、n_3、$\cdots$、n_i，简并度分别为 g_1、g_2、g_3、$\cdots$、g_i。

能级：ε_1，ε_2，ε_3，$\cdots$，ε_i

粒子数：n_1，n_2，n_3，$\cdots$，n_i

简并度：g_1，g_2，g_3，$\cdots$，g_i

根据排列组合公式，实现 n_1 分子处于 ε_1 能级、n_2 分子处于 ε_2 能级、$\cdots\cdots$、n_i 分子处于 ε_i 能级，这样一种 D 分布方式的热力学概率（或微态数）W_D，可依不同系统计算。

① 定域子系统　设一个由 N 个可区分的独立粒子组成的宏观系统，对于最简单的分布——该粒子分布在 N 个不同的能级上，其简并度均为 1，则在任一能级上的分布数 n_i 均为 1。则：

$$W_D = N(N-1)(N-2)\cdots \times 2 \times 1 = A = N!$$

当任一能级上的分布数 n_i，但其简并度仍为 1，即只有一种排列方式，与第一种情况相比，就是 $n_i!$ 种方式变成一种方式，所以：

$$W_D = \frac{N!}{n_1! \, n_2! \, n_3! \, \cdots} = \frac{N!}{\prod_i n_i!} \tag{7.1-10}$$

考虑简并度，则从 N 个粒子中取出 n_1 个放到第一个能级上的方式有 $C_N^{n_1}$ 种，而第一个能级的简并度为 g_1，将这 n_1 个粒子放到 g_1 个量子态上的方式有 $g_1^{n_1}$ 种。所以，从 N 个粒子中取出 n_1 个放到第一个能级上的方式有 $C_N^{n_1} g_1^{n_1}$ 种。依次类推，从 $N-n_1$ 个粒子中取出 n_2 个放到第二个能级上的方式有 $C_{N-n_1}^{n_2} g_2^{n_2}$ 种。该分布 D 的微态数为：

$$W_D = C_N^{n_1} C_{N-n_1}^{n_2} \cdots C_{N-n_1-n_2-\cdots-n_{k-1}}^{n_k} g_1^{n_1} g_2^{n_2} \cdots g_k^{n_k}$$

$$= \frac{N!}{n_1! \, (N-n_1)!} \times \frac{(N-n_1)!}{n_2! \, (N-n_1-n_2)!} \times \cdots \frac{N-n_1-\cdots-n_{k-1}}{n_k! \, (N-n_1-\cdots-n_k)!} \times g_1^{n_2} g_2^{n_2} \cdots g_k^{n_k}$$

$$= N! \prod_i \frac{g_i^{n_i}}{n_i!} \tag{7.1-11}$$

② 离域子系统　假设每个量子态所容纳的粒子数没有限制，当每一能级上的简并度为 1，即只有一种排列方式，而且粒子是不可区分的，所以在任一能级上粒子的分布方式只有一种。这样，系统某一分布 D 的微态数 $W_D = 1$。

考虑简并度，对第一个能级而言，就是 n_1 个粒子分布在 g_1 个量子态上，则该能级上的微态数就是 n_1 在 g_1 个量子态上的分布方式数，若将 g_1 个量子态看成 g_1 个相连的盒子，那么，该能级上的微态数就是将放在 g_1 个盒子中有多少可能的方式的问题。由于每个量子态所容纳的粒子数没有限制，所以，该问题就转化为 n_1 个粒子与 g_1-1 个盒壁混合一起的排列数问题，而 n_1 个粒子与 g_1-1 个盒壁混合一起的全排列数为 $[n_1+(g_1-1)]!$。由于粒子是不可区分的，盒壁互换也不会影响分配方式，所以能出现的方式数为：

$$\frac{(n_1+g_1-1)!}{(g_1-1)! \times n_1!} = \frac{(n_1+g_1-1)(n_1+g_1-2)\cdots(n_1+g_1-n_1)(g_1-1)!}{(g_1-1)! \times n_1!}$$

当 $g_1 \gg n_1$，则

$$\frac{(n_1+g_1-1)!}{(g_1-1)! \times n_1!} = \frac{g_1^{n_1}}{n_1!}$$

所以，该分布的微态数为：

$$W_D = \prod_i \frac{(n_i+g_i-1)!}{(g_i-1)! \times n_i!} = \prod_i \frac{g_i^{n_i}}{n_i!} \tag{7.1-12}$$

离域子系统的微观状态数在粒子数相同的情况下要比定域子系统少得多。

(3) 概然分布与平衡分布及其关系

根据等概率原理，对 U、V、N 确定的热力学系统，各个分布下的所有的微观状态出现的概率都一样，分布包含的可能微观状态数目 Ω 越多，则该分布出现的概率就越大。最大的 Ω 对应概率最大的分布，该分布称为最可几分布或最概然分布（以 W_m 或 t_m 表示）。

对 U、V、N 确定的系统中，粒子的各种分布方式几乎不随时间而变化，这种分布就称为"平衡分布"。

对于一个系统，微观粒子每时每刻都在变化，各种分布都会出现，但它们出现的概率不同，当系统总粒子数 $N \to \infty$ 时，紧靠最概然分布的一个极小范围内各种系统分布微态数之和，已十分接近系统总微态数，即最概然分布能代表平衡分布。图 7-1 显示了宏观状态与微态数之间的关系。

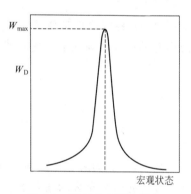

图 7-1 宏观状态所含微态分布数的分布规律

7.2 玻尔兹曼分布律与粒子配分函数

7.2.1 玻尔兹曼分布律

玻尔兹曼分布律描述处于热力学平衡独立子系统中的微观粒子在各能阶上分布的规律。它基于如下三个基本假设：

① 独立子系统，即粒子间无作用力或作用力可忽略不计；

② 粒子的能级是量子化的；

③ 对于大量粒子组成的系统，$\Omega \approx t_m$，平衡分布用最可几分布代替，产生的误差极小。

在不考虑能级简并度的情况下，对于独立定域子系统——分子可以区分但粒子间的相互作用可以忽略不计的系统：

$$W_D = \frac{N!}{n_1! \, n_2! \, \cdots n_i!} = \frac{N!}{\prod\limits_i n_i!} \tag{7.2-1}$$

对 N、V、U 确定的热力学系统，总微观状态数 Ω 可以表示为：

$$\Omega = \sum_D W_D = \sum_D \frac{N!}{\prod\limits_i n_i!} \tag{7.2-2}$$

通过摘取最大相原理可证明：在粒子数 N 很大（$N > 1024$）时，玻尔兹曼分布的微观状态数（t_m）几乎可以代表系统的全部微观状态数（Ω）；故玻尔兹曼分布即为宏观平衡分布。

$$n_i = N \frac{e^{-\varepsilon_i/k_BT}}{\sum e^{-\varepsilon_i/k_BT}} \tag{7.2-3}$$

式中，k_B 为玻尔兹曼常数。

粒子配分函数是系统所有粒子在各个能级依最可几分布排布时对系统状态的一个描述：

$$q = \sum e^{-\varepsilon_i/k_BT} \tag{7.2-4}$$

式中，$e^{-\varepsilon_i/k_BT}$ 称为玻尔兹曼因子。于是：

$$n_i = \frac{N}{q} e^{-\varepsilon_i/k_BT} \tag{7.2-5}$$

式（7.2-5）称为"玻尔兹曼分布定律"，适用于能级为非简并的可分辨独立子系统。对于能级简并的可分辨独立子系统，玻尔兹曼分布定律表示为：

$$n_i = N \frac{g_i e^{-\varepsilon_i/k_BT}}{\sum g_i e^{-\varepsilon_i/k_BT}} = \frac{N}{q} g_i e^{-\varepsilon_i/k_BT} \tag{7.2-6}$$

或

$$P_{\varepsilon_i} = \frac{n_i}{N} = \frac{g_i e^{-\varepsilon_i/k_BT}}{\sum\limits_i g_i e^{-\varepsilon_i/k_BT}} \tag{7.2-7}$$

式中，P_{ε_i} 为总粒子数 N 中有 n_i 粒子数分布在简并度 g_i 的能级 ε_i 上的概率。

玻尔兹曼分布表示独立子系最概然分布，亦即独立子系统的平衡分布。式（7.2-6）表明，q 中的任一项与 q 之比，等于粒子分配在 i 能级上的分数。

离域子系统由于粒子不能区分，它在能级上分布的微态数一定少于定域子系统，所以对定域子系统微态数的计算式进行等同粒子的修正，即将计算公式除以 $N!$，得出离域子系统能级分布 Ω 的微态数为：

$$\Omega(U,V,N) = \sum_i \prod \frac{g_i^{n_i}}{n_i!} \tag{7.2-8}$$

则离域子系统的玻尔兹曼最概然分布公式：

$$n_i = N \frac{g_i e^{-\varepsilon_i/k_BT}}{\sum g_i e^{-\varepsilon_i/k_BT}} \tag{7.2-9}$$

【例题 7-1】 试列出分子数为 4，总能为 3 单位的系统中各种分布方式和实现这类分布方式的热力学概率。

解： 令　$\varepsilon_0 = 0, \varepsilon_1 = 1, \varepsilon_2 = 2, \varepsilon_3 = 3$

按题意要求：$U = \sum_i^N n_i \varepsilon_i = 3$ 和 $N = \sum_i n_i = 4$

能满足上述限制条件的分布方式有以下三种：

分布方式（宏观状态） ε_i ＼ n_i	Ⅰ	Ⅱ	Ⅲ
3	1	0	0
2	0	1	0
1	0	1	3
0	3	2	1

若将分子区分为 A、B、C、D，而以 $A(0)$、$B(1)$…分别表示 A 分子的能量 $\varepsilon_A=0$，B 分子的能量 $\varepsilon_B=1$…则属于上述三种分布形式或分配方式中的各种微观状态分别为：

$$\text{分布方式 Ⅰ}：W_Ⅰ=\frac{4!}{3!\ 0!\ 0!\ 1!}=4$$

$$\text{分布方式 Ⅱ}：W_Ⅱ=\frac{4!}{2!\ 1!\ 1!\ 0!}=12$$

$$\text{分布方式 Ⅲ}：W_Ⅲ=\frac{4!}{1!\ 3!\ 0!\ 0!}=4$$

系统总热力学概率（总微观状态数）为：$\Omega=W_Ⅰ+W_Ⅱ+W_Ⅲ=20$

玻色-爱因斯坦统计（如空腔辐射的频率分布）：

$$N_i=\frac{g_i}{e^{-\alpha-\beta\varepsilon_i}-1}\quad(\beta=-1/k_BT)$$

费米-狄拉克统计[*]（金属半导体中的电子分布）：

$$N_i=\frac{g_i}{e^{-\alpha-\beta\varepsilon_i}+1}$$

由 $g_i\gg N_i\Rightarrow e^{-\alpha-\beta\varepsilon_i}\pm1\gg1\Rightarrow e^{-\alpha-\beta\varepsilon_i}\pm1\approx e^{-\alpha-\beta\varepsilon_i}$

当温度不太高或压力不太大时，上述条件容易满足。

此时玻色-爱因斯坦及费米-狄拉克统计可还原为玻尔兹曼统计。

7.2.2 粒子配分函数 q

（1）粒子配分函数 q 的含义

对配分函数进行分析，可知其有如下含义：

① 配分函数 q 是对系统中一个粒子的所有可能状态的玻尔兹曼因子求和，因此又称为状态和；

② 对于独立子系统，任何粒子不受其他粒子存在的影响，所以 q 是属于一个粒子的，与其余粒子无关，故称之为粒子的配分函数；

③ q 为无量纲的纯数，指数项通常称为玻尔兹曼因子；

④ q 中的任一项与 q 之比，等于粒子分配在 i 能级上的分数。q 中任两项之比等于在该两能级上最概然分布的粒子数之比：

$$\frac{n_i}{n_j}=\frac{g_i}{g_j}e^{-(\varepsilon_i-\varepsilon_j)/k_BT}\tag{7.2-10}$$

这是 q 被称为"配分函数"的由来。

在 $q=\sum e^{-\varepsilon_i/k_BT}$ 中，当系统温度趋于 0K 时，$k_BT\to0$，除 ε_0（基态）$=0$ 外，其他各项 $g_ie^{-\varepsilon_i/k_BT}\to0$，则：$q=g_0$，即温度趋于热力学零度时，配分函数相当于基态的量子状态数。

当 $T\to\infty$，各 ε_i/k_BT 项均趋于零，而 $e^{-\varepsilon_i/k_BT}\to1$，则：

$$q = \sum_i g_i e^{-\varepsilon_i/k_B T} = \sum_i g_i = g_0 + g_1 + g_2 + \cdots + g_k \qquad (7.2\text{-}11)$$

即高温时，几乎所有状态均能实现 $q = \sum_i g_i \rightarrow \infty$。

（2）粒子配分函数的析因子性质

对于独立子系统或近似独立子系统：

$$\varepsilon_i = \varepsilon_{t,i} + \varepsilon_{r,i} + \varepsilon_{v,i} + \varepsilon_{e,i} + \varepsilon_{n,i} \qquad (7.2\text{-}12)$$

式右边各项分别代表平动、转动、振动、电子运动和核运动的能量。

前已叙述，任意一能级上的简并度 g_i 等于各种运动简并度的乘积：

配分函数实际是体系所有粒子在各个能级依最可几分布排布时候对体系状态的一个描述。由配分函数可以方便地求出体系的 U、H、S、A、G 等热力学参量。

$$g_i = g_{t,i} g_{r,i} g_{v,i} g_{e,i} g_{n,i} \qquad (7.2\text{-}13)$$

则：

$$q = \sum_i g_i \exp\left(-\frac{\varepsilon_i}{k_B T}\right)$$

$$= \sum_i g_{t,i} g_{r,i} g_{v,i} g_{e,i} g_{n,i} \exp\left(-\frac{\varepsilon_{t,i} + \varepsilon_{r,i} + \varepsilon_{v,i} + \varepsilon_{e,i} + \varepsilon_{n,i}}{k_B T}\right)$$

$$= q_t q_r q_v q_e q_n \qquad (7.2\text{-}14)$$

即粒子的配分函数 q 可以用各独立运动的配分函数乘积表示——粒子配分函数析因子性质。

7.2.3 粒子配分函数的计算

（1）平动子配分函数的计算

在边长为 a 的一维势箱中运动的粒子简称一维平动子，其平动能为：

$$(\varepsilon_t)_x = \frac{h^2 n_x^2}{8ma^2} \qquad (7.2\text{-}15)$$

式中，h 为普朗克常数；m 为粒子的质量；n_x 为量子数（$n_x = 1$，2，3，$\cdots$）。

一维平动能级为非简并的，即：$g_i = 1$，故一维平动配分函数可表示为：

$$(q_t)_x = \sum_{n_x=0}^{n_x=\infty} e^{-\frac{h^2 n_x^2}{8mk_B Ta^2}} = \frac{(2\pi mk_B T)^{1/2}}{h} a \qquad (7.2\text{-}16)$$

在统计热力学中，将在空间作三维平动的粒子称为"三维平动子"。发生平动时，分子的形状不变化，分子各部分之间的相对坐标不变，且在各维方向上的运动互相独立。其平动能公式可表示为：

$$\varepsilon = (\varepsilon_t)_x + (\varepsilon_t)_y + (\varepsilon_t)_z = \frac{h^2}{8m}\left(\frac{n_x^2}{a^2} + \frac{n_y^2}{b^2} + \frac{n_z^2}{c^2}\right) \qquad (7.2\text{-}17)$$

式中，n_x、n_y 和 n_z 分别为 x、y 和 z 各维的量子数，a，b 和 c 分别为三维方盒的边长，而粒子配分函数为各维配分函数的乘积：$q_t = (q_t)_x (q_t)_y (q_t)_z$，则：

$$q_t = \left[\frac{(2\pi mk_B T)^{1/2}}{h} a\right]\left[\frac{(2\pi mk_B T)^{1/2}}{h} b\right]\left[\frac{(2\pi mk_B T)^{1/2}}{h} c\right]$$

$$= \frac{(2\pi mk_B T)^{3/2}}{h^3} abc$$

$$= \frac{(2\pi mk_B T)^{3/2}}{h^3} V$$

则摩尔平动配分函数：

$$q_t = q_t^N = \left[\frac{(2\pi mk_B T)^{3/2}}{h^3} V\right]^N \qquad (7.2\text{-}18)$$

对于相同分子所组成的气体系统，因分子不可分辨，则：

$$q_t = \frac{q_t^N}{N!} = \frac{1}{N!}\left[\frac{(2\pi m k_B T)^{3/2}}{h^3}V_m\right]^N \tag{7.2-19}$$

应用史特林公式：$N! = (N/e)^N$，则：

$$q_t = \left[\frac{e(2\pi m k_B T)^{3/2}}{Nh^3}V\right]^N \tag{7.2-20}$$

【例题 7-2】 计算 298K 时，（1）一个氧气分子，（2）1mol 氧气分子在体积为 $10^{-4}\,m^3$ 的容器中的平动配分函数。

解：（1）由公式 $q_t = \dfrac{(2\pi m k_B T)^{3/2}}{h^3}V$，其中：

$$m = \frac{M_{O_2}}{L} = \frac{0.03200\,kg \cdot mol^{-1}}{6.022 \times 10^{23}\,mol^{-1}} = 5.314 \times 10^{-26}\,kg$$

$$k_B = 1.381 \times 10^{-23}\,J \cdot K^{-1}, \quad h = 6.626 \times 10^{-34}\,J \cdot s, \quad V = 10^{-4}\,m^3$$

则

$$q_t = \left[\frac{2 \times 3.142 \times (5.314 \times 10^{-26})(1.381 \times 10^{-23}) \times 298}{6.626 \times 10^{-34}}\right]^{3/2} \times 10^{-4} = 1.77 \times 10^{28}$$

即在常温下分子的平动能级数目众多，其分布可视为连续的，而 $q_t \propto T^{3/2}$，当 $T \to \infty$，$q_t \to \infty$。

（2）由公式

$$q_t = \left[\frac{e(2\pi m k_B T)^{3/2}}{Nh^3}V\right]^N = \left(\frac{eq_t}{N}\right)^N$$

则

$$\ln q_t = \ln\left(\frac{eq_t}{N}\right)^N = N\ln\left(\frac{eq_t}{N}\right)$$

$$= 6.023 \times 10^{23}\ln\left(\frac{2.718 \times 1.77 \times 10^{28}}{6.023 \times 10^{23}}\right)$$

$$= 6.023 \times 10^{23} \times 11.28 = 6.08 \times 10^{24}$$

即

$$q_t = \exp(6.08 \times 10^{24})$$

（2）转动配分函数的计算

双原子及多原子分子除平动自由度外，还具有转动和振动自由度。非线性多原子分子如 CH_4、H_2O、NH_3 等具有三个转动自由度；而双原子分子如 $^{14}N^{14}N$、$^{14}N^{15}N$、HCl 和线性多原子分子如 $O=C=O$，$N\equiv N=O$，$O=C=S$ 等则具有两个转动自由度。

① 线型异核双原子分子的转动配分函数 双原子分子除了质心的整体平动以外，在内部运动中还有转动和振动。这两种运动互有影响，为简便起见，其彼此的影响忽略不计。并把转动看作是刚性转子绕质心的转动，其转动能级：

$$\varepsilon_r = J(J+1)\frac{h^2}{8\pi^2 I k_B T} \tag{7.2-21}$$

则

$$q_r = \sum_i g_{r,i}\exp\left(-\frac{\varepsilon_{r,i}}{k_B T}\right)$$

$$= \sum_i (2J+1)\exp\left[-J(J+1)\frac{h^2}{8\pi^2 I k_B T}\right] \tag{7.2-22}$$

令

$$\Theta_r = \frac{h^2}{8\pi^2 I k_B}$$

Θ_r 为转动特征温度，具有温度量纲，其数值与粒子的转动惯量有关，只由光谱数据获得。求解积分得：

$$q_r = \frac{8\pi^2 I k_B T}{h^2} \qquad (7.2\text{-}23)$$

② 线型同核双原子分子的转动配分函数 对于同核双原子分子，每转动 $180°$，分子的位形就复原一次，即每转动一周 $360°$，它的微观状态就要重复两次，所以对同核双原子分子，其配分函数还要除以 2。一般地对同核双原子分子写作：

$$q_r = \frac{8\pi^2 I k_B T}{\sigma h^2} = \frac{T}{\sigma \Theta_r} \qquad (7.2\text{-}24)$$

σ 称为对称数，它是分子经过刚性转动一周后，不可分辨的几何位置数，对同核双原子分子 $\sigma = 2$，对于异核双原子分子 $\sigma = 1$。

③ 线型异核多原子分子的转动配分函数 因非线型多原子有 3 个转动自由度，绕（x、y、z）三个坐标轴旋转，可以证明其转动配分函数为：

$$q_r = \frac{8\pi^2 (2\pi k_B T)^{3/2}}{\sigma h^3}(I_x I_y I_z)^{1/2} \qquad (7.2\text{-}25)$$

对于线型多原子分子，其转动配分函数与式(7.2-24)相同。

【例题 7-3】 已知 298.2K 时 CO_2 和 HD 分子的转动惯量分别为 $I_{CO_2} = 7.18 \times 10^{-46}\,\text{kg} \cdot \text{m}^2$，$I_{HD} = 6.29 \times 10^{-48}\,\text{kg} \cdot \text{m}^2$，试分别估算其转动配分函数。

解：(1) CO_2

$$\sigma = 2; I = 7.18 \times 10^{-46}\,\text{kg} \cdot \text{m}^2; k_B = 1.381 \times 10^{-23}\,\text{J} \cdot \text{K}^{-1}$$

$$T = 298.2\text{K}; h = 6.626 \times 10^{-34}\,\text{J} \cdot \text{s}$$

$$(q_r)_{CO_2} = \frac{8\pi^2 I k_B T}{\sigma h^2}$$

$$= \frac{8 \times (3.142)^2 \times 7.18 \times 10^{-46}\,\text{kg} \cdot \text{m}^2 \times 1.381 \times 10^{-23}\,\text{J} \cdot \text{K}^{-1} \times 298.2\text{K}}{2 \times (6.626 \times 10^{-34}\,\text{J} \cdot \text{s})^2}$$

$$= 265.9$$

(2) HD

$$\sigma = 1, I = 6.29 \times 10^{-48}\,\text{kg} \cdot \text{m}^2; k = 1.381 \times 10^{-23}\,\text{J} \cdot \text{K}^{-1}$$

$$T = 298.2\text{K}; h = 6.626 \times 10^{-34}\,\text{J} \cdot \text{s}$$

$$(q_r)_{HD} = \frac{8\pi^2 I k_B T}{\sigma h^2}$$

$$= \frac{8 \times (3.142)^2 \times 6.29 \times 10^{-48}\,\text{kg} \cdot \text{m}^2 \times 1.381 \times 10^{-23}\,\text{J} \cdot \text{K}^{-1} \times 298.2\text{K}}{1 \times (6.626 \times 10^{-34}\,\text{J} \cdot \text{s})^2} = 4.66$$

(3) 振动配分函数的计算

① 双原子分子的振动配分函数 双原子分子仅有一个振动自由度，其振动模式可看作一维谐振子。

分子的振动能为：
$$\varepsilon_v = (v + 1/2)h\nu$$

式中，ν 是振动频率；v 是振动量子数，其值可以是 0、1、2、…。当 $v = 0$ 时，$\varepsilon_v^0 = 1/2h\nu$，称为零点振动能，所以振动配分函数表示为：

$$q_v = \sum_{v=0,1,2,\cdots} e^{-\frac{\left(v+\frac{1}{2}\right)h\nu}{k_B T}} \qquad (7.2\text{-}26)$$

振动是简并的，$g_i^v = 1$

$$q_v = \sum_{v=0,1,2,\cdots} e^{-\frac{\left(v+\frac{1}{2}\right)h\nu}{k_B T}}$$

$$= e^{-\frac{h\nu}{2k_BT}} + e^{-\frac{3h\nu}{2k_BT}} + e^{-\frac{5h\nu}{2k_BT}} + \cdots$$

$$= e^{-\frac{h\nu}{2k_BT}} (1 + e^{-\frac{h\nu}{k_BT}} + e^{-\frac{2h\nu}{k_BT}} + \cdots)$$

$h\nu/k_B$ 也具有温度的量纲，令

$$\Theta_v = \frac{h\nu}{k_B} \tag{7.2-27}$$

式中，Θ_v 为振动的特征温度，是物质的重要性质之一，振动的特征温度越高，表示分子处于激发态的百分数越小。物质的振动特征温度一般均很高，如：

	H_2	N_2	O_2	CO	NO	HCl	HBr
Θ_v/K	6100	3340	2230	3070	2690	4140	3700

在低温时，$\Theta_v/T \gg 1$，$e^{-\Theta_v/T} \ll 1$。则可写为（引用公式 $x<1$，$1+x+x^2+\cdots=1/1-x$）：

$$q_v = e^{-\frac{h\nu}{2k_BT}} \frac{1}{1 - e^{-h\nu/k_BT}} \tag{7.2-28}$$

$h\nu/2$ 是基态的振动能（即零点振动能），如果把基态的能量看作等于零，则：

$$q_{0,v} = \frac{1}{1 - e^{-h\nu/k_BT}} \tag{7.2-29}$$

② 多原子分子的振动配分函数 对于线型分子，振动自由度为 $3N-5$，则：

$$q_v = \prod_{i=1}^{3N-5} \frac{e^{-\frac{h\nu}{2k_BT}}}{1 - e^{-\frac{h\nu}{k_BT}}} \tag{7.2-30}$$

对于非线型的多原子分子，振动自由度为 $3N-6$，则：

$$q_v = \prod_{i=1}^{3N-6} \frac{e^{-\frac{h\nu_i}{2k_BT}}}{1 - e^{-\frac{h\nu_i}{k_BT}}} \tag{7.2-31}$$

【例题 7-4】 水分子的三种振动模式的特征波数 $\bar{\nu}$ 分别为 $3656.7 cm^{-1}$、$1594.8 cm^{-1}$ 和 $3755.8 cm^{-1}$。试计算 (1) 298K；(2) 1500K 温度下的振动配分函数。

解：$\Theta_v = \dfrac{h\nu}{k_B} = \dfrac{h\bar{\nu}c}{k_B}$，而 $\left(\dfrac{\Theta_v}{T}\right) = \left(\dfrac{hc}{k_BT}\right)\bar{\nu}$，$q_{0,v} = [1 - \exp(-hc\bar{\nu}/k_BT)]^{-1}$，即

$$\frac{hc}{k_BT_{(298)}} = \frac{6.626 \times 10^{-34} J \cdot s \times 2.9979 \times 10^8 m \cdot s^{-1}}{1.381 \times 10^{-23} J \cdot K^{-1} \times 298K}$$

$$= 4.826 \times 10^{-5} m = 4.826 \times 10^{-3} cm$$

而

$$\frac{hc}{k_BT_{(1500)}} = 9.59 \times 10^{-4} cm$$

应用公式 $q_{0,v} = [1 - \exp(-hc\bar{\nu}/k_BT)]^{-1}$ 可求解数据，列表如下：

模式	I	II	III	模式	I	II	III
$\bar{\nu}/cm^{-1}$	3656.7	1594.8	3755.8				
$(hc\bar{\nu}/k_BT)_{298K}$	17.65	7.70	18.13	$q_{0,v,298K}$	1.0000	1.0005	1.0000
$(hc\bar{\nu}/k_BT)_{1500K}$	3.506	1.529	3.601	$q_{0,v,1500K}$	1.031	1.277	1.028

应用公式：$q_{0,v} = \prod_j q_{0,v(j)}$

$$q_{0,v,298K} = q_{0,v(I)} q_{0,v(II)} q_{0,v(III)}$$

$$= 1.0000 \times 1.0005 \times 1.000 = 1.0005$$

$$q_{0,v,1500K} = q_{0,v(I)} q_{0,v(II)} q_{0,v(III)}$$
$$= 1.031 \times 1.227 \times 1.028 = 1.353$$

由上例计算可以看出：常温下当振动频率较高时，$\Theta_v/T = \dfrac{h\nu}{k_B T} \gg 1$，则：

$$\exp(-h\nu/k_B T) \approx 0, \quad q_{0,v} \approx 1$$

③ 电子运动的配分函数　对于电子运动，其配分函数为：

$$q_e = \sum_i g_{e,i} \exp\left(-\frac{\varepsilon_{e,i}}{k_B T}\right) \tag{7.2-32}$$

电子能级间隔很大，从基态到第一激发态约有几个电子伏，相当于 $400 \mathrm{kJ \cdot mol^{-1}}$。除非相当高的温度，一般说来，电子总是处于基态。

$$q_e = g_{e,0} \exp\left(-\frac{\varepsilon_{e,0}}{k_B T}\right) \tag{7.2-33}$$

若将最低能态的能量规定为零，则电子配分函数就等于最低能态的简并度，即：

$$q_e^0 = g_{e,0} = 常数$$

④ 核运动的配分函数　对于核运动，其配分函数为：

$$q_n = \sum_i g_{n,i} \exp\left(-\frac{\varepsilon_{n,i}}{k_B T}\right) \tag{7.2-34}$$

核运动能级间隔很大，约为 $2.5 \times 10^8 \mathrm{kJ \cdot mol^{-1}}$。除非相当高的温度或发生原子核裂变，否则，原子核均总是处于基态。

$$q_n = g_{n,0} \exp\left(-\frac{\varepsilon_{n,0}}{k_B T}\right) \tag{7.2-35}$$

倘若将最低能态的能量规定为零，则核配分函数就等于最低能态的简并度，即：

$$q_{n,0} = g_{n,0} = 常数$$

7.3　配分函数和热力学性质的关系

配分函数可自光谱等方面实验数据求得，将配分函数与宏观热力学性质联系起来，即可解决热力学函数的理论估算问题，所以配分函数是得到热力学性质的有力统计方法的基础。

（1）独立粒子系统的配分函数

① 热力学能（U）　对于独立子系统，其热力学能 $U = \sum_{i=0} n_i \varepsilon_i$，则：

$$U = \sum_{i=0} n_i \varepsilon_i = \frac{N}{q} \sum_{i=0} g_i e^{-\varepsilon_i/k_B T} \varepsilon_i \tag{7.3-1}$$

$$\left(\frac{\partial q}{\partial T}\right)_V = \left\{\frac{\partial}{\partial T}\left(\sum_i g_i e^{-\varepsilon_i/k_B T}\right)\right\}_V$$

$$= \sum_i g_i e^{-\varepsilon_i/k_B T}\left(-\frac{\varepsilon_i}{k_B}\right)\left(-\frac{1}{T^2}\right)$$

$$= \frac{1}{k_B T^2} \sum_i g_i e^{-\varepsilon_i/k_B T} \varepsilon_i$$

则：

$$U = N k_B T^2 \left(\frac{\partial \ln q}{\partial T}\right)_{V,N} = R T^2 \left(\frac{\partial \ln q}{\partial T}\right)_{V,N} \tag{7.3-2}$$

② 恒容热容 在无非膨胀功情况下：

$$C_V = \left(\frac{\partial U}{\partial T}\right)_V = Nk_B\left[\frac{\partial}{\partial T}\left(T^2\frac{\partial\ln q}{\partial T}\right)\right]_{V,N}$$

$$= Nk_B\left[T^2\left(\frac{\partial^2\ln q}{\partial T^2}\right)_{V,N} + 2T\left(\frac{\partial\ln q}{\partial T}\right)_{V,N}\right] \qquad (7.3\text{-}3)$$

而恒容摩尔热容：

$$C_{V,m} = R\left[T^2\left(\frac{\partial^2\ln q}{\partial T^2}\right)_{V,N} + 2T\left(\frac{\partial\ln q}{\partial T}\right)_{V,N}\right] \qquad (7.3\text{-}4)$$

③ 熵 不同系统的 W_D 不同，根据玻尔兹曼定理 $S = k_B\ln\Omega = k_B\ln W_{max}$，系统的熵值也不相同。对于离域子系统：

$$W_D = \prod_i \frac{g_i^{n_i}}{n_i!}$$

$$\ln W_D = \sum_i (n_i\ln g_i - \ln n_i!) = \sum_i (n_i\ln g_i - n_i\ln n_i + n_i)$$

$$= \sum_i \left(n_i\ln g_i - n_i\ln\frac{N}{q} - n_i\ln g_i + \frac{n_i\varepsilon_i}{k_BT} + n_i\right)$$

$$= \sum_i \left(n_i\ln\frac{q}{N} + \frac{n_i\varepsilon_i}{k_BT} + n_i\right) = N\ln\frac{q}{N} + \frac{U}{k_BT} + N$$

$$S = k_B\ln\Omega \approx k_B\ln W_D = Nk_B\ln\frac{q}{N} + \frac{U}{T} + Nk_B$$

$$= Nk_B\ln\frac{q}{N} + Nk_BT\left(\frac{\partial\ln q}{\partial T}\right)_V + Nk_B$$

$$= Nk_B\ln q + Nk_BT\left(\frac{\partial\ln q}{\partial T}\right)_V - k_B\ln N!$$

$$= k_B\ln\frac{q^N}{N!} + \frac{U}{T} \qquad (7.3\text{-}5)$$

对于定域子系统，由式 $\Omega_i = W_D = N!\prod_i\frac{g_i^{n_i}}{n_i!}$，则：

$$S = k_B N\ln q + \frac{U}{T} \qquad (7.3\text{-}6)$$

④ HelmHoltz 函数 由定义：$A = U - TS$，则：

对于离域子系统 $\qquad A = U - TS = -k_BT\ln\frac{q^N}{N!} \qquad (7.3\text{-}7)$

对于定域子系统 $\qquad A = U - TS = -k_BT\ln q \qquad (7.3\text{-}8)$

⑤ 压力 由热力学公式：$p = -(\partial A/\partial V)_T$，则不论对于离域子系统还是定域子系统，均有：

$$p = RT\left(\frac{\partial\ln q}{\partial V}\right)_{T,N} \qquad (7.3\text{-}9)$$

⑥ 焓 由定义：$H = U + pV$，则：

$$H = Nk_BT^2\left(\frac{\partial\ln q}{\partial T}\right)_{V,N} + Nk_BTV\left(\frac{\partial\ln q}{\partial V}\right)_{T,N} \qquad (7.3\text{-}10)$$

⑦ Gibbs 函数 由定义：$G = A + pV$

对于离域子系统 $\qquad G = -k_BT\ln\frac{q^N}{N!} + Nk_BTV\left(\frac{\partial\ln q}{\partial V}\right)_{T,N} \qquad (7.3\text{-}11)$

对于定域子系统 $\qquad G=-k_BTlnq^N+Nk_BTV\left(\dfrac{\partial lnq}{\partial V}\right)_{T,N}$ （7.3-12）

从这些公式可以看出，由热力学第一定律引出的函数 U、H、C_v 在定位和非定位系统中表达式一致；而由热力学第二定律引出的函数 S、A、G 在定位和非定位系统中表达式不一致，但两者仅相差一些常数项。在通常计算热力学量的改变量 ΔS、ΔA、ΔG 时，这些常数项可以互相消去。

（2）最低能级能量数值的选取对配分函数的影响

最低能级的能量可以任意选取，若选为零，则配分函数为：

$$q_0=g_0+g_1e^{-\varepsilon_1/k_BT}+g_2e^{-\varepsilon_2/k_BT}+\cdots+g_je^{-\varepsilon_j/k_BT}+\cdots$$

若选为 ε_0，则配分函数为：

$$q_{\varepsilon_0}=g_0e^{-\varepsilon_0/k_BT}+g_1e^{-(\varepsilon_1+\varepsilon_0)/k_BT}+g_2e^{-(\varepsilon_2+\varepsilon_0)/k_BT}+\cdots+g_je^{-(\varepsilon_j+\varepsilon_0)/k_BT}+\cdots$$

二者的关系为： $\qquad q_{\varepsilon_0}=q_0e^{-\varepsilon_0/k_BT}$ （7.3-13）

对 T 求偏导：

$$\left(\dfrac{\partial q_{\varepsilon_0}}{\partial T}\right)_{V,N}=\left(\dfrac{\partial q_0}{\partial T}\right)_{V,N}+\dfrac{\varepsilon_0}{k_BT^2}$$

代入热力学能与 q 的关系式，得：

$$U=Nk_BT^2\left(\dfrac{\partial q_{\varepsilon_0}}{\partial T}\right)_{V,N}=Nk_BT^2\left(\dfrac{\partial q_0}{\partial T}\right)_{V,N}+N\varepsilon_0$$ （7.3-14）

选 ε_0 为最低能级的能量值，系统的内能要比选零为最低能级的能量值多 $N\varepsilon_0$。根据热力学关系式，与热力学能有关的状态函数 H、A 和 G 均多出 $N\varepsilon_0$，而 S、C_V 与最低能级的选取无关。

【例题 7-5】 双原子分子 Cl_2 的振动特征温度 $\Theta_v=803.1K$，用统计热力学方法求算 1mol Cl_2 在 50℃时的 $C_{V,m}$ 值。（电子处在基态）

解： $\qquad\qquad\qquad\qquad q=q_tq_rq_v$

则

$$\left(\dfrac{\partial lnq}{\partial T}\right)_{V,N}=\left(\dfrac{\partial lnq_t}{\partial T}\right)_{V,N}+\left(\dfrac{\partial lnq_r}{\partial T}\right)_{V,N}+\left(\dfrac{\partial lnq_v}{\partial T}\right)_{V,N}$$

$$=\left(\dfrac{3}{2T}+\dfrac{1}{T}+\dfrac{1}{2}h\nu\dfrac{1}{k_BT^2}\right)/(e^{-\frac{h\nu}{k_BT}})$$

则

$$U=RT^2\left(\dfrac{\partial lnq}{\partial T}\right)_{V,N}=\dfrac{5}{2}RT+\dfrac{1}{2}Lh\nu+\dfrac{Lh\nu}{e^{-\frac{h\nu}{k_BT}}}$$

$$C_{V,m}=R\left[T^2\left(\dfrac{\partial^2 lnq}{\partial T^2}\right)_{V,N}+2T\left(\dfrac{\partial lnq}{\partial T}\right)_{V,N}\right]=25.88\ \text{J}\cdot\text{K}^{-1}\cdot\text{mol}^{-1}$$

【例题 7-6】 O_2 的 $\Theta_v=2239K$，I_2 的 $\Theta_v=307K$，问什么温度时两者有相同的热容？（不考虑电子的贡献）

解： 若平动和转动能经典处理，不考虑 O_2 的电子激发态，这样两者 $C_{V,m}$ 的不同只是振动引起的，选振动基态为能量零点时：

$$U=RT^2\left(\dfrac{\partial lnq}{\partial T}\right)_{V,N}=Lh\nu/[\exp(-\Theta_r/T)]$$

$$C_{V,m}=\left(\dfrac{\partial U_m}{\partial T}\right)_{V,N}=\left[R\left(\dfrac{\Theta_v}{T}\right)^2\times e^{\frac{\Theta_v}{T}}\right]/(e^{-\frac{\Theta_v}{T}})^2$$

由于两者 Θ_v 不同，故不可能在某一个 T 下有相同的 $C_{V,m}(v)$。但当 $T\to\infty$，$\exp(\Theta_v/T)\approx1+\Theta_v/T$ 时，$C_{V,m}(v)\to R$，即温度很高时两者有相同的 $C_{V,m}(v)$。

7.4 统计热力学应用——气体

7.4.1 单原子气体

（1）单原子理想气体状态方程

单原子气体如 He、Ne、Ar…只有三个平动自由度，没有转动和振动自由度。在常温下只需考虑平动配分函数。对于同一气体，其摩尔配分函数如式（7.2-20）所示：

$$Q_t = \frac{q_t^N}{N!} = \left[\frac{e(2\pi m k_B T)^{3/2}}{N h^3} V \right]^N$$

即：

$$p = k_B T \left(\frac{\partial \ln Q_t}{\partial V} \right)_{T,N} = N k_B T \left(\frac{\partial \ln q_t}{\partial V} \right)_{T,N}$$

$$= N k_B T \left(\frac{1}{V_m} \right) = RT/V_m$$

即：

$$p V_m = RT$$

（2）单原子理想气体的热力学能、焓和热容

因：

$$U_{t,m} - U_{0,t,m} = N k_B T^2 \left(\frac{\partial \ln q_t}{\partial T} \right)_{V,N} = N k_B T^2 \left(\frac{3}{2} \times \frac{1}{T} \right) = \frac{3}{2} RT$$

而

$$H_{t,m} - U_{t,m} = (H_{0,t,m} - U_{0,t,m}) + p V_m = \frac{5}{2} RT$$

则

$$C_{V,m} = \left(\frac{\partial U_m}{\partial T} \right)_V = \frac{3}{2} R \; ; \; C_{p,m} = \left(\frac{\partial H_m}{\partial T} \right)_p = \frac{5}{2} R$$

（3）单原子理想气体的熵

因：

$$S_{t,m} = k_B T \left(\frac{\partial \ln q_t}{\partial T} \right)_{V,N} + k_B \ln q_t$$

$$= \frac{U_{t,m} - U_{0,t,m}}{T} + k_B \ln \left[\frac{e}{N} \left(\frac{2\pi m k_B T}{h^2} \right)^{3/2} V_m \right]^N \tag{7.4-1}$$

$$= \frac{5}{2} R + R \ln \left[\frac{1}{N} \left(\frac{2\pi m k_B T}{h^2} \right)^{3/2} V_m \right]$$

此式称为 Sackur-Tetrode 公式。若气体服从理想气体状态方程，则 $V_m = RT/p$，式（7.4-1）可写成：

$$S_{t,m} = \frac{5}{2} R + R \ln \left[\frac{R T^{5/2}}{N p h^3} (2\pi m k_B)^{3/2} \right]$$

若 p 为标准压力即 $p = 10^5 \text{Pa}$，则：

$$S_{t,m}^{\ominus} = \frac{5}{2} R + R \ln \left[\frac{R T^{5/2}}{10^5 N h^3} (2\pi m k_B)^{3/2} \right]$$

故：

$$S_{t,m}^{\ominus} = \frac{3}{2} R \ln M + \frac{5}{2} R \ln T - 9.685 = R \left(\frac{3}{2} \ln M + \frac{5}{2} \ln T - 1.165 \right) \tag{7.4-2}$$

式（7.4-2）表明，在一定压力下平动熵仅取决于 M 和 T。恒压下 1mol 理想气体的温度由 T_1 变化至 T_2 的熵变为：

$$\Delta S = \frac{5}{2} R \ln \frac{T_2}{T_1}$$

结果与经典热力学中 $\Delta S = C_p \ln \dfrac{T_2}{T_1}$ 的结果一致。若温度为 298.15K，则：

$$S_{t,m}^{\ominus}(298K) = \frac{3}{2} R \ln M + 108.745$$

7.4.2　双原子及线型多原子气体

双原子及线型多原子气体除了三个平动自由度之外，还有两个转动自由度和（$3n-5$）个振动自由度。

（1）双原子及线型多原子气体的热力学能

$$U_m - U_{0,m} = (U_{t,m} - U_{0,t,m}) + (U_{r,m} - U_{0,r,m}) + (U_{v,m} - U_{0,v,m})$$

$$U_{t,m} - U_{0,t,m} = Nk_B T^2 \left(\frac{\partial \ln q_t}{\partial T} \right)_{V,N} = \frac{3}{2} RT \tag{7.4-3}$$

$$U_{r,m} - U_{0,r,m} = RT^2 \left(\frac{\partial \ln q_r}{\partial T} \right)_{V,N} = RT \tag{7.4-4}$$

$$U_{v,m} - U_{0,v,m} = RT^2 \left(\frac{\partial \ln q_{0,v}}{\partial T} \right)_{V,N} = RT^2 \left[\frac{\partial \ln(1 - e^{-\Theta_v/T})^{-1}}{\partial T} \right]_{V,N} = RT^2 \frac{e^{-\Theta_v/T} \left(\dfrac{\Theta_v}{T^2} \right)}{1 - e^{-\Theta_v/T}}$$

或

$$U_{v,m} - U_{0,v,m} = \frac{R\Theta_v}{e^{\Theta_v/T} - 1} \tag{7.4-5}$$

当 $T \to \infty$ 时，$(e^{\Theta_v/T} - 1) \to \dfrac{\Theta_v}{T}$，而 $(U_{v,m} - U_{0,v,m}) \to RT$。

（2）双原子及线型多原子气体的摩尔热容

根据 $C_{V,m} = \left(\dfrac{\partial U}{\partial T} \right)_V$ 以及式（7.3-3）、式（7.3-4）和式（7.3-5），可得：

$$C_{V,t,m} = \left(\frac{\partial U_t}{\partial T} \right)_V = \frac{3}{2} R$$

$$C_{V,r,m} = \left(\frac{\partial U_r}{\partial T} \right)_V = R$$

$$C_{V,v,m} = \left(\frac{\partial U_v}{\partial T} \right)_{V,N} = \left[\frac{\partial}{\partial T} \left(\frac{R\Theta_v}{e^{\Theta_v/T} - 1} \right) \right]_{V,N} \tag{7.4-6}$$

或

$$C_{V,v,m} = \frac{R(\Theta_v/T)^2 e^{\Theta_v/T}}{(e^{\Theta_v/T} - 1)^2} \tag{7.4-7}$$

当 $T \to \infty$ 时，$e^{\Theta_v/T} \to e^0 \to 1$；$(e^{\Theta_v/T} - 1) \to \dfrac{\Theta_v}{T}$，则 $C_{V,v,m} \to R$。

（3）双原子及线型多原子气体的熵

参考单原子理想气体熵计算的类似方法，有：

$$S_{t,m} = \frac{5}{2} R + R \ln \left[\frac{1}{N} \left(\frac{2\pi mk_B T}{h^2} \right)^{3/2} V_m \right] \tag{7.4-8}$$

$$S_{r,m} = R + R \ln \left(\frac{T}{\sigma \Theta_r} \right) \tag{7.4-9}$$

$$S_{v,m} = \frac{R(\Theta_v/T)}{e^{\Theta_v/T} - 1} - R \ln(1 - e^{-\Theta_v/T}) \tag{7.4-10}$$

【例题 7-7】 已知 F_2 核间平衡距离 $r_e = 1.41 \times 10^{10}$ m，振动特征频率 $\nu = 2.676 \times 10^{13}$ s^{-1}。试计算 1mol 气体在 298.5K 和 10^5 Pa 下的 (1) 平动熵；(2) 转动熵；(3) 振动熵和 (4) 总熵值。

解： $m_F = \left(\dfrac{37.9968}{2}\right)$ g·mol^{-1}/6.022×10^{23} mol^{-1} = 3.155×10^{-23} g = 3.155×10^{-26} kg

$\mu = \left(\dfrac{m_F^2}{2m_F}\right) = \left(\dfrac{m_F}{2}\right) = 1.577 \times 10^{-26}$ kg·m^2

$r_e = 1.41 \times 10^{-10}$ m

因为　　$I = \mu r_e = 1.577 \times 10^{-26} \times (1.41 \times 10^{-10})^2$ kg·m^2 = 3.14×10^{-46} kg·m^2

(1) $S_{t,m} = \dfrac{3}{2} R\ln M + \dfrac{5}{2} R\ln T - 9.685 = 154.1$ J·K^{-1}·mol^{-1}

(2) $S_{r,m} = R + R\ln\left(\dfrac{T}{\sigma\Theta_r}\right) = R + R\ln\left(\dfrac{8\pi^2 I k_B T}{\sigma h^2}\right) = 47.9$ J·K^{-1}·mol^{-1}

(3) 因为　$\dfrac{\Theta_v}{T} = \dfrac{h\nu}{k_B T} = \dfrac{6.626 \times 10^{-34} \times 2.676 \times 10^{13}}{1.3807 \times 10^{-23} \times 298.15} = 4.308$

$S_{v,m} = R\left[\dfrac{(\Theta_v/T)}{e^{\Theta_v/T} - 1} - \ln(1 - e^{-\Theta_v/T})\right]$

$= 8.3144 \times \left[\dfrac{4.308}{e^{4.308} - 1} - \ln(1 - e^{-4.308})\right] = 0.602$ J·K^{-1}·mol^{-1}

(4) $S_m = S_{t,m} + S_{r,m} + S_{v,m} = (154.1 + 47.9 + 0.602)$ J·K^{-1}·mol^{-1}

$= 202.6$ J·K^{-1}·mol^{-1}

由以上计算可以看出，在常温下总熵值中平动熵贡献最大，转动熵其次，而振动熵最小。

7.5　统计热力学应用——理想气体反应的平衡常数

7.5.1　化学平衡体系的公共能量标度

(1) 粒子的能量零点

对于同一物质粒子的能量零点，无论怎样选取，都不会影响其能量变化值的求算。通常粒子的能量零点是这样规定的：

当转动和振动量子数都等于零时（$J = 0$，$v = 0$）的能级定为能量坐标原点，这时粒子的能量等于零（图 7.2）。

(2) 公共能量标度

化学平衡体系中有多种物质，而各物质的能量零点又各不相同，所以要定义一个公共零点，通常选取 0K 作为最低能级，从粒子的能量零点到公共零点的能量差为 ε_0。

采用公共零点后，A，G，H，U 的配分函数表达式中多了 U_0 项（$U_0 = N\varepsilon_0$），而 S，C_V 和 p 的表达式不变。

在统计热力学中常选择 0K 作为最低能级，因此 U_0 就是 N 个分子在 0K 时的能量。

当分子混合并且发生了化学变化时，必须

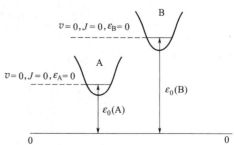

图 7-2　粒子的能量零点和公共能量零点的关系

使用公共的能量表度。

虽然我们可以人为规定分子的最低能级为零，但在处理由不同物质参与的化学反应时，各种物质配分函数能量标度的选择应具有一个公共的能量标度。但不同的物质其最低能级的能量具有不同的 ε_0 值，对 1mol 物质则有 $L\varepsilon_0 = U_{m,0}$。

7.5.2　平衡常数的配分函数表达式

一个化学反应实质上是一些原子在反应物分子及生成物分子的能级之间的分布问题。所以我们可以把平衡状态下的这种分布进行统计处理，找出最可几分布，从而得出化学反应的平衡常数的配分函数表达式。

由于 U、H、A 和 G 与最低能级能量的选择有关，因此有：

$$U_m = RT^2 \left(\frac{\partial \ln q_{\varepsilon,0}}{\partial T}\right)_V = RT^2 \left(\frac{\partial \ln q_0}{\partial T}\right)_V + U_{m,0} \tag{7.5-1}$$

$$H_m = RT^2 \left(\frac{\partial \ln q_{\varepsilon,0}}{\partial T}\right)_p = RT^2 \left(\frac{\partial \ln q_0}{\partial T}\right)_p + U_{m,0} \tag{7.5-2}$$

$$A_m = -k_B T \ln \frac{q_{\varepsilon,0}^L}{L!} = -k_B T \ln \frac{q_0^L}{L!} + U_{m,0} \tag{7.5-3}$$

$$G_m = -RT \ln \frac{q_{\varepsilon,0}}{L} = -RT \ln \frac{q_0}{L} + U_{m,0} \tag{7.5-4}$$

对于化学平衡，有：$-\Delta_r G_m^{\ominus}(T) = RT \ln K_p^{\ominus}(T)$

若应用统计热力学方法由配分函数求得 $\Delta_r G_m^{\ominus}$，即可计算化学反应的平衡常数。

对于理想气体：
$$H_m = U_m + pV_m = U_m + RT$$
$$A_m = U_m - TS_m$$
$$G_m = U_m - TS_m + pV_m = U_m - TS_m + RT$$

当温度趋于热力学零度：$T \to 0K$，$S_{m,0} \to 0$；故 $U_{m,0} = H_{m,0} = A_{m,0} = G_{m,0}$。因此：

$$G_m - G_{m,0} = G_m - H_{m,0} = G_m - U_{m,0} \tag{7.5-5}$$

H_m 和 A_m 等函数也有类似的关系。

若化学反应表示为：$a\mathrm{A} + d\mathrm{D} =\!\!=\!\!= g\mathrm{G} + h\mathrm{H}$，则平衡常数：

$$K_p^{\ominus} = \left(\frac{p_G^g \times p_H^h}{p_A^a \times p_D^d}\right)_e (p^{\ominus})^{-\sum_B \nu_B}$$

而
$$\Delta_r G_m^{\ominus} = (g G_{m,G}^{\ominus} + h G_{m,H}^{\ominus}) - (a G_{m,A}^{\ominus} + d G_{m,D}^{\ominus})$$

则
$$G_m - U_{m,0} = -RT \ln\left(\frac{q_0}{N}\right) + RTV \left(\frac{\partial \ln q_0}{\partial V}\right)_{T,N} \tag{7.5-6}$$

对于理想气体
$$q_{0,t} \approx q_0 = \left[\frac{(2\pi m k_B T)^{3/2}}{h^3}\right] V$$

$$RTV \left(\frac{\partial \ln q_{0,t}}{\partial V}\right)_{T,N} = RTV \left(\frac{\partial \ln V}{\partial V}\right)_{T,N} = RT$$

$$G_m - U_{m,0} = -RT \ln\left(\frac{q_0}{N}\right) \tag{7.5-7}$$

或
$$G_m = U_{m,0} - RT\ln\left(\frac{q_0}{N}\right) \tag{7.5-8}$$

标准压力下：
$$G_m^{\ominus} = U_{m,0}^{\ominus} - RT\ln\left(\frac{q_0^{\ominus}}{N}\right) \tag{7.5-9}$$

式中，$q_0^{\ominus}$ 为 0K、标准压力（$p^{\ominus}$）下的配分函数，则：

$$\Delta_r G_m^{\ominus} = \Delta_r U_{m,0}^{\ominus} - RT\ln\left[\frac{\left(\frac{q_{0,G}^{\ominus}}{N}\right)^g \left(\frac{q_{0,H}^{\ominus}}{N}\right)^h}{\left(\frac{q_{0,A}^{\ominus}}{N}\right)^a \left(\frac{q_{0,D}^{\ominus}}{N}\right)^d}\right]$$

$$\ln K_p^{\ominus} = -\frac{\Delta_r G_m^{\ominus}}{RT} = \ln\left[\frac{\left(\frac{q_{0,G}^{\ominus}}{N}\right)^g \left(\frac{q_{0,H}^{\ominus}}{N}\right)^h}{\left(\frac{q_{0,A}^{\ominus}}{N}\right)^a \left(\frac{q_{0,D}^{\ominus}}{N}\right)^d}\right] - \frac{\Delta_r U_{m,0}^{\ominus}}{RT} \tag{7.5-10}$$

式中，各物质 $q_{0,B}$ 均指能量相对标度的配分函数；$\Delta_r U_{m,0}^{\ominus}$ 为参与反应的物质选定同一零点计的基态而气体压力均为标准压力情况下热力学能的差值或称 0K 下的反应能差。指数项 $e^{-\Delta_r U_{m,0}^{\ominus}/RT}$ 也可以表示为 $e^{-\Delta\varepsilon_0^{\ominus}/k_B T}$，若式(7.5-9) 改用 $G_m^{\ominus} = H_{m,0}^{\ominus} - RT\ln(q_0^{\ominus}/N)$ 表示，则上式可写成：

$$K_p^{\ominus} = \left[\frac{\left(\frac{q_{0,G}^{\ominus}}{N}\right)^g \left(\frac{q_{0,H}^{\ominus}}{N}\right)^h}{\left(\frac{q_{0,A}^{\ominus}}{N}\right)^a \left(\frac{q_{0,D}^{\ominus}}{N}\right)^d}\right] e^{-\frac{\Delta_r H_{m,0}^{\ominus}}{RT}} \tag{7.5-11}$$

若参与反应物质的标准配分函数和反应的 $\Delta_r U_{m,0}^{\ominus}$ 或 $\Delta_r H_{m,0}^{\ominus}$ 数据为已知，则可估算反应平衡常数 $K_p^{\ominus}$。对于任一物质 B 的标准配分函数可表示为：

$$q_{0,B}^{\ominus} = q_{0,t,B}^{\ominus} q_{0,r,B} q_{0,r,B} \tag{7.5-12}$$

必要时尚需考虑电子配分函数和其他配分函数的贡献。根据配分函数的析因子性质将配分函数分离，可得：

$$K_p^{\ominus} = \left[\frac{\left(\frac{q_{0,t,G}^{\ominus}}{N}\right)^g \left(\frac{q_{0,t,H}^{\ominus}}{N}\right)^h}{\left(\frac{q_{0,t,A}^{\ominus}}{N}\right)^a \left(\frac{q_{0,t,D}^{\ominus}}{N}\right)^d}\right] \left(\frac{q_{0,r,G}^g q_{0,r,H}^h}{q_{0,r,A}^a q_{0,r,D}^d}\right) \left(\frac{q_{0,v,G}^g q_{0,v,H}^h}{q_{0,v,A}^a q_{0,v,D}^d}\right) e^{-\frac{\Delta_r U_{m,0}^{\ominus}}{RT}} \tag{7.5-13}$$

1mol 理想气体 $V_m = RT/p$，在标准压力下：$V_m = \dfrac{RT}{p^{\ominus}} = \dfrac{RT}{10^5\,Pa}$

则
$$q_{0,t}^{\ominus} = \left[\frac{(2\pi m k_B T)^{3/2}}{h^3} \times \frac{RT}{10^5}\right] = 1.5421 \times 10^{22} M^{3/2} T^{5/2}$$

$T = 298.15K$ 时：
$$q_{0,t}^{\ominus} = 2.3670 \times 10^{28} M^{3/2}$$

又 $N = 1mol = L$（L 为阿伏伽德罗常数，6.023×10^{23}）时：
$$q_{0,t}^{\ominus}/L = 2.5607 \times 10^{-2} M^{3/2} T^{5/2}$$

$T = 298.15K$ 时：
$$q_{0,t}^{\ominus}/L = 3.9306 \times 10^4 M^{3/2}$$

由以上各式可以看出，恒压下平动配分函数为摩尔质量和温度的函数，当温度固定时，仅为摩尔质量的函数。

对于双原子和线型多原子分子，根据式（7.2-24），其转动配分函数为：

$$q_r = q_{0,r} = \frac{T}{\sigma\Theta_r} = \frac{8\pi^2 I k_B T}{\sigma h^2}$$

在 SI 单位制中转动惯量 I 的单位以 $kg \cdot m^2$ 表示，常数项：$8\pi^2 k_B/h^2 = 2.4829 \times 10^{45}$，故：

$$q_{0,r} = 2.4829 \times 10^{45} \frac{IT}{\sigma}$$

$T = 298.15K$ 时：

$$q_{0,r} = 7.4026 \times 10^{47} \frac{I}{\sigma}$$

非线型多原子分子的转动配分函数表示式也可以按上述方法简化。

【例题 7-8】 试由下表数据计算反应 $H_2(g) + I_2(g) \Longrightarrow 2HI(g)$ 在 298.15K 温度下的平衡常数（$K_p^{\ominus}$）：

化学物质	$M/g \cdot mol^{-1}$	Θ_r/K	Θ_v/K	离解能 $D/kJ \cdot mol^{-1}$
$H_2(g)$	2.016	85.3	5988	431.8
$I_2(g)$	253.81	0.0537	306.5	148.7
$HI(g)$	127.91	9.30	3209	294.8

解：

$$K_p^{\ominus} = \left[\frac{\left(\frac{q_{0,t,G}^{\ominus}}{N}\right)^g \left(\frac{q_{0,t,H}^{\ominus}}{N}\right)^h}{\left(\frac{q_{0,t,A}^{\ominus}}{N}\right)^a \left(\frac{q_{0,t,D}^{\ominus}}{N}\right)^d}\right]\left[\frac{q_{0,r,G}^g q_{0,r,H}^h}{q_{0,r,A}^a q_{0,r,D}^d}\right]\left[\frac{q_{0,v,G}^g q_{0,v,H}^h}{q_{0,v,A}^a q_{0,v,D}^d}\right] e^{-\frac{\Delta_r U_{m,0}^{\ominus}}{RT}}$$

$$\left[\frac{\left(\frac{q_{0,t,HI}^{\ominus}}{L}\right)^2}{\left(\frac{q_{0,t,H_2}^{\ominus}}{L}\right)\left(\frac{q_{0,t,I_2}^{\ominus}}{L}\right)}\right] = \left(\frac{M_{HI}^2}{M_{H_2} M_{I_2}}\right)^{\frac{3}{2}} = \left(\frac{127.91^2}{2.016 \times 253.81}\right)^{\frac{3}{2}} = 180.81$$

H_2 分子摩尔质量较小，采用式 (7.2-22) 进行求和。常温下 $\dfrac{\Theta_{r,H_2}}{T} = \dfrac{85.3K}{298.15K} = 0.286$，

$0.01 < \Theta_r/T < 0.5$，故需应用"摩尔荷兰（Muholland）"近似式计算其转动配分函数。

$$q_{0,r,H_2} = \frac{T}{\sigma\Theta_r}\left[1 + \frac{1}{3}\left(\frac{\Theta_r}{T}\right) + \frac{1}{15}\left(\frac{\Theta_r}{T}\right)^2 + \frac{4}{315}\left(\frac{\Theta_r}{T}\right)^3\right]$$

$$= \frac{298.15}{2 \times 85.3} \times \left[1 + \frac{1}{3}(0.286) + \frac{1}{15}(0.286)^2 + \frac{4}{315}(0.286)^3\right] = 1.92$$

$$q_{0,r,I_2} = \frac{T}{\sigma\Theta_r} = \frac{298.15}{2 \times 0.0537} = 2776$$

$$q_{0,r,HI} = \frac{T}{\sigma\Theta_r} = \frac{298.15}{1 \times 9.30} = 32.06$$

$$\left[\frac{q_{0,r,HI}^2}{q_{0,r,H_2} q_{0,r,I_2}}\right] = \frac{32.06^2}{1.92 \times 2776} = 0.193$$

$$\left[\frac{q_{0,v,HI}^2}{q_{0,v,H_2} q_{0,v,I_2}}\right] = \frac{(1 - e^{-\Theta_{v,HI}/T})^{-2}}{(1 - e^{-\Theta_{v,H_2}/T})^{-1}(1 - e^{-\Theta_{v,I_2}/T})^{-1}}$$

$$= \frac{(1 - e^{-\frac{3209}{298.15}})^{-2}}{(1 - e^{-\frac{5988}{298.15}})^{-1}(1 - e^{-\frac{306.5}{298.15}})^{-1}} = \frac{1^2}{1 \times 1.557} = 0.642$$

又 $\qquad -\Delta_r U_{m,0}^{\ominus} = \Delta D = 2D_{HI} - D_{H_2} - D_{I_2}$

$$= (2 \times 294.8 - 431.8 - 148.7) kJ \cdot mol^{-1} = 9.10 kJ \cdot mol^{-1} = 9100 J \cdot mol^{-1}$$

$$e^{-\Delta_r U_{m,0}^{\ominus}/RT} = e^{9100/8.314 \times 298.15} = 39.3$$

$$K^{\ominus} = 180.81 \times 0.193 \times 0.642 \times 39.3 = 880$$

7.5.3 标准摩尔 Gibbs 函数和标准摩尔焓函数

利用物质系统的吉布斯函数的配分函数的表达式也可直接导出化学反应平衡常数的配分函数表达式。由式(7.5-9)，理想气体的 $G_{m,T}^{\ominus}$ 的统计热力学表达式：

$$\left(\frac{G_{m,T}^{\ominus} - H_{m,0}^{\ominus}}{T}\right) = \left(\frac{G_{m,T}^{\ominus} - U_{m,0}^{\ominus}}{T}\right) = -R \ln\left(\frac{q_{0,t}^{\ominus}}{N}\right) \tag{7.5-14}$$

等式左端 $\left(\dfrac{G_{m,T}^{\ominus} - H_{m,0}^{\ominus}}{T}\right)$ 或 $\left(\dfrac{G_{m,T}^{\ominus} - U_{m,0}^{\ominus}}{T}\right)$ 称为标准摩尔 Gibbs 函数，反应的 $\Delta_r G_m^{\ominus}$ 与这个函数具有如下关系：

$$\Delta_r G_m^{\ominus} = T\Delta\left(\frac{G_{m,T}^{\ominus} - H_{m,0}^{\ominus}}{T}\right) + \Delta_r H_{m,0}^{\ominus}$$

$$= T\sum\nu_B\left(\frac{G_{m,T}^{\ominus} - H_{m,T}^{\ominus}}{T}\right)_B + \Delta_r H_{m,0}^{\ominus} \tag{7.5-15}$$

例如，反应 $H_2(g) + I_2(g) \Longrightarrow 2HI(g)$

$$\Delta_r G_m^{\ominus} = 2G_{m,T,HI}^{\ominus} - G_{m,T,H_2}^{\ominus} - G_{m,T,I_2}^{\ominus} = T\Delta\left(\frac{G_{m,T}^{\ominus} - H_{m,0}^{\ominus}}{T}\right) + \Delta_r H_{m,0}^{\ominus}$$

$\Delta\left(\dfrac{G_{m,T}^{\ominus} - H_{m,0}^{\ominus}}{T}\right)$ 为产物的标准摩尔 Gibbs 函数与反应物的标准摩尔 Gibbs 函数之差。

$\Delta_r H_{m,0}^{\ominus}$ 为 0K 时反应在标准压力下的焓变。

当 N 等于 Avogadro 常数 L，并只考虑平动(t) 配分函数时有：

$$\left(\frac{G_{m,T}^{\ominus} - H_{m,0}^{\ominus}}{T}\right)_t = -R \ln\left(\frac{q_{0,t}^{\ominus}}{L}\right) \tag{7.5-16}$$

而考虑内配分函数 q_{int}（如 q_r、q_v 等）时有：

$$\left(\frac{G_{m,T}^{\ominus} - H_{m,0}^{\ominus}}{T}\right)_{int} = -R \ln q_{0,int} \tag{7.5-17}$$

综合考虑，则有：

$$\left(\frac{G_{m,T}^{\ominus} - H_{m,0}^{\ominus}}{T}\right) = \left(\frac{G_{m,T}^{\ominus} - H_{m,0}^{\ominus}}{T}\right)_t + \left(\frac{G_{m,T}^{\ominus} - H_{m,0}^{\ominus}}{T}\right)_r + \left(\frac{G_{m,T}^{\ominus} - H_{m,0}^{\ominus}}{T}\right)_v + \cdots a$$

显然，由配分函数可计算 Gibbs 函数。Gibbs 函数数据从手册或专著中查表获得，这样由式(7.5-15) 可计算出反应的 $\Delta_r G_m^{\ominus}$，从而得到反应的平衡常数。但计算涉及 $\Delta_r H_{m,0}^{\ominus}$，此量对于简单分子，可从光谱数据获得。

若定义"标准摩尔焓函数"为 $(H_{m,T}^{\ominus} - H_{m,0}^{\ominus})/T$，则也可由下式估算：

$$\Delta_r H_{m,0}^{\ominus} = \Delta_r H_{m,T}^{\ominus} - T\Delta\left(\frac{H_{m,T}^{\ominus} - H_{m,0}^{\ominus}}{T}\right) = \sum_B\nu_B\Delta_f H_{m,T}^{\ominus}(B) - T\sum_B\nu_B\left(\frac{H_{m,T}^{\ominus} - H_{m,0}^{\ominus}}{T}\right)_B$$

298.15K 时：$\Delta_r H_{m,0}^{\ominus} = \Delta_r H_{m,298}^{\ominus} - 298\Delta\left(\dfrac{H_{m,298}^{\ominus} - H_{m,0}^{\ominus}}{298}\right)$ \qquad (7.5-18)

式中，$\Delta_r H_{m,298}^{\ominus}$ 自热化学数据求算，而焓函数自配分函数求算。对于理想气体：

$$H_{m,T}^{\ominus} - H_{m,0}^{\ominus} = (U_{m,T}^{\ominus} - U_{m,0}^{\ominus}) + pV_m = RT^2 \left(\frac{\partial \ln q_0}{\partial T}\right)_{V,N} + RT \qquad (7.5\text{-}19)$$

其中 $q_0 = q_{0t} q_{0r} q_{0v} \cdots$，而焓函数与配分函数关系为：

$$\left(\frac{H_{m,T}^{\ominus} - H_{m,0}^{\ominus}}{T}\right) = RT\left(\frac{\partial \ln q_0}{\partial T}\right)_{V,N} + R = \left(\frac{H_{m,T}^{\ominus} - H_{m,0}^{\ominus}}{T}\right)_t + \left(\frac{H_{m,T}^{\ominus} - H_{m,0}^{\ominus}}{T}\right)_r + \left(\frac{H_{m,T}^{\ominus} - H_{m,0}^{\ominus}}{T}\right)_v$$

【例题 7-9】 由表数据计算反应 $H_2(g) + I_2(g) \Longrightarrow 2HI(g)$ 在 298.15K 温度下的平衡常数 $K^{\ominus}$。

$T = 298.15K$	$H_2(g)$	$I_2(g)$	$HI(g)$
$\left(\dfrac{G_{m,T}^{\ominus} - H_{m,0}^{\ominus}}{T}\right)/J \cdot K^{-1} \cdot mol^{-1}$	-102.17	-226.69	-177.40
$\Delta_f H_{m,0}^{\ominus}/kJ \cdot mol^{-1}$	0	65.10	28.0

解： 由公式得

$$\Delta_r G_m^{\ominus} = T\Delta\left(\frac{G_{m,T}^{\ominus} - H_{m,0}^{\ominus}}{T}\right) + \Delta_r H_{m,0}^{\ominus}$$

$$= T\left[2\left(\frac{G_{m,T}^{\ominus} - H_{m,0}^{\ominus}}{T}\right)_{HI} - \left(\frac{G_{m,T}^{\ominus} - H_{m,0}^{\ominus}}{T}\right)_{H_2} - \left(\frac{G_{m,T}^{\ominus} - H_{m,0}^{\ominus}}{T}\right)_{I_2}\right] +$$

$$\left[2(\Delta_f H_{m,0}^{\ominus})_{HI} - (\Delta_f H_{m,0}^{\ominus})_{H_2} - (\Delta_f H_{m,0}^{\ominus})_{I_2}\right]$$

$$= 298.15 \times [2 \times (-177.40) - (-102.17) - (-226.69)] + [2 \times 28.0 - 0 - 65.10] \times 10^3$$

$$= -16800(J \cdot mol^{-1})$$

$$\ln K^{\ominus} = -\frac{\Delta_r G_m^{\ominus}}{RT} = \frac{-(-16800)}{8.314 \times 298.15} = 6.78$$

$$K^{\ominus} = 880$$

结合例题 7-8 可见，两种不同的计算方法得到相同的计算结果。

【例题 7-10】 由下表数据计算反应 $H_2(g) + I_2(g) \Longrightarrow 2HI(g)$ 的 $\Delta_r H_{m,0}^{\ominus}$。

项 目	$H_2(g)$	$I_2(g)$	$HI(g)$
$(H_{m,298}^{\ominus} - H_{m,0}^{\ominus})/kJ \cdot mol^{-1}$	8.468	10.117	8.657
$\Delta_f H_{m,298}^{\ominus}/kJ \cdot mol^{-1}$	0	62.43	25.94

解： $\Delta_r H_{m,0}^{\ominus} = \Delta_r H_{298,m}^{\ominus} - 298.15 \times \Delta\left(\dfrac{H_{m,298.15}^{\ominus} - H_{m,0}^{\ominus}}{298.15}\right)$

$$= \left[2(\Delta_f H_{m,298}^{\ominus})_{HI} - (\Delta_f H_{m,298}^{\ominus})_{H_2} - (\Delta_f H_{m,298}^{\ominus})_{I_2}\right] -$$

$$298.15 \times \left[2 \times \left(\frac{H_{m,298}^{\ominus} - H_{m,0}^{\ominus}}{298.15}\right)_{HI} - \left(\frac{H_{m,298}^{\ominus} - H_{m,0}^{\ominus}}{298.15}\right)_{H_2} - \left(\frac{H_{m,298}^{\ominus} - H_{m,0}^{\ominus}}{298.15}\right)_{I_2}\right]$$

$$= (2 \times 25.94 - 0 - 62.43) - 298.15 \times \left(2 \times \frac{8.657}{298.15} - \frac{8.468}{298.15} - \frac{10.117}{298.15}\right)$$

$$= -9.2(kJ \cdot mol^{-1})$$

本 章 小 结

核心内容：配分函数（q）及其与热力学函数（U，H，S，A，G…）之间的关系

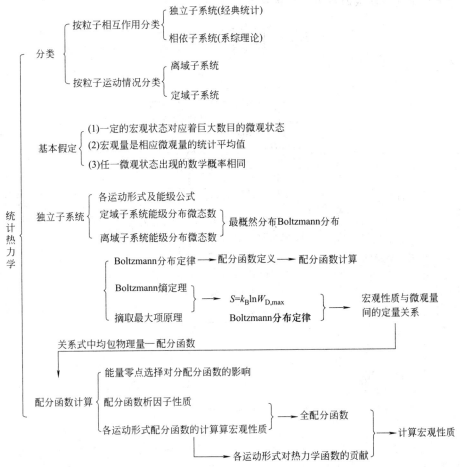

　　1. 系统的宏观性质由构成系统的分子行为决定，通过统计热力学，原则上我们能从分子的性质计算系统的性质。

　　2. 统计热力学基于两个基本假设：统计平均原理和等概率原理。即对 U、N、V 有确定值的系统，系统的每一个微态出现的概率相同，或在足够长的时间内系统处于每个微态的时间相同，我们能用一个分子的可能概率来平均分子态，最可几分布接近分子的平均分布。

　　3. 玻尔兹曼分布即为宏观平衡分布：

$$n_i = N \frac{g_i e^{-\varepsilon_i / k_B T}}{\sum g_i e^{-\varepsilon_i / k_B T}} = \frac{N}{q} g_i e^{-\varepsilon_i / k_B T}$$

q 即为系统的"配分函数"，是系统所有粒子在各个能级依最可几分布排布时对系统状态的一个描述，是统计热力学中非常重要的概念，它起到了联系系统宏观性质与微观性质的桥梁作用。系统平衡热力学性质均可用配分函数或配分函数的导数表示。

　　4. 配分函数具有析因子性质，即 $q = q_t q_r q_v q_e q_n$。对平动、转动和振动分别应用势箱中粒子、刚性转子及谐振子模型加以处理，从而使计算系统热力学性质成为可能。在常温下，对于单原子气体，$q = q_t$，而对于双原子或多原子分子，$q = q_t q_r q_v$，即电子和核的运动通常不考虑。

　　5. 对于独立子系统，我们能从分子的配分函数计算理想气体的热力学函数，计算基本公式基于统计热力学基本假设和统计熵的定义式：$S_{st} = k_B \ln \Omega$。

　　6. 根据化学平衡系统中的热力学函数特征，利用配分函数可以计算出化学反应的平衡常数，对于理想气体反应的平衡常数理论表达式为：

$$K_p^{\ominus} = \prod_B \left(\frac{q_B^0}{N} \right)^{\nu_B} e^{-\Delta \varepsilon_0 / k_B T}$$

　　7. 本章核心概念和公式

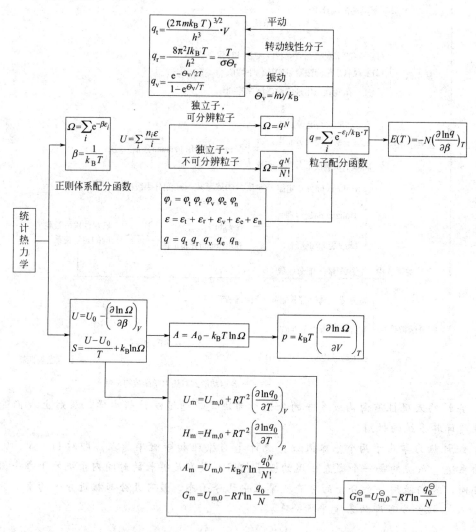

思　考　题

1. 为什么说微观状态等概率假定是最重要的基本假定？

2. 对由大量独立子构成的系统，为什么说平衡分布就是最概然分布？

3. 为什么求某单原子理想气体的摩尔熵时，只需知道温度和压力的值就行了？

4. 总结配分函数在独立子系统的统计热力学中的地位和作用。

5. 配分函数是宏观性质还是微观性质？

6. 从配分函数的意义，思考平动、转动及振动配分函数分别与温度的关系？

7. 根据经典统计热力学，在温度 T 时，分子每个自由度的能量为多少？

8. 分子能量零点的选择不同，则各能级的能量值和分子分布数、分子的配分函数不同，在玻尔兹曼因子和玻尔兹曼公式中，哪些是相同的？哪些是不同的？

9. 单原子分子的配分函数可以分解成哪几个因子的乘积？写出各因子的表达式。

10. 按照两种不同的能量零点标度，可以给出粒子的两种不同形式的配分函数：

$$q = \sum_i g_i e^{-\varepsilon_i/k_BT}, \qquad q_0 = \sum_i g_i e^{-(\varepsilon_i-\varepsilon_0)/k_BT}$$

式中，ε_0 和 ε_i 分别为最低能级和第 i 能级的能量，g_i 为 ε_i 的简并度，k_B 为玻尔兹曼常数。

(1) 试问在 q 和 q_0 中，我们已经将粒子的最低能级的能量定为何值？

(2) q 和 q_0 之间有什么定量关系？

习　题

1. (1) 10 个可分辨粒子分布于 $n_0=4$、$n_1=5$、$n_2=1$ 而简并度 $g_0=1$、$g_1=2$、$g_2=3$ 的 3 个能级上的微观状态数为多少？(2) 若能级为非简并的，则微观状态数为多少？

2. 某一分子集合在 100K 温度下处于平衡时，最低的 3 个能级能量分别为 0、2.05×10^{-22}J 和 4.10×10^{-22}J；简并度分别为 1、3、5。计算 3 个能级的相对分布数 $n_0:n_1:n_2$？

3. I_2 分子的振动能级间隔是 0.42×10^{-20}J，计算在 25℃ 时，某一能级和其较低一能级上分子数的比值。已知玻尔兹曼常数 $k_B=1.3806\times10^{-23}$ J·cm^{-1}。

4. 一个含有 N 个粒子的系统只有两个能级，其能级间隔为 ε，试求其配分函数 q 的最大可能值是多少？最小值是多少？在什么条件下可能达到最大值和最小值（设 $\varepsilon=0.1k_BT$）？

5. 利用玻耳兹曼分布定律，推导出独立子系统的能量公式：

$$U = \sum_i n_i\varepsilon_i = Nk_BT^2\left(\frac{\partial \ln q}{\partial T}\right)_V$$

6. 试分别计算 300K、101325Pa 下气体氩与氢分子平动运动的 e^a 值，以此说明离域子系统通常能够符合 $n_i\ll g_i$。

7. N_2 分子中两原子间的距离为 1.093×10^{-10} m，振动频率为 7.075×10^{13} s^{-1}，若室温下 N_2 在边长为 0.1m 的立方容器中运动，试估算平动、转动和振动基态与第一激发态能级间隔的数量级（以 k_BT 表示）。

8. 双原子分子 Cl_2 的 $\Theta_v=801.3K$。(1) 用统计热力学方法计算 1mol $Cl_2(g)$ 在 323.15K 时的 $C_{V,m}$；(2) 用能量均分原理计算出 $C_{V,m}$。试问这两种方法计算出的数值为何相差较大？

9. 已知气体 I_2 相邻振动能级的能值差 $\Delta\varepsilon=0.426\times10^{-20}$J，试求 300K 时 I_2 分子的振动特征温度 Θ_v 及 q_v 和 $q_v^{\ominus}$。

10. 一绝热容器由隔板分成两个部分，分别盛温度、压力相等的 2/3mol 甲烷和 1/3mol 氢气，抽去隔板，使气体混合，设两者皆为理想气体。(1) 计算 $\Delta S_{混合}$ 及终态与始态的热力学概率之比 Ω_2/Ω_1；(2) 若将 Ω_2 当作 1，试问甲烷全部集中在左边 2V 中，同时氢气全部集中在右边 V 中的概率有多大？

11. 已知 F_2 分子的转动特征温度 $\Theta_r=1.24K$，振动特征温度 $\Theta_v=1284K$，求 F_2 在 25℃，$p^{\ominus}$ 时的摩尔熵值。

12. 用标准摩尔吉布斯函数及标准摩尔熵函数计算下列合成氨反应在 1000K 时的平衡常数：$N_2(g) + 3H_2(g) \rightleftharpoons 2NH_3(g)$。已知 $\Delta_f H_m^{\ominus}(NH_3, 298.15K) = -46.11$kJ·mol^{-1}，其余数据如下表所示：

物　　质	$-\left(\dfrac{G_{m,T}^{\ominus}-U_{0,m}}{T}\right)_{1000K}$ /J·K^{-1}·mol^{-1}	$(H_{m,298K}^{\ominus}-U_{0,m})$/kJ·mol^{-1}
$N_2(g)$	198.054	8.669
$H_2(g)$	137.093	8.468
$NH_3(g)$	203.577	9.916

13. 有 N 个质量为 m 的单原子分子，在温度 T 时，容积为 V 中的平动运动的配分函数 q_t 由下式表示：

$$q_t = \frac{1}{N!} \times \left[\frac{(2\pi mk_BT)^{3/2}V}{h^3}\right]^N$$

式中，k_B 为玻尔兹曼常数；h 为普朗克常数。试求以压力 p 和温度 T 的函数表示的化学势及摩尔熵。

14. 已知下列化学反应于 25℃ 时的 $\Delta_r G_{m,T}^{\ominus}/T = -493.017 \mathrm{J \cdot K^{-1} \cdot mol^{-1}}$

$$2H_2(g) + S_2(g) \longrightarrow 2H_2S(g)$$

有关物质的标准摩尔吉布斯函数如下表所示：

T/K	$-\left(\dfrac{G_{m,T}^{\ominus} - U_{0,m}}{T}\right)/\mathrm{J \cdot K^{-1} \cdot mol^{-1}}$		
	$H_2(s)$	$S_2(s)$	$H_2S(s)$
298.15	102.349	197.770	172.381
1000	137.143	236.421	214.497

(1) $\Delta U_{m,0}^{\ominus}$；

(2) 1000K 时上述反应的标准平衡常数。

15. 设有一平衡独立子系统服从 Boltzmann 能级分布，粒子的最低五个能级的能量以此为：$\varepsilon_0 = 0$，$\varepsilon_1 = 1.106 \times 10^{-20} \mathrm{J}$，$\varepsilon_2 = 2.212 \times 10^{-20} \mathrm{J}$，$\varepsilon_3 = 3.318 \times 10^{-20} \mathrm{J}$，$\varepsilon_4 = 4.424 \times 10^{-20} \mathrm{J}$。它们都是非兼并的，系统的温度为 300K，试计算：

(1) 每个能级的 Boltzmann 因子 $e^{-(\varepsilon_i - \varepsilon_0)/k_B T}$；

(2) 粒子的配分函数；

(3) 粒子在这五个能级上出现的概率；

(4) 系统的摩尔热力学能。

16. 设有一假想的无结构理想气体，其只有两个能级，即非兼并的基态能级和能量较基态高 $100k$，简并度为 3 的能级。求：

(1) 该气体的分子配分函数 q_0。

(2) 物质的量为 1mol 的该理想气体在 300K 下的热力学能 U_0。

第8章 化学反应动力学

将化学反应应用于生产实践中需要解决两个方面的问题：一是化学反应进行的最大限度以及外界条件对平衡的影响；二是反应的速率和机理（历程）。前者属于化学热力学的研究范畴，主要解决反应的可能性问题。后者属于化学反应动力学范畴，是解决如何把热力学的可能性转变为现实性的问题。

化学热力学尽管从理论上预测了反应进行的热力学可能性，但是它无法预测实际反应能否发生、反应速率和反应机理如何等，而这些则是化学及化工工作者十分关心的问题。例如下面两个反应：

反应式	$\Delta_r G_m^{\ominus}(298K)/kJ \cdot mol^{-1}$
① $\frac{1}{2}N_2 + \frac{3}{2}H_2 \longrightarrow NH_3(g)$	-16.63
② $H_2 + \frac{1}{2}O_2 \longrightarrow H_2O(l)$	-237.13

按照热力学观点，上两个反应在常温下都具有正向进行的趋势，但实际上并非如此，在不施加其他条件的情况下，两个反应速率均非常之慢，以至于一段时间内几乎看不到产物的生成。

化学动力学是研究化学反应速率和反应机理的一门学科，它主要研究浓度、温度、压力以及催化剂等各种因素对反应速率的影响，研究反应进行时要经过哪些反应步骤和具体历程，即所谓反应的机理。它的研究对象是性质随时间变化的非平衡的动态系统，通过化学动力学的研究，能将热力学的可行性变成现实性。例如上面所提的两个反应，动力学研究表明，反应①在500℃左右、300atm及使用铁催化剂等条件下，能够较快地进行；反应②在点燃、加热或在催化剂作用等条件下能很快进行。

化学动力学的主要研究领域包括：分子反应动力学、催化动力学、基元反应动力学、宏观动力学、微观动力学等。化学动力学往往是化工生产过程中的决定性因素。对任何一个化工生产中的反应，人们总希望在可能的条件下尽可能加快反应速率，从而缩短反应时间，提高生产效率。

在实际生产过程中，既要考虑热力学问题，也要考虑动力学问题。热力学是基础，用来判断反应能否发生；动力学是在热力学的基础上研究反应如何实现。

化学动力学作为物理化学的三大分支学科之一已有一百多年的历史。其间经历了三个主要阶段：

① 19世纪后半叶到20世纪初　研究内容主要是化学反应速率的唯象规律，所采用的研究方法也主要是宏观物理化学实验手段。该阶段主要是质量作用定律的确立和Arrhenius经验定律及活化能概念的提出。

② 20世纪初至40年代前后　碰撞理论和过渡状态理论，尤其是势能面概念的提出，引导人们从分子间相互作用的微观层次来考察化学反应的机理，从而形成了分子反应动力学。同时一些新研究方法和新实验技术的出现，促使化学动力学的发展趋于成熟。

③ 20世纪50年代以后　开创了分子反应动力学的研究。分子反应动力学的研究发展非

常迅速，领域不断扩大，正从基态转向激发态，由小分子的反应转向大分子，由气相发展到界面和凝聚相。这一阶段最重要的特点是研究方法和技术手段的创新，尤其是表面分析和快速跟踪手段的发展。

近百年来，化学动力学发展速度很快，取得了惊人的成就，主要归功于相邻学科基础理论和技术上的进展以及实验方法和检测手段的飞速发展。但也应该清醒地看到，化学动力学与经典热力学相比，形成的理论尚不够完善，特别是从物质内部结构和定量的角度解决反应能力和反应机理方面的动力学问题，研究的还不够深入，仍需继续努力。

化学动力学的研究主要是以实验的方法进行的，所以本章重点在于唯象动力学部分，即浓度、温度、压力、催化剂等对反应速率的影响，同时简单介绍较成熟的几种反应速率理论，溶液中的反应、催化反应和光化学反应等。

8.1　化学动力学的基本概念

8.1.1　反应速率

反应速率体现了化学反应快慢的程度，用单位时间内反应物或生成物物质的量的变化来表示，通常在容积不变的体系中，用单位时间内反应物浓度的减少或生成物浓度的增加来表示化学反应速率。

设某化学反应的计量方程为：

$$0 = \sum_{B} \nu_B B$$

已知反应进度 ξ 与反应中各物质的物质的量的变化（dn_B）有如下的关系：

$$d\xi = \frac{dn_B}{\nu_B} \tag{8.1-1}$$

上式两边同除以 dt，得到转化速率的定义式为：

$$\dot{\xi} = \frac{d\xi}{dt} = \frac{1}{\nu_B}\frac{dn_B}{dt} \tag{8.1-2}$$

转化速率 $\dot{\xi} = \dfrac{d\xi}{dt}$ 相当于反应系统中单位时间内的反应进度。式中 ν_B 为 B 物质的化学计量系数，对反应物取负值，对产物取正值。

按照 IUPAC 建议，反应速率以单位体积内反应进度随时间的变化率表示，即：

$$r = \frac{\dot{\xi}}{V}$$

式中，V 为反应系统的体积。对于均相定容反应，将式（8.1-2）代入上式得：

$$r = \frac{\dot{\xi}}{V} = \frac{1}{\nu_B}\frac{dn_B/V}{dt} = \frac{1}{\nu_B}\frac{dc_B}{dt} \tag{8.1-3}$$

式（8.1-3）即是反应速率的定义式。式中 c_B 为物质 B 的物质的量浓度，c_B 有时用 [B] 表示；r 是反应速率。

对任意反应：

$$aA + bB \longrightarrow yY + zZ$$

根据式（8.1-3）有：

$$r = -\frac{1}{a}\frac{dc_A}{dt} = -\frac{1}{b}\frac{dc_B}{dt} = \frac{1}{y}\frac{dc_Y}{dt} = \frac{1}{z}\frac{dc_Z}{dt} \tag{8.1-4}$$

或

$$r = -\frac{1}{a}\frac{d[A]}{dt} = -\frac{1}{b}\frac{d[B]}{dt} = \frac{1}{y}\frac{d[Y]}{dt} = \frac{1}{z}\frac{d[Z]}{dt} \tag{8.1-5}$$

式 (8.1-4) 中，$-\dfrac{dc_A}{dt}$、$-\dfrac{dc_B}{dt}$ 为反应物 A 和 B 的消耗速率，分别用 r_A、r_B 表示；$\dfrac{dc_Y}{dt}$、$\dfrac{dc_Z}{dt}$ 为产物 Y 和 Z 的生成速率，分别用 r_Y、r_Z 表示。

一个反应的整体速率 r 与各物质的反应速率 r_A、r_B、r_Y 和 r_Z 的数值可能不同，r_A、r_B、r_Y 和 r_Z 各自数值也可能不同，显然它们满足下面的关系：

$$r = \frac{r_A}{a} = \frac{r_B}{b} = \frac{r_Y}{y} = \frac{r_Z}{z} \tag{8.1-6}$$

由式 (8.1-6) 知，反应系统内各物质的化学计量数不同，各物质的反应速率也不同，但 r 的数值不会因用不同物质浓度的变化而有不同。

应当指出：

① 反应速率为一标量（代数量，没有方向性，值为正），而不是矢量（几何量，有方向性，可正可负）。

② 反应速率的大小与化学反应计量方程式的书写有关。如合成氨反应可写成下面两种形式：

$$N_2(g) + 3H_2(g) \Longrightarrow 2NH_3(g)$$

$$r_1 = -\frac{1}{3}\frac{dc_{H_2}}{dt} = -\frac{1}{1}\frac{dc_{N_2}}{dt} = \frac{1}{2}\frac{dc_{NH_3}}{dt}$$

$$\frac{1}{2}N_2(g) + \frac{3}{2}H_2(g) \Longrightarrow NH_3(g)$$

$$r_2 = -\frac{1}{3/2}\frac{dc_{H_2}}{dt} = -\frac{1}{1/2}\frac{dc_{N_2}}{dt} = \frac{1}{1}\frac{dc_{NH_3}}{dt}$$

显然 $r_2 = 2r_1$。

③ 反应速率 r 是反应时间 t 的函数，代表反应的瞬时速率，其值不仅与反应的本性、反应的条件有关，而且与物质的浓度单位有关。

如对于气相反应，若以各物种的分压来表示浓度，则 $r_p = \dfrac{1}{\nu}\dfrac{dp_B}{dt}$。显然，反应速率 r_p 与 r_c 的单位不同，前者为压力·时间$^{-1}$，而后者为浓度·时间$^{-1}$。对于稀薄气体，$p_B = c_B RT$，因此有 $r_p = r_c RT$。

8.1.2　反应速率的测定

（1）测定不同反应时间某一参加反应物种的浓度

要测定反应速率，首先要测定不同反应时间某一参加反应物种的浓度。测定方法包括化学法和物理法两种。

化学法即在不同时刻取出一定量反应物，设法用骤冷、冲稀、加阻化剂、除去催化剂等方法使反应立即停止，然后进行化学分析，求得不同时间的浓度，其特点是测定浓度手续较繁。

物理法指利用物质的各种物理性质（如旋光、折射率、电导率、电动势、黏度等）测定方法或用现代谱仪［如红外光谱（IR）、紫外-可见光谱（UV-vis）、电子自旋共振（ESR）、核磁共振（NMR）及光电子能谱（ESCA）等］监测与浓度有定量关系的物理量的变化，从而求得浓度变化。物理法的优点是能迅速准确地在反应进行中即时测定反应物的浓度，而无需中止反应，且测定速度快，因而在动力学实验中得到广泛的应用。

上述测定速率的方法只适用于一般进行不快的化学反应。对于快速反应，例如溶液中的酸碱中和反应，反应进行的时间往往与反应物相混合的时间相当，甚至更短，这种反应几乎是在反应物混合的同时就完成了，c_B-t 关系是无法测定的，所以快速反应要用特殊的方法进行测定。如对于反应时间介于 $0.001 \sim 1s$ 的反应，可用"停流法"和"连续流动法"测量，而对于反应时间远不足 $1ms$ 的反应，使用弛豫法等（参见相关资料）。

（2）做动力学曲线，确定任一瞬间的化学反应速率

在实验测定了不同时刻 t 下某一反应物种的浓度 ［R］后，以 ［R］对 t 作图，可得一曲线（亦称动力学曲线），如图 8-1 所示。由曲线上各点的斜率即可计算出该点对应时间下的反应速率。图 8-1 是反应 R ⟶ P 的动力学曲线，由此图即可给出 r_R 和 r_P。

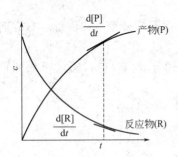

图 8-1　反应物或产物浓度随时间的变化曲线

反应式　　　　　　　　R ⟶ P

反应速率　$r_R = -\dfrac{d[R]}{dt}$，$r_P = \dfrac{d[P]}{dt}$，$r = r_R = r_P$

8.1.3　基元反应和非基元反应

化学反应实际进行的过程中，反应物分子并不是直接就变成产物分子，通常总要经过若干个简单的反应步骤，才能转化为产物分子。例如反应：

$$H_2(g) + I_2(g) = 2HI(g)$$

经实验和理论证明，该反应并不是一步完成，而是经历了以下三个反应步骤：

$$I_2 + M^* \longrightarrow I\cdot + I\cdot + M$$
$$H_2 + I\cdot + I\cdot \longrightarrow 2HI$$
$$I\cdot + I\cdot + M \longrightarrow I_2 + M^*$$

上述三个基本步骤构成了 HI（g）生成的整个反应。其中 I· 为自由基，M 或 M* 为其他分子或反应器壁，加 * 是指高能分子。每一个简单的反应步骤都是由反应物分子（微粒）直接生成产物分子的反应。

定义：由反应物分子在碰撞中一步转化为生成物分子的反应称为基元反应（elementary reaction），否则就是非基元反应。基元反应也称为基元步骤。

从微观角度讲，基元反应是分子级别的反应，相当于组成化学反应的基本单元，基元反应表明了从反应物到产物所经历的过程。人们通常将只含一个基元反应的化学反应称为简单反应，由两个或两个以上基元反应组成的化学反应称为复杂反应，也称为总包反应或总反应。如上面 HI（g）的生成反应即是复杂反应，它包含了三个基元反应。

组成总反应的基元反应集合代表了反应所经历的步骤，在动力学上称为反应机理或反应历程。反应机理是一个化学反应从反应物彻底变为产物所必须经历的全部反应步骤。同一反应在不同的条件下，可有不同的反应机理。了解反应机理可以掌握反应的内在规律，从而更好地驾驭反应。

8.1.4 质量作用定律

（1）反应分子数

基元反应中反应物的粒子（可以是分子、原子、离子等）数目之和称为基元反应的反应分子数。反应分子数只可能是简单的正整数 1、2 或 3。根据反应分子数的多少可将基元反应分为三类，即单分子反应、双分子反应和三分子反应。最常见的基元反应为双分子反应，因多分子同时碰撞的概率极小，目前尚未发现有分子数大于 3 的基元反应。

推论（判断基元反应的一个必要条件）：①基元反应的反应分子数不超过 3；②微观可逆性原理（principle of microreversibility）是指任一基元化学反应与其逆向的基元化学反应具有相同的反应途径（仅仅是方向相反）。按此原理，如果某一基元反应的逆向过程是不可能的，则该基元反应也将是不可能的，即基元反应的逆过程也是基元反应。

（2）速率方程

广义地说，表示反应速率与影响它的各种因素的关系的方程式叫速率方程，即：

$$r = \frac{1}{\nu}\frac{\mathrm{d}\xi}{\mathrm{d}t} = f(c, T, \text{cat.}, \cdots) \tag{8.1-7}$$

式中，c、T、cat. 分别表示浓度、温度和催化剂。

狭义地说，表示定温下反应速率与参加反应物种的浓度的相依关系的方程式称为反应速率方程。速率方程可表示为微分式和积分式两种形式：

微分式 $$r = f(c) = \frac{1}{\nu}\frac{\mathrm{d}c}{\mathrm{d}t} \tag{8.1-8}$$

积分式 $$c = f(t) \tag{8.1-9}$$

式（8.1-8）称为反应速率方程的微分式，表示反应速率与反应物浓度的关系，而式（8.1-9）称为反应速率方程的积分式，表示反应物（或产物）浓度与时间的关系，二者是统一的，但式（8.1-9）实际应用得更多。

（3）质量作用定律（Law of mass action）

基元反应的反应速率与各反应物浓度的幂指数成正比，其中幂指数是基元反应方程中各反应物计量系数的绝对值，这一规律称为质量作用定律。根据质量作用定律可写出基元反应的速率方程。例如：

基元反应	速率方程
A $\longrightarrow$ 产物	$r = kc_A$
A+A $\longrightarrow$ 产物	$r = kc_A^2$
A+B $\longrightarrow$ 产物	$r = kc_A c_B$

对于任意基元反应 $a\text{A} + b\text{B} \longrightarrow y\text{Y} + z\text{Z}$，速率方程可写为：

$$r = kc_A^a c_B^b \tag{8.1-10}$$

式中，k 是一个与浓度无关的比例系数；c_A、c_B 分别为反应物的浓度；a、b 是基元反应中各反应物的分子数，也是速率方程中相应物质浓度的幂指数。

质量作用定律只适用于基元反应。对于非基元反应，不能由表观反应式直接套用质量作用定律写出反应的速率方程，反应的速率方程必须由实验测定，或根据反应机理进行推导。考察一个反应是否是基元反应，往往要做长期的、大量的动力学研究工作，即使一个反应的实测速率方程式与按基元反应写出的速率方程式相同，也不能简单地确定该反应就是基元反应。

8.1.5 反应级数和速率系数

（1）反应级数（order of reaction）

对于任意反应：

$$a\mathrm{A}+b\mathrm{B}+\cdots \xrightarrow{\quad k\quad} 产物$$

实测速率方程式为

$$r=kc_{\mathrm{A}}^{\alpha}c_{\mathrm{B}}^{\beta}\cdots \tag{8.1-11}$$

令

$$n=\alpha+\beta+\cdots \tag{8.1-12}$$

定义 n 为化学反应的总反应级数，α、β、$\cdots$ 分别为 A、B、$\cdots$ 等反应物的分级数。

应当指出：

① 只有符合式（8.1-11）形式的速率方程的反应，其反应级数才有意义；

② 反应级数可以是正数、负数、整数、分数或零，有的反应无法用简单的数字来表示级数。反应级数是由实验测定的；

③ 对于指定的反应，反应级数可随实验条件而变化；

④ 在速率方程中，若某一反应物的浓度远大于另一反应物的浓度，或保持某一反应物浓度不变，则该反应物浓度可并入速率常数项，这时反应总级数可相应下降，下降后的级数称为准 n 级反应（pseudo n order reaction）。例如某二级反应的速率方程为：

$$r=k[\mathrm{A}][\mathrm{B}] \tag{8.1-13}$$

若反应过程中 $[\mathrm{B}]\gg[\mathrm{A}]$，则上式可写为：

$$r=k^{'}[\mathrm{A}] \tag{8.1-14}$$

式中 $k^{'}=k[\mathrm{B}]$。式（8.1-14）为一级反应速率方程式，即该二级反应转化为准一级反应。均相催化反应由于催化剂在反应中浓度保持不变，常将催化剂浓度并入速率系数项，所以均相催化反应往往呈现准 n 级数反应特征。

反应级数的大小反映了反应物浓度对反应速率的影响程度，反应级数越大，反应速率受反应物浓度的影响也越大。

与反应分子数不同，反应级数是纯经验数据，一般由实验测定。对于基元反应，反应级数则等于反应分子数，对于某些复杂反应，其反应级数无法用简单的数字来表示。如反应：$\mathrm{H_2}+\mathrm{Br_2}\longrightarrow 2\mathrm{HBr}$，其反应速率的经验表达式为：

$$r=\frac{k[\mathrm{H_2}][\mathrm{Br_2}]^{1/2}}{1+k^{'}[\mathrm{HBr}]/[\mathrm{Br_2}]} \tag{8.1-15}$$

反应的总级数无法确定。

（2）速率系数

式（8.1-10）中的比例系数 k 称为反应速率系数（对于基元反应常称为速率常数）。对于速率方程遵从式（8.1-10）的简单级数反应，速率系数的物理意义为：速率系数 k 在数值上等于反应物浓度为单位值时的反应速率。根据式（8.1-10），反应速率系数 k 的单位为：[浓度]$^{1-n}$[时间]$^{-1}$，其中 n 为总反应级数。显然，反应级数不同，k 的量纲不同，因此，只有相同级数的反应，才能以 k 的数值大小比较其反应的快慢。在催化剂等其他条件确定时，k 的数值仅是温度的函数。

对于复杂反应，因总反应为各基元反应的组合，所以总速率方程称为表观速率方程，反应级数也称为表观速率系数。

8.2　具有简单级数反应的特点

如前所述，一个化学反应的速率方程分为微分式 $r=f(c)$ 和积分式 $c=f(t)$ 两种。微分式表述了反应速率与反应物浓度的关系，表示浓度对反应速率的影响。在实际运用时，常常需要了解在反应过程中反应物或产物的浓度随时间的变化情况，或者了解反应物达到一定的转化率所需的反应时间。这就需要将微分式进行积分，得到反应物的浓度与时间的函数关系式 $c = f(t)$。速率方程的微分形式和积分形式从不同的侧面反映出化学反应的动力学特征。

　　所谓简单级数反应，是指速率方程具有 $r = kc_A^\alpha c_B^\beta \cdots$ 简单幂函数形式，且 α、β 等取值为 0、1、2、3 等的反应，称为具有简单级数的化学反应。具有简单级数的反应不一定是基元反应，但只要反应具有简单级数，就一定具有该级数的所有特征。下面分别讨论几种常见简单级数反应的动力学特点。

8.2.1　零级反应

　　反应速率方程中，反应物浓度项不出现，即反应速率与反应物浓度无关，这种反应称为零级反应（zeroth order reaction）。零级反应也可以认为是反应速率与反应物浓度的零次方成正比的反应。零级反应多为固体催化剂表面的多相反应和光化学反应。

　　设反应 A→P，反应物 A 的起始浓度为 a，产物 P 的起始浓度为 0；t 时刻 A 的浓度 $c_A = a - x$。则

$$A \longrightarrow P$$

$$t = 0 \qquad c_{A,0} = a \qquad 0$$

$$t = t \qquad c_A = a - x \quad x$$

　　根据实验，该反应的速率与反应物的浓度无关，反应为零级反应，则速率微分方程式可写为

$$r = -\frac{dc_A}{dt} = \frac{dx}{dt} = k_0(a-x)^0 = k_0 \tag{8.2-1}$$

由 $\dfrac{dx}{dt} = k_0$，在时间从 $0 \to t$，消耗反应物 A 的浓度从 $0 \to x$ 进行积分得：

$$\int_0^x dx = k_0 \int_0^t dt,$$

即：
$$x = k_0 t \tag{8.2-2}$$

　　反应物反应完一半所需要的时间称为半衰期，以符号 $t_{1/2}$ 表示，当 $x = \dfrac{a}{2}$，即转化率 $y = \dfrac{x}{a} = \dfrac{1}{2}$ 时，有

$$t_{1/2} = \frac{a}{2k_0} \tag{8.2-3}$$

　　零级反应具有如下特点：

　　① 速率常数 k 的单位为 $[\text{浓度}][\text{时间}]^{-1}$，通常单位为 $mol \cdot m^{-3} \cdot s^{-1}$ 或 $mol \cdot dm^{-3} \cdot s^{-1}$；

　　② x 与 t 呈线性关系，其斜率为 k，$x = k_0 t$；

　　③ 半衰期与反应物起始浓度的一次方成正比，$t_{1/2} = \dfrac{a}{2k_0}$。

8.2.2　一级反应

　　一级反应（first order reaction）比较常见，如放射性元素的蜕变、分子重排、许多物质的分解等都是一级反应。

$$^{226}_{88}\text{Ra} \longrightarrow ^{222}_{86}\text{Rn} + ^{4}_{2}\text{He} \qquad r = k\left[^{226}_{88}\text{Ra}\right]$$

$$\text{N}_2\text{O}_5 \longrightarrow \text{N}_2\text{O}_4 + \frac{1}{2}\text{O}_2 \qquad r = k\left[\text{N}_2\text{O}_5\right]$$

对某一级反应 A $\longrightarrow$ P，设反应物 A 的起始浓度 $c_{A,0}$ 为 a，产物 P 的起始浓度为 0，在 t 时刻 A 的浓度 $c_A = a - x$（x 为 A 的浓度降低值，下同），则：

$$\begin{array}{ccc} & \text{A} \longrightarrow & \text{P} \\ t=0 & a & 0 \\ t=t & a-x & x \end{array}$$

速率方程微分式写为：

$$r = -\frac{\mathrm{d}c_A}{\mathrm{d}t} = \frac{\mathrm{d}x}{\mathrm{d}t} = k_1(a-x)$$

即
$$\frac{\mathrm{d}x}{\mathrm{d}t} = k_1(a-x) \tag{8.2-4}$$

对式（8.2-4）变量分离后进行不定积分：

$$\int \frac{\mathrm{d}x}{a-x} = \int k_1 \mathrm{d}t + 常数$$

得
$$\ln(a-x) = -k_1 t + 常数 \tag{8.2-5}$$

上式表明，一级反应的反应物浓度的对数 $\ln(a-x)$ 与反应时间 t 呈线性关系。

对式（8.2-4）进行定积分，时间从 $0 \longrightarrow t$，x 从 $0 \longrightarrow x$，则：

$$\int_0^x \frac{\mathrm{d}x}{a-x} = \int_0^t k_1 \mathrm{d}t$$

得
$$\ln\frac{a}{a-x} = k_1 t \tag{8.2-6}$$

或写为
$$k_1 = \frac{1}{t}\ln\frac{a}{a-x} \tag{8.2-7}$$

令时间 t 时反应物的转化分数为 $y = \frac{x}{a}$，即 $x = ay$，代入式（8.2-6）得：

$$\ln\frac{1}{1-y} = k_1 t \tag{8.2-8}$$

式（8.2-8）表明了反应物 A 的转化率与反应时间的关系，由此式可求出任一时间下反应物的转化率为：

$$y = 1 - \mathrm{e}^{-k_1 t} \tag{8.2-9}$$

把 $x = \frac{a}{2}$，即转化率 $y = \frac{x}{a} = \frac{1}{2}$ 时的时间称作反应的半衰期，用 $t_{1/2}$ 表示，则一级反应的半衰期 $t_{1/2}$ 为

$$t_{1/2} = \frac{\ln 2}{k_1} \tag{8.2-10}$$

一级反应具有如下特点：

① 速率系数 k 的单位为 [时间]$^{-1}$，k 值大小与所用浓度的量纲无关。

② 反应物浓度的对数 $\ln(a-r)$ 与时间 t 呈线性关系。根据一级反应不定积分式：

$$\ln(a-x) = -k_1 t + 常数$$

以 $\ln(a-x)$ 对 t 作图可得直线，直线斜率为 $-k_1$（见图 8-2）。此特点是作图法求一级反应

速率系数的依据。

③ 将实验所得各组 $(a-x)$-t 数据代入公式（8.2-7），计算得各 k_1 为一常数。据此特点，可由计算法求算一级反应的速率系数值。

④ 一级反应的半衰期 $t_{1/2}$ 与反应物起始浓度无关，即对给定条件下的某一级反应，无论起始浓度为多少，其半衰期 $t_{1/2}$ 为一常数，这是一级反应的鲜明特点。

引申的特点：对于一级反应，无论反应物起始浓度为多少，在反应间隔 t 相同时，其转化分数 $y=x/a$ 有定值。

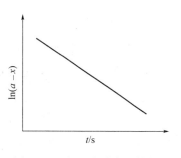

图 8-2　一级反应浓度对数与
时间的关系

【例题 8-1】　某金属钚的同位素进行 β 放射，14d 后，同位素活性下降了 6.85%。试求该同位素的蜕变常数、半衰期及分解掉 90% 所需的时间。

解：由题目可知该反应是一级反应。设反应开始时同位素的活性为 100%，t 时间后同位素的活性为 y。根据式（8.2-8）：

$$k_1=\frac{1}{t}\ln\frac{1}{1-y}=\frac{1}{14\text{d}}\ln\frac{1}{1-0.685}=5.07\times10^{-3}\,\text{d}^{-1}$$

$$t_{1/2}=\frac{\ln2}{k_1}=\frac{\ln2}{5.07\times10^{-3}\,\text{d}^{-1}}=137\text{d}$$

当分解掉 90% 时，$y=0.90$，则：

$$t=\frac{1}{k_1}\ln\frac{1}{1-y}=\frac{1}{5.07\times10^{-3}\,\text{d}^{-1}}\ln\frac{1}{1-0.90}=454\text{d}$$

8.2.3　二级反应

反应速率方程中，浓度项的指数和等于 2 的反应称为二级反应（secondorder reaction）。二级反应最为常见，例如乙烯、丙烯的二聚作用，乙酸乙酯的皂化，碘化氢的热分解反应等。

二级反应分为只有一种反应物和有两种反应物的类型，如下面两个基元反应所示。

$$2\text{A}\longrightarrow\text{P}\qquad r=k_2[\text{A}]^2$$
$$\text{A}+\text{B}\longrightarrow\text{P}\qquad r=k_2[\text{A}][\text{B}]$$

对于只有一种反应物的二级反应，仍以 a 表示反应物 A 的起始浓度 $c_{\text{A},0}$，任意时间反应物 A 的浓度消耗量为 x，则有：

$$
\begin{array}{cccc}
& 2\text{A} & \xrightarrow{\ k_2\ } & \text{P} \\
t=0 & a & & 0 \\
t=t & a-x & & \dfrac{1}{2}x
\end{array}
$$

反应的微分速率方程式为：

$$r=-\frac{\mathrm{d}c_\text{A}}{\mathrm{d}t}=\frac{\mathrm{d}x}{\mathrm{d}t}=k_2(a-x)^2$$

即　　　　　　　　　　　$$\frac{\mathrm{d}x}{\mathrm{d}t}=k_2(a-x)^2 \qquad\qquad (8.2\text{-}11)$$

对微分式（8.2-11）进行不定积分：

$$\int\frac{\mathrm{d}x}{(a-x)^2}=\int k_2\,\mathrm{d}t+\text{常数}$$

得
$$\frac{1}{a-x}=k_2t+常数 \tag{8.2-12}$$

从式中可看出$\frac{1}{a-x}$与t之间呈线性关系。

对微分式（8.2-11）进行定积分：
$$\int_0^x \frac{\mathrm{d}x}{(a-x)^2}=\int_0^t k_2\,\mathrm{d}t$$

得
$$\frac{1}{a-x}-\frac{1}{a}=k_2t \tag{8.2-13}$$

或
$$k_2=\frac{1}{t}\times\frac{x}{a(a-x)} \tag{8.2-14}$$

令反应物的转化分数为$y=\frac{x}{a}$，代入式（8.2-14）得：
$$k_2t=\frac{y}{a(1-y)} \tag{8.2-15}$$

将$y=\frac{1}{2}$代入上式得半衰期表示式为：
$$t_{1/2}=\frac{1}{k_2a} \tag{8.2-16}$$

式（8.2-16）表明，二级反应的半衰期与反应物起始浓度的一次方成反比。

对于有 A、B 两种反应物的二级反应，以a、b分别表示反应物 A 和 B 的起始浓度$c_{A,0}$和$c_{B,0}$，任一时间$c_A=a-x$，$c_B=b-x$，则：

$$
\begin{array}{cccc}
& A & + & B & \xrightarrow{k_2} & P \\
t=0 & a & & b & & 0 \\
t=t & a-x & & b-x & & x
\end{array}
$$

微分速率方程式为：
$$\frac{\mathrm{d}x}{\mathrm{d}t}=k_2(a-x)(b-x) \tag{8.2-17}$$

下面分三种情况对式（8.2-17）进行分析讨论。

① 当反应物起始浓度$a=b$时，
$$\frac{\mathrm{d}x}{\mathrm{d}t}=k_2(a-x)(b-x)=k_2(a-x)^2$$

这与第一种类型的反应相同，其不定积分和定积分结果也相同，不再赘述。

② 当起始浓度$a\neq b$时，积分结果为（积分过程略）：

不定积分式
$$\frac{1}{a-b}\ln\frac{a-x}{b-x}=k_2t+常数 \tag{8.2-18}$$

定积分式
$$\frac{1}{a-b}\ln\frac{b(a-x)}{a(b-x)}=k_2t \tag{8.2-19}$$

由于这类反应 A、B 的起始浓度不同，但反应过程中消耗的量相等，因此 A、B 消耗一半所需的时间也不相同，所以 A、B 的半衰期不等，因此对整个反应无半衰期可言。

③ 当一种反应物起始浓度远大于另一种反应物起始浓度时，如$b\gg a$，此时式（8.2-17）简化为：

$$\frac{\mathrm{d}x}{\mathrm{d}t} \approx k_2(a-x)b = k_1(a-x) \tag{8.2-20}$$

式（8.2-20）为一级反应速率方程式，即此种情况下二级反应转化为准一级反应，但真实级数仍为二级，真实二级速率系数 $k_2 = k_1/b$。积分结果和特点与一级反应相同。

二级反应（$a=b$）的特点如下：

① 速率系数 k 的单位为 ［浓度］$^{-1}$［时间］$^{-1}$；

② 反应物浓度的倒数 $\dfrac{1}{a-x}$ 与时间 t 呈线性关系。根据式（8.2-12），以 $\dfrac{1}{a-x}$ 对 t 作图得直线，斜率 $=k_2$（见图8-3）。

③ 将实验各组 $x\text{-}t$ 数据代入公式（8.2-14），计算得各 k_2 值应为常数，该特点用于直接由实验数据计算二级反应速率系数 k_2 值。

④ 二级反应的半衰期 $t_{1/2}$ 与起始物浓度的一次方成反比。

引申的特点：对 $a=b$ 的二级反应，$t_{1/2} : t_{3/4} : t_{7/8} = 1 : 3 : 7$。

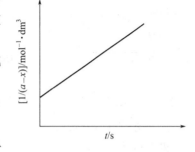

图 8-3　二级反应 $1/(a-x)$ 与时间 t 的关系

【例题8-2】 已知某基元反应 $2A \longrightarrow B+D$，反应物 A 的初始浓度 $a=1.00\,\mathrm{mol \cdot dm^{-3}}$，初始反应速率 $r_0 = 0.01\,\mathrm{mol \cdot dm^{-3} \cdot s^{-1}}$。试求反应的速率系数 k、半衰期 $t_{1/2}$ 和反应物 A 消耗掉 90% 所需的时间。

解： 该反应为双分子的基元反应，速率方程式为：

$$r = k_2[A]^2$$

因 $t=0$ 时 $r_0 = 0.01\,\mathrm{mol \cdot dm^{-3} \cdot s^{-1}}$，所以：

$$k_2 = \frac{r_0}{a^2} = \frac{0.01\,\mathrm{mol \cdot dm^{-3} \cdot s^{-1}}}{(1.00\,\mathrm{mol \cdot dm^{-3}})^2} = 0.01\,\mathrm{mol^{-1} \cdot dm^3 \cdot s^{-1}}$$

$$t_{1/2} = \frac{1}{k_2 a} = \frac{1}{0.01\,\mathrm{mol^{-1} \cdot dm^3 \cdot s^{-1} \times 1.00\,mol \cdot dm^{-3}}} = 100\,\mathrm{s}$$

当 A 消耗 90% 时，根据式（8.2-15）得：

$$t = \frac{y}{k_2 a(1-y)} = \frac{0.9}{0.01\,\mathrm{dm^3 \cdot mol^{-1} \cdot s^{-1} \times 1.00\,mol \cdot dm^{-3} \times (1-0.9)}} = 900\,\mathrm{s}$$

【例题8-3】 乙醛的气相热分解反应 $CH_3CHO \longrightarrow CH_4 + CO$ 为二级反应，在定容下随反应的进行系统压力将增加。在 518℃ 时测量反应过程中不同时间下定容器皿的压力，得如下数据：

t/s	0	73	242	480	840	1440
p/kPa	48.4	55.6	66.25	74.25	80.9	86.25

试求此反应的速率系数。

解： 设起始压力为 p_0，则 $p_t = p_0 - p_x$（p_t 为任意时刻乙醛的分压，p_x 为乙醛的压力减小值），任意时刻系统的总压为：

$$p = p_t + 2p_x = p_0 + p_x \qquad 则\ p_x = p - p_0$$

由于各物质的浓度与其分压成正比，所以：

$$k_2 = \frac{1}{t} \times \frac{x}{a(a-x)} = \frac{1}{t} \times \frac{p_x}{p_0(p_0-p_x)} = \frac{1}{t} \times \frac{p-p_0}{p_0(2p_0-p)}$$

将 p_0 及各时间的总压 p 值代入上式计算，计算结果如下表：

t/s	0	73	242	480	840	1440
p/kPa	48.4	55.6	66.25	74.25	80.9	86.25
$k_2 \times 10^5/kPa^{-1} \cdot s^{-1}$	—	4.96	4.98	4.94	5.03	5.15

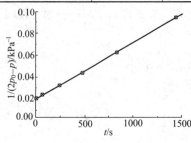

$$k_2 = \bar{k_2} = 5.05 \times 10^{-5}\,kPa^{-1} \cdot s^{-1}$$

也可采用作图法计算。该反应的速率方程表达式为：

$$\frac{1}{2p_0-p} - \frac{1}{p_0} = k_2 t$$

以 $1/(2p_0-p)$-t 作图，结果如右图所示。

从曲线的斜率求得速率常数 $k=5.139 \times 10^{-5}\,kPa^{-1} \cdot s^{-1}$。
两种方法结果非常接近。

*8.2.4　n 级反应

速率方程式为 $r=k_n c^n$ 的简单级数反应称为 n 级反应（n order reaction）。

设反应为：

$$a\,A \xrightarrow{\ k_n\ } P$$

$$\begin{aligned} t=0 \qquad & a \qquad\qquad\quad 0 \\ t=t \qquad & a-x \qquad\quad\; x \end{aligned}$$

速率方程式为：

$$\frac{\mathrm{d}x}{\mathrm{d}t} = k_n(a-x)^n \tag{8.2-21}$$

对上式进行定积分：

$$\int_0^x \frac{\mathrm{d}x}{(a-x)^n} = \int_0^t k_n\,\mathrm{d}t$$

得

$$\frac{1}{n-1}\left[\frac{1}{(a-x)^{n-1}} - \frac{1}{a^{n-1}} \right] = k_n t \tag{8.2-22}$$

式（8.2-22）即为 n 级反应速率方程积分式的通式，该式不能直接用于一级反应。

将 $x=a/2$ 代入式（8.2-22）得 n 级反应半衰期的通式为：

$$t_{1/2} = \frac{2^{n-1}-1}{(n-1)k_n a^{n-1}} \tag{8.2-23}$$

式（8.2-23）同样不能直接用于一级反应。将常数部分合并用 A 表示，则上式简化为：

$$t_{1/2} = A\,\frac{1}{a^{n-1}} \tag{8.2-24}$$

n 级反应具有如下特点：

① 速率系数的单位为 [浓度]$^{1-n}$ [时间]$^{-1}$；

② 以 $1/(a-x)^{n-1}$-t 作图得直线，斜率为速率系数 k；

③ 根据公式（8.2-22）知 $k_n = \dfrac{1}{t(n-1)}\left[\dfrac{1}{(a-x)^{n-1}} - \dfrac{1}{a^{n-1}}\right]$，将实验得各 x-t 数据代入计算得各 k_n 值应为常数；

④ 半衰期与反应物起始浓度 a^{n-1} 成反比。

零级和三级反应作为 n 级反应的特例不再介绍，其速率方程列于表 8-1 中，推导过程请自行进行。

为便于查阅，这里将几种具有简单级数反应的速率方程和特征列于表 8-1 中。

表 8-1　具有简单级数反应的速率方程和特征

级数	反应类型	速率方程微分式	速率方程积分式	浓度与时间的线性关系	半衰期	速率系数单位
零级	A $\longrightarrow$ 产物	$\dfrac{\mathrm{d}x}{\mathrm{d}t} = k_0$	$x = k_0 t$	$a-x \sim t$	$t_{1/2} = \dfrac{a}{2k_0}$	（浓度）·（时间）$^{-1}$
一级	A $\longrightarrow$ 产物	$\dfrac{\mathrm{d}x}{\mathrm{d}t} = k_1(a-x)$	$\ln\dfrac{a}{a-x} = k_1 t$	$\ln(a-x) \sim t$	$t_{1/2} = \dfrac{\ln 2}{k_1}$	（时间）$^{-1}$
二级	2A $\longrightarrow$ 产物 A+B $\longrightarrow$ 产物 $(a=b)$	$\dfrac{\mathrm{d}x}{\mathrm{d}t} = k_2(a-x)^2$	$\dfrac{1}{a-x} - \dfrac{1}{a} = k_2 t$	$\dfrac{1}{a-x} \sim t$	$t_{1/2} = \dfrac{1}{k_2 a}$	（浓度）$^{-1}$·（时间）$^{-1}$
	A+B $\longrightarrow$ 产物 $(a \neq b)$	$\dfrac{\mathrm{d}x}{\mathrm{d}t} = k_2(a-x)(b-x)$	$\dfrac{1}{a-b}\ln\dfrac{b(a-x)}{a(b-x)} = k_2 t$	$\ln\dfrac{(a-x)}{(b-x)} \sim t$	—	
三级	A+B+C $\longrightarrow$ 产物 $(a=b=c)$	$\dfrac{\mathrm{d}x}{\mathrm{d}t} = k_3(a-x)^3$	$\dfrac{1}{2}\left[\dfrac{1}{(a-x)^2} - \dfrac{1}{a^2}\right] = k_3 t$	$\dfrac{1}{(a-x)^2} \sim t$	$t_{1/2} = \dfrac{3}{2k_3 a^2}$	（浓度）$^{-2}$·（时间）$^{-1}$
n 级 $n \neq 1$	aA $\longrightarrow$ 产物	$\dfrac{\mathrm{d}x}{\mathrm{d}t} = k_n(a-x)^n$	$\dfrac{1}{n-1}\left[\dfrac{1}{(a-x)^{n-1}} - \dfrac{1}{a^{n-1}}\right] = k_n t$	$\dfrac{1}{(a-x)^{n-1}} \sim t$	$t_{1/2} = A\dfrac{1}{a^{n-1}}$	（浓度）$^{1-n}$·（时间）$^{-1}$

8.2.5　反应级数的测定和速率方程的确立

根据简单级数反应的速率方程表示式 $r = k c_A^\alpha c_B^\beta \cdots$，只要测定了反应级数和速率系数，反应速率方程式也就确定了，因此确立简单级数反应的速率方程式关键在于实验测定反应级数和速率系数。反应级数的测定是根据各级反应的特点进行的。

（1）积分法

积分法又称尝试法。当实验测得了一系列 c_A-t 或 x-t 的动力学数据后，利用速率方程的积分形式作以下两种尝试。

① 计算尝试　将对应的各组 c_A-t 数据代入某一简单级数反应的速率方程定积分式中计算 k 值。若得各组 k 值基本为常数，则反应级数即为所代入方程的级数。若求得 k 不为常数，则需再以另一级数反应的速率方程定积分式中作同样的计算确定。

② 作图尝试　分别将实验数据以各级反应的线性关系式作图，如果所得图为一直线，则反应为相应的级数。

积分法在确定了反应级数的同时也确定了速率系数值。积分法通常适用于反应级数为整数的反应，对分数级反应，积分法难以尝试成功。

（2）微分法

对 n 级反应，速率方程式为 $r = -\dfrac{\mathrm{d}c}{\mathrm{d}t} = k c^n$（$c$ 为反应物浓度），两边取对数，得：

$$\ln r = \ln\left(-\frac{dc}{dt}\right) = \ln k + n\ln c \qquad (8.2\text{-}25)$$

式（8.2-25）是直线方程。因一定温度下 k 和 n 均为常数，若以 $\ln(-dc/dt)$ 对 $\ln c$ 作图应得一直线，直线斜率即为反应级数 n，这种确定级数的方法叫微分法。微分法同样要有 $c_A\text{-}t$ 数据，并根据实验数据做出 $c\text{-}t$ 动力学曲线（见图 8-4），然后在动力学曲线上截取不同浓度处的斜率，最后以各浓度下的斜率负值的对数对浓度对数作图，如图 8-5 所示。

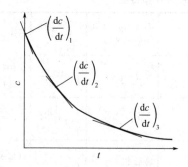

图 8-4　n 级反应动力学曲线

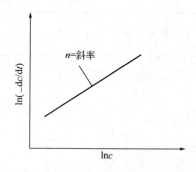

图 8-5　反应速率与反应物浓度的对数关系

　　微分法可通过一次实验的动力学曲线求算反应级数（见图 8-4），也可通过多次实验作不同起始浓度的动力学曲线，截取各起始浓度下的反应速率并按图 8-5 作图。化学反应过程中可能发生副反应而导致反应级数随反应的进行而有所变化，所以，两种实验方式得到的反应级数可能会不同。通常将多次实验所得的反应级数称为对浓度而言的反应级数，也叫真实级数，用 n_c 表示；而将一次实验所得的反应级数叫作对时间而言的反应级数，用 n_t 表示。

　　（3）半衰期法

　　半衰期法是用半衰期的数据确定反应级数的方法。

　　对于一级反应，反应的半衰期 $t_{1/2}$ 与反应物的初始浓度 $[A]_0$ 无关。当 $n \neq 1$ 时，根据 n 级反应的半衰期通式 $t_{1/2} = A/a^{n-1}$，取两个不同起始浓度 a 和 a' 做动力学实验，分别测定半衰期为 $t_{1/2}$ 和 $t'_{1/2}$。因是同一反应，常数 A 相同，所以有：

$$\frac{t_{1/2}}{t'_{1/2}} = \left(\frac{a'}{a}\right)^{n-1}$$

两边取对数并整理得：

$$n = 1 + \frac{\ln(t_{1/2}/t'_{1/2})}{\ln(a'/a)} \qquad (8.2\text{-}26)$$

　　按此式，只要有 a 和 a' 及对应的 $t_{1/2}$ 和 $t'_{1/2}$ 数据即可计算出反应级数 n。若把每一时间间隔起点的反应物浓度当作起始浓度，则在反应产物对反应速率无影响下，亦可用一次实验数据作动力学曲线，确定两组或多组 $t_{1/2}$ 和 a' 的数据即可求得反应级数 n。

　　将公式 $t_{1/2} = A/a^{n-1}$ 两边取对数得：

$$\ln t_{1/2} = \ln A - (n-1)\ln a \qquad (8.2\text{-}27)$$

以 $\ln t_{1/2}$ 对 $\ln a$ 作图应得一直线，如图 8-6 所示（该图为 $n > 1$ 图形）。

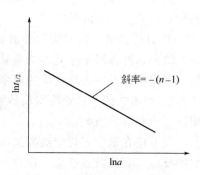

图 8-6　半衰期与反应物起始
浓度的对数关系

直线斜率＝$-(n-1)$，所以 $n=1-$斜率。再根据具体级数的对应公式可求 k 值。

半衰期法求反应级数只适用于只有一种反应物或有多种反应物但起始浓度相等的标准 n 级反应。

（4）变更浓度比例法求算分级数

当反应物不止一种时，各反应物的分级数求算也很重要。分级数的求算采用变更浓度比例法，该法也称作孤立法。下面以反应 $A+B \longrightarrow P$ 为例说明。

对反应 $A+B \longrightarrow P$，速率方程式为：

$$r=k[A]^{\alpha}[B]^{\beta} \tag{8.2-28}$$

若选择 $[A]_0 \gg [B]_0$，则在反应过程中可认为 $[A]$ 基本不变，而只有 $[B]$ 发生明显的变化。则式（8.2-28）简化为：

$$r=k'[B]^{\beta}$$

此速率方程相当于只有 B 物质的速率方程式。采用上面介绍的反应级数求算方法先确定分级数 β 的值，然后再用同样方法确定分级数 α 的值。

【例题 8-4】　乙酸乙酯在碱性溶液中的反应如下：

$$CH_3COOC_2H_5+OH^- \longrightarrow CH_3COO^- + C_2H_5OH$$

已知反应温度为 298K，两种反应物起始浓度均为 $0.064 mol \cdot dm^{-3}$。在不同时刻取样 $25 cm^3$，立即向样品中加入 $25.00 cm^3$、$0.064 mol \cdot dm^{-3}$ 盐酸以终止反应。多余的酸用 $0.1000 mol \cdot dm^{-3}$ 的 NaOH 溶液滴定，所用的碱液体积记录如下表：

t/min	0.00	5.00	15.00	25.00	35.00	55.00	∞
$V(OH^-)/cm^3$	0.00	5.76	9.87	11.68	12.69	13.69	16.00

根据实验数据：

（1）用尝试计算法求反应级数和速率常数；

（2）用作图法求反应级数和速率常数。

解：设 t 时刻反应掉的反应物浓度为 x。根据题意可得：

$$x=0.1000 mol \cdot dm^{-3} \times V(OH^-)/25.00 cm^3$$

（1）尝试法　经计算得下表数据：

t/min	0.00	5.00	15.00	25.00	35.00	55.00	∞
$V(OH^-)/cm^3$	0.00	5.76	9.87	11.68	12.69	13.69	16.00
$(a-x)/mol \cdot dm^{-3}$	0.064	0.041	0.025	0.017	0.041	0.009	—

将第二组和第六组数据代入一级反应公式 $k=\dfrac{1}{t}\ln\dfrac{a}{a-x}$ 计算得：

$k_2=8.90 \times 10^{-2} min^{-1}$，$k_6=3.57 \times 10^{-2} min^{-1}$，因 $k_2 \neq k_6$，所以该反应不是一级反应。将第二组和第六组数据代入二级反应公式 $k=\dfrac{1}{t}\dfrac{x}{a(a-x)}$ 计算得：

$k_2=1.75 dm^3 \cdot mol^{-1} \cdot min^{-1}$，$k_6=1.74 dm^3 \cdot mol^{-1} \cdot min^{-1}$，两个 k 值很接近，可以确定该反应为二级反应。再代入第三组、第四组、第五组三组数据计算得 k_3、k_4、k_5 分别为 $1.71 dm^3 \cdot mol^{-1} \cdot min^{-1}$、$1.73 dm^3 \cdot mol^{-1} \cdot min^{-1}$、$1.60 dm^3 \cdot mol^{-1} \cdot min^{-1}$，则（去除第五组数据）：

$$k=(1.75+1.74+1.71+1.73)/4=1.73(dm^3 \cdot mol^{-1} \cdot min^{-1})$$

(2) 作图法　经计算得相关数据如下表：

t/min	0.00	5.00	15.00	25.00	35.00	55.00
$\ln(a-x)$	−2.7489	−3.1942	−3.6889	−4.0745	−4.2638	−4.7105
$[1/(a-x)]/mol^{-1} \cdot dm^3$	15.6	24.4	40.0	58.8	71.4	111.1

分别以 $\ln(a-x)$ 和 $\dfrac{1}{a-x}$ 对 t 作图得下面两图。

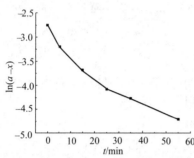 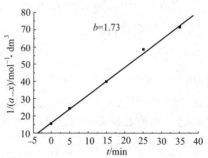

由图看出，该反应以一级反应线性关系作图不是直线（左图），而以二级反应线性关系作图得直线（右图），所以该反应为二级反应。

$$k=斜率\ 1.73dm^3 \cdot mol^{-1} \cdot min^{-1}$$

【例题 8-5】　已知某反应的速率方程式可写为 $r=k[A]^\alpha[B]^\beta$，在指定温度下有如下实验数据，试根据实验数据确定各反应分级数，并计算速率系数 k 值。

实验编号	$[A]_0/mol \cdot dm^{-3}$	$[B]_0/mol \cdot dm^{-3}$	$r/10^{-5} mol \cdot dm^{-3} \cdot s^{-1}$
1	0.010	0.005	5.0
2	0.010	0.010	10.0
3	0.020	0.005	14.1

　　解：（1）确定分级数 α、β。

因实验 1 和实验 2 $[A]_0$ 不变而 $[B]_0$ 加倍，反应速率也加倍，由速率方程式知：

$$\frac{r_2}{r_1}=\left(\frac{[B]_{0.2}}{[B]_{0.1}}\right)^\beta=(2)^\beta=2$$

得 $$\beta=1$$

　　同样，因实验 1 和实验 3 $[B]_0$ 不变而 $[A]_0$ 加倍，r_3 增加到 $\dfrac{14.1}{5}r_1$，即：

$$\frac{r_3}{r_1}=\left(\frac{[A]_{0,3}}{[A]_{0,1}}\right)^\alpha=(2)^\alpha=\left(\frac{14.1}{5}\right)$$

所以 $$\alpha=1.5$$

总级数为 $$n=1+1.5=2.5$$

　　（2）将 $\alpha=1.5$、$\beta=1$ 代入原速率方程得：

$$r=k[A]^{1.5}[B]$$

$$k=\frac{r}{[A]^{1.5}[B]}$$

将实验 1 数据代入得：

$$k=\frac{5.0\times10^{-5} mol \cdot dm^{-3} \cdot s^{-1}}{(0.01 mol \cdot dm^{-3})^{1.5}\times0.005 mol \cdot dm^{-3}}=10(mol \cdot dm^{-3})^{-1.5} \cdot s^{-1}$$

8.3　温度对反应速率的影响

除浓度外，温度也是影响反应速率的重要因素，且影响很大。实验表明，同一反应在不同温度下的反应速率不同，大多数反应的速率随着温度的升高而加快，但也有反应速率随温度的升高而降低。利用升、降温来调节化学反应速率是化工生产及科学研究中常用的措施。

反应速率与温度的关系一般有五种类型，如图 8-7 所示。

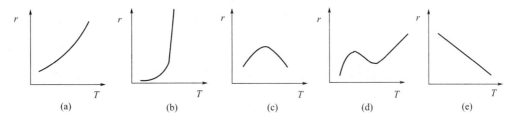

图 8-7　五种反应速率与温度的关系

在图 8-7 所示的五种类型中，（a）型 $r\text{-}T$ 之间呈指数上升关系，此类型反应最为常见，大部分反应遵从该类型，后面 Arrhenius 经验式主要讨论这种类型的反应；（b）为爆炸型，低温时，T 对 r 的影响不大，超过某一极限，反应速率几乎直线上升，这时反应以爆炸形式极快地进行（支链反应），许多可燃物的气相燃烧反应也属于此类型；（c）为先升后降型，该类型反应速率随温度变化有一个最大值，多相催化和酶催化反应常呈此类型；（d）型较复杂，曲线的前半段与（c）型相似，继续升高温度，速率又开始增加，某些烃类气相氧化反应呈此类型；（e）为下降型，即反应速率随温度的升高而下降，如 $NO+O_2 \longrightarrow 2NO_2$ 在 $183 \sim 773K$ 内，k 随 T 的升高而降低，这种类型的反应并不多见。

上述定性结果说明，从宏观角度来看，温度对反应速率的影响是很复杂的，在后面学习阿伦尼乌斯公式时应注意不要将其应用范围无限扩大。

8.3.1　范特霍夫近似规律

范特霍夫（van't Hoff）最早提出了温度与反应速率之间的半定量关系。他从大量的实验数据中得出以下结论：在通常的反应温度范围内，温度每升高 10K，反应速率增加到原来速率的 $2 \sim 4$ 倍，即：

$$\frac{k_{T+10}}{k_T} = 2 \sim 4 \tag{8.3-1}$$

上式即为 van't Hoff 近似规律，也称为反应速率的温度系数。该近似规律虽略显粗糙，但在设计反应器作估算时还是很有用的，利用该经验规律，可以估计温度对反应速率的影响。

【例题 8-6】　已知某乳品在 4℃时保质期为 7 天，试估计在常温下该乳品最多可保存多久？

解：取温度每升高 10K，乳品变质速率增加的下限为 2 倍。常温为 298K，比 277K 升高了 22K，取 20K 计算。由于乳品的保存期与酸败变质速率成反比，因此：

$$\frac{k(298K)}{k(277K)} = \frac{t(277K)}{t(298K)} = 2^2 = 4$$

即　　　　　　　$t(298K) = t(277K)/4 = 7/4 = 1.75（天）$

由此可见，乳品在常温下保存期与 4℃时相比大大缩短。

8.3.2　阿伦尼乌斯公式

1889 年，阿伦尼乌斯（Arrhenius）通过大量实验与理论的论证揭示了反应速率对温度的依赖关系，提出了一个更为精确地描述 k-T 关系的经验公式，即：

$$k = A e^{-\frac{E_a}{RT}}$$ (8.3-2)

此式称为阿伦尼乌斯公式，也叫阿伦尼乌斯指数定律。式中 R 为摩尔气体常量；A 为指前因子，与速率系数 k 具有相同的量纲；E_a 称为阿伦尼乌斯活化能，简称活化能（activation energy），单位为 $J \cdot mol^{-1}$，阿伦尼乌斯认为 A 和 E_a 是与温度无关的常数。

在温度变化范围不太大时，阿伦尼乌斯公式适用于基元反应和许多总包反应，也常应用于一些非均相反应。在实际应用时，为方便计算，可将阿伦尼乌斯公式变换成多种形式。

① 对数式 对式（8.3-2）两边取对数得：

$$\ln k = -\frac{E_a}{RT} + \ln A$$ (8.3-3)

式（8.3-3）描述了速率系数 $\ln k$ 与 $1/T$ 之间的线性关系，由直线斜率求得活化能 E_a，从截距求得指前因子 A。

② 微分式 将式（8.3-3）两边对温度求导得：

$$\frac{d\ln k}{dT} = \frac{E_a}{RT^2}$$ (8.3-4)

式（8.3-4）表明了 $\ln k$ 值随 T 的变化率与反应温度和活化能 E_a 均有关。E_a 越大，温度对反应速率常数的影响越大。

③ 定积分式 根据式（8.3-3），将 T_1 下的 $k(T_1)$ 与 T_2 下的 $k(T_2)$ 代入整理得：

$$\ln \frac{k(T_2)}{k(T_1)} = \frac{E_a}{R} \left(\frac{1}{T_1} - \frac{1}{T_2} \right)$$ (8.3-5)

式（8.3-5）表明了两个温度下速率系数 k 的关系。根据此式，可由两个不同温度下的 k 值求活化能 E_a，或在已知活化能的情况下，由某一温度下的速率系数求算另一温度下的速率系数。

【例题 8-7】 已知某反应的 E_a 为 $100 kJ \cdot mol^{-1}$。

（1）试计算温度由 300K 上升 10K 及由 400K 上升 10K 两种情况下速率系数 k 各增大多少倍？

（2）若 E_a 为 $150 kJ \cdot mol^{-1}$，指前因子 A 相同，其结果又如何？对比不同 E_a 时速率系数的改变差异性，说明产生差异的原因。

解：（1）当 $E_a = 100 kJ \cdot mol^{-1}$ 时

温度由 300K 上升 10K

$$\frac{k_{310}}{k_{300}} = \frac{A e^{-\frac{E_a}{310R}}}{A e^{-\frac{E_a}{300R}}} = e^{\frac{E_a}{R} \left(\frac{1}{300} - \frac{1}{310} \right)} = e^{\frac{100 \times 10^3}{8.314} \left(\frac{1}{300} - \frac{1}{310} \right)} = 3.6$$

温度由 400K 上升 10K

$$\frac{k_{410}}{k_{400}} = e^{\frac{100000}{8.314} \left(\frac{1}{400} - \frac{1}{410} \right)} = 2.1$$

由计算结果知，在 300K 升温 10K，速率系数 k 增大 2.6 倍，在 400K 升温 10K，速率系数 k 增大 1.1 倍，结果表明，对于一个给定的反应，其在低温区反应速率随温度变化较之高温区要敏感得多。

（2）当 $E_a = 150 kJ \cdot mol^{-1}$ 时

温度由 300K 上升 10K

$$\frac{k_{310}}{k_{300}} = e^{\frac{150000}{8.314}\left(\frac{1}{300} - \frac{1}{310}\right)} = 7$$

温度由 400K 上升 10K

$$\frac{k_{410}}{k_{400}} = e^{\frac{150000}{8.314}\left(\frac{1}{400} - \frac{1}{410}\right)} = 3$$

计算结果表明，两个温度下升温 10K 仍是温度高时 k 值增大倍数小于温度低时 k 值增大倍数，但与 $E_a = 100kJ \cdot mol^{-1}$ 比较，$E_a = 150kJ \cdot mol^{-1}$ 下 k 增大的倍数更多一些，原因是，根据阿伦尼乌斯公式微分式知，活化能越大的反应，温度对反应速率的影响也就越大。

因此，对于具有简单级数的单向反应，原则上可结合生产条件由 E_a 决定反应的适宜温度。另外，在维持转化率不变的前提下，利用 $k(T_1)t_1 = k(T_2)t_2$ 关系可以讨论反应温度与反应时间的关系。

8.3.3 活化能

（1）活化能的定义和物理意义

阿伦尼乌斯在提出活化能 E_a 的概念时认为，由非活化分子转变为活化分子所需要的能量就是活化能 E_a。根据阿伦尼乌斯微分公式（8.3-4）可给出活化能 E_a 的定义式为：

$$E_a = RT^2 \frac{\mathrm{d}\ln k}{\mathrm{d}T} \tag{8.3-6}$$

事实上，活化能 E_a 对于基元反应才具有较明确的物理意义。托尔曼（Tolman）在阿伦尼乌斯关于活化分子概念的基础上，提出基元反应的活化能是一个统计量，用统计平均的概念定义了基元反应的活化能，即：基元反应的活化能是活化分子的平均能量与反应物分子平均能量的差值。用公式表示为：

$$E_a = \overline{E^*} - \overline{E} \tag{8.3-7}$$

式中，$\overline{E^*}$ 表示活化分子的摩尔平均能量；$\overline{E}$ 表示反应物分子的摩尔平均能量，单位均为 $J \cdot mol^{-1}$。显然，按照托尔曼的活化能定义，E_a 应与温度有关，这在实验中已得到验证。

按照托尔曼的活化能统计解释，对基元反应 $A \longrightarrow P$，若反应为可逆的，即：

$$A \Longrightarrow P$$

其反应系统能量变化如图 8-8 所示。图 8-8 表明，从反应物 A 到产物 P，必须经过一个活化状态 A^*，A^* 与反应物 A 的能量之差为正向活化能 E_a，A^* 与产物 P 的能量之差为逆向活化能 E_a'。显然等容下：

$$E_a - E_a' = \Delta E_a = \Delta_r U_m \tag{8.3-8}$$

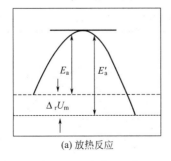
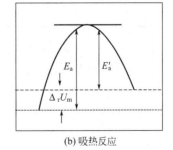

(a) 放热反应　　　　　　　　　　(b) 吸热反应

图 8-8　反应系统能量变化

对于非基元反应，活化能没有明确的物理意义，E_a 只是组成总包反应的各基元反应活化能的特定组合，称为非基元反应的表观活化能（或实验活化能）。

（2）活化能的实验测定

活化能通常通过动力学实验来测定，也可由其他方法（如键能估算法）进行计算，这里仅介绍实验测定法。当经实验测定了不同温度下反应的速率系数 k 后，经作图或计算即可获得活化能数据。

① 作图法 根据阿伦尼乌斯对数式 $\ln k = -\dfrac{E_a}{RT} + \ln A$，以 $\ln k$ 对 $1/T$ 作图得图 8-9。

图中直线斜率为 $-E_a/R$，所以 $E_a = -R \times$ 斜率。

② 计算法 根据定积分式（8.3-5）可得：

$$E_a = R\left[\ln\frac{k(T_2)}{k(T_1)}\right]\Big/\left(\frac{1}{T_1} - \frac{1}{T_2}\right) \qquad (8.3-9)$$

将实验测定的两个温度下的速率系数 k 和温度 T 代入，即可计算活化能值。

（3）活化能与温度的关系

阿伦尼乌斯在经验式中假定活化能是与温度无关的常数，在温度不高时与大部分实验相符。但实验表明，在较

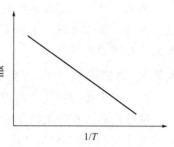

图 8-9 $\ln k$ 与 $1/T$ 的关系

高温度下，以 $\ln k$ 对 $1/T$ 作图的直线会发生弯折，这说明活化能是与温度有关的。为此，人们根据反应速率理论的研究，对阿伦尼乌斯公式提出了三参量公式，即：

$$k = A_0 T^m \exp\left[-\frac{E_0}{RT}\right] \qquad (8.3-10)$$

上式比阿伦尼乌斯经验式多了 T^m 修正项。式中 A_0、m 和 E_0 是需经实验测定的参数，与温度无关。

对式（8.3-10）两边取对数得：

$$\ln k = \ln A_0 + m\ln T - \frac{E_0}{RT} \qquad (8.3-11)$$

上式对温度求导并代入活化能定义式可得：

$$E_a = E_0 + mRT \qquad (8.3-12)$$

在 T 不太大时，$E_a \approx E_0$，此时 E_a 与温度无关。

【例题 8-8】 乙醇溶液中进行如下反应：$C_2H_5I + OH^- \longrightarrow C_2H_5OH + I^-$ 实验测得不同温度下的速率系数 k 如下表：

T/K	288.98	305.17	332.90	363.76
$k/10^{-3}\,dm^3 \cdot mol^{-1} \cdot s^{-1}$	0.0503	0.368	6.71	119

试求该反应的级数、活化能及指前因子 A。

解：（1）作图法 根据速率系数 k 的单位可知该反应级数为二级。经计算得各温度下 $\ln k$ 和 $1/T$，如下表：

$(1/T)/10^{-3}\,K^{-1}$	3.460	3.277	3.004	2.749
$\ln k/10^{-3}\,dm^3 \cdot mol^{-1} \cdot s^{-1}$	-2.9897	-0.9997	1.9036	4.7791

以 $\ln k$ 对 $1/T$ 作图得下图：

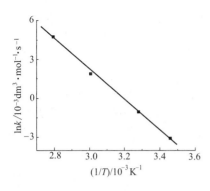

线性方程为：$\ln (k/10^{-3} \text{dm}^3 \cdot \text{mol}^{-1} \cdot \text{s}^{-1}) = 34.681 - 10891 (K/T)$，所以：

$$E_a = -8.314 \text{J} \cdot \text{mol}^{-1} \times (-10891)$$
$$= 90.56 \text{kJ} \cdot \text{mol}^{-1}$$
$$\ln A = 34.681 + \ln 10^{-3} = 27.773$$
$$A = \exp (27.773) \text{dm}^3 \cdot \text{mol}^{-1} \cdot \text{s}^{-1}$$
$$= 1.153 \times 10^{12} \text{dm}^3 \cdot \text{mol}^{-1} \cdot \text{s}^{-1}$$

（2）计算法　分别取 T_1 与 T_2、T_1 与 T_3、T_1 与 T_4 三对温度下相应的速率系数 k 代入式（8.3-7）计算得三组 E_a 值为 90.14kJ·mol^{-1}、89.12kJ·mol^{-1}、90.81kJ·mol^{-1}，取平均值得：

$$E_a = 90.02 \text{kJ} \cdot \text{mol}^{-1}$$

根据阿伦尼乌斯指数式 $A = k \exp(E_a/RT)$，将 E_a 及四个温度下的 k 值代入计算得 $A(T_1)$、$A(T_2)$、$A(T_3)$、$A(T_4)$ 分别是 9.41×10^{11} dm^3·mol^{-1}·s^{-1}、9.43×10^{11} dm^3·mol^{-1}·s^{-1}、8.95×10^{11} dm^3·mol^{-1}·s^{-1} 和 1.006×10^{12} dm^3·mol^{-1}·s^{-1}，取平均值得：

$$A = 9.46 \times 10^{11} \text{dm}^3 \cdot \text{mol}^{-1} \cdot \text{s}^{-1}$$

计算法与作图法所得结果近似相等。

8.4　几种典型的复杂反应

由两个或两个以上基元反应组成的反应称为复杂反应。复杂反应种类很多，下面重点介绍几种典型的复杂反应动力学。

8.4.1　对峙反应

（1）对峙反应的速率方程

正、逆两个方向同时进行的化学反应称为对峙反应（或对行反应，opposing reaction），俗称可逆反应。从严格意义上讲，任何化学反应都是对峙反应，在热力学中的化学反应均有化学平衡常数就可说明这一点。但是如果逆反应的速率系数与正反应的速率系数相比小到可以忽略不计时，则可认为该反应是单向的，这些反应在动力学上不作为对峙反应处理。

对峙反应中正、逆反应级数可能相同，也可能不同，正、逆反应可以是基元反应，也可以是非基元反应，这里考察正、逆反应均为基元反应的情况。按照正、逆反应级数值，可将对峙反应分为不同类型。例如：

$$\text{A} \underset{k_{-1}}{\overset{k_1}{\rightleftharpoons}} \text{B} \qquad \text{1-1 型}$$

$$\text{A} + \text{B} \underset{k_{-2}}{\overset{k_2}{\rightleftharpoons}} \text{C} + \text{D} \qquad \text{2-2 型}$$

$$\text{A} + \text{B} \underset{k_{-1}}{\overset{k_2}{\rightleftharpoons}} \text{C} \qquad \text{2-1 型}$$

下面以正、逆都是一级反应组成的对峙反应为例，讨论对峙反应的特点和处理方法。

$$A \underset{k_{-1}}{\overset{k_1}{\rightleftharpoons}} B$$

$$
\begin{array}{llll}
t=0 & a & & 0 \\
t=t & a-x & & x \\
t\rightarrow\infty & a-x_e & & x_e \quad (x_e\text{ 为平衡时 B 的浓度})
\end{array}
$$

对峙反应的净速率等于正向速率减去逆向速率，根据质量作用定律，速率方程可写为：

$$r=\frac{\mathrm{d}x}{\mathrm{d}t}=r_1-r_{-1}=k_1(a-x)-k_{-1}x=k_1a-(k_1+k_{-1})x$$

定积分得：

$$\int_0^x \frac{\mathrm{d}x}{k_1a-(k_1+k_{-1})}=\int_0^t \mathrm{d}t$$

得：

$$t=\frac{1}{k_1+k_{-1}}\ln\frac{k_1a}{k_1a-(k_1+k_{-1})x} \tag{8.4-1}$$

平衡时：

$$k_1(a-x_e)-k_{-1}x_e=0$$

故：

$$k_1a=(k_1+k_{-1})x_e \tag{8.4-2}$$

代入式 (8.4-1) 得：

$$\ln\frac{x_e}{x_e-x}=(k_1+k_{-1})t \tag{8.4-3}$$

平衡时，$k_1/k_{-1}=x_e/(a-x_e)$，所以上式经整理得：

$$k_1=\frac{x_e}{at}\ln\frac{x_e}{x_e-x} \tag{8.4-4}$$

$$k_{-1}=\frac{a-x_e}{at}\ln\frac{x_e}{x_e-x} \tag{8.4-5}$$

因为 a 和 x_e 都是已知的，测定了 t 时刻的浓度 x，代入式（8.4-4）和式（8.4-5）即可计算 k_1 和 k_{-1}。

（2）一级对峙反应的特点

① 速率方程与一级反应的类似。

② 反应净速率等于正、逆反应速率之差。

③ 达到平衡时，反应净速率等于零。

④ 正、逆速率系数之比等于平衡常数，即 $K=k_1/k_{-1}$。

⑤ 在 $c\text{-}t$ 图上，达到平衡后，反应物和产物的浓度不再随时间而改变，如图 8-10 所示。

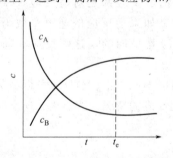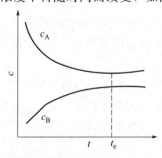

图 8-10　对峙反应浓度与时间的关系

（3）对峙反应的适宜反应温度

对峙反应的正、逆速率系数之比等于平衡常数 K_c。利用此关系，可对对峙反应进行控制，该特点在实际化工生产中如何控制最佳反应温度是很重要的。

现考察一个正向放热的对峙反应 $A \underset{k_{-1}}{\overset{k_1}{\rightleftharpoons}} B$，根据上面的讨论

$$r = k_1 c_A - k_{-1} c_B = k_1 \left(c_A - \frac{c_B}{K_c} \right)$$

显然，若反应系统温度升高，则 k_1 增大，引起 r 增大；但因是放热反应，温度升高，K_c 下降，c_B/K_c 增大，使得 r 减小。这表明对正向放热的对峙反应，温度对 k_1 与 K_c 的影响效果相反，即升高温度，从动力学角度看对反应有利，但从热力学角度看则是不利的（热力学不利还有另一层意思，即升高温度还会减小正向放热对峙反应的平衡转化率）。

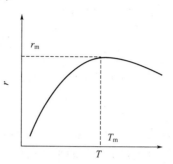

图 8-11　对峙反应最佳反应温度

进一步分析知：①若温度较低，K_c 较大，c_B/K_c 对 r 的影响较小，r 主要受 k_1 的影响，因此低温下，随温度的升高，反应速率总体增大；②若温度较高，K_c 较小，r 受 c_B/K_c 值的影响大，这时温度升高，r 反而下降。因此，对正向放热的对峙反应，随着温度的升高，净反应速率先增大，达到一极大值后逐渐减小，如图 8-11 所示。图中 T_m 即是最大净反应速率时的最佳温度。

8.4.2　平行反应

相同反应物同时进行若干个相互独立的不同反应，形成不同的产物，这类反应的组合称为"平行反应（parallel or side reaction）"。例如甲苯在硝化反应中，可向生成邻、间和对三种硝基甲苯的三个方向进行。人们通常将生成目标产物的一个反应称为主反应，其余为副反应。平行反应不同方向的反应级数可能相同，也可能不同，为简单起见，现只考虑两个反应方向，且都是一级反应的平行反应予以讨论。

（1）平行反应的速率方程　反应式：

$$A \underset{k_2}{\overset{k_1}{\longrightarrow}} \begin{matrix} B \\ C \end{matrix}$$

设 A 和 B、C 的起始浓度分别为 a、0、0，在 t 时刻浓度分别为 $a-x$、x_1、x_2，其中 $x = x_1 + x_2$，总的反应速率等于所有平行反应速率之和。根据反应式，各方向速率方程可写为：

$$r_1 = \frac{dx_1}{dt} = k_1(a-x) \qquad\qquad r_2 = \frac{dx_2}{dt} = k_2(a-x)$$

因 $r = r_1 + r_2$，所以：

$$r = \frac{dx_1}{dt} + \frac{dx_2}{dt} = (k_1 + k_2)(a-x) = \frac{dx}{dt} \tag{8.4-6}$$

即

$$\frac{dx}{dt} = (k_1 + k_2)(a-x) \tag{8.4-7}$$

这是一级反应速率方程式。对上式进行定积分：

$$\int_0^x \frac{dx}{a-x} = (k_1 + k_2) \int_0^t dt$$

得

$$\ln \frac{a}{a-x} = (k_1 + k_2)t \tag{8.4-8}$$

式（8.4-8）相当于一级反应速率方程积分式，通过动力学实验，按照一级反应处理方法，可得到两个速率系数之和 $k_1 + k_2$。要得到两个方向速率系数值，还需寻求二者的关系。

由各方向速率方程：

$$r_1 = \frac{\mathrm{d}x_1}{\mathrm{d}t} = k_1(a-x) \qquad r_2 = \frac{\mathrm{d}x_2}{\mathrm{d}t} = k_2(a-x)$$

两式相除得：

$$\frac{\mathrm{d}x_1}{\mathrm{d}t} \bigg/ \frac{\mathrm{d}x_2}{\mathrm{d}t} = k_1/k_2 \quad 或 \quad \frac{\mathrm{d}x_1}{\mathrm{d}x_2} = \frac{k_1}{k_2}$$

若反应起始无产物，则有：

$$\frac{x_1}{x_2} = \frac{k_1}{k_2} \tag{8.4-9}$$

结合式（8.4-8）与式（8.4-9），即可通过实验测定两个方向的速率系数。

对于其他级数的平行反应，其动力学处理方法与此类似。

（2）平行反应的特点

① 反应的总速率等于各平行反应速率之和。

② 对于级数相同的平行反应，当各平行反应产物的计量系数相同且产物起始浓度为零时，在任一时间，各产物浓度之比等于速率系数之比，也等于各速率之比：

$$\frac{r_1}{r_2} = \frac{k_1}{k_2} = \frac{x_1}{x_2}$$

③ 用合适的催化剂或改变反应温度，可以改变某一反应的速率，从而提高主反应产物的产量。

例如上述反应中若 B 是主产物而 C 是副产物，为了进一步提高 B 的比例，可采用的方法是：

a. 添加合适的催化剂，改变生成目标产物 B 方向的反应历程，降低活化能，以提高目标产物 B 的生成速率；

b. 如果两方向反应的活化能差别较大，可通过改变温度达到提高目标产物 B 的生成速率。

8.4.3　连串反应

有很多化学反应是经过连续几步才完成的，前一步生成物中的一部分或全部作为下一步反应的部分或全部反应物，依次连续进行，这种反应称为连串反应或连续反应（consecutive reaction）。如苯的氯化反应，第一步生成氯苯，氯苯再氯化生成二氯苯。

（1）连串反应的速率方程

考虑最简单的由两个单向一级反应组成的连串反应：

$$\mathrm{A} \xrightarrow{k_1} \mathrm{B} \xrightarrow{k_2} \mathrm{C}$$

$$
\begin{array}{cccc}
t=0 & a & 0 & 0 \\
t=t & x & y & z
\end{array}
$$

其中 x、y、z 分别是物质 A、B、C 在任意时刻的浓度，它们满足 $x+y+z=a$，这也是此连串反应的鲜明特点。

各物质的反应速率方程为：

$$-\frac{\mathrm{d}x}{\mathrm{d}t} = k_1 x \tag{8.4-10}$$

$$\frac{\mathrm{d}y}{\mathrm{d}t} = k_1 x - k_2 y \tag{8.4-11}$$

$$\frac{\mathrm{d}z}{\mathrm{d}t} = k_2 y \tag{8.4-12}$$

首先对式（8.4-10）进行定积分得：

$$\ln \frac{a}{x} = k_1 t \quad \text{或} \quad x = a\mathrm{e}^{-k_1 t} \tag{8.4-13}$$

将此式代入式 (8.4-11) 得:

$$\frac{\mathrm{d}y}{\mathrm{d}t} = k_1 a \mathrm{e}^{-k_1 t} - k_2 y$$

上式为一次线性微分方程, 其解为:

$$y = \frac{k_1 a}{k_2 - k_1} (\mathrm{e}^{-k_1 t} - \mathrm{e}^{-k_2 t}) \tag{8.4-14}$$

根据连串反应的特点 $x + y + z = a$, z 值为:

$$z = a\left(1 - \frac{k_2}{k_2 - k_1}\mathrm{e}^{-k_1 t} + \frac{k_1}{k_2 - k_1}\mathrm{e}^{-k_2 t}\right) \tag{8.4-15}$$

(2) 连串反应的特征

① 将连串反应中各物质浓度随时间的变化作图, 即根据式 (8.4-13) ~式 (8.4-15) 绘出连串反应的 c-t 关系曲线, 如图 8-12 所示。图中 (a)、(b)、(c) 分别表示 $k_1 \approx k_2$、$k_1 \gg k_2$ 和 $k_1 \ll k_2$ 三种情况下的曲线。

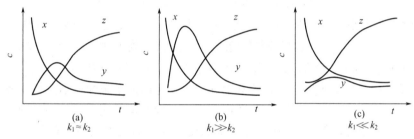

图 8-12 连串反应浓度随时间变化的关系

分析图 8-12 可知, 连串反应中 A 的浓度随时间单调下降, C 的浓度单调上升, B 的浓度先升高而后下降, 即 B 的浓度有一个最大值。此原因是: 在反应前期反应物 A 的浓度较大, 生成 B 的速率较快, B 增加快。但随着反应进行, A 浓度减小, 生成 B 速率较慢, 另一方面, B 浓度增加, 反应生成产物 C 的速率加快, 使得 B 大量消耗, 浓度下降。当 B 的生成速率与消耗速率相等时, 其浓度达到最大值, 图中出现极大点。

中间产物极大值的计算具有重要的意义, 如果 B 为主产物, 则实际反应中希望 B 的产率高。中间产物既是前一步反应的生成物, 又是后一步反应的反应物, 其极大值的位置和高度决定于两个速率系数的相对大小和反应时间 (见图 8-12)。

设 B 最大浓度为 y_m, 达最大浓度时反应时间为 t_m。根据式 (8.4-14):

$$\frac{\mathrm{d}y}{\mathrm{d}t} = \frac{k_1 a}{k_2 - k_1}(k_2 \mathrm{e}^{-k_2 t_\mathrm{m}} - k_1 \mathrm{e}^{-k_1 t_\mathrm{m}}) = 0$$

解得

$$t_\mathrm{m} = \frac{\ln k_2 - \ln k_1}{k_2 - k_1} \tag{8.4-16}$$

再根据式 (8.4-11), 在 B 达最大浓度 y_m 时:

$$\frac{\mathrm{d}y}{\mathrm{d}t} = k_1 x - k_2 y = 0$$

所以

$$y_\mathrm{m} = (k_1/k_2)x = (k_1/k_2)a\exp(-k_1 t_\mathrm{m})$$

将 $t_\mathrm{m} = \dfrac{\ln k_2 - \ln k_1}{k_2 - k_1}$ 代入解得:

$$y_m = a\left(\frac{k_1}{k_2}\right)^{\frac{k_2}{k_2-k_1}} \tag{8.4-17}$$

由上式可知，y_m 与 A 的起始浓度 a 及两步反应速率系数 k_1 和 k_2 有关。由图 8-12，若 $k_1 \gg k_2$，则有利于 B 的生成；若 $k_1 \ll k_2$，则不利于 B 的积累，所以，在实际反应控制中，需要根据具体反应情况控制时间。从工业实际生产效益考虑，对于 B 为主产物的反应，其时间控制往往小于最佳反应时间，这一点在实际应用中非常重要。

　　② 连串反应不论包含多少步反应，在不考虑可逆反应且反应速率稳定的条件下，总过程速率总是受速率常数最小的步骤所决定，称为"决定速率步骤"。因此，若要加速整个反应的进程，必须从改变速率决定步骤入手。

　　根据最终产物 C 的浓度计算式：

$$z = a\left(1 - \frac{k_2}{k_2-k_1}e^{-k_1 t} + \frac{k_1}{k_2-k_1}e^{-k_2 t}\right)$$

　　当各步反应速率相差很大时，连串反应的总速率即生成最终产物的速率，由其中最慢的一步所控制：

　　a. 若反应的 $k_1 \gg k_2$，说明第一步反应快，第二步反应慢，上式简化为 $z \approx a(1-e^{-k_2 t})$，此时 z 值大小取决于 k_2 而与 k_1 无关，表明 C 的生成速率由第二步控制；

　　b. 若 $k_2 \gg k_1$，说明第一步反应慢，第二步反应快，则上式简化为 $z \approx a(1-e^{-k_1 t})$，$z$ 值大小取决于 k_1 而与 k_2 无关，此时第一步为 C 的生成速率的速控步骤。

　　像连串反应这样多步骤反应中，若其中某一步反应的速率很慢，而其他步骤都较快，则该步骤为总反应的控速步骤，总反应速率取决于该步骤的反应速率。这种处理速率方程的方法称为"速率控制步骤法"，这就像一个多步骤连续生产的流水线最终产品的生产速率取决于其中最慢的一个步骤一样。此类反应可采用上述方法进行近似处理。

8.4.4　复杂反应速率方程的近似处理方法

　　在化学动力学研究中，直接得到复杂反应的速率方程是很困难的，通常采用近似处理方法。下面介绍两种常用的近似处理方法。

　　（1）稳态近似（steady state approximation）

　　复杂反应包含较多的基元步骤，有中间物的生成（如连串反应、链反应及高分子聚合反应等）。当中间物的活性很高时（如自由基、自由原子等），因浓度很小，所以极难测定。若反应速率中包含中间生成物的浓度，则此速率方程式无实际意义。如上述的连串反应总反应速率可用最终产物 C 的速率表示，即：

$$r = r_C = \frac{dz}{dt} = k_2[B] \tag{8.4-18}$$

若 $k_2 \gg k_1$，第二步反应速率快，表明 B 的活性高，一旦生成就会很快转化为最终产物 C，因此其浓度很小 [见图 8-12(c)]，难以测定，需将浓度 [B] 转变为可测定的反应物 A 的浓度，上面反应速率方程才有实际意义。

　　稳态法假定：在一连续多步骤的复杂反应中，所形成活性较大的中间物（如自由原子、自由基等）由于很快进一步发生反应而不会累积起来，因此，中间物浓度很低，且反应达到稳态后中间物浓度不随时间变化，由此建立的动力学方程的处理方法称为稳态近似法，即：

$$\frac{d_{[活性中间物]}}{dt} = 0 \tag{8.4-19}$$

根据复杂反应机理，联系中间物生成速率（$d_{[活性中间物]}/dt$）与其参与的基元反应速率的关系，按照式（8.4-19）解出中间物浓度与反应物（或产物）的浓度关系后代入速率方程式，以消去速率方程式中的中间物浓度项，从而获得有意义的复杂反应速率方程式。例如某一反应的反应式为 A＋B══D，其反应机理如下：

$$A+B \xrightarrow{k_1} C \tag{1}$$

$$C \xrightarrow{k_2} A+B \tag{2}$$

$$C \xrightarrow{k_3} D \tag{3}$$

反应速率以产物 D 的生成速率表示，即：

$$r = \frac{d[D]}{dt} = k_3[C]$$

因 C 是中间物，需消去。根据稳态近似法，结合质量作用定律得：

$$\frac{d[C]}{dt} = k_1[A][B] - k_2[C] - k_3[C] = 0$$

解得

$$[C] = \frac{k_1}{k_2+k_3}[A][B]$$

代入速率方程得：

$$r = \frac{k_1 k_3}{k_2+k_3}[A][B] = k[A][B] \tag{8.4-20}$$

上式即为反应的速率方程式，式中 $k = \dfrac{k_1 k_3}{k_2+k_3}$，称为表观速率系数。

稳态近似法通常应用于自由基反应及高分子聚合反应中。

（2）平衡态近似法

在一系列由对峙反应和连串反应组成的复合反应中，如果其中存在着速率决定步骤，则总反应速率取决于这一最慢步骤的速率，与速率决定步骤以后各步骤的速率无关，并可假设其前的各对峙步骤处于快速平衡。这种动力学处理的近似方法称为平衡态近似法。例如反应 A＋B──→Y＋Z，若机理为：

$$A+B \underset{k_{-1}}{\overset{k_1}{\rightleftharpoons}} C \quad （快速达平衡）$$

$$C \xrightarrow{k_2} Y+Z \quad （慢步骤）$$

慢步骤为控速步骤，所以总反应速率可用 Y 的生成速率表示：

$$r = \frac{d[Y]}{dt} = k_2[C]$$

假设第一步对峙反应快速达平衡，根据对峙反应的特点有：

$$\frac{[C]}{[A][B]} = K_c = \frac{k_1}{k_{-1}}$$

整理得　　$$[C] = \frac{k_1}{k_{-1}}[A][B]$$

代入速率方程得：

$$r = \frac{k_1 k_2}{k_{-1}}[A][B] = k[A][B] \tag{8.4-21}$$

上式中 $k=\dfrac{k_1 k_2}{k_{-1}}$，是三步反应的速率系数组合，也是表观速率系数。式（8.4-21）与将总包反应看作基元反应，而用质量作用定律直接写的速率方程相同，但这并不能表明原总包反应就是基元反应。

速率控制步骤法、稳态近似法和平衡态近似法，都是化学动力学中的近似处理方法。对于复杂的反应机理，适当运用这些方法免去求解复杂的联立微分方程而很简便地由拟定的反应机理得出能与实验结果相符或相近的速率方程。

【例题 8-9】 N_2O_5 分解放出 O_2 的反应机理如下：

$$N_2O_5 \underset{k_{-1}}{\overset{k_1}{\rightleftharpoons}} NO_2 + NO_3 \qquad\qquad ①$$

$$NO_2 + NO_3 \overset{k_2}{\longrightarrow} NO + NO_2 + O_2 \qquad\qquad ②$$

$$NO + NO_3 \overset{k_3}{\longrightarrow} 2NO_2 \qquad\qquad ③$$

（1）当用 O_2 的生成速率表示反应速率时，试用稳态近似法证明：

$$r(1) = \frac{k_1 k_2}{k_{-1} + 2k_2}[N_2O_5]$$

（2）设反应①为快速平衡，反应②为控速步，反应③为快反应。试用平衡态近似推导反应速率 $r(2)$。

（3）在什么情况下 $r(1) = r(2)$？

解：（1）以 O_2 的生成速率表示反应速率，即：

$$r(1) = \frac{d[O_2]}{dt} = k_2[NO_2][NO_3] \qquad\qquad (a)$$

NO 和 NO_3 均是中间产物，根据稳态近似：

$$\frac{d[NO]}{dt} = k_2[NO_2][NO_3] - k_3[NO][NO_3] = 0 \qquad\qquad (b)$$

$$\frac{d[NO_3]}{dt} = k_1[N_2O_5] - (k_{-1} + k_2)[NO_2][NO_3] - k_3[NO][NO_3] = 0 \qquad\qquad (c)$$

由式（b）解得：

$$k_3[NO][NO_3] = k_2[NO_2][NO_3] \qquad\qquad (d)$$

代入式（c）解得：

$$[NO_3] = \frac{k_1[N_2O_5]}{(k_{-1} + 2k_2)[NO_2]} \qquad\qquad (e)$$

将式（e）代入式（a）得：

$$r(1) = \frac{k_1 k_2}{k_{-1} + 2k_2}[N_2O_5] \qquad\qquad (f)$$

（2）当反应②为控速步时：

$$r(2) = \frac{d[O_2]}{dt} = k_2[NO_2][NO_3]$$

因反应①快速达平衡，所以：

$$k_1[N_2O_5] = k_{-1}[NO_2][NO_3]$$

即

$$[NO_2][NO_3] = \frac{k_1}{k_{-1}}[N_2O_5]$$

代入速率方程式得：

$$r(2) = \frac{d[O_2]}{dt} = \frac{k_1 k_2}{k_{-1}}[N_2O_5] = k[N_2O_5] \tag{g}$$

式中 $k = \dfrac{k_1 k_2}{k_{-1}}$，称作表观速率系数。根据阿伦尼乌斯公式：

$$k = \frac{k_1 k_2}{k_{-1}} = \frac{A_1 A_2}{A_{-1}} \exp\left(-\frac{E_{a,1} + E_{a,2} - E_{a,-1}}{RT}\right) = A \exp(-E_a/RT)$$

比较得
$$E_a = E_{a,1} + E_{a,2} - E_{a,-1} \tag{8.4-22}$$

式（8.4-22）表明了表观活化能 E_a 与各基元反应活化能的关系。

（3）比较式（f）和式（g）知，当 $k_{-1} \gg k_2$ 时，$2k_2$ 与 k_{-1} 比较可忽略，此时 $r(1) = r(2)$。

8.4.5　链反应

有一类化学反应，一旦由外因（例如加热、光照等）诱发产生高活性的自由基（或自由原子等），反应便自动连续不断地进行下去，这类反应称为链反应（chain reaction）。又称为连锁反应。

这类反应用光、热等方法使反应开始，如果不加以控制，就会自动发展下去，进行的方式像链条一样。一环扣一环，所以称为链式反应（chain reaction），简称"链反应"。链式反应是一种重要的和普遍的反应类型，橡胶的合成，塑料、高分子化合物的制备，石油的裂解，碳氢化合物的氧化以及一些有机物的热分解反应等都与链式反应有关。

在链反应中，开始诱发产生的自由基虽然在反应中被消耗，但反应本身能够不断再生自由基，就像链条一样，一环扣一环地延续下去。

链反应一般包含三个阶段：

① 链引发（chain initiation）　处于稳定态的分子吸收了外界的能量，如加热、光照或加引发剂，使它分解成自由原子或自由基等活性传递物，活化能相当于所断键的键能。

② 链传递（chain propagation）　链引发所产生的活性传递物与另一稳定分子作用，在形成产物的同时又生成新的活性传递物，使反应如链条一样不断发展下去。

③ 链终止（chain termination）　两个活性传递物相碰形成稳定分子或发生歧化失去传递活性（体相终止），或与器壁相碰形成稳定分子，放出的能量被器壁吸收，造成反应停止（器壁终止）。

在链反应系统中，存在着某种被称之为链载体的活性中间物质，它们参加了链的传递，但又在接下来的反应中产生出来，从而推动着链的传递。只要链载体不消失，反应就一直进行下去。链载体的存在及其作用是确定链反应的特征所在。这即是链反应的本质。

链反应分为两种类型，即直链反应和支链反应，如图 8-13 所示。

（a）直链反应　　　　　　　（b）支链反应

图 8-13　链反应

（1）直链反应

下面首先以 HCl 生成反应说明直链反应。

反应式
$$H_2 + Cl_2 \longrightarrow 2HCl$$

实测速率方程
$$r = \frac{1}{2}\frac{d[HCl]}{dt} = k[H_2][Cl_2]^{1/2}$$

反应机理为：

反应式	反应速率	$E_a/\text{kJ} \cdot \text{mol}^{-1}$
(1) $Cl_2 + M \xrightarrow{k_1} 2Cl \cdot + M$ 链引发	$r_1 = k_1[Cl_2][M]$	243
(2) $Cl \cdot + H_2 \xrightarrow{k_2} HCl + H \cdot$ 链传递	$r_2 = k_2[Cl \cdot][H_2]$	25
(3) $H \cdot + Cl_2 \xrightarrow{k_3} HCl + Cl \cdot$	$r_3 = k_3[H \cdot][Cl_2]$	12.6
(4) $2Cl \cdot + M \xrightarrow{k_4} Cl_2 + M$ 链终止	$r_4 = k_2[Cl \cdot]^2[M]$	0

其中 $Cl \cdot$ 和 $H \cdot$ 为自由基，M 是其他分子或器壁。像这种在链传递过程中，一个自由基消失的同时产生一个新的自由基，称之为直链反应。

对于单链反应的速率方程，根据反应机理，使用质量作用定律，结合稳态近似处理法进行处理。

该反应的总速率以 HCl 的浓度增加速率表示，即：

$$r = \frac{1}{2} \times \frac{\text{d}[HCl]}{\text{d}t} \qquad ①$$

$$\frac{\text{d}[HCl]}{\text{d}t} = r_2 + r_3 = k_2[Cl \cdot][H_2] + k_3[H \cdot][Cl_2] \qquad ②$$

式②中包含 $Cl \cdot$ 和 $H \cdot$ 的浓度，需用稳态近似法消去。根据稳态法：

$$\frac{\text{d}[Cl \cdot]}{\text{d}t} = 2r_1 - r_2 + r_3 - 2r_4 = 0 \qquad ③$$

$$\frac{\text{d}[H \cdot]}{\text{d}t} = r_2 - r_3 = 0 \qquad ④$$

由式④得
$$r_3 = r_2 \qquad ⑤$$

代入式③得 $r_1 = r_4$，即：

$$k_1[Cl_2][M] = k_4[Cl \cdot]^2[M]$$

解得
$$[Cl \cdot] = \left(\frac{k_1}{k_4}\right)^{1/2}[Cl_2]^{1/2} \qquad ⑥$$

将式⑤、式⑥代入式②得：

$$\frac{\text{d}[HCl]}{\text{d}t} = 2k_2[Cl \cdot][H_2] = 2k_2\left(\frac{k_1}{k_4}\right)^{1/2}[H_2][Cl_2]^{1/2} = 2k[H_2][Cl]^{1/2} \qquad ⑦$$

所以：

$$r = \frac{1}{2}\frac{\text{d}[HCl]}{\text{d}t} = k[H_2][Cl_2]^{1/2} \qquad ⑧$$

式⑧与实验测定的速率方程一致。式中 $k = k_2(k_1/k_4)^{1/2}$，称为表观速率系数。根据式⑧知，该反应总级数为 1.5 级。按照阿伦尼乌斯公式：

$$k = A_2(A_1/A_4)^{1/2}\exp\{-[E_{a,2} + (E_{a,1} - E_{a,4})/2]/RT\} = A\exp(-E_a/RT)$$

得 HCl 生成反应的指前因子 A 和表观活化能 E_a 分别为：

$$A = A_2(A_1/A_4)^{1/2}$$
$$E_a = E_{a,2} + (E_{a,1} - E_{a,4})/2$$

将各步活化能代入计算得：

$$E_a = [25 + (243 - 0)/2]\text{kJ} \cdot \text{mol}^{-1} = 146\text{kJ} \cdot \text{mol}^{-1}$$

(2) 支链反应

支链反应是在链传递过程中，一个自由基消失的同时产生两个或两个以上的自由基，即在反应过程中自由基数目不断增加的反应称之为支链反应。在支链反应中，随着支链的发展，链传递数目剧增，反应速率越来越快，最后快到足以引起爆炸的程度。因此，支链反应往往发生爆炸。爆炸分为热爆炸（thermal explosion）和支链爆炸（branched explosion）两种。

　　热爆炸是由于一个放热反应在无法散热的情况下进行，反应热使此反应系统的温度剧烈升高，而温度升高又进一步加速了反应的进行，使得反应放热更多，系统温度升得更快。在这种恶性循环下，最后反应速率达到无法控制的程度而发生爆炸。

　　支链爆炸是指在支链链反应中活性中心在传递过程中发生分支，活性自由基急剧增多［如图 8-13(b) 所示］，使得反应速率骤然增大到无法控制而发生爆炸。

　　例如 H_2 和 O_2 发生反应为支链反应，其机理为：

链的引发	$H_2 \longrightarrow H\cdot + H\cdot$
直链传递	$H\cdot + O_2 + H_2 \longrightarrow H_2O + OH\cdot$
	$OH\cdot + H_2 \longrightarrow H_2O + H\cdot$
链的分支	$H\cdot + O_2 \longrightarrow OH\cdot + O\cdot$
	$O\cdot + H_2 \longrightarrow OH\cdot + H\cdot$
链在气相中终止	$2H\cdot + M \longrightarrow H_2 + M$
	$H\cdot + OH\cdot + M \longrightarrow H_2O + M$
链在器壁上终止	$H\cdot + 器壁 \longrightarrow 销毁$
	$OH\cdot + 器壁 \longrightarrow 销毁$

爆炸反应通常有一定的爆炸区，当系统的压力、温度或浓度达到爆炸区范围内即会发生爆炸，这主要是因为爆炸反应速率与温度、压力等有关。图 8-14 是 H_2、O_2 系统的爆炸界限示意图。

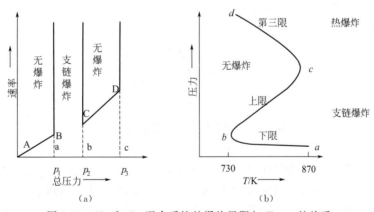

图 8-14　H_2 和 O_2 混合系统的爆炸界限与 T，p 的关系

　　一个支链反应是否引起爆炸，取决于爆炸的三个界限：温度界限、压力界限和组成界限。图 8-14 反映了前两个界限。图 8-14(a) 表示了反应速率与压力的关系，当总压力低于 p_1 即 AB 段，反应平稳，无爆炸。当总压力介于 $p_1 \sim p_2$ 之间，反应速率很快，急剧加速，发生爆炸或燃烧。当压力在 $p_2 \sim p_3$ 之间即 CD 段，反应速率反而减慢，无爆炸。当压力大于 p_3 后，又会发生爆炸。图 8-14(b) 表示了爆炸压力界限与温度的关系。下限、上限及第三限将图形分为四个区域。ab 界限以下是安全区，ab 界限与 bc 界限包围区间为支链爆炸区，bc 与 cd 界限区间为无爆炸区，cd 界限以上为热爆炸区。

　　上述现象可用 H_2 和 O_2 的反应机理解释。系统能否发生爆炸，取决于支链反应链的分支与链的终止之间的竞争。当压力很低时，系统中自由基很易与器壁碰撞而销毁，减少了链的传递，反应较慢。当压力增加到一定程度后，系统中分子有效碰撞次数增大，链传递与分支速率大大加快，直至发生爆炸。但当压力增加超过 p_2（即上限压力）后，系统中物质浓度很大，易发生三分子碰撞而使自由基失活，即气相终止步骤速率加快，而使得反应速率变慢，此时不发生爆炸。当压力超过 cd 界限压力后，此时温度及压力均很高，系统会发生热爆炸。

很多可燃气体在空气中达到一定浓度范围也会发生爆炸，此种爆炸是因为可燃气体在空气中发生燃烧传播而引起的，所以此时的爆炸界限是指浓度界限。比如常压下 H_2 在空气中的爆炸范围是 $0.04\sim0.74$（体积分数），在 O_2 中的爆炸范围是 $0.04\sim0.94$。表 8-2 列出了常压下部分可燃气体在空气中的爆炸范围。

表 8-2　常温常压下，一些可燃气体在空气中的爆炸范围

可燃气体	爆炸范围(体积分数)	可燃气体	爆炸范围(体积分数)
H_2	$0.04\sim0.07$	CO	$0.125\sim0.74$
NH_3	$0.16\sim0.27$	CS_2	$0.013\sim0.44$
CH_4	$0.053\sim0.14$	C_2H_2	$0.025\sim0.80$
C_2H_4	$0.030\sim0.29$	C_6H_6	$0.014\sim0.067$
C_2H_6	$0.032\sim0.125$	CH_3OH	$0.073\sim0.36$
C_3H_8	$0.024\sim0.095$	C_2H_5OH	$0.043\sim0.19$
C_4H_{10}	$0.019\sim0.084$	$(C_2H_5)_2O$	$0.019\sim0.48$
C_5H_{12}	$0.016\sim0.078$	$CH_3COOC_2H_5$	$0.021\sim0.085$

煤矿瓦斯爆炸及其预防

瓦斯爆炸是指瓦斯（主要成分是甲烷气）和空气混合后，在一定条件下，遇高温热源发生的热-链式氧化反应，并伴有高温及压力（压强）上升的现象。瓦斯爆炸是一种支链反应。瓦斯爆炸就其本质来说，是一定浓度的甲烷和空气中的氧气在一定温度作用下产生的激烈氧化反应。

瓦斯爆炸产生的危害性和破坏力极大，由于瓦斯爆炸产生高温高压，促使爆源附近的气体以极大的速度向外冲击，造成人员伤亡，破坏巷道和器材设施，扬起大量煤尘并使之参与爆炸，产生更大的破坏力。另外，爆炸后生成大量的有害气体，造成人员中毒死亡。因此，对于煤矿生产和有瓦斯气体存在的井下作业的地方，预防瓦斯爆炸是极其重要的。

8.5　反应速率理论简介

阿伦尼乌斯方程较好地说明了反应速率与温度的关系，并提出了活化能 E_a 和指前因子 A 这两个重要的动力学参量。人们希望从理论上认识这两个量的物理意义，并设法计算出它们的数值，期望从理论上计算来解决反应速率的问题。在反应速率理论发展过程中，最早提出的是硬球碰撞理论，建立于 20 世纪 20 年代。该理论是用来计算双分子反应的速率系数，并用碰撞频率概念解释和计算指前因子 A。过渡态理论（或活化配合物理论）产生于 $1930\sim1935$ 年，它借助于量子力学和统计热力学方法提供了从理论计算 A 和 E_a 的可能性。分子反应动力学理论是 20 世纪 60 年代后期发展起来的，它着重从分子水平上给出动力学信息。尽管人们已提出多种反应速率理论，但比较重要的是碰撞理论和过渡态理论。

8.5.1　碰撞理论

简单碰撞理论（collision theory）是在气体分子运动论的基础上建立起来的。该理论是以硬球碰撞为模型，经过一系列假设导出了宏观速率系数的计算公式，所以该理论又称为硬球碰撞理论（hard-sphere collision theory）。

（1）碰撞理论的基本要点

碰撞理论主要有下面几个要点：

① 分子是无内部结构的硬球。

② 对于双分子反应 A＋B ——→产物，A、B 分子首先必须进行相互碰撞，反应速率正比于单位体积内 A 和 B 的碰撞次数，$r \propto Z_{AB}$。

③ 并不是所有碰撞都能生成产物，只有那些能量 ε 大于某临界值 ε_c（ε_c 称为反应阈能）且空间方位适宜的分子碰撞才能发生反应，此种碰撞称作有效碰撞，能发生有效碰撞的分子称为活化分子。

$$q = \frac{\varepsilon \geqslant \varepsilon_c \text{的碰撞数}}{\text{总的碰撞数}} \tag{8.5-1}$$

式中，q 为碰撞的有效分数。

④ 反应分子的速度（或能量）分布符合麦克斯韦-玻尔兹曼速度（或能量）分布。

以上②、③是碰撞理论的两点重要假设。

（2）硬球碰撞模型

设 A、B 为两个无内部结构的硬球分子，A、B 分子的碰撞如图 8-15 所示。图中 d_{AB} 称为有效碰撞直径，数值上等于 A 分子和 B 分子的半径之和，即：

$$d_{AB} = (d_A + d_B)/2 \tag{8.5-2}$$

虚线圆是以 A 分子质心为中心及以 d_{AB} 为半径的圆面，面积为 $\sigma = \pi d_{AB}^2$。显然，当以 A 分子质心为中心时，相对运动的 B 分子的质心落在虚线圆范围内，均会与 A 分子相碰，所以把虚线圆面称作碰撞截面。u_r 是 A、B 相对运动速度，θ 是 u_r 方向与碰撞直径之间的夹角，b 称为碰撞参数（impact parameter），表示两个分子接近的程度，其值与 d_{AB} 和 θ 有关。

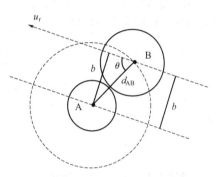

图 8-15　硬球碰撞模型示意图

$$b = d_{AB} \sin\theta \tag{8.5-3}$$

当 $\theta = 0°$，$b = d_{AB}\sin 0° = 0$，A、B 分子迎头相碰，碰撞最为激烈；当 $\theta = 90°$，$b = d_{AB}\sin 90° = d_{AB}$，A、B 分子擦肩而过，碰撞不够激烈；当 $\theta > 90°$，$b > d_{AB}$，A、B 分子不会发生碰撞。

实际上，若将 E 表示为质心整体运动的动能 ε_g 和分子相对运动的动能 ε_r 之和，即：

$$E = \varepsilon_g + \varepsilon_r = \frac{1}{2}(m_A + m_B)u_g^2 + \frac{1}{2}\mu u_r^2 \tag{8.5-4}$$

由于两个分子在空间整体运动的动能 ε_g 对化学反应没有贡献，而相对动能可以衡量两个分子相互趋近时能量的大小，是决定碰撞是否有效的参数。根据微观能量分析及实验证明，只有相对动能 ε_r（$\varepsilon_r = \mu u_r^2/2$）在 A、B 分子的连心线（$d_{AB}$）上的分量大于某个临界值时，反应才有可能发生，该临界值称作反应临界能或阈能，用 ε_c 表示，对于 1mol 物质，阈能的统计平均值写作 E_c。

（3）双分子碰撞频率和反应速率系数推导

设系统中 A、B 的分子密度分别为 $n_A = N_A/V_A$ 和 $n_B = N_B/V_B$，则单位时间内 A、B 分子可能发生碰撞的频率 Z_{AB} 正比于碰撞截面积、相对运动速度和单位体积分子数，即：

$$Z_{AB} = \pi d_{AB}^2 u_r n_A n_B \tag{8.5-5}$$

根据气体分子运动论，A、B 分子相对运动速度为：

$$u_r = \sqrt{\frac{8RT}{\pi\mu}} \tag{8.5-6}$$

$\mu = \dfrac{M_A M_B}{M_A + M_B}$，称作 A、B 分子的摩尔折合质量。

将式（8.5-5）中单位体积中分子数换算成物质的量浓度，即令 $[A] = n_A/L$，$[B] = n_B/L$。同时将式（8.5-6）代入式（8.5-5）得：

$$Z_{AB} = \pi d_{AB}^2 L^2 \left(\frac{8RT}{\pi\mu}\right)^{1/2} [A][B] \tag{8.5-7}$$

式（8.5-7）即是 A、B 分子的碰撞频率表示式。

若反应系统只有一种物质 A，相同 A 分子之间的互碰频率为：

$$Z_{AA} = 2\pi d_{AA}^2 L^2 \left(\frac{RT}{\pi M_A}\right)^{1/2} [A]^2 \tag{8.5-8}$$

式中，d_{AA} 是两个 A 分子的半径之和；M_A 是 A 分子的摩尔质量。

根据碰撞理论的要点知，并不是所有碰撞都能生成产物，只有那些能量大于临界值 ε_c 的碰撞才有可能发生反应。若令大于临界值 ε_c 的碰撞频率为有效碰撞频率 Z_{AB}^*，把 Z_{AB}^* 与碰撞频率 Z_{AB} 值的比值称为有效碰撞分率，用 q 表示。根据 Boltzmann 分子能量分布的近似公式得：

$$q = \frac{\varepsilon \geqslant \varepsilon_c \text{ 的碰撞数}}{\text{总的碰撞数}} = e^{-\frac{E_c}{RT}} \tag{8.5-9}$$

则

$$Z_{AB}^* = \pi d_{AB}^2 L^2 \left(\frac{8RT}{\pi\mu}\right)^{1/2} e^{-\frac{E_c}{RT}} [A][B] \tag{8.5-10}$$

假设每次有效碰撞均能发生反应，则双分子反应 A+B ⟶ 产物的反应速率可写为：

$$r = -\frac{dn_A}{dt} = Z_{AB}^* = \pi d_{AB}^2 L^2 \left(\frac{8RT}{\pi\mu}\right)^{1/2} e^{-\frac{E_c}{RT}} [A][B] \tag{8.5-11}$$

将反应速率改用物质的量浓度变化表示。因 $dn_A = d[A] \cdot L$，所以：

$$r = -\frac{d[A]}{dt} = -\frac{dn_A}{dt} \times \frac{1}{L} = \frac{Z_{AB}^*}{L}$$

即

$$r = \pi d_{AB}^2 L \left(\frac{8RT}{\pi\mu}\right)^{1/2} e^{-\frac{E_c}{RT}} [A][B] \tag{8.5-12}$$

按照质量作用定律，基元双分子反应 A+B ⟶ 产物的速率方程应为：

$$r = -\frac{d[A]}{dt} = k[A][B]$$

与式（8.5-10）比较得：

$$k = \pi d_{AB}^2 L \left(\frac{8RT}{\pi\mu}\right)^{1/2} \exp\left(-\frac{E_c}{RT}\right) \tag{8.5-13}$$

上式即为碰撞理论所得的速率系数 k 计算式，单位为 $m^3 \cdot mol^{-1} \cdot s^{-1}$。若浓度单位用 $mol \cdot dm^{-3}$ 表示，k 的单位表示为 $dm^3 \cdot mol^{-1} \cdot s^{-1}$，则需式（8.5-13）上乘以 10^3，即：

$$k = \pi d_{AB}^2 L \times 10^3 \left(\frac{8RT}{\pi\mu}\right)^{1/2} \exp\left(-\frac{E_c}{RT}\right) \quad (dm^3 \cdot mol^{-1} \cdot s^{-1}) \tag{8.5-14}$$

同样，对于只有 A 物质的双分子反应：

$$k = 2\pi d_{AA}^2 L \left(\frac{RT}{\pi M_A}\right)^{1/2} \exp\left(-\frac{E_c}{RT}\right) \quad (m^3 \cdot mol^{-1} \cdot s^{-1}) \tag{8.5-15}$$

或

$$k = 2\pi d_{AA}^2 L \times 10^3 \left(\frac{RT}{\pi M_A}\right)^{1/2} \exp\left(-\frac{E_c}{RT}\right) \quad (dm^3 \cdot mol^{-1} \cdot s^{-1}) \tag{8.5-16}$$

（4）反应阈能与实验活化能的关系

将式（8.5-13）改写为：

$$k = A'T^{1/2}\exp\left(-\frac{E_c}{RT}\right)$$

两边取对数并对温度 T 求导：

$$\ln k = \ln A' + \frac{1}{2}\ln T - \frac{E_c}{RT}$$

$$\frac{\mathrm{d}\ln k}{\mathrm{d}T} = \frac{1}{2T} + \frac{E_c}{RT^2} = \frac{E_c + \frac{1}{2}RT}{RT^2}$$

按活化能的定义式，由硬球碰撞模型导出的活化能表达式为：

$$E_a = RT^2\frac{\mathrm{d}\ln k}{\mathrm{d}T} = \frac{1}{2}RT + E_c$$

即

$$E_a = E_c + \frac{1}{2}RT \tag{8.5-17}$$

显然，由碰撞理论模型导出的活化能与温度有关。在温度不高时，E_a 和 E_c 之差相比于 E_a（一般为 $40\sim400\,\mathrm{kJ\cdot mol^{-1}}$）可以忽略，$E_a \approx E_c$，也即此种情况下活化能与温度无关，这就解释了阿伦尼乌斯公式中活化能在较低温度下可看作与温度无关的常数的原因。但其物理意义则不同，E_a 为两个平均能量的差值，而 E_c 则为发生反应的一个最小的临界能值，为一常数。式（8.5-13）也表明，碰撞理论的阈能 E_c 可通过实验测定。

将 $E_c = E_a - \frac{1}{2}RT$ 代入式（8.5-13）得：

$$k = \pi d_{AB}^2 L\left(\frac{8RT\mathrm{e}}{\pi\mu}\right)^{1/2}\exp\left(-\frac{E_a}{RT}\right) \tag{8.5-18}$$

与阿伦尼乌斯公式比较

$$k = \pi d_{AB}^2 L\left(\frac{8RT\mathrm{e}}{\pi\mu}\right)^{1/2}\exp\left(-\frac{E_a}{RT}\right) = A\exp\left(-\frac{E_a}{RT}\right)$$

得

$$A = d_{AB}^2 L\left(\frac{8\pi RT\mathrm{e}}{\mu}\right)^{1/2} \tag{8.5-19}$$

式（8.5-19）表明阿伦尼乌斯公式中的指前因子 A 与温度有关。

实践表明，由前述理论计算得到的速率系数 k 及 A 与从实验测定的值相比较，对于简单的气相反应比较吻合，但对于复杂反应或溶液中的反应往往差别很大。误差主要原因是：

① 理论计算认为分子已被活化，但由于有的分子只有在某一方向相撞才有效；

② 有的分子从相撞到反应中间有一个能量传递过程，若这时又与另外的分子相撞而失去能量，则反应仍不会发生；

③ 有的分子在能引发反应的化学键附近有较大的原子团，由于位阻效应，减少了这个键与其他分子相撞的机会等。

（5）简单碰撞理论的校正

为解决上述问题，人们在碰撞理论公式中引入了校正因子 P 来校正理论计算值与实验值的偏差，即令：

$$k = PA\exp\left(-\frac{E_a}{RT}\right) \tag{8.5-20}$$

式中 $P=A$（实验）$/A$（理论），称为概率因子（或方位因子、空间因子），其数值一般在$0\sim1$之间。P 值对 1 的偏离代表了碰撞理论的假设所引起的全部误差。P 值小于 1，表明以 Boltzmann 能量分布定律为依据算出的有效碰撞分数大于实际的有效碰撞分数，也表明有些能量高于阈能的碰撞实际上并未发生反应。这种情况可能是由于分子碰撞时在空间相互取向的不合适而引起，或因能量在分子内还未传递到要破裂的化学键时已与其他分子碰撞失去能量而引起的。

表 8-3 列出了一些气相反应的指前因子 A 和概率因子 P。

表 8-3　一些气相反应的指前因子 A 和概率因子 P

反应	$A/m^3 \cdot mol^{-1} \cdot s^{-1}$		P
	实验值	理论值	
$2NOCl \longrightarrow 2NO+Cl$	3.23×10^6	2.95×10^6	1.1
$2NO_2 \longrightarrow 2NO+O_2$	2.0×10^6	4.0×10^7	5.0×10^{-2}
$2ClO \longrightarrow Cl_2+O_2$	6.3×10^4	2.5×10^7	2.5×10^{-3}
$Br+H_2 \longrightarrow HBr+H$	2.0×10^6	1.7×10^7	0.12
$H_2+C_2H_4 \longrightarrow C_2H_6$	1.2×10^3	7.3×10^8	1.7×10^{-6}

碰撞理论描述了一幅虽然粗糙、但十分明确的反应图像，在反应速率理论的发展中起了很大作用。碰撞理论解释了一部分实验事实，即对较简单的反应，理论计算的速率系数 k 值与实验值基本相符。碰撞理论明确指出了阿伦尼乌斯公式中的指数项、指前因子及活化能的物理意义，认为指数项相当于有效碰撞分数，指前因子 A 相当于碰撞频率等。但由于碰撞理论模型过于简单，没有能够考虑参加反应分子的内部结构及相互反应分子结构的差别，其给出的反应阈能 E_c 和所引入的概率因子 P 均不能从理论上进行计算，还必须依赖实验手段获得，所以碰撞理论通常不能用于实际计算。

【例题 8-10】 在 600K 时，实验测定反应 $2NOCl \longrightarrow 2NO+Cl$ 的速率系数 $k=0.60\times10^2 dm^3 \cdot mol^{-1} \cdot s^{-1}$，实验活化能为 $105.5kJ \cdot mol^{-1}$。已知 NOCl 分子的直径为 $2.83\times10^{-10}m$，摩尔质量为 $65.5\times10^{-3}kg \cdot mol^{-1}$。试按碰撞理论公式计算该反应在 600K 下的速率系数 k 和概率因子 P。

解： $E_c = E_a - \dfrac{1}{2}RT$

$$= \left[105.5\times10^3 - \frac{1}{2}\times8.314\times600\right] J \cdot mol^{-1} = 103.0kJ \cdot mol^{-1}$$

根据式（8.5-14）：

$$k = 2\pi d_{AA}^2 L \times10^3 \left(\frac{RT}{\pi M_A}\right)^{1/2} \exp\left(-\frac{E_c}{RT}\right)$$

$$= 2\times3.14\times(2.83\times10^{-10}m)^2 \times6.022\times10^{23}mol^{-1} \times \sqrt{\frac{8.314\times600J \cdot mol^{-1}}{3.14\times65.5\times10^{-3}kg \cdot mol^{-1}}} \times$$

$$\exp\left(\frac{-103000J \cdot mol^{-1}}{8.314\times600J \cdot mol^{-1}}\right) = 50.9dm^3 \cdot mol^{-1} \cdot s^{-1}$$

$$P = \frac{A（实验）}{A（理论）} = \frac{k（实验）}{k（理论）} = \frac{60dm^3 \cdot mol^{-1} \cdot s^{-1}}{50.9dm^3 \cdot mol^{-1} \cdot s^{-1}} = 1.18$$

理论计算值与实验值符合较好，表明该反应符合碰撞理论。

8.5.2　过渡态理论

过渡态理论是 1935 年后由艾林（Eyring）和波兰尼（Polany）等人提出。过渡态理论建立在统计热力学和量子力学的基础上，认为由反应物分子转变为生成物分子的过程中，一定要经过一能级较高的过渡态（即活化配合物），故又称为活化配合物理论。该理论采用理论计算的方法，由分子的振动频率、转动惯量、质量、核间距等基本参数就能计算反应的速率系数，所以又称为绝对反应速率理论。

（1）过渡态理论基本要点

对于反应 $A+BC \longrightarrow AB+C$，过渡态理论假设反应物先生成中间活化配合物 $[A\cdots B\cdots C]^{\neq}$，活化配合物一方面与反应物快速建立平衡，另一方面可进一步反应生成产物。

$$A+BC \underset{}{\overset{K_c^{\neq}}{\rightleftharpoons}} [A\cdots B\cdots C]^{\neq} \overset{k_2}{\longrightarrow} AB+C$$

反应第二步为速控步骤，整体反应速率为：

$$r=r_2=k_2[A\cdots B\cdots C]^{\neq} \tag{8.5-21}$$

活化配合物 $[A\cdots B\cdots C]^{\neq}$ 中化学键会发生多种振动，其中不对称伸缩振动会造成 $B\cdots C$ 键断裂。显然每发生一次不对称伸缩振动，就使一个活化配合物分子分解而生成产物。设活化配合物的不对称伸缩振动频率为 $\nu^{\neq}$，则速率系数 $k_2=\nu^{\neq}$。代入式（8.5-19）得：

$$r=\nu^{\neq}[A\cdots B\cdots C]^{\neq} \tag{8.5-22}$$

假设第一步反应可快速达到平衡，其平衡常数为 $K_c^{\neq}$，有：

$$[A\cdots B\cdots C]^{\neq}=K_c^{\neq}[A][BC]$$

代入式（8.5-22）并与反应整体速率比较得：

$$r=\nu^{\neq}K_c^{\neq}[A][BC]=k[A][BC] \tag{8.5-23}$$

即

$$k=\nu^{\neq}K_c^{\neq} \tag{8.5-24}$$

（2）势能面和过渡态理论活化能

过渡态理论在描述化学反应如何进行时，采用了反应系统势能面这一物理模型。原子之间相互作用表现为原子间的势能 E_P 的存在。势能是原子的核间距 r 的函数：

$$E_P=E_P(r) \tag{8.5-25}$$

对于三原子反应系统 $A+BC \longrightarrow AB+C$，由反应物生成产物的过程中，AB 原子逐渐靠近，BC 原子逐渐远离，在 AB 原子还没有完全成键、BC 原子还未完全断裂时，形成了中间活化配合物，显然系统的势能与 AB、BC 的间距及 AB、BC 的连线夹角 $\angle ABC$ 有关，即 $E_P=E_P(r_{AB}, r_{BC}, \angle ABC)$。这是三参量的四维图形。若令 $\angle ABC=180°$，即 A 与 BC 发生共线碰撞，活化配合物为线型分子，则 $E_P=E_P(r_{AB}, r_{BC})$，可用三维立体坐标图表示。随着核间距 r_{AB} 和 r_{BC} 的变化，势能 E_P 也随之改变，这种变化在三维图中构成高低不平的曲面，称为势能面，如图 8-16 所示。

图 8-16 中纵坐标表示势能，两个横坐标分别表示 AB、BC 分子核间距，R 点是反应物 A 和 BC 分子处于稳定时的势能，是反应的起点，P 点为产物 AB 和 C 分子处于稳定时的势能，是反应的终点。R、P 点势能均是反应途径的最低点。O 点是坐标原点，也是表示 A、B、C 三个原子紧靠在一起的势能点，显然此点势能最高。D 点也是势能高点，此点表示 A、B、C 三个原子相互远离成自由原子状态的势能。势能面的形状就像一个马鞍状曲面（见图 8-17），中间有两个山谷，两个低谷点即是反应起始态 R 和终态 P，连接两个山谷间的山脊顶点（即 $T^{\neq}$）是势能面反应路径最高点，也是活化配合物的势能点。$T^{\neq}$ 点的势能与反应物和生成物所处的稳定态能量 R 点和 P 点相比是最高点，但与坐标原点一侧和 D 点的势能

相比又是最低点。$T^{\neq}$ 是从反应物到生成物必须越过的一个能垒。反应从 R 点出发，沿着山谷爬上 $T^{\neq}$ 鞍点，后经右边山谷下降到右边的谷底，整个反应途径为图中 $R\cdots T^{\neq}\cdots P$ 路线所示，这是一条势能最低路线。

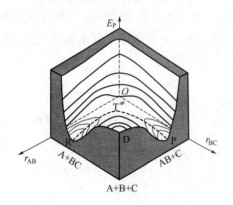

图 8-16　三原子反应系统势能面示意图

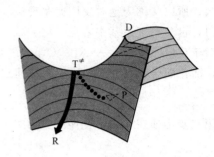

图 8-17　马鞍形势能面示意图

把势能面上等势能线按地图等高线的画法投影到底面上，得到势能面投影图（见图 8-18）。图 8-18 中曲线是相同势能的投影，称为等势能线。

如果以反应坐标为横坐标，势能为纵坐标，作平行于反应坐标的势能面剖面图，得图 8-19 所示的图形。

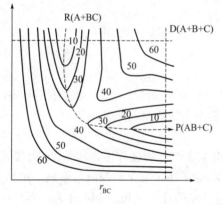

图 8-18　势能面投影图

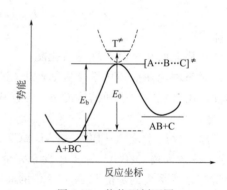

图 8-19　势能面剖面图

由图 8-19 可看出，从反应物 A＋BC 到产物 AB＋C，必须越过势能垒 E_b，该势能垒 E_b 值即是化学反应过渡态理论活化能。图中 E_0 是活化配合物与反应物的零点能之差，过渡态理论活化能 E_b 与此值的关系为：

$$E_0 = E_b + \left(\frac{1}{2}h\nu_0^{\neq} - \frac{1}{2}h\nu_0\right)L \tag{8.5-26}$$

式中，$\nu_0^{\neq}$ 是活化配合物的基态振动频率；ν_0 是反应物的基态振动频率。原则上，可根据式（8.5-26）从理论上计算过渡态理论活化能 E_b。

（3）过渡态理论速率系数的计算

前面已得到 A＋BC $\longrightarrow$ AB＋C 速率系数表示式为：

$$k = \nu^{\neq} K_c^{\neq}$$

$K_c^{\neq}$ 是活化配合物形成过程的平衡常数，如果知道其值，即可计算出 k 值。$K_c^{\neq}$ 可通过统计热力学或热力学两种方法计算。

*① 统计热力学方法　根据统计热力学在化学平衡中的应用知，过渡态理论平衡常数 $K_c^{\neq}$ 可表示为：

$$K_c^{\neq} = \frac{[\text{A}\cdots\text{B}\cdots\text{C}]^{\neq}}{[\text{A}][\text{B}-\text{C}]} = \frac{q^{\neq}}{q_{\text{A}}q_{\text{BC}}} = \frac{f^{\neq}}{f_{\text{A}}f_{\text{BC}}}\exp\left(-\frac{E_0}{RT}\right) \tag{8.5-27}$$

式中，q 是不包括体积项的分子配分函数；f 是不包括零点能和体积的配分函数（已规定为单位体积）；E_0 是活化配合物与反应物的零点能之差。把相应于不对称伸缩振动自由度的配分函数 f_{ABC} 从 $f^{\neq}$ 中分离出来，即：

$$f^{\neq} = f'_{\text{ABC}}f_{\text{ABC}} \tag{8.5-28}$$

式中，f_{ABC} 是从活化配合物分子沿反应坐标轴方向不对称振动的配分函数；f'_{ABC} 是其余 $3N-1$ 个自由度的配分函数。活化配合物分子沿反应坐标轴方向不对称振动可按一维谐振子振动处理，即 $f_{\text{ABC}} = 1/[1-\exp(-h\nu^{\neq}/k_{\text{B}}T)]$，其中，$k_{\text{B}}$ 为 Boltzmann 常数。又因该振动很弱，$h\nu^{\neq} \ll k_{\text{B}}T$，根据近似规则，$\exp(-h\nu^{\neq}/k_{\text{B}}T) \approx 1-h\nu^{\neq}/k_{\text{B}}T$，所以：

$$f_{\text{ABC}} = \frac{k_{\text{B}}T}{h\nu^{\neq}} \tag{8.5-29}$$

将上式代入式（8.5-28）得：

$$f^{\neq} = \frac{k_{\text{B}}T}{h\nu^{\neq}}f'_{\text{ABC}} \tag{8.5-30}$$

代入式（8.5-27）整理得：

$$K_c^{\neq} = \frac{k_{\text{B}}T}{h\nu^{\neq}}\frac{f'_{\text{ABC}}}{f_{\text{A}}f_{\text{BC}}}\exp\left(-\frac{E_0}{RT}\right) \tag{8.5-31}$$

结合式（8.5-24）得：

$$k = \frac{k_{\text{B}}T}{h}\frac{f'_{\text{ABC}}}{f_{\text{A}}f_{\text{BC}}}\exp\left(-\frac{E_0}{RT}\right) \tag{8.5-32}$$

式（8.5-32）称为过渡态反应理论的艾林（Eyring）方程。对于线型分子的多分子反应，艾林方程写为：

$$k = \frac{k_{\text{B}}T}{h}\frac{f'}{\prod_{\text{B}}f_{\text{B}}}\exp\left(-\frac{E_0}{RT}\right) \tag{8.5-33}$$

根据 Eyring 方程，原则上由分子的转动惯量、振动频率等数据计算分子配分函数，从而计算出过渡态反应理论速率系数。

② 热力学方法　令式（8.5-31）中 $\dfrac{f'_{\text{ABC}}}{f_{\text{A}}f_{\text{BC}}}\exp\left(-\dfrac{E_0}{RT}\right) = K_c^{\neq}$（$K_c^{\neq}$ 相当于分离出沿反应坐标不对称伸缩振动配分函数后的平衡常数），则有：

$$k = \frac{k_{\text{B}}T}{h}K_c^{\neq} \tag{8.5-34}$$

式中，$K_c^{\neq}$ 可按热力学方法进行计算。

对于反应 $\text{A}+\text{BC} \underset{}{\overset{K_c^{\neq}}{\rightleftharpoons}} [\text{A}\cdots\text{B}\cdots\text{C}]^{\neq}$，有：

$$K_c^{\neq} = K_c^{\ominus}(c^{\ominus})^{-1} \tag{8.5-35}$$

更一般式为：

$$K_c^{\neq} = K_c^{\ominus}(c^{\ominus})^{1-n} \tag{8.5-36}$$

式中，n 为反应物分子数。再将关系式 $K_c^{\ominus} = \exp\left(-\dfrac{\Delta_r^{\neq} G_m^{\ominus}}{RT}\right)$ 及 $\Delta_r^{\neq} G_m^{\ominus} = \Delta_r^{\neq} H_m^{\ominus} - T\Delta_r^{\neq} S_m^{\ominus}$ 代入式 (8.5-35) 得：

$$K_c^{\neq} = (c^{\ominus})^{1-n} \exp\left(-\frac{\Delta_r^{\neq} H_m^{\ominus} - T\Delta_r^{\neq} S_m^{\ominus}}{RT}\right) \tag{8.5-37}$$

将上式代入式 (8.5-34) 整理得：

$$k = \frac{k_B T}{h} (c^{\ominus})^{1-n} \exp\left[\frac{\Delta_r^{\neq} S_m^{\ominus} (c^{\ominus})}{R}\right] \exp\left[\frac{-\Delta_r^{\neq} H_m^{\ominus} (c^{\ominus})}{RT}\right] \tag{8.5-38}$$

式 (8.5-38) 即是用热力学方法导出的过渡态理论速率系数表示式。式中 $\Delta_r^{\neq} H_m^{\ominus}(c^{\ominus})$ 称为标准活化焓；$\Delta_r^{\neq} S_m^{\ominus}(c^{\ominus})$ 称为标准活化熵；相应 $\Delta_r^{\neq} G_m^{\ominus}(c^{\ominus})$ 称为标准活化吉布斯函数。加 $c^{\ominus}$ 表示标准态选取为标准物质的量浓度。对理想气体反应，若标准态选取为 $p^{\ominus} = 100\text{kPa}$，经推导得：

$$k = \frac{k_B T}{h} \left(\frac{p^{\ominus}}{RT}\right)^{1-n} \exp\left[\frac{\Delta_r^{\neq} S_m^{\ominus}(p^{\ominus})}{R}\right] \exp\left[\frac{-\Delta_r^{\neq} H_m^{\ominus}(p^{\ominus})}{RT}\right] \tag{8.5-39}$$

(4) 过渡态理论活化能 E_a 与指前因子 A

将式 (8.5-36) 代入式 (8.5-34) 得：

$$k = \frac{k_B T}{h} (c^{\ominus})^{1-n} K_c^{\ominus}$$

对上式两边取对数：

$$\ln k = \ln\left[\frac{k_B}{h} (c^{\ominus})^{1-n}\right] + \ln T + \ln K_c^{\ominus}$$

再对温度求导，并结合平衡常数与温度关系式 $(\partial \ln K_c^{\ominus}/\partial T)_V = \Delta_r^{\neq} U_m^{\ominus}/(RT^2)$ 得：

$$\frac{d\ln k}{dT} = \frac{1}{T} + \left(\frac{\partial \ln K_c^{\ominus}}{\partial T}\right)_V = \frac{1}{T} + \frac{\Delta_r^{\neq} U_m^{\ominus}}{RT^2} = \frac{RT + \Delta_r^{\neq} U_m^{\ominus}}{RT^2} \tag{8.5-40}$$

代入活化能定义式得：

$$E_a = RT^2 \frac{d\ln k}{dT} = RT + \Delta_r^{\neq} U_m^{\ominus} \tag{8.5-41}$$

结合焓 H 与热力学能 U 的关系可得：

$$E_a = RT + \Delta_r^{\neq} U_m^{\ominus} = RT + \Delta_r^{\neq} H_m^{\ominus} - \Delta(pV)_m \tag{8.5-42}$$

式中 $\Delta(pV)_m$ 为反应进度为 1mol 时系统 pV 的变化值。

对于凝聚相反应，因 $\Delta(pV)_m$ 很小，可忽略，所以：

$$E_a = RT + \Delta_r^{\neq} H_m^{\ominus} \tag{8.5-43}$$

代入式 (8.5-38) 整理得凝聚相反应过渡态理论速率系数表示式：

$$k = \frac{k_B T}{h} e(c^{\ominus})^{1-n} \exp\left[\frac{\Delta_r^{\neq} S_m^{\ominus}(c^{\ominus})}{R}\right] \exp\left(\frac{-E_a}{RT}\right) \tag{8.5-44}$$

对于理想气体反应，$\Delta(pV)_m = (1-n)RT$，这里 n 为反应物分子数，则：

$$E_a = \Delta_r^{\neq} H_m^{\ominus} + nRT \tag{8.5-45}$$

代入式 (8.5-38) 整理得理想气体反应过渡态理论速率系数表示式：

$$k = \frac{k_B T}{h} e^n (c^{\ominus})^{1-n} \exp\left[\frac{\Delta_r^{\neq} S_m^{\ominus}(c^{\ominus})}{R}\right] \exp\left(\frac{-E_a}{RT}\right) \tag{8.5-46}$$

上式与阿伦尼乌斯公式比较得指前因子 A 为：

$$A = \frac{k_B T}{h} e^n (c^{\ominus})^{1-n} \exp\left[\frac{\Delta_r^{\neq} S_m^{\ominus}(c^{\ominus})}{R}\right] \tag{8.5-47}$$

根据式（8.5-47），由实验测得指前因子 A 值，即可计算出反应的活化熵 $\Delta_r^{\neq} S_m^{\ominus}(c^{\ominus})$：

$$\Delta_r^{\neq} S_m^{\ominus}(c^{\ominus}) = R\ln\frac{Ah(c^{\ominus})^{n-1}}{k_B T e^n} \tag{8.5-48}$$

（5）阿伦尼乌斯公式、碰撞理论公式和过渡态理论公式的比较

将阿伦尼乌斯公式、碰撞理论公式和过渡态理论公式进行比较可得下面关系式：

$$A = P\pi d_{AB}^2 L\left(\frac{8RTe}{\pi\mu}\right)^{1/2} = \frac{k_B T}{h} e^n (c^{\ominus})^{1-n} \exp\left[\frac{\Delta_r^{\neq} S_m^{\ominus}(c^{\ominus})}{R}\right] \tag{8.5-49}$$

由式（8.5-49）可看出两点：

① 阿伦尼乌斯公式中的指前因子 A 与形成过渡态的熵变有关；

② 碰撞理论的概率因子 P 与过渡态理论的 $\exp[\Delta_r^{\neq} S_m^{\ominus}(c^{\ominus})/R]$ 相近，即：

$$P \approx \exp[\Delta_r^{\neq} S_m^{\ominus}(c^{\ominus})/R] \tag{8.5-50}$$

由于反应物生成活化配合物是一个分子数减少的过程，系统混乱度降低，根据熵的意义可知，该过程是熵减过程，所以活化熵 $\Delta_r^{\neq} S_m^{\ominus}$ 一般在 $0 \sim -\infty$ J·mol^{-1} 之间，按照式（8.5-50），概率因子 P 应在 $0\sim1$ 范围，可见过渡态理论解释了碰撞理论的概率因子 P 与活化熵有关。

【例题 8-11】 已知双分子反应 $A(g) + B(g) \longrightarrow P(g)$ 的速率系数 k 与温度 T 的关系式为：

$$k = 2.28\times10^8\times\exp[-14030/(T/K)]dm^3\cdot mol^{-1}\cdot s^{-1}$$

试计算：

（1）选取标准态为 $c^{\ominus} = 1.0 mol\cdot dm^{-3}$，该反应在 600K 时的活化焓 $\Delta_r^{\neq} H_m^{\ominus}(c^{\ominus})$、活化熵 $\Delta_r^{\neq} S_m^{\ominus}(c^{\ominus})$ 和活化吉布斯函数 $\Delta_r^{\neq} G_m^{\ominus}(c^{\ominus})$ 为多少？

（2）选取 $c^{\ominus} = 1.0 mol\cdot m^{-3}$，该反应在 600K 时的活化焓 $\Delta_r^{\neq} H_m^{\ominus}(c^{\ominus})$、活化熵 $\Delta_r^{\neq} S_m^{\ominus}(c^{\ominus})$ 和活化吉布斯函数 $\Delta_r^{\neq} G_m^{\ominus}(c^{\ominus})$ 又为多少？计算结果说明了什么问题？

解：（1）由速率系数表示式知，该反应的活化能：

$$E_a = 14.03\times8.314 kJ\cdot mol^{-1} = 116.65 kJ\cdot mol^{-1}$$

根据过渡态理论公式：

$$\Delta_r^{\neq} H_m^{\ominus}(1) = E_a - nRT$$
$$= (116.65 - 2\times8.314\times600\times10^{-3})kJ\cdot mol^{-1} = 106.67 kJ\cdot mol^{-1}$$

$$\Delta_r^{\neq} S_m^{\ominus}(1) = R\ln\frac{Ah(c^{\ominus})}{k_B T e^2}$$
$$= R\ln\frac{2.28\times10^8 dm^3\cdot mol^{-1}\cdot s^{-1}\times6.626\times10^{-34}J\cdot s\times1.0 mol\cdot dm^{-3}}{1.38\times10^{-23}J\cdot K^{-1}\times600K\times(2.718)^2}$$
$$= -107.3 J\cdot mol^{-1}\cdot K^{-1}$$

$$\Delta_r^{\neq} G_m^{\ominus}(1) = \Delta_r^{\neq} H_m^{\ominus} - T\Delta_r^{\neq} S_m^{\ominus}$$
$$= [106.67 - 600\times(-107.3)\times10^{-3}]kJ\cdot mol^{-1} = 171.1 kJ\cdot mol^{-1}$$

（2）对于理想气体反应，$\Delta_r^{\neq} H_m^{\ominus} = E_a - nRT$，这与标准态选取无关，所以：

$$\Delta_r^{\neq} H_m^{\ominus}(2) = \Delta_r^{\neq} H_m^{\ominus}(1) = 106.67 kJ\cdot mol^{-1}$$

$$\Delta_r^{\neq} S_m^{\ominus}(2) = R\ln\frac{2.28\times10^5 m^3\cdot mol^{-1}\cdot s^{-1}\times6.626\times10^{-34}J\cdot s\times1.0 mol\cdot m^{-3}}{1.38\times10^{-23}J\cdot K^{-1}\times600K\times(2.718)^2}$$

$$= -164.8J \cdot mol^{-1} \cdot K^{-1}$$

$$\Delta_r^{\neq} G_m^{\ominus}(2) = [106.67 - 600 \times (-164.7) \times 10^{-3}]kJ \cdot mol^{-1} = 205. kJ \cdot mol^{-1}$$

计算结果表明，标准态改变，活化焓不受影响，而活化熵与活化吉布斯函数均发生变化。因此，在进行过渡态理论活化熵和活化吉布斯函数计算时，一定要明确选取的标准态。

过渡态理论克服了碰撞理论的缺点，考虑了分子的内部结构与运动，明确提出活化配合物和势能面的概念。对于简单的基元反应，过渡态理论原则上可以从原子结构的光谱数据和势能面计算宏观反应的速率系数，计算结果往往与实际能较好地吻合，这是过渡态理论的成功之处。但是，过渡态理论也有其自身的局限性，如对较复杂的分子，配合物的构型只能靠估计，相关光谱数据难以获得，使得势能变化还无法计算。另外，过渡态理论引进的平衡假设和决速步假设并不能符合所有的实验事实等，这就使过渡态理论的应用受到限制。

8.5.3 单分子反应理论

单分子反应（unimolecular reaction）是只有一个反应物分子的基元反应。真正的单分子反应应该是已被活化的分子 A^* 进行 $A^* \longrightarrow P$ 反应，通常人们习惯将稳定分子的解离和异构化等也称作单分子反应（实际是准单分子反应），如：

$$CH_3CH_2I \longrightarrow CH_2 = CH_2 + HI$$

$$顺\text{-}CHCl = CHCl \longrightarrow 反\text{-}CHCl = CHCl$$

因为许多重要的化学反应，其关键的一步是单分子的解离，所以研究单分子反应有其重要的意义。1922 年，林德曼（Lindeman）等提出了单分子反应的机理。其基本假设为：

① 反应分子 A 经碰撞激发为激发分子 A^*，A^* 分解（或转化）为产物 P 的过程中，存在时间滞后；

② 这段时间［该时间段称为时滞（time lag）］能量进行传递并集中到需断裂的化学键上去，而在这一滞后过程中，激发态分子 A^* 将发生：

a. 通过碰撞，A^* 释放能量回到 A(消活化)，在此过程中，A^* 的振动能转化为碰撞分子的动能；

b. 以过量的振动能打断适当的化学键，引起分解或异构化，转化为产物 P。

A^* 不是活化络合物，仅是有高振动能的 A 分子。具体反应历程为：

反应式 $\qquad\qquad\qquad A \longrightarrow P$

反应历程 $\qquad\qquad (1) A + A \underset{k_{-1}}{\overset{k_1}{\rightleftharpoons}} A^* + A$

$$(2)\ A^* \overset{k_2}{\longrightarrow} P$$

显然，林德曼等提出的单分子反应理论就是碰撞理论加上时滞假设。从反应机理可看出，反应 $A \longrightarrow P$ 并不是真正的单分子反应。

下面用稳态近似方法对林德曼单分子机理进行处理，以获得速率方程式。若以产物 P 的生成速率表示总速率，则：

$$r = \frac{d[P]}{dt} = k_2[A^*] \tag{a}$$

根据稳态近似： $\qquad \frac{d[A^*]}{dt} = k_1[A]^2 - k_{-1}[A^*][A] - k_2[A^*] = 0 \tag{b}$

由式（b）解得： $\qquad [A^*] = \frac{k_1[A]^2}{k_{-1}[A] + k_2} \tag{c}$

将式（c）代入式（a）得：

$$r=\frac{\mathrm{d}[P]}{\mathrm{d}t}=\frac{k_1k_2[A]^2}{k_2+k_{-1}[A]} \tag{8.5-51}$$

式（8.5-51）即是按林德曼单分子反应理论推导得到的速率方程式。实验表明，单分子反应在不同情况下会呈现不同的反应级数，此现象可由式（8.5-51）解释之。

① 若 $k_{-1}[A]\gg k_2$ 即活化分子的消活速率远大于反应速率，或 A 的浓度很大或是高压下的气体反应，式（8.5-51）简化为：

$$r=\frac{k_1k_2[A]^2}{k_{-1}[A]}=k[A] \tag{8.5-52}$$

此时反应表现为一级。

② 若 $k_2\gg k_{-1}[A]$，即活化分子的消活速率远小于后一步反应速率，或 A 的浓度很小或是低压下的气体反应，式（8.5-52）简化为：

$$r=\frac{k_1k_2[A]^2}{k_2}=k_1[A]^2 \tag{8.5-53}$$

此时反应表现为二级。

可将式（8.5-51）改写为：

$$r=\frac{\mathrm{d}[P]}{\mathrm{d}t}=\frac{k_1k_2[A]}{k_2+k_{-1}[A]}[A]=k[A]$$

式中

$$k=\frac{k_1k_2[A]}{k_2+k_{-1}[A]} \tag{8.5-54}$$

式（8.5-54）为准一级反应速率系数，若以 k 对 $[A]$ 或压力作图，所得图形如图 8-20 所示（以 630K 时偶氮甲烷的热分解为例）。

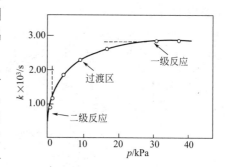

图 8-20　偶氮甲烷的热分解
级数与压力关系

图 8-20 表明偶氮甲烷的热分解反应在低压下为二级反应，在高压下为一级反应，与前面的讨论相符合。

林德曼的单分子反应理论在定性上基本符合实际，但在定量上与实验结果有偏差，人们也进行过修正，其中 RRKM（Rice-Ramsperger-Kassel-Marcus）理论吸取了过渡态理论中活化配合物的概念，并考虑了分子内部的能量，把林德曼理论修正为：

$$(1)\,A+A\underset{k_{-1}}{\overset{k_1}{\rightleftharpoons}}A^*+A$$

$$(2)\,A^*\xrightarrow{k_2(E^*)}A^{\neq}\xrightarrow{k^{\neq}}P$$

RRKM 理论增加了活化配合物 $A^{\neq}$ 的生成过程，A^* 向 $A^{\neq}$ 转化过程与林德曼理论的时滞阶段相似。反应式中 E^* 是 A^* 吸收的能量。RRKM 理论提出了一个描述 A^* 与 $A^{\neq}$ 之间的能量转移模型，认为 k_2 是能量 E^* 的函数，其值越大，反应速率也就越大，也即当 $E^*<E_b$ 时 $k_2=0$，当 $E^*>E_b$ 时 $k_2=k_2(E^*)$。在反应（2）达到稳定后，若把 $A^{\neq}$ 的浓度作稳态近似处理，则：

$$\frac{\mathrm{d}[A^{\neq}]}{\mathrm{d}t}=k_2(E^*)[A^*]-k^{\neq}[A^{\neq}]=0$$

求得：

$$k_2(E^*)=\frac{k^{\neq}[A^{\neq}]}{[A^*]} \tag{8.5-55}$$

*8.5.4　反应速率理论的发展——分子反应动态学简介

分子反应动态学最早建立于 20 世纪 30 年代，但是直到 60 年代，由于激光、分子束等实验技术和电子计算机应用的迅速发展，以及反应速率理论研究的逐步深入，为从微观角度研究化学反应过程提供了良好的实验条件和一定的理论基础，使得人们深入到微观领域去研究和探索分子与分子（或原子与原子）之间反应的特征，研究指定能态粒子之间反应（即所谓态-态反应）的规律，揭示微观化学反应所经历的历程等成为可能。这些研究不仅对化学动力学理论有重要贡献，对应用研究也有一定的指导意义。正是由于从微观上研究化学反应过程的实验与技术的迅速发展，从而形成了化学反应动力学的一个分支，即分子反应动态学（molecular reacting dynamics）。

分子反应动态学是研究分子在一次碰撞过程中的行为变化，研究基元反应的微观历程，主要研究内容为：

① 分子的一次碰撞行为及能量交换过程；

② 反应概率与碰撞角度和相对平动能的关系；

③ 产物分子所处的各种平动、转动和振动状态；

④ 如何用量子力学和统计热力学计算速率系数。

在研究微观化学反应中，交叉分子束、红外化学发光和激光诱导等实验技术发挥了巨大作用。这里主要介绍交叉分子束技术。

交叉分子束实验是目前研究分子反应碰撞的最有效的技术。常见的交叉分子束实验装置示意图如图 8-21 所示。

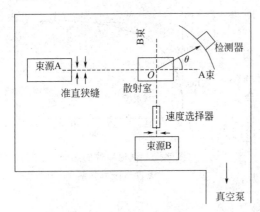

图 8-21　交叉分子束反应装置示意图

交叉分子束实验装置主要由五部分组成。

① 束源：分子束是在真空中飞行的一束分子。束源是用来产生分子束的装置，分为喷嘴源和溢流源两种。束源内压力可高达几十个大气压，突然以超音速绝热向真空膨胀，分子由随机的热运动转变为定向的有序束流，具有较大的平动能，同时由于绝热膨胀后温度很低可使转动和振动处于基态，这种分子束的速度分布比较窄。

② 速度选择器：速度选择器是由一系列带有齿孔的圆盘组成。这些圆盘装在一个与分子束前进方向平行的转动轴上，每个盘上刻有数目不等的齿孔，转动选择器轴让分子束中具有所选择速度的分子恰好相继通过各个圆盘上的齿孔而到达散射室，速度不符合要求的分子都被圆盘挡掉。改变转轴速度可以控制分子束的速度以达到选择反应分子平动能量的要求。

③ 散射室：即反应室，处于两束分子交叉的中部，两束分子在那里正交并发生反应散射。散射室必须保持超高真空，使分子的平均自由程远大于装置的尺寸。在散射室周围设置了多个窗口，由检测仪接收来自散射粒子辐射出的光学信号，以便分析它的量子态，或射入特定的激光束，使反应束分子通过共振吸收激发到某一指定的量子态，达到选态的目的。

④ 检测器：检测器用来捕捉在散射室内碰撞后产物的散射方向、产物的分布以及有效碰撞的比例等一系列重要信息。检测器的灵敏度是分子束实验成功与否的关键因素之一，所以直到 20 世纪 50 年代，当高灵敏度检测器出现后，分子束的研究才得以迅速发展。

⑤ 速度分析器（未列出）：在散射产物进入检测器的窗口前面安装一个高速转动的斩流器，用来产生脉冲的产物流。用时间飞行技术（TOF）测定产物通过斩流器到检测器的先后时间，得到产物流强度作为飞行时间的函数，这就是产物平动能量函数，从而可获得产物的速度分布、角分布和平动能分布等重要信息。

在交叉分子束实验中，两束垂直高速飞行的分子束在散射室中心 O 点发生一次碰撞，其中的反应碰撞生成向不同方向散射的产物分子。实验通过测量产物分子的速度分布和角分布（即产物分子流与角度 θ 的关系），可以得到一些经典动力学实验不能得到的关于基元反应微观机理的情况。反应碰撞分为两种情况，即直接反应碰撞和生成配合物的碰撞，这两种反应碰撞的产物分子散射形式不同。

在交叉分子束反应中，两个分子发生反应碰撞的时间极短，小于转动周期（10^{-12} s），正在碰撞的反应物还来不及发生转动而进行能量再分配的反应过程早已结束，这种碰撞称为直接反应碰撞。在以互相碰撞分子的质心作原点的质心坐标中，直接反应碰撞反应产物有的集中在前半球上呈现向前散射，有的集中在后半球上而呈现向后散射的特征。图 8-22 是反应碰撞散射动态模拟示意图。如对于反应：

$$K + I_2 \longrightarrow KI + I \cdot$$

金属钾和碘两束分子在反应碰撞后，产物分子 KI 的散射方向与原来 K 的入射方向一致，呈现向前散射，如图 8-22（a）所示。这种方式犹如 K 原子在前进方向上与 I_2 分子相撞时，夺取了一个碘原子后继续前进。向前散射的直接反应碰撞的动态模型也被称为抢夺模型。

另一典型例子是反应：

$$K + CH_3I \longrightarrow KI + CH_3 \cdot$$

金属钾和碘甲烷两束分子在反应室碰撞后，产物 KI 的散射方向与原来 K 的入射方向相反，呈现向后散射，如图 8-22（b）所示。此种情况犹如 K 原子在前进方向上碰到碘甲烷分子，夺取碘原子后发生回弹。向后散射的直接反应碰撞的类型也被称为回弹模型。

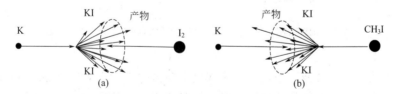

图 8-22　反应碰撞散射动态模拟示意图

若两种分子碰撞后形成了中间配合物，配合物的寿命是转动周期的几倍，该配合物经过几次转动后失去了原来前进方向的记忆，因而分解成产物时向各个方向等概率散射。这种碰撞称为形成配合物的碰撞，其散射动态模拟示意图如图 8-23 所示。

图 8-23　生成配合物碰撞散射动态模拟示意图

例如金属铯和氯化铷的反应：

$$Cs + RbCl \longrightarrow CsCl + Rb$$

金属铯和氯化铷分子碰撞时，产物分布以 $\theta = 90°$ 的轴前后对称，峰值出现在 $\theta = 0°$ 和 $\theta = 180°$ 处，这是典型的形成配合物碰撞的例子。

以上的分析尽管只是定性的，但可看出产物的角度分布与基元反应的微观历程间的联系是非常的密切。

8.6 溶液中的反应动力学简介

在溶液中进行的反应与气相反应相比存在着很大的差别：①液相中质点间距比气相中小，相互作用增强，使得其反应机理往往较之气相更为复杂；②溶剂对化学反应的影响；③在液体内部可利用的自由空间很小，所以在液相反应中，扩散效应往往是重要的。

在溶液中，溶剂对反应的影响可从两个方面考虑，即溶剂的物理效应和溶剂的化学效应。溶剂的物理效应是指溶剂的解离作用、传能作用和溶剂的介电性质影响，以及在电解质溶液中离子与离子、离子与溶剂分子间的相互作用等的影响。化学效应是指溶剂分子对反应可以起催化作用，甚至参与反应等。由于在溶液中，反应物分子需在溶剂中相互扩散和接近才能发生反应，所以溶液中反应动力学规律远比气相反应复杂。

目前，溶液中反应动力学已经成为溶液反应的一个分支，反应理论仍在不断完善中。本节主要介绍溶剂的影响，笼效应、原盐效应和扩散速度的影响等。

溶剂对反应速率的影响如下。

（1）笼效应

仅从碰撞理论的角度来考察溶剂的影响，也即考虑溶液仅起碰撞介质作用的情况。

在溶液反应中，溶剂是大量的，溶剂分子环绕在反应物分子周围，好像一个笼把反应物 A 和 B 围在中间。一方面当一个反应物分子 A 单独处于一溶剂笼经过许多次碰撞才有可能挤出溶剂笼，到达另一溶剂笼后遇到另一反应物分子 B，如图 8-24 所示。另一方面当反应物分子 A、B 处于同一溶剂笼时，将发生许多次连续重复的碰撞，此时 A、B 碰撞频率很高。

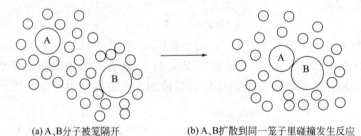

(a) A、B分子被笼隔开　　　　　　(b) A、B扩散到同一笼子里碰撞发生反应

图 8-24　笼效应示意图

人们把 A 和 B 扩散到一个"笼"中进行的多次反复碰撞称为一次遭遇（encounter），而把 A 和 B 称为一个遭遇对。在一次遭遇中反应物分子在"笼"中停留时间约 $10^{-12} \sim 10^{-10}$ s，在此期间两分子彼此间经历了约 $10 \sim 10^5$ 次碰撞。因此，虽然 A、B 相遇概率变低，但一旦相遇即具有很高的碰撞频率，总体看来其碰撞频率并不低于气相反应中的碰撞频率，因而发生反应的机会也较多，这种现象称为"笼效应"。

从总体来看，笼效应使溶液中反应分子间的碰撞由连续进行变为分批进行。对活化能较大的反应，也即有效碰撞分数较小的反应，笼效应对其反应影响不大，对活化能很小的反应，一次碰撞就有可能反应，则笼效应会使这种反应速率变慢，此时反应速率取决于遭遇对的形成，即分子的扩散速度起了速决步的作用。

（2）溶剂对反应速率的影响因素

溶剂对反应速率的影响是很复杂的问题，一般来说有如下规律：

① 溶剂介电常数的影响　对于有离子参与的反应，溶剂的介电常数愈大，离子型反应物的静电作用愈弱，所以介电常数比较大的溶剂常不利于离子间的化合反应。

② 溶剂极性的影响　如果生成物的极性比反应物的极性大，则采用极性溶剂可以提高

反应速率；反之，如反应物的极性比生成物的极性大，则在极性溶剂中的反应速率变小。如反应$(C_2H_5)_3N+(C_2H_5)I\longrightarrow(C_2H_5)_4N^+I^-$，产物$(C_2H_5)_4N^+I^-$是一种盐类，其极性远较反应物大，所以随着溶剂极性的增加，反应速率加快。

③ 溶剂化效应的影响　一般来说，反应物与生成物在溶液中都能或多或少地形成溶剂化物，这些溶剂化物如果与任一种反应分子生成不稳定的中间化合物而使活化能降低，则可以使反应速率加快。如果与反应物生成比较稳定的中间化合物，则一般使活化能增高从而减慢反应速率，如果活化配合物溶剂化后的能量降低，从而降低了活化能，使得反应速率加快。

④ 离子强度的影响　离子强度的影响也称作原盐效应。在稀溶液中如果反应物是离子，则反应速率与溶液的离子强度有关。

设在溶液中发生离子反应$A^{z_A}+B^{z_B}\longrightarrow P$，式中$z_A$、$z_B$分别为离子 A、B 的电价。按照过渡态理论，反应机理可写为：

$$A^{z_A}+B^{z_B}\xrightleftharpoons{K_c^{\neq}}[(A\cdots B)^{z_A+z_B}]^{\neq}\xrightarrow{k}P$$

根据过渡态理论的热力学处理方法得反应的速率系数为：

$$k=\frac{k_BT}{h}K_c^{\neq}$$

在通常浓度的电解质溶液中，$K_c^{\neq}$并不是常数，与 A、B 离子及活化配合物的活度系数有关，反应物与活化配合物之间的真正平衡常数是$K_a^{\neq}$。$K_a^{\neq}$与$K_c^{\neq}$的关系为：

$$K_a^{\neq}=\frac{a^{\neq}}{a_Aa_B}=\frac{c^{\neq}/c^{\ominus}}{(c_A/c^{\ominus})(c_B/c^{\ominus})}\times\frac{\gamma^{\neq}}{\gamma_A\gamma_B}=K_c^{\neq}(c^{\ominus})\frac{\gamma^{\neq}}{\gamma_A\gamma_B} \tag{8.6-1}$$

所以：
$$k=\frac{k_BT}{h}(c^{\ominus})^{-1}K_a^{\neq}\frac{\gamma_A\gamma_B}{\gamma^{\neq}}=k_0\frac{\gamma_A\gamma_B}{\gamma^{\neq}} \tag{8.6-2}$$

选择无限稀释的溶液作为参考态，此时$\gamma_i=1$，$k=k_0$，因此，把k_0视为无限稀释溶液中离子反应速率系数，而k则为稀溶液中离子反应的速率系数。

式（8.6-2）表明，稀溶液中的离子反应速率系数与反应物和活化配合物的活度系数有关，而离子的活度系数与溶液中的离子强度有关，所以离子强度大小对离子反应速率有影响，人们称之为原盐效应（primary salt effect）。

将式（8.6-2）写成：

$$\frac{k}{k_0}=\frac{\gamma_A\gamma_B}{\gamma^{\neq}}$$

两边取对数得：
$$\ln\frac{k}{k_0}=\ln\gamma_A+\ln\gamma_B-\ln\gamma^{\neq} \tag{8.6-3}$$

将 Debye-Hückel 极限公式$\ln\gamma_i=-Az_i^2\sqrt{I}$代入式（8.6-3）得：

$$\ln\frac{k}{k_0}=-A[z_A^2+z_B^2-(z_A+z_B)^2]\sqrt{I}=2z_Az_BA\sqrt{I}$$

即
$$\ln\frac{k}{k_0}=2z_Az_BA\sqrt{I} \tag{8.6-4}$$

图 8-25 是原盐效应对离子反应速率系数的影响。

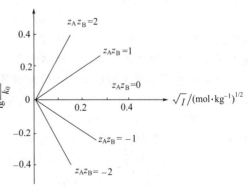

图 8-25　离子强度对溶液反应速率的影响

（3）反应的活化控制和扩散控制

在溶液中，反应物分子相遇进行反应必须

经历两个过程，先从不同位置经过扩散相遇形成"遭遇对"，然后进行碰撞而发生反应，反应速率与二者均有关系。若反应的活化能较小（如自由基反应、酸碱中和反应等），则反应速率由扩散过程所控制；若反应活化能较大，而介质黏度不是很大，则反应速率由第二过程（即活化过程）控制。

根据上面分析，溶液中 A、B 的反应机理可表示为：

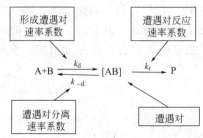

总反应速率可写为：

$$r = \frac{d[P]}{dt} = k_r[AB] \tag{8.6-5}$$

设反应达稳定后，[AB] 的浓度不随时间而改变，按照稳态近似法：

$$\frac{d[AB]}{dt} = k_d[A][B] - k_{-d}[AB] - k_r[AB] = 0$$

解得

$$[AB] = \frac{k_d[A][B]}{k_{-d} + k_r}$$

代入式（8.6-5）得：

$$r = k_r \frac{k_d[A][B]}{k_{-d} + k_r} = k[A][B] \tag{8.6-6}$$

式中

$$k = \frac{k_r k_d}{k_{-d} + k_r}$$

反应可能有两种情况：

① 若遭遇对反应活化能大，而介质黏度不是很大，这时 $k_r \ll k_{-d}$，式（8.6-6）简化为：

$$r = k_r \frac{k_d[A][B]}{k_{-d}} = k_r K_{AB}[A][B] \tag{8.6-7}$$

这时反应为活化过程控制。式中 $K_{AB} = k_d/k_{-d}$，为遭遇对形成过程平衡常数。活化控制反应与气相反应类似。

② 若介质黏度较大，遭遇对分离为 A、B 较难，或遭遇对反应活化能很小，则 $k_r \gg k_{-d}$，式（8.6-6）简化为：

$$r = k_d[A][B] = r_d \tag{8.6-8}$$

反应总速率系数 $k = k_d$，反应由扩散控制。上式表明，当反应由扩散过程控制时，反应的总速率等于 A、B 通过扩散形成遭遇对的速率。下面简单导出 k_d 的表示式。

当扩散速率远低于遭遇对碰撞反应速率时，设想 A 分子不动，任何 B 分子只要进入以 A 质心为中心，以 $r_{AB}(r_{AB} = r_A + r_B)$ 为半径的球内时，即可立即与 A 分子反应，从而就形成了 B 的浓度由 $r_{AB} = r_A + r_B$ 处（$c_B = 0$）向外逐渐增大的一个球形对称的浓度梯度。根据菲克（Fick）扩散第一定律，在一定温度下，单位时间内扩散通过半径为 r 的球面面积 $S(S = 4\pi r^2)$ 的 B 物质的量 dn_B/dt 与 S 和浓度梯度 dc_B/dr 的关系为：

$$\frac{dn_B}{dt} = -DS\frac{dc_B}{dr} = -4\pi r^2 D\frac{dc_B}{dr} \tag{8.6-9}$$

式中，D 为扩散系数，$m^2 \cdot s^{-1}$。根据斯托克斯-爱因斯坦（Stokes-Einstein）扩散系数公式，对球形粒子：

$$D = \frac{RT}{6\pi L \eta r}$$

式中，L 是阿伏伽德罗常数；η 是介质黏度；r 是扩散粒子的半径。将式（8.6-9）进行定积分，积分限为 r 从 $r_{AB} \to \infty$，c_B 从 $0 \to c_B$，考虑到 B 向 A 扩散和 A 向 B 扩散两种情况，且扩散是 B 向所有的 A（或 A 向所有的 B）进行，经推导（将 c_A、c_B 分别换成 [A]、[B]，推导过程略）得：

$$r_d = 4\pi(D_A + D_B)r_{AB}[A][B] \tag{8.6-10}$$

与式（8.6-8）比较得：

$$k_d = 4\pi(D_A + D_B)r_{AB} \tag{8.6-11}$$

将扩散系数公式代入整理得：

$$k_d = \frac{2RT}{3L\eta} \frac{(r_A + r_B)^2}{r_A r_B} \tag{8.6-12}$$

当 $r_A \approx r_B$ 时，上式简化为：

$$k_d = \frac{8RT}{3L\eta} \tag{8.6-13}$$

式（8.6-12）和式（8.6-13）即是扩散控制的溶液反应速率系数表示式。原则上 k_d 可从理论上进行计算。

需要说明的是：式（8.6-12）和式（8.6-13）是 A、B 分子无静电作用的推导结果，对于有静电作用时，需加一项与静电有关的 f 因子，即：

$$k_d = \frac{2RT}{3L\eta} \frac{(r_A + r_B)^2}{r_A r_B} f \tag{8.6-14}$$

8.7　催化反应动力学

一个化学反应要实现工业化生产，基本的要求是这个反应要以一定的速率进行，也就是说，要求在单位时间内能获得足量的产品。在一般情况下，可以用增加反应物浓度和升高温度的办法来提高反应速率，但往往在采用这两个措施之后，反应速率仍达不到工业生产的要求，于是人们研究用加入催化剂的办法来加速反应的进行。实践表明，添加催化剂是改变反应速率的最有效方法之一。据统计，90% 左右的化工生产过程与催化作用有关，可以这样说，如果没有催化剂，大部分化学反应将无法转化为工业生产，如我们所熟知的合成氨、合成硫酸、合成硝酸、合成氯乙烯和苯乙烯以及高分子的聚合等反应都需使用催化剂。为此，近几十年来，寻找新催化剂的研究十分活跃，致使催化剂的种类增加了许多，催化机理和催化理论的研究也取得了很大发展。可以这样说，目前催化作用的研究已成为近代化学的一个极为重要的研究方向。

8.7.1　催化与催化作用

如果某种（或几种）物质加到某化学反应系统中，可以明显改变反应的速率而其本身的数量和化学性质保持不变，则这种物质称为催化剂，加入催化剂改变反应速率的作用称为催化作用。若催化剂使反应速率加快，称为正催化剂，否则称为负催化剂（或阻化剂）。通常由于正催化剂使用较多，所以，若不加特别说明均是指正催化剂。

有些反应的产物就是该反应的催化剂，称为自催化作用。如用 $KMnO_4$ 滴定草酸时，开始几滴 $KMnO_4$ 溶液加入时并不立即褪色，但到后来褪色显著变快，这是由于产物 Mn^{2+} 对 $KMnO_4$ 还原反应有催化作用。

催化作用通常可分为两大类（也有把酶催化作为第三类的说法），即均相催化和多相催化。均相催化的催化剂与反应物质处于同一相，多相催化的催化剂与反应物质不处于同一相，反应在两相界面上进行。各类催化作用的机理各不相同，但就其催化作用的基本原理来说，具有若干基本的共同点。

① 催化剂参与反应，改变了反应历程和反应活化能，从而改变了反应速率。表 8-4 给出了几个反应在无催化剂和有催化剂时的活化能值。

表 8-4　催化反应和非催化反应的活化能

反　　应	$E_{非催化}/kJ \cdot mol^{-1}$	$E_{催化}/kJ \cdot mol^{-1}$	催化剂
$2HI \longrightarrow H_2 + I_2$	184.1	104.6	Au
$2H_2O \longrightarrow 2H_2 + O_2$	244.8	136.0	Pt
蔗糖在盐酸溶液中分解	107.1	39.3	转化酶
$2SO_2 + O_2 \longrightarrow 2SO_3$	251.0	62.76	Pt
$3H_2 + N_2 \longrightarrow 2NH_3$	334.7	167.4	$Fe-Al_2O_3-K_2O$

由表 8-4 看出，这些反应在加入合适的催化剂后，其活化能均有很大程度的下降，显然各反应速率有很大的提高。例如对第四个反应，$E_{非催化}$ 和 $E_{催化}$ 分别是为 $251.0kJ \cdot mol^{-1}$ 和 $62.76kJ \cdot mol^{-1}$，两种情况下的速率系数之比值为：

$$\frac{k_{催化}}{k_{非催化}} = \frac{A_{催化}}{A_{非催化}} \exp\left(\frac{(251.0-62.76)\times 10^3}{RT}\right)$$

假设催化反应和非催化反应的指前因子相同，设温度为 600K，则：

$$\frac{k_{催化}}{k_{非催化}} = \exp\left(\frac{(251.0-62.76)\times 10^3}{8.314\times 600}\right) = 2.445\times 10^{16}$$

可见反应速率提高程度是惊人的。

催化剂改变反应活化能的原因是改变了反应机理。设有一非催化基元反应为 $A+B \longrightarrow C$，当加入催化剂 K 后，反应机理变为：

$$A + K \underset{k_{-1}}{\overset{k_1}{\rightleftharpoons}} AK \qquad （快速平衡） \qquad (1)$$

$$AK + B \overset{k_2}{\longrightarrow} C + K \qquad （慢反应） \qquad (2)$$

令非催化活化能为 $E_{a,0}$，催化活化能为 E_a，反应的非催化和催化能量变化图如图 8-26 所示。根据图 8-26，计算得催化反应的活化能为：

$$E_a = E_1 + E_2 - E_{-1} \qquad (8.7-1)$$

该值比非催化活化能 $E_{a,0}$ 下降了许多。

按平衡态近似假设，反应速率由慢反应（2）控制，即：

$$r = \frac{d[C]}{dt} = k_2[AK][B]$$

因反应（1）能快速达到平衡，所以：

$$[AK] = \frac{k_1}{k_{-1}}[A][K]$$

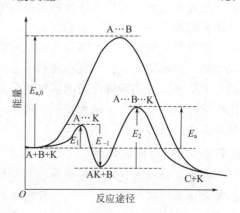

图 8-26　催化反应的活化能和反应历程

代入速率方程式得：

$$r = \frac{k_1 k_2}{k_{-1}} [A][B][K] = k[A][B][K] \tag{8.7-2}$$

式中 $k = \dfrac{k_1 k_2}{k_{-1}}$，称为表观速率系数。根据阿伦尼乌斯公式，表观速率系数写为：

$$k = \frac{A_1 A_2}{A_{-1}} \exp\left(-\frac{E_1 + E_2 - E_{-1}}{RT}\right) \tag{8.7-3}$$

故催化反应的表观活化能为：

$$E_a = E_1 + E_2 - E_{-1} \tag{8.7-4}$$

许多催化反应的机理及活化能降低的原因还不十分清楚，有待今后的研究和探讨。

② 催化剂只能改变反应速率而不能影响化学平衡。根据热力学观点，已达平衡的可逆反应，平衡常数大小取决于反应的 $\Delta_r G_m^{\ominus}$，即

$$K^{\ominus} = \exp[-\Delta_r G_m^{\ominus} / RT]$$

当 T 不变时，催化剂不能改变反应的 $\Delta_r G_m^{\ominus}$，也就不能改变反应的 $K^{\ominus}$，因此催化剂不会影响化学平衡，由此说明催化剂不可能实现热力学上不能发生的反应。但由于催化剂改变了反应的活化能，从而改变了反应达平衡的时间。如对正催化反应，由于催化剂降低了正逆反应活化能，加快了反应速率，缩短了反应达到平衡的时间。

③ 某些催化反应的速率与催化剂的浓度成正比。反应的速率与催化剂的浓度成正比的原因可能是因催化剂参与反应形成了中间化合物之故。如上述催化机理导出的速率表示式 (8.7-2) 中，r 与催化剂浓度 [K] 成正比，但是由于催化剂浓度往往不变，所以可将 [K] 合并在速率系数中。在气-固相催化反应中固体催化剂的用量及比表面积对反应速率均有影响。

④ 催化剂有特殊的选择性。催化剂的选择性有两方面的含义：

a. 不同类型的反应需要选择不同的催化剂，例如：

$$2SO_2 + O_2 \xrightarrow[673\sim773K]{V_2O_5} 2SO_3$$

$$C_2H_4 + \frac{1}{2}O_2 \xrightarrow[513\sim553K]{Ag} C_2H_4O$$

b. 同样的反应物选择不同的催化剂可以得到不同的产物，例如：

$$C_2H_5OH \xrightarrow[473\sim520K]{Cu} CH_3CHO + H_2$$

$$C_2H_5OH \xrightarrow[623\sim633K]{Al_2O_3} C_2H_4 + H_2O$$

$$2C_2H_5OH \xrightarrow[673\sim723K]{ZnO \cdot Cr_2O_3} CH_3CHCHCH_3 + 2H_2O + H_2$$

在工业生产中也经常利用催化剂的选择性来抑制副反应的进行。

催化剂的选择性常用一定条件下某一反应物转化的总量中，用于转化成某一产物的量所占的百分数来表示，即：

$$选择性 = \frac{转化为某一产物的物质的量}{某一反应物转化的总物质的量} \times 100\% \tag{8.7-5}$$

若设化工生产中"转化率"和"单程产率"分别为：

$$转化率 = \frac{某反应物被转化的物质的量}{进入反应器该反应物的物质的量} \times 100\% \tag{8.7-6}$$

$$单程产率=\frac{转化为某一产物的物质的量}{进入反应器该反应物的物质的量}\times100\% \qquad (8.7-7)$$

显然

$$选择性=\frac{单程产率}{转化率}\times100\% \qquad (8.7-8)$$

⑤ 在催化反应系统中加入少量杂质可能强烈地影响催化剂的作用。增强催化剂作用的杂质为助催化剂，减低催化活性的杂质称为毒物。催化剂常会发生所谓的中毒（即失活）现象，这是因为催化剂一般具有活性中心，其催化作用主要发生在活性中心上（如配位催化的中心离子、气-固相催化的固体催化剂表面等）。当这些活性中心被其他无催化作用的少量杂质牢固占据后，被催化的反应物无法进入活性中心处进行催化活化，从而使得催化剂失去催化活性作用。催化剂中毒后可进行再生而恢复其活性。

8.7.2　均相催化反应

反应物与催化剂同处一相的催化反应称为均相催化反应。由于均相催化系统反应物与催化剂接触充分，所以催化效率高，并且催化剂的浓度对反应速率有影响。简单均相催化反应机理可表示为：

$$S+K\underset{k_{-1}}{\overset{k_1}{\rightleftharpoons}}X\overset{k_2}{\longrightarrow}R+K$$

式中，S 和 R 分别为反应物和产物；K 为催化剂；X 是不稳定的中间化合物。反应速率可用第二步的速率表示：

$$r=k_2[X]$$

按稳态近似假设：

$$\frac{d[X]}{dt}=k_1[S][K]-k_{-1}[X]-k_2[X]=0$$

解得 $[X]=k_1[S][K]/(k_{-1}+k_2)$，代入速率方程式得：

$$r=\frac{k_1k_2}{k_{-1}+k_2}[S][K]=k[S][K] \qquad (8.7-9)$$

显然，反应速率与催化剂的浓度成正比。

均相催化反应通常有气相反应（催化剂也为气体）和液相反应等，液相均相催化反应以酸碱催化、配位催化为多数，酶催化反应也可归为液相催化反应。

（1）酸碱催化

酸碱催化是液相反应中最重要又最普遍的一类催化反应。在酸碱催化中，包括酸或碱的解离过程，反应的催化常数应包含酸或碱的解离常数项，因此酸或碱的强度对酸碱催化有很大的影响。酸碱催化反应的速率方程与前述均相催化速率方程相似。

酸碱催化反应通常解释为经过离子型的中间化合物，机理为：

① 酸催化　　　　$S（反应物）+HA（酸催化剂）\underset{k_{-1}}{\overset{k_1}{\rightleftharpoons}}SH^++A^-$

$$SH^++A^-\overset{k_2}{\longrightarrow}产物+HA$$

反应速率为　　　　$r_{H^+}=k_{H^+}[S][HA]$

② 碱催化　　　　$SH（反应物）+B（碱催化剂）\underset{k_{-1}}{\overset{k_1}{\rightleftharpoons}}S^-+HB^+$

$$S^-+HB^+\overset{k_2}{\longrightarrow}产物+B$$

反应速率为　　　　$r_{OH^-}=k_{OH^-}[SH][B]$

表 8-5 列出不同二元酸催化的丙酮碘化反应的各种速率系数与酸的离解常数 K_a 的一些数据。从表可以看出酸的强度（离解平衡常数）愈大，则其 k_{HA} 也愈大。

表 8-5　不同弱酸催化丙酮碘化反应的有关常数

催化剂	$k_{H^+} \times 10^5/dm^3 \cdot mol^{-1} \cdot min^{-1}$	$k_{HA} \times 10^5/dm^3 \cdot mol^{-1} \cdot min^{-1}$	K_a（酸的离解常数）
盐酸	43.7	81.1	5.1×10^{-2}
二氯乙酸	44.5	20.3	5.1×10^{-2}
α,β-二溴丙酸	44.0	7.4	6.7×10^{-3}
一氯乙酸	44.8	2.37	1.5×10^{-3}
乙酸	42.5	0.16	1.8×10^{-3}

由于均相酸碱催化存在着产物同催化剂不易分离、产生废液废渣以及设备腐蚀等缺点，因此逐步被多相催化——固体酸碱催化所取代。

（2）配位催化

配位均相催化近几十年来有了较大的发展，配位均相催化的催化剂是以过渡金属的化合物为主体的。

在配位催化过程中，或者催化剂本身是配合物，或是反应历程中催化剂与反应物生成配合物。因此，在研究配位催化反应时，除了利用前面介绍过的催化作用基本规律外，还需要应用配合物化学的理论和方法。由于配位催化具有速率高、选择性好的优点，目前已在聚合、氧化、异构化、烃基化等反应中得到广泛应用。

配位催化的机理一般可表示为：

$$\underset{\text{空位中心}}{-\overset{|}{\underset{|}{M}}-Y} + X \underset{\text{配位}}{\rightleftharpoons} -\overset{|}{\underset{X}{\underset{|}{M}}}-Y \xrightarrow{\text{插入反应}} \underset{\text{空位中心}}{-\overset{|}{\underset{|}{M}}-X-Y}$$

其中 M 代表中心金属原子，Y 代表配体，X 代表反应分子。反应分子与配位数不饱和的配合物直接配位，然后配位体中反应分子 X 随即转移插入到相邻的 M—Y 键中，形成了 M—X—Y 键（M—Y 键为不稳定的配键），插入反应又使空位恢复，随后又可重新进行络合配位和插入反应。例如乙烯在 $PdCl_2$ 和 $CuCl_2$ 水溶液中氧化成为乙醛、乙烯在 Rb 催化下聚合为丁二烯、烯烃与 H_2 和 CO 在 $HCo(CO)_4$ 催化下进行羰基合成生成高级醛的反应等均是配位催化的典型例子。

图 8-27 是丙烯醇在催化剂 $Co(CO)_3H$ 催化下制备丙醛的配位催化示意图，图中显示了该配位催化循环的机理。

（3）酶催化反应

酶是一种具有特殊催化功能的生物催化剂，它在生物体的新陈代谢活动中有重要的作用，在工业上，酶催化反应也是非常重要的。由于酶分子的大小约为 3～100nm，因此，就催化剂大小而言，酶催化反应介于均相催化与多相催化的过渡范围。

酶催化反应具有如下特点：

① 高度的选择性和单一性。一种酶常只能催化一种反应，而对其他反应无活性。例如脲酶只能将尿素迅速转化成氨和二氧化碳，而不催化其他反应。

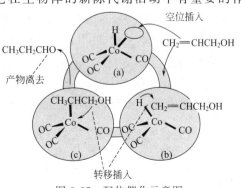

图 8-27　配位催化示意图

② 具有非常高的催化效率。实验表明，酶一般比人造催化剂的效率要高出 $10^8 \sim 10^{12}$ 倍。例如一个过氧化氢分解酶分子，在 1s 内可以分解十万个过氧化氢分子。

③ 反应条件温和。酶催化反应一般在常温、常压下进行。如植物根部的固氮菌能在常温常压下固定空气中的氮，并将其还原成氨，而工业上氨的合成需要高温（770K 左右）、高压（3×10^4 kPa 左右），设备性能要求高，且实际转化率不高。

④ 反应历程复杂　酶催化反应机理复杂，受 pH、温度、离子强度等因素的影响较大，速率方程复杂，这给酶催化反应的研究带来一定的困难。

酶催化反应理论至今还很不成熟。Michaelis（米凯利斯）和 Menton（门顿）提出了一个很简单的酶催化反应机理，即 Michaelis-Menton 酶催化反应机理，认为酶（E）与底物（S）先形成中间化合物 ES，中间化合物再进一步分解为产物（P），并释放出酶（E）。

$$S + E \underset{k_{-1}}{\overset{k_1}{\rightleftharpoons}} ES \overset{k_2}{\longrightarrow} E + P$$

ES 分解为产物（P）的速率很慢，是整个反应的速控步骤，即：

$$r = \frac{d[P]}{dt} = k_2[ES] \tag{8.7-10}$$

根据稳态近似法：

$$\frac{d[ES]}{dt} = k_1[S][E] - k_{-1}[ES] - k_2[ES] = 0$$

解得：

$$[ES] = \frac{k_1[S][E]}{k_{-1} + k_2} = \frac{[S][E]}{K_M} \tag{8.7-11}$$

式中 $K_M = (k_{-1} + k_2)/k_1$，称为米氏常数。根据上式解得 $K_M = [S][E]/[ES]$，此结果相当于把中间化合物 ES 看作配合物，而米氏常数 K_M 即是 ES 的不稳定常数。

令酶的原始浓度为 $[E]_0$，中间化合物 ES 的浓度为 $[ES]$，游离态酶的浓度为 $[E]$，则：

$$[E] = [E]_0 - [ES]$$

代入式（8.7-11）解得：

$$[ES] = \frac{[E]_0[S]}{K_M + [S]}$$

再代入式（8.7-10）得：

$$r = \frac{d[P]}{dt} = k_2[ES] = \frac{k_2[E]_0[S]}{K_M + [S]} \tag{8.7-12}$$

上式即为酶催化反应速率方程，式中参数均是可测量。

若以反应速率 r 对 $[S]$ 作图得到如图 8-28 所示的曲线。

几点讨论：

① 当底物浓度很大时，$[S] \gg K_M$，式（8.7-12）简化为 $r = k_2[E]_0$，这时反应只与酶的原始浓度有关，而与底物浓度无关，对底物 S 来说呈零级反应。

② 当底物浓度很小时，$[S] \ll K_M$，$r = \dfrac{k_2}{K_M}[E]_0[S]$，对底物 S 呈一级反应。

③ 当 $[S] \to \infty$ 时，反应速率趋于极大值（见图 8-28），即 $r = r_m = k_2[E]_0$。将任意 $[S]$ 下的 r 与 r_m 比较得：

$$\frac{r}{r_m} = \frac{[S]}{K_M + [S]} \qquad (8.7\text{-}13)$$

在 $r = \frac{1}{2} r_m$ 时，由上式整理得 $K_M = [S]_{\frac{1}{2} r_m}$，即米氏

常数 K_M 等于反应达最大速率一半时的底物浓度。

将式（8.7-13）进行重排得：

$$\frac{1}{r} = \frac{K_M}{r_m} \frac{1}{[S]} + \frac{1}{r_m} \qquad (8.7\text{-}14)$$

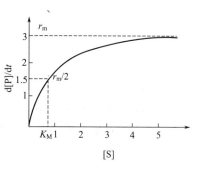

若以 $\frac{1}{r} - \frac{1}{[S]}$ 作图可得直线，斜率为 $\frac{K_M}{r_m}$，截距为 $\frac{1}{r_m}$，

图 8-28 典型的酶催化反应速率曲线

由此方法可求出 K_M 和 r_m。

8.7.3 多相催化反应动力学

在化工生产中，大多数催化反应是多相催化。气-固相多相催化反应是很重要的一类催化反应，如合成氨工业、硫酸工业、硝酸工业、原油裂解工业以及基本有机合成工业等工业生产中几乎都涉及气-固相多相催化。本节主要探讨气-固相多相催化反应动力学。

（1）气-固相多相催化反应的基本步骤

气-固催化反应的机理比较复杂，而且不同的反应其机理并不相同。一般来说，气-固催化反应过程可分作五步：

Ⅰ. 反应物分子向催化剂表面扩散；

Ⅱ. 反应物被催化剂表面吸附，这一步属于化学吸附，若有两种反应物，可能是两种都被吸附，也可能只有一种被吸附；

Ⅲ. 被吸附分子在催化剂表面上进行反应，这一步称作表面反应，这种表面反应可能发生在被吸附的相邻分子之间，也可能发生在被吸附分子和其他未吸附的分子之间；

Ⅳ. 产物分子从催化剂表面脱附；

Ⅴ. 产物分子扩散离开催化剂表面。

以上 5 个步骤实际上是五个阶段，每一步又都有它自身的机理。其中Ⅰ和Ⅴ是扩散过程，属于物理过程，Ⅱ、Ⅲ、Ⅳ三步都是在催化剂表面上进行，故称为表面化学过程，其中第Ⅲ步是表面化学反应过程。表面化学过程是多相催化动力学所研究的重点部分。

（2）气-固相多相催化反应的速率方程　气-固多相催化反应的 5 个步骤都会对反应速率产生影响，若各步的速率差别较大，则最慢的一步就决定了总反应速率。下面重点讨论以表面反应为控速步骤的动力学情况。

设有一简单催化反应 $A \xrightarrow{K} B$，反应遵从前述 5 个基本步骤，其表面化学过程为：

$$A \;+\; K \underset{k_{-1}(\text{解吸})}{\overset{k_1(\text{吸附})}{\rightleftharpoons}} AK \xrightarrow{k_2} BK \underset{k_{-3}(\text{吸附})}{\overset{k_3(\text{解吸})}{\rightleftharpoons}} B + K$$

$$\quad p_A \qquad\quad \theta_0 \qquad\qquad \theta_A \qquad\quad \theta_B \qquad\qquad p_B$$

式中，p_A 为 A 的分压；θ_A 为 A 在催化剂表面达吸附-解吸平衡时的覆盖率；θ_0 为催化剂的表面空白率；θ_B 为产物达吸附-解吸平衡时的覆盖率。假设吸附与解吸速率很快，而表面反应过程较慢，是控速步，根据反应式，表面反应的速率取决于 A 物质在催化剂表面的覆盖率 θ_A（相当于表面浓度）。按照质量作用定律，反应速率方程可写为：

$$r = -\frac{dp_A}{dt} = k_2 \theta_A \qquad (8.7\text{-}15)$$

根据气体在固体表面吸附理论，θ_A 与系统中气体 A 的分压力和温度有关。设在等温下 θ_A 与压力的关系式符合 Langmuir 吸附等温方程（参见第 10 章表面现象）：

$$\theta_A = \frac{b_A p_A}{1 + \sum_B b_B p_B}$$

式中，b_B 为 B 物质的吸附系数（相当于吸附与解吸平衡常数，仅与温度有关）。对前述反应，若只有反应物 A 被吸附，则上式简化为：

$$\theta_A = \frac{b_A p_A}{1 + b_A p_A}$$

将其代入式（8.7-15）得：

$$r = -\frac{dp_A}{dt} = k_2 \frac{b_A p_A}{1 + b_A p_A} \tag{8.7-16}$$

式（8.7-16）即为表面反应为控速步时的反应速率方程式。该式表明反应速率与反应物的吸附系数和压力有关。

① 若 A 的吸附很弱（或气体压力很低），$b_A p_A \ll 1$，$1 + b_A p_A \approx 1$，则式（8.7-16）简化为：

$$r = -\frac{dp_A}{dt} = k_2 b_A p_A = k p_A \tag{8.7-17}$$

此时反应呈现一级。原因是 A 吸附很弱时，其在催化剂表面的覆盖率很小。例如反应 $2N_2O \xrightarrow{Au} 2NO + N_2$ 和 $2HI \xrightarrow{Pt} H_2 + I_2$ 即是此种情况。

② 若 A 的吸附很强（或气体压力很高），$b_A p_A \gg 1$，$1 + b_A p_A \approx b_A p_A$，则式（8.7-16）简化为：

$$r = -\frac{dp_A}{dt} = k_2 \tag{8.7-18}$$

此时反应呈现零级。这是因为 A 的吸附强度很大时，催化剂表面几乎达到饱和吸附，气相中压力 p_A 的变化几乎不影响催化剂表面 A 的覆盖率，所以反应速率几乎不受 p_A 的影响。例如在 W 催化下的氨分解反应和在 Au 催化下的 HI 分解反应属于此情况。

③ 若 A 的吸附适中（或一般压力），将式（8.7-16）进行变量分离得：

$$-\left(1 + \frac{1}{b_A p_A}\right) dp_A = k_2 dt$$

对上式进行定积分，并略去下标 2：

$$\int_{p_{A,0}}^{p_A} -\left(1 + \frac{1}{b_A p_A}\right) dp_A = \int_0^t k \, dt$$

得 $\qquad\qquad (p_{A,0} - p_A) + \frac{1}{b_A} \ln \frac{p_{A,0}}{p_A} = kt \tag{8.7-19}$

反应呈现 0～1 之间的分数级，相当于 0 级与 1 级反应的加权平均，实际此种情况下 A 的表面覆盖率符合 Freundlich（弗罗因德利希）吸附等温方程。例如实验测定反应 $2SbH_3 \xrightarrow{Sb} 2Sb + H_3$ 的反应级数为 0.6。

④ 其他物质 B（B 可以是产物）也被吸附。根据吸附等温方程式通式，当有 A、B 两种物质同时被吸附时，Langmuir 吸附等温方程变为：

$$\theta_A = \frac{b_A p_A}{1 + b_A p_A + b_B p_B}$$

反应的速率方程为:

$$r = -\frac{\mathrm{d}p_A}{\mathrm{d}t} = k_2\frac{b_A p_A}{1 + b_A p_A + b_B p_B} \tag{8.7-20}$$

若 B 的吸附很强而 A 的吸附较弱时（其他情况请自行分析），$b_B p_B \gg 1 + b_A p_A$，上式分母项近似等于 $b_B p_B$，于是式（8.7-20）简化为:

$$r = -\frac{\mathrm{d}p_A}{\mathrm{d}t} = k_2\frac{b_A p_A}{b_B p_B} = k\frac{p_A}{p_B} \tag{8.7-21}$$

反应对 A 呈一级，对 B 呈负一级。显然，若 B 是其他杂质，则该杂质就是催化剂的毒物；若 B 是反应产物，则该产物对该反应起到负催化作用。此种情况下，随反应的进行，反应速率不仅受到反应物的减少而下降，还会因产物量的增加而减小，这时需要设法将系统中反应产物及时分离，以保证一定的反应速率。

8.8　光化学反应

在光的作用下，靠吸收光能供给活化能进行的反应称光化学反应。如植物经光合作用将二氧化碳和水转化为碳水化合物及照相底片的曝光作用等均是光化学反应。若把除光化学反应外的其他反应称作热化学反应，则与热化学反应比较，光化学反应具有以下特点:

① 光化学反应初始速率只与吸光速率有关而与反应物浓度无关，而热化学反应速率与反应物浓度有关。

② 光化学反应能自动进行 $\Delta_r G$ 增加的反应，而热化学反应只能自动进行 $\Delta_r G$ 减小的反应。光化学反应这一特点为某些不可能自发发生的热化学反应提供了可能性。

③ 温度对光化学反应速率影响不大。光化学反应所需的活化能主要来自吸收光子能量，初级过程反应速率取决于光的强度和反应分子对特定波长光子的吸收，而与温度无关，后续过程活化能较小，温度的影响往往不大。

④ 光化学反应的选择性比热反应强，可利用单色光将混合物中的某一反应物激发到较高能量电子状态使其反应。而热反应系统在加热时将增加所有组分的能量（包括不参加反应者）。光化学反应主要通过吸收光子能量激发电子到激发态，而激发态与反应中间物和最终产物之间通常未能达到热平衡，因此具有良好的选择性。如在溶液中的光化学反应，往往是通过作为反应物的溶质分子吸收一定波长的光辐射而发生反应，溶剂分子由于不能吸收这类光子而不参与反应。

环境中的主要光化学反应

环境中的光化学反应引发的过程主要可分为两类:一类是光合作用，如绿色植物使二氧化碳和水在日光照射下，借植物叶绿素的帮助，吸收光能，合成碳水化合物；另一类是光分解作用，如高层大气中分子氧吸收紫外线分解为原子氧、染料在空气中的退色、胶片的感光作用等。在环境中主要是受日光的照射，污染物吸收光子而使该物质分子处于某个电子激发态，引起分子活化而容易与其他物质发生化学反应。如光化学烟雾形成的起始反应是二氧化氮在日光照射下吸收紫外线而分解为一氧化氮和原子态氧的光化学反应，由此导致臭氧与其他有机化合物发生一系列反应，最终生成有害的光化学烟雾。

大气污染的化学反应除了与一般的化学反应规律有关外，更多的是由于大气中的物质吸收了来自太阳的辐射能量（光子）发生了光化学反应，使污染物成为毒性更大的二次污染物。分子吸收光子后，内部的电子发生跃迁反应后，形成不稳定的激发态，然后进一步发生离解或其他反应。

大气中的氮气、氧气、臭氧能选择性吸收太阳辐射中的高能量光子而引起分子离解，因此太阳辐射中高能量部分波长小于 290nm 的光子因被吸收而不能到达地面。而大于 800nm 的长波辐射几乎又完全被大气中的水蒸气和二氧化碳所吸收。因此只有波长为 300~800nm 的可见光才不被吸收，可以透过大气达到地面。

8.8.1 光化学基本定律

光是一种电磁辐射，具有波粒二象性。光子的能量与波长成反比：

$$\varepsilon = h\nu = hc/\lambda \tag{8.8-1}$$

式中，ε 为一个光子的能量；c 为光速；λ 为光的波长；h 为 Planck 常数。1mol 光子的能量 $E_m = Lh\nu$，称为 1Einstein（爱因斯坦）光能，其单位为 $J \cdot mol^{-1}$。

分子处于高的电子激发态比在电子基态更容易发生化学反应，而一个分子一般至少需要 1.5~2.0eV 才能激发到电子激发态。所以对光化学有效的激发光通常的波长在 150~800nm 之间，即紫外光或可见光。此外，高密度的红外激光可能使一个分子几乎同时被两个光子击中，也能激发电子引起反应。

（1）光化学第一定律

只有被反应物分子吸收的光才可能引发光化学反应。当光子能量与反应物分子从基态跃迁至激发态所需能量一致时，该光子才会被反应物分子吸收，吸收了光子的分子才会从基态跃迁到激发态，处于激发态的受激分子才有可能发生化学反应。初级过程决定于入射光的强度，而与入射光的浓度无关。

该定律在 1818 年由 Grotthus 和 Draper 提出，故又称为 Grotthus-Draper 定律。

（2）光化学第二定律

在光化学反应初级过程中，一个被吸收的光子只活化一个分子。

该定律在 1908~1912 年，由 Einstein（爱因斯坦）和 Stark（斯托克）提出，又称为 Einstein-Stark 定律。光化学第二定律是光子学说的自然结果。但应注意，这里只是说吸收一个光子能使一个分子活化，而没有说能使一个分子发生反应。系统吸收光的过程称之为光化学初级过程。初级过程可包括：解离、异构化、辐射衰变（荧光或磷光）、无辐射衰变等。

（3）Lambert-Beer 定律

平行的单色光通过浓度为 c、长度为 d 的均匀介质时，未被吸收的透射光强度 I_t 与入射光强度 I_0 之间的关系为：

$$I_t = I_0 \exp(-\varepsilon dc) \tag{8.8-2}$$

式中，ε 为摩尔消光系数，其值与入射光的波长、系统温度和溶剂的性质有关。

8.8.2 量子产率

为度量系统所吸收的光子对光化学反应作用的能力，人们提出了量子产率（quantum yield）的概念。由于一化学反应反应物的消耗数目与生成产物的数目可能不同，所以量子产率的定义式也不同。下面是两种不同的定义：

$$\Phi = \frac{\text{起反应的反应物分子数}}{\text{吸收的光子数}} = \frac{\text{起反应的反应物物质的量}}{\text{吸收光子的物质的量}} \tag{8.8-3}$$

$$\Phi' = \frac{\text{生成产物的分子数}}{\text{吸收的光子数}} = \frac{\text{生成产物的物质的量}}{\text{吸收光子的物质的量}} \tag{8.8-4}$$

显然，前者是对反应物而言（有不少物理化学教材把 Φ 称作量子效率），后者是对产物定义。由于受化学反应式中计量系数的影响，Φ 与 Φ' 的值有可能不等。如对 HBr 分解反应 $2HBr + h\nu \longrightarrow H_2 + Br_2$，若 $\Phi = 2$，则 $\Phi' = 1$。

在光化反应动力学中，用下式定义量子产率更合适。

$$\Phi = \frac{r}{I_a} \tag{8.8-5}$$

式中，r 为反应速率，用实验测量；I_a 为吸收光速率，用露光计测量。Φ 大小代表了光化学反应效率的大小。

根据光化学第二定律，在光化学反应的初级阶段，一个反应物分子吸收一个光子而被活化，即：

$$A + h\nu \longrightarrow A^*$$

A^* 表示被激活的 A 分子，称为活化分子。初级过程后还有后续的反应步骤，称为次级过程。由于各反应次级过程不同，被激活的 A 分子可能发生一次反应，也可能退活，也可能引发更多步的反应，因而一个激活分子可能生成产物分子的数目是不一样的。例如 HI(g) 的光解反应：

初级过程	$HI + h\nu \longrightarrow H \cdot + I \cdot$
次级过程	$H \cdot + HI \longrightarrow H_2 + I \cdot$
	$I \cdot + I \cdot \longrightarrow I_2$
总反应	$2HI + h\nu \longrightarrow H_2 + I_2$

反应中吸收一个光子可使 2 个 HI 分解，对 HI 来说量子产率为 2。

一些反应的量子产率很大，例如反应 $H_2 + Cl_2 + h\nu \longrightarrow 2HCl$，量子产率可达 10^6，这是因为次级过程是链反应。有的光化学反应量子产率较小，如 CH_3I 的光解反应 $\Phi = 0.01$，这是由于初级过程被光子活化的分子，尚未来得及反应便发生了分子内或分子间的传能过程而失去活性。

【例题 8-12】 在光的作用下发生气相中的化学反应 $H_2 + Cl_2 \longrightarrow 2HCl$。若用 480nm 的光辐照系统时，其量子产率为 1.0×10^6（对反应物），试估计每吸收 1.0J 的光能将生成多少 HCl？

解： 吸收 1.0J 光能相当的光子数为：

$$n = \frac{E}{Lh\nu} = \frac{E\lambda}{Lhc} = \frac{1.0J \times 480 \times 10^{-9} m}{6.022 \times 10^{23} mol^{-1} \times 6.626 \times 10^{-34} J \cdot s \times 3.0 \times 10^8 m \cdot s^{-1}}$$

$$= 4.0 \times 10^{-6} mol$$

所以生成 HCl 的量为：

$$n_{HCl} = 2 \times 1.0 \times 10^{-6} \times 4.0 \times 10^{-6} mol = 8.0 mol$$

8.8.3 光化学反应动力学

光化学反应的机理一般包括初级反应过程与次级反应过程。初级反应过程是反应分子吸收光子被激发的过程，其速率只与光的入射强度有关，与反应物浓度无关，为零级反应。次级反应是由被激发的高能态反应分子引发的反应，是一般的热反应。

设总反应式为	$A_2 + h\nu \longrightarrow 2A$		
初级过程	$A_2 + h\nu \xrightarrow{r_1 = I_a} A_2^*$	（激发活化）	(1)
次级过程	$A_2^* \xrightarrow{k_2} 2A$	（离解）	(2)
	$A_2^* + A_2 \xrightarrow{k_3} 2A_2$	（能量转移失活）	(3)

根据总反应计量方程得反应速率方程为：

$$r = \frac{1}{2}\frac{d[A]}{dt} = k_2[A_2^*] \tag{8.8-6}$$

对 $[A_2^*]$ 采用稳态近似法处理：

$$\frac{d[A_2^*]}{dt} = I_a - k_2[A_2^*] - k_3[A_2^*][A_2] = 0$$

解得

$$[A_2^*] = \frac{I_a}{k_2 + k_3[A_2]}$$

代入速率方程得：

$$r = \frac{1}{2}\frac{d[A]}{dt} = \frac{k_2 I_a}{k_2 + k_3[A_2]} \tag{8.8-7}$$

反应的量子产率为：

$$\Phi = \frac{r}{I_a} = \frac{k_2}{k_2 + k_3[A_2]} \tag{8.8-8}$$

【例题 8-13】 实验测得氯仿的光氯化反应 $CHCl_3 + Cl_2 + h\nu \longrightarrow CCl_4 + HCl$ 的速率方程为：

$$r = \frac{d[CCl_4]}{dt} = k[Cl_2]^{\frac{1}{2}} I_a^{\frac{1}{2}} \quad (I_a \text{为吸收光的速率或吸光强度})$$

拟定反应机理为：

$$Cl_2 + h\nu \xrightarrow{I_a} 2Cl\cdot \tag{1}$$

$$Cl\cdot + CHCl_3 \xrightarrow{k_2} CCl_3\cdot + HCl \tag{2}$$

$$CCl_3\cdot + Cl_2 \xrightarrow{k_3} CCl_4 + Cl\cdot \tag{3}$$

$$2CCl_3\cdot + Cl_2 \xrightarrow{k_4} 2CCl_4 \tag{4}$$

试根据拟定机理推导速率方程，并与实测速率方程进行比较。

解：（3）、（4）两步生成 CCl_4，所以反应速率为：

$$r = \frac{d[CCl_4]}{dt} = k_3[CCl_3\cdot][Cl_2] + 2k_4[CCl_3\cdot]^2[Cl_2] \tag{5}$$

中间产物 Cl 和 CCl_3 用稳态近似处理：

$$\frac{d[Cl\cdot]}{dt} = 2I_a - k_2[Cl\cdot][CHCl_3] + 2k_4[CCl_3\cdot]^2[Cl_2] = 0 \tag{6}$$

$$\frac{d[CCl_3\cdot]}{dt} = k_2[Cl\cdot][CHCl_3] - k_3[CCl_3\cdot][Cl_2] - 2k_4[CCl_3\cdot]^2[Cl_2] = 0 \tag{7}$$

式（6）＋式（7）得：

$$[CCl_3\cdot] = \left(\frac{I_a}{k_4[Cl_2]}\right)^{1/2} \tag{8}$$

将式（8）代入式（5）得：

$$r = \frac{d[CCl_4]}{dt} = k_3 k_4^{-1/2} I_a^{1/2} [Cl_2]^{1/2} + 2I_a$$

因 I_a 远小于反应物浓度，上式简化为：

$$r = \frac{d[CCl_4]}{dt} = k_3 k_4^{-1/2} I_a^{1/2} [Cl_2]^{1/2} = k[Cl_2]^{1/2} I_a^{1/2}$$

与实测速率方程一致，表明拟定机理基本正确。

*8.8.4 光化学反应平衡

对峙反应中，若反应的一方或双方是光化学反应，则其平衡就称为光化学平衡。例如在苯溶液中蒽在紫外光照射下发生的二聚反应：

$$2C_{14}H_{10} \underset{k_{-1}}{\overset{h\nu, k_1}{\rightleftharpoons}} C_{28}H_{20}$$

该反应正向为光化学反应，逆向为热化学反应，当正逆反应达平衡时，称达到光稳定态，平衡常数叫作光稳定态平衡常数。为便于处理，将此反应简化为下面模型：

$$2A \underset{k_{-1}}{\overset{r_1 = I_a}{\rightleftharpoons}} A_2$$

正向反应速率 $\qquad\qquad\qquad\qquad\qquad r_1 = I_a$

逆向反应速率 $\qquad\qquad\qquad\qquad\qquad r_{-1} = k_{-1}[A_2]$

平衡时 $r_1 = r_{-1}$，即 $\qquad\qquad\qquad\qquad I_a = k_{-1}[A_2]$

上式可写为 $\qquad\qquad\qquad\qquad\qquad [A_2] = I_a / k_{-1}$ $\qquad\qquad\qquad$ (8.8-9)

由式 (8.8-9) 可知，产物 A_2 的平衡浓度与吸收光强度 I_a 成正比，与反应物 A 的浓度无关。若 I_a 恒定，则 $[A_2]$ 为一常数，该常数即是光化学反应平衡常数，这与热化学反应平衡常数定义显然不同。因为温度对 I_a 几乎无影响，而对 k_{-1} 有影响，所以温度对光化学平衡常数的影响与对热化学反应平衡常数的影响是不同的。也有正逆反应均受光催化的情况。

8.8.5　光敏反应和化学发光

有些物质对光不敏感，不能直接吸收某种波长的光而进行光化学反应。如果在反应体系中加入另外一种物质，它能吸收这样的辐射，然后将光能传递给反应物，使反应物发生作用，而该物质本身在反应前后并未发生变化，这种物质就称为光敏剂，又称感光剂。对应的反应就是光敏反应，又称感光反应。

例如，有汞存在时 CO 和 H_2 混合生产 HCHO 的反应过程为：

$$Hg + h\nu \longrightarrow Hg^*$$
$$Hg^* + H_2 \longrightarrow 2H + Hg$$
$$H + CO \longrightarrow HCO$$
$$HCO + H_2 \longrightarrow HCHO + H$$
$$2HCO \longrightarrow HCHO + CO$$

式中，汞原子（Hg）首先吸收光子变成活化汞原子（Hg^*），它能使氢气分子（H_2）活化并立刻分解，进行下一步反应，而本身并没有参加化学反应，因此，Hg 就是该反应的光敏剂，该反应为光敏反应。另外，在植物的光合作用中，植物的叶绿素就是光敏剂，它使 CO_2 和 H_2O 合成糖类。

化学发光可看作是光化学反应的逆过程。在化学反应过程中，产生了激发态的分子，当这些分子回到基态时放出的辐射，称为化学发光。

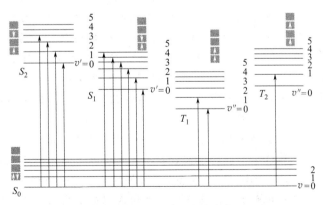

图 8-29　分子吸收光子后各种光物理过程

由于产生化学发光的温度比较低，一般在 800K 以下，故又称为化学冷光。当处于基态的分子获得能量后，可能激发到各种 S 态和 T 态（如图 8-29）。

处于激发态的分子不稳定，有多种去激发的方式，有的是放出热能后回到基态，有的是通过与别的分子碰撞失去能量后回到基态。如果是放出某种辐射后回到基态，就可以拍摄到发射光谱。当激发态分子从激发态 S_1 的某个能级跃迁到 S_0 态并发射出一定波长的辐射，这一辐射称为荧光。荧光寿命很短，约 $10^{-9} \sim 10^{-6}$ s，入射光停止，荧光也立即停止（如图 8-30）。当激发态分子从三重态 T_1 跃迁到 S_0 态时所放出的辐射称为磷光。磷光寿命稍长，约 $10^{-4} \sim 10^{-2}$ s。处于 T_1 态的激发分子较少，磷光较弱，但延续时间比荧光长。在这种光物理过程中，激发时所吸收光的波长和从激发态跃迁到基态时所发射的辐射波长都与物质的性质有关，因此，研究吸收和发射光谱对了解物质的性能是非常有用的。

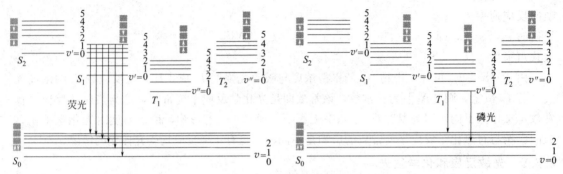

图 8-30　荧光和磷光产生过程

本 章 小 结

本章主要介绍了物理化学的另一重要分支——化学动力学的基本概念、基本知识、基本理论和相关计算以及化学动力学的应用。

1. 化学反应速率方程描述了化学反应速率与浓度或浓度与时间的定量关系。速率方程 $r = k[A]^{\alpha}[B]^{\beta} \cdots$ 具有确定的反应级数，α、β 分别为 A、B 的分级数，k 为速率系数。从速率方程的微分式可获得相应的积分式。利用速率方程的微分式或积分式可确定反应级数。

2. 基元反应的速率方程可由质量作用定律直接给出，而复杂反应速率方程则可依据已确定的机理中各基元反应的速率微分方程组合而确定。根据反应机理，采用适当的近似处理，如平衡态近似、稳态近似或选择速控步骤等，可推导出速率方程。

3. 复杂反应可以根据其特征选择合适的反应条件以促使反应朝目标产物方向进行，如对峙反应可通过反应温度控制，平行反应则通过温度或催化剂等控制，而对于连串反应还可以通过控制合适的反应时间以使目标产物达到最大产率。链反应作为一类重要的反应在实际中有着很多应用，通过控制链反应中间体浓度可以控制反应速率，如抑制链反应引起的爆炸。

4. 温度是影响反应速率的一个很重要的因素，Arrhenius 经验公式 $k = A\exp[-E_a/(RT)]$ 表达了反应速率常数和温度的依赖关系。活化能是化学动力学的一个重要参数，对基元反应，活化能 E_a 为 1mol 能碰撞发生反应分子的平均能量与 1mol 反应物分子平均能量差值。对非基元反应，活化能只是组成总包反应的各基元反应活化能的组合，称作表观活化能（或实验活化能）。

5. 双分子碰撞理论、过渡态理论给出了 Arrhenius 经验公式中指前因子 A 和活化能 E_a 的定量解释。双分子碰撞理论以气体分子运动论为基础，导出了速率方程和速率系数公式。由于未能充分考虑分子内部结构，该理论与实际反应有偏差。过渡态理论以量子力学为基础，充分考虑分子内部结构，建立反应系统势能面模型，从而能对反应过程进行正确的描述，使得从理论上计算反应速率系数成为可能。

6. 溶液中反应、催化反应由于存在着溶剂或催化剂参与反应，其反应特征与气相本征反应存在着很多不同，其动力学方程也存在着一些差别，而光化学反应在反应的选择性以及影响反应速率因素等诸多方面与热化学反应存在着很大差别。

7. 本章核心概念和公式

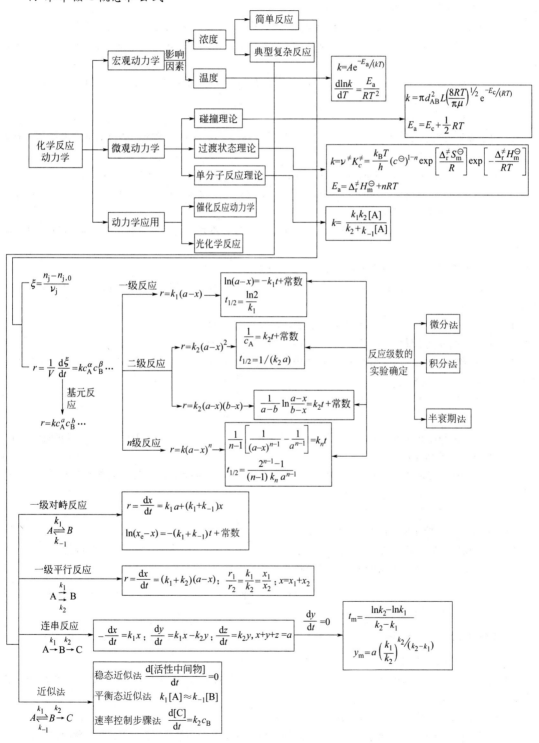

思 考 题

1. 化学动力学和化学热力学所解决的问题有何不同？举例说明。

2. 有一复合反应：$A+2B \underset{k_{-1}}{\overset{k_1}{\rightleftharpoons}} P$，$P+C \overset{k_2}{\longrightarrow} 2D$

试根据质量作用定律写出各物质的速率方程式。

3. 零级反应可以是基元反应吗？具有简单级数的反应是否一定是基元反应？试举例说明。

4. 对于 n 级气相反应 $\alpha A \longrightarrow P$，反应速率可用 $-dc_A/dt = k_c c_A^n$ 或 $-dp_A/dt = k_p p_A^n$ 表示，假设气体为理想气体，则 k_p 与 k_c 间有何关系？

5. 对于反应 $\alpha A \longrightarrow P$，若 A 消耗 3/4 的时间是半衰期的 2 倍，反应是几级？若 A 消耗 3/4 的时间是半衰期的 3 倍，则反应又为几级？

6. 零级反应、一级反应、二级反应各有哪些特点？

7. 在用微分法测定反应级数中，可由一次实验数据进行求算，也可由多次实验数据进行求算。两种情况所得反应级数有何不同？

8. 阿伦尼乌斯经验式的适用条件是什么？实验活化能 E_a 对基元反应和复杂反应有何不同？

9. 有一对峙反应，正向反应放热。为提高反应速率需要升高温度，但升高温度会是平衡转化率下降，这是一对矛盾。试为实际工业生产策划对策。

10. 对于一个有两个方向的平行反应，活化能 $E_1 > E_2$，若要增大正方向的产率，应如何控制反应条件？

11. 碰撞理论和过渡态理论有哪些假设，各有何优缺点？

12. 为什么在简单碰撞理论中要引入概率因子 P？通常的反应 P 小于 1，其原因是什么？概率因子 P 与活化熵有何联系？

13. 一反应的活化熵 $\Delta_r^{\neq} S_m^{\ominus}$ 数值与标准态选取有关，这是为什么？

14. 为什么说单分子反应从机理上说并不是真正意义上的单分子反应？

15. 对双分子反应 $A(g) + B(g) \longrightarrow A(g) + B(g)$，其活化焓 $\Delta_r^{\neq} H_m^{\ominus}$ 与活化能 E_a 有何关系？若 B 为液态物，$\Delta_r^{\neq} H_m^{\ominus}$ 与 E_a 关系如何？

16. 总结对比活化能、阈能及势垒的概念。

17. 试说明催化剂能改变反应速率的原因，举例说明活性中心的存在。

18. 催化氧化乙烯制环氧乙烷的制备中，银催化剂中含有大量的 Al_2O_3，Al_2O_3 对反应不起催化作用。Al_2O_3 在催化剂中起何作用？

19. 一反应在一定条件下的平衡转化率为 20%，当加入某催化剂后，保持其他反应条件不变，反应速率增加了 10 倍，问平衡转化率将是多少？

20. 酶催化反应有哪些特点？何为米氏常数？

21. 气-固相多相催化反应的基本步骤有哪些？

22. 与热化学反应比较，光化学反应有哪些特点？量子产率有三种表示式，它们有何异同？

23. 光催化反应式如何应用于环境污染治理的？

习 题

1. N_2O_5 的分解反应 $N_2O_5 \longrightarrow 2NO_2 + \frac{1}{2}O_2$ 是一级反应，已知在某温度下的速率系数为 $4.8 \times 10^{-4} s^{-1}$。

（1）求该反应的半衰期 $t_{1/2}$。

（2）若反应在密闭容器中进行，反应开始时容器中只充有 N_2O_5，其压力为 66.66kPa，求反应开始后 10s 和 10min 时的压力。

2. 某一级反应 $A \longrightarrow B$ 在温度 T 下初速率为 4×10^{-3} mol · dm^{-3} · min^{-1}，2h 后速率为 1×10^{-3} mol · dm^{-3} · min^{-1}。试求：（1）该反应的速率系数；（2）反应的半衰期；（3）反应物的初始浓度。

3. 有一种药水，其药物在水中浓度为 $0.001 mol \cdot dm^{-3}$。若放置 50h 后，药物与水反应消耗掉 40%，此时该药物失效。反应对药物呈现一级。试求：

(1) 药物分解的速率常数。

(2) 该药物的最大分解速率。

(3) 反应速率降低 1/2 时的药物浓度。

4. 在偏远地区，便于使用的一种能源是放射性物质，放射性物质产生的热量与核裂变的数量成正比。为了设计一种在北极利用的自动气象站，人们使用一种人造放射性物质 ^{210}Pa 的燃料电池（^{210}Pa 半衰期是 1380.4 天），如果燃料电池提供的功率不允许下降到它最初值的 85% 以下，那么多长时间就应该换一次这种燃料电池？

5. 把一定量的 PH_3 迅速引入 950K 的已抽空的容器中，待反应达到指定温度后（此时已有部分 PH_3 分解）。测得下列数据：

t/s	0	58	108	∞
p/kPa	34.997	36.344	36.677	36.850

已知反应为一级反应，求 PH_3 分解反应 $4PH_3(g) \longrightarrow P_4(g) + 6H_2(g)$ 的速率系数。

6. 在稀的水溶液中，叔戊烷基碘 $t\text{-}C_5H_{11}I$ 的水解反应 $t\text{-}C_5H_{11}I + H_2O \longrightarrow t\text{-}C_5H_{11}OH + H^+ + I^-$ 为一级反应，此反应在一电池中进行。随着反应的进行，溶液的电导增大，且电导与生成产物的离子浓度成正比。假设该反应在 $t = \infty$ 时完全进行。

(1) 证明反应的速率方程可写为：

$$\ln \frac{G_\infty - G_0}{G_\infty - G_t} = kt$$

式中 G_∞、G_0、G_t 分别是 $t = \infty$、0、t 时溶液的电导。

(2) 在一次实验中测得不同时刻溶液的电导如下表：

t/min	0	1.5	4.5	9.0	16.0	22.0	∞
$G/10^{-3}S^{-1}$	0.39	1.78	4.09	6.32	8.36	9.34	10.50

试用作图法求算该反应的速率系数 k。

7. 均相简单反应 $A + B \xrightarrow{k} C + D$。当反应进行 20min 后，A 已有 30% 被转化。设起始反应物浓度 $c_{A,0} = a$，$c_{B,0} = b$。请进行以下计算：

(1) 若 $a = b = 0.10 mol \cdot dm^{-3}$，计算该反应的速率系数、半衰期及 A 转化 90% 所需的时间。

(2) 若 a 远小于 b，计算反应在此情况下的速率系数、半衰期及 A 转化 90% 所需的时间。

8. 某物质 A 的分解是二级反应。恒温下反应进行到 A 消耗掉初浓度的 1/3 所需要的时间是 2min，求 A 消耗掉初浓度的 2/3 所需要的时间。

9. 某抗菌素 A 注入人体后，在血液中呈现简单的级数反应。如果在人体中注射 0.5g 该抗生素，然后在不同时间 t 测定 A 在血液中的浓度 c_A（以 $mg \cdot 100cm^{-3}$ 表示），得到下面的数据：

t/h	4	8	12	16
$c_A/mg \cdot 100cm^{-3}$	0.480	0.326	0.222	0.151

试计算：(1) 反应级数；(2) 反应速率系数；(3) A 的半衰期；(4) 若要使血液中抗生素浓度不低于 $0.37 mg \cdot 100cm^{-3}$ 时需要注射第二针的时间。

10. 已知 298K 时 $CH_3COOC_2H_5$ 与 NaOH 的皂化反应速率系数为 $0.106 dm^3 \cdot mol^{-1} \cdot s^{-1}$。

(1) 若 $CH_3COOC_2H_5$ 和 NaOH 的起始浓度均为 $0.020 mol \cdot dm^{-3}$，试求 10min 后的转化率；

(2) 若 $CH_3COOC_2H_5$ 的起始浓度为 $0.010 mol \cdot dm^{-3}$，而 NaOH 的起始浓度为 $0.020 mol \cdot dm^{-3}$，计算 $CH_3COOC_2H_5$ 反应 50% 所需的时间。

11. 已知反应 $A + 2B \longrightarrow C$ 的速率方程为 $r = kc_A^\alpha c_B^\beta$。在某温度下，反应速率与浓度的关系如下表

所示：

$c_{A,0}/mol \cdot dm^{-3}$	$c_{B,0}/mol \cdot dm^{-3}$	$r_0/mol \cdot dm^{-3} \cdot s^{-1}$
0.1	0.1	0.001
0.1	0.2	0.002
0.2	0.1	0.004

试求反应级数 α 和 β 及反应速率系数。

12. 某化合物 A 的分解是一级反应，该反应的活化能 $E_a = 163.3 kJ \cdot mol^{-1}$。已知 427K 时该反应的速率系数 $k = 4.3 \times 10^{-2} s^{-1}$，现要控制 A 在 20min 内分解率达到 80%，试计算反应温度应该是多少？

13. 某药物分解 30% 即为失效。若将该药物放在 3℃ 的冰箱中保质期为 720 天，某人购买了此药物后，因故在室温（25℃）下放置了两周，试通过计算说明此药物是否已经失效？（已知该药物半衰期与起始浓度无关，分解活化能为 130kJ $\cdot$ mol^{-1}）

14. 化学反应 A+B $\longrightarrow$ C+D 是一个均相基元反应，起始浓度 $c_{A,0} = c_{B,0} = 0.10 mol \cdot dm^{-3}$。在 298K 时测得半衰期 $t_{1/2}$ 为 12min，在 318K 时测得半衰期 $t_{1/2}$ 为 5min。试求：

（1）该反应在两个温度下的速率系数 k；

（2）该反应的实验活化能 E_a；

（3）该反应在 308K 进行时的半衰期 $t_{1/2}$。

15. 25℃ 时，反应 A $\longrightarrow$ B+C 的速率系数为 $4.46 \times 10^{-3} min^{-1}$。温度提高 10℃ 时，反应速率提高 1 倍。试计算：

（1）该反应在 25℃ 时的半衰期；

（2）反应的活化能 E_a；

（3）25℃ 时，初始浓度为 $0.1 mol \cdot dm^{-3}$ 的 A 经反应 50min 后的剩余浓度。

16. 在不同温度时，丙酮二羧酸在水溶液中分解反应的速率常数为：

T/K	273	293	313	333
$k/10^{-7} s^{-1}$	4.08	79.2	960	9133

（1）分别用作图法和计算法求算反应的活化能；

（2）求指前因子 A；

（3）计算在 373K 时反应的半衰期。

17. 某一气相对峙反应 A(g) $\underset{k_{-1}}{\overset{k_1}{\rightleftharpoons}}$ B(g)+C(g)，已知 298K 时，$k_1 = 0.21 s^{-1}$，$k_{-1} = 5 \times 10^{-9} Pa^{-1} \cdot s^{-1}$，当温度由 298K 升高到 310K 时，$k_1$、$k_{-1}$ 的值均增加一倍。试求：

（1）298K 时反应的平衡常数 K_p；

（2）正逆反应的实验活化能；

（3）298K 时反应的 $\Delta_r H_m$ 和 $\Delta_r U_m$；

（4）在 298K 下，A 的起始压力为 100kPa，计算总压为 152kPa 的反应时间。

18. 在 A $\underset{k_{-1}}{\overset{k_1}{\rightleftharpoons}}$ B 类型的对峙反应中，测得下列数据：

t/s	180	300	420	1440	∞
$c_B/mol \cdot dm^{-3}$	0.20	0.233	0.43	1.05	1.58

若 A 的起始浓度为 $1.89 mol \cdot dm^{-3}$，试计算正、逆反应的速率常数 k_1 和 k_{-1}。

19. 对平行反应：

$$A \begin{cases} \xrightarrow{k_1} B & (1) \\ \xrightarrow{k_2} C & (2) \end{cases}$$

已知指前因子 A_1、A_2 分别为 10^{13} s 和 10^{11} s，其活化能 $E_{a,1}$ 和 $E_{a,2}$ 分别为 120 kJ·mol^{-1} 和 80 kJ·mol^{-1}，今欲使反应 (1) 的速率大于反应 (2) 的速率，试求最低需控制温度为多少？

20. 已知下列两平行一级反应的速率系数 k 与温度 T 的关系式：

$$A \begin{array}{c} \xrightarrow{k_1} B \quad (1) \quad k_1/s^{-1} = 10^4 \exp[-4604/(T/K)] \\ \xrightarrow{k_2} C \quad (2) \quad k_2/s^{-1} = 10^8 \exp[-9280/(T/K)] \end{array}$$

(1) 试证明总活化能 E_a 与反应 (1) 和反应 (2) 的活化能 E_1、E_2 之间的关系为：

$$E_a = \frac{k_1 E_1 + k_2 E_2}{k_1 + k_2}$$

并计算 400K 下的 E_a。

(2) 求在 400K 的密闭容器中，$c_A = 0.1$ mol·dm^{-3}，反应进行 10s 后 A 剩余的百分数。

21. 某连续反应 $A \xrightarrow{k_1} B \xrightarrow{k_2} C$，其中 $k_1 = 0.450$ min^{-1}，$k_2 = 0.750$ min^{-1}。在 $t = 0$ 时，$c_B = c_C = 0$，$c_A = 0.15$ mol·dm^{-3}。

(1) 求算 B 的浓度达到最大时所需时间 t_{max}；

(2) 在 t_{max} 时刻，A、B、C 的浓度各为多少？

22. 光气的热分解反应 $COCl_2 \longrightarrow CO + Cl_2$ 的机理为：

(1) $Cl_2 \underset{k_{-1}}{\overset{k_1}{\rightleftharpoons}} 2Cl\cdot$　　　　　　　　快

(2) $Cl\cdot + COCl_2 \xrightarrow{k_2} CO + Cl_3\cdot$　　　　慢

(3) $Cl_3\cdot \underset{k_{-3}}{\overset{k_3}{\rightleftharpoons}} Cl_2 + Cl\cdot$　　　　　　　快

试证明该反应的速率方程为 $d[Cl_2]/dt = k[COCl_2][Cl_2]^{1/2}$。

23. 乙醛气相热分解反应机理为：

$$CH_3CHO \xrightarrow{k_1} CH_3 + CHO \tag{1}$$

$$CH_3 + CH_3CHO \xrightarrow{k_2} CH_4 + CH_3CO \tag{2}$$

$$CH_3CO \xrightarrow{k_3} CO + CH_3 \tag{3}$$

$$2CH_3 \xrightarrow{k_4} CH_3CH_3 \tag{4}$$

试证明该反应的速率方程式为 $d[CH_4]/dt = k[CH_3CHO]^{3/2}$，给出总速率系数 k 与各步反应速率系数的关系。

24. $H_2 + I_2$ 反应生成 2HI 的反应历程如下：

$$I_2 + M \xrightarrow{k_1} 2I\cdot + M \qquad E_1 = 150.6 \text{ kJ·mol}^{-1}$$

$$H_2 + 2I \xrightarrow{k_2} 2HI \qquad E_2 = 20.9 \text{ kJ·mol}^{-1}$$

$$2I\cdot + M \xrightarrow{k_3} I_2 + M \qquad E_3 = 0 \text{ kJ·mol}^{-1}$$

(1) 推导该反应的速率方程式；

(2) 指出表观速率系数 k 与各步速率系数的关系，并计算反应的表观活化能 E_a。

25. 气相反应 $C_2H_6 + H_2 \longrightarrow 2CH_4$ 的机理可能是：

$$C_2H_6 \underset{k_{-1}}{\overset{k_1}{\rightleftharpoons}} 2CH_3\cdot \tag{1}$$

$$CH_3 + H_2 \xrightarrow{k_2} CH_4 + H\cdot \tag{2}$$

$$C_2H_6 + H\cdot \xrightarrow{k_3} CH_4 + CH_3\cdot \tag{3}$$

设反应 (1) 为快速对峙反应，H· 的浓度可用稳态法处理。试证明反应的速率方程式为：

$$d[CH_4]/dt = k[C_2H_6]^{1/2}[H_2]$$

指出表观速率系数 k 与各分速率系数 k 的关系。

26. 某液相反应 $A_2 + B_2 \longrightarrow 2AB$ 的早期实验研究得到的速率方程为：

$$r = \frac{1}{2}\frac{d[AB]}{dt} = k[A_2][B_2] \qquad k = 10^{12} exp\left[-\frac{37000J \cdot mol^{-1}}{RT}\right]$$

于是认为该反应是一个简单的双分子反应。后来有人提出该反应并非简单反应，机理可能是：

$$B_2 \underset{k_{-1}}{\overset{k_1}{\rightleftharpoons}} 2B \tag{1}$$

$$2B + A_2 \overset{k_2}{\longrightarrow} 2AB \tag{2}$$

反应（1）是快速步骤，反应（2）是控速步。已测得反应活化能 $E_a = 22.217kJ \cdot mol^{-1}$，从热力学数据知反应 $B_2 \longrightarrow 2B$ 的 $\Delta_r H_m^{\ominus} = 14.85kJ \cdot mol^{-1}$。试证明根据上述机理导出的速率方程及计算的速率系数 k 与实验结果是相吻合的。

27. 已知乙炔气体的热分解是二级反应，反应阈能 $E_c = 190.4kJ \cdot mol^{-1}$，分子直径为 0.5nm，试计算：

（1）800K 和 100kPa 时，乙炔分子的碰撞数；

（2）上述条件下乙炔热分解反应的速率系数；

（3）上述条件下反应的初始速率。

28. 有基元反应 $Cl(g) + H_2(g) \longrightarrow HCl(g) + H(g)$，已知各反应物的摩尔质量和分子直径分别为：

$$M_{Cl} = 35.45g \cdot mol^{-1}, \quad M_{H_2} = 2.016g \cdot mol^{-1}, \quad d_{Cl} = 0.20nm, \quad d_{H_2} = 0.15nm.$$

（1）试根据碰撞理论计算温度为 360K 时该反应的指前因子 A；

（2）在 250～450K 范围内，实验测得指前因子 $A = 1.20 \times 10^{10} mol^{-1} \cdot dm^3 \cdot s^{-1}$，求概率因子 P。

29. 松节油萜的消旋作用是一级反应，在 457.6K 和 510K 时的速率常数分别为 $2.2 \times 10^{-5} min^{-1}$ 和 $3.07 \times 10^{-3} min^{-1}$，求反应的实验活化能 E_a 及 485K 时活化熵、活化焓和活化 Gibbs 函数。

30. 某基元反应 $A(g) + B(g) \longrightarrow P(g)$，已知在 298K 时的速率系数 $k_p = 3.76 \times 10^{-5} Pa^{-1} \cdot s^{-1}$，在 308K 时速率系数 $k_p = 7.58 \times 10^{-5} Pa^{-1} \cdot s^{-1}$。假设 $A(g)$ 和 $B(g)$ 的相关物理参数分别为：$M_A = 28 \times 10^{-3} kg \cdot mol^{-1}$，$M_B = 71 \times 10^{-3} kg \cdot mol^{-1}$，$r_A = 0.36nm$，$r_B = 0.41nm$。试求 298K 时：

（1）该反应的概率因子 P；

（2）反应的活化焓 $\Delta_r^{\neq} H_m$、活化熵 $\Delta_r^{\neq} S_m$ 和活化 Gibbs 函数 $\Delta_r^{\neq} G_m$。

31. 已知二级反应 $2[Fe(CN)_6]^{3-} + 2I^- \longrightarrow 2[Fe(CN)_6]^{4-} + I_2$，在 298K 进行时，活化 Gibbs 函数 $\Delta_r^{\neq} G_m = 75312J \cdot mol^{-1}$，在 308K 进行 $\Delta_r^{\neq} G_m = 76149J \cdot mol^{-1}$。试计算反应的 $\Delta_r^{\neq} H_m$、$\Delta_r^{\neq} S_m$ 和速率系数 k。

32. 反应 $2HI \longrightarrow H_2 + I^-$ 在无催化剂存在时，其活化能为 $184.1kJ \cdot mol^{-1}$。在以 Au 作催化剂时，反应的活化能为 $104.6kJ \cdot mol^{-1}$。若反应在 503K 时进行，设催化反应的指前因子比非催化反应的小 10^8 倍，试估算催化反应的速率系数是非催化反应速率系数的多少倍？

33. 过氧化氢单独存在时，按下式分解的速率很慢：

$$2H_2O_2 \overset{k_1}{\longrightarrow} 2H_2O + O_2 \tag{1}$$

但当有适量的碘负离子 I^- 存在下，I^- 可作为催化剂使反应迅速发生。其分解分以下两步进行：

$$H_2O_2 + I^- \overset{k_2}{\longrightarrow} H_2O + IO^- \tag{2}$$

$$IO^- + H_2O_2 \overset{k_3}{\longrightarrow} H_2O + O_2 + I^- \tag{3}$$

试按下列要求，分别列式表示 H_2O_2 在中性溶液中，当有 I^- 存在时的分解速率：

（1）假定反应依催化机理进行，其中反应（3）极为迅速；

（2）假定反应依催化机理进行，但由反应（2）所产生的 IO^- 在极短时间内即可使反应（2）和反应（3）以等速进行。

34. 某有机化合物 A 在 323K、酸催化下发生水解反应，当溶液的 pH=5 时，$t_{1/2} = 69.3min$；当溶液的 pH＝4 时，$t_{1/2}$＝6.93min。已知 $t_{1/2}$ 与 A 的初始浓度无关。若将该反应的速率方程写为：

$$-\frac{d[A]}{dt}=k[A]^{\alpha}[H^{+}]^{\beta}$$

试求：①反应级数 α 和 β；②323K 时的速率系数 k；③在 323K、pH＝3 时，A 水解 80% 所需的时间。

35. 在某些生物体中，存在一种超氧化物歧化酶（E），它可将有害的 O_2^- 变为 O_2，反应如下：

$$2O_2^- + 2H^+ \xrightarrow{E} O_2 + H_2O_2$$

令 pH＝9.1，酶的初始浓度为 $4 \times 10^{-7} mol \cdot dm^{-3}$，测得以下数据：

$r/mol \cdot dm^{-3} \cdot s^{-1}$	3.85×10^{-3}	1.67×10^{-2}	0.1
$[O_2^-]/mol \cdot dm^{-3}$	7.69×10^{-6}	3.33×10^{-5}	2.00×10^{-4}

r 为以产物 O_2 表示的反应速率。设此反应的机理为：

$$E + O_2^- \xrightarrow{k_1} E^- + O_2$$

$$E^- + O_2^- \xrightarrow[k_2]{2H^+} E + H_2O_2$$

式中 E^- 为中间物，可看作自由基。已知 $k_2 = 2k_1$，计算 k_1 和 k_2。

36. 某均相酶催化反应的机理可表示为：

$$S + E \underset{k_{-1}}{\overset{k_1}{\rightleftharpoons}} X \xrightarrow{k_2} E + P$$

式中 E 为酶催化剂，S 为底物，已知 $[S]_0 \gg [E]_0$。

(1) 推导用 $[S]_0$ 和 $[E]_0$ 浓度表示的反应起始速率方程式 $r = d[P]/dt$；

(2) 令 r_m 为 $k_2[E]_0$，米氏常数 $K_M = (k_2 + k_{-1})/k_1$，根据下表求 r_m 和 K_M 值。

$[S]_0/10^{-3} mol \cdot dm^{-3}$	10	2	1	0.5	0.33
$r/10^{-4} mol \cdot dm^{-3}$	1.17	0.99	0.79	0.62	0.50

37. 多相催化反应 $C_2H_6(g) + H_2(g) \xrightarrow{Ni/SiO_2} 2CH_4(g)$，在 464K 时，测得数据如下表所示：

p_{H_2}/kPa	10	20	40	20	20	20
$p_{C_2H_6}/kPa$	3.0	3.0	3.0	1.0	3.0	10
r/r_0	3.10	1.00	0.20	0.29	1.00	2.84

r 代表反应速率，r_0 是当 p_{H_2}＝20kPa 和 $p_{C_2H_6}$＝3.0kPa 时的反应速率。

(1) 若反应速率方程可表示为 $r = k p_{H_2}^{\alpha} p_{C_2H_6}^{\beta}$，根据表列数据求算 α 和 β；

(2) 证明反应机理可表示为：

$$C_2H_6(g) + [K] \underset{k_{-1}}{\overset{k_1}{\rightleftharpoons}} [C_2K] + 3H_2(g) \qquad 快速平衡$$

$$[C_2K] + H_2(g) \xrightarrow{k_2} 2CH(g) + [K] \qquad 决速步$$

$$CH(g) + \frac{3}{2}H_2(g) \xrightarrow{k_3} CH_4(g) \qquad 快反应$$

式中 [K] 为催化剂活性中心。

38. 用波长为 $3.130 \times 10^{-7} m$ 的单色光照射气态丙酮，发生如下分解反应：

$$(CH_3)CO + h\nu \longrightarrow C_2H_6 + CO$$

若反应池的容量是 59mL，丙酮吸收入射光的 91.5%，在反应过程中，反应温度为 840.2K，照射时间＝7h，起始压力为 102165Pa，入射能＝$48.1 \times 10^{-4} J \cdot s^{-1}$，终了压力＝104418Pa。试计算此反应的量子产率。

39. 大部分化学反应活化能约在 $4 \times 10^4 \sim 4 \times 10^5 J \cdot mol^{-1}$ 之间。若反应 $H_2(g) + Cl_2(g) \longrightarrow 2HCl(g)$ 中

的 $\varepsilon_{Cl-Cl}=242.67\text{kJ}\cdot\text{mol}^{-1}$，今用光引发反应 $Cl_2+h\nu\longrightarrow2Cl\cdot$，使发生链反应。所需光的波长为多少？

40. O_3 的光化反应机理为：

(1) $O_3+h\nu\xrightarrow{I_a}O_2+O\cdot$ \hfill (1)

(2) $O\cdot+O_3\xrightarrow{k_2}2O_2$ \hfill (2)

(3) $O\cdot\xrightarrow{k_3}O+h\nu$ \hfill (3)

(4) $O+O_2+M\xrightarrow{k_4}O_3+M$ \hfill (4)

设单位时间、单位体积中吸光速率为 I_a，Φ 为过程（1）的量子产率：$\Phi=\dfrac{d[O_2]/dt}{I_a}$，为总反应的量子产率，反应速率用 $d[O_2]/dt$ 表示。

(1) 试证明 $\dfrac{1}{\Phi}=\dfrac{1}{3\Phi}\left(1+\dfrac{k_3}{k_2[O_3]}\right)$

(2) 若以 250.7nm 的光照射时，$\dfrac{1}{\Phi}=0.588+0.81\dfrac{1}{[O_3]}$，试求 Φ 及 k_2/k_3 的值。

第9章 电 化 学

  电化学主要是研究电能和化学能之间的相互转化及转化过程中有关规律的科学。电和化学反应在特点的电化学装置中进行。电极和电极之间的电解液是构成电化学装置的基本要素，而电池由两个电极和电极之间的电解质构成，因而电化学的研究内容应包括两个方面：一是电解质的研究，其中包括电解质的导电性质、离子的传输性质以及参与反应离子的平衡性质等，其中电解质溶液的物理化学研究常称作电解质溶液理论；另一方面是电极的研究，即电极学，其中包括电极的平衡性质和通电后的极化性质，也就是电极和电解质界面上的电化学行为及其动力学。

  电化学是一门古老而又充满活力的学科，已有 200 多年历史。一般公认电化学起源于 1791 年 L. Galvani（伽发尼）发现金属能使蛙腿肌肉抽缩的"动物电"现象。1799 年，伏特（Volta）发明了"伏特堆电池"——世界上最早的电池，1834 年，法拉第（Faraday）提出了法拉第定律——定量化地研究电化学现象。1887 年，阿伦尼乌斯提出弱电解质溶液部分电离理论，并引入电离度 α 的概念。1889 年，Nernst 方程建立，由此建立了电能-化学能的联系，可用电化学方法测定平衡热力学函数。1923 年，Debye-Hückel 强电解质的静电作用理论较成功地阐述了电解液的性质。因此，19 世纪电极过程热力学研究和 20 世纪 30 年代溶液电化学研究取得了重大进展，形成电化学发展史上两个光辉时期。20 世纪前叶，电化学学科发展出现滞缓，其主要原因是用"平衡系统"考虑不可逆的电化学过程。20 世纪 50 年代后，电化学中的动力学问题才得到重视。1958 年阿波罗（Appolo）宇宙飞船上成功地使用燃料电池作为辅助电源，有力地促进了电化学的发展。20 世纪 70 年代以来，由于计算机技术和表面物理技术的应用，促使电化学进入由宏观到微观、由经验到理论的研究阶段。近年来可充电锂离子电池的普及生产使用、燃料电池在发电及汽车工业领域的应用研究开发，以及生物电化学的迅速发展，为电化学学科注入了活力。

  电化学应用领域相当广泛，主要包括：在物理化学的众多分支中，电化学是唯一以大工业为基础的学科。它的应用分为以下几个方面：

  ① 电解与电镀 包括精炼和冶炼有色金属和稀有金属，电解法制备化工原料，电镀法保护和美化金属，氧化着色等。其中的氯碱工业是仅次于合成氨和硫酸的无机物基础工业。

  ② 化学电源 涉及领域包括汽车、宇宙飞船、照明、通讯、生化和医学等方面。化学能源在将来的能源结构中将起到举足轻重的作用。

  ③ 电分析化学 电分析化学构成了仪器分析的一个重要分支，各种电化学分析法已成为实验室和工业监控的不可缺少的手段。

  ④ 生物电化学 许多生命现象如肌肉运动、神经的信息传递都涉及电化学机理

  ⑤ 有机电合成 电化学方法生产尼龙-66 的中间单体己二腈、合成激素类药物等。

  ⑥ 金属腐蚀与防护 大部分金属腐蚀是电化学腐蚀问题，电化学是研究金属腐蚀机理，并实现有效防护的重要技术手段。

  本教材主要从以下几个方面作简要的概述：①电解质溶液导论；②可逆电池；③电极过程；④应用电化学等，重点讨论了电化学中的一些基本原理和共同规律。

9.1 电解质溶液导论

电化学反应是在电子导体和离子导体界面上进行的氧化还原反应；离子导体-电解质溶液是构成电化学系统、完成电化学反应必不可少的条件，有时它本身就是电化学反应原料的提供者。因此，了解电解质溶液的特性是十分重要的。

9.1.1 电解质溶液导电机理及法拉第定律

导体可分为两类：一类是靠自由电子的迁移导电，即电子导体，如金属、石墨、某些金属氧化物（如 PbO_2）、金属碳化物（如 WC）等。这类导体在导电过程中导体本身不发生变化，温度升高，电子移动的阻力增大，因此电导降低，导电总量全部由电子承担。另一类是靠离子的移动导电，其导电任务由正负离子共同承担，也称为离子导体，如电解质溶液、熔融电解质及固体电解质。当温度升高，离子迁移速率加快，电导增加。除了温度的影响外，电解质溶液导电与金属导体导电的重要区别是：在电场作用下离子分别向两极迁移的同时，在电极上分别完成电子的得失，从而导致氧化或还原反应的发生。

固体电解质，如 AgBr、PbI_2 等，也属于离子导体，但导电机理比较复杂，本章以讨论电解质水溶液为主。

（1）原电池和电解池

根据能量转化方向不同，电化学装置可分为原电池和电解池两类。原电池实现了化学能向电能的转换，而电解池实现电能向化学能的转换。图 9-1 和图 9-2 分别是电解池和原电池的示意图。

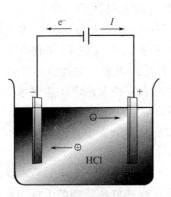

图 9-1 电解池示意图

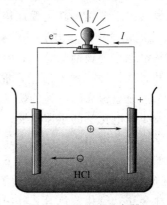

图 9-2 原电池示意图

从图 9-1 可见，在外电场的作用下，H^+ 和 Cl^- 分别向负极和正极迁移，而这些带电离子的定向迁移造成了电流在溶液中通过。但是，要保持整个回路中电流的连续还必须有两电极上发生的氧化还原反应。

当外加电压达到足够数值时，H^+ 便会在负极上得到电子而发生还原反应：

$$2H^+ + 2e^- \Longrightarrow H_2(g)$$

同时，Cl^- 将在正极上放出电子而发生氧化反应：

$$2Cl^- - 2e^- \Longrightarrow Cl_2(g)$$

两电极上发生反应的结果是分别放出或消耗了电子，其效果就好像负极上的电子进入了溶液，然后又从溶液中跑到正极上一样，如此使电流在电极与溶液界面处得以连续。

该电解反应的总结果是：外电源消耗了电功而电解池内发生了非自发反应，即将电能转化为化学能：

$$HCl(aq) \Longrightarrow \frac{1}{2}H_2(g) + \frac{1}{2}Cl_2(g)$$

图 9-2 表示在盛有 HCl 水溶液的容器中插入两个 Pt 片，并使 H_2 和 Cl_2 分别到两边的 Pt 片上，这样构成了一个原电池。在该电池中，发生如下反应：

$$\frac{1}{2}H_2(g) + \frac{1}{2}Cl_2(g) \Longrightarrow HCl(aq)$$

该反应为一自发反应，反应的结果是将化学能转化为电能。

无论是原电池还是电解池，其共同的特点是，当外电路接通时：①在电极与溶液的界面上有电子得失的反应发生，即电极反应；②溶液内部有离子作定向迁移运动；③两个电极反应之和为总的化学反应。

电化学中关于电极的规定：阳极发生氧化反应，阴极发生还原反应。电势高的电极为正极，而电势低的电极为负极。根据这一规定，在原电池中，负极为阳极，而正极为阴极。

在上述电解池中，由于化学反应 $HCl(aq) \Longrightarrow \frac{1}{2}H_2(g) + \frac{1}{2}Cl_2(g)$ 的进行，导致两电极间产生电势差，形成了电池对外做电功的本领。而在原电池中，由于 H_2 在阳极失去电子而发生氧化反应，H^+ 进入溶液，电子 e^- 留在电极上而使 H_2 电极具有较低的电势；同时，Cl_2 在阴极得到电子而发生还原反应形成 Cl^- 并进入溶液，结果阴极因缺少电子而具有较高的电势。当以导线连通两电极时必然产生电流而对外做电功。据此，我们可以得出如下结论：

① 可借助电解池与原电池来实现电能与化学能的互相转化。其中，电解池是将电能转化成化学能的装置，而原电池则相反。

② 要使得电能与化学能的相互转化顺利进行，必须保证整个回路中电流的连续。而电解质溶液中离子的定向迁移与电极上发生的氧化还原反应是保证电流连续的两个必要条件。

③ 不管是电解池或原电池，正、负极总是对应于电势的高低，而阴、阳总是对应于还原反应和氧化反应。

（2）法拉第定律

法拉第定律是 1833 年由法拉第从实验结果归纳出来的定律。其内容是：

① 在电极界面上发生化学变化物质的质量与通入的电量成正比；

② 通电于若干个电解池串联的线路中，当所取的基本粒子的荷电数相同时，在各个电极上发生反应的物质，其物质的量相同，析出物质的质量与其摩尔质量成正比：

$$M^{z+} + z_+ e^- \longrightarrow M$$
$$A^{z-} - z_- e^- \longrightarrow A$$
$$Q = znF \tag{9.1-1}$$

式中，n 为电极反应的物质的量；z 为电极反应的电子计量数；F 为法拉第常数，它等于 1mol 电子所带电量的绝对值，即 $F = 6.0220 \times 10^{23} \times 1.0622 \times 10^{-19} C \cdot mol^{-1} = 96485 C \cdot mol^{-1}$。

从式（9.1-1）可以看出，对各种不同的电解质溶液，当通过相同的电量 Q 时，由于电子计量数 z 不同，则 n 应不同，即 n 与 z 有关。若令 $z=1$，则此时 n 表示电极反应的物质连同其前面系数为基本单元的物质的量。如下列各反应：

$$Ag^+ + e^- =\!\!= Ag$$

$$Cu^{2+} + e^- =\!\!= Cu^+$$

$$\frac{1}{2}Cu^{2+} + e^- =\!\!= \frac{1}{2}Cu$$

$$\frac{1}{3}Al^{3+} + e^- =\!\!= \frac{1}{3}Al$$

其中，Ag^+、$\frac{1}{2}Cu^{2+}$ 和 $\frac{1}{3}Al^{3+}$ 均称为粒子的基本单元。当通过不同电极的电量相同时，则任一电极上发生反应的基本单元的物质的量也是相同的。如：电解 $AgNO_3$ 时 $1F$ 电量通过，析出 $1mol$ Ag；而电解 $CuSO_4$ 时，$1F$ 电量通过，则析出 $0.5mol$ Cu。

常用的库仑计：银库仑计（$Ag/AgNO_3$）和铜库仑计（$Cu/CuSO_4$）。

法拉第定律是为数不多的最准确和最严格的自然科学定律之一。它在任何温度和压力下均可适用，也不受电解质浓度、电极材料及溶剂性质的影响。此外，不管是电解池或者是原电池，法拉第定律都同样适用。

9.1.2　离子的电迁移与迁移数

（1）离子的电迁移现象

在作为离子导体的电解质溶液中，带电粒子——即正、负离子共同承担导电任务。在电场力作用下正、负离子分别作定向运动。电化学把正、负离子在电场力作用下定向移动的现象称为电迁移。正、负离子虽然运动方向相反，但输送电荷的方向却是相同的。假如在电场作用下，通过电量 Q，电解质溶液作为一个导体来看，不管其形状如何，在任一截面上所通过的电量也应当是 Q，输送的电量 Q 是由正、负离子共同承担的。

总电荷量＝正离子传递的电荷量＋负离子传递的电荷量

即：
$$Q = Q_+ + Q_- \quad 或 \quad I = I^+ + I^- \tag{9.1-2}$$

而每一种离子所传导的电量是与溶液中该离子的浓度 n_i、电荷数 z_i 以及它的运动速率成正比。

$$Q_i = k n_i z_i v_i \tag{9.1-3}$$

如 KCl、NH_4NO_3 这样的 1-1 型电解质：$Q_+ = k n_+ z_+ v_+$，$Q_- = k n_- z_- v_-$，则：

$$\frac{Q_+}{Q_-} = \frac{k n_+ z_+ v_+}{k n_- z_- v_-} = \frac{v_+}{v_-} \tag{9.1-4}$$

对于非 1-1 型电介质，如 Na_2SO_4、$CaCl_2$ 等，因：$n_+ z_+ = n_- z_-$，式（9.1-4）仍然成立。

（2）离子的电迁移率

离子在电场中的运动速率除了与离子的本性（包括离子半径、离子水化程度、所带电荷等）以及溶剂的性质有关外，还与电场的电位梯度有关。离子的迁移速率可以表示为：

$$v_+ = u_+ \frac{dE}{dl} \qquad v_- = u_- \frac{dE}{dl} \tag{9.1-5}$$

式中，u_+、u_- 相当于单位电位梯度时离子的运动速率，称为离子的电迁移率（又称为离子淌度），单位为 $m^2 \cdot s^{-1} \cdot V^{-1}$。离子的电迁移率与离子本性、溶剂本性、浓度、温度有关。在无限稀释情况下，离子的电迁移率记作 u^∞，表 9-1 列出了在 298.15K 无限稀释时几种离子的电迁移率。

表 9-1 298.15K 时一些离子在无限稀释溶液中的离子电迁移率

正离子	$u_+^\infty \times 10^8 / \mathrm{m^2 \cdot s^{-1} \cdot V^{-1}}$	负离子	$u_-^\infty \times 10^8 / \mathrm{m^2 \cdot s^{-1} \cdot V^{-1}}$
H^+	36.30	OH^-	20.52
K^+	7.62	SO_4^{2-}	8.27
Ba^{2+}	6.59	Cl^-	7.91
Na^+	5.19	NO_3^-	7.40
Li^+	4.01	HCO_3^-	4.61

(3) 离子的迁移数

定义：某种离子迁移的电量与通过溶液的总电量之比称为该离子的迁移数。

设有长为 l、截面积为 A 的两个平行铂电极内有浓度为 $c(\mathrm{mol \cdot m^{-3}})$ 的电离度为 α 的电解质 $M_x N_y$，正、负离子的移动速度为 v_+、v_-，通过电解池的电流为 I。

由电离平衡：

$$M_x N_y \Longrightarrow x\,M^{z+} + y\,N^{z-}$$
$$c(1-\alpha) \qquad cx\alpha \qquad cy\alpha$$

即溶液中正、负离子的浓度为 $cx\alpha$、$cy\alpha$。

单位时间正、负离子传导的电量分别为：

$$Q_+ = (Av_+ x\alpha cz_+)tF \tag{9.1-6a}$$

$$Q_- = (Av_- y\alpha cz_-)tF \tag{9.1-6b}$$

根据迁移数的定义，并应用电中性条件，得正、负离子的迁移数分别为：

$$t_+ = \frac{Q_+}{Q_+ + Q_-} = \frac{v_+}{v_+ + v_-} \tag{9.1-7a}$$

$$t_- = \frac{Q_-}{Q_+ + Q_-} = \frac{v_-}{v_+ + v_-} \tag{9.1-7b}$$

如果溶液中只有一种电解质，则：

$$t_+ + t_- = 1 \tag{9.1-8}$$

如果溶液中有多种电解质，共有 i 种离子，则：

$$\sum t_i = \sum t_+ + \sum t_- = 1 \tag{9.1-9}$$

式中，t_+、t_- 为只与离子的运动速度有关，与离子的价数及浓度无关。

(4) 迁移数的测定方法

① 希托夫法 希托夫（Hittorf）法迁移数测定实验装置见图 9-3。迁移数管分为阳极区、中间区和阴极区三个部分。在 Hittorf 迁移管中装入已知浓度的电解质溶液，接通稳压直流电源，这时电极上有反应发生，正、负离子分别向阴、阳两极迁移。通电一段时间后，电极附近溶液浓度发生变化，中部基本不变。小心放出阴极部（或阳极部）溶液，称重并进行化学分析，根据输入的电量和极区浓度的变化，就可计算离子的迁移数 t_+ 和 t_-。

Hittorf 法中需要采集如下数据：

a. 通入的电量，由库仑计中称重阴极质量的增加而得；

b. 电解前含某离子的物质的量 n（起始）；

c. 电解后含某离子的物质的量 n（终了）；

d. 写出电极上发生的反应，判断某离子浓度是增加、减少还是没有发生变化；

e. 判断离子迁移的方向。

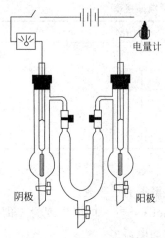

图 9-3 希托夫法测定离子
迁移数的装置

阴极 阳极

通常分析通电前后阳极溶液来计算正离子的迁移数：

如阳极不溶解，则 $n(迁)＝n(原)－n(剩)＝\Delta n$

如阳极溶解，则 $n(迁)＝n(原)＋n(溶)－n(剩)＝\Delta n$

希托夫法的原理较简单，但实验中由于对流、扩散、外界振动及水分子随离子的迁移等因素的影响，数据的准确性往往较差。

【例题 9-1】 用银电极电解 KCl 水溶液。电解前每 100g 溶液中含 KCl 0.7422g。阳极溶解下来的银与溶液中的 Cl^- 反应生成 AgCl(s)，其反应可表示为 $Ag \longrightarrow Ag^+ + e^-$，$Ag^+ + Cl^- \longrightarrow AgCl(s)$，总反应为 $Ag + Cl^- \longrightarrow AgCl(s) + e^-$。通电一定时间后，测得银电量计中沉积了 0.6136g Ag，并测知阳极区溶液质量 117.51g，其中含 KCl 0.6659g。试计算 $t(K^+)$ 和 $t(Cl^-)$。

解： 对于只含一种正离子和一种负离子的电解质溶液，只需求出其中任一种离子的迁移数即可。

由 Ag 电量计上析出的 Ag 计算通过电解池电荷的物质的量：

$$n＝0.6136g/107.87g \cdot mol^{-1}＝5.688 \times 10^{-3} mol$$

设阳极区水的量在电解前后不变：

$$m_水(阳极区)＝(117.51－0.6659)g＝116.844g$$

电解前后 Cl^- 的物质的量为：

$$n_{Cl^-}(电解前)＝\frac{116.844 \times 0.7422}{(100－0.7422) \times 74.55} mol＝11.72 \times 10^{-3} mol$$

$$n_{Cl^-}(电解后)＝\frac{0.6659}{74.55} mol＝8.932 \times 10^{-3} mol$$

$$t(Cl^-)＝\frac{n_{Cl^-}(迁入)}{n}＝\frac{n_{Cl^-}(电解后)＋n_{Cl^-}(电极反应)－n_{Cl^-}(电解前)}{n}$$

$$＝\frac{(8.932＋5.688－11.72) \times 10^{-3}}{5.688 \times 10^{-3}}$$

$$＝0.510$$

$$t(K^+)＝1－0.510＝0.490$$

② 界面移动法　界面移动法是由测定离子的运动速度以确定离子迁移数的一种实验方法。如图 9-4 所示。为测定已置于玻璃管下方的 CA 溶液中 C^+ 的迁移数，可由上部小心地加入 $C'A$ 溶液作指示溶液。两种溶液在 ab 处呈现一清晰界面。通电后，C^+ 和 C'^+ 同时向阴极移动，若选择适宜的条件以使 C' 的移动速度略小于 C^+ 的移动速度，则可观察到清晰界面的缓缓移动。若通电 nF 电量后界面移动到 $a'b'$，则可通过溶液的浓度 c 及 ab 与 $a'b'$ 间的溶液体积以计算 C^+ 的迁移数：

$$t_+ n＝Vc \quad 或 \quad t_+＝Vc/n \qquad (9.1-10)$$

界面移动法比较精确，也可用来测离子的淌度。

9.1.3　电导、电导率和摩尔电导率

(1) 电导、电导率、摩尔电导率

① 电导　物体的导电能力常用电阻（R）表示，作为离子导体的电解质溶液其导电能

力采用电阻的倒数——电导 G 来描述，即：

$$G = 1/R \qquad (9.1\text{-}11)$$

电导的单位：西门子（S），$1S = 1\Omega^{-1}$。

为了比较不同导体的导电能力，提出电导率的概念。

② 电导率 溶液的电导率为电阻率的倒数，即：

$$G = \kappa \frac{A}{l} \qquad (9.1\text{-}12)$$

式中，κ 为电导率，$S \cdot m^{-1}$。

κ 的物理意义：是电极距离为 1m 而两极板面积均为 $1m^2$ 时电解质溶液的电导，故 κ 有时亦称为比电导（见图9-5）。

由式（9.1-12）得：

$$\kappa = G \frac{l}{A} \qquad (9.1\text{-}13)$$

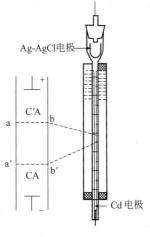

图9-4 界面移动法原理示意图

式中，l/A 为电导池常数，是一个表示电导池几何特征的因子，m^{-1}。

③ 摩尔电导率 为了评价各种离子的导电能力，引入摩尔电导率（Λ_m）的概念。

定义：在距离单位长度（1m）的两个平行电极之间，放置含1mol电解质的溶液，此时的电导称为这种溶液的摩尔电导率 Λ_m，见图9-6。

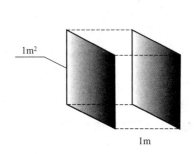

图9-5 电导率物理意义示意图

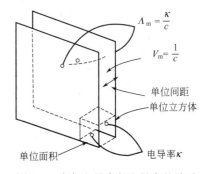

图9-6 摩尔电导率与电导率的关系

摩尔电导率可通过下式计算：

$$\Lambda_m = \kappa V_m = \frac{\kappa}{c} \qquad (9.1\text{-}14)$$

式中，c 的单位：$mol \cdot m^{-3}$；Λ_m 的单位：$S \cdot m^2 \cdot mol^{-1}$。

按照 Λ_m 的规定，我们可以通过比较指定温度及浓度下不同电解质的导电能力。注意：使用 Λ_m 要与特定的基本单元联系起来，只有组成的基本单元带有相同电量时才有意义。为此，规定组成电解质的基本单位所含的电量与一个质子（或电子）的电量相等，所以对于电解质 $NaCl$、$CuSO_4$、$AlCl_3$，其溶液的摩尔电导率分别是 $\Lambda_m(NaCl)$、$\Lambda_m\left(\frac{1}{2}CuSO_4\right)$、$\Lambda_m\left(\frac{1}{3}AlCl_3\right)$。

（2）电导率、摩尔电导率与浓度的关系

① 电导率与浓度的关系 电解质溶液的电导率及摩尔电导率均随溶液的浓度变化而变化，但强、弱电解质的变化规律却不尽相同。几种不同的强、弱电解质其电导率 κ 随浓度的变化关

系如图 9-7 所示，强电解质在水溶液中的电导率随着浓度的增加而升高，当浓度增加到一定程度后，解离度下降，离子运动速率降低，电导率也降低，如 H_2SO_4 和 KOH 溶液；对于中性盐来说，由于受饱和溶解度的限制，其溶液的电导率随浓度单调增加，如 KCl；弱电解质溶液的电导率随浓度变化不显著，因浓度增加使其电离度下降，离子数目变化不大，如醋酸。

② 摩尔电导率与浓度的关系　由于溶液中导电物质的量已给定（都为 1mol），所以当浓度降低时，离子之间相互作用减弱，正、负离子迁移速率加快，溶液的摩尔电导率必定升高。当浓度降低到一定程度之后，强电解质的摩尔电导率值几乎保持不变，见图 9-8。

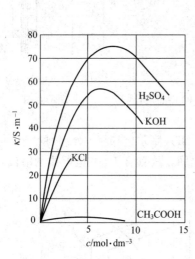

图 9-7　一些电解质电导率随
浓度的变化

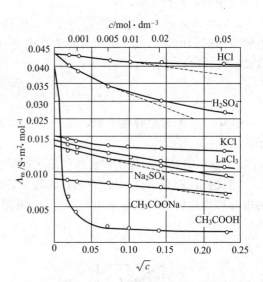

图 9-8　298K 时一些电解质在水溶液中的摩
尔电导率与浓度的关系

从图 9-8 中可以看出，对于强电解质，随着浓度下降，Λ_m 升高，通常当浓度降至 $0.001\text{mol} \cdot \text{dm}^{-3}$ 以下时，Λ_m 与 $\sqrt{c}$ 之间呈线性关系。德国科学家科尔劳施（Kohlrausch）总结的经验式为：

$$\Lambda_m = \Lambda_m^\infty - \beta\sqrt{c} \tag{9.1-15}$$

式中，Λ_m^∞ 为无限稀释摩尔电导率或极限摩尔电导率，对强电解质可以用外推法求得；β 为一常数。

但对弱电解质来说，溶液变稀时解离度增大，致使参加导电的离子数目大为增加（注意：电解质数量未变），因此 Λ_m 的数值随浓度的降低而显著增大。当溶液无限稀释时，电解质几乎完全 100% 电离，且离子间距离很大，相互作用力可以忽略。因此，弱电解质溶液在低浓度范围的稀释过程中，Λ_m 的变化比较剧烈且 Λ_m 与 Λ_m^∞ 相差甚远，Λ_m 与 c 之间也不存在式（9.1-15）所示的关系。

（3）离子独立运动定律和离子的摩尔电导率

Kohlrausch 根据大量的实验数据发现了一个规律：在无限稀释的溶液中，离子的运动是独立的，不受其他共存离子的影响。这一规律可由表 9-2 看出。如 HCl 与 HNO_3、KCl 与 KNO_3、LiCl 与 $LiNO_3$ 三组电解质的 Λ_m^∞ 的差值相等，与正离子本性无关。同样，具有相同负离子的三组电解质，其 Λ_m^∞ 的差值也相等，与负离子本性无关。由该定律可得出以下两点推论：

① 无限稀释时，任何电解质的 Λ_m^∞ 应是正、负离子无限稀释摩尔电导率的简单加和，即：

对 1-1 型电解质而言，有下列关系：

$$\Lambda_m^\infty = \Lambda_{m,+}^\infty + \Lambda_{m,-}^\infty \tag{9.1-16}$$

对不同的电解质，其一般式为：

$$\Lambda_m^\infty = \nu_+ \Lambda_{m,+}^\infty + \nu_- \Lambda_{m,-}^\infty \tag{9.1-17}$$

式中，$\Lambda_{m,+}^\infty$、$\Lambda_{m,-}^\infty$ 分别表示正、负离子的无限稀释摩尔电导率。

② 一定温度下，任一种离子的极限摩尔电导率为一定值。

利用上述结论，可由有关强电解质的 Λ_m^∞ 求得一弱电解质的 Λ_m 值。

表 9-2　在 298K 时一些强电解质的无限稀释摩尔电导率

电解质	$\Lambda_m^\infty / S \cdot m^2 \cdot mol^{-1}$	差值	电解质	$\Lambda_m^\infty / S \cdot m^2 \cdot mol^{-1}$	差值
HCl	0.041616	5.14×10^{-4}	KCl	0.014986	34.83×10^{-4}
HNO$_3$	0.04213		LiCl	0.011503	
KCl	0.014986	4.90×10^{-4}	KClO$_4$	0.015004	44.06×10^{-4}
KNO$_3$	0.014496		LiClO$_4$	0.010598	
LiCl	0.011503	4.93×10^{-4}	KNO$_3$	0.01450	34.9×10^{-4}
LiNO$_3$	0.01101		LiNO$_3$	0.01101	

根据离子独立运动定律，可用强电解质无限稀释摩尔电导率计算弱电解质无限稀释摩尔电导率。例如：

$$\Lambda_m^\infty(CH_3COOH) = \Lambda_m^\infty(H^+) + \Lambda_m^\infty(CH_3COO^-)$$
$$= \Lambda_m^\infty(HCl) + \Lambda_m^\infty(CH_3COONa) - \Lambda_m^\infty(NaCl)$$

若能得知无限稀释时各种离子的摩尔电导率，可根据式（9.1-17）计算无限稀释时任何电解质的摩尔电导率。一些离子的离子电导率数据列于表 9-3。

表 9-3　298K 时无限稀释的水溶液中一些离子的无限稀释摩尔电导率

正离子	$\Lambda_{m,+}^\infty \times 10^4 / S \cdot m^2 \cdot mol^{-1}$	负离子	$\Lambda_{m,-}^\infty \times 10^4 / S \cdot m^2 \cdot mol^{-1}$
H^+	349.8	OH^-	198.3
Li^+	38.7	F^-	55.4
Na^+	50.1	Cl^-	76.4
K^+	73.5	Br^-	78.4
NH_4^+	73.4	I^-	76.8
Ag^+	61.9	NO_3^-	71.4
$\frac{1}{2}Ca^{2+}$	59.5	CH_3COO^-	40.9
$\frac{1}{2}Ba^{2+}$	63.6	ClO_4^-	68.0
$\frac{1}{2}Sr^{2+}$	59.5	$\frac{1}{2}SO_4^{2-}$	79.8
$\frac{1}{2}Mg^{2+}$	53.1	$\frac{1}{2}CO_3^{2-}$	69.3
$\frac{1}{3}La^{3+}$	69.6	$\frac{1}{3}PO_4^{3-}$	80

（4）电导测定的应用

① 检验水的纯度　纯水本身有微弱的解离，H^+ 和 OH^- 的浓度近似为 $10^{-7}\,mol \cdot dm^{-3}$，查表得 $\Lambda_m^\infty(H_2O) = 5.5 \times 10^{-2}\,S \cdot m^2 \cdot mol^{-1}$，这样，纯水的电导率应为 $5.5 \times 10^{-6}\,S \cdot m^{-1}$。

事实上，水的电导率小于 $1 \times 10^{-4}\,S \cdot m^{-1}$ 就认为是很纯的了，有时称为"电导水"，若大于这个数值，则可以推断可能含有某种杂质。

② 计算弱电解质的解离度及解离常数 弱电解质的 Λ_m^∞ 可以通过计算和查表，在一定浓度下的弱电解质的摩尔电导率 Λ_m 可以测定，如果不计离子间相互作用的影响（弱电解质的浓度很小），则可认为弱电解质 Λ_m 和 Λ_m^∞ 的差别完全是由电解质浓度的不同造成的，则有：

$$\alpha = \Lambda_m / \Lambda_m^\infty \qquad (9.1\text{-}18)$$

设有 AB 型的电解质，初始浓度为 c，电离度为 α：

$$AB \longrightarrow A^+ + B^-$$

平衡时 $\qquad\qquad\qquad c(1-\alpha) \qquad\qquad c\alpha \qquad\qquad c\alpha$

则

$$K_c^\ominus = \frac{\dfrac{c_{A^+}}{c^\ominus} \times \dfrac{c_{B^-}}{c^\ominus}}{\dfrac{c_{AB}}{c^\ominus}} = \frac{\dfrac{c}{c^\ominus} \times \alpha^2}{1-\alpha} \qquad (9.1\text{-}19)$$

以式 (9.1-18) 代入，得：

$$K_c^\ominus = \frac{\dfrac{c}{c^\ominus} \times \Lambda_m^2}{\Lambda_m^\infty (\Lambda_m^\infty - \Lambda_m)} \qquad (9.1\text{-}20)$$

或

$$\frac{c}{c^\ominus} \Lambda_m = \frac{K_c \Lambda_m^{\infty 2}}{\Lambda_m} - K_c \Lambda_m^\infty \qquad (9.1\text{-}21)$$

以 $(c/c^\ominus)\Lambda_m$ 对 $1/\Lambda_m$ 作图，应得一条直线，由斜率和截距可求得 Λ_m^∞ 和 $K_c^\ominus$，这就是奥斯特瓦尔德 (Ostwald) 稀释定律。

【例题 9-2】 在 18℃时，$0.01\,mol \cdot dm^{-3}$ $NH_3 \cdot H_2O$ 的摩尔电导率为 $9.62 \times 10^{-4}\,S \cdot m^2 \cdot mol^{-1}$，$0.1\,mol \cdot dm^{-3}$ $NH_3 \cdot H_2O$ 的摩尔电导率为 $3.09 \times 10^{-4}\,S \cdot m^2 \cdot mol^{-1}$。试求算该温度时 $NH_3 \cdot H_2O$ 的解离常数以及 $0.01\,mol \cdot dm^{-3}$ 和 $0.1\,mol \cdot dm^{-3}$ $NH_3 \cdot H_2O$ 的解离度。

解： 相同温度时，不同浓度的 $NH_3 \cdot H_2O$ 溶液的 $K_c^\ominus$ 相同：

$$K_c^\ominus = \frac{\dfrac{c_1}{c^\ominus} \times \alpha_1^2}{1-\alpha_1} = \frac{\dfrac{c_2}{c^\ominus} \times \alpha_2^2}{1-\alpha_2} \qquad ①$$

将 $\alpha_1 = \Lambda_{m,1}/\Lambda_m^\infty$，$\alpha_2 = \Lambda_{m,2}/\Lambda_m^\infty$ 代入并整理得：

$$\frac{\alpha_1}{\alpha_2} = \frac{\Lambda_{m,1}}{\Lambda_{m,2}} = 3.113 \qquad ②$$

联立式①、式②，解得：$\alpha_1 = 0.0447$，$\alpha_2 = 0.0144$，$K_c^\ominus = 2.09 \times 10^{-5}$

③ 计算难溶盐的溶解度和溶度积 难溶盐如 $BaSO_4$、$AgCl$ 在水中的溶解度很小，浓度难以测定，可应用电导法求得。由于难溶盐溶解度很小，可以认为 $\Lambda_m \approx \Lambda_m^\infty = \nu_+ \Lambda_{m,+}^\infty + \nu_- \Lambda_{m,-}^\infty$。由于水也有电导，所以 κ(难溶盐)$= \kappa$(溶液)$- \kappa(H_2O)$，则难溶盐的溶解度：

$$c = \frac{\kappa(溶液) - \kappa(H_2O)}{\Lambda_m^\infty} \qquad (9.1\text{-}22)$$

进一步可求出溶度积。

【例题 9-3】 在 25℃时，测得 AgCl 饱和溶液的电导率为 $3.41 \times 10^{-4}\,S \cdot m^{-1}$，而同温度下所用水的电导率为 $1.60 \times 10^{-4}\,S \cdot m^{-1}$，计算 AgCl 的溶度积。

解： 应用表 9-3 中的 Λ_m^∞，根据式 (9.1-21)，AgCl 在水中的溶解度为：

$$c = \frac{\kappa_{溶液} - \kappa_{水}}{\Lambda_m^\infty} = \frac{3.41 \times 10^{-4} - 1.60 \times 10^{-4}}{(61.9 + 76.4) \times 10^{-4}} \, mol \cdot m^{-3}$$

$$= 1.31 \times 10^{-2} \, mol \cdot m^{-3} = 1.31 \times 10^{-5} \, mol \cdot dm^{-3}$$

$$K_{sp} = \frac{c_{Ag^+}}{c^\ominus} \frac{c_{Cl^-}}{c^\ominus} = \left(\frac{c}{c^\ominus}\right)^2 = (1.31 \times 10^{-5})^2 = 1.72 \times 10^{-10}$$

④ 电导滴定　在滴定过程中，离子浓度不断变化，电导率也不断变化，利用电导率变化的转折点，确定滴定终点。电导滴定的优点是不用指示剂，对有色溶液和沉淀反应都能得到较好的效果，并能自动记录。

以强碱 NaOH 滴定强酸 HCl 为例，溶液电导对加碱体积作图所得之滴定曲线如图 9-9。加 NaOH 之前，系统中的电解质全部是 HCl，溶液中因 H^+ 有较大的 Λ_m^∞ 而表现出较高的电导。滴加 NaOH 的过程中，由于 H^+ 与 OH^- 结合成 H_2O，其效果与用电导率较小的 Na^+ 代替电导率较大的 H^+ 一样，溶液电导将逐渐降低。达到滴定终点时，溶液电导应为最低。越过终点后，由于 NaOH 的存在，其中 OH^- 的 Λ_m^∞ 较大，所以溶液的电导又急剧增高。

用 NaOH 滴定 HAc，其滴定曲线如图 9-10 所示。

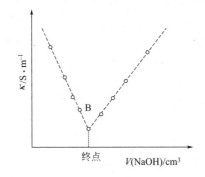

图 9-9　电导滴定曲线（NaOH 滴定 HCl 曲线）　　图 9-10　电导滴定曲线（NaOH 滴定 HAc 曲线）

用 $BaCl_2$ 滴定 Tl_2SO_4，产物 $BaSO_4$、$TlCl$ 均为沉淀，其滴定曲线如图 9-11 所示。相对于指示剂法滴定，电导滴定不受反应物种颜色的干扰。

电导测定还可用于水中含盐量的检测，化学动力学中作为反应进程的指示，以及在胶体化学中用于测定临界胶团浓度等。

9.1.4　电解质溶液的活度

（1）电解质的平均活度与平均活度系数

在非电解质溶液中，溶质 B 的化学势可以表示成为：

$$\mu_B(T) = \mu_B^\ominus(T) + RT\ln a_{b,B} \tag{9.1-23}$$

$$a_{b,B} = \gamma_{b,B}\frac{m_B}{m^\ominus} \qquad \lim_{m_B \to 0} \gamma_{b,B} = 1 \tag{9.1-24}$$

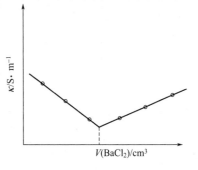

图 9-11　电导滴定曲线
（$BaCl_2$ 滴定 Tl_2SO_4 曲线）

在电解质溶液中，溶质 B 的化学势可以采取和非电解质溶液中溶质 B 的化学势相同的形式，但由于电解质发生了电离，就存在离子的化学势，活度与活度系数的关系可导出如下：

设有电解质 $M_{\nu_+}A_{\nu_-} \longrightarrow \nu_+ M^{z+} + \nu_- A^{z-}$

电解质的化学势　　　　　　$\mu_B(T) = \mu_B^\ominus(T) + RT\ln a_{b,B} \tag{9.1-25}$

$a_{b,B}$ 称为电解质的整体活度。电解质中各离子的化学势也可以采取同样的形式：

$$\mu_+(T) = \mu_+^{\ominus}(T) + RT\ln a_+ \tag{9.1-26a}$$

$$\mu_-(T) = \mu_-^{\ominus}(T) + RT\ln a_- \tag{9.1-26b}$$

电解质的化学势应为各离子的化学势之和：

$$\mu_B = \nu_+\mu_+ + \nu_-\mu_- \tag{9.1-27a}$$

则：

$$\mu_B^{\ominus}(T) + RT\ln a_{b,B} = \nu_+\mu_+ + \nu_-\mu_-$$

$$= (\nu_+\mu_+^{\ominus} + \nu_-\mu_-^{\ominus}) + RT\ln(a_+^{\nu_+} a_-^{\nu_-}) \tag{9.1-27b}$$

$$\mu^{\ominus} = \nu_+\mu_+^{\ominus} + \nu_-\mu_-^{\ominus} \tag{9.1-28}$$

$$a = a_+^{\nu_+} a_-^{\nu_-} \tag{9.1-29}$$

式中，a 为整体活度。

定义阳离子和阴离子的活度因子分别为：

$$\gamma_+ = a_+ / (b_+/b^{\ominus}) \tag{9.1-30a}$$

$$\gamma_- = a_- / (b_-/b^{\ominus}) \tag{9.1-30b}$$

在电解质溶液中，正、负离子总是同时存在的，难以用实验方法测定单独离子的活度。实用上采用离子平均活度 $a_{\pm}$，定义如下：

$$a_{\pm} = (a_+^{\nu_+} a_-^{\nu_-})^{1/\nu} \tag{9.1-31}$$

式中 $\nu = \nu_+ + \nu_-$。

离子的平均质量摩尔浓度 $b_{\pm}$ 和平均活度系数 $\gamma_{\pm}$ 为：

$$b_{\pm} = (b_+^{\nu_+} b_-^{\nu_-})^{1/\nu} \tag{9.1-32}$$

$$\gamma_{\pm} = (\gamma_+^{\nu_+} \gamma_-^{\nu_-})^{1/\nu} \tag{9.1-33}$$

则有

$$a_{\pm} = \gamma_{\pm} \frac{b_{\pm}}{b^{\ominus}}$$

$$a_{b,B} = a_{\pm}^{\nu} \tag{9.1-34}$$

表 9-4 所示的是一些电解质在 298.15K 的平均活度系数。

表 9-4　电解质的平均活度系数（298.15K）

$b/\text{mol·kg}^{-1}$	HCl	NaCl	KCl	NaOH	CaCl$_2$	ZnCl$_2$	H$_2$SO$_4$	ZnSO$_4$	LaCl$_3$
0.001	0.966	0.966	0.966	—	0.888	0.881		0.734	0.853
0.005	0.930	0.928	0.927	—	0.786	0.767	0.643	0.477	0.716
0.01	0.906	0.903	0.902	0.899	0.732	0.708	0.545	0.387	0.637
0.02	0.873	0.872	0.869	0.860	0.669	0.642	0.455	0.298	0.552
0.05	0.833	0.821	0.816	0.805	0.584	0.556	0.341	0.202	0.417
0.10	0.798	0.778	0.770	0.759	0.524	0.502	0.266	0.148	0.356
0.20	0.768	0.732	0.719	0.719	0.491	0.448	0.210	0.104	0.298
0.50	0.769	0.679	0.652	0.681	0.510	0.376	0.155	0.063	0.303
1.00	0.881	0.656	0.607	0.667	0.725	0.325	0.131	0.044	0.387
1.50	0.898	0.655	0.586	0.671	—	0.290	—	0.037	0.583
2.00	1.011	0.670	0.577	0.685	1.554	—	0.125	0.035	0.954
3.00	1.31	0.719	0.572	—	3.384	—	0.142	0.041	—

从表 9-4 中数据也可以归纳出低浓度时存在的如下两个重要规律：

① 同价型（如 1-1 型的 NaCl 和 KCl，1-2 型的 CaCl$_2$ 和 ZnCl$_2$）的电解质，在稀溶液中当浓度相同时其平均活系数近似相等。

② 同一浓度的不同电解质其偏离理想程度随组成它的离子价数的增高而增大。

图 9-12 反映了强电解质 $\gamma_{\pm}$ 与浓度 b 之间的关系。

（2）离子强度

1921 年，路易斯和兰德尔（Randall）提出离子强度 I 的概念，用公式表示为：

$$I = \frac{1}{2} \sum_B b_B z_B^2 \qquad (9.1\text{-}35)$$

路易斯根据试验进一步指出，活度因子与离子强度的关系在稀溶液中符合下列经验式：

$$\lg \gamma_{\pm} = -\text{常数}\sqrt{I} \qquad (9.1\text{-}36)$$

离子强度的概念最初是从实验数据提到的一些感性认识中提出来的，它是溶液中离子电荷所形成的静电场的强度的一种度量。根据德拜-休克尔（Debye-Hückel）理论所导出的关系式中，很自然出现了与离子强度有关的一项，并且德拜-休克尔的结果与路易斯所得到的经验式的关系是一致的。

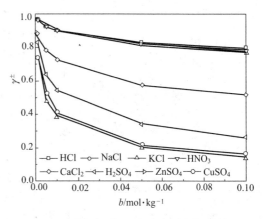

图 9-12 强电解质 $\gamma_{\pm}$ 与浓度 b 之间的关系

9.1.5 强电解质溶液理论简介

（1）德拜-休克尔离子互吸理论

在研究电解质溶液时，发现电解质溶液的依数性要比同浓度时的非电解质溶液大得多。1887 年阿伦尼乌斯提出了电离学说后，曾用电离度的概念对电解质溶液与非电解质溶液的性质的差别进行解释，这种解释对弱电解质溶液来说是比较好的，但对于强电解质来说，就得到了互相矛盾和与实验事实不相符的结果。如①强电解质不服从稀释定律；②用不同的方法——电导和凝固点下降法，测定强电解质的电离度时，所得的数值即使在相当稀的溶液中也不相符，其不符的程度不能用实验误差来说明；③经典的电离学说不能解释强电解质溶液的摩尔电导与浓度的关系。

在经典的电离学说中，没有考虑离子之间的相互作用。这对于弱电解溶液来说，其解离度很小，溶液中离子的浓度不大，所以离子之间的相互作用所引起的偏差不会很大，一般可以忽略。对于强电解质来说，由于其完全电离，离子的浓度可能比较大，离子之间的相互作用不能忽略。另外，离子在溶液中是溶剂化的，在经典的电离学说中也没有考虑这个因素。

德拜-休克尔于 1923 年提出了强电解质溶液理论，其基本假设为：

① 强电解质溶液完全电离（适合于稀溶液）；

② 设离子为具有球对称性电场的带电圆球（忽略离子结构，钢球模型）；

③ 离子在静电力场中的分布服从玻尔兹曼分布；

④ 离子间只存在库仑力作用，其作用能小于热运动能 $k_B T$（适合于稀溶液）；

⑤ 溶液的介电常数与溶剂相差不大（可忽略差异，适合于稀溶液）。

为了能从定量的角度分析离子的静电相互作用，他们提出了离子氛模型。

（2）德拜-休克尔理论的物理模型——离子氛

离子氛是德拜-休克尔理论中的一个重要概念。他们认为在溶液中，每一个离子都被反号离子所包围，由于正、负离子相互作用，使离子的分布不均匀。若中心离子取正离子，周围有较多的负离子，部分电荷相互抵消，但余下的电荷在距中心离子 r 处形成一个球形的负离子氛；反之亦然（见图 9-13）。一个离子既可为中心离子，又是另一离子氛中的一员。由于整个溶液是电中性的，所以在一个离子氛中，中心离子与离子氛离子所带的电量之和为零。对一个中心离子来说，其离子氛离子所带的净电荷是按一定的规律分布在中心离子为中心的空间中。

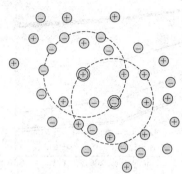

图 9-13 离子氛模型

为了正确地理解离子氛，还需要在概念上明确几点。

a. 在没有外加电场作用时，离子氛是球形对称的，离子氛的总电量与中心离子电量相等。

b. 中心离子是任意选择的，溶液中的每一个离子均可作为中心离子，而与此同时它又是其他离子氛中的成员之一。

c. 由于离子的热运动，中心离子并没有固定的位置，因此，离子氛是瞬息万变的。

由于离子氛连同被它包围的中心离子是电中性的，所以溶液中各个离子氛之间不再存在着静电作用。因此，可以将溶液中的静电作用完全归结为中心离子与离子氛之间的作用，从而使所研究的问题及理论处理大大简化。

(3) 德拜-休克尔极限公式

根据德拜-休克尔的理论模型以及离子氛的概念，导出了稀溶液中离子 i 的活度系数 γ_i 的公式：

$$\lg\gamma_i = -Az_i^2\sqrt{I} \qquad (9.1\text{-}37)$$

式 (9.1-37) 称为德拜-休克尔极限公式，式中 A 为与温度有关的常数；z_i 为第 i 种离子的电荷。

由于单种离子的活度系数无法直接由实验测定，因此还需要将它变成平均活度系数的形式。根据式 (9.1-37) 可以导出离子的平均活度系数公式。

由

$$\gamma_\pm = (\gamma_+^{\nu_+}\gamma_-^{\nu_-})^{1/\nu}$$

取对数处理，可得：

$$\lg\gamma_\pm = -A\,|z_+z_-|\sqrt{I} \qquad (9.1\text{-}38)$$

按照德拜-休克尔的推导过程，式中的 $\gamma_\pm$ 应为 $\gamma_{\pm,x}$（即浓度以摩尔分数表示的活度因子），而通常使用的是 $\gamma_{\pm,b}$，在稀溶液中 $\gamma_{\pm,x} \approx \gamma_{\pm,b}$。

一些电解质溶液的 $\gamma_\pm$ 实验值与按式 (9.1-38) 计算的结果示于图 9-14。

由图可见：

① 德拜-休克尔公式只适用于强电解质的稀溶液；

② 不同价型电解质，$\gamma_\pm$（低价型）$> \gamma_\pm$（高价型）；

③ 相同价型电解质，$\gamma_\pm$ 只与 I 有关，与离子性质无关。

如把粒子看作平均直径为 a 的带电小球，可以把上述极限公式修正为：

$$\lg\gamma_\pm = \frac{-A\,|z_+z_-|\sqrt{I}}{1+aB\sqrt{I}} \qquad (9.1\text{-}39)$$

式中，A，B 为常数。对于 298K 下的稀水溶液，常数值为：

$A = 0.5115(\text{mol}^{-\frac{1}{2}}\cdot\text{kg}^{\frac{1}{2}})$，$B = 0.329\times10^{10}\,\text{mol}^{-\frac{1}{2}}\cdot\text{kg}\cdot\text{m}^{-1}$。

将德拜-休克尔极限公式和实验结果的比较，对德拜-

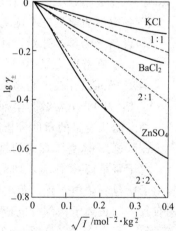

图 9-14 德拜-休克尔公式的实验验证

休克尔极限公式进一步修正：

得
$$\lg\gamma_{\pm}=\frac{-A\,|z_{+}z_{-}|\sqrt{I}}{1+aB\sqrt{I}}+bI \tag{9.1-40}$$

b 为实验拟合常数，这是一个半经验的公式。

（4）德拜-休克尔-昂萨格电导理论[*]

昂萨格（Onsager）将德拜-休克尔的离子氛理论应用到有外加电场作用的电解质溶液中，将科尔劳施的关于摩尔电导率与浓度的经验关系提高到理论的高度，形成了德拜-休克尔-昂萨格电导理论。他认为，在没有电场时，离子氛是球对称的，离子氛中的电荷以球对称的形式分布于离子氛中。在 $c\rightarrow0$ 时，离子之间相距很远，可以认为离子的运动不受与其共存的其他离子的影响，这时的摩尔电导率为 Λ_{m}^{∞}。但在一般情况下，离子氛的存在影响着中心离子的运动，此时的摩尔电导率为 Λ_{m}，Λ_{m}^{∞} 与 Λ_{m} 的差别是由两种原因引起的。

① 弛豫效应　在电场的作用下，如中心离子向负极移动，而离子氛离子向正极移动，在中心离子向正极移动时，原来的离子氛就变成了不对称的离子氛，如图 9-15 所示。但由于离子之间的作用不大，原来处于中心后边的部分还没有完全拆散，而在中心离子前边的新的离子氛又没有完全建立起来，这样，后边的没有拆散的离子氛就要对中心离子的运动产生一种使其运动速率变小的作用，这种作用就称为弛豫作用。这种作用使离子的运动速率减小，使摩尔电导率降低。

② 电泳效应　在外加电场的作用下，中心离子要作定向运动，而周围的离子氛离子又要向相反的方向运动，又由于离子都是水化的，当离子运动时，就要带着结合的溶剂水分子一起运动，结果使运动速率减小，这种作用称为电泳效应。

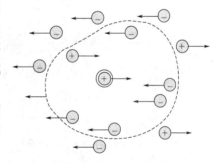

图 9-15　不对称离子氛示意图

考虑到上述两种作用，可以推算出在某一定浓度的摩尔电导率 Λ_{m} 和无限稀释时的摩尔电导率 Λ_{m}^{∞} 之间的定量关系为：

$$\Lambda_{m}=\Lambda_{m}^{\infty}-(p+q\Lambda_{m}^{\infty})\sqrt{c} \tag{9.1-41}$$

括号中第一项 $p=[z^{2}eF^{2}/(3\pi\eta)]\times[2/(\varepsilon RT)]^{1/2}$ 是由于电泳效应使摩尔电导率的降低值，它与介质的介电常数（ε）和黏度（η）有关。括号中的第二项 $q=[z^{2}eF^{2}/(24\pi\varepsilon RT)]\times[2/(\pi\varepsilon RT)]^{1/2}$，是由于弛豫电泳效应而使摩尔电导率的降低值。可见这两种效应都与溶剂的性质和温度有关。当溶剂的介电常数较大且溶液比较稀时，使用上式计算的结果与实验值颇为接近。

在稀溶液中，当温度和溶剂一定时，$(p+q\Lambda_{m}^{\infty})$ 有定值，上式可以改写成：

$$\Lambda_{m}=\Lambda_{m}^{\infty}-\beta\sqrt{c} \tag{9.1-42}$$

式中，β 为常数，这就是 Kohlrausch 的 Λ_{m} 与 $\sqrt{c}$ 的经验公式。

9.2　可逆电池的构成及其电动势测定

电池又称为原电池，它是使化学能转变为电能的装置。如果这个转变过程是在热力学上的可逆条件下进行的，则这个电池称为可逆电池。由于电池在将化学能转化为电能的过程中不涉及机械部分，因此，它的效率不受热机效率的限制。恒温恒压下反应的 ΔG 即为理论上电池能将化学能转化为电能的那部分能量，$W'_r = \Delta_r G_m$。定义电池理论效率：

$$\eta = \Delta G / \Delta H \qquad (9.2\text{-}1)$$

实际上，由于各种因素的影响，电池的效率往往并不能达到理论值，因此研究电池的性质，改进电池的设计，不断制造出效率高、成本低的新型电池，正是推动电化学研究不断深入的不竭动力。

在电化学中研究可逆电池是最基础且又十分重要的问题。因为一方面它揭示了化学能转化为电能的最高限度，为改善电池性能提供了理论依据；另一方面可利用可逆电池的原理来研究热力学问题，为热力学研究提供了强有力的工具。

（1）原电池的组成与电极反应

① 原电池的组成　原电池由两个半电池组成，每一个半电池均由电极及电解质溶液组成。图 9-16 为丹尼尔（Daniell）电池（铜-锌原电池）示意图，Zn 和 Cu 分别为阳极和阴极的电极材料，它们参与了电池的电极反应。$ZnSO_4$ 和 $CuSO_4$ 分别为半电池的电解质溶液，两个半电池由多孔隔板（盐桥）连接。又如图 9-17 所示的氢-氯化银电池，在该电池中，阳极 Pt 作为惰性电极材料，它不参与电极反应，同时，该电池的两个半电池共用同一种电解质 HCl 的水溶液。

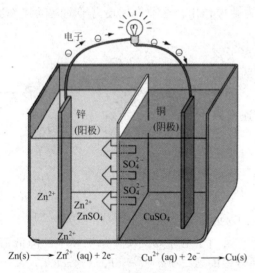

图 9-16　铜-锌原电池（丹尼尔电池）示意图
（多孔材料只允许 SO_4^{2-} 通过）

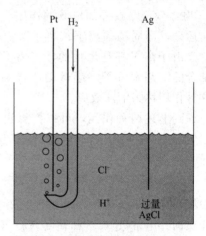

图 9-17　氢-氯化银电池示意图

② 原电池的图解表示（电池符号）　　根据 IUPAC（International Union of Pure and Applied Chemistry）规定，电池符号按下列要求进行图解表示：

a. 在纸面上，由左至右，按电池中各种物质的接触顺序，用化学式或元素符号将其顺序排列写出。且发生氧化反应的负极写在左方，发生还原反应的正极写在右方；

b. 注明各种物质的状态。对气体注明分压，对溶液注明浓度（常用 mol·kg^{-1} 表示），对一些常见的固体电极单质可不必注明；

c. 在有界面电势差的接界处，用单竖线 "|" 表示；在一半电池中如溶液中同时存在两种性质不同的电解质（或微溶盐与电解质），则在两者间用逗号 "," 分开；对气体电极，在惰性电极与气体之间亦用逗号分开；

d. 被跨接盐桥隔开的两种电解质溶液间的界面，用双线 "‖" 表示。此时，表示液接电势可忽略。

如：$(-)Zn|ZnSO_4(aq)\overset{\parallel}{\parallel}CuSO_4(aq)|Cu(+)$

$(-)Pt,H_2(p=100kPa)|HCl(b_1)|AgCl(s),Ag(+)$

$(-)Hg,Hg_2Cl_2(s)|KCl(饱和)\overset{\parallel}{\parallel}AgNO_3(aq)|Ag(+)$

③ 电极反应 原电池中阳极（负极）发生氧化反应，阴极（正极）发生还原反应。如对于上述铜-锌原电池：

阳极（负极）:$Zn \longrightarrow Zn^{2+}+2e^-$

阴极（正极）:$Cu^{2+}+2e^- \longrightarrow Cu$

电池反应为正负极反应之和:$Zn+Cu^{2+} \longrightarrow Zn^{2+}+Cu$

对于图 9-16 所示的电池：

阳极（负极）:$\dfrac{1}{2}H_2(g) \longrightarrow H^++e^-$

阴极（正极）:$AgCl(s)+e^- \longrightarrow Ag(s)+Cl^-$

电池反应:$\dfrac{1}{2}H_2(g)+AgCl(s) \longrightarrow Ag(s)+H^++Cl^-$

(2) 原电池的可逆条件

① 物质转变可逆，电极反应必须可逆，要求两个电极在充电时均可严格按放电时的电极反应式逆向进行；

② 能量转变可逆，通过电极的电流无限小 $I \to 0$，电池在接近平衡条件下进行。

只有同时满足这两个条件的电池才是可逆电池。如氢-氯化银电池：

$(-)Pt,H_2(p=100kPa)|HCl(0.1mol\cdot kg^{-1})|AgCl(s)|Ag(+)E(298K)=0.0926V$

若外加电压稍小于 0.0926V，则发生下列反应（放电）：

$$H_2(p^{\ominus})+2AgCl(s) \longrightarrow 2Ag(s)+2HCl(0.1mol\cdot kg^{-1})$$

若外加电压稍大于 0.0926V，则发生如下充电反应：

$$2Ag(s)+2HCl(0.1mol\cdot kg^{-1}) \longrightarrow H_2(p^{\ominus})+2AgCl(s)$$

显然，上述两个化学反应互为可逆，且充、放电时阻力与动力之差为一无限小量，符合可逆电池的两个必备条件，因而是可逆电池。

再如铅酸蓄电池：

放电： $(-)Pb:Pb+SO_4^{2-} \longrightarrow PbSO_4+2e^-$

$(+)PbO_2:PbO_2+SO_4^{2-}+4H^++2e^- \longrightarrow PbSO_4+2H_2O$

总反应： $Pb+PbO_2+2H_2SO_4 \longrightarrow 2PbSO_4+2H_2O$

充电： 阴)$Pb:PbSO_4+2e^- \longrightarrow Pb+SO_4^{2-}$

阳)$PbO_2:PbSO_4+2H_2O \longrightarrow PbO_2+SO_4^{2-}+4H^++2e^-$

总反应： $2PbSO_4+2H_2O \longrightarrow Pb+PbO_2+2H_2SO_4$

且充、放电时阻力与动力之差为一无限小量时，该电池为可逆电池。

任何工业上可用的一次电池和二次电池（即可多次充、放电的电池）都是不可逆电池，如锌-二氧化锰干电池是不可逆电池，因为它不满足物质转变可逆的条件；将锌片和铜片同时插入稀硫酸溶液中构成的电池也是物质转变不可逆的电池。二次电池虽然能满足物质转变可逆的条件，但在正常的工作状态下无法满足电流趋向于零的能量转变可逆的条件。

需要指出的是，若组成电池的任何一个部分存在着不可逆性，则该电池就不能称为可逆电池，如有液接电势存在的电池便是不可逆电池，因为液接电势将导致能量转变的不可逆。

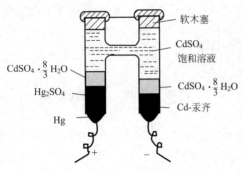

软木塞

CdSO₄ 饱和溶液

$CdSO_4 \cdot \frac{8}{3} H_2O$

$CdSO_4 \cdot \frac{8}{3} H_2O$

Hg_2SO_4

Cd-汞齐

Hg

+   −

图 9-18 韦斯顿（Weston）标准电池

（3）韦斯顿标准电池

常用标准电池为韦斯顿（Weston）电池，其构造见图 9-18。它的正极是 Hg 和 Hg_2SO_4 的糊状物，下方放少许 Hg 是为了使引出的导线接触良好。负极是含 12.5% Cd 的汞齐，它与饱和 $CdSO_4$ 溶液保持着平衡。在饱和 $CdSO_4$ 中放入一些 $CdSO_4 \cdot \frac{8}{3} H_2O$ 晶体的目的在于保持溶液的饱和性。

① 韦斯顿 电池是高度可逆的电池。电极反应可逆，没有液接电势，所以在 $I \to 0$ 时是高度可逆的电池。

韦斯顿电池的电池符号、电极反应和电池反应分别为：

电池符号：$\text{Cd-Hg} \left| CdSO_4 \cdot \frac{8}{3} H_2O(s) \right| CdSO_4（饱和溶液）\left| Hg_2SO_4(s) \right| Hg$

阳极反应（−）：$\text{Cd-Hg} + SO_4^{2-} + \frac{8}{3} H_2O \longrightarrow CdSO_4 \cdot \frac{8}{3} H_2O(s) + Hg + 2e^-$

阴极反应（＋）：$Hg_2SO_4(s) + 2e^- \longrightarrow 2Hg + SO_4^{2-}$

电池反应：$\text{Cd-Hg} + Hg_2SO_4 + \frac{8}{3} H_2O \longrightarrow 3Hg + CdSO_4 \cdot \frac{8}{3} H_2O(s)$

② 最大优点：电动势稳定，随温度变化很小。在 293.15K 时，$E = 1.01845V$，在 298.15K 时，$E = 1.01832V$，在其他温度下的电池电动势可由下式求得：

$$E_r/V = 1.01845 - 4.05 \times 10^{-5}(T/K - 293.15) - 9.5 \times 10^{-7}(T/K - 293.15)^2 +$$
$$1 \times 10^{-8}(T/K - 293.15)^3 \tag{9.2-2}$$

从上式可以看出，Weston 标准电池的电动势与温度的关系很小。此外还有一种不饱和的 Weston 标准电池，其受温度的影响更小。

③ 主要应用：配合电位差计测定其他电池的电动势。

（4）可逆电极和电极反应

构成可逆电池的电极必须是可逆电极，可逆电极主要有以下三种类型。

① 第一类电极：这类电极一般是将某金属或吸附了某种气体的惰性金属置于含有该元素离子的溶液中构成的，包括金属电极和气体电极（氢电极、氧电极、氯电极）等。

电极	电极反应
$Zn^{2+} \mid Zn$	$Zn^{2+} + 2e^- \longrightarrow Zn(s)$
$H^+ \mid H_2(g) \mid Pt$	$2H^+ + 2e^- \longrightarrow H_2(g)$
$Na^+ \mid Na(Hg)(a)$	$Na^+ + e^- \longrightarrow Na(Hg)(a)$

② 第二类电极：包括微溶盐电极和微溶氧化物电极。这类电极是将金属覆盖一薄层该金属的微溶盐或微溶氧化物，然后浸入含有该微溶盐负离子或含有 $H^+(OH^-)$ 的溶液中构成的。如：

电极	电极反应
$Cl^-(a) \mid AgCl(s) \mid Ag(s)$	$AgCl(s) + e^- \longrightarrow Ag(s) + Cl^-(a)$
$Cl^-(a) \mid Hg_2Cl_2(s) \mid Hg(s)$	$Hg_2Cl_2 + 2e^- \longrightarrow 2Hg(l) + 2Cl^-(a)$
$OH^-(a) \mid Ag_2O(s) \mid Ag(s)$	$Ag_2O + H_2O + 2e^- \longrightarrow 2Ag(s) + 2OH^-(a)$

③ 第三类电极：氧化还原电极，即把一个惰性电极浸在含有一种金属的两种不同价态

的离子的溶液中构成的电极。如：

电极　　　　　　　　　　　　电极反应

$Fe^{3+}(a_1),Fe^{2+}(a_2)\,|\,Pt(s)$　　$Fe^{3+}(a_1)+e^-\longrightarrow Fe^{2+}(a_2)$

（5）电池电动势的测定

电池电动势的测定必须在电流无限接近于零的条件下进行。

波根多夫（Poggendorff）对消法是人们常采用的测量电池电动势的方法，其原理是用一个方向相反但数值相同的电动势，抵消待测电池的电动势，使电路中无电流通过。具体线路如图 9-19 所示。

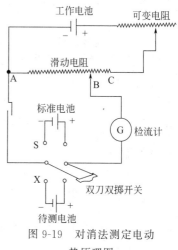

工作电池经滑动电阻 AC 构成一个通路，在 AC 上产生均匀电位降。待测电池（E_x）的负极与工作电池的负极并联，正极则通过检流计（G）与滑动电阻的滑动端相连。这样，就在待测电池的外电路中加上了一个方向相反的电势差，它的大小由滑动接触点的位置决定，改变滑动接触点的位置，找到 B 点，若开关闭合时，检流计中无电流通过，则待测电池的电动势恰为 AB 段的电势差完全抵消。

为了求得 AB 段的电势差，可换用标准电池与开关相连。标准电池的电动势 E_N 是已知的，且保持恒定。用同样方法可以找出检流计中无电流通过的另一个点 B′，AB′段的电势差就等于 E_{Nc}。因电势差与电阻线的长度成正比，故待测电池的电动势为：

图 9-19　对消法测定电动
势原理图

$$E_x=E_N\frac{\overline{AB}}{\overline{AB'}}$$

在测量时应注意一下几个问题：

① 测量 E_x 时，动作要迅速，尽可能减少由于接通回路造成原电池有限的化学能的消耗；

② 实验中若发现检流计指示无法调到零即无法对消，则应检查各电池极性是否接错，工作电池的工作电压是否足够；

③ C 端电压的下降将直接影响 I_0，因此，应经常进行电流校准。

9.3　可逆电池的热力学

1889 年，德国科学家能斯特（Nernst）给出了电动势 E 与参加反应的各组分的性质、浓度、温度等的关系，即 Nernst 方程。根据电化学中的一些实验测定值，通过化学热力学的一些基本公式，可以较精确地计算热力学函数的改变值，还可以求得电池中化学反应的热力学平衡常数值。Nernst 方程实际上给出了化学能与电能在可逆的条件下转化的定量关系。

9.3.1　Nernst 方程

设有一个电池，工作时的反应为：$0=\sum\limits_{B}\nu_B B$

根据化学反应的等温方程式：

$$\Delta_r G_m=\Delta_r G_m^{\ominus}+RT\ln\prod_{B}a_B^{\nu_B} \tag{9.3-1a}$$

或
$$\Delta_r G_m = \Delta_r G_m^\ominus + RT \ln \prod_B (p_B/p^\ominus)^{\nu_B} \tag{9.3-1b}$$

由于
$$\Delta_r G_m = -zFE, \quad \Delta_r G_m^\ominus = -zFE^\ominus \tag{9.3-2}$$

式中，$E^\ominus$ 为原电池的标准电动势，它等于参加电池反应的各物质均处于各自标准状态下的电动势。式（9.3-2）是一个桥梁公式，通过该式将热力学量和电化学相联系。

将式（9.3-2）代入式（9.3-1a），得到：

$$E = E^\ominus - \frac{RT}{zF} \ln \prod_B a_B^{\nu_B} \tag{9.3-3a}$$

或
$$E = E^\ominus - \frac{RT}{zF} \ln \prod_B (p_B/p^\ominus)^{\nu_B} \tag{9.3-3b}$$

这个公式称为电池反应的 Nernst 公式。它反映了电池的电动势与电池反应的各物质的活度（或压力）之间的关系，式中 z 为发生 1mol 的反应转移的电子的物质的量。

以下面的电池为例：

$$Pt\,|\,H_2(p_1)\,|\,HCl(a)\,|\,Cl_2(p_2)\,|\,Pt$$

电池反应：
$$H_2(p_1) + Cl_2(p_2) = 2HCl(a)$$

反应的等温方程式
$$\Delta_r G_m = \Delta_r G_m^\ominus + RT \ln \frac{a_{HCl}^2}{(p_1/p^\ominus)(p_2/p^\ominus)}$$

该反应的能斯特方程式
$$E = E^\ominus - \frac{RT}{2F} \ln \frac{a_{HCl}^2}{(p_1/p^\ominus)(p_2/p^\ominus)}$$

9.3.2 电池反应有关热力学量的关系

（1）从标准电动势 $E^\ominus$ 求反应的平衡常数

由式（9.3-2）
$$\Delta_r G_m^\ominus = -zFE^\ominus$$

及
$$(\Delta_r G_m^\ominus)_{T,p} = -RT \ln K^\ominus$$

可以得到
$$E^\ominus = \frac{RT}{zF} \ln K^\ominus \tag{9.3-4}$$

从标准电动势 $E^\ominus$ 的值可以通过标准电极电势表获得，从而可以通过式（9.3-4）求出反应的平衡常数 $K^\ominus$。

由于控制各物质的活度均为 1 并不容易，实验室中一般采用外推法求得 $E^\ominus$。现以电池 $Pt\,|\,H_2(p^\ominus)\,|\,HCl(b)\,|\,AgCl(s)\,|\,Ag$ 为例来进行说明。该电池的电池反应为：

$$H_2(p^\ominus) + 2AgCl(s) \longrightarrow 2Ag(s) + 2HCl(a_\pm)$$

根据能斯特方程式：
$$E = E^\ominus - \frac{RT}{2F} \ln \frac{a_{Ag}^2 a_{HCl}^2}{(p_{H_2}/p^\ominus)(a_{AgCl}^2)}$$

$$= E^\ominus - \frac{RT}{2F} \ln \frac{a_{Ag}^2 a_\pm^4}{(p_{H_2}/p^\ominus)(a_{AgCl}^2)}$$

对固体，$a=1$，且 $p_{H_2}/p^\ominus = 1$，$a_\pm = \gamma_\pm(b_\pm/b^\ominus)$，所以：

$$E = E^\ominus - \frac{RT}{F} \ln a_\pm^2 = E^\ominus - \frac{2RT}{F} \ln(\gamma_\pm \frac{b}{b^\ominus})$$

$$= E^\ominus - \frac{2RT}{F} \ln \gamma_\pm - \frac{2RT}{F} \ln\left(\frac{b}{b^\ominus}\right) \tag{9.3-5}$$

将上式改写成：
$$E + \frac{2RT}{F} \ln\left(\frac{b}{b^\ominus}\right) = E^\ominus - \frac{2RT}{F} \ln \gamma_\pm \tag{9.3-6}$$

当 $m \to 0$ 时，$\gamma_\pm = 1$，所以：

$$E^{\ominus} = \lim_{b \to 0}\left(E + \frac{2RT}{F}\ln\frac{b}{b^{\ominus}}\right) \tag{9.3-7}$$

若配制不同 b 值的溶液并测其对应的 E，则 $E + \dfrac{2RT}{F}\ln(b/b^{\ominus})$ 为一系列已知数。以 $E + \dfrac{2RT}{F}\ln(b/b^{\ominus})$ 对 $\sqrt{(b/b^{\ominus})}$ 作图，将曲线外推到 $b=0$，所得截距即为 $E^{\ominus}$ 之值。若将 $E^{\ominus}$ 代入也可计算任一浓度下的 $\gamma_{\pm}$。

（2）由电池电动势 E 及其温度系数 $(\partial E/\partial T)_p$ 求反应的 $\Delta_r S_m$、$\Delta_r H_m$

由吉布斯-亥姆霍兹公式：$\left[\dfrac{\partial(\Delta_r G_m/T)}{\partial T}\right]_p = -\dfrac{\Delta_r H_m}{T^2}$

将 $\Delta_r G_m = -zEF$ 代入上式，得：$-zF\left[\dfrac{\partial(E/T)}{\partial T}\right]_p = -\dfrac{\Delta_r H_m}{T^2}$

$$zF\left[\frac{1}{T}\left(\frac{\partial E}{\partial T}\right)_p - \frac{E}{T^2}\right]_p = \frac{\Delta_r H_m}{T^2}$$

两边同乘以 T^2，得：

$$\Delta_r H_m = -zFE + zFT\left(\frac{\partial E}{\partial T}\right)_p \tag{9.3-8}$$

$(\partial E/\partial T)_p$ 称为电池电动势的温度系数。

又由于

$$\Delta_r G_m = \Delta_r H_m - T\Delta_r S_m$$

$$\Delta_r S_m = \frac{\Delta_r H_m - \Delta_r G_m}{T} = zF\left(\frac{\partial E}{\partial T}\right)_p \tag{9.3-9}$$

由式（9.3-8）和式（9.3-9）可得，由恒压条件下电池的温度系数及某一温度下的电池电动势数据（均可由实验测得），可估算电池反应的 $\Delta_r S_m$ 和 $\Delta_r H_m$。

电动势测量精度要比量热法高，故若一反应能设计在电池中发生，则由电池电动势和温度系数的测量，可得出较准确的热力学数据。表 9-5 列举一些测量数据以资比较。

表 9-5　电动势法与量热法 $\Delta_r H_m$ 测量值的比较

电池反应	E_{298K}/V	$\left(\dfrac{\partial E}{\partial T}\right)_p \times 10^4/V\cdot K^{-1}$	$\Delta_r H_m/kJ\cdot mol^{-1}$	
			电动势法	量热法
$Zn + 2AgCl \Longrightarrow ZnCl_2 + 2Ag$	1.015	-4.02	-217.5	-217.8
$Cd + PbCl_2 \Longrightarrow CdCl_2 + Pb$	0.1880	-4.80	-63.81	-61.30
$Ag + \frac{1}{2}Hg_2Cl_2 \Longrightarrow AgCl + Hg$	0.0455	$+3.38$	$+5.335$	$+7.950$
$Pb + 2AgCl \Longrightarrow PbCl_2 + 2Ag$	0.4900	-1.86	-105.3	-101.1

（3）等温可逆条件下，反应的热效应

$$Q_r = T\Delta_r S_m = zFT\left(\frac{\partial E}{\partial T}\right)_p \tag{9.3-10}$$

$$W'_r = -\Delta_r H_m + Q_r \tag{9.3-11}$$

由上式可见：

① 当 $(\partial E/\partial T)_p = 0$，$Q_r = 0$，$W'_r = -\Delta_r H_m$，即电池反应焓变的减少全部转变为电功；

② 当 $(\partial E/\partial T)_p < 0$，$Q_r < 0$，$W'_r < |\Delta_r H_m|$，即电池反应焓变的减少大于可逆电功，多出部分以热的形式放出；

③ 当 $(\partial E/\partial T)_p > 0$，$Q_r > 0$，$W'_r > |\Delta_r H_m|$，此情况下，电池反应焓变的减少小于可逆电功，不足部分来自于从环境吸热。

【例题 9-4】　电池 $Zn \mid ZnCl_2(b = 0.555\,mol\cdot kg^{-1}) \mid AgCl(s) \mid Ag$，测得 298.15K 时的电

动势 $E=1.015V$, $(\partial E/\partial T)_p=-4.02\times10^4 V\cdot K^{-1}$，又已知 $E^{\ominus}=0.985V$。求电池电解质溶液 $ZnCl_2$ 的 $\gamma_{\pm}$。

解： 阳极反应（—）：$Zn \longrightarrow Zn^{2+}(b=0.555mol\cdot kg^{-1})+2e^-$

阴极反应（+）：$2AgCl(s)+2e^- \longrightarrow 2Ag(s)+2Cl^-(2b)$

电池反应：$2AgCl(s)+Zn \longrightarrow 2Ag(s)+2Cl^-(2b)+Zn^{2+}(b=0.555mol\cdot kg^{-1})$

因为
$$E=E^{\ominus}-\frac{RT}{zF}\ln a_{Zn^{2+}}a^2_{Cl^-}=E^{\ominus}-\frac{3RT}{2F}\ln a_{\pm}$$

故
$$1.015V=0.985V-\frac{3\times8.3143\times298.15}{2\times96500}V\ln a_{\pm}$$

$$\ln a_{\pm}=-0.7786 \qquad 则 \quad a_{\pm}=0.4591$$

因为
$$a_{\pm}=\gamma_{\pm}\left(\frac{b_{\pm}}{b^{\ominus}}\right)=\gamma_{\pm}(4b^2\times b)^{1/3}(1/b^{\ominus})$$

故
$$\gamma_{\pm}=0.5211$$

【例题 9-5】 已知 25℃ 时，水的饱和蒸气压 $p^*=3.1677kPa$，水的 $V_m(H_2O,l)=18.053\times10^3 dm^3\cdot mol^{-1}$ 及 $\Delta_f G_m^{\ominus}(H_2O,g)=-228.57kJ\cdot mol^{-1}$。试求 25℃ 时，下列电池的电动势为多少？

$$Pt,H_2(p^{\ominus})\mid H_2SO_4(0.02mol\cdot kg^{-1})\mid O_2(p^{\ominus}),Pt$$

解： 阳极反应：$H_2(p^{\ominus}) \longrightarrow 2H^+(b)+2e^-$

阴极反应：$\frac{1}{2}O_2(p^{\ominus})+2H^+(b)+2e^- \longrightarrow H_2O(l,p^{\ominus})$

电池反应：$H_2(p^{\ominus})+\frac{1}{2}O_2(p^{\ominus}) \longrightarrow H_2O(l,p^{\ominus})$

设计如下过程：

$$\Delta_r G_m^{\ominus}=\Delta G_1+\Delta G_2+\Delta G_3+\Delta G_4$$

$$\Delta G_1=\Delta_f G_m^{\ominus}(H_2O,g)=-228.57kJ\cdot mol^{-1}$$

$$\Delta G_2=\int_{p^{\ominus}}^{p^*}V_m(H_2O,g)dp=RT\ln\frac{p^*}{p^{\ominus}}=-8.557kJ\cdot mol^{-1}$$

$$\Delta G_3=0, \quad \Delta G_4=\int_{p^*}^{p^{\ominus}}V_m(H_2O,l)dp=0.002kJ\cdot mol^{-1}$$

$$\Delta_r G_m^{\ominus}=-237.125kJ\cdot mol^{-1}$$

因
$$\Delta_r G_m^{\ominus}=-zFE^{\ominus} \qquad 所以 \quad E^{\ominus}=1.229V$$

9.3.3 电极电势和液体接界电势

(1) 电极电势

① 电极电势的定义 按照 1953 年 IUPAC 的建议，采用标准氢电极作为参照，使待测电极与标准氢电极组合成原电池：

$$Pt\mid H_2(g,100kPa)\mid H^+\{a(H^+)=1\}\parallel 待定电极$$

规定该原电池的电动势就是电极的电极电势，并以 E（电极）表示。由此规定可知：当该电池工作时，若待测电极实际上进行的是还原反应，则 E（电极）为正值；若待测电极上进行的是氧化反应，则 E（电极）为负值。当待测电极中参加反应的各物质均处于各自的标准状态时，待测电极的电极电势称为标准电极电势，用 $E^{\ominus}$（电极）表示。

② 标准氢电极　把镀有铂黑的铂片（用电镀的方法在铂片的表面镀上一层铂的微粒铂黑）浸在含有氢离子的溶液中，并不断地用氢气冲打到铂片上，如果在一定的温度下，氢气在气相的分压为 $p^{\ominus}$，且 H^+ 的活度等于 1［即 $b(H^+)=1\text{mol·}$ kg^{-1}，$\gamma(H^+)=1$，$a(H^+)=1$］，则这样的氢电极为标准氢电极。电极符号为：$H^+ \mid H_2(g)$，Pt，电极反应为：$2H^+ + 2e^- \longrightarrow H_2(g)$。图 9-20 为标准氢电极示意图。

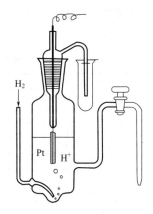

规定：任何温度下标准状态下的氢电极的电势为零，即 $E^{\ominus}\{H^+ \mid H_2(g)\}=0$。

也可将镀有铂黑的铂片浸入含有 OH^- 的溶液中，并不断通 H_2（g）就构成了碱性氢电极：OH^-，$H_2O \mid H_2(g)$，Pt，其电极　反应为：$2H_2O+2e^- \longrightarrow H_2(g)+2OH^-$。标准电极电势：$E^{\ominus}[OH^- \mid H_2(g)]=\dfrac{RT}{F}\ln K_w=-0.828V$。

图 9-20　标准氢电极示意图

③ 实例　以铜电极和锌电极为例，说明电极电势的有关规定。

a. 铜电极　按照规定，它可以和标准氢电极构成电池：

$$Pt,H_2(p^{\ominus}) \mid H^+(b_{H^+}=1\text{mol·kg}^{-1}) \parallel Cu^{2+}(a_{Cu^{2+}}) \mid Cu(s)$$

根据规定：
$$E^{\ominus}(Cu^{2+} \mid Cu)=E=E^{\ominus}-\frac{RT}{2F}\ln a_{Cu^{2+}} \frac{a_{H^+}a_{Cu(s)}}{(p_{H_2}/p^{\ominus})^{1/2}}$$

当 $a[Cu(s)]=a(Cu^{2+})=a(H^+)=p(H_2)/p^{\ominus}=1$ 时，$E=E^{\ominus}=E^{\ominus}[Cu^{2+} \mid Cu(s)]-E^{\ominus}[H^+ \mid H_2(g)]=E^{\ominus}[Cu^{2+} \mid Cu(s)]$，所以有：

$$E(Cu^{2+} \mid Cu)=E=E^{\ominus}(Cu^{2+} \mid Cu)-\frac{RT}{2F}\ln \frac{1}{a_{Cu^{2+}}}$$

在上述电池中，当 $a(Cu^{2+})=1$ 时，实验测得的电池电动势为 0.337V，所以 $E^{\ominus}(Cu^{2+} \mid Cu)=0.337V$。

b. 锌电极　按照规定，它和标准氢电极构成电池：

$$Pt,H_2(p^{\ominus}) \mid H^+(b_{H^+}=1\text{mol·kg}^{-1}) \parallel Zn^{2+}(a_{Zn^{2+}}) \mid Zn(s)$$

根据规定：

$$E(Zn^{2+} \mid Zn)=E=E^{\ominus}(Zn^{2+} \mid Zn)-\frac{RT}{2F}\ln \frac{1}{a_{Zn^{2+}}}$$

在上述电池中，当 $a(Zn^{2+})=1$ 时，电动势的实测值为 0.7628V。此时锌极上实际进行的是氧化反应，因此 $E^{\ominus}(Zn^{2+} \mid Zn)=-0.7628V$。

对于一个任意的作为正极的电极，其电极发生的是还原反应：

$$氧化态+ze^- \longrightarrow 还原态$$

则
$$E(氧化态 \mid 还原态)=E^{\ominus}(氧化态 \mid 还原态)-\frac{RT}{zF}\ln \frac{a(还原态)}{a(氧化态)} \tag{9.3-12}$$

上式称为电极反应的 Nernst 公式。$E^{\ominus}$（氧化态 ∣ 还原态）为标准还原电极电势，298.15K 下水溶液中一些电极的标准电极电势值见表 9-6。

显然，由任意两个电极构成的电池，其电动势等于两个电极电势之差，即：

$$E = E(氧化态 | 还原态)(右) - E(氧化态 | 还原态)(左) \qquad (9.3\text{-}13)$$

这样算出的 E 若为正值，则表示该条件下电池反应能正向进行。

还原电极电势的高低，是该电极氧化态物质获得电子被还原成还原态物质这一反应趋势大小的量度。

表 9-6　298.15K 下一些水溶液中标准电极电势的数据

电 极	电 极 反 应	$E^{\ominus}/V$
	酸 性 溶 液 ($a_{H^+}=1$)	
$Pt, F_2 \| F^-$	$F_2(g) + 2e^- \Longrightarrow 2F^-$	$+2.87$
$Pt \| H_2O_2, H^+$	$H_2O_2 + 2H^+ + 2e^- \Longrightarrow 2H_2O$	$+1.77$
$Pt \| Mn^{2+}, MnO_4^-$	$MnO_4^- + 8H^+ + 5e^- \Longrightarrow Mn^{2+} + 4H_2O$	$+1.51$
$Pt, Cl_2 \| Cl^-$	$Cl_2 + 2e^- \Longrightarrow 2Cl^-$	$+1.3595$
$Pt \| Tl^+, Tl^{3+}$	$Tl^{3+} + 2e^- \Longrightarrow Tl^+$	$+1.25$
$Pt \| Br_2, Br^-$	$Br_2 + 2e^- \Longrightarrow 2Br^-$	$+1.065$
$Ag \| Ag^+$	$Ag^+ + e^- \Longrightarrow Ag$	0.7991
$Pt \| Fe^{2+}, Fe^{3+}$	$Fe^{3+} + e^- \Longrightarrow Fe^{2+}$	$+0.771$
$Pt, O_2 \| H_2O_2$	$O_2 + 2H^+ + 2e^- \Longrightarrow H_2O_2$	$+0.682$
$Pt \| I_2, I^-$	$I_3^- + 2e^- \Longrightarrow 3I^-$	$+0.536$
$Cu \| Cu^{2+}$	$Cu^{2+} + 2e^- \Longrightarrow Cu$	$+0.337$
$Pt \| Hg \| Hg_2Cl_2, Cl^-$	$Hg_2Cl_2 + 2e^- \Longrightarrow 2Cl^- + 2Hg$	$+0.2676$
$Ag \| AgCl, Cl^-$	$AgCl + e^- \Longrightarrow Ag + Cl^-$	$+0.2224$
$Pt \| Cu^+, Cu^{2+}$	$Cu^{2+} + e^- \Longrightarrow Cu^+$	$+0.153$
$Ag \| AgBr, Br^-$	$AgBr + e^- \Longrightarrow Ag + Br^-$	$+0.0713$
$Pt, H_2 \| H^+$	$2H^+ + 2e^- \Longrightarrow H_2$	0.0000
$Pb \| Pb^{2+}$	$Pb^{2+} + 2e^- \Longrightarrow Pb$	-0.126
$Ag \| AgI, I^-$	$AgI + e^- \Longrightarrow Ag + I^-$	-0.1518
$Cu \| CuI, I^-$	$CuI + e^- \Longrightarrow Cu + I^-$	-0.1852
$Pb \| PbSO_4, SO_4^{2-}$	$PbSO_4 + 2e^- \Longrightarrow Pb + SO_4^{2-}$	-0.3588
$Pt \| Ti^{2+}, Ti^{3+}$	$Ti^{3+} + e^- \Longrightarrow Ti^{2+}$	-0.369
$Cd \| Cd^{2+}$	$Cd^{2+} + 2e^- \Longrightarrow Cd$	-0.403
$Fe \| Fe^{2+}$	$Fe^{2+} + 2e^- \Longrightarrow Fe$	-0.4402
$Cr \| Cr^{3+}$	$Cr^{3+} + 3e^- \Longrightarrow Cr$	-0.744
$Zn \| Zn^{2+}$	$Zn^{2+} + 2e^- \Longrightarrow Zn$	-0.7628
$Mn \| Mn^{2+}$	$Mn^{2+} + 2e^- \Longrightarrow Mn$	-1.180
$Al \| Al^{3+}$	$Al^{3+} + 3e^- \Longrightarrow Al$	-1.662
$Mg \| Mg^{2+}$	$Mg^{2+} + 2e^- \Longrightarrow Mg$	-2.363
$Na \| Na^+$	$Na^+ + e^- \Longrightarrow Na$	-2.7142
$Ca \| Ca^{2+}$	$Ca^{2+} + 2e^- \Longrightarrow Ca$	-2.866
$Ba \| Ba^{2+}$	$Ba^{2+} + 2e^- \Longrightarrow Ba$	-2.906
$K \| K^+$	$K^+ + e^- \Longrightarrow K$	-2.925
$Li \| Li^+$	$Li^{2+} + e^- \Longrightarrow Li$	-3.045
	碱 性 溶 液 ($a_{OH^-}=1$)	
$Pt \| MnO_2, MnO_4^-$	$MnO_4^- + 2H_2O + 3e^- \Longrightarrow MnO_2 + 4OH^-$	$+0.588$
$Pt, O_2 \| OH^-$	$O_2 + 2H_2O + 4e^- \Longrightarrow 4OH^-$	$+0.401$
$Pt \| S, S^{2-}$	$S + 2e^- \Longrightarrow S^{2-}$	-0.447
$Pt, H_2 \| OH^-$	$2H_2O + 2e^- \Longrightarrow H_2 + 2OH^-$	-0.82806
$Pt \| SO_3^{2-}, SO_4^{2-}$	$SO_4^{2-} + H_2O + 2e^- \Longrightarrow SO_3^{2-} + 2OH^-$	-0.93

说明：

a. 除非特别指明，对于有 H_2O 参与的电极反应，$a(H_2O)=1$；

b. 对于任何固体纯净物或单质，其活度亦为 1，但对于合金应标明其活度；

c. 电极电势是一强度量，与电极反应中电子的得失数目无关。

④ 二级标准电极（参比电极）

a. 甘汞电极 以氢电极作为标准电极测定电动势时，在正常情形下，电动势可以达到很高的精确度（±0.000001V）。但它对使用时的条件要求十分严格，而且它的制备和纯化也比较复杂，在一般的实验室中难以有这样的设备，故在实验测定时，往往采用二级标准电极。甘汞电极就是其中最常用的一种二级标准电极，它的电极电势可以和标准氢电极相比而精确测定，在定温下它具有稳定的电极电势，并且容易制备，使用方便。其构造如图 9-21 所示。将少量汞放在器皿底部，加少量由甘汞 [$Hg_2Cl_2(s)$]、汞及氯化钾溶液制成的糊状物，再用饱和了甘汞的氯化钾溶液将器皿装满。

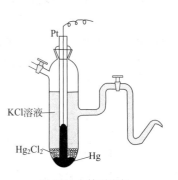

图 9-21 甘汞电极

甘汞电极的电势与 Cl^- 的活度有关，由于所用 KCl 溶液的浓度不同，甘汞电极的电极电势也不同。常用的甘汞电极电势及其温度系数如表 9-7 所示。

表 9-7 常用甘汞电极的数据 （298.15K）

电 极 类 型	E/V	$(\partial E/\partial T)_p$/V·$K^{-1}$
Pt，Hg｜Hg_2Cl_2，KCl（0.1mol·dm^{-3}）	0.3338	-0.00007
Pt，Hg｜Hg_2Cl_2，KCl（1mol·dm^{-3}）	0.2800	-0.00024
Pt，Hg｜Hg_2Cl_2，KCl（饱和）	0.2444	-0.00076

由表中数据可以看出，饱和甘汞电极配制最为方便，但其温度系数较大。而 0.1mol·dm^{-3} KCl 溶液的甘汞电极温度系数最小，适用于精密测量。商品电极使用比较方便，可直接插入待测溶液中，然而其内阻较大。

b. 氯化银电极 氯化银电极如图 9-22 所示。将银丝作为阳极在含 Cl^- 的溶液中电解沉积上一层氯化银，插入一定浓度的氯化钾溶液中即可制成。

$$Ag｜AgCl(s)，KCl(a=1)，E^{\ominus}[AgCl(s)｜Ag]=0.2224V（298.15K）$$

氯化银电极制备简便，应用广泛，常用作为内参比电极。工作时，由于溶度积制约，Ag^+ 浓度很小，故可逆性较好。

（2）液体接界电势及其消除

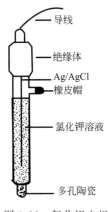

图 9-22 氯化银电极

在两个含有不同溶质的溶液所形成的界面上，或者两种溶质相同而浓度不同的溶液界面上，存在着微小的电势差，称为液体接界电势，见图 9-23。它的大小一般不超过 0.03V。液体接界电势产生的原因是由于离子迁移速率的不同而引起的。液体接界电势产生后，将对界面两边离子的扩散速度产生调节作用，一方面使本来扩散较快的离子速度降低，另一方面又使扩散较慢的离子速度增加，最后两种离子以相同的速度通过界面，液体接界电势保持恒定。

虽然液接电势一般不超过 0.03V，但测定时已不可忽略；另一方面，由于扩散是不可逆过程，使电动势的测定难以得到稳定值；所以在实验时，总是力图消除液接电势。消除的方法有两种：一是避免使用有液接界面的原电池，但并非任何情况都能实现；二是使用盐桥，使两种溶液不直接接触，如图 9-24 所示。通常盐桥是一个装有饱和 KCl 或 NH_4NO_3 溶液的 U 形玻璃管，为了防止溶液倒出，可用凝胶例如琼脂将它冻结在 U 形管内。由于盐桥中 KCl 的浓度很高，插入溶液时，盐桥中 K^+ 和 Cl^- 向溶液的扩散占主导地位。这两种离子的电迁移率很接近，所以盐桥两端界面上的内电势差很小，而且两端电势差方向相反，相互抵消，使用盐桥后常可使液接电势降低到几毫伏。盐桥的符号为"‖"。例如丹尼尔电池，使用盐桥后表示为：

$$Cu \mid Zn \mid ZnSO_4(aq) \underset{\parallel}{} CuSO_4(aq) \mid Cu$$

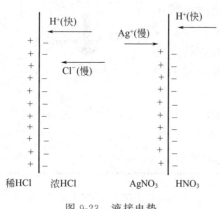

图 9-23 液接电势

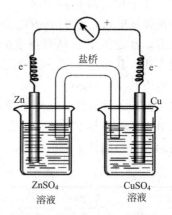

图 9-24 有盐桥的原电池

9.3.4 电动势测定的应用

电动势测定方法的应用范围相当广泛。除了前面已提及的用于求热力学函数 $\Delta_r G_m$、$\Delta_r H_m$、$\Delta_r S_m$ 和 $E^\ominus$（电池）、$\gamma_\pm$、t_+（t_-）外，下面再列举几方面的应用实例。

（1）平衡常数和溶度积的测定

① 弱酸离解常数的测定 由电动势测定实验方法可以较准确地获得弱酸离解常数的数据。以一元弱酸 HA 为例，设计如下电池：

$$Pt, H_2(p^\ominus) \mid HA(b_1), NaA(b_2), NaCl(b_3) \mid AgCl(s) \mid Ag$$

上述电池中 HA 为待测的一元弱酸，NaA 为与弱酸具有相同阴离子的强碱盐。此电池反应为：

$$AgCl(s) + \frac{1}{2}H_2(p^\ominus) \longrightarrow Ag(s) + H^+(a_1) + Cl^-(a_2)$$

电池电动势：

$$E = E^\ominus - \frac{RT}{F}\ln a_1 a_2 = E^\ominus(Cl, AgCl \mid Ag) - \frac{RT}{F}\ln a_1 a_2 \tag{9.3-14}$$

弱酸离解常数 $K_a^\ominus$ 为：

$$K_a^\ominus = \frac{a_1 a_{A^-}}{a_{HA}}, \quad a_1 = \frac{K_a^\ominus a_{HA}}{a_{A^-}}$$

将 a_1 代入式（9.3-14）并整理得：

$$\frac{F[E - E^\ominus(Cl^-, AgCl \mid Ag)]}{RT} = -\ln K_a^\ominus - \ln \frac{a_{HA} a_2}{a_{A^-}}$$

$$= -\ln K_a^\ominus - \ln \frac{\gamma_{HA} \gamma_{Cl^-}}{\gamma_{A^-}} - \ln \frac{(b/b^\ominus)_{HA}(b/b^\ominus)_{Cl^-}}{(b/b^\ominus)_{A^-}} \tag{9.3-15}$$

因 $b_{HA} = b_1 - b_{H^+} \approx b_1$，$b_{A^-} = b_2 + b_{H^+} \approx b_2$，$b_{Cl^-} = b_3$，代入式 (9.3-15) 得：

$$\frac{F[E - E^{\ominus}(Cl^-, AgCl | Ag)]}{RT} + \ln \frac{(b/b^{\ominus})_{HA}(b/b^{\ominus})_{Cl^-}}{(b/b^{\ominus})_{A^-}} = -\ln \frac{\gamma_{HA}\gamma_{Cl^-}}{\gamma_{A^-}} - \ln K_a^{\ominus}$$

(9.3-16)

$\dfrac{F[E - E^{\ominus}(Cl^-, AgCl | Ag)]}{RT} + \ln \dfrac{(b/b^{\ominus})_{HA}(b/b^{\ominus})_{Cl^-}}{(b/b^{\ominus})_{A^-}}$ 对 $\sqrt{I}$ 作图，外推至 $\sqrt{I} \to 0$，由截

距可得 $-\ln K_a^{\ominus}$。

② 溶度积的测定　如果把微溶盐溶解形成离子的变化设计成一电池，则可利用 $E^{\ominus}$（电池）值求出该微溶盐的溶度积。例如，溴化银的溶度积可借助如下电池电动势的测定求之。

$$Ag | Ag^+ \| Br^- | AgBr(s) | Ag$$

电池反应平衡式：

$$AgBr(s) \Longrightarrow Ag^+ + Br^-$$

因为：$E = 0$，所以：$E^{\ominus} = \dfrac{RT}{F}\ln K_{sp}$

$$\ln K_{sp} = \frac{F}{RT}[E^{\ominus}(Br^- | AgBr(s) | Ag) - E^{\ominus}(Ag^+ | Ag)]$$

$E^{\ominus}(Br^- | AgBr(s) | Ag) = 0.0713V$，$E^{\ominus}(Ag^+ | Ag) = 0.7991V$，则：

$$K_{sp} = 4.8 \times 10^{-13}$$

③ 氧化还原反应的平衡常数　任意一氧化还原平衡反应，其平衡常数可由下式确定：

$$\ln K_a^{\ominus} = -\frac{\Delta_r G_m^{\ominus}}{RT} = \frac{zFE^{\ominus}}{RT}$$

(9.3-17)

例如，欲求以下反应的平衡常数：$Fe^{2+} + Ce^{4+} \Longrightarrow Fe^{3+} + Ce^{3+}$，可由 $E^{\ominus}(Fe^{3+} | Fe^{2+})$ 和 $E^{\ominus}(Ce^{4+} | Ce^{3+})$ 计算得：$E^{\ominus} = (1.61 - 0.77)V = 0.84V$，298K 时，$K_a^{\ominus} = 1.62 \times 10^{14}$。

(2) 溶液 pH 值的测定

按定义，溶液的 pH 值应指氢离子活度的负对数，由于单独离子的活度尚无法确知，因此测定时必须作某些近似处理。目前，作为 pH 值测定的指示电极有：氢电极、醌电极和玻璃电极。其中最常用的是玻璃电极，而与指示电极组成电池的另一参比电极多采用甘汞电极。

① 醌氢醌电极　醌氢醌是醌和氢醌以等物质的量结合的分子化合物。其分子式为 $C_6H_4O_2 \cdot C_6H_4(OH)_2$，常简写为 $Q \cdot H_2Q$。它在水中的溶解度很小，只需在一待测溶液中放入少量醌氢醌晶体，并插入一惰性电极如铂电极，就构成一醌氢醌电极。其电极反应为：

$$Q + 2H^+ + 2e \Longrightarrow H_2Q$$

25℃ 时 $E^{\ominus}(H_2Q | Q) = 0.6995V$，若与甘汞电极组成电池：

$$甘汞电极 \| H^+(a_{H^+}) | Q \cdot H_2Q, Pt$$

25℃ 时其电动势为：

$$E = E^{\ominus}(H_2Q | Q) + \frac{RT}{F}\ln a_{H^+} - E(甘汞)$$

$$= E^{\ominus}(H_2Q | Q) - E(甘汞) - 0.05915V pH$$

$$pH = \frac{0.6995 - E(甘汞)/V - E/V}{0.05915}$$

(9.3-18)

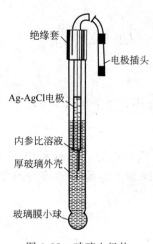

图 9-25　玻璃电极构
造示意图

绝缘套
电极插头
Ag-AgCl电极
内参比溶液
厚玻璃外壳
玻璃膜小球

上式仅适用于 pH<7。当 pH>7 时，氢醌部分离解并易为空气中氧所氧化，影响实验结果。若溶液中存在强氧化剂和强还原剂对其电势都会产生影响。

② 玻璃电极　玻璃电极是在吹成薄泡状的玻璃泡内放置一已知浓度的 HCl 溶液（或已知 pH 值的缓冲溶液）和一内参比电极（常用 Ag-AgCl 电极或甘汞电极）所构成的。其构造如图 9-25 所示。若将玻璃电极和甘汞电极（外参比电极）插入待测液中，则组成如下电池：

Ag-AgCl|HCl$(0.1\text{mol}\cdot\text{kg}^{-1})$|玻璃膜|待测液$(a_{\text{H}^+})$‖甘汞电极

电池的电动势为：

$$E = E(甘汞) - E(玻璃)$$
$$= E(甘汞) - [E(\text{Ag-AgCl}) + E(不对称) + E(膜)]$$
$$= E(甘汞) - E(\text{Ag-AgCl}) - E(不对称) - \frac{RT}{F}\ln\frac{a_{\text{H}^+}}{0.1}$$
$$= \left[E(甘汞) - E(\text{Ag-AgCl}) - E(不对称) + \frac{2.303RT}{F}\right] + \frac{2.303RT}{F}\text{pH} \tag{9.3-19}$$

式（9.3-19）中，E（不对称）是因为吹制时玻璃膜内外两边退火速率不同和表面性质不一所引起的，这种不对称电势的存在使得不同的玻璃电极与同一浓度 H^+ 溶液接触时所形成的膜电势不一致。但对同一支玻璃电极，E（不对称）可视为常数。因此，式（9.3-19）中等式右边的括号内的值在一定温度下为常数，令其为 K，则有：

$$E = K + \frac{2.303RT}{F}\text{pH} \tag{9.3-20}$$

在实际测定中，可先用一已知 pH_s 值的标准缓冲溶液作一次测定得电动势 E_s，再用待测溶液作另一次测定得电动势 E_x，从两次测定得到的电动势值及 pH_s 可得 pH_x。

$$\text{pH}_x = \text{pH}_s + \frac{(E_x - E_s)F}{2.303RT} \tag{9.3-21}$$

玻璃电极不受氧化剂和还原剂存在的影响，所受干扰因素远较其他电极少，故目前经常应用。然而钠离子浓度太大时，对膜电势有影响，特别是当 pH>9 时。为扩大 pH 值的测量范围，可掺入适量的 Li_2O。此外，由于玻璃电极阻抗往往高达 $10\sim100\text{M}\Omega$，因此，测量时应该使用高阻抗输入的电势差计。

9.4　原电池的设计与应用

设计原电池就是为给定的化学反应设计一个电池，使两个电极反应的总和等于该反应。

9.4.1　氧化还原反应

由于所给的反应中各有关元素的氧化态在反应前后有变化，发生了氧化作用的元素所对应的电极作阳极，写于左侧；发生了还原作用的元素所对应的电极作阴极，写于右侧。例如反应：$H_2(g) + \frac{1}{2}O_2(g) \longrightarrow H_2O(l)$，氧作为氧化剂发生还原反应，反应介质为碱性介质：

$\frac{1}{2}O_2(g) + H_2O + 2e^- \longrightarrow 2OH^-$，用该电极作正极：$OH^-(a), H_2O|O_2(p), Pt$；氢作为

还原剂发生氧化反应：$H_2(g) + 2OH^- \longrightarrow 2H_2O + 2e^-$，用该电极作负极：$Pt, H_2(p) \mid OH^-$ (a)。电池反应：正极反应＋负极反应，即：

$$\frac{1}{2}O_2(g) + H_2O + 2e^- \longrightarrow 2OH^-$$

$$+ \quad H_2(g) + 2OH^- \longrightarrow 2H_2O + 2e^-$$

则
$$\frac{1}{2}O_2(g) + H_2(g) \longrightarrow H_2O(l)$$

所以，所设计的原电池为：$Pt, H_2(p) \mid OH^-(a), H_2O \mid O_2(g), Pt$。

若先考虑到的是作还原剂氢所发生的氧化反应，且反应介质为酸性介质，则：$H_2(g) \longrightarrow 2H^+(a) + 2e^-$，用该电极作为负极：$Pt, H_2(p) \mid H^+(a)$，则正极反应可以推得：

$$\frac{1}{2}O_2(g) + H_2(g) \longrightarrow H_2O(l)$$

$$- \quad H_2(g) \longrightarrow 2H^+(a) + 2e^-$$

则
$$2H^+ + \frac{1}{2}O_2(g) + 2e^- \longrightarrow H_2O(l)$$

用该电极作为正极：$H^+(a), H_2O \mid O_2(p), Pt$，所以，所设计的电池为：$Pt, H_2(p) \mid H^+(a)$, $H_2O \mid O_2(p), Pt$。

由结果可以看出，对于同一个反应可以设计成不同的原电池。在此例中，因所设计的电池反应得失电子数相同，所以，它们的标准电动势相同。但下例说明，电池反应相同，但因得失电子数不同，因而所设计出的电池标准电动势也就不同，从而导致电池的效率不同。如电池反应：$Cu + Cu^{2+} \longrightarrow 2Cu^+$，所设计的电池如下：

电池 1：　　　　$Cu \mid Cu^{2+} \parallel Cu^{2+}, Cu^+ \mid Pt$　　　　$z_1 = 2$

电池 2：　　　　$Cu \mid Cu^+ \parallel Cu^{2+}, Cu^+ \mid Pt$　　　　$z_2 = 1$

$\Delta_r G_m^\ominus = -zFE^\ominus$，因 $z_1 = 2$，$z_2 = 1$，而两个电池反应相同即 $\Delta_r G_m^\ominus$ 相同，所以 $E_2^\ominus = 2E_1^\ominus$。

9.4.2 扩散过程——浓差电池

(1) 气体的扩散过程

如：$H_2(g, p_1) \longrightarrow H_2(g, p_2)$

负极反应：　　　　　　　$H_2(g, p_1) \longrightarrow 2H^+(a) + 2e^-$

则：　　　　　　　　　　$H_2(g, p_1) \longrightarrow H_2(g, p_2)$

$$-) \quad H_2(g, p_1) \longrightarrow 2H^+(a) + 2e^-$$

即　　　　　　　　$2H^+(a) + 2e^- \longrightarrow H_2(g, p_2)$

所以，所设计的原电池为：$Pt, H_2(p_1) \mid H^+(a) \mid H_2(g, p_2), Pt$，电池的电动势为：$E = -\dfrac{RT}{F} \ln \dfrac{p_2}{p_1}$。

(2) 离子扩散过程

如：　　　　　　　　　　$H^+(a_1) \longrightarrow H^+(a_2)$

负极反应：　　　$\dfrac{1}{2}H_2(g, p) \longrightarrow H^+(a_2) + e^-$

则：　　　　　　　　　　$H^+(a_1) \longrightarrow H^+(a_2)$

$$-) \quad \frac{1}{2}H_2(g, p) \longrightarrow H^+(a_2) + e^-$$

即　　　　　　　$H^+(a_1) + e^- \longrightarrow \dfrac{1}{2}H_2(g, p)$

所以，所设计的原电池为：$Pt, H_2(p) | H^+(a_2) \|\| H^+(a_1) | H_2(p), Pt$，电池的电动势为：

$$E = -\frac{RT}{F} \ln \frac{a_2}{a_1}.$$

当将这类反应设计成原电池时，所组成的原电池同样有电动势，这种电动势产生的原因是构成电极物质的浓度不同所造成的。因此，这类电池称为浓差电池。

9.4.3 中和反应与沉淀反应

在这类反应中，所给反应组分中的各有关元素的氧化态在反应前后没有发生变化。此时，应先根据产物及反应物的种类确定出一个电极，再用电池反应与该电极反应之差确定另一个电极反应，从而确定另一电极。电池设计好后再进行检验，看所设计的电池是否正确。如：

$$H^+ + OH^- \longrightarrow H_2O$$

先确定正极反应：

$$H^+(a) + e^- \longrightarrow \frac{1}{2} H_2(g, p)$$

则：

$$H^+ + OH^- \longrightarrow H_2O$$

$$- \qquad H^+(a) + e^- \longrightarrow \frac{1}{2} H_2(g, p)$$

负极反应：

$$\frac{1}{2} H_2(g) + OH^- \longrightarrow H_2O + e^-$$

所以，所设计的电池为：$Pt, H_2(p) | OH^-(a) \|\| H^+(a) | H_2(p), Pt$。

又如：

$$AgCl(s) \longrightarrow Ag^+ + Cl^-$$

由 $AgCl(s)\text{-}Cl^-$ 可想到第二类电极，则：

正极：

$$AgCl(s) + e^- \longrightarrow Ag(s) + Cl^-$$

由

$$AgCl(s) \longrightarrow Ag^+ + Cl^-$$

$$- \qquad AgCl(s) + e^- \longrightarrow Ag(s) + Cl^-$$

负极：

$$Ag(s) \longrightarrow Ag^+ + e^-$$

所以，设计的电池为：$Ag | Ag^+ \|\| Cl^- | AgCl(s) | Ag$。

若反应为：$Ag^+ + Cl^- \longrightarrow AgCl(s)$，此反应正好是上一反应的逆反应，则所设计出的电池与上述电池相同，但正负极正好相反：$Ag | AgCl(s) | Cl^- \|\| Ag^+ | Ag$。

9.4.4 化学电源

虽然 $\Delta G < 0$ 的反应原则上都可设计成原电池，但并不是所有的原电池都具有实际应用价值，可作为化学电源来使用。理想的化学电源应具有电容量大、输出功率范围广、工作温度限制小、使用寿命长，且安全、可靠、廉价等优点。当然完美的化学电源是不存在的，人们根据不同用途选择不同的电池。

与其他电源相比，化学电源具有能量转换效率高、使用方便、安全可靠、易于携带等优点，因此它在人们的日常生活、工业生产以及军事航天等方面都有广泛的用途。下面简单介绍一些实际作为化学电源应用的电池。

化学电源品种繁多，按照其工作性质和存储方式可分为一次电池、二次电池、储备电池和燃料电池四大类。化学电源的结构可以不同，但原则上都是由两种不同的电极材料和用以将两个电极分隔开的隔膜及电解质和外壳等组成。

（1）一次电池（primary battery）

一次电池又叫不可充电电池或原电池，从电池单向化学反应中产生电能。原电池放电导致电池化学成分永久和不可逆的改变。一次电池是人们最早使用的电池。因放电电流不大，一般用于低功率到中功率放电，多用于仪器及各种电子器件。目前常用的一次电池有碱性锌-锰电池、锌-氧化汞电池、锌-氧化银电池等。碱性锌-锰电池的示意图如图 9-26 所示，简化的电池表示为：

$$(-)Zn \mid 浓\ KOH \mid MnO_2(+)$$

阳极：$Zn + 4OH^- \longrightarrow \{Zn(OH)_4\}^{2-} + 2e^-$

阴极：$MnO_2 + 2H_2O + 2e^- \longrightarrow Mn(OH)_2 + 2OH^-$

电池反应：$Zn + MnO_2 + 2H_2O + 2OH^- \longrightarrow \{Zn(OH)_4\}^{2-} + Mn(OH)_2$

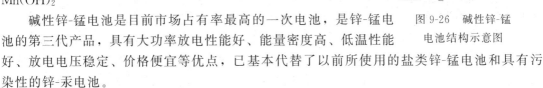

图 9-26　碱性锌-锰电池结构示意图

碱性锌-锰电池是目前市场占有率最高的一次电池，是锌-锰电池的第三代产品，具有大功率放电性能好、能量密度高、低温性能好、放电电压稳定、价格便宜等优点，已基本代替了以前所使用的盐类锌-锰电池和具有污染性的锌-汞电池。

除了碱性锌-锰电池，还有铵型锌-锰电池和锌型锌-锰电池。

铵型锌-锰电池：电解质以氯化铵为主，含少量氯化锌。

电池符号：$(-)Zn \mid NH_4Cl \cdot ZnCl_2 \mid MnO_2(+)$

总电池反应：$Zn + 2NH_4Cl + 2MnO_2 \Longrightarrow Zn(NH_3)_2Cl_2 + Mn_2O_3 + H_2O$

锌型锌-锰电池：又称高功率锌-锰电池，电解质为氯化锌，具有防漏性能好、能大功率放电及能量密度较高等优点，是锌-锰电池的第二代产品，20 世纪 70 年代初首先由德国推出。与铵型电池相比，锌型电池长时间放电不产生水，因此电池不易漏液。

电池符号：$(-)Zn \mid ZnCl_2 \mid MnO_2(+)$

总电池反应：$Zn + 2Zn(OH)Cl + 6MnO(OH) \Longrightarrow ZnCl_2 \cdot 2ZnO \cdot 4H_2O + 2Mn_3O_4$

（2）二次电池（rechargeable battery）

二次电池又称为充电电池，是指在电池放电后可通过充电的方式使活性物质激活而继续使用的电池。1859 年布兰特研制出了第一个铅酸蓄电池，开始了人们对二次电池的使用，该电池仍是目前使用最广泛的二次电池。二次电池在放电时通过化学反应产生电能，充电时则使电池恢复到原来状态，即将电能以化学能的形式重新储存起来，从而实现电池电极的可逆充放电反应，可循环使用。常用的蓄电池有：铅酸、镍-镉、镍-铁、镍氢、锂电池等。铅酸蓄电池的示意图如图 9-27 所示，简化的电池表示为：

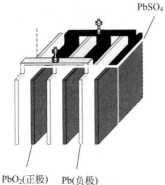

图 9-27　铅酸蓄电池示意图

$$(-)Pb \mid H_2SO_4(aq) \mid PbO_2(+)$$

阳极：$Pb + SO_4^{2-} \longrightarrow PbSO_4(s) + 2e^-$

阴极：$PbO(s) + SO_4^{2-} + 4H^+ + 2e^- \longrightarrow PbSO_4(s) + 2H_2O$

电池反应：$Pb + PbO(s) + H_2SO_4 \longrightarrow 2PbSO_4(s) + 2H_2O$

镍氢电池是 20 世纪 80 年代随着储氢合金研究而发展起来的一种新型二次电池。它的工作原理是在充放电时氢在正负极之间传递，电解液不发生变化。镍氢电池中的"金属"部分实际上是金属氢化物。例如 MH_x-Ni 电池，其中 MH_x 为储氢合金，例如 $LaNi_5H_6$，氢可以原子状态镶嵌其中，其简化的电池表示为：

$$(-)MH_x | KOH(aq) | NiOOH(+)$$

阳极：$MH_x + xOH^- \longrightarrow M + xH_2O + xe^-$

阴极：$xNiOOH + xH_2O + xe^- \longrightarrow xNi(OH)_2 + xOH^-$

电池反应 $MH_x + xNiOOH \longrightarrow xNi(OH)_2 + M$

镍氢电池由氢氧化镍（正极）、储氢合金（负极）、隔膜纸、电解液、钢壳、顶盖、密封圈等组成。在圆柱形电池中，正、负极用隔膜纸分开卷绕在一起，然后密封在钢壳中。

镍氢电池的优点是容量高、体积小、无污染、使用寿命长、可快速充电，所以一经问世就受到人们的广泛关注，发展迅速，目前已基本取代了传统的有污染的镍-镉充电电池。不过镍氢电池是一种有记忆的充电电池，使用时应将电池的电全部用完后再进行充电。

锂电池是日本索尼公司 1990 年开发推出的新型可充电电池，在此基础上人们很快又研制出性能更好的锂离子二次电池。锂离子电池以嵌有锂的过渡金属氧化物如 $LiCoO_2$、$LiNiO_2$、$LiMn_2O_4$ 等作为正极，以可嵌入锂化合物的各种碳材料如天然石墨、合成石墨、微珠炭、碳纤维等作为负极。电解质一般采用 $LiPF_6$ 的乙烯碳酸酯、丙烯碳酸酯与低黏度二乙基碳酸酯等烷基碳酸酯混合的非水溶剂系统。隔膜多采用聚乙烯、聚丙烯等聚合微多孔膜或它们的复合膜。该类电池内所进行的不是一般电池中的氧化还原反应，而是 Li^+ 在充放电时在正负极之间的转移。如图 9-28 所示，电池充电时，锂离子从正极中脱嵌，到负极中嵌入，放电时反之。人们将这种靠锂离子在正、负极之间转移来进行充放电工作的锂离子电池形象地称为"摇椅式电池"，俗称"锂电"。

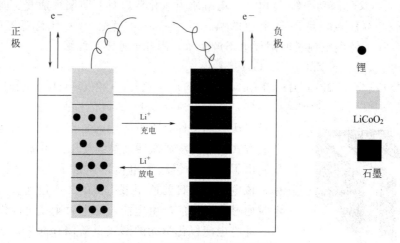

图 9-28 锂电池工作原理示意图

（3）燃料电池（fuel cell）

燃料电池是将燃料的化学能直接转换为电能的装置。它不同于一次电池和二次电池，一次电池的活性物质利用完毕就不能再放电，二次电池在充电时也不能输出电能。而燃料电池只要不断地供给燃料，就像往炉膛里添加煤和油一样，它便能连续地输出电能。一次电池或二次电池与环境只有能量交换而没有物质的交换，是一个封闭的电化学系统；而燃料电池却是一个敞开的电化学系统，与环境既有能量的交换，又有物质的交换。因此它在化学电源中占有特殊重要的地位。

与一般化学电池一样，燃料电池的构造为：

$$(-)燃料 \| 电解质 \| 氧化剂(+)$$

燃料可以是气体（如 H_2、CO 和碳氢化合物）或液体（CH_3OH、N_2H_4、高阶碳氢化合物），也可以是固体（金属氢化物）。相对于燃料的选择，氧化剂的选择比较方便，纯氧、空气或卤素都可以胜任，而空气是最便宜的氧化剂。

以氢-氧燃料电池（见图 9-29）为例，电池表示为：$H_2(p_{H_2})\,|\,H^+$ 或 $OH^-(aq)\,|\,O_2(p_{O_2})$

电极反应　　　　负极：$2H_2(p_{H_2}) \longrightarrow 4H^+ + 4e^-$

　　　　　　　　　正极：$O_2(p_{O_2}) + 4H^+ + 4e^- \longrightarrow 2H_2O$

电池反应　　　　$2H_2(p_{H_2}) + O_2(p_{O_2}) = 2H_2O$

在 pH 为 1～14 范围内，标准电动势为 1.229V。

与一般能源相比，燃料电池具有许多特点和优点，如：

① 能量转换率高　任何热机的效率都受 Carnot 热机效率（η）所限制，例如用热机带动发电机发电，其效率仅为 35%～40%，而燃料电池的能量转换效率理论上就为 100%，实际操作时其总效率也在 80% 以上；

② 减少大气污染　火力发电产生废气（如 CO_2、SO_2、NO_x 等）、废渣，而氢氧燃料电池发电后只产生水，在航天飞行器中经净化后甚至可以作为航天员的饮用水；

③ 燃料电池的比能量高　所谓比能量是指单位质量的反应物所产生的能量，燃料电池的比能量高于其他电池；

④ 燃料电池具有高度的稳定性　燃料电池无论是在额定功率以上超载运行，还是低于额定功率时运行，它都能承受而效率变化不大。当负载有变化时，它的响应速率快，都能承受。

依据电解质的不同，燃料电池分为磷酸型燃料电池（PAFC）、熔融碳酸盐燃料电池（MCFC）、固体氧化物燃料电池（SOFC）、碱性燃料电池（AFC）及质子交换膜燃料电池（PEMFC）等，表 9-8 列出了五大类型燃料电池的构成和特征。

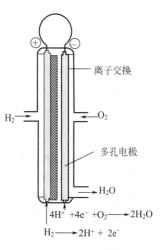

图 9-29　氢-氧燃料
电池示意图

（图中标注：离子交换；多孔电极；H_2；O_2；H_2O；$4H^+ + 4e^- + O_2 \longrightarrow 2H_2O$；$H_2 \longrightarrow 2H^+ + 2e^-$）

表 9-8　燃料电池的构成和特征

电池类型		PAFC	MCFC	SOFC	AFC	PEMFC
电极	正极	高分散 Pt	高分散 Ni	多孔 Pt	高分散 Ni	高分散 Pt
	负极	高分散 Pt	高分散 Ni	多孔 Pt	高分散 Ni	高分散 Pt(Ru)
电解质		浓 H_3PO_4	$Li_2CO_3\text{-}K_2CO_3$ (Na_2CO_3)	ZrO_2	KOH 或 NaOH	质子交换膜（如 Nafion 膜）
工作温度		180～210℃	600～700℃	900～1000℃	室温～100℃	25～120℃
燃料		H_2	CO 或 H_2	H_2 或 CO	H_2	H_2 或甲醇
电池反应		$2H_2 + O_2 \longrightarrow 2H_2O$	$2CO + O_2 \longrightarrow 2CO_2$	$2H_2 + O_2 \longrightarrow 2H_2O$	$2H_2 + O_2 \longrightarrow 2H_2O$	$CH_3OH + 1.5O_2 \longrightarrow CO_2 + 2H_2O$
优点		抗 CO_2，可应用于独立电站	无需贵金属催化剂，电池内部重整容易，Ni 催化剂不怕 CO 中毒	无需贵金属催化剂，无需 CO_2 再循环，效率高	Ni 催化剂价格低，工作温度低，效率高	功率密度高，工作条件温和，无溶液渗漏及腐蚀，启动快，工作可靠
缺点		贵金属催化剂对 CO 敏感≤1%，电解质电导率低	电极材料寿命短，机械稳定性差，阴极需补充 CO_2，腐蚀	制备工艺复杂，工作温度高，价格昂贵	对 CO 敏感≤ $350\mu L \cdot L^{-1}$，电解质使用过程浓差极化大	膜及催化剂造价高，对 CO 敏感，控制困难

现有的燃料电池技术中，AFC 技术比较成熟，主要用于航天以及军事用途；PAFC 技术已经商业化，可以作为医院、计算机站、军事基地的不间断电源；PEMFC 适合于电动

车、潜艇等移动及便携式电源；MCFC、SOFC 可以作为电力系统燃料电站发电的主要研究和发展方向，这两种电站既可以以天然气等重整气作为燃料，又可以实现联合循环发电，可以替代目前高能耗、高污染的火力发电站。

　　燃料电池作为高效、清洁、友好的新能源技术，已经得到越来越多国家的重视，掌握清洁高效的发电技术对国家能源和安全具有重要的战略意义，而燃料电池正是高效环保的发电技术之一，越来越多的国家和地区投入更多的资金对其进行研究并使其产业化。

9.5　电极过程

　　（1）分解电压

　　① 分解电压　使某电解质在两极上连续不断地进行分解所需的最小电压称为该电解质的分解电压。

　　使用如图 9-30 所示的装置（两个铂电极放在 $0.5\mathrm{mol\cdot dm^{-3}}$ 的 H_2SO_4 溶液中）电解水时，调节可变电阻，记录通过回路的电压和电流，结果示于图 9-31，即电解槽两端电势差与电流强度的关系曲线。图 9-31 显示，外加电压很小时，几乎无电流通过，阴、阳极上无 H_2 和 O_2 放出。随着 E 的增大，电极表面产生少量氢气和氧气，但压力低于大气压，无法逸出。所产生的氢气和氧气构成了原电池，外加电压必须克服该反电动势，继续增加电压，I 有少许增加，如图中 1～2 段。当外压增至 2～3 段，氢气和氧气的压力等于大气压力，呈气泡逸出，反电动势达极大值 $E_{b,max}$。再增加电压，使 I 迅速增加。将直线外延至 $I=0$ 处，得 E（分解）值，这是使电解池不断工作所必需外加的最小电压，称为分解电压。

　　② 分解电压产生的机制　电解过程中在两电极上实际发生的反应为：

$$\text{阴极：} 2H^+(aq)+2e^- \longrightarrow H_2(g)$$

$$\text{阳极：} 2OH^- \longrightarrow H_2O(l)+\frac{1}{2}O_2(g)+2e^-$$

由于阴极和阳极上分别生成氢气和氧气，因此也就构成了一个对抗电解过程的原电池：

$$\text{Pt(s)} | H_2(g) | H_2SO_4(0.5\mathrm{mol\cdot dm^{-3}}) | O_2(g) | \text{Pt(s)}$$

该电池的标准电动势为 $E^{\ominus}=1.229\mathrm{V}$，从理论上讲分解电压应该等于该可逆电池的电动势。从这个意义上讲，此可逆电池的电动势被称为理论分解电压。实际上只有当外加电压比理论分解电压大一定数值时，电解才能以明显速率进行。几种物质的分解电压列入表 9-9 中。

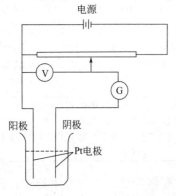

图 9-30　分解电压的测定装置示意图

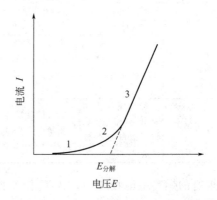

图 9-31　测定分解电压时电流-电压曲线

表 9-9 几种电解质溶液的分解电压 (室温, 铂电极)

电解质	$c/mol \cdot dm^{-3}$	电解产物	E(分解)/V	E(理论)/V
HCl	1	H_2 和 Cl_2	1.31	1.37
HNO_3	1	H_2 和 O_2	1.69	1.23
H_2SO_4	0.5	H_2 和 O_2	1.67	1.23
NaOH	1	H_2 和 O_2	1.69	1.23
$CdSO_4$	0.5	Cd 和 O_2	2.03	1.26
$NiCl_2$	0.5	Ni 和 Cl_2	1.85	1.64

分解电压的特点:

① 电解质不同而在两极上析出产物相同, 则分解电压大致相同。这是因为电解产物相同, 与电解质溶液所形成的原电池的电极反应相同, 即反电动势相同;

② 当外加电压等于分解电压时, 两极的电势分别为两极析出物质的析出电势;

③ E(分解)$>E$(理论), E(理论)即是相应的原电池的电动势。

导致这种现象的原因是由于电极极化作用致使析出电势偏离理论计算的平衡电极电势。

(2) 极化现象

① 平衡电极电势 当电极上无电流通过 ($I \rightarrow 0$) 时, 电极处于平衡状态, 与之相对应的电势是平衡(可逆)电极电势 $E_{可逆}$。

② 电极极化与极化电势 当电极有电流通过时, 电极电势偏离平衡电极电势的现象称为电极极化。随着电极上电流密度的增加, 电极实际分解电势值对平衡值的偏离也愈来愈大, 这种对平衡电势的偏离称为电极的极化。与电流密度 i 相对应的电极电势值称为极化电势 E。

③ 超电势(η) 某一电流密度下的电极电势与其平衡电极电势之差的绝对值称为超电势, 以 η 表示。η 的数值表示极化程度的大小。

(3) 电极极化的分类

根据极化产生的原因, 可将极化分为两类, 即浓差极化和电化学极化, 并将与之相对应的超电势称为浓差超电势和活化超电势。

① 浓差极化 在电解过程中, 电极附近某离子浓度由于电极反应而发生变化, 本体溶液中离子扩散的速度又赶不上弥补这个变化, 就导致电极附近溶液的浓度与本体溶液间有一个浓度梯度, 这种浓度差别引起的电极电势的改变称为浓差极化。以两银电极插到活度为 a 的 $AgNO_3$ 溶液中进行电解说明之。

阴极 $\qquad\qquad\qquad Ag^+ + e^- \longrightarrow Ag(s)$

溶液本体浓度为 $a(Ag^+)$, 则: $E' = E^{\ominus} - \dfrac{RT}{F} \ln \dfrac{1}{a(Ag^+)}$

阴极附近浓度为 $a'(Ag^+)$, 则: $E' = E^{\ominus} - \dfrac{RT}{F} \ln \dfrac{1}{a'(Ag^+)}$

所以: $\qquad\qquad\qquad \eta = E - E' = \dfrac{RT}{F} \ln \dfrac{a(Ag^+)}{a'(Ag^+)} > 0$

因为 $a(Ag^+) > a'(Ag^+)$, $\eta_{阴} > 0$, 故 $E_{可逆} > E_{不可逆}$, 即阴极上由于浓差极化使阴极的电极电势比可逆时更小。

同理可以证明在阳极上浓差极化的结果是使阳极电极电势变得比可逆时更大些。

为了使超电势都是正值, 阴极超电势($\eta_{阴}$)和阳极超电势($\eta_{阳}$)分别定义为:

$$\eta_{阴} = (E_{可逆} - E)_{阴} \tag{9.5-1a}$$

$$\eta_{阳} = (E - E_{可逆})_{阳} \tag{9.5-1b}$$

浓差超电势的大小是电极浓差极化程度的量度，其值取决于电极表面离子浓度与本体溶液中离子浓度差值之大小。因此，凡能影响这一浓差大小的因素，都能影响浓差超电势的数值。例如，需要减小浓差超电势时，可将溶液强烈搅拌或升高温度，以加快离子的扩散；而需要造成浓差超电势时，则应避免对于溶液的扰动并保持不太高的温度。

离子的扩散速率与离子的种类以及离子的浓度密切相关。在相同条件下，不同离子的浓差极化程度不同；同一种离子在不同浓度时的浓差极化程度也不同。极谱分析就是基于这一原理而建立起来的一种电化学分析方法，可用于对溶液中的多种金属离子进行定性和定量分析。

② 电化学极化　当电流通过电极时，在阴、阳极分别发生了由若干步骤（如吸附、电极反应、脱附等）组成的还原反应和氧化反应。如果这些步骤中有某一步骤阻力较大，则将会改变电极上的带电程度（电子的相对富集或贫乏），从而使电极电势偏离平衡值。这种因电极上电化学反应迟钝而引起的极化现象称为电化学极化，相应引起的超电势称为电化学超电势（或活化超电势）。

如电极 Pt，$H_2(g) | H^+(a)$，当它进行阴极反应时，由于电化学反应的滞后，使得 H^+ 变成 H_2 的速度不够快，则因有限电流通过而到达阴极的电子必然因无法被及时消耗而积累，因此，阴极电势往负移。这一较低的电势将有利于反应物活化，使 H^+ 转化成 H_2 的速度加快。同样，对失电子的阳极反应，若 H_2 变成 H^+ 的速度不够快，则必然出现由于还原态不能及时地将电子释放给电极而使电极电势正移。这一较高的电势有利于促进反应物的活化，加速 H_2 转变为 H^+。

与发生浓差极化时一样，电极发生电化学极化时导致阴极电势 $E_{阴}$ 比 $E_{阴,可逆}$ 低，而阳极电势 $E_{阳}$ 比 $E_{阳,可逆}$ 高。

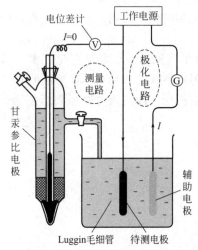

图 9-32　恒电流稳态法测量极化曲线的装置

（4）极化曲线——超电势的测定

测定电极极化曲线常用三极法，三极法有恒电流法和恒电位法两种。前者是把电流密度控制在若干个恒定值下，然后测定各个恒定电流下的电位；后者则刚好相反。

图 9-32 所示为恒电流稳态法测定的装置。在电解槽中，待测电极与辅助电极（一般为铂片）组成电解池，其回路中串接电流计和可变电阻。待测电极借助盐桥又与参比电极（一般用甘汞标准电极）组成原电池，其两极接电位计。盐桥的毛细管尖端要尽量靠近待测电极表面。测定过程中，靠调节可变电阻测定若干个设定电流密度下的相应电动势值。从测得的电动势扣除参比电极的电位，就是待测电极在该电流密度下的电位值，即极化电位。取若干组 J 和对应的 E 值作 J-E 图，即得极化曲线，如图 9-33 所示。从待测电极接外电源正极测得的为阳极极化曲线；接负极测得的为阴极极化曲线。一般测得的极化曲线，为包括浓差极化和活化极化的全极化曲线。

（5）电解池与原电池极化的差别

图 9-33 是电解池与原电池中的阳极和阴极极化曲线。

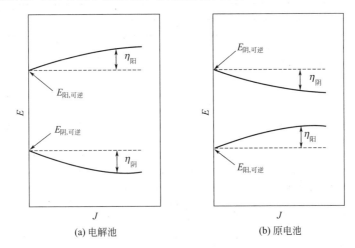

(a) 电解池   (b) 原电池

图 9-33 电解池和原电池中两电极的极化曲线

由图可见，对于电解池，在一定电流密度下，每个电极的实际析出电势（即不可逆电极电势）应等于可逆电极电势加上浓差超电势和电化学超电势，即：

$$E_{阳,析出}=E_{阳,可逆}+\eta_{阳} \tag{9.5-2a}$$

$$E_{阴,析出}=E_{阴,可逆}-\eta_{阴} \tag{9.5-2b}$$

而整个电解池的分解电压等于阳、阴两极的析出电势之差，即：

$$E_{分解}=E_{阳,析出}-E_{阴,析出}$$
$$=E_{可逆}+\eta_{阳}+\eta_{阴} \tag{9.5-3}$$

因此，电解池工作时，所通过的电流密度越大，不可逆程度越高，超电势越大，则外加电压也要增大，所消耗的电功也越多。

对于原电池，因阴极是正极，阳极是负极，所以阴极电势高于阳极电势，其电动势：

$$E=E_{阴,析出}-E_{阳,析出}$$
$$=E_{可逆}-(\eta_{阴}+\eta_{阳}) \tag{9.5-4}$$

随着电流密度增大，由于极化作用，负极（阳极）的电极电势比可逆电势值愈来愈大，正极（阴极）的电极电势比可逆电势值愈来愈小，两条曲线有相互靠近的趋势，原电池的电动势逐渐减小，所做电功则逐渐减小。

电化学极化是极化现象中最重要的一种。除第八族元素 Fe、Co、Ni 外，一般金属超电势很小。而有气体析出的系统（如氢电极、氧电极、氯电极等），超电势较大，氯对许多金属能产生腐蚀作用，而氧的析出机理尚不十分清楚，目前研究得较为深入的为涉及氢气析出的电极过程。

由实验中得知氢超压不仅与电流密度有关，还取决于电极材料的性质和表面性状、溶液的本性和组成以及温度等因素。

早在 1905 年，塔菲尔（Tafel）提出了一个经验式，表示氢超电势与电流密度的定量关系，称为 Tafel 公式：

$$\eta=a+b\ln J \tag{9.5-5}$$

式中，a 和 b 是常数，在不同的金属电极上 a、b 值示于表 9-10。

表 9-10　一些金属上氢阴极析出时 Tafel 公式中常数 a 和 b 的值 $[t=(20\pm0.2)℃,\ J=1A\cdot cm^2]$

金属	酸性溶液		碱性溶液	
	a/V	b/V	a/V	b/V
Ag	0.95	0.10	0.73	0.12
Al	1.00	0.10	0.64	0.14
Au	0.40	0.12	—	—
Be	1.08	0.12	—	—
Bi	0.84	0.12	—	—
Cd	1.40	0.12	1.05	0.16
Co	0.62	0.14	0.60	0.14
Cu	0.87	0.12	0.96	0.12
Fe	0.70	0.12	0.76	0.11
Ge	0.97	0.12	—	—
Hg	1.41	0.114	1.54	0.11
Mn	0.8	0.10	0.90	0.12
Mo	0.66	0.08	0.67	0.14
Nb	0.8	0.10	—	—
Ni	0.63	0.11	0.65	0.10
Pb	1.56	0.11	1.36	0.25
Pd	0.24	0.03	0.53	0.13
Pt	0.10	0.03	0.31	0.10
Sb	1.00	0.11	—	—
Sn	1.20	0.13	1.28	0.23
Ti	0.82	0.14	0.83	0.14
Tl	1.55	0.14	—	—
W	0.43	0.10	—	—
Zn	1.24	0.12	1.20	0.12

9.6　电解的实际应用

电解常用于分离、提纯金属、电化学防腐、制备化学物质以及作为分析手段等，应用范围相当广泛。水溶液中的电解常涉及氢气及氧气的析出。氢超压及氧超压的存在有利有弊。从电解水以生产氢气和氧气的角度来说，超电压愈小愈好，以减少不必要的电能消耗。而氢超压的存在，导致氢气在一定性质的金属表面以一定电流密度析出时，电势变得比平衡电势更负，这一现象使电解质溶液中一些平衡电势比氢的平衡电势更负的金属离子可能先于氢气在阴极上析出。

9.6.1　金属的析出

（1）金属的析出电势

当电解金属盐类的水溶液时，在阴极可能析出氢气或金属。究竟发生什么反应，则不仅要考虑它们的平衡电极电势（热力学性质），还要考虑在一定电流密度下的超电势（动力学性质），即看其离子析出电势的大小而定。阳极和阴极的析出电势为：

$$E_阳 = E_{阳,可逆} + \eta_阳$$

$$E_阴 = E_{阴,可逆} - \eta_阴$$

在电解池的阴极上，首先进行还原反应的是析出电势 $E_阴$ 较大者；在电解池的阳极上，则首先进行氧化反应的是析出电势 $E_阳$ 较小者。

【例题 9-6】　在 25℃，用锌电极作为阴极电解 $a=1$ 的 $ZnSO_4$ 水溶液，若在某一电流密度下氢气在锌电极上的超电势为 0.7V，问在常压下电解时，阴极上析出的物质是氢气还是金属锌？

解： 锌在阴极上的超电势可以忽略，查电极电势表知 $E^{\ominus}(Zn^{2+}|Zn) = -0.7630V$，$a_{Zn^{2+}} = 1$，则：

$$E(Zn^{2+}|Zn) = E^{\ominus}(Zn^{2+}|Zn) - \frac{0.05916V}{2}\lg\frac{1}{a_{Zn^{2+}}}$$

$$= -0.7630V$$

电解在常压下进行，氢气析出时应有 $p_{H_2} = 100kPa$，水溶液可近似认为呈中性，并假定 $a_{H^+} = 10^{-7}$，则氢气在阴极上析出时的平衡电势为：

$$E(H^+|H_2|Pt) = E^{\ominus}(H^+|H_2|Pt) - \frac{0.05916V}{2}\lg\frac{p_{H_2}/p^{\ominus}}{(a_{H^+})^2}$$

$$= 0 - \frac{0.05916V}{2}\lg\frac{100/100}{(10^{-7})^2}$$

$$= -0.414V$$

考虑到氢气在锌电极上的超电势 $\eta = 0.7V$，故氢气析出时的电极电势为：

$$E(H^+|H_2|Pt) = (-0.414 - 0.7)V = -1.114V$$

可见若不存在氢的超电势，因 $E(H^+|H_2|Pt) > E(Zn^{2+}|Zn)$，则阴极上应当析出氢气，由于氢的超电势存在，$E(Zn^{2+}|Zn) > E(H^+|H_2|Pt)$，故在阴极上为 Zn 的析出。

在阳极上，金属溶出而进入溶液，金属可能按下式氧化溶出：

$$M \longrightarrow M^{z+} + ze^-$$

在阴极电势固定情况下，随着外电压逐步增加，阳极电势变得更正。显然，阳极电势正值较小的金属，较易在阳极上溶出。

(2) 金属离子的分离和共沉积

如果溶液中含有多种不同金属离子，它们分别具有不同的析出电势，可以控制外加电压的大小使金属离子分步析出而得以分离。

为了更有效地将两种离子分开，两种金属的析出电势至少应该相差多少才能使离子基本分离，可以通过下述计算说明：

$$M^{z+}(a_+) + ze^- \longrightarrow M(s)$$

$$E(M^{z+}|M) = E^{\ominus}(M^{2+}|M) - \frac{RT}{zF}\ln\frac{1}{a_{M^{z+}}} \tag{9.6-1}$$

假定在金属离子还原过程中阳极的电势不变，设金属离子的起始活度和终了活度分别为 $a_{M^{z+},1}$ 和 $a_{M^{z+},2}$，则两者的电势差值为：

$$\Delta E_{阴} = \frac{RT}{zF}\ln\frac{a_{M^{z+},1}}{a_{M^{z+},2}} \tag{9.6-2}$$

设 $a_{M^{z+},1}/a_{M^{z+},2} = 10^7$ 时，此时离子的浓度已降低到原浓度的千万分之一，离子基本分离干净。则对于一价金属离子如 Ag^+，$\Delta E_{阴}$ 约为 0.4V，对于二价离子如 Cu^{2+}，$\Delta E_{阴}$ 约为 0.2V，其余以此类推。当一种离子浓度下降到 10^{-7} 时，可将沉积该金属的阴极取出，然后调换另一新的电极，再增加外加电压，使另一种金属离子继续沉积出来。

如欲使两种离子同时在阴极上析出而形成合金，需调整两种离子的浓度，使其具有相等的析出电势。例如相同浓度的 Cu^{2+} 与 Zn^{2+}，其析出电势相差大约为 1V，两者不能同时析出。但如在溶液中加入 CN^- 使其成为配合物即 $\{[Cu(CN)_3]^-$、$[Zn(CN)_4]^{2-}\}$，然后调整

Cu^{2+} 和 Zn^{2+} 的浓度比,可使铜和锌同时析出而形成合金镀层。如果进一步控制温度、电流密度以及 CN^- 的浓度,还可以得到不同组成的黄铜合金。

（3）电解过程的一些其他应用

电解时阴极上的反应当然并不限于金属离子的析出,任何能从阴极上获得电子的还原反应都可能在阴极上进行;同样,在阳极上也并不限于阴离子的析出或阳极的溶解,任何放出电子的氧化反应都能在阳极上进行。

若溶液中含有某些离子,具有比 H^+ 较正的还原电势,则 H_2 就不再逸出,而发生该种物质的还原。通常称这种物质为阴极去极化剂。同理,若要减弱因阳极上析出 O_2 或 Cl_2 等所引起的极化作用,则可加入还原电势较负的某种物质,使其比 OH^- 先在阳极氧化,这种物质称为阳极去极化剂。

例如,用某种电极电解 $1 mol \cdot kg^{-1}$ 的 HCl;若在阳极区加入一些 $FeCl_3$,则由于 Fe^{3+} 的还原电势高于 H^+ 的还原电势,所以 Fe^{3+} 在阴极区还原为 Fe^{2+},而避免了析出 H_2 的极化作用;若在阳极区加一些 $FeCl_2$,则 Fe^{2+} 在阳极氧化为 Fe^{3+},而避免了生成 Cl_2 的极化作用。Fe^{3+} 是直接从阴极上取得电子而还原。最简单的去极化剂是具有高低不同价态的离子,例如铁（Fe^{2+}、Fe^{3+}）和锡（Sn^{2+}、Sn^{4+}）的离子。去极化剂的作用相当于一个氧化还原电极,它有较恒定的电极电势,其数值取决于高价离子活度和低价离子活度的比值。

另一类去极化作用虽有 H^+ 参加,但没有 H_2 析出,这些反应常是不可逆的,且实际的电极过程也并不十分清楚,例如阴极上硝酸盐及硝基苯还原的反应。

去极化剂在电化学工业中应用得很广泛。例如电镀工艺中为了使金属沉积的表面既光滑又均匀,常加入一定的去极化剂,以防止因 H_2 放出而使表面有孔隙或疏松现象。

上述用电解方法来实现物质的还原或氧化,在工业上的应用是十分广泛的,如电解制备、塑料电镀、铝及其合金的电化学氧化和表面着色等。

9.6.2　金属的电化学腐蚀和防腐

（1）金属的电化学腐蚀

金属的腐蚀原理有多种,其中电化学腐蚀是最为广泛的一种。当金属被放置在水溶液中或潮湿的大气中,金属表面会形成一种微电池,也称腐蚀电池。阳极上发生氧化反应,使阳极发生溶解,阴极上发生还原反应,一般只起传递电子的作用。腐蚀电池的形成原因主要是由于金属表面吸附了空气中的水分,形成一层水膜,因而使空气中的 CO_2、SO_2、NO_2 等溶解在这层水膜中,形成电解质溶液,而浸泡在这层溶液中的金属又总是不纯的,如工业用的钢铁,除铁之外,还含有石墨、渗碳体（Fe_3C）以及其他金属和杂质。这样形成的腐蚀电池的阳极为铁,而阴极为杂质,又由于铁与杂质紧密接触,使得腐蚀不断进行。

引起电化学腐蚀的主要原因有:

① 两种金属紧密接触　例如,在铜板上有一铁铆钉,其形成的腐蚀电池如图 9-34 所示。

铁作阳极发生金属的氧化反应:

$$Fe \longrightarrow Fe^{2+} + 2e^-$$

同时在阴极铜上可能有如下两种还原反应:

$$2H^+ + 2e^- \longrightarrow H_2 \tag{1}$$

$$O_2 + 4H^+ + 4e^- \longrightarrow 2H_2O \tag{2}$$

对于式（1），由于有氢气放出，所以称之为**析氢腐蚀**。而对于式（2），由于吸收氧气，所以也叫**吸氧腐蚀**。析氢腐蚀与吸氧腐蚀生成的 $Fe(OH)_2$ 被氧所氧化，生成 $Fe(OH)_3$ 脱水生成 Fe_2O_3 铁锈。$E^{\ominus}(O_2|H^+,H_2O)=1.229V$，在空气中氧分压 $p_{O_2}=21kPa$ 时，显然 E_2 比 E_1 大，所以反应（2）比反应（1）更容易发生。因此，钢铁制品在大气中

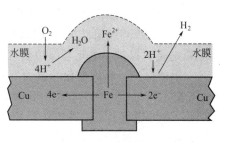

图 9-34 铁的电化学腐蚀示意图

的腐蚀主要是吸氧腐蚀。因而当有氧气存在时，铁的锈蚀特别严重。铜板与铁钉两种金属（电极）连接在一起，相当于电池的外电路短接，于是两极上不断发生上述氧化还原反应，在水膜中生成的 Fe^{2+} 与其中的 OH^- 作用生成 $Fe(OH)_2$，接着又被空气中的氧继续氧化，即：

$$Fe^{2+}+2OH^- \longrightarrow Fe(OH)_2$$
$$4Fe(OH)_2+2H_2O+O_2 \longrightarrow 4Fe(OH)_3$$

$Fe(OH)_3$ 是铁锈的主要成分，这样不断地进行下去，机械部件就受到腐蚀而遭损坏。

② **金属中杂质的存在构成微电池** 例如工业用钢材其中含杂质（如碳等），当其表面覆盖一层电解质薄膜时，铁、碳及电解质溶液就构成微型腐蚀电池。该微型电池中

铁作为阳极：$Fe \longrightarrow Fe^{2+}+2e^-$

碳作为阴极：$2H^++2e^- \longrightarrow H_2$　　　　　　　（酸性介质）

$$O_2+2H_2O+4e^- \longrightarrow 4OH^-$$　　　　　　　（碱性介质）

杂质与金属形成的微电池使铁不断被溶解而导致钢材变质。

③ **金属表面不同部位电解质溶液浓度不均匀形成的浓差电池** 如将两块金属铁电极放在稀 NaCl 溶液中，在一个电极表面通氮气，而另一个电极通空气，这时两电极间产生电势差并引起了电流的流动。该电池的电极反应为：

缺氧电极：阳极　　　　　$Fe-2e^- \longrightarrow Fe^{2+}$

氧足电极：阴极　　　　　$O_2+2H_2O+4e^- \longrightarrow 4OH^-$

在金属表面各处由于空气的充足程度不同而造成氧气浓度不同，这样形成的浓差电池致使金属腐蚀，这就解释了为什么裂缝处及水线下金属常易有明显腐蚀的原因。当把锌板部分浸在稀的氯化钾溶液中，将会发现在锌板下部很快就受到腐蚀，但是紧靠在水线下面的那个区域通常却保持不受腐蚀。

（2）金属的防腐

根据电化学腐蚀原理可知，只要破坏产生电化学腐蚀的条件之一，就能有效地阻止腐蚀的发生，这是防止电化学腐蚀的基本原理。另外，由于电化学腐蚀破坏的形式较多，每种破坏形式都有其产生的具体原因和条件，所以防止腐蚀的方法也是多种多样的，根据不同情况选用不同方法。生产中主要有以下几种。

① **非金属涂层** 一种是在材料表面涂覆耐腐蚀的非金属保护层，诸如油漆、油脂、树脂、珐琅等涂层覆盖金属表面，使金属与腐蚀介质隔开，当这些保护层完整时能起保护的作用。20 世纪 50 年代首先将合成树脂涂到钢管上，目前美国铺设的管线中有机涂层管道用量已增至 50%，年增长 10%。

另一种方法是以磷酸盐、硫酸盐、铬酸盐或浓硝酸等处理表面使形成不溶性氧化膜，从而达到保护金属的作用。

② **金属保护层** 在金属表面上镀上稳定性更高的金属保护层，如镀锡、锌、铜、铬、

等。但当金属镀层破损时，电极电势较负的金属遭到腐蚀，如镀锌的铁当镀层破损时锌腐蚀，而镀锡的铁当镀层破损时铁腐蚀。

③ 电化学保护 电化学保护法可分为阴极保护和阳极保护两种形式。

a. 阴极保护 利用电化学腐蚀原理使被保护零件成为阴极则可防止腐蚀，一种方法是将被保护零件与外加直流电源的负极相连，用外加阴极电流使阴极电位向负的方向变化，阻止腐蚀过程的进行。另一种方法是牺牲阴极保护法，即在被保护零件上安装电位更低的金属使之成为阳极，被保护零件成为阴极而不被腐蚀。例如，将被保护的金属如铁作阴极，较活泼的金属如 Zn 作牺牲性阳极，阳极腐蚀后定期更换；或外加电源组成一个电解池，将被保护金属作阴极，废金属作阳极，如图 9-35 所示。

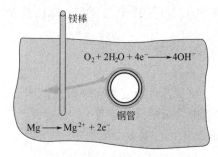

图 9-35 阴极保护防腐示意图

b. 阳极保护 将被保护零件与外加直流电源的正极相连，用外加电流使阳极电位向正的方向变化，腐蚀速度迅速降低并保持一定的稳定低电位，使阳极钝化降低腐蚀。凡是在某些化学介质中，通过一定的阳极电流能够引起钝化的金属，原则上都可以采用阳极保护法防止金属的腐蚀。例如我国化肥厂在碳铵生产中的碳化塔已较普遍地采用阳极保护法，取得了良好效果，有效地保护了碳化塔和塔内的冷却水箱。使用此法时，应注意钝化区的电势范围不能过窄，否则容易由于控制不当，使阳极电势处于活化区，则不但不能保护金属，反将促使金属溶解，加速金属的腐蚀。

④ 介质处理 除去介质中促进腐蚀的有害成分。例如，锅炉给水的除氧处理；调节介质的 pH 值和改变介质的湿度；在介质中添加阻止和减缓腐蚀的物质，例如常在柴油机冷却水中添加铬酸盐、亚硝酸盐等无机缓蚀剂，使在零件金属表面上形成钝化膜，抑制阳极腐蚀。多数液相缓冲剂为具有表面活性的有机高分子化合物，而气相缓蚀剂则为挥发较大的低分子量铵盐，当撒在容器或包装箱中能自动溶解于金属表面上的水膜中并吸附在金属表面上，可降低金属的腐蚀速率。例如在酸中加入千分之几的磺化蓖麻油、乌洛托品、硫脲等可阻滞钢铁的腐蚀和渗氢。

本 章 小 结

1. 无论是原电池还是电解池，其内部的导电物质都是电解质溶液。电解质溶液作为第二类导体，其导电机理不同于第一类导体（金属导体，由电子定向运动而导电），它是由溶液中离子的定向运动而导电，导电任务由正、负离子共同承担。电解质溶液的导电能力不仅与电解质的浓度有关，还与正、负离子的运动速度有关。电导 G、电导率 κ、摩尔电导率 Λ_m 以及离子迁移数 $t_\pm$ 从不同的角度反应电介质的导电能力。在极限（无限稀释）情况下，电介质的摩尔电导率可由离子独立移动定律来描述。通过电导的测定，可以计算弱电解质的解离度 α、平衡常数 K 以及难溶盐的 K_{sp} 等有用的热力学数据。当电解质溶液浓度较高时，需引入平均活度 $a_\pm$ 及平均活度因子 $\gamma_\pm$ 的概念来进行有关热力学计算。

2. 公式 $\Delta_r G_m = -zFE$ 架起了热力学和电化学之间的桥梁。将化学反应等温方程用于可逆电池反应，得到了计算原电池电动势的能斯特方程，该方程可用于不同浓度、温度下原电池电动势的计算。利用原电池的电动势、电动势的温度系数与热力学函数之间的关系，一方面可由热力学函数计算原电池的电动势，另一方面可通过电化学实验来测定热力学函数、活度因子以及平衡常数等重要热力学数据。不同的电极可组成不同的电池，了解不同材料电极的性质，有助于更深入地了解原电池的性质。

3. 化学电源是将化学能转化为电能的装置，由于在转化过程中不涉及机械能，因此，它的效率不受卡诺定律限制。根据化学反应的特点，可以将其设计成原电池。化学电源分为一次电池、二次电池（蓄电池）和燃料电池等。二次电池目前得到广泛应用，而燃料电池作为新型能源发展方向，代替燃料与氧化剂直接燃烧放出热能，以提高能量的利用率。

4. 无论是原电池还是电解池，在有电流通过时，电极都会发生极化。极化分浓差极化和电化学极化，极化的结果造成阳极的电极电势升高，阴极的电极电势降低。总的结果是造成电解池的分解电压随电流密度的增加而增大，而原电池的端电压随电流密度的增加而减小。电解的实际应用很广，常用于分离、提纯金属、电化学防腐等。

5. 本章核心概念和公式

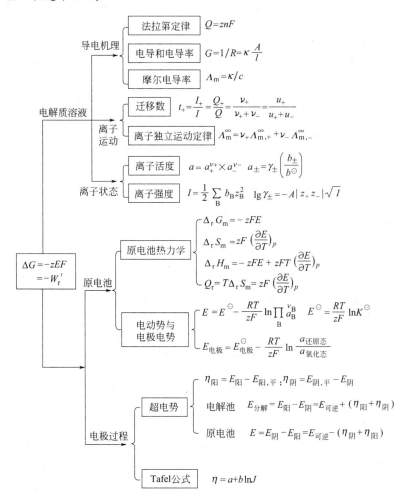

思 考 题

1. 电解质溶液的电导率和摩尔电导率与电解质溶液浓度的关系有何不同？为什么？

2. 在电迁移数、电导率、摩尔电导率、离子摩尔电导率等性质中，哪些与选择基本单元有关，哪些与选择基本单元无关？

3. 在一定温度下稀释电解质溶液，κ 和 Λ_m 将如何变化？今有一种酸的水溶液 A 和一种碱的水溶液 B，两者浓度相等而测定电导则 B 大。将 A 和 B 都稀释 100 倍后发现 $\kappa(A) > \kappa(B)$，据此推断它们是什么样的酸和碱？

4. 下列说法是否正确？为什么？

(1) 用已知电导率的 KCl 溶液作标准，测定未知电解质溶液的电导率时，只要保证两次测定过程的温度一致而不需要温度恒定在某一数值。

(2) 电导率就是体积为 $1m^3$ 的电解质溶液的电导。

(3) 根据摩尔电导率的定义，溶液中能导电的电解质的物质的量已经给定，因此，摩尔电导率与溶液的浓度无关。

(4) 无限稀释的电解质溶液可近似于纯溶剂，因此，强电解质溶液的 Λ_m^∞ 近似等于纯溶剂的摩尔电导率。

5. 用 Pt 电极电解一定浓度的 $CuSO_4$ 溶液，试分析阴极部、中部和阳极部溶液的颜色在电解过程中有何变化？若都改用 Cu 电极，三部溶液颜色变化又将如何？

6. 可逆电极有哪些主要类型？每种类型试举一例，并写出该电极的还原反应。对于气体电极和氧化还原电极在书写电极表示式时应注意什么问题？

7. 在对消法回路中，电流一般为 0.1mA，现若实际电流偏离此数值但保证测量过程中不变化，问对测量结果影响如何？如果由于标准电池的实际电动势偏离其标准值而引起电流偏离 0.1mA，则影响又将如何？为什么？

8. 对一个指定的电极：(1) 当它作为一个电池的阳极和另一个电池的阴极时，电极电势是否不同？(2) 当电极反应的写法不同时，电极电势是否相同？(3) 在一定的温度和压力下，E（电极）和 $E^\ominus$（电极）中何者与电极反应物质的活度或分压无关？

9. 联系电化学与热力学的主要公式是什么？电化学中能用实验测定哪些数据？如何用电动势法测定下述热力学数据？试写出所设计的电池、应测的数据及计算公式。

(1) $H_2O(l)$ 的标准摩尔生成 Gibbs 函数 $\Delta_f G_m^\ominus(H_2O, l)$；

(2) $H_2O(l)$ 的离子积常数 $K_w^\ominus$；

(3) $Hg_2SO_4(s)$ 的溶度积常数 $K_{sp}^\ominus$；

(4) 稀的 HCl 水溶液中，HCl 的平均活度因子 $\gamma_\pm$；

(5) 醋酸的解离平衡常数。

10. 什么叫液接电势？它是怎样产生的？如何消除液接电势？用盐桥能否完全消除液接电势？对同一电池，能否说消除液接电势后测得的电动势总是比有液接电势存在时测得的电动势大？为什么？

11. 根据公式 $\Delta_r H_m = -zEF + zFT(\partial E/\partial T)_p$，如果 $(\partial E/\partial T)_p$ 为负值，则表示化学反应的等压热效应一部分转变成电功 $(-zEF)$，而余下部分仍经热的形式放出 [因为 $zFT(\partial E/\partial T)_p = T\Delta S = Q_R < 0$]。这就表明在相同的始、终条件下，化学反应的 $\Delta_r H_m$ 比按电池反应进行的焓变值大（指绝对值），这种说法对不对？为什么？

12. 什么叫分解电压？它在数值上与理论分解电压（即原电池的可逆电动势）有何不同？实际操作时用的分解电压要克服哪几种阻力？

13. 产生极化作用的原因主要有哪几种？原电池和电解池的极化现象有何不同？

14. 在电解时，阴、阳离子分别在阳、阴极上放电，其放电先后次序有何规律？欲使不同的金属离子用电解方法分离，需控制什么条件？

15. 溶液中含有活度均为 1.00 的 Zn^{2+} 和 Fe^{2+}。已知 H_2 在 Fe 上的超电势为 0.40V，如果要使离子析出的次序为 Fe、H_2、Zn，问 25℃时的 pH 值最大不得超过多少？在此最大 pH 值的溶液中，H^+ 开始放电时 Fe^{2+} 的浓度为多少？

16. 金属电化学腐蚀的机理是什么？为什么铁的耗氧腐蚀比析氢腐蚀要严重得多？为什么粗锌（杂质主要是 Cu、Fe 等）比纯锌在稀 H_2SO_4 溶液中反应得更快？

习 题

1. 以 0.1A 电流电解 $CuSO_4$ 溶液，10min 后，在阴极上可析出多少质量的铜？在铂阳极上又可以获得多少体积的氧气（298K，100kPa）？

2. 用银电极来电解 $AgNO_3$ 水溶液。通电一定时间后，在阴极上有 0.078g 的 Ag（s）析出。经分析知道阳极部含有水 23.14g，$AgNO_3$ 0.236g。已知原来所用溶液的浓度为每克水中溶有 $AgNO_3$ 0.00739g。试分别计算 Ag^+ 和 NO_3^- 的迁移数。

3. 298K 时，在用界面移动法测定离子迁移数的迁移管中，首先注入一定浓度的某有色离子溶液，然后在其上面小心地注入浓度为 $0.01065mol \cdot dm^{-3}$ 的 HCl 水溶液，使其间形成一明显的分界面。通入 11.54mA 的电流，历时 22min，界面移动了 15cm。已知迁移管的内径为 1.0cm，试求 H^+ 的迁移数。

4. 291K 时，已知 KCl 和 NaCl 的无限稀释摩尔电导率分别为 $\Lambda_m^\infty(KCl) = 1.2965 \times 10^{-2} S \cdot m^2 \cdot mol^{-1}$ 和 $\Lambda_m^\infty(NaCl) = 1.0860 \times 10^{-2} S \cdot m^2 \cdot mol^{-1}$，$K^+$ 和 Na^+ 的迁移数分别为 $t(K^+) = 0.496, t(Na^+) = 0.397$。试求在 291K 和无限稀释时：

（1）KCl 溶液中 K^+ 和 Cl^- 的离子摩尔电导率；

（2）NaCl 溶液中 Na^+ 和 Cl^- 的离子摩尔电导率。

5. 298K 时，在某电导池中盛以浓度为 $0.01mol \cdot dm^{-3}$ 的 KCl 水溶液，测得电阻 R 为 484.0Ω。当盛以不同浓度的 NaCl 水溶液时测得数据如下：

$c(NaCl)/mol \cdot dm^{-3}$	0.0005	0.0010	0.0020	0.0050
R/Ω	10910	5494	2772	1128.9

已知 298K 时，$0.01mol \cdot dm^{-3}$ 的 KCl 水溶液的电导率为 $\kappa(KCl) = 0.1412 S \cdot m^{-1}$，试求：

（1）NaCl 水溶液在不同浓度时的摩尔电导率；

（2）以 $\Lambda_m(NaCl)$ 对 $\sqrt{c}$ 作图，求 NaCl 的无限稀释摩尔电导率 $\Lambda_m^\infty(NaCl)$。

6. 已知 25℃ 时，某碳酸水溶液的电导率为 $1.87 \times 10^{-4} S \cdot m^{-1}$，配制此溶液的水的电导率为 $6 \times 10^{-6} S \cdot m^{-1}$。假定只需考虑 H_2CO_3 的一级电离，且已知其解离常数 $K^\ominus = 4.31 \times 10^{-7}$。又知 25℃ 无限稀释时离子的摩尔电导率为 $\Lambda_m^\infty(H^+) = 349.82 \times 10^{-4} S \cdot m^2 \cdot mol^{-1}$，$\Lambda_m^\infty(HCO_3^-) = 44.5 \times 10^{-4} S \cdot m^2 \cdot mol^{-1}$，试计算此碳酸溶液的浓度。

7. 在 298K 时，所用纯水的电导率为 $\kappa(H_2O) = 1.6 \times 10^{-4} S \cdot m^{-1}$。试计算该温度下 $PbSO_4$（s）饱和溶液的电导率〔已知 $PbSO_4$（s）的溶度积为 $K_{ap} = 1.60 \times 10^{-8}$，$\Lambda_m^\infty\left(\frac{1}{2}Pb^{2+}\right) = 7.0 \times 10^{-3} S \cdot m^2 \cdot mol^{-1}$，$\Lambda_m^\infty\left(\frac{1}{2}SO_4^{2-}\right) = 7.98 \times 10^{-3} S \cdot m^2 \cdot mol^{-1}$〕。

8. 根据如下数据，求 $H_2O(l)$ 在 298K 时解离成 H^+ 和 OH^- 并达到平衡时的解离度和离子积常数 K_w。〔已知 298K 时，纯水的电导率为 $\kappa(H_2O) = 5.5 \times 10^{-6} S \cdot m^{-1}$，$\Lambda_m^\infty(H^+) = 3.498 \times 10^{-2} S \cdot m^2 \cdot mol^{-1}$，$\Lambda_m^\infty(OH^-) = 1.98 \times 10^{-2} S \cdot m^2 \cdot mol^{-1}$，水的密度为 $998.6kg \cdot m^{-3}$〕

9. 分别计算下列溶液的离子平均质量摩尔浓度 $b_\pm$、离子平均活度 $a_\pm$ 以及电解质活度 a_B。浓度均为 $0.01mol \cdot kg^{-1}$：

（1）$NaCl(\gamma_\pm = 0.904)$；（2）$K_2SO_4(\gamma_\pm = 0.715)$；

（3）$CuSO_4(\gamma_\pm = 0.444)$；（4）$K_3[Fe(CN)_6](\gamma_\pm = 0.571)$。

10. 计算在 298K 时与空气 $p = p^\ominus$ 成平衡的水的电导率。该空气含 CO_2 为 0.05%（体积分数），水的电导率仅由 H^+ 和 HCO_3^- 贡献。已知 H^+ 和 HCO_3^- 在无限稀释时的摩尔电导率分别为 $349.7 \times 10^{-4} S \cdot m^2 \cdot mol^{-1}$ 和 $44.5 \times 10^{-4} S \cdot m^2 \cdot mol^{-1}$，且已知 298K、$p^\ominus$ 下每 $1dm^3$ 水溶解 CO_2 $0.8266dm^3$，H_2CO_3 的一级电离常数为 4.7×10^{-7}，计算时在数值上可用浓度代替活度。

11. 在 298K 时，醋酸（HAc）的解离平衡常数为 $K^\ominus = 1.8 \times 10^{-5}$，试计算在下列不同情况下醋酸在浓度为 $1.0mol \cdot kg^{-1}$ 时的解离度。

（1）设溶液是理想的，活度因子均为 1；

（2）用德拜-休克尔极限公式计算出 $\gamma_\pm$ 的值，然后再计算解离度。（设未解离的 HAc 的活度因子为 1）

12. 25℃ 时，$Ba(IO_3)_2$ 在纯水中的溶解度为 $5.46 \times 10^{-4} mol \cdot dm^{-3}$。假定可以应用德拜-休克尔极限

公式，试计算该盐在 $0.01\text{mol} \cdot \text{dm}^{-3} \text{CaCl}_2$ 溶液中的溶解度。

13. 计算电池 $\text{Ag} \mid \text{AgBr(s)} \mid \text{Br}^- (a=0.34) \parallel \text{Fe}^{3+} (a=0.1), \text{Fe}^{2+} (a=0.02) \mid \text{Pt}$ 在 25℃ 时的电动势。

14. 25℃ 时电池 $\text{Zn(s)} \mid \text{ZnCl}_2 (0.05\text{mol} \cdot \text{kg}^{-1}) \mid \text{Hg}_2 \text{Cl}_2 (s) \mid \text{Hg}$ 的电动势为 1.227V，$0.005\text{mol} \cdot \text{kg}^{-1}$ ZnCl_2 溶液的平均离子活度系数 $\gamma_\pm = 0.789$。计算该电池在 25℃ 时的标准电动势。

15. 25℃ 时，电池 $\text{Pt} \mid \text{H}_2 (0.1\text{MPa}) \mid \text{HCl}(0.1\text{mol} \cdot \text{kg}^{-1}) \mid \text{AgCl(s)} \mid \text{Ag(s)}$ 的电动势为 0.3522V。

(1) 求反应 $\text{H}_2(\text{g}) + 2\text{AgCl(s)} \longrightarrow 2\text{H}^+ + 2\text{Cl}^- + 2\text{Ag}$ 在 25℃ 时的标准平衡常数。（已知 $0.1\text{mol} \cdot \text{kg}^{-1}$ HCl 溶液的 $\gamma_\pm = 0.789$）

(2) 求金属银在 $1\text{mol} \cdot \text{kg}^{-1}$ HCl 溶液中产生 H_2 的平衡压力。（已知 $1\text{mol} \cdot \text{kg}^{-1}$ HCl 溶液的 $\gamma_\pm = 0.809$）

16. 298K 时，下述电池的电动势为 1.228V：

$$\text{Pt} \mid \text{H}_2 (100\text{kPa}) \mid \text{H}_2\text{SO}_4 (0.01\text{mol} \cdot \text{kg}^{-1}) \mid \text{O}_2 (100\text{kPa}) \mid \text{Pt}$$

已知 $\text{H}_2\text{O(l)}$ 的标准摩尔生成焓 $\Delta_\text{f} H_\text{m}^\ominus (\text{H}_2\text{O}, \text{l}) = -285.83\text{kJ} \cdot \text{mol}^{-1}$。试求：

(1) 该电池的温度系数；

(2) 该电池在 273K 时的电动势。（设反应焓在该温度区间内为常数）

17. 电池 $\text{Zn(s)} \mid \text{ZnCl}_2 (0.05\text{mol} \cdot \text{kg}^{-1}) \mid \text{AgCl(s)} \mid \text{Ag}$ 的电动势与温度的关系为：

$$E/\text{V} = 1.015 - 4.92 \times 10^{-4} \ (T/\text{K} - 298)$$

试计算在 298K 当电池有 2mol 电子的荷量输出时，电池反应的 $\Delta_\text{r} G_\text{m}$、$\Delta_\text{r} H_\text{m}$、$\Delta_\text{r} S_\text{m}$ 和此过程的可逆效应 Q_R。

18. 分别写出下列电池的电极反应、电池反应，列出电动势 E 的计算公式，并计算电池的标准电动势 $E^\ominus$。设活度因子均为 1，气体为理想气体。所需的标准电极电势从电极电势表中查阅。

(1) $\text{Pt} \mid \text{H}_2 (p^\ominus) \mid \text{KOH}(0.1\text{mol} \cdot \text{kg}^{-1}) \mid \text{O}_2 (p^\ominus) \mid \text{Pt}$

(2) $\text{Ag(s)} \mid \text{AgI(s)} \mid \text{I}^- [a(\text{I}^-)] \parallel \text{Ag}^+ [a(\text{Ag}^+)] \mid \text{Ag(s)}$

(3) $\text{Hg(l)} \mid \text{HgO(s)} \mid \text{KOH}(0.5\text{mol} \cdot \text{kg}^{-1}) \parallel \text{K(Hg)}$

19. 在 298K 时有下述电池：$\text{Pt} \mid \text{H}_2 (p^\ominus) \mid \text{HI}(b) \mid \text{AuI(s)} \mid \text{Au}$，已知当 HI 浓度 $b = 1 \times 10^{-4} \text{mol} \cdot \text{kg}^{-1}$ 时，$E = 0.97\text{V}$，当 $b = 3.0\text{mol} \cdot \text{kg}^{-1}$ 时，$E = 0.41\text{V}$。电极 $\text{Au}^+ \mid \text{Au(s)}$ 的 $E^\ominus$ 值为 1.68V，试求：

(1) HI 溶液浓度为 $3.0\text{mol} \cdot \text{kg}^{-1}$ 时的 $\gamma_\pm$；

(2) AuI(s) 的活度积 K_ap。

20. 试为下述反应设计一电池：$\text{Cd(s)} + \text{I}_2 (s) = \text{Cd}^{2+} (a_{\text{Cd}^{2+}}) + 2\text{I}^- (a_{1^-})$。求电池在 298K 时的标准电动势 $E^\ominus$、反应的 $\Delta_\text{r} G_\text{m}$ 和标准平衡常数 $K^\ominus$。如将电池反应写成 $\frac{1}{2}\text{Cd(s)} + \frac{1}{2}\text{I}_2 (s) = \frac{1}{2}\text{Cd}^{2+} (a_{\text{Cd}^{2+}}) + \text{I}^- (a_{1^-})$，再计算 $E^\ominus$、$\Delta_\text{r} G_\text{m}^\ominus$ 和 $K^\ominus$，比较两者的结果，并说明为什么。

21. 在 298K 时，有电池：$\text{Ag(s)} \mid \text{AgCl(s)} \mid \text{NaCl(aq)} \mid \text{Hg}_2 \text{Cl}_2 (s) \mid \text{Hg(l)}$，已知化合物的标准生成 Gibbs 函数分别为：$\Delta_\text{f} G_\text{m}^\ominus (\text{AgCl}, s) = -109.79\text{kJ} \cdot \text{mol}^{-1}$，$\Delta_\text{f} G_\text{m}^\ominus (\text{Hg}_2 \text{Cl}_2, s) = -210.75\text{kJ} \cdot \text{mol}^{-1}$。试写出该电池的电极的电池反应，并计算电池的电动势。

22. 有电池 $\text{Hg(l)} \mid$ 硝酸亚汞 (b_1)，$\text{HNO}_3 (b) \parallel$ 硝酸亚汞 (b_2)，$\text{HNO}_3 (b) \mid \text{Hg(l)}$，电池中 HNO_3 的浓度均为 $b = 0.1\text{mol} \cdot \text{kg}^{-1}$。在 291K 时，维持 $b_2/b_1 = 10$ 的情况下，Ogg（奥格）对该电池进行了一系列测定，求得电动势的平均值为 0.029V。试根据这些数据确定亚汞离子在溶液中是以 Hg^{2+} 还是 Hg^+ 形式存在？

23. 298K 时，$\text{Ag}^+ \mid \text{Ag}$ 和 $\text{Cl}^- \mid \text{AgCl(s)} \mid \text{Ag}$ 的标准电极电势分别为 0.7911V 和 0.2224V。

试求：(1) AgCl(s) 在水中的饱和溶液浓度；

(2) AgCl(s) 在 $0.01\text{mol} \cdot \text{kg}^{-1} \text{KNO}_3$ 溶液中的溶解度。

24. 298K 时测定下述电池的电动势：玻璃电极 $\mid$ pH 缓冲溶液 $\mid$ 饱和甘汞电极当所用缓冲溶液的 pH = 4.00 时，测得电池的电动势为 0.1120V。若换用另一缓冲溶液重测电动势，得 $E = 0.3865\text{V}$。试求该缓冲溶液的 pH。当电池中换用 pH = 2.50 的缓冲溶液时，计算电池的电动势 E。

25. 已知 298K、100kPa 时，C（石墨）的标准摩尔燃烧焓为 $\Delta_\text{c} H_\text{m}^\ominus = -393.5\text{kJ} \cdot \text{mol}^{-1}$。如将 C（石墨）

的燃烧反应安排成燃料电池：C(石墨，s)｜熔融氧化物｜$O_2(g)$｜M(s)，则能量的利用率将大大提高，也防止了热电厂用煤直接发电所造成的能源浪费和环境污染。试根据一些热力学数据计算该燃料电池的电动势。已知这些物质的标准摩尔熵为：

物质	C(石墨，s)	$CO_2(g)$	$O_2(g)$
$S_m^{\ominus}/J \cdot K^{-1} \cdot mol^{-1}$	5.74	213.74	205.14

26. 在 298K 和标准压力时，电解一含 Zn^{2+} 的溶液，希望当 Zn^{2+} 浓度降至 1×10^{-4} mol·kg^{-1}，仍不会有 $H_2(g)$ 析出，试问溶液的 pH 应控制在多少为好？〔已知 $H_2(g)$ 在 Zn(s) 上的超电势为 0.72V，并设此值与浓度无关〕

27. 在 298K 和标准压力时，用电解沉积法分离 Cd^{2+}、Zn^{2+} 的混合溶液。已知 Cd^{2+} 和 Zn^{2+} 的浓度均为 0.10mol·kg^{-1}（设活度因子均为 1），$H_2(g)$ 在 Cd^{2+} 和 Zn^{2+} 的超电势分别为 0.48V 和 0.70V，设电解液的 pH 保持为 7.0。试问：

(1) 阴极上首先析出何种金属？

(2) 第二种金属析出时第一种析出的离子的残留浓度为多少？

(3) $H_2(g)$ 是否有可能析出而影响分离效果？

28. 若氢在 Cd、Hg 电极上的超电势在所讨论的电流密度范围内服从塔菲尔公式 $\eta = a + b \lg J$。对于上述两电极 b 均为 0.118V，但二者的 a 不同。氢在这些电极上析出的传递系数均为 0.5，电极反应得失电子数均为 1。氢在 Cd 和 Hg 上的交换电流 J_0 分别为 1×10^{-7} A·m^{-2} 和 6×10^{-9} A·m^{-2}。求在 298K 时两电极通过相同的电流密度情况下，氢在 Hg、Cd 两电极上的超电势的差值。

29. 以 Ni(s) 为电极，KOH 水溶液为电解质的可逆氢氧燃料电池，在 298K 和 $p^{\ominus}$ 压力下稳定地连续工作，试回答下述问题：

(1) 写出该电池的表示式、电极反应和电池反应；

(2) 求一个 100W 的电池，每分钟需要供给 298K、$p^{\ominus}$ 的 $H_2(g)$ 多少体积？ ｛已知该电池反应的 $\Delta_r G_m^{\ominus} = -236kJ \cdot mol^{-1}$ 〔每摩尔 $H_2(g)$〕（1W = 3.6kJ·h^{-1}）｝；

(3) 该电池的电动势为多少伏特？

第 10 章 表 面 现 象

　　界面科学是化学、物理、生物、材料和信息等学科之间相互交叉和渗透的一门重要的边缘科学。界面现象从工农业生产到日常生活几乎都有涉及，图 10-1～图 10-3 列出了几种日常生活中常见的界面现象。各种界面性质、界面现象的研究和应用范围也日益广泛，不仅化学工业和石油工业中大量应用吸附和多相催化技术，食品、医药、印染及至新能源开发、环境治理、材料以及生命科学技术的发展，都离不开界面现象规律的应用。

图 10-1　植物表面的润湿现象

图 10-2　水面上行走的水黾

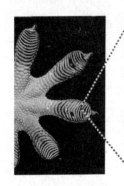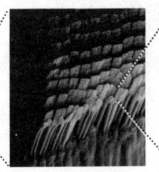

图 10-3　壁虎脚的不同放大倍数的显微照片

　　界面现象的研究是从力学开始的。早在 19 世纪初，就形成了界面张力的概念。1805 年，英国的杨（T. Young）导出了联系气-液、液-固、气-固界面张力与接触角的著名杨氏方程。1806 年，法国的拉普拉斯（Laplace）导出了弯曲界面两边压力差与界面张力和界面曲率的关系，可以解释毛细管中液体上升或下降的重要现象。1871 年英国的开尔文（Kelvin）又导出蒸气压随界面曲率的变化关系式，被称为开尔文方程。界面热力学的奠基人则是美国的吉布斯（Gibbs），他在为化学热力学建立框架的同时也为界面化学的发展做出了贡献。1878 年，他提出界面相厚度为零的吉布斯界面模型，建立描述液体界面吸附的吉布斯等温方程。1916 年，美国化学家朗缪尔（I. Langmuir）提出以他命名的吸附等温式。界面化学在 20 世纪前半叶得到迅猛发展，大量的研究成果被广泛应用于涂料、建材、冶金、能源等行业。60 年代末起，开展了固体界面的低能电子衍射（LEED）、X 射线光电子衍射

（XPS）、扫描隧道显微术（STM）等的实验研究，对界面层的结构和分子的形态有了更深刻的了解。界面化学键的量子力学研究也在不断深入。界面化学开始成为一项独立的基础学科。德国化学家埃特尔（G. Ertl）因为在界面化学领域进行了突破性研究，获得 2007 年诺贝尔化学奖。他的方法论不仅仅被应用于学术研究，还包括化学过程相关产业的发展。该领域对化工产业产生了巨大的影响，因为物质接触界面发生的化学反应对工业生产运作至关重要。同时，界面化学研究有助于我们理解各种不同的过程，比如为何铁会生锈，燃料电池如何发挥作用以及汽车中加入的催化剂如何工作等。证明了即使在如此高难度的研究领域仍能得到可靠的结果，为现代表面化学研究奠定了基础。

界面现象是指发生在界面上的一切化学现象和物理现象，如发生在固体界面的催化反应，固体界面的电现象以及界面吸附现象等。研究界面现象，就是把相界面当成一个特殊的相，研究它的结构、性质及所产生的各种现象，在诸多界面现象中以界面张力、界面吸附和界面电现象最为重要。本章仅简单介绍一些与界面性质有关的基本现象和规律，主要讨论处于相界面的分子与相内分子在性质上的差异，以及由这种差异而在各种不同相界面上发生的一系列界面现象。

10.1 界面及界面特性

10.1.1 表面与界面

界面（interface）即两相的接触面。自然界的物质一般以气、液、固三种相态存在。三种相态相互接触可以产生 5 种界面：气-液、气-固、液-液、液-固和固-固界面。一般常把物质与气体接触的界面称为表面（surface），如气-液界面常称为液体表面，气-固界面常称为固体表面。界面的含义较广泛些，但通常把它们看作是等同的，故本章也不作严格的限定和区分。

界面具有如下两个基本特征：①界面是一个物理区域（厚约几个分子，$<10nm$），并非几何平面；②界面层分子与内部（本体相）分子性质不同，两者所处环境不同。

10.1.2 比表面积

在前面几章讨论系统的性质中，我们没有提及界面和考虑界面的因素，这是因为在一般情况下，界面的质量和性质与体相比较可忽略不计。但当物质被高度分散时，界面的作用会很明显。例如，直径 1cm 的球形液滴，表面积是 $3.14cm^2$；当将其分散为 10^{18} 个直径为 10nm 的球形小液滴时，其总表面积可高达 $314.16m^2$。由此可知，一定量的物质的总表面积与物质的分散度有关，分散度愈高，粒子愈细，粒子数愈多，表面积就愈大。

比表面积 S_0（specific surface area）就是单位体积或单位质量的物质所具有的表面积，其定义式为：

$$S_0 = \frac{A}{V} \quad 或 \quad S_0 = \frac{A}{m} \tag{10.1-1}$$

式中，A 是体积为 V（m^3）或质量为 m（kg）的物质所具有的总表面积；S_0 的单位是 m^{-1} 或 $m^2 \cdot kg^{-1}$。当系统的分散程度很高时，其总表面积是很大的，总表面能也很高，会产生许多表面现象。

随着物质分散程度的增加，比表面积 S_0 增大，当分散相粒径在 $10^{-7} \sim 10^{-9} m$ 胶体范围内，系统的比表面积 S_0 很大，界面效应也相当突出。

10.2　表面吉布斯函数与表面张力

10.2.1　表面功、表面吉布斯函数及表面张力

（1）表面吉布斯函数

在物质表面，分子的处境与相内部的分子不同。相内部的分子受到周围分子的作用力从统计平均来说是对称的，可以相互抵消，合力为零。表面上的分子受到气液两相分子不同的

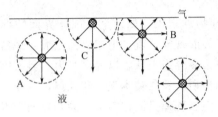

图10-4　分子在液体内部及表面受力状况

作用，受力是不对称的，不能相互抵消，有剩余的作用力，称为净吸力。净吸力垂直于界面而指向引力较大的一相的内部，即表面上的分子受到指向引力较大的一相内部的拉力。如图10-4所示，其结果是表面层的分子有被拉入液体内部的趋势，因而液体表面有自动缩小的倾向。在宏观上，这就表现为表面收缩。液体表面张力就是表面收缩趋势的表现。

在一定的温度、压力和组成下，可逆地增加系统的界面所做的非体积功$\delta W'_r$，应与增加的表面积dA_s成正比。若以γ表示比例系数，则：

$$\delta W_r = \gamma dA_s \tag{10.2-1}$$

因等温等压可逆过程中$dG = \delta W'_r$，故式（10.2-1）又可表示为$dG = \gamma dA_s$，或：

$$\gamma = (\partial G / \partial A_s)_{T,p,x} \tag{10.2-2}$$

式中，γ为表面吉布斯函数，$J \cdot m^{-2}$。由式（10.2-2）可以看出它的物理意义是：在恒温恒压及系统组成一定的条件下，增加单位表面积系统所增加的吉布斯函数。也就是单位表面积上的分子比相同数量的相内部的分子超出的吉布斯函数。

（2）表面张力

对于γ的物理意义，也可以从另一个角度来理解。液体表面可看作是一张绷紧的弹性薄膜，其上存在着使薄膜面积减小的收缩张力。表面单位长度的这种收缩张力称为表面张力，单位为$N \cdot m^{-1}$，表面张力在表面边缘处沿表面的切线方向作用于边缘上，并垂直于边缘。从液膜自动收缩实验可以认识这一现象，如图10-5所示。把金属丝弯成U形框架，另一根金属丝附在框架上并可自由滑动。把框架放在肥皂液中慢慢地提出，框架上就有了一层肥皂膜。由于表面张力的作用，液体中的分子有把表面收缩到最小的趋势，所以会把可滑动的金属丝拉向左，一直到框架最左端。如要保持液膜不收缩，需在可移动的金属丝上施加图示方向的外力f，这就表明在可移动的金属丝左边的表面中有与表面相切且垂

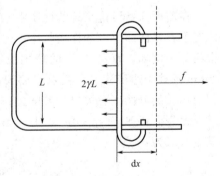

图10-5　作表面功示意图

直于表面边缘的表面张力在作用。设可移动的金属丝的长度为L，由于液膜有上下两个表面，因此边缘的总长度为$2L$，如在平衡的条件下，施加比f大无限小的外力，使可移动的金属丝运动了dx的距离，则液膜相应增加的面积为$dA = 2Ldx$。

在这个可逆过程中，环境对系统所做的非体积功为$\delta W'_r = fdx$。这也是增加系统表面所做的非体积功，据式（10.2-1），得$fdx = \gamma dA = \gamma 2Ldx$。则：

$$\gamma = \frac{f}{2L} \qquad (10.2\text{-}3)$$

由式（10.2-2）及式（10.2-3）可知：表面张力 γ 为在液体表面上垂直作用在单位长度线段上的力；同时又等于增加液体单位表面积时系统所得到的可逆非体积功，此功称为表面功：

$$\gamma = \frac{\delta W'_r}{dA} \qquad (10.2\text{-}4)$$

在恒温恒压下，γ 亦等于增加液体单位表面积时系统的吉布斯函数的增量，故 γ 又称为表面吉布斯函数。

$\delta W'_r = dG_{T,p} = \gamma dA$，即

$$\gamma = \left(\frac{\partial G}{\partial A}\right)_{T,p,x} \qquad (10.2\text{-}5)$$

表面张力和表面吉布斯函数虽然意义不同，单位不同，但两者数值相同，量纲也相同，均可化为 $N \cdot m^{-1}$。因此人们从符号上不再区别，都用 γ 表示。实际上两者只不过是表面性质的两种不同描述形式。

影响表面张力的因素有：

① 物质本身的性质　物质不同，分子之间的作用力不同，从而导致液体表面张力不同。一般，分子间的作用力越大，其表面张力也越大。纯液体的表面张力是指与饱和了其本身蒸气的空气之间的界面张力。表 10-1 列出了一些纯液体的表面张力。

表 10-1　293K 时一些液-气表面张力

液体	$10^3\gamma/N \cdot m^{-1}$	液体	$10^3\gamma/N \cdot m^{-1}$
乙醚	17.01	氯仿	29.14
氯	18.4	乙酸	27.8
甲醇	22.61	甲苯	28.5
乙醇	22.75	苯	28.89
丙酮	23.70	吡啶	38.0
乙酸乙酯	23.9	苯酸	40.9
正丁醇	24.6	溴	41.5
环己烷	25.5	水	72.75
四氯化碳	26.95	汞	435

② 与液体相接处的另一相物质有关　影响的大小取决于界面处分子间的作用力，表 10-2 列出了一些两液体相接触时的表面张力。

表 10-2　293K 时一些液-液表面张力

表面	$10^3\gamma/N \cdot m^{-1}$	表面	$10^3\gamma/N \cdot m^{-1}$
水-正辛醇	8.5	水-四氯化碳	45
水-乙醚	10.7	水-正辛烷	50.8
水-硝基苯	25.66	水-正己烷	51.1
水-氯仿	32.8	水-汞	375
水-苯	35.00	苯-汞	472

③ 与温度有关　对绝大多数液体，温度升高表面张力减小。表示液体表面张力与温度关系的经验公式是：$\gamma = \gamma_0(1 - bT)$，其中 T 为热力学温度；γ_0 可视为热力学 0K 时的表面张力，是一与系统有关的经验常数；b 也是一个随系统而变的常数，其值与液体的临界温度有关。由于在临界温度 T_c 时，界面消失，表面张力为零。所以，水的表面张力与温度的关系被表示为：

$$\gamma/10^{-3}\,\mathrm{N}\cdot\mathrm{m}^{-1}=75.797-0.145(t/^{\circ}\!\mathrm{C})-0.00024(t/^{\circ}\!\mathrm{C})^2$$

式中，t 为摄氏温度，此式的适用温度范围是 $10\sim60^{\circ}\!\mathrm{C}$。而对 Cd、Fe、Cu 合金及一些硅酸盐液体，则温度升高表面张力增加。表 10-3 是一些纯液体在不同温度下的表面张力数据（Harkins 测定的）。

表 10-3　不同温度下几种液-气界面张力

$t/^{\circ}\!\mathrm{C}$	液-气界面表面张力/$\mathrm{N}\cdot\mathrm{m}^{-1}$					
	H_2O	$C_6H_5NO_2$	C_6H_6	CH_3COOH	CCl_4	C_2H_2OH
0	0.07564	0.0464	0.0316	0.0295	0.0292	0.0240
25	0.07197	0.0432	0.0282	0.0271	0.0261	0.0218
50	0.06791	0.0402	0.0250	0.0246	0.0231	0.0198
75	0.0635	0.0373	0.0219	0.0220	0.0202	—

④ 表面张力与压力的关系　表面张力与压力关系的实验研究不易进行，因此，压力对表面张力的影响问题要复杂得多。一般情况下，增加系统的压力，气体在液体表面上的吸附和在液体中的溶解度增大，因此，表面张力下降。

10.2.2　表面热力学基本方程

以前我们讨论系统热力学函数变化的关系式时，都假定只有体积功。现在当考虑到有一种非体积功——表面功时，若将各相表面积 A_s 作为变量，在公式中应相应增加 $\gamma\mathrm{d}A_s$ 一项，即：

$$\mathrm{d}U=T\mathrm{d}S-p\mathrm{d}V+\gamma\mathrm{d}A_s+\sum_B\mu_B\mathrm{d}n_B \qquad (10.2\text{-}6)$$

$$\mathrm{d}H=T\mathrm{d}S+V\mathrm{d}p+\gamma\mathrm{d}A_s+\sum_B\mu_B\mathrm{d}n_B \qquad (10.2\text{-}7)$$

$$\mathrm{d}A=-S\mathrm{d}T-p\mathrm{d}V+\gamma\mathrm{d}A_s+\sum_B\mu_B\mathrm{d}n_B \qquad (10.2\text{-}8)$$

$$\mathrm{d}G=-S\mathrm{d}T+V\mathrm{d}p+\gamma\mathrm{d}A_s+\sum_B\mu_B\mathrm{d}n_B \qquad (10.2\text{-}9)$$

从上述关系式得：

$$\gamma=\left(\frac{\partial U}{\partial A_s}\right)_{S,V,n_B}=\left(\frac{\partial H}{\partial A_s}\right)_{S,p,n_B}=\left(\frac{\partial A}{\partial A_s}\right)_{T,V,n_B}=\left(\frac{\partial G}{\partial A_s}\right)_{T,p,n_B} \qquad (10.2\text{-}10)$$

由此可知，γ 是在指定相应变量不变的情况下，每增加单位表面积时，系统热力学能或吉布斯函数等热力学函数的增值。狭义地说是当以可逆方式形成新表面时，环境对系统所做的表面功变成了单位表面层分子的吉布斯函数。因此，γ 又可称为比表面吉布斯函数，单位为 $\mathrm{J}\cdot\mathrm{m}^{-2}$。

10.2.3　表面张力与温度的关系

温度升高时，通常总是使表面张力下降，这可从热力学的基本公式中看出。对式（10.2-8）和式（10.2-9）应用全微分的性质可得：

$$\left(\frac{\partial S}{\partial A_s}\right)_{T,V,n_B}=-\left(\frac{\partial\gamma}{\partial T}\right)_{A_s,V,n_B} \qquad (10.2\text{-}11)$$

$$\left(\frac{\partial S}{\partial A_s}\right)_{T,p,n_B}=-\left(\frac{\partial\gamma}{\partial T}\right)_{A_s,p,n_B} \qquad (10.2\text{-}12)$$

将上面等式双方都乘以 T，则 $-T(\partial\gamma/\partial T)$ 的值等于在温度不变时扩大单位表面积所吸收的热（$T\mathrm{d}S/\mathrm{d}A_s$），这是正值，所以（$\partial\gamma/\partial T$）$<0$，即 γ 的值将随 T 的升高而下降，从而可推知若以绝热的方式扩大表面积，系统的温度必将下降。

将式（10.2-11）、式（10.2-12）与式（10.2-6）、式（10.2-7）相联系，可得在指定条件下扩大单位面积引起的系统热力学能和焓的变化值：

$$\left(\frac{\partial U}{\partial A_s}\right)_{T,V,n_B} = \gamma + T\left(\frac{\partial S}{\partial A_s}\right)_{T,V,n_B} = \gamma - T\left(\frac{\partial \gamma}{\partial T}\right)_{A,v,n_B} \tag{10.2-13}$$

$$\left(\frac{\partial H}{\partial A_s}\right)_{T,p,n_B} = \gamma + T\left(\frac{\partial S}{\partial A_s}\right)_{T,p,n_B} = \gamma - T\left(\frac{\partial \gamma}{\partial T}\right)_{A,p,n_B} \tag{10.2-14}$$

约特弗斯曾提出温度与表面张力的关系式为：

$$\gamma V_m^{2/3} = k(T_c - T) \tag{10.2-15}$$

式中，V_m 为液体的摩尔体积；k 是普适常数，对于非极性液体 $k \approx 2.2 \times 10^{-7} J \cdot K^{-1}$。但由于接近临界温度时，气-液界面已不清晰，所以拉姆齐（Ramsay）和希尔茨（Shields）将温度 T_c 修正为 $(T_c - 6.0)$，即：

$$\gamma V_m^{2/3} = k(T_c - T - 6.0) \tag{10.2-16}$$

式（10.2-16）是求表面张力与温度间关系的较常用的公式。

【例题 10-1】　293.2K 时把 1g 汞滴分散成直径为 $0.07\mu m$ 的微小汞滴，已知汞的密度为 $13.6 g \cdot cm^{-3}$，问至少需做功多少？

解：$m = 1g$，$\rho = 13.6 g \cdot cm^{-3}$，微小汞滴半径 $r = \frac{0.07}{2}\mu m = 3.5 \times 10^{-8} m$，故微小汞滴数为：

$$n = \frac{V}{4\pi r^3/3} = \frac{3}{4\pi r^3} \times \frac{m}{\rho}$$

n 个微小汞滴的总表面积为：

$$A' = n \cdot 4\pi r^2 = \frac{3}{r} \times \frac{m}{\rho} = \frac{3}{3.5 \times 10^{-8} m} \times \frac{1g}{13.6 \times 10^{-6} g \cdot m^{-3}} = 6.30 m^2$$

而 1g 单个汞滴的表面积为：

$$A = 4\pi r^2 = 4\pi \left(\frac{3m}{4\pi\rho}\right)^{2/3}$$

$$= 4 \times 3.1416 \times \left(\frac{3 \times 1g}{4 \times 3.1416 \times 13.6 \times 10^6 g \cdot m^{-3}}\right)^{2/3} = 6.75 \times 10^{-6} m^2$$

分散成汞滴至少做功：

$$W' = \gamma \Delta A = 0.4720 J \cdot m^{-2} \times (6.30 - 6.75 \times 10^{-6}) m^2 = 2.97 J$$

10.3　润　湿　现　象

日常生活中大家常见到这些现象：水在荷叶上是呈球形的；水银在玻璃管中呈球形凸面；洁净的玻璃器皿上不挂水珠，只有薄薄的水膜，而有油污的玻璃器皿上挂水珠。这些都是表面润湿现象。

固体表面与液体接触时，原来的固-气界面消失，形成新的固-液界面，这种现象叫润湿。润湿能力就是液体在固体表面铺展的能力。在一块水平放置的、光滑的固体表面上滴上一滴液体，可能出现如图 10-6 所示的三种情况。

一是液滴呈扁球形，这种现象则表明液体不能润湿固体表面，如图 10-6（a）所示；二是液滴在固体表面上呈单面凸透镜形，这种现象表明液体能润

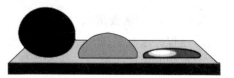

(a)不润湿　　(b)黏附润湿　　(c)铺展润湿

图 10-6　各种类型的润湿

湿固体，如图 10-6(b) 所示；三是液滴在固体表面上迅速展开，形成液膜平铺在固体表面上，这种现象称为铺展润湿，如图 10-6(c) 所示。

10.3.1 润湿角与杨氏方程

通常用接触角来反映润湿的程度。在液、固、气三相的交界处作液体表面的切线与固体表面的切线，如图 10-7 所示，两切线通过液体内部所成的夹角 θ 即称为接触角。当 $0°<\theta<90°$ 时，液体在固体表面上扩展，则该液体能部分润湿该固体表面；$\theta=0°$ 时，表明该液体能完全润湿该固体表面；当 $\theta>90°$ 时，液体表面收缩而不扩展，该液体不能润湿该固体表面，简称不润湿；当 $\theta=180°$ 时，称为完全不润湿。

对于一给定的液体-固体-大气三相系统，在一定温度下润湿角应为一特定的值，它是由三相之间的相互作用决定的，是系统本身追求最小总能量的结果。图 10-7 反映了润湿角与各界面张力（表面吉布斯函数）之间的关系。

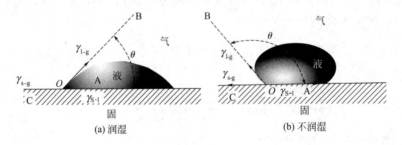

图 10-7　润湿角与各表面张力的关系

由图 10-7 可以看出，在 O 点处有三个力同时作用于液体上，这三个力实质上就是三个界面上的界面张力：γ_{s-g} 力图把液体分子拉向左方，以覆盖更多的气-固界面；γ_{s-l} 则力图把 O 点处的液体分子拉向右方，以缩小固-液界面；γ_{l-g} 则力图把 O 点处的液体分子拉向液面的切线方向，以缩小气-液界面。在光滑的水平面上，当上述三种力处于平衡状态时，O 点处合力为零，液滴保持一定形状，并存在下列关系：

$$\gamma_{s-g} = \gamma_{s-l} + \gamma_{g-l}\cos\theta \tag{10.3-1}$$

$$\cos\theta = (\gamma_{s-g} - \gamma_{s-l})/\gamma_{g-l} \tag{10.3-2}$$

1805 年杨氏（T.Young）曾导出上式，故称其为杨氏方程。在一定 T、p 下，由杨氏方程可知：

① $\gamma_{s-l}>\gamma_{s-g}$ 时，$\cos\theta<0$，$\theta>90°$，液体对固体表面不润湿，θ 愈大，就愈不能润湿。当 θ 大到接近于 $180°$ 时，则称为完全不润湿；

② 当 $\gamma_{s-l}<\gamma_{s-g}$ 时，$\cos\theta>0$，$\theta<90°$，液体对固体表面润湿，θ 愈小，润湿的程度就愈高。当 θ 小到趋近于 $0°$ 时，液体几乎完全平铺在固体表面上，这种情况称为完全润湿。

10.3.2 铺展

铺展是液-固表面取代气-固表面（或液-液表面取代气-液表面）的同时，又使气-液表面扩大的过程。也就是说，一种液体完全平铺在固体表面上，或者是一种液体完全平铺在另一种互不相溶的液体表面上，皆称为铺展。我们只讨论液体在固体表面上的铺展。

由式 (10.3-2) 可知，当 $\theta=0°$ 时，$\cos\theta=1$，式 (10.3-2) 变为 $\gamma_{s-g}=\gamma_{s-l}+\gamma_{g-l}$，令：

$$\varphi = \gamma_{s-g} - \gamma_{s-l} - \gamma_{g-l} \tag{10.3-3}$$

式中，φ 称为铺展系数。从热力学的观点来看，铺展系数的物理意义为：在恒温恒压下，铺展过程系统的表面吉布斯函数改变量的负值，即：

$$\Delta_{T,p}G = \gamma_{g\text{-}l} + \gamma_{s\text{-}l} - \gamma_{s\text{-}g} = -\varphi \tag{10.3-4}$$

当 $\varphi > 0$ 时，$\Delta_{T,p}G < 0$，铺展过程自动进行，液体分子将高度分散在固体表面上。

润湿与铺展在实践中得到了广泛的应用。固体表面改性后，其润湿、吸附、分散等一系列性质都将发生改变。表面改性的方法很多，大致可分为物理法和化学法。例如棉布易被水润湿，不能防雨，经过憎水剂处理，可将 $\gamma_{s\text{-}l}$ 增大到使 $\theta > 90°$，这时水滴在布上呈圆球形而易脱落。处理后的棉布可制成轻便、透气的雨衣。若在农药中加入适量的表面活性剂，药液在植物的叶茎上或虫体上能发生铺展，这将会大大提高农药的杀虫效果。

10.4　弯曲液面的表面现象

在许多情况下液体的表面是弯曲的，如毛细管中的液面、气泡、雨滴等。液面为什么会弯曲？液面弯曲对液体性质有什么影响？这些都是表面现象中要讨论的问题。

10.4.1　弯曲液面下的附加压力

① 附加压力的本质　弯曲液面下的压力与平液面不同。如用细管吹出肥皂泡后，必须封堵管口，泡才能存在，否则就自动收缩了。这是因为其弯曲液膜两边有压力差，这个压力差 Δp 称为附加压力（excess pressure）。附加压力的产生是由于表面张力作用于弯曲液面的缘故。

② 附加压力的方向　在平液面，如图 10-8(a)所示，表面张力的方向与周界垂直，而且沿周界与平液面相切，其值大小相等，相互抵消。平面液体所受的压力就等于大气的压力 p_0，若 p_0 和 p_1 分别为大气压和液面内液体所承受的压力，此时液体表面内外的压力相等，均为外压力 p_0，此时无附加压力。

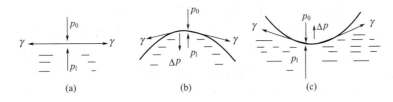

图 10-8　弯曲液面的附加压力

如果液面是弯曲的，如图 10-8(b) 所示，在凸液面上画出表面张力线（即切线）。由于液滴是球形，这些切线不在同一平面上，因而表面张力无法抵消，于是产生一指向球心的合力。球面上每一点都会产生此力，这种力的加和形成附加压力 Δp。由于液滴呈凸液面，附加压力 Δp 的方向指向曲率中心，与大气压力 p_0 方向一致，液面下的液体受到的总压力 $p_1 = p_0 + \Delta p$，p_1 大于 p_0。当液面为凹液面时，如图 10-8(c)所示，气泡悬浮在液体中。合力 Δp 指向液体外部，凹液面下的液体所受的总压力 $p_1 = p_0 - \Delta p$，Δp 就是弯曲液面下的附加压力，此时 p_1 小于 p_0。

总之，由于表面张力的作用，弯曲液面下的液体受到一个附加压力 Δp，附加压力的方向总是指向曲率中心。

10.4.2　附加压力的大小——Young-Laplace 方程

如图 10-9 所示，毛细管内充满液体，毛细管上方有一活塞，向下轻推活塞，当力平衡时管下端产生半径为 r 的球状液滴，液滴外压为 p_0，内压为 p_r，因液滴呈凸液面，液滴曲面所产生的附加压力为 $\Delta p = p_r - p_0$。Δp 方向指向液滴中心，现对活塞稍稍施加压力，以减少毛细管中液体的体积，使液滴体积增加 $\mathrm{d}V$，相应地其表面积增加 $\mathrm{d}A$，此时为了克服表面张力所产生的附加压力 Δp，环境所消耗的功应和液滴可逆地增加的表面积的吉布斯函数相等，即：

$$\Delta p\,\mathrm{d}V = \gamma\,\mathrm{d}A$$

因为 $\qquad V = \dfrac{4}{3}\pi r^3$，所以 $\qquad \mathrm{d}V = 4\pi r^2\,\mathrm{d}r$

$A = 4\pi r^2$，所以 $\qquad \mathrm{d}A = 8\pi r\,\mathrm{d}r$

代入上式，得液滴曲面所产生的附加压力与液体的表面张力 γ 及液滴曲率半径 r 之间关系为：

$$\Delta p = \frac{2\gamma}{r} \tag{10.4-1}$$

式（10.4-1）称为 Young-Laplace 公式（该式只适用于球形液面）。由公式（10.4-1）可知：

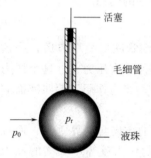

① 附加压力 Δp 与液面曲率半径 r 有关，液滴愈小，所受到的附加压力愈大；

② 当弯液面为凸面时，$r>0$，$\Delta p>0$，即凸液面下液体所受的附加压力比平面下大，当液面为凹面时，$r<0$，$\Delta p<0$，即凹液面下液体所受到的附加压力比平面下小，如液面为平面，可以认为 $r\to\infty$，故 $\Delta p=0$，这时液面下液体所受的附加压力等于大气压；

③ 对于液膜气泡，如肥皂泡，因有内外两个曲面，都产生指向球心的附加压力，其曲率半径可视为相等，因此气泡内气体所受到的附加压力为：$\Delta p = 4\gamma/r$。

图 10-9　附加压力的产生

10.4.3　毛细管现象

水在玻璃或土壤的毛细管内形成凹液面，因为水可润湿毛细管壁，由于凹液面下的液体所受的压力小于管外水平液面下的压力，故附加压力 Δp 指向大气。在这种情况下，液体将被压入管中，使得毛细管中水面上升，如图 10-10（a）所示。汞不能润湿玻璃毛细管壁，在管中形成凸液面，Δp 指向管中汞柱内部，故管中汞柱液面会低于管外，如图 10-10（b）所示，这些都称为毛细管现象（capillary phenomenon）。

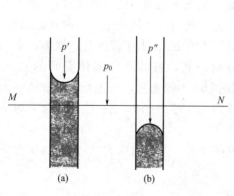

图 10-10　液体在毛细管中的上升或下降

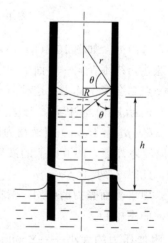

图 10-11　毛细管现象

以水在毛细管中上升为例（见图 10-11），当毛细管内的水上升达到稳定态时，水柱高度所产生的静压力 $\rho g h$ 与附加压力 Δp 在数值上相等，存在如下关系：

$$\Delta p = \frac{2\gamma}{R} = \rho g h \tag{10.4-2}$$

由图 10-11 中的几何关系可以看出接触角 θ 与毛细管半径 R 及弯曲液面曲率半径 r 之间的关系为 $\cos\theta = r/R$，代入式（10.4-2）可得：

$$h = \frac{2\gamma\cos\theta}{\rho g r} \tag{10.4-3}$$

式中，γ 为液体的表面张力；θ 为接触角；ρ 为液体的密度；g 为重力加速度常数；r 为弯曲液面曲率半径。故由上式可知，在一定温度下，毛细管越细，液体的密度越小，液体对管壁润湿得越好（θ 越小），液体在毛细管中上升得越高。对于凸液面，同样可用上式计算液面在毛细管内的下降值。

10.4.4　弯曲液面下附加压力的应用

① 锄地保墒　毛细管现象早就被人类所认识和利用。天旱时，农民通过锄地可以保持土壤水分，称为锄地保墒。锄地可以切断地表的毛细管，防止土壤中的水分沿毛细管上升到地表而挥发。还因水在土壤毛细管中呈凹液面，其饱和蒸汽压小于平面水的饱和蒸汽压，因此，锄地切断的毛细管又易使大气中的水汽凝结，增加土壤水分。

② "气塞"现象　护士给病人注射各种针剂药物时，一定要设法去除液体药剂中的小气泡。因为血液中一旦混入小气泡，它在血管中产生的弯液面附加压力 Δp 与血液流动方向相反，阻止血液流动。当外部稍加压力时，气泡两边弯液面的曲率半径不相等，还产生阻止血液流动的阻力。只有当外加压力达到一定程度时，血液才能开始流动，这就是"气塞"现象。

"气塞"现象还有其他表现形式。当人体从高压区域转到低压区域时，必须逐渐缓慢过渡。这是因为在高压条件下，血液和组织中溶有大量的气体，如果外界气压突然下降，这些气体就会释放，在血管中形成许多小气泡。这些小气泡阻碍血液的正常流动，会致人昏迷甚至死亡，故海底潜水员在返回海面时须缓慢上升。

③ "汽蚀"现象　20 世纪初，当第一批远洋巨轮下水试航 12h 后，发现螺旋桨变得千疮百孔，无法继续使用了。这是因为当螺旋桨在水中高速运转时，产生无数曲率半径极小的气泡，气泡液膜内产生极大的附加压力，该附加压力的方向指向气泡曲率中心，这个压力作用下，气泡的液膜将以极大的速度收缩和破裂。产生的巨大冲击力作用于机件时，使其受损而报废，这就是"汽蚀"现象。

【例题 10-2】　298K 时，将半径为 500nm 的洁净玻璃毛细管插入水中，求管中液面上升的高度。（已知 298K 时，水的表面张力为 $0.07214\text{N}\cdot\text{m}^{-1}$，密度为 $1000\text{kg}\cdot\text{m}^{-3}$，重力加速度为 $9.8\text{m}\cdot\text{s}^{-2}$，设接触角为 $0°$）

解：因 $\theta = 0°$，完全润湿，此时 $r = R = 500\text{nm}$

$$h = \frac{2\gamma\cos\theta}{\rho g r} = \frac{2\times0.07214\text{N}\cdot\text{m}^{-1}\times1}{500\times10^{-9}\text{m}\times1000\text{kg}\cdot\text{m}^{-3}\times9.8\text{m}\cdot\text{s}^{-2}} = 29.4\text{m}$$

10.5　弯液面上的蒸气压

10.5.1　开尔文方程

实验现象：在一个密闭的容器中放置半径不同的水滴，在一定的温度和压力下，经过一

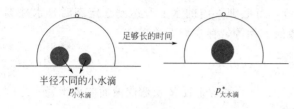

图 10-12　液滴蒸气压实验

段时间后，小液滴消失聚集成大液滴（见图 10-12）。

结论：根据液体蒸汽压的大小决定液体分子向空间逃逸的倾向，可知：液体蒸汽压 p 反比于曲率半径。

设恒温下，将 1mol 液体分散为半径为 r 的小液滴，可按下列途径进行：

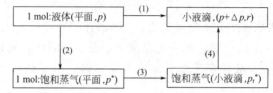

根据状态函数的性质则有：$\Delta G_1 = \Delta G_2 + \Delta G_3 + \Delta G_4$

其中：① 对应平面液体直接分散为半径 r 的小液滴的过程 ΔG_1；

$$\Delta G_1 = \int_p^{p+\Delta p} V_m(l)\,dp = V_m(l)\Delta p = \frac{2\gamma V_m(l)}{r} = \Delta G_3 = RT\ln\frac{p_r^*}{p^*} \qquad (10.5\text{-}1)$$

② 过程恒温恒压可逆相变：$\Delta G_2 = 0$；

③ 理想气体恒温变压：$\Delta G_3 = RT\ln\dfrac{p_r^*}{p^*}$；

④ 恒温恒压可逆相变：$\Delta G_4 = 0$。

对该系统，曲面上饱和蒸气压 p_r^*、平液面上饱和蒸气压 p^*、液体的表面张力 γ、理想气体常数 R、摩尔质量 M、密度 ρ、曲面的曲率半径 r 及温度 T 之间有如下关系：

$$\ln\frac{p_r^*}{p^*} = \frac{2\gamma M}{\rho RT}\frac{1}{r} \qquad (10.5\text{-}2)$$

式（10.5-2）称为开尔文（Kelvin）方程。一定温度下的一定液体，γ、M、ρ、R、T 均为常数。由上式可知，对于凸液面，$r>0$，$\ln(p_r^*/p^*)>0$，$p_r^*>p^*$，即凸面液体的饱和蒸气压比平面上高。小液滴即是如此，且液滴半径越小，其饱和蒸气压 p_r^* 比平面液体蒸气压 p^* 大得越多。对凹面液体，$r<0$，$\ln(p_r^*/p^*)<0$，$p_r^*<p^*$，即凹面液体的饱和蒸气压比平面时低，且凹液面曲率半径越小，p_r^* 越低。水在毛细管中即为该种情况。

10.5.2　弯液面上蒸气压的应用——亚稳状态和新相的生成

① 人工降雨　有时水蒸气在空中达到相当高的蒸气压而不会凝结成水，这是因为此时的水蒸气压力对平液面的水来说已是过饱和了，但对将要形成的小水滴来说尚未饱和，故小水滴难以形成。若在空中撒入 AgI 颗粒作为水蒸气的凝结中心，使凝结水滴的初始半径加大，其所需的饱和蒸气压可小于高空中已有的水蒸气压力，水蒸气会迅速凝结成水滴。人工降雨就是利用了该原理。

② 过热液体　有机物蒸馏时常出现液体过热现象，它是指蒸馏液加热到沸点以上时仍不沸腾（见图 10-13）。蒸馏有机液体时，液体内生成的微小气泡呈凹液面，依据 Kelvin 方程，气泡中液体饱和蒸气压比平液面小，气泡越小，液体蒸气压与平液面时相差越大，液体越不易沸腾。此外，由

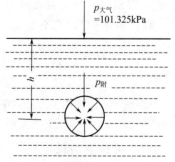

图 10-13　产生过热液体示意图

Young-Laplace 方程知，微小气泡上还承受很大的附加压力 $\Delta p = 2\gamma/r$，所以必须升高液体温度，使凹液面的饱和蒸气压等于或大于 $(p_{大气} + 2\gamma/r)$，才能使液体沸腾。于是液体会出现过热，甚至出现暴沸现象。为避免过热，往往加入多孔性沸石或陶瓷管（片状），因为其孔道中有空气存在，加热时产生大量气泡，使蒸馏系统的蒸气压大增，沸点下降，从而避免因过热而导致暴沸。

③ 过饱和溶液　按相平衡条件达到饱和应当有晶体析出而未能析出的溶液，称为过饱和溶液。在一定外压下将溶液恒温蒸发，溶质的浓度逐渐变大，达到普通晶体溶质的饱和浓度时，由于微小晶体的溶质有较大的溶解度，故这时微小晶体溶质仍未达到饱和状态，不可能有微小晶体析出，必须将溶液进一步蒸发，达到一定的过饱和程度，晶体才可以不断地析出。在结晶操作中，当溶液蒸发到一定的过饱和程度时，向结晶系统中投入适量的小晶体作为新相种子，这样可得到较大颗粒的晶体。

从热力学的观点来讲，上述各种过饱和系统都不是真正的平衡系统，都是不稳定的状态，故常被称为亚稳状态。但是这种系统往往能维持很长的时间而不发生相变。亚稳态所以能长期存在，是因为在指定条件下新相种子难以生成，而生成新相的必要条件是要有生成新相的种子。

【例题 10-3】　在正常压力（101.325kPa）下，100℃ 的纯水，在离液面 0.02m 的深处，若能生成半径为 10^{-8} m 的小气泡。试求小气泡存在时需克服的压力。（已知 100℃ 时纯水的表面张力为 58.85mN·m^{-1}，水的密度为 958.1kg·m^{-3}）

解：据 Yang-Laplace 方程，小气泡承受的附加压力 Δp 为：

$$\Delta p = \frac{2\gamma}{r} = \frac{2 \times 0.0588}{10^{-8}} \text{Pa} = 11.77 \text{MPa}$$

在 0.02m 深的水中，小气泡所受的静压力为：

$$p_{静} = \rho g h = (958.1 \times 9.8 \times 0.02) \text{Pa} = 188 \text{Pa}$$

所以，小气泡存在时需要克服的压力 p' 为：

$$p' = p_{大气} + p_{静} + \Delta p = (101325 + 188 + 11.77 \times 10^6) \text{Pa} = 1.187 \times 10^7 \text{Pa}$$

$$\ln \frac{p_r^*}{p^*} = -\frac{2\gamma M}{\rho R T} \cdot \frac{1}{r} = \frac{2 \times 58.85 \times 10^{-3} \times 18 \times 10^{-3}}{958.1 \times 8.314 \times 373 \times 10^{-8}} = -0.0713$$

$$p_r^*/p^* = 0.9312，则 p_r^* = 0.9312 \times 10^5 \times p^* = 9.435 \times 10^4 \text{Pa}$$

该压力远小于气泡存在时需要克服的压力，所以小气泡不能存在。若要小气泡存在，则需继续加热，使小气泡曲面上的蒸气压等于或超过它存在时应当克服的压力，气泡才能不断产生，液体才能沸腾，此时液体的温度必定高于液体的正常沸点。

10.6　溶液的表面吸附

10.6.1　溶液的表面吸附现象

降低整个系统自由能的自发倾向，使得溶液能自动改变表面层中溶质的浓度，通常会出现溶质在表面层中的浓度不同于溶液本体浓度的情况，这种现象被称作溶液表面的吸附（adsorption）。

如果溶质的加入能引起溶剂的表面张力降低，那么溶质在表面层的浓度大于它在溶液本体的浓度，此时发生正吸附。例如，醇、醛、酸、酯等有机物属于此种情况。一般将能显著降低水的表面张力的物质叫作表面活性物质。如果溶质的加入引起溶剂的表面张力升高，这时溶质在表面层的浓度小于溶液本体浓度，也就是发生负吸附。例如，无机盐和非挥发性的酸、碱属于此种情况。如果加入溶质，没有引起表面张力的变化，这时不发生吸附。

由于液体表面与其体相的不可分离性，所以溶液的表面吸附现象既难以观察又难以测量。但有两个著名实验直接证明溶液表面吸附的存在：一是英国著名胶体与表面化学家 Mchain 和他的学生们的刮皮实验，他们用刀片向发生溶质在正吸附的水溶液表面的薄层液体，确实高于原溶液浓度。另一个实验是生成大量泡沫的表面活性剂水溶液，溶质在泡沫中的浓度大大高于原溶液的浓度。这种做法后来发展成为有实用意义的泡沫分离法。

10.6.2 表面吸附量

若系统由 α 和 β 两个体相以及两相之间的表面层 s 组成，如图 10-14 所示。由于表面层只有几个分子大小层厚，所以 Gibbs 假定表面层是一个没有厚度的二维表面，称为相界面 s。设组分 i 在 α、β 体相中的浓度分别为 c_i^α、c_i^β，两个体相若以 Gibbs 的 s 几何表面分割开，则系统中组分 i 的总物质的量为 $c_i^\alpha V^\alpha + c_i^\beta V^\beta$。但实际上表面相中组分 i 的浓度与体相中的浓度不同，而且浓度是不均匀的，所以系统中组分 i 真实的总物质的量 n_i 与 $c_i^\alpha V^\alpha + c_i^\beta V^\beta$ 不同，若它们的物质的量之差以 n_i^s 表示，则：

$$n_i^s = n_i - (c_i^\alpha V^\alpha + c_i^\beta V^\beta) \tag{10.6-1}$$

式中，n_i^s 称为组分 i 的表面过剩量，单位面积上组分 i 的过剩量为：

$$\Gamma_i = \frac{n_i^s}{A_s} \tag{10.6-2}$$

Γ_i 也称为表面吸附量。

显然，Gibbs 几何分界面选在不同位置上，如图 10-14 中的 s_1 或 s_2 位置，表面过剩量将具有不同值。这是因为几何界面位置不同，V^α、V^β 都改变了，$c_i^\alpha V^\alpha + c_i^\beta V^\beta$ 也随之改变。为解决这个问题，Gibbs 规定将几何界面选在图 10-14 中 ss 的位置上，使两块阴影区的面积相等，这样可使组分 i 的表面过剩量为零。在溶液中，通常将几何表面选在溶剂的表面过剩量为零的地方。

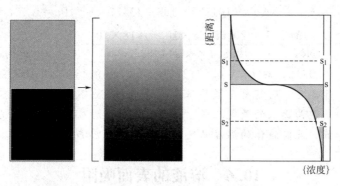

图 10-14　Gibbs 几何分界面的选定

10.6.3 Gibbs 吸附公式

等温等压条件下，考虑表面功的系统，其热力学能 U 的变化可表示为：

$$dU = T dS - p dV + \gamma dA_s + \sum_i \mu_i dn_i \tag{10.6-3}$$

式中，μ_i 为 i 组分的化学势。在等强度变数的条件下将式（10.6-3）积分得到：

$$U = TS - pV + \gamma A_s + \sum_i \mu_i n_i$$

微分上式得：

$$dU = TdS + SdT - pdV - Vdp + \gamma dA_s + A_s d\gamma + \sum_i \mu_i dn_i + \sum_i n_i d\mu_i \quad (10.6-4)$$

比较式（10.6-3）和式（10.6-4）得到：

$$SdT - Vdp + A_s d\gamma + \sum_i n_i d\mu_i = 0 \quad (10.6-5)$$

在温度、压力保持不变的情况下有：

$$A_s d\gamma + \sum_i n_i d\mu_i = 0 \quad (10.6-6)$$

若为两组分系统——溶液（下标 1 和 2 分别表示溶剂和溶质，上标 s 表示界面层），上式可改写为：

$$A_s d\gamma + n_1^s d\mu_1 + n_2^s d\mu_2 = 0 \quad (10.6-7)$$

在等温条件下，

$$d\mu_i = RT d\ln a_i \quad (10.6-8)$$

再根据表面过剩量 Γ 的定义式（10.6-2），则：

$$-d\gamma = \Gamma_1 RT d\ln a_1 + \Gamma_2 RT d\ln a_2 \quad (10.6-9)$$

　　此式表示两组分浓度与溶液表面张力随浓度变化的关系。根据表面过剩量的定义，Γ_1 和 Γ_2 与 Gibbs 几何界面位置选择有关，而原则上可以选择几何界面的位置使 $\Gamma_1 = 0$。因此，由式（10.6-10）得：

$$-d\gamma = \Gamma_2 RT d\ln a_2 \quad (10.6-10)$$

或

$$\Gamma_2 = -\frac{1}{RT}\left(\frac{\partial \gamma}{\partial \ln a_2}\right)_T \quad (10.6-11)$$

　　对于稀溶液，活度 a_2 可用物质的量浓度 c_2 代替，所以：

$$\Gamma_2 = -\frac{1}{RT}\left(\frac{\partial \gamma}{\partial \ln c_2}\right)_T \quad (10.6-12)$$

$$\Gamma_2 = -\frac{c}{RT}\left(\frac{\partial \gamma}{\partial c_2}\right)_T \quad (10.6-13)$$

　　上述 4 个公式都称为 Gibbs 吸附等温式（Gibbs adsorption isotherm）。它表示了浓度、表面过剩量、温度与表面张力之间的关系。由上式可以看出：

① 若 $(\partial \gamma / \partial c_2)_T < 0$，则 $\Gamma_2 > 0$，此时发生正吸附；

② 若溶质的加入引起 $(\partial \gamma / \partial c_2)_T > 0$，则 $\Gamma_2 < 0$，此时发生负吸附；

③ 若加入溶质，$(\partial \gamma / \partial c_2)_T = 0$，则 $\Gamma_2 = 0$，此时不发生吸附。

　　在求表面吸附量时，通常都是先从实验测得不同浓度溶液的表面张力，做出 γ-c 曲线，然后求得各浓度 c 时的 $(\partial \gamma / \partial c_2)_T$，再用 Gibbs 公式计算表面吸附量 Γ_2。

　　Gibbs 吸附等温式是通过热力学方法导出的。在推导时没有规定哪一种类型的表面，故原则上可用于任何表面，但主要用于气-液和液-液界面。

　　【例题 10-4】 292.2K 时丁酸水溶液的表面张力 γ 与浓度 c 的关系符合如下经验公式：

$$\gamma = \gamma^* - a\ln(1+bc)$$

　　式中，γ^* 是纯水的表面张力；a 和 b 是经验常数。若已知 $a = 0.0131\text{N} \cdot \text{m}^{-1}$，$b = 19.62\text{dm}^3 \cdot \text{mol}^{-1}$，求 $c = 0.200\text{mol} \cdot \text{dm}^{-3}$ 的表面吸附量。

　　解：将经验公式对 c 微分，得：

$$\frac{d\gamma}{dc} = -\frac{ab}{1+bc}$$

　　代入吉布斯吸附等温式得：

$$\Gamma = -\frac{c}{RT} \times \frac{\mathrm{d}\gamma}{\mathrm{d}c} = \frac{c}{RT} \times \frac{ab}{1+bc}$$

$$= \frac{0.200\text{mol} \cdot \text{dm}^{-3}}{8.314\text{J} \cdot \text{K}^{-1} \cdot \text{mol}^{-1} \times 292.2\text{K}} \times \frac{0.0131\text{N} \cdot \text{m}^{-1} \times 19.62\text{dm}^{-3} \cdot \text{mol}^{-1}}{(1+19.62\text{dm}^3 \cdot \text{mol}^{-1} \times 0.200\text{mol} \cdot \text{dm}^{-3})}$$

$$= 4.30 \times 10^{-6}\text{mol} \cdot \text{m}^{-2}$$

10.7　表面活性剂及其作用

10.7.1　表面活性剂的结构

（1）表面活性剂

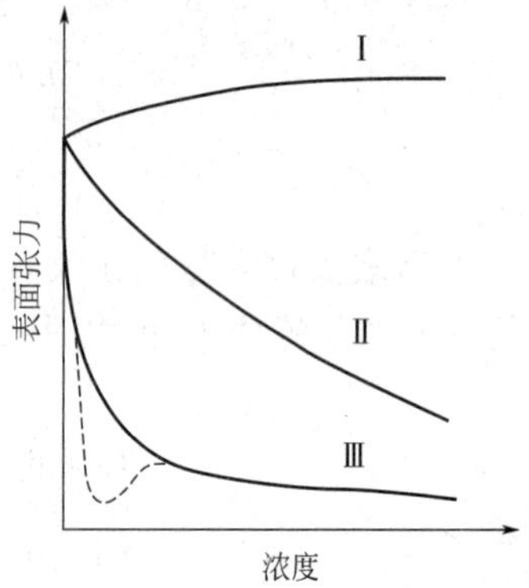

对水溶液来说，发生负吸附现象的溶质主要是无机电解质，如无机盐和不挥发性无机酸、碱等，如图 10-15 中曲线 I 所示，这些电解质可使溶液的表面张力比纯水略有升高。可溶性有机化合物，如醇、醛、酸、酯等可使溶液的表面张力比纯水小，发生正吸附，如图 10-15 中曲线 II 所示。而硬脂酸钠、长碳氢链有机酸盐和烷基磺酸盐等，在浓度很低时就能使溶液的表面张力比纯水小得多，随着浓度的增加又很快趋于恒定，如图 10-15 中曲线 III 所示。这种加入少量就能显著降低界面张力的物质被称为表面活性剂（surface active agent，SAA），这种性质称为表面活性。

图 10-15　表面张力与浓度关系示意图

（2）表面活性剂的分子结构

表面活性剂分子结构的特点是它具有不对称性，是由具有亲水性的极性基团（亲水基团，hydrophilic group）和具有憎水性的非极性基团（憎水基团，hydrophobic group）所组成的有机化合物，它的憎水基团（又称为亲油性基团）一般是 8～18 个碳的直链烃（也可能是环烃），因而表面活性剂都是两亲分子（amphipathic molecule），吸附在水表面时采取极性基团向着水，非极性基团远离水而指向气相（或油相）的表面定向。表面活性剂在界面层的这种定向排列，使表面上不饱和力场得到某种程度上的平衡，从而降低了表面张力（见图 10-16）。

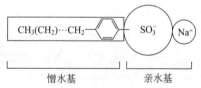

憎水基　　　　　亲水基

图 10-16　表面活性剂分子的两亲结构

10.7.2　表面活性剂的分类

表面活性剂的分类方法很多。从表面活性剂的应用功能出发，可将表面活性剂分为乳化剂、洗涤剂、起泡剂、润滑剂、铺展剂、增溶剂等。但在表面活性剂科学中广泛采用的是根据分子结构的特点来分类的方法。由于亲水部分的原子团种类繁多，故表面活性剂性质之差异，除决定于其碳氢基（及其他亲油基）外，主要还与亲水基团的不同有关，亲水基团的结构变化远较亲油基团为大，因而表面活性剂按结构分类，一般以亲水基团为依据。

表面活性剂溶于水后，凡能发生电离的称为离子型表面活性剂；不能电离的称为非离子型表面活性剂。离子型表面活性剂按其具有活性作用是阴离子还是阳离子，或者在其结构中同时存在电性相反的阴离子和阳离子来区分。

① 阴离子型表面活性剂　若表面活性剂在水中溶解并电离，起表面活性作用的是电离出的阴离子，这类表面活性剂称为阴离子表面活性剂（anionic surfactant）。

　　常见的阴离子表面活性剂有脂肪酸盐型（$C_nH_{2n+1}COO^-Na^+$），硫酸酯型（$C_nH_{2n+1}OSO_3^-Na^+$）、磺酸盐型（$C_nH_{2n+1}SO_3^-Na^+$）和磷酸酯型 $[C_nH_{2n+1}OPO(OH)O^-Na^+]$ 几类，例如，硬脂酸钠 $CH_3(CH_2)_{16}COO^-Na^+$、十二烷基苯磺酸钠 $CH_3(CH_2)_{11}C_6H_4SO_3^-Na^+$ 等。

　　这类表面活性剂常作为洗涤剂、起泡剂、润湿剂、乳化剂、分散剂和增溶剂等使用，是最常见、用途最广的一类。

　　② 阳离子型表面活性剂　若表面活性剂在水中溶解并电离，起表面活性作用的是电离出的阳离子，这类表面活性剂称为阳离子表面活性剂（cationic surfactant）。通常分为铵盐型（包括伯胺盐、仲胺盐、叔胺盐和季铵盐型）、吡啶盐型、多乙烯多胺型 $RNH(CH_2CH_2NH)_nH \cdot mHCl$ 和胺氧化物型。例如，溴代十六烷基三甲胺 $CH_3(CH_2)_{15}N^+(CH_3)_3Br^-$ 及十二烷基二甲基苄基氯化铵等。

苯扎氯铵

　　这类表面活性剂主要作为杀菌剂、防腐剂、柔软剂和抗静电剂等使用。

　　③ 两性型表面活性剂　两性型表面活性剂（amphoteric surfactant）是指分子中同时含有潜在正、负电荷活性基团的一类表面活性剂，将它溶于水后，在水溶液偏碱性时，表现出阴离子活性，呈阴离子表面活性剂特性；在水溶液偏酸性时，表现出阳离子活性，呈阳离子表面活性剂特性。主要有氨基丙酸型、咪唑啉型、甜菜碱型和牛磺酸型等。这类表面活性剂有杀菌和金属缓蚀等作用，对人体毒性和刺激性都小，例如，十二烷基二甲基甜菜碱 $[C_{12}H_{25}N^+(CH_3)_2CH_2COO^-]$、十二烷基氨基丙酸钠（$C_{12}H_{25}N^+H_2CH_2CH_2COONa$）等。

　　④ 非离子型表面活性剂　非离子型表面活性剂（nonionic surfactant）是指溶于水后分子不发生电离的表面活性剂。亲水基主要是聚乙二醇（或聚氧乙烯）基和多元醇，可分为两类：聚乙二醇（或聚氧乙烯型）和多元醇型，其水溶液不带电，但分子中有亲水的极性基团。该类表面活性剂在水和有机溶剂中均可溶解；性能稳定，不易受无机酸、碱、盐的影响，与其他类型表面活性剂相容性好，因在水溶液中不电离，故其固体表面不会发生强烈吸附。非离子表面活性剂在应用数量上是仅次于阴离子型表面活性剂的又一大类表面活性剂，它主要分为酯型（如失水山梨糖醇脂肪酸酯类）、醚型（如聚氧乙烯烷基醇醚类和聚氧乙烯烷基苯酚醚类）、胺型（如聚氧乙烯脂肪胺类）、酰胺型（如聚氧乙烯烷基酰胺类）和糖酯与糖醚型（如烷基多苷类）。这是一类天然"绿色"表面活性剂，无毒、对皮肤无刺激作用，易生物降解，很有发展前途。例如，聚氧乙烯类 $C_{12}H_{25}O(CH_2CH_2O)_nH$。

　　近几年出现的新一代高活性表面活性剂：

孪连表面活性剂

表面活性剂也可按憎水基团分类，如以烃链为憎水基的含碳氢链表面活性剂，由环氧丙烷参加低聚生成的以聚氧丙烯为憎水基的含氧丙烯基表面活性剂；以及憎水基中含有氟、硅和硼元素的分别称为含氟、硅和硼的表面活性剂。表 10-4 和表 10-5 列出了市场上常见的表面活性剂的亲水基团和憎水基团。

表 10-4　表面活性剂市场上常见的亲水基团

种　类	一般结构
磺酸盐	$R-SO_3^-M^+$
硫酸盐	$R-OSO_3^-M^+$
羧酸盐	$R-COO^-M^+$
磷酸盐	$R-OPO_3^-M^+$
铵	$R_xH_yN^+X^-(x=1\sim3,y=4-x)$
季铵盐	$R_4N^+X^-$
甜菜碱	$RN^+(CH_3)_2CH_2COO^-$
磺化甜菜碱	$RN^+(CH_3)_2CH_2CH_2SO_3^-$
聚氧乙烯	$R-OCH_2CH_2(OCH_2CH_2)_nOH$
多羟基化合物	蔗糖、山梨聚糖、甘油、乙烯、丙二醇
多肽	$R-NH-CHR-CO-NH-CHR'-CO-\cdots-CO_2H$
聚缩水甘油	$R-(OCH_2CH[CH_2OH]CH_2)_n-\cdots-OCH_2CH(CH_2OH)CH_2OH$

表 10-5　表面活性剂市场上常见的憎水基团

基团	一般结构	聚合度
天然脂肪酸	$CH_3(CH_2)_nCH_3$	$n=12\sim18$
石油石蜡	$CH_3(CH_2)_nCH_3$	$n=8\sim20$
石蜡	$CH_3(CH_2)_nCH=CH_2$	$n=7\sim17$
烷基苯	$CH_3(CH_2)_nCH_2-$	$n=6\sim10$,直链或支链
烷基芳香化合物		$n=1\sim2$,为水溶性 $n=8$ 或 9,为油溶性
烷基苯酚	$CH_3(CH_2)_nCH_2-$	$n=6\sim10$,直链或支链
聚氧丙烯	$CH_3CHCH_2O(CHCH_2)_n$	n 为聚合度 X 为聚合引发剂
碳氟化合物	$CF_3(CF_2)_nCOOH$	$n=4\sim8$,直链或支链,或者终端为氢
硅树脂	$CH_3O(SiO)_nCH_3$	

近年来，由于环境友好的要求，"绿色"表面活性剂得到迅速发展。"绿色"表面活性剂是指由天然再生原料加工而成，无毒、对人体无刺激、易生物降解的表面活性剂。它们不是按分类法命名的一类表面活性剂，是其使用安全性和生物降解性方面的相对概念。因此，所谓"绿色"并不是绝对的。它们的共性是生物降解性好，对皮肤刺激小，性能优良，与其他表面活性剂配伍性好。因此，在许多行业都有重要应用。下面介绍两种重要的"绿色"与"温和"的表面活性剂。

① 烷基糖苷（alkyl poly glucosides，APG）APG 是由葡萄糖的半缩醛羟基与脂肪醇羟基在酸催化作用下脱去一分子水而得到的一种苷化产物。其结构为：

H—O—CH₂
（结构式省略）
HO——CH₂—O—CH₂
X̄
HO——CH₂—O—(CH₂)ₙCH₃

纯的烷基糖苷为白色粉末。它能有效地降低水的表面张力，发泡细腻而稳定，有优良的去污效果，其去污力与 LAS（十二烷基苯磺酸钠）和 AES（脂肪醇聚氧乙烯醚硫酸钠）相当。去污效果良好，宜作洗涤剂，可配制温和的高性能餐具（手洗）洗涤剂。用 APG 可配制成强酸条件下使用的硬表面清洗剂，用于机械清洗可防止金属氧化及酸蚀。

② 醇醚羧酸盐　醇醚羧酸盐是阴离子表面活性剂，主要包括醇醚羧酸盐（AEC）、烷基酚醚羧酸盐（APEC）和酰胺醚羧酸盐（AMEC）。AEC 主要用于化妆品、个人卫生用品和餐具洗涤剂等。

10.7.3　表面活性剂在溶液体相与表面层的分布

表面活性剂分子结构具有两亲分子结构，在水中加入少量就能明显降低溶液表面张力的性质。许多表面活性剂的浓度与溶液表面张力的关系，都具有类似图 10-15 中曲线Ⅲ所示的特征，出现这种情况可通过表面活性物质的溶液本体及表面层中的分布进行解释。

表面活性剂分子在表面层定向排列和在溶液本体中形成胶束是表面活性剂分子的两个重要特征。

（1）表面活性剂在表面层定向排列

当表面活性剂分子溶于水后，分子中的亲水基进入水中，憎水基被极性的水分子排斥而暴露在空气中。当溶液浓度较稀、吸附量不大时，表面活性剂分子在表面层有较大的活动范围，它们的排列不那么整齐，但其憎水基团仍然倾向于逸出水面。当达到饱和吸附时，表面活性剂分子在水溶液紧密而有规则地定向排列着，水的表面就像覆盖一层薄的表面膜，称之为单分子膜（monomolecular film），如图 10-17 所示。同系物中不同化合物的差别只是碳氢链的长短不同，而分子的横截面积是相同的。所以，它们的饱和吸附量基本相同。

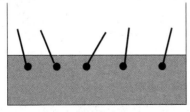

　　　　(a)低浓度下　　　　　　　　　　(b)饱和吸附
图 10-17　表面活性物质在溶液表面层上的状态

在一般情况下，温度恒定时表面活性物质的 Γ - c 曲线如图 10-18 所示，当浓度很小时，Γ 和 c 呈直线关系，当浓度增加时，呈曲线关系。当浓度大到一定数值后，Γ 不再随 c 的增大而增加，吸附量达到极限值，即饱和吸附量，用 Γ_∞ 表示。实验证明，同系物中各不同化合物的 Γ_∞ 相同，与碳氢链的长度无关。

由于表面活性物质溶液的本体浓度比表面浓度小得多，Γ_∞ 可近似看作溶液的表面浓度，

所以利用 Γ_∞ 可以计算出每个表面活性物质分子的横截面积 A：

$$A = \frac{1}{\Gamma_\infty L} \tag{10.7-1}$$

式中，L 为阿伏伽德罗常数。由于表面层不可能完全被活性物质分子所占据，故计算结果比其他方法求得的值稍大。

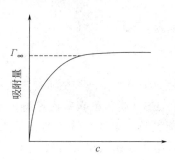

图 10-18　表面活性物质的吸附等温线

上面所讨论的虽是以气-液的界面为例，其实在极性不同的任意两相界面，如液-液（如水-油）、固-液、固-气界面上，均可发生上述表面活性物质分子的相对浓集和定向排列，其亲水基朝向极性较大的一相，而憎水基朝向极性较小的一相。这在实际中有着重要的应用，例如，通过表面活性物质分子在界面上的定向排列，可以使固体表面呈憎水或亲水性，从而改变液体对固体表面的润湿情况，又如，利用磷脂类化合物分子在水面上的定向排列形成的表面膜、半透膜、水蒸发阻止剂及高分子研究中的细胞膜等。

（2）胶束的形成与结构

两亲分子溶解在水中达一定浓度时，其非极性部分会互相吸引，从而使得分子自发形成有序的聚集体，使憎水基向里、亲水基向外，减小了憎水基与水分子的接触，使系统能量下降，这种多分子有序聚集体称为胶束。

胶束的形成经历一系列过程（见图 10-19）。溶液很稀时，表面吸附量极小，表面张力无明显下降［见图 10-19（a）］；当浓度逐渐增大时，表面吸附量增大，表面分子密度高于内部，溶液表面张力下降［见图 10-19（b）］；当表面活性剂在溶液表面达到饱和吸附时，溶质在溶液表面定向排列形成单分子膜，此时溶液表面张力降至最低，当浓度进一步增大时，溶质只能进入溶液内部，形成胶束。将形成胶束或胶团所需的最低表面活性剂浓度称为临界胶束浓度（critical micelle concentration），以 CMC 表示［见图 10-19（c）］。溶液中溶质浓度越大，形成的胶束数目越多［见图 10-19（d）］。

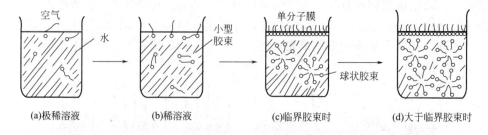

图 10-19　胶束的形成过程示意图

水溶液中的胶束包括内核与外层两部分，内核由彼此缔合的憎水基组成，构成非极性微区。内核与溶液之间有水化的表面活性剂极性基外层。靠近极性基的—CH_2—基团，有一定的极性，其周围存在水分子，该水分子有一定取向，称为结构水或渗透水（infiltration water）。处于内核与极性端之间的—CH_2—基团构成栅栏层，是胶束外壳的一部分（见图 10-20）。离子型与非离子型表面活性剂的胶束结构存在一定的差异。图 10-20（a）中，离子型胶束外壳的反离子一部分与离子端基结合，形成紧密层（stern）（见第 11 章），其余部分处于扩散层中，使胶束保持电中性。图 10-20（b）中，非离子型表面活性剂的胶束没有双电层结构，其外壳由柔顺的聚氧乙烯链及醚键原子结合的水构成。必须强调的是由于表面活性剂单个分子的热运动，胶束的外壳不是光滑的，也不是固定的，它是胶束内离子和分子与溶液中离子和分子不断进行交换所致。

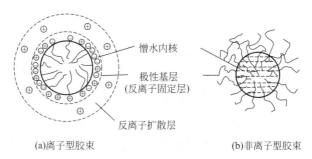

图 10-20 胶束的结构示意图

胶束的形状和大小与表面活性剂的浓度有关。一般在较稀浓度时，以单纯小型胶束存在；当浓度达到临界胶束浓度后，若继续增加活性剂浓度，胶束可以呈球形、扁圆形，棒状、栅板层状等形式（见图 10-21）。

胶束有如下特征：①胶束是表面活性剂溶液浓度达到一定程度时其系统分散度改变的现象；②胶束是溶液中表面活性剂分子与离子自发地缔合成溶胶质点时形成的，溶胶质点与表面活性剂离子间存在平衡；③胶束是一种具有表面活性的质点缔合体；④胶束分散系统具有热力学稳定性；⑤胶束具有特殊结构。

（3）临界胶束浓度

表面活性剂的临界胶束浓度是其在溶液中开始形成胶束时的浓度，是反映表面活性剂吸附性能的物理量，用符号 CMC 表示。在等温等压下，每种表面活性剂都有其临界胶束浓度。表面活性剂水溶液许多重要的物理性质随浓度的变化关系曲线都在 CMC 附近发生突变，如表面张力、摩尔电导率、去污能力、增溶能力等，故可通过测定溶液性质突变时的浓度确定 CMC 值，见图 10-22。

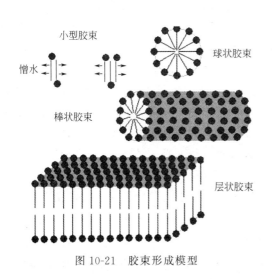

图 10-21 胶束形成模型

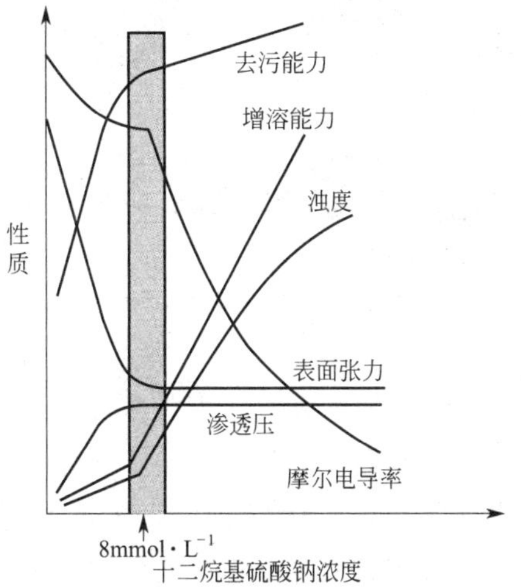

图 10-22 各种性质与浓度的关系

（4）胶束的作用

胶束的作用主要表现在以下几个方面。

① 增溶作用 不溶或难溶于水的有机物，可因水中存在表面活性剂并形成胶束而溶解

度显著提高的现象称为胶束的增溶作用（solublization）。表面活性剂的浓度必须高于 CMC 才有增溶作用，溶质增溶于表面活性剂胶束的疏水内核中，增溶后的溶液仍为均相系统。但增溶与溶解有本质区别，增溶后由于被增溶物进入胶束中，球状胶束直径增大，层状胶束间距亦增大。

② 催化作用　表面活性剂胶束对有机化学反应具有催化作用，这种作用与胶束-反应物的静电作用、疏水作用及胶束周围水结构的变化有关。胶束催化作用的典型例子是胶束固定酶技术，生物酶的催化反应一般在水相中进行，若使酶增溶在表面活性剂的反胶束水核中，有机物可由非水溶液进入到该水核内进行反应，反应后再离开胶束。

10.7.4　表面活性剂的实际应用

表面活性物质的种类繁多，应用范围非常广泛，且不同类型的表面活性物质具有不同的作用。下面简要介绍润湿与渗透和去污作用，在第 11 章我们将介绍其乳化作用。

（1）润湿与渗透

① 润湿　表面活性剂可以改变液体对固体的润湿性。当固体表面是憎水性时，加入表面活性剂，亲油基和亲油性的表面结合，在表面上形成一层吸附层，活性剂的亲水基朝向液体，表面就被变为亲液表面。若固体是亲水的，活性剂的亲水基和亲水性表面结合，而亲油基朝外，这样表面就变成了亲油性。这种能使固体表面产生润湿性转化的表面活性剂，称为润湿剂（wetting agent），如磺化油、肥皂等。也可用大豆卵磷脂、硫醇类、酰肼类和硫醇缩醛类等。润湿剂正日益被陶瓷工业所使用，一般通用的是一种具有很高耐水硬度的聚氧化乙烯烷化醚类。

② 渗透　它是指液体进入多孔性固体介质中的过程。当固体表面是憎液表面时，$\theta > 90°$，液体难以渗透进去，加入表面活性剂（润湿剂）使表面的润湿性发生反转，成为亲液性的，液体就可很容易地渗透进去。具有这种作用的表面活性剂也叫渗透剂（penetrant），在印染助剂中渗透剂的用途较广。

（2）去污作用

表面活性剂的去污作用（decontamination）是一个非常重要而又被广泛应用的性能。去污是涉及润湿、渗透、乳化、分散、增溶等诸多方面的复杂过程。图 10-23 显示了油污从固体表面被洗涤剂清除的过程。水-油表面张力大，水不能润湿油污，无法达到去污的目的［见图 10-23(a)］；当加入洗涤剂后，洗涤剂的亲油基指向油污表面或固体表面并吸附于其上，在机械力作用下油污从固体表面被洗涤下来［见图 10-23（b）］；洗涤剂分子在固体表面和油污表面形成吸附层，进入水相中的

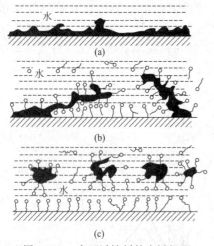

图 10-23　表面活性剂的去污机理

油污被分散或增溶［见图 10-23（c）］。最后油污在机械力作用下均匀地悬浮（或乳化）在水相中，或被水冲走。洁净表面被活性剂分子占领。

10.7.5　表面活性剂的研究及展望

表面活性剂应用前景广阔，几乎覆盖了全部精细化工领域，其基本功能及用途涉及润湿、渗透等 8 个方面，其派生功能及用途却涉及柔软、平滑、匀染等 30 多个方面，品种达几千种。表面活性剂的开发应用主要集中在：①节省能源用的 SAA，可分为使汽油与甲醇或乙醇混合燃料中需有 SAA，煤水混合物制备水煤浆或煤与油混合制备油煤浆需有 SAA；

②强化采油（EOR）用的 SAA，如三次强化采油；③生物活性 SAA 的应用，多为氨基酸型 SAA；④功能性 SAA，在 SAA 分子上接上特殊功能的基团，可具有感光、磁性、导电等功能；⑤低毒 SAA 的研究，以代替有毒的除草剂（使水不能到达杂草的根部）和防腐剂；⑥新型洗涤剂的研究，包括低泡高能洗涤剂、无磷或低磷洗涤剂、液态洗涤剂、不加助剂即可在硬水中使用的 SAA；⑦SAA 的复合应用；⑧由生物技术及资源再利用制造的 SAA；⑨易破坏、分解的 SAA；⑩计算机中的分子开关。

10.8　固体表面的吸附

固体表面分子因受力不同于内部分子而具有表面 Gibbs 函数和表面张力，且固体因结构所限，分子不能自由移动，表面分子所处的环境也不完全相同，有的处于棱、角或晶格缺陷上，这些分子受力更不均匀。存在不饱和力场的表面会自发地吸附气体或液体分子以降低自身的表面能，这种现象就称为固体对气体或液体的吸附（adsorption）。被吸附的气体或液体称为吸附质（adsorbate），具有吸附作用的固体称为吸附剂（adsorbent）。常用的吸附剂有活性炭、硅胶、分子筛等。这些吸附剂具有比表面积大、吸附能力强等特点。

10.8.1　物理吸附和化学吸附

根据吸附剂表面与被吸附物之间作用力的不同，吸附可分为物理吸附与化学吸附。

物理吸附是被吸附的流体分子与固体表面分子间的作用力为分子间吸引力，即范德华力（van der Waals）。当固体表面分子与气体或液体分子间的引力大于气体或液体内部分子间的引力时，气体或液体的分子就被吸附在固体表面上。这些吸附在固体表面的分子由于分子运动，也会从固体表面脱离而进入气体（或液体）中去，其本身不发生任何化学变化。随着温度的升高，气体（或液体）分子的动能增加，分子就不易滞留在固体表面上，而越来越多地逸入气体（或液体）中去，即所谓"脱附"。这种吸附-脱附的可逆现象在物理吸附中均存在。工业上就利用这种现象，借改变操作条件，使吸附的物质脱附，从而达到使吸附剂再生，回收被吸附物质而达到分离的目的。

化学吸附是固体表面与被吸附物质间的化学键力起作用的结果，两者之间发生电子重排并形成离子型、共价型、自由基型或络合型等新的化学键。该类型的吸附需要一定的活化能，故又称"活化吸附"。这种化学键力的大小可以差别很大，但都大大超过物理吸附的范德华力。化学吸附放出的吸附热达到化学反应热的数量级。而物理吸附放出的吸附热通常与气体的液化热相近。化学吸附往往是不可逆的，且脱附后的物质常发生了化学变化，不再是原有的性状，故其过程是不可逆的。

由于化学吸附相当于吸附剂表面分子与吸附质分子发生了化学反应，故在红外、紫外-可见光谱中会出现新的特征吸收带。

物理吸附和化学吸附过程如图 10-24 所示。物理吸附与化学吸附的主要区别见表 10-6。

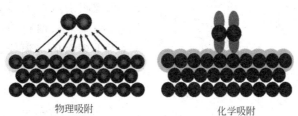

物理吸附　　　　　　　　　　　化学吸附
图 10-24　物理吸附和化学吸附示意图

表 10-6　物理吸附和化学吸附的区别

性质	物理吸附	化学吸附
吸附力	范德华力	化学键力
吸附热	较小,近于气体凝聚热	较大,近于化学反应热
选择性	无选择性,易液化者易被吸附	有选择性
稳定性	不稳定,易解吸	比较稳定,不易解吸
吸附层	单分子层或多分子层	单分子层
吸附速率	较快,不受温度影响	较慢,需活化能,升温速率加快
吸附平衡	易达到	不易达到

物理吸附与化学吸附之间没有严格的界限。人们还发现,同一种物质,在低温时,它在吸附剂上进行的是物理吸附,随着温度升高到一定程度,就开始发生化学变化转为化学吸附,有时物理吸附与化学吸附可同时发生,且在某些情况下可互相转化。例如,氧(气)在金属 W 上的吸附,原子态者发生化学吸附,分子态者发生物理吸附;CO(g)在金属 Pd 上的吸附,低温时是物理吸附,高温时变为化学吸附。化学吸附在催化作用过程中占有很重要的地位。

10.8.2　经验吸附等温式

当气体在固体表面被吸附时,吸附量(adsorption quantity)通常用单位质量的吸附剂所吸附气体的物质的量 n 或在标准状况下的体积 V 或物质的量 n 表示,用符号 Γ 表示,即 $\Gamma = V/m$。Γ 的单位为 $m^3 \cdot kg^{-1}$ 或 $mol \cdot kg^{-1}$,吸附量的大小是衡量吸附剂吸附能力和计算吸附剂比表面的重要依据。

对于一定的吸附剂和吸附质构成的吸附系统,平衡吸附量 Γ 的大小与吸附温度和吸附质的压力有关,即 Γ 是 T、p 的函数,可表示为:

$$\Gamma = f(T, p) \tag{10.8-1}$$

为了使三个物理量之间的关系简单明了,常常固定一个变量,然后求其他两个变量之间的关系。若固定温度 T 不变,则 $\Gamma = f(p)$,这种关系式称为吸附等温式(adsorption isotherm formula),Γ-p 关系曲线称为吸附等温线(adsorption isotherm),吸附等温线是可以用实验测定的。图 10-25 是在不同温度下,$NH_3(g)$ 在炭粒上的吸附等温线。吸附等压线可以在一组吸附等温线数据的基础上绘制而得。

(1) 吸附等温线的类型 (见图 10-26)

从吸附等温线可以反映出吸附剂的表面性质、孔分布以及吸附剂与吸附质之间的相互作用等有关信息。常见的吸附等温线有如下五种类型,如图 10-26 所示,图中 p/p^* 称为比压,p^* 是吸附质在该温度时的饱和蒸气压,p 为吸附质的压力。

① Ⅰ类　吸附出现饱和值。这种吸附相当于在吸附剂表面上形成单分子层吸附。对于具有很小外表面积的微孔吸附剂,其吸附表现为 Ⅰ 型吸附等温线,例如 78K 时 N_2 在活性炭上的吸附及水和苯蒸气在分子筛上的吸附。

② Ⅱ类　常称为 S 形等温线,其特点是不出现饱和值。它通常是由无孔或大孔吸附

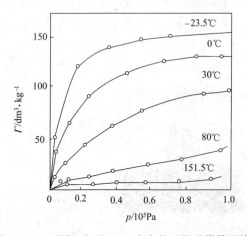

图 10-25　不同温度下 NH_3 在炭粒上的吸附等温线

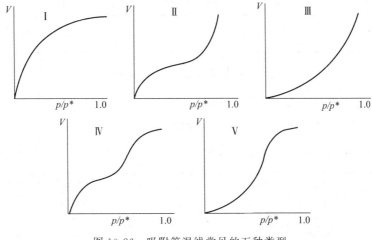

图 10-26　吸附等温线常见的五种类型

剂所引起的不严格的单层到多层吸附。拐点的存在表明单层吸附到多层吸附的转变，如 78K 氮气在硅胶上的吸附。

③ Ⅲ类　这种类型较少见。当吸附剂和吸附质相互作用很弱时会出现这种等温线。曲线下凹是因为单分子层内分子间互相作用，使第一层的吸附热比冷凝热小，以致吸附质较易吸附。而协同效应导致在均匀的单一吸附层尚未完成之前形成了多层吸附，故引起吸附容量随着吸附的进行而迅速提高，如 352K 时 Br_2 在硅胶上的吸附。

④ Ⅳ类　能形成有限的多层吸附。开始吸附量随着气体中组分分压的增加迅速增大，曲线凸起，吸附剂表面形成易于移动的单分子层吸附；而后一段凸起的曲线表示由于吸附剂表面建立了类似液膜层的多层分子吸附；两线段间的突变，说明有毛细孔的凝结现象。如 323K 下苯在氧化铁上的吸附。

⑤ Ⅴ类　发生多分子层吸附，有毛细凝聚现象。例如 373K 时，水汽在活性炭上的吸附。

（2）Freundlich 吸附等温式

Freundlich 在进行了大量实践的基础上，总结出描述单分子层中压等温吸附的经验方程：

$$\Gamma = k p^{1/n} \tag{10.8-2}$$

其对数形式为 $\ln\Gamma = \ln k + (1/n)\ln p$（$\Gamma$ 是气体的吸附量；n 和 k 均为常数，吸附系统一定时，它们是温度的函数，温度升高，n 和 k 均减小。n 决定曲线的形状，k 的物理意义是单位压力时的吸附量；$1/n$ 反映压力对 Γ 的影响程度）。当 $p \leqslant 13.33$kPa 时，CO 在活性炭上的吸附及中压时 NH_3 在木炭上的吸附等均符合该吸附等温式。

Freundlich 经验吸附等温式的特点是：形式简单，计算方便，应用广泛；n、k 没有明确的物理意义，只能反映实验事实，不能阐明吸附机理。

以下公式也可适用于固体吸附剂在溶液中的计算：

$$n^a = \frac{x}{m} = k c^n \tag{10.8-3}$$

$$n^a = \frac{x}{m} = \frac{(c_0 - c)V}{m} \tag{10.8-4}$$

式中，c_0 为溶液中吸附质的起始浓度；V 为溶液体积；m 为吸附剂的质量。

【例题 10-5】 在 351.45K 时，用焦炭吸附 NH_3 测得如下数据：

p/kPa	0.7244	1.307	1.723	2.898	3.921	7.825	10.102
$(x/m)/dm^3 \cdot kg^{-1}$	10.2	14.7	17.3	23.7	28.4	41.9	50.1

试用图解法求方程 $x/m = kp^{1/n}$ 中常数项 k 及 n 的数据。

解： 对式（10.8-2）两边取对数，得：

$$\lg\Gamma = \frac{1}{n}\lg p + \lg k$$

将上表中的数据进行换算，结果列入下表：

p/kPa	0.7244	1.307	1.723	2.898	3.921	7.825	10.102
$\Gamma/dm^3 \cdot kg^{-1}$	10.2	14.7	17.3	23.7	28.4	41.9	50.1
$\lg p/kPa$	−0.1400	0.1163	0.2363	0.4621	0.5934	0.8932	1.004
$\lg\Gamma/dm^3 \cdot kg^{-1}$	1.009	1.167	1.238	1.375	1.453	1.622	1.700

以 $\lg p/kPa$ 对 $\lg\Gamma/dm^3 \cdot kg^{-1}$ 作图，得一直线，直线的斜率 $1/n = 0.5978$，截距 $\lg k$ 为 1.096，即得：$n = 1.673$，$k = 12.47$。

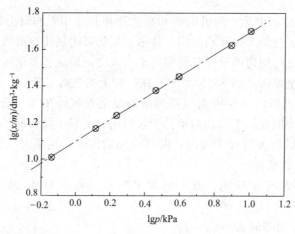

10.8.3 Langmuir 吸附等温式

1916 年，Langmuir 在吸附实验的基础上，利用化学动力学方法，对气-固吸附系统提出了单分子层吸附模型，并推导出吸附等温式。该模型的基本假设如下：

① 固体表面是均匀的　固体表面各处的吸附能力相同，吸附热处处相等，是一常数；

② 吸附是单分子层的　吸附是由于固体表面的剩余力场所引起的，所有的吸附基于同样的机理；

③ 吸附分子之间无作用力　已被吸附的分子从固体表面解吸，不受周围被吸附分子的影响；

④ 存在吸附与解吸的动态平衡，吸附与脱附是一个可逆过程，并最终达到动态平衡，即吸附速率和脱附速率相等。

图 10-27 为 Langmuir 吸附模型示意图。

Langmuir 在此基础上建立了吸附等温式，以 k_1 和 k_{-1} 分别代表吸附和解吸速率常数，A 代表气体，M 代

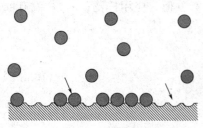

图 10-27　Langmuir 吸附模型示意图

表固体表面，AM 代表吸附态，则吸附过程可表示为：

$$A(g) + M(表面) \underset{k_{-1}}{\overset{k_1}{\rightleftharpoons}} AM \tag{10.8-5}$$

设表面被吸附分子覆盖的分数为 θ，则 $1-\theta$ 代表固体表面上空白面积的分数。在等温条件下达到平衡时，吸附速率等于解吸速率，则：

$$k_1 p(1-\theta) = k_{-1}\theta$$

$$\theta = \frac{k_1 p}{k_{-1} + k_1 p} \tag{10.8-6}$$

令 $b = k_1/k_{-1}$，则得：

$$\theta = \frac{bp}{1+bp} \tag{10.8-7}$$

式（10.8-7）称为 Langmuir 吸附等温式。式中 b 为吸附平衡常数（equilibrium constant of adsorption），也称为吸附系数。其值的大小代表了固体表面吸附气体能力的强弱，b 值越大，表示吸附能力越强，其大小与吸附剂、吸附质的本性及温度有关。Langmuir 吸附等温式所反映的吸附量与压力之间的关系如图 10-28 所示。

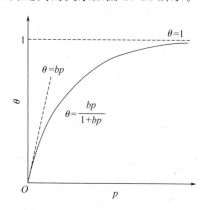

图 10-28　Langmuir 吸附等温线

由图中曲线可以看出：

① 当压力 p 足够低或吸附很弱时，$bp \ll 1$，则 $\theta \approx bp$，θ 与 p 呈直线关系；

② 当压力 p 足够高或吸附很强时，$bp \gg 1$，则 $\theta \approx 1$，θ 与 p 无关，已达到单分子层饱和吸附；

③ 当压力适中时，θ 与 p 的关系用式（10.8-7）表示，θ 与 p 呈曲线关系。

如以 V_m 代表当表面上吸满单分子层时的吸附量，V 代表压力为 p 时的实际吸附量，则表面覆盖率 $\theta = \dfrac{V}{V_m}$ 代入式（10.8-7）后，得到：

$$\theta = \frac{V}{V_m} = \frac{bp}{1+bp}$$

上式重排后得：

$$\frac{p}{V} = \frac{1}{V_m b} + \frac{p}{V_m} \tag{10.8-8}$$

这是 Langmuir 公式的另一种写法。若以 p/V 对 p 作图，则应得一直线，从直线的截距和斜率可以求得单分子层时的饱和吸附量 V_m 和吸附系数 b 值。

对于一个吸附质分子吸附时解离成两个粒子的吸附，则 Langmuir 吸附等温式可以表示为：

$$\theta = \frac{b^{1/2} p^{1/2}}{1 + b^{1/2} p^{1/2}} \qquad\qquad (10.8\text{-}9)$$

当系统中存在 N 个组分，且 N 个组分均被吸附时，则对于其中第 i 种组分的吸附，可以推导出其吸附等温方程为：

$$\theta_i = \frac{b_i p_i}{1 + \sum_{i=1}^{N} b_i p_i} \qquad\qquad (10.8\text{-}10)$$

Langmuir 吸附等温式适用于单分子层吸附，它能较好地描述吸附热变化不大且覆盖度较小的绝大多数的化学吸附。Langmuir 吸附等温式存在着一些不足：①假设吸附是单分子层的，与事实不符；②假设表面是均匀的，其实大部分表面是不均匀的；③在覆盖度 θ 较大时，Langmuir 吸附等温式不适用。

【例题 10-6】　273.15K 时 1g 活性炭在不同的压力下吸附 $N_2(g)$ 的体积（已换算成 273.15K、101325Pa）如下表：

p/Pa	523.9	1730.2	3057.9	4533.5	7495.5
V/mL	0.987	3.04	5.08	7.04	10.31

试证明 N_2 在活性炭上的吸附服从 Langmuir 等温式，并求常数 V_{max} 和 b 值。

解：吸附量用 V 表示时，我们将 Langmuir 方程写成：

$$\frac{p}{V} = \frac{p}{V_{max}} + \frac{1}{b V_{max}}$$

将题给的数据进行计算，结果如下表所示：

p/Pa	523.9	1730.2	3057.9	4533.5	7495.5
V/mL	0.987	3.04	5.08	7.04	10.31
$p/V/Pa \cdot mL^{-1}$	530.80	569.14	601.95	643.96	727.01

用 p/V 对 p 作图，如下图所示；所得的曲线为一直线，即满足 Langmuir 方程。其中，截距 $1/b V_{max} = 517.82$，斜率 $1/V_{max} = 0.0279$，则：$V_{max} = 35.84 dm^3$，$b = 5.39 \times 10^{-5}$。

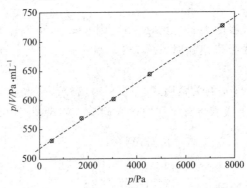

10.8.4　多分子层吸附等温式

由于大多数固体对气体的吸附并不是单分子层的，尤其物理吸附基本上都是多分子层吸附。1938 年 Brunauer、Emmett 和 Teller 三人在 Langmuir 单分子层吸附理论的基础上，提出了多分子层吸附理论，简称 BET 理论。BET 理论的基本假设如下：

① 吸附可以是多分子层的，该理论认为，在物理吸附中，吸附质与吸附剂及其本身之间都存在范德华力，被吸附分子可以吸附气相中的分子，呈多分子层吸附状态；

② 固体表面是均匀的，多分子层吸附中，各层都存在吸附平衡，因此被吸附分子解吸时不受同一层其他分子的影响；

③ 同一层吸附质之间无相互作用；

④ 除第一层外，其余各层的吸附热等于吸附质的液化热。

基于以上假设导出的 BET 等温式为：

$$V = \frac{V_m c p}{(p^* - p)\,[1 + (c-1)p/p^*]} \tag{10.8-11}$$

式中，两个常数为 c 和 V_m，c 是与吸附热有关的常数，V_m 为铺满单分子层所需气体的体积。p 和 V 分别为吸附时的压力和体积，p^* 是实验温度下吸附质的饱和蒸气压。BET 吸附等温式还可以改写成下列直线式：

$$\frac{p}{V(p^* - p)} = \frac{1}{V_m c} + \frac{c-1}{V_m c}\frac{p}{p^*} \tag{10.8-12}$$

实验测定不同压力 p 时的吸附量 V，以 $p/[V(p^*-p)]$ 对比压 p/p^* 作图应得一直线，其斜率 $a=(c-1)/(V_m c)$，截距 $b=1/(V_m c)$，则饱和吸附量 $V_m=1/(a+b)$。为了计算方便，两常数的公式较常用，比压一般控制在 0.05～0.35 之间。比压太低，建立不起多分子层物理吸附，而比压过高，容易发生毛细凝聚，使结果偏高。

BET 吸附等温式的重要应用是测算固体吸附剂的比表面积 S_0，若分子的截面积为 A，饱和吸附量 V_m 的单位为 dm^3，则固体吸附剂的比表面积 S_0 为：

$$S_0 = \frac{V_m N_A A}{22.4} \tag{10.8-13}$$

式中，N_A 为阿伏伽德罗常数。

本 章 小 结

1. 表面张力或表面 Gibbs 函数是本章的核心内容。高分散系统会产生明显的表面效应，具有大的表面 Gibbs 函数。表面张力或表面 Gibbs 函数的存在是分散系统产生表面现象，如弯曲液面的附加压力、弯曲液面的饱和蒸气压以及润湿等的根本原因。对于高度分散系统，必须考虑系统表面积的变化对系统状态函数的贡献 γdA_s。

2. 表面张力或表面 Gibbs 函数的存在也是引起一些亚稳状态以及新相生成等界面现象的原因；溶质在溶液表面的吸附是系统降低表面张力或减小表面 Gibbs 函数的结果，其吸附量（表面超量）由吉布斯吸附等温式描述。

3. 润湿、铺展等是液-固相界面发生的界面现象，它们可由接触角或杨氏方程定性与定量描述。

4. 表面活性剂两个重要性质：在界面层定向排列；在体相形成胶团或胶束。表面活性剂的广泛应用也正是基于这两个性质。

5. 吸附质在吸附剂表面上发生的吸附作用有物理吸附和化学吸附之分。建立在理想状态下的 Langmiur 等温吸附方程描述了吸附质在吸附剂表面上的单层吸附，BET 吸附等温式则建立在多层吸附基础上，BET 吸附等温式测定固体的比表面。

6. 润湿与反润湿、渗透与反渗透、吸附与解吸等是矛盾的两个方面，它们在一定条件下可相互转化，并在实际中得到广泛的应用。

7. 本章核心概念与公式

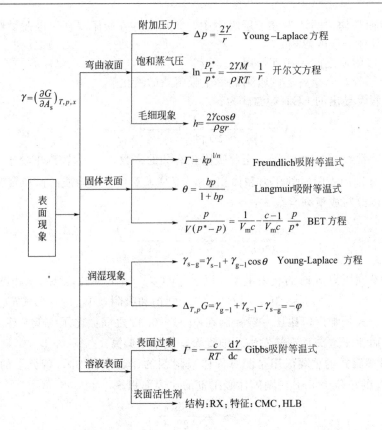

思 考 题

1. 表面 Gibbs 函数与表面张力有哪些不同？
2. 肥皂泡上所受的附加压力为多少？
3. 自然界中为什么气泡、小液滴都呈球形？
4. 纯液体、溶液和固体是怎样降低自身的表面 Gibbs 函数？
5. 为什么蒸馏操作中加沸石能防止暴沸？
6. 喷洒农药时，为何要在农药中加表面活性剂？
7. 用同一支滴管滴出相同体积的水、NaCl 稀溶液和乙醇溶液，滴数是否相同？
8. 物理吸附与化学吸附的本质是什么？
9. 在一定温度、压力下，为什么物理吸附都是放热的？
10. 常见的亚稳状态有哪些？为什么会产生亚稳状态？如何防止亚稳状态的产生？
11. 下面的两根玻璃毛细管中装有不同的两种液体。
(1) 管内最后平衡的位置在哪一端？

(2) 当在玻璃毛细管右端加热时，液体向毛细管的哪一端移动？

12. 如图所示，有三根内径相同的玻璃管 a、b、c，将 a 垂直插入水中，管内水面升高为 h，弯月面半径为 r，若将 b、c 垂直插入水中，则管内水面上升的高度及弯月面半径将如何变化？

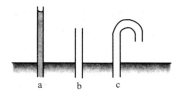

13. 有人由毛细现象设计出如图的一种永动机：在水槽中插入一根上端呈 U 形的玻璃毛细管，在毛细管上端下方放置一水轮。因水能润湿玻璃表面而在毛细管中上升，只要毛细管足够细，水上升的高度可超过 h 且因重力作用由 B 端滴下，推动涡轮转动，如此可以往复不停。此设想能成功吗？

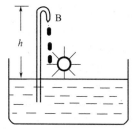

14. 如图所示，在玻璃管的两端有两个半径不同的肥皂泡，若打开旋塞，使它们连通，问两泡的大小将如何变化？最后达平衡时的情况是怎样的？半径为 r 的空气中的肥皂泡内外压力差为多少？

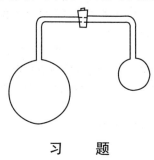

习　　题

1. 在 293.15K 及 101.325kPa 下，把半径为 1×10^{-3}m 的汞滴分散成半径为 1×10^{-9}m 的汞滴，试求此过程系统表面吉布斯函数（ΔG）为多少？（已知 293.15K 时汞的表面张力为 0.4865N·m^{-1}）

2. 293.15K 时，水的表面张力为 72.75mN·m^{-1}，汞的表面张力为 486.5mN·m^{-1}，汞和水之间的界面张力为 375mN·m^{-1}，试判断：

(1) 水能否在汞的表面上铺展开？

(2) 汞能否在水的表面上铺展开？

3. 计算 373.15K 时，下列情况下弯曲液面承受的附加压力。（已知 373.15K 时水的表面张力为 58.91×10^{-3}N·m^{-1}）

(1) 水中存在的半径为 0.1μm 的小气泡；

(2) 空气中存在的半径为 0.1μm 的小液滴；

(3) 空气中存在的半径为 0.1μm 的小气泡。

4. 某肥皂水溶液的表面张力为 0.01N·m^{-1}，若用此肥皂水溶液吹成半径分别为 5×10^{-3}m 和 2.5×10^{-2}m 的肥皂泡，求每个肥皂泡内外的压力差是多少？

5. 泡压法测定丁醇水溶液的表面张力。20℃时测得最大泡压力为 0.4217kPa。20℃时测得水的最大泡压力为 0.5472kPa，已知 20℃时水的表面张力为 72.75×10^{-3}N·m^{-1}，请计算丁醇溶液的表面张力。

6. 25℃时乙醇水溶液的表面张力 γ 随乙醇浓度 c 的变化关系为：

$$\gamma/(10^{-3}\text{N·m}^{-1})=72-0.5\left(\frac{c_B}{c^{\ominus}}\right)+0.2\left(\frac{c_B}{c^{\ominus}}\right)^2$$

试分别计算乙醇浓度为 0.1mol·dm^{-3} 和 0.5mol·dm^{-3} 时，乙醇的表面吸附量。（$c^{\ominus}=1.0$mol·dm^{-3}）。

7. 用活性炭吸附 $CHCl_3$ 时，0℃时的最大吸附量为 93.8dm³·kg⁻¹。已知该温度下 $CHCl_3$ 的分压力为 $1.34×10^4$ Pa 时的平衡吸附量为 82.5dm³·kg⁻¹，试计算：

(1) 朗缪尔吸附定温式中的常数 b；

(2) $CHCl_3$ 分压力为 $6.67×10^3$ Pa 时的平衡吸附量。

8. 反应物 A 在催化剂 K 上进行单分子分解反应，试讨论在下列情况下，反应是几级？

(1) 若压力很低或反应物 A 在催化剂 K 上是弱吸附（b 很小时）；

(2) 若压力很大或反应物 A 在催化剂 K 上是强吸附（b 很大时）；

(3) 若压力和吸附的强弱都适中。

9. 473K 时，测定氧在某催化剂上的吸附作用，当平衡压力为 101.325kPa 和 1013.25kPa 时，每千克催化剂吸附氧气的体积（已换算成标准状况）分别为 2.5dm³ 及 4.2dm³，设该吸附作用服从朗缪尔公式，计算当氧的吸附量为饱和值的一半时，平衡压力应为多少？

10. 在液氮温度时，N_2 在 $ZrSiO_4$ 上的吸附符合 BET 公式，今取 $1.752×10^{-2}$ kg 样品进行吸附测定，$p_s = 101.325$ kPa，所有吸附体积都已换算成标准状况，数据如下：

p/kPa	1.39	2.77	10.13	14.93	21.01
$V×10^3$/dm³	8.16	8.96	11.04	12.16	13.09
p/kPa	25.37	34.13	52.16	62.82	—
$V×10^3$/dm³	13.73	15.10	18.02	20.32	—

(1) 试计算形成单分子层所需 $N_2(g)$ 的体积。

(2) 已知每个 N_2 分子的截面积为 $1.62×10^{-19}$ m²，求每克样品的表面积。

11. 在一定温度下，容器中加入适量的、完全不互溶的某油类和水，将一支半径为 R 的毛细管垂直地固定在油-水界面之间，如图（a）所示。已知水能浸润毛细管壁，油则不能。在与毛细管同样性质的玻璃板上，滴上一小滴水，再在水上覆盖上油，这时水对玻璃的润湿角为 θ，如图（b）所示。油和水的密度分别用 ρ_0 和 ρ_w 表示，AA′为油-水界面，油层的深度为 h'。请导出水在毛细管中上升的高度与油-水界面张力 γ^{ow} 之间的定量关系。

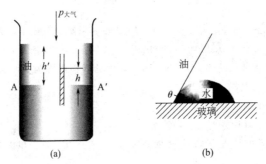

(a)　　　　　(b)

12. 用容量法在 -195℃ 下，测定液氮在硅胶上的吸附量，求算硅胶的比表面积。{已知以 $p/[V(p^*-p)]$ 对 p/p^* 作图得一直线，该直线的斜率 a 和截距 b 分别为：$a = 20.2×10^{-3}$ dm⁻³，$b = 0.23×10^{-3}$ dm⁻³，氮分子的截面积 $A = 16.2×10^{-20}$ m²。}

第11章　胶体分散系统

胶体化学是研究胶体、大分子溶液及乳状液等分散系统及其与界面现象相关联的系统性质及规律的一个学科分支。其内涵广阔，既涉及化学中最基础的理论，又具有极广泛的实用性，且与众多学科相互交叉。胶体化学作为物理化学的一个重要分支，已成为一门独立的学科。胶体现象几乎与国民经济的各个方面都有密切关系，如冶金、石油、轻纺、橡胶、塑料、食品、感光材料、日用化工等工业和农业领域，此外，生物与环境等科学也广泛涉及胶体化学的基本原理和方法。

人类研究胶体的历史悠久，从我国史前的陶器到汉代的纤维造纸、墨与豆腐、面食和药物制剂以及古埃及利用木材浸水膨胀来破裂山岩等都与胶体密切相关。1861年，英国科学家 Thomas Graham 首先提出晶体和胶体的概念，如溶胶、凝胶、胶溶、渗析、离浆等。1903年，德国科学家 Zsigmondy 发明了超显微镜，肯定了溶胶系统的多相性，从而明确了胶体化学与界面化学关系密切。1907年，德国化学家 Ostwald 创办了第一个胶体化学的专门刊物《胶体化学和工业杂志》被视为胶体化学正式成为一门独立学科的标志年。戴安邦、傅鹰和虞宏正等作为我国早期的杰出代表，为胶体化学研究的实验与理论基础做出了杰出的贡献。

胶体分散系统的研究方法涉及热力学、量子力学、统计学和动力学等许多学科，以及与数学、生物学、材料科学等所应用的方法交叉和重叠。胶体化学的发展同步于工农业生产的发展，有些方面甚至还是超前的。20世纪40年代以前，胶体理论只能对一些现象和性质做粗略的定性解释。基于相关交叉学科技术的快速发展，胶体化学的理论逐步得到建立和改善，如DLVO理论就是借助于量子化学的发展和方法建立了胶体间相互作用的理论；关于溶胶稳定性的理论（如空间稳定理论），则是建立在热力学和动力学应用研究方法之上的。胶体化学是一门与实际应用密切结合的学科，现代工农业生产为胶体化学的发展提供了广阔的前景。同时，随着科学理论和实验技术的发展，它将极大地推动该学科的发展。

本章主要介绍以液体（主要为水）作为分散介质的胶体分散系统，以液溶胶（简称为溶胶）为重点内容，简单介绍高分子溶液和乳状液的一些基本知识。

11.1　概　　述

11.1.1　分散系统及其分类

把一种或几种物质分散在另一种物质中所构成的系统称为分散系统。其中被分散的物质称为分散质，或称为分散相；而另一种呈连续分布起分散作用的物质称为分散介质。图11-1列出了云、牛奶、珍珠三种分散系统实例。

分散系统的含义比胶体系统更广。分散系统的分类通常有两种方法：一是按分散相粒子的大小分类；二是按分散相与分散介质的物理聚集态分类。

根据分散相粒子线尺寸大小，分散系统可分为分子分散系统、胶体分散系统和粗分散系统。

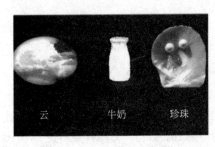

图 11-1　分散系统实例

① 分子分散系统　分散相与分散介质以分子或离子形式混溶，是均匀的单相，分子或离子半径大小在 10^{-9} m（即 1nm）以下。通常把这种系统称为真溶液，溶质与溶剂均可通过半透膜，是热力学稳定系统，如 NaCl 溶液、乙醇溶液、空气等。

② 胶体分散系统　分散相粒子的半径在 1～100nm 之间的系统。目测是均匀的，但实际是多相不均匀系统。也有人将 1～1000nm 之间的粒子归入胶体范畴，不能透过半透膜，有较高的渗透压。

③ 粗分散系统　分散相粒子的半径大于 1000nm，目测是浑浊不均匀的，放置后会沉淀或分层，是多相、热力学和动力学均不稳定的分散系统。

对于胶体分散系统，分散相可以是一种物质也可以是多种物质，可以是由大量的原子或分子聚集在一起组成的聚集体，也可以是一个大分子（如高分子）。对于分散相的粒径通常是这样规定的：对球形或类球形的颗粒指的是粒子直径，通常称为纳米粒子或超细微粒；对片状物质指的是粒子厚度，通常称为纳米膜或纳米片；对线状物质指的是线径或管径，通常称为纳米线或纳米管，如图 11-2 所示。当分散相粒径在三维空间任一维度上的尺寸介于 1～1000nm 时，这些物质就会显出胶体分散系统的某些特征。

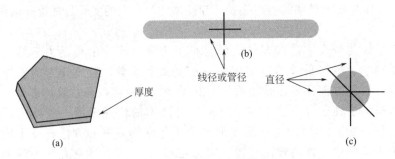

图 11-2　分散相粒子直径的定义

按分散相和分散介质的聚集状态划分，分散系统可分为气溶胶、液溶胶和固溶胶。表 11-1 列举了胶体分散系统的八种类型。

表 11-1　多相分散系统按聚集状态的分类与实例

分散介质	分散相	名称	实例
气	液	气溶胶	云、雾、喷雾
	固		烟、粉尘
液	气	泡沫	肥皂泡沫
	液	乳状液	牛奶、含水原油
	固	液溶胶或悬浮液	金溶胶、油墨、泥浆
固	气	固溶胶	泡沫塑料、泡沫玻璃
	液		珍珠、蛋白石
	固		有色玻璃、某些合金

对于胶体分散系统，通常还可以按胶体分散系统的性质分为三类。

① 溶胶（憎液溶胶）　是指一类半径在 1～100nm 之间的难溶物固体粒子分散在液体介质中形成的高度分散的、多相的、热力学不稳定的系统，常称为溶胶。分散相在一定程度上保留了原来宏观物质的性质，有很大的相界面，总的界面能很高，所以有自动凝结降低界面

能的趋势。憎液溶胶的分散相与分散介质（水或其他溶剂）没有亲和力，是一个不可逆系统，如金溶胶、碘化银溶胶、$Fe(OH)_3$ 溶胶等。一旦分散介质被蒸发掉，固体粒子发生聚结，如再加入分散介质，也不可能再恢复到原来的溶胶状态。

形成憎液溶胶的必要条件是：a. 分散相的溶解度必须很小；b. 必须有稳定剂存在。溶胶（憎液溶胶）是胶体分散系统中主要研究的内容。

② 高分子溶液（亲液溶胶）　是指一类半径落在胶体粒子范围内的大分子溶解在合适的溶剂中形成的高度分散的、均相的、热力学稳定的可逆系统。从分散相和分散介质的形态上看，它们以分子形态均匀地混溶形成均相系统，分散相和分散介质之间没有相界面，分散相分子本身的空间线尺寸达到了胶粒范围，而且它的扩散速率小、不能透过半透膜等，如蛋白质水溶液、淀粉水溶液、聚乙二醇水溶液等。高分子分散相与分散介质（水）具有很强的亲和力，因此也叫亲液溶胶。亲液溶胶一旦将分散介质蒸发掉，高分子就会发生聚集而沉淀；而当再加入分散介质后，又会分散成与原先一样的溶液，是一个可逆的系统。

③ 缔合胶体　其分散相是由表面活性剂分子缔合形成的胶束。在表面活性剂的水溶液中，当表面活性剂分子的浓度达到或超过临界胶束浓度（CMC）时，表面活性剂分子就以亲油基团向里、亲水基团向外的方式形成缔合胶束，缔合胶束亲水基团朝外，与分散介质之间有很好的亲和性，因此也是一类均相的热力学稳定系统，通常也称为胶体电解质。

11.1.2 胶体分散系统的制备与净化

（1）胶体分散系统的制备

从分散相的粒径大小来看，胶体分散系统中分散相的粒径处于粗分散系统与真溶液之间，因此，胶体（主要指憎液溶胶）制备的基本思路（见图 11-3）：一是采用分散法，也就是将粗分散系统进一步分散，使分散相粒径由大变小；二是采用凝聚法，也就是使真溶液中的小分子或离子聚集，使分散相粒径由小变大。

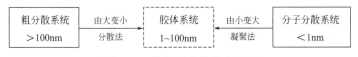

图 11-3　胶体制备的基本思路

① 分散法　分散法使用机械能、电能或热能等外加能量将难溶物的粗分散系统分散成胶粒。分散法常采用下列设备或方法：

a. 胶体磨　这种磨的基本原理与普通的石磨类似，只是它的转速极快，每分钟高达10000 转以上，分散相在磨盘的间隙中受到强大的剪切力而被粉碎，并达到胶体颗粒的粒径范围。此法分为干法和湿法两种，干法只加入粗分散的粒子，而湿法是将粗分散粒子和分散介质同时加入。用湿法所得的分散度比干法更好。在研磨时最好将粗分散粒子、稳定剂和介质一起加入，这样得到的胶体系统比较稳定。胶体磨适用于脆而易碎的物质，柔韧性好的物质一般要先将其冷冻，使之变硬、变脆后再磨。用胶体磨一般只能得到粒径在 1000nm 左右的胶粒。

b. 喷射磨　在装有两个高压喷嘴的粉碎室中，一个喷高压空气，一个喷物料，两束几乎是超音速的物流以一定的角度相交，形成涡流，使粒子在互碰、摩擦和剪切力的作用下被粉碎，这样得到的粒径可小于 1000nm。

c. 超声波法　主要通过机械波产生的密度疏密交替，对被分散的物质产生强烈的撕碎作用。

d. 电弧法　通常用来制备贵金属（如金、银等）的溶胶。在制备时，将该金属的两根金属丝作为电极，与外电源相接，同时浸在含有少量稳定剂的水中。调节外加的直流电压和两个电极之间的距离，直至在两个电极之间产生明亮的电弧。这时金属受热蒸发，金属蒸气在冷水中凝聚，在稳定剂（如 NaOH 等）的保护下，形成相应的金属溶胶。

e. 胶溶法　胶溶法又称解胶法，属化学分散法。将新鲜的凝聚胶粒重新分散在介质中形成溶胶，并加入适当的稳定剂。如：

$$Fe(OH)_3(新鲜沉淀) \xrightarrow{\text{加 } FeCl_3} Fe(OH)_3(溶胶)$$

$$AgCl(新鲜沉淀) \xrightarrow{\text{加 } AgNO_3 \text{ 或 } KCl} AgCl(溶胶)$$

② 凝聚法　凝聚法使用化学或物理方法将分子或粒子凝聚成一定粒度的胶粒。

a. 物理凝聚法　利用适当的物理过程，使待分散的物质凝聚成胶体粒子大小的颗粒。常采用的物理方法有：蒸气骤冷法、过饱和法（或交换溶剂法）等。

ⓐ 蒸气骤冷法　如将汞的蒸气通入冷水中就可以得到汞的水溶胶。

ⓑ 过饱和法　采用更换溶剂或冷却的方法使溶质的溶解度降低，溶质从溶剂中分离出来凝聚成溶胶。例如取少量的硫溶于酒精后倾入水中即生成白色浑浊的硫溶胶。用此法可制得难溶于水的树脂、脂肪等水溶胶，也可制备难溶于有机溶剂的物质的有机溶胶。如用冰急骤冷却苯的饱和水溶液能得到苯的水溶胶；而用液态空气冷却硫的乙醇溶液可获得硫的醇溶胶。

b. 化学凝聚法　通过化学反应使生成物呈过饱和状态，使初生成的难溶物微粒结合成胶粒，在少量稳定剂存在下形成溶胶，稳定剂一般是某一过量的反应物。这种方法可以制备多种溶胶，例如：将 $FeCl_3$ 稀溶液滴入沸水中，水解即可生成棕红色、透明的 $Fe(OH)_3$ 溶胶，反应式为：

$$FeCl_3(aq) + 3H_2O(l) \longrightarrow Fe(OH)_3(溶胶) + 3HCl(aq)$$

如在 As_2O_3 的饱和水溶液中，缓慢通入 H_2S 气体，即生成淡黄色 As_2S_3 溶胶，反应式为：

$$As_2O_3(s) + 3H_2O(l) \longrightarrow 2H_3AsO_3(aq)$$

$$2H_3AsO_3(aq) + 3H_2S(g) \longrightarrow As_2S_3(溶胶) + 6H_2O(l)$$

（2）溶胶的净化

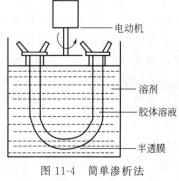

电动机
溶剂
胶体溶液
半透膜

图 11-4　简单渗析法
（格雷姆渗析法）

无论采用哪种方法，制得的溶胶往往含有很多电解质或其他杂质，适量的电解质吸附于胶粒表面，维持电荷平衡，具有稳定溶胶的作用，但过量的电解质反而会影响溶胶的稳定性，因此需要净化。溶胶的净化方法主要有渗析法和超过滤法。

① 渗析法　渗析法利用溶胶胶粒不能透过半透膜，而离子或小分子能透过半透膜的性质，将多余的电解质或低分子化合物等杂质从溶胶中除去，如图 11-4 所示。

为了加快渗透作用，可加大渗透面积、适当提高温度或加外电场。在外电场的作用下，可加速正、负离子定向运动的速度，从而加快渗析速度，这种方法称为电渗析，如图 11-5 所示。渗析法在工业和医学上有广泛的应用，如照相用的无灰明胶的提纯、某些化工染料的脱水和纯化、海水的淡化、肾衰竭病人的血透析等，都用到渗析原理。

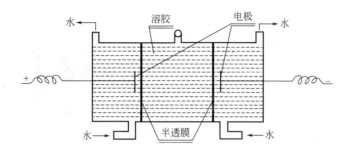

图 11-5　泡利电渗析仪示意图

② 超过滤法　超过滤法使用孔径极小而孔数极多的膜片作为滤膜（超滤膜），利用压差使溶胶流经超过滤器，使溶胶胶粒与介质分开，多余的杂质透过滤膜而被除去。若在半透膜的两边施加一定的电场，则为电超过滤法。

电渗析与电超过滤法联合使用，可降低超过滤的压力，并可以较快地除去多余的电解质。

11.2　溶胶的动力和光学性质

11.2.1　溶胶的动力性质

胶体粒子具有布朗运动、扩散、渗透和沉降等一系列动力性质。

（1）布朗运动

1827 年，英国植物学家布朗（Brown）在显微镜下看到了悬浮于水中的花粉粒子处于不停息的、无规则的运动状态。后来又发现许多其他物质如煤、化石、金属等的粉末也都有类似的现象。人们称微粒的这种无规则运动为布朗运动。

1903 年，超显微镜的发明为研究布朗运动提供了强有力的实验工具。用超显微镜能够观察到胶体粒子像布朗观察到的花粉一样，在不停地做不规则的"之"字形连续运动。图 11-6 是每隔相等的时间，在超显微镜下观察到的一个胶体粒子的运动情形，它是空间运动在平面上的投影，可近似地描绘胶体粒子的无序运动。经观察发现，粒子越小，布朗运动越激烈，且不随时间而改变，但随着温度的升高而加剧。

布朗运动是分散相粒子受到其周围在做热运动的分散介质分子的撞击而引起的无规则运动，如图 11-7 所示。在分散系统中，分散介质的分子都处于无规则的热运动状态，它们从四面八方连续不断地撞击分散相粒子，在某一瞬间可能被数以千万次的撞击。对于粗分散系统的粒子来说，由于体积相对较大，从统计的观点来看，各个方向上所受撞击的概率几乎相等，合力为零，所以不能发生位移。即使是在某一方向上遭到较多次数的撞击，因其质量太大，难以发生位移，而无布朗运动。对于接近或达到胶体尺寸的粒子，它们所受到的撞击次数要小得多，在各个方向上所遭受分散介质分子的撞击力，不能完全相互抵消，某一瞬间，胶体粒子获得某一方向的冲量，便可以发生位移，即布朗运动。布朗运动是分子无规则热运动的必然结果。

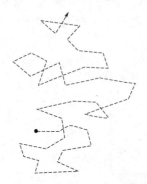 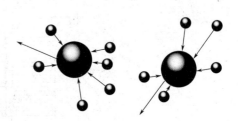

图 11-6　胶粒在超显微镜下的布朗运动示意图　　　图 11-7　胶粒受介质分子冲击示意图

胶体粒子的布朗运动看起来是复杂而无规律，但在一定条件下，一定时间内胶体粒子的平均位移 $\langle x \rangle$ 是可以测量的。1905 年，爱因斯坦（Einstein）运用概率论和分子运动论的观点，创立了布朗运动的理论，推导出基于假设为球形粒子的爱因斯坦-布朗平均位移公式：

$$\langle x \rangle = \left(\frac{RT}{L} \times \frac{t}{3\pi\eta r} \right)^{1/2} \tag{11.2-1}$$

式中，$\langle x \rangle$ 为在观察时间 t 内，球形粒子沿 x 轴方向的平均位移；r 为粒子半径；η 为介质黏度；T 为热力学温度；R 为摩尔气体常数；L 为阿伏伽德罗常量。

胶体粒子的布朗运动是其扩散、渗透以及沉降平衡的一个重要原因。

（2）扩散与渗透压

① 扩散　物质分子从高浓度区域向低浓度区域迁移，直到均匀分布的现象称为扩散。

溶胶的扩散就是指溶胶中因存在体积粒子数梯度而发生的宏观上的定向迁移现象。胶体粒子扩散的定向推动力是浓度梯度，系统总是朝着均匀分布的方向变化。

胶体系统的扩散与溶液中溶质的扩散相似，遵从菲克（Fick）第一扩散定律：

$$\frac{\mathrm{d}n}{\mathrm{d}t} = -DA_s \frac{\mathrm{d}c}{\mathrm{d}x} \tag{11.2-2}$$

式中，$\mathrm{d}n/\mathrm{d}t$ 为单位时间通过某一截面的物质的量；$\mathrm{d}c/\mathrm{d}x$ 为浓度梯度；D 为扩散系数，$\mathrm{m}^2 \cdot \mathrm{s}^{-1}$。式中的负号表示扩散方向与浓度梯度方向相反。通常以扩散系数的大小来衡量扩散速率，扩散系数可由爱因斯坦-斯托克斯（Einstein-Stokes）方程计算：

$$D = \frac{RT}{L} \times \frac{1}{6\pi\eta r} \tag{11.2-3}$$

式中，r 为粒子半径；η 为介质黏度。从上式可以看出，扩散系数 D 与温度成正比，而与溶胶黏度和粒子半径成反比。表 11-2 给出了 18℃时不同半径的金溶胶的扩散系数的数值。

表 11-2　金溶胶的扩散系数（18℃）

粒子半径 r/nm	$D/10^{-9}\,\mathrm{m}^2 \cdot \mathrm{s}^{-1}$
1	0.213
10	0.0213
100	0.00213

② 渗透压　渗透压是胶体粒子扩散的结果。由于胶粒不能透过半透膜，而分散介质分子及其他离子可以透过，所以在半透膜的两边，胶体粒子和离子的浓度分布不均匀，因而产生渗透压。

渗透压的计算可以借用稀溶液依数性中的渗透压计算公式，即：

$$\Pi = cRT \qquad (11.2\text{-}4)$$

溶胶的浓度一般都较低，浓度太高容易使胶粒的互碰频率增加而发生聚沉，所以溶胶中胶粒的数目不大，因而渗透压也很小。对于亲液溶胶或胶体的电解质溶液，可以配制高浓度溶液，用渗透压法可以计算它们的摩尔质量。

（3）沉降与沉降平衡

溶胶中分散相粒子由于受自身的重力作用而下沉的过程称为沉降。

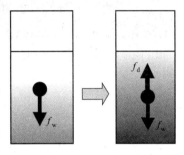

图 11-8　溶胶的沉降与沉降平衡示意图

溶胶中分散相粒子所受作用力的情况，大致可分为两个方面，如图 11-8 所示，一方面是重力场的作用，由 f_w 表示，它力图使粒子向下迁移而下沉；另一方面是由布朗运动所引起的扩散作用，用 f_d 表示。布朗运动使胶体粒子倾向于均匀分布，两种力作用达到平衡时，即胶体达沉降平衡时，粒子的分布是不均匀的，在容器下部的粒子数较多而且分布较密，随着高度的升高，粒子数逐渐变小、分布变稀，但这样的不均匀分布在相当一段时间内可以维持不变。这种情况与地面上的气体分布类似。

当系统达平衡时，由玻尔兹曼分布定律可导出粒子的分子浓度 c 随高度 h 的分布关系，即贝林（Ptrrin）公式：

$$\ln \frac{c_2}{c_1} = -\frac{Mg}{RT}\left(1 - \frac{\rho_0}{\rho}\right)(h_2 - h_1) \qquad (11.2\text{-}5)$$

式中，c_1 和 c_2 分别为在高度 h_1 和 h_2 处粒子的分子浓度；M 为粒子的摩尔质量；ρ 以及 ρ_0 分别为粒子及介质的密度。

由式（11.2-5）可知，粒子的摩尔质量越大，则其平衡时分子浓度随高度的降低而增大。如空气中不同物质的量的分子随高度的分布情况，CO_2、NO 等摩尔质量较大的气体在地表面的含量相对较高。

11.2.2　溶胶的光学性质

溶胶具有丰富多彩的光学性质，这与其对光的散射和吸收有关，也反映了溶胶的高度分散性及多相不均匀性的特点。当一束波长大于溶胶分散相粒子尺寸的入射光照射到溶胶系统时，可发生光散射现象。1869 年，英国物理学家丁铎尔（Tyndall）发现，在黑暗中令一束会聚光通过溶胶，从与入射光束垂直的方向可以观察到一个发亮的圆锥体，如图 11-9 所示，这种现象称为丁铎尔效应。

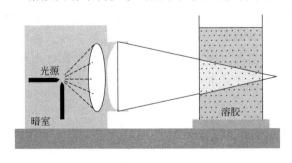

图 11-9　溶胶的丁铎尔效应

当阳光照射到树林时也会产生这种现象，如图 11-10 所示。

丁铎尔现象的实质是溶胶粒子对光的散射作用，它是溶胶的重要性质之一。当一束可见光投射到分散系统上，根据分散相粒子的性质不同可以发生光的吸收、透射、反射或散射。

图 11-10　阳光照射到树林时的丁铎尔现象

当入射光的频率与系统分子的固有频率相同时，则发生光的吸收；当光束与系统不发生任何相互作用时，直接透过系统则为光的透射；当入射光的波长小于系统分散相粒子的尺寸时，则发生光的反射；若入射光的波长大于分散相粒子的尺寸时，则发生光的散射现象。一般胶体粒子的尺寸为 1～1000nm，当可见光束投射于胶体系统时，如果可见光波长大于胶体粒子的直径，就发生光散射现象。

丁铎尔效应又称为乳光效应，散射光的强度可用瑞利（L. W Rayleigh）公式计算：

$$I = \frac{9\pi V^2 C}{2\lambda^4 l^2}\left(\frac{n^2 - n_0^2}{n^2 + 2n_0^2}\right)^2 (1 + \cos^2\alpha)I_0 \tag{11.2-6}$$

式中，I 为散射光强度；λ 为入射光波长；V 为分散相单个粒子的体积；C 为分散相粒子数密度（即单位体积的粒子数）；l 为观察者与散射中心的距离；n、n_0 分别为分散相及分散介质的折射率；α 为散射角（观察方向与入射光方向的夹角）；I_0 为入射光的强度。从式（11.2-6）中可以看出：

a. 散射光强度与入射光波长的 4 次方成反比，入射光波长愈短，散射愈显著。所以可见光中，蓝、紫色光散射作用强，而红光和黄光通常不容易被散射；

b. 分散相与分散介质的折射率相差越大，散射作用就越显著，所以憎液溶胶的散射光通常比亲液溶胶强得多；

c. 散射光强度与粒子的体积及粒子数密度成正比，表明粒子的体积越大、粒子数密度越大，光散射作用就越强。

瑞利公式适用于由球形非导体小质点构成的稀溶胶（或稀溶液）。通过丁铎尔效应可鉴别小分子溶液、大分子溶液和溶胶分散系统。小分子溶液无丁铎尔效应，大分子溶液丁铎尔效应微弱，而溶胶丁铎尔效应强烈，因此丁铎尔效应是区别溶胶与其他分散系统最简便的方法。

【例题 11-1】　说明为什么晴朗的天空呈现蔚蓝色？

解：由于分散在大气中的烟、雾、粉尘等粒子的直径在 10～1000nm 之间，构成胶体分散系统，即气溶胶。当太阳光（可见光）照射到大气层时，由于大气层中的蓝光波长约为 470nm，相对于红、橙、黄、绿等各单色光的波长较短。按瑞利公式，散射光的强度与入射光波长的 4 次方成反比，所以蓝色光发生散射的现象最强烈，于是晴朗的天空呈现蔚蓝色。

11.3　溶胶的电学性质

在外加直流电场或外力作用下，表面带电的胶体粒子与周围介质作相对运动时产生的现象叫电动现象，它包括电泳、电渗、沉降电势和流动电势。

溶胶产生电动现象的根本原因是溶胶粒子表面带有电荷。胶体粒子带电是溶胶能够稳定存在相当长时间的一个重要原因。

11.3.1　胶体粒子的表面电荷

溶胶的电动现象表明胶体粒子表面带有电荷，溶胶粒子带电的主要原因是胶粒表面通过特性吸附了具有相同化学性质的离子，或是由胶粒表面上的分子发生电离引起的，或由于胶粒的晶格取代和摩擦作用也可以使胶粒带电。

① 吸附　溶胶系统具有很大的界面和界面能，因此胶体粒子有吸附溶液中的离子以降低系统界面能的倾向。胶体粒子吸附带电遵守法扬斯（Fajans）吸附规则：对于由难溶离子晶体构成的胶体粒子，能与晶体的组成离子形成不溶物的离子将优先被吸附，且优先吸附成分相同的离子。例如在稀的 $AgNO_3$ 溶液中，缓慢地滴加 KI 稀溶液，可制备得到 AgI 的水溶胶，系统中如果 $AgNO_3$ 过量，其 AgI 胶粒就优先吸附 Ag^+ 而带正电；反之，若 KI 过量，其 AgI 胶粒则优先吸附 I^- 而带负电。倘若系统中没有与胶粒形成不溶物的离子存在时，则通常先吸附水化能力较弱的阴离子，而使水化能力较强的阳离子游离在溶液中。

② 电离　胶粒表面的分子发生电离可以使胶粒带电。例如常见的硅酸胶粒的带电就是由表面分子的解离产生的，随溶液中 pH 值的变化，胶粒可以带正电或带负电：

$$SiO_2 + H_2O \rightleftharpoons H_2SiO_3 \xrightarrow{\text{高 pH}} HSiO_3^- + H^+ \xrightarrow{\text{更高 pH}} SiO_3^{2-} + 2H^+$$

$$SiO_2 + H_2O \rightleftharpoons H_2SiO_2 \xrightarrow{\text{低 pH}} HSiO_2^+ + OH^-$$

H^+ 或 OH^- 进入溶液，$HSiO_3^-$ 或 $HSiO^{2+}$ 在胶粒表面而使其带负电或带正电。

对于可能发生电离的大分子溶胶而言，大分子电离则是其主要的带电原因。例如蛋白质分子，当它的羧基或氨基在水中解离成—COO^- 或—NH_3^+ 时，整个大分子就带负电或正电。当介质的 pH 较低时，蛋白质分子一般带正电；而当 pH 较高时，蛋白质分子一般带负电。

③ 晶格取代　晶格取代是指在黏土矿物晶体中，一部分阳离子被另外阳离子所置换，而晶体结构不变，产生过剩电荷的现象，也叫作同晶置换。例如高岭土，主要由铝氧四面体和硅氧四面体组成，而 Al^{3+} 与周围 4 个氧的电荷不平衡，要由 H^+ 或 Na^+ 等正离子来平衡电荷。这些正离子在介质中会发生电离并扩散，所以使黏土粒子带负电。如果 Al^{3+}（或 Si^{4+}）被低化/立价的 Mg^{2+} 或 Ca^{2+} 同晶置换，则使黏土粒子带的负电更多。

④ 摩擦带电　在非水介质中，由于无电离，则胶体粒子的电荷来源于胶体粒子与分散介质之间的摩擦作用。

11.3.2　双电层理论与胶团结构

（1）双电层理论发展历程

① 平板电容器模型　1879 年，德国物理学家亥姆霍兹（Helmholtz）首先提出在固、液两相之间的界面上形成双电层的概念。他认为正、负离子整齐地排列于界面层的两侧，正、负电荷分布的情况就如同平行板电容器那样，故称为平板电容器模型，如图 11-11 所示。整个双电层厚度为 δ，固体表面与液体内部的总的电位差即等于热力学电势 φ_0，在双电层内，热力学电势呈直线下降。在电场作用下，带电质点和溶液中的反离子分别向相反方向运动，产生电动现象。平板双电层理论虽然似乎也能解释一些电动现象，对早期电动现象的研究起了一定的作用，但它却存在着许多无法解决的问题。

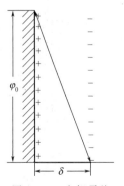

图 11-11　亥姆霍兹
双电层结构模型

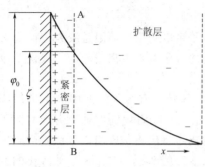

图 11-12 古依-查普曼扩散
双电层结构模型

② 扩散双电层模型 1910 年左右，古依（Gouy）和查普曼（Chapman）提出了扩散双电层理论。他们认为靠近固体表面与固体表面电性相反的离子不是整齐排列在一个平面上的，而是呈扩散状态分布在溶液中。这是因为溶液中的反离子同时受到两个方向相反的作用：一方面受到静电吸引力作用使其趋于靠近固体表面；而另一方面由于无规则热运动又使其趋于均匀分布。这两种相反的作用达到平衡后，反离子呈扩散状态分布于溶液中，越靠近固体表面的反离子浓度越高；随距离的增加，反离子浓度逐渐下降，形成一个反离子的扩散层，其模型如图 11-12 所示。双电层由紧密层和扩散层构成，紧密层与带电固体紧密结合在一起，在溶液中移动时，切动面（即图中 AB 面）与液体内部的总的电势差即电动电势或称为 ζ 电势。

古依-查普曼的扩散双电层理论正确地反映了反离子在扩散层中分布的情况及相应电势的变化，这些观点今天看来仍然是正确的。但他们把离子视为点电荷，没有考虑到反离子的吸附及溶剂化作用，因而未能反映出其在固体表面上的固定层（即不流动层）的存在。

③ 斯特恩双电层模型 1924 年，斯特恩（Stern）在古依-查普曼的扩散双电层理论基础进行了修正，提出了一种更加符合实际的斯特恩双电层模型。

该模型认为离子是有一定大小的，而且离子与固体粒子表面除了静电作用外，还有范德华吸引力。在靠近固体表面 1~2 个分子厚的区域内，部分反离子受到强烈的吸引，会牢固地结合在固体表面上，形成一个紧密的吸附层，称为紧密层或斯特恩层；剩余反离子在溶液中呈扩散状态分布，形成扩散层；这样由斯特恩层和扩散层构成了双电层结构。斯特恩双电层结构模型如图 11-13 所示。在斯特恩层中，除反离子外，还有一些溶剂分子同时被吸附。由斯特恩层反离子的电性中心所形成的假想面，称为斯特恩面。当带电固体在溶液中发生相对移动时，吸附在固体表面的反离子和溶剂分子构成的紧密层与固体一起作为一个整体发生移动，因此把固、液两相发生相对移动的界面（即紧密层与扩散层之间的界面）称为滑动面。

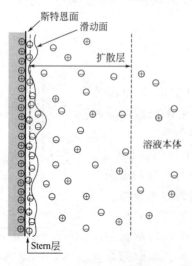
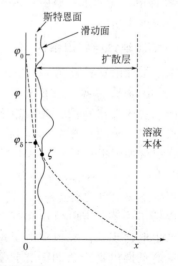

图 11-13 斯特恩双电层结构模型

　　带电固体表面至溶液本体间的电势差称为表面电势，又叫热力学电势，用 φ_0 表示。由斯特恩面至溶液本体间的电势差称为斯特恩电势，用 φ_δ 表示。在斯特恩面内，电动势呈直线下降，类似于亥姆霍兹平板模型，由表面热力学电势 φ_0 直线下降到斯特恩面的斯特恩电势 φ_δ；在扩散层中，电势 φ_δ 逐渐下降到零，其变化情况服从古依-查普曼的扩散双电层模型，只是开始电动势是 φ_δ 而不是 φ_0。由此可见，斯特恩双电层模型是亥姆霍兹平板模型和古依-查普曼扩散双电层模型的有机结合，更好地表达了带电固体在溶液中的真实情况。

　　滑动面至液体内部的总的电势差称为动电电势或 ζ 电势。从图 11-13 中可以看出，ζ 电势与斯特恩电势 φ_δ 在数值上相差甚小。但 ζ 却具有特殊的含义，应当指出，只有在固、液两相发生相对移动时，才会显示滑动面，并呈现出 ζ 电势，即动电电势。ζ 电势的大小反映了胶粒带电的程度，ζ 电势越高，表明胶粒带电越多，其滑动面与溶液本体之间的电势差越大，扩散层也越厚。斯特恩模型提出的 ζ 电势具有明确的物理意义，很好地解释了溶胶的电动现象，并且可以定性地解释电解质浓度对溶胶稳定性的影响。

　　按照现代理论，1963 年博克里斯（Bockris）、德瓦那塞恩（Devanathan）和谬勒（Muller）在斯特恩模型的基础上又做了更细致的改进。他们提出在紧密层中还需要考虑电性吸附及对溶剂水分子的吸附，把由特性吸附粒子构成的内紧密层称为内亥姆霍兹层（IHP），而通过电性及物理吸附与固体形成的外紧密层称为外亥姆霍兹层（OHP）。

　　（2）胶团结构

　　溶胶中的分散相与分散介质之间存在着相界面。因此，按照扩散双电层理论，可以设想出溶胶的胶团结构。由分子、原子或离子形成的带电固体颗粒称为胶核，胶核常具有晶体结构。过量的反离子一部分分布在滑动面以内构成紧密层，另一部分呈扩散状态分布于分散介质中，形成扩散层。若分散介质为水，所有的反离子都应是水化的。由滑动面所包围的带电体，称为胶体粒子，简称胶粒。整个扩散层及其所包围的电中性体则称为胶团。

　　例如，在稀的 $AgNO_3$ 溶液中，缓慢地滴加少量的 KI 稀溶液，可得到 AgI 的水溶胶，其化学反应方程式为：

$$AgNO_3(aq) + KI(aq) \longrightarrow AgI(溶胶) + KNO_3(aq)$$

　　由于 $AgNO_3$ 过量，故 $AgNO_3$ 起稳定剂作用。由 m 个 AgI 分子聚集在一起形成固体微粒（m 的大小可以在一定范围内波动），根据 Fajans 规则，固体微粒的表面上优先吸附 n 个 Ag^+，形成 AgI 胶核；胶核与紧密层中的过量的部分反离子 $(n-x)NO_3^-$ 形成带正电荷的 AgI 胶粒；然后胶粒与离得较远的 xNO_3^- 扩散层合在一起称为胶团，胶团是电中性的，它没

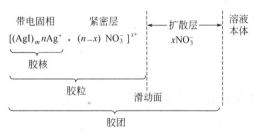

图 11-14　AgI 正溶胶胶团结构

有固定的直径和质量。其胶团结构式如图 11-14 所示，可简写为：

$$\left[(AgI)_m nAg^+ \cdot (n-x)NO_3^-\right]^{x+} | xNO_3^-$$

　　如果把少量的 $AgNO_3$ 稀溶液缓慢地滴加至 KI 溶液中，同样可以形成 AgI 的水溶胶（化学反应方程式同前）。由于这种情况下 KI 过量，所以过量的 KI 起稳定剂作用。依据 Fa-

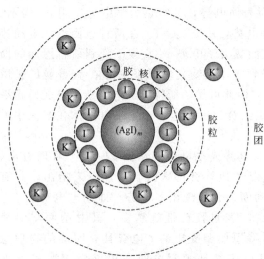

图 11-15 AgI 负溶胶胶团结构的剖面图

jans 规则，在同离子效应作用下，由 m 个 AgI 分子形成的固体微粒的表面上优先吸附 n 个 I^-，形成 AgI 胶核；胶核与紧密层中的过量的部分反离子 $(n-x)K^+$ 形成带负电荷的 AgI 胶粒，然后与外围较远的 xK^+ 扩散层合在一起称为胶团，胶团保持电中性。其胶团结构可简写为：

$$[(AgI)_m nI^- \cdot (n-x)K^+]^{x-} \mid xK^+$$

此 AgI 负溶胶胶团结构的剖面图还可以如图 11-15 所示。

【例题 11-2】 试写出将 SiO_2 微粒分散在水中形成 SiO_2 水溶胶的化学反应方程式及胶团结构。

解：当 SiO_2 微粒与水接触时，通过水解生成弱酸 H_2SiO_3，H_2SiO_3 的电离产物 SiO_3^{2-} 部分固定在 SiO_2 微粒的表面上形成带负电的胶核，其余的 SiO_3^{2-} 以扩散层分布在溶液中，而 H^+ 则成为反离子。相关化学反应方程式可表示为：

$$SiO_2(s) + H_2O(l) \longrightarrow H_2SiO_3(aq)$$

$$H_2SiO_3(aq) \Longrightarrow 2H^+(aq) + SiO_3^{2-}(aq)$$

其溶胶的胶团结构可表示为：

$$[(SiO_2)_m nSiO_3^{2-} \cdot 2(n-x)H^+]^{2x-} \mid 2xH^+$$

由于整个胶团应当是电中性的，在书写胶团结构时，一定要注意保持电量平衡。

11.3.3 溶胶的电动现象

由于胶粒（带电固体＋紧密层）带电，所以会产生电动现象。表现为在外加电场作用下，胶粒或分散介质的定向移动（因电而移动）；或在外加压力或重力场作用下发生定向迁移，而在两端产生电势（因动而生电）。

（1）电泳

在外电场的作用下，胶粒在分散介质中定向移动的现象，称为电泳。中性粒子在外电场中不会发生定向移动，电泳现象说明胶粒是带电的。带电的胶粒在分散介质中向电性相反的电极移动。

图 11-16 是一种利用观察界面移动方法测定电泳速度的实验装置。以 $Fe(OH)_3$ 溶胶为例，实验可以观察到电泳管中正极一端的界面下降，负极一端的界面上升，即在外加电场作用下 $Fe(OH)_3$ 溶胶向负极方向移动，实验结果证明其胶粒带正电荷。外加电势梯度越大，胶粒带电越多，胶粒越小，介质的黏度越小，则电泳速度越大。影响电泳的因素很多，除了胶粒的大小、形状和表面带电的数目以外，介质中电解质的种类、离子强度以及 pH、电泳温度和

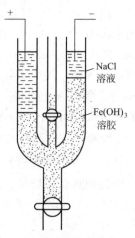

图 11-16 界面移动电泳仪示意图

外加电场强度等也会影响电泳速度。

按分离原理的不同，电泳分为四类：移动界面电泳、区带电泳、等电聚焦电泳和等速电泳。电泳的应用主要在两个方面：①了解胶体粒子的结构及电性质；②检验胶体粒子的均匀性和分离胶体粒子。基于这两个方面，电泳已广泛应用于分析化学、生物化学、临床化学、毒剂学、药理学、免疫学、微生物学、食品化学等各个领域。利用它可以使天然橡胶的乳状液汁凝结而使其浓缩，也可以将溶胶电镀在金属、布匹或木材上。此外，电泳涂漆、陶瓷工业中陶土的精炼、石油原油中油水的分离以及不同蛋白质的分离等都有电泳作用的具体应用。

【**例题 11-3**】 说明例题 11-2 中的 SiO_2 水溶胶的电泳移动方向。

解： 由例题 11-2 可知，SiO_2 水溶胶的胶团结构可表示为：

$$\left[(SiO_2)_m n SiO_3^{2-} \cdot 2(n-x)H^+\right]^{x-} |2x H^+$$

由于其胶粒带负电荷，所以发生电泳时向正极移动。

（2）电渗

在外电场的作用下，分散相粒子不动而分散介质作定向移动的现象称为电渗。图 11-17 是电渗管示意图。图中 L_1 及 L_2 为导线管，管中装有连接电极 E_1 及 E_2 的导线；M 为多孔塞，C 为毛细管。当在电极上施以适当的直流电压时，从刻度毛细管中弯月面的移动可以观察到管中介质的移动方向。当用滤纸、玻璃或棉花构成多孔膜时，显示液体向阴极移动，这表示多孔膜材料吸附了介质中的阴离子，使介质带正电；而当用氧化铝、碳酸钡等物质构成多孔膜时，介质向阳极移动，则表明介质带负电。

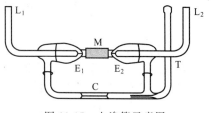

图 11-17 电渗管示意图

目前电渗技术在科学研究中应用较多，而在生产上应用较少。对于一些难过滤的浆液如颜料、染料和泥炭中的水分去除等，一般不宜用加热的方法，可用电渗技术进行脱水。

（3）流动电势

在外加压力的作用下，迫使分散介质通过多孔隔膜（或毛细管）作定向流动，在多孔隔膜两端所产生的电势差，称为流动电势。测定流动电势的实验装置如图 11-18 所示，图中 V_1 及 V_2 为液槽；N_2 为加压气体；E_1 及 E_2 为紧靠多孔塞 M 上下两端的电极；P 为电势差计。

显然，流动电势与电渗是一对相反的过程。

在石油化工作业中，当用泵压管道输送易燃的碳氢化合物时，一定要防止有机液体在流动过程中产生过高的流动电势，电势太高会产生电火花而引发爆炸事故。所以常将输送管道接地，或在有机液体中加入油溶性的电解质，以增加介质的导电性，从而降低流动电势。因此，在用泵输送原油或易燃化工原料时，要使管道接地或加入油溶性电解质，防止流动电势可能引发的事故。

（4）沉降电势

在重力场或离心力场的作用下，分散相粒子迅速移动时，在移动方向的两端所产生的电势差，称为沉降电势。实验方法如图 11-19 所示。显然，沉降电势与电泳是一对相反的过程。

在油中加入有机电解质，增加介质电导，以降低沉降电势。例如，储油罐内的油中常含有部分呈分散状态的水滴，这种水滴的表面都带一定的电荷，在重力场的作用下发生沉降，有时会产生很高的沉降电势，甚至会引发事故。所以通常在储油罐中加入一些有机电解质，以增加其导电性而降低沉降电势。

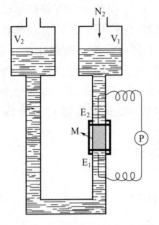

图 11-18　流动电势测量装置示意图

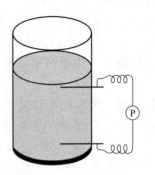

图 11-19　沉降电势测试示意图

11.4　憎液溶胶的稳定性和聚沉作用

（1）憎液溶胶的稳定性

憎液溶胶属热力学不稳定系统，有集结长大直至聚沉的趋势。但在短时间内有时甚至在相当长时间内，憎液溶胶却能稳定存在。憎液溶胶的稳定性是指它的动力学稳定性和聚结稳定性。

① 动力学稳定性　分散相粒子发生布朗运动而具有一定的动力学稳定性。通常胶粒越小，介质的黏度越大、布朗运动越强烈，溶胶的动力学稳定性就越强。但相反，由于布朗运动也增加了胶粒相互碰撞的机会，一旦胶粒合并而长大，抵抗不了重力场的作用就会下沉。通常，胶体粒子密度 ρ 与分散介质密度 ρ_0 相差越小越稳定；胶粒越小越稳定。

② 胶粒带电的稳定作用　胶团的双电层结构指出胶粒的表面带有一定的电荷，胶粒在运动时，与扩散层之间的滑动面产生电势差，即动电电势（ζ 电势）。运动产生的 ζ 电势越大，依据同性相斥原则，胶粒就越不易相互靠近，从而有利于溶胶稳定。一般 ζ 值愈大，表明胶粒带电愈多，扩散层愈厚，溶胶的稳定性就愈强。

③ 溶剂化作用　溶剂化作用降低了胶粒的表面能，同时溶剂分子把胶粒包围起来，形成一具有弹性的水化外壳。当胶粒相互靠近时，水化外壳因受到挤压而变形，但每个变形胶团都力图恢复其原来的形状而又被弹开。可见，水化外壳（溶剂化层）的存在亦起着阻碍胶粒聚结的作用。

（2）溶胶的经典稳定理论

电解质对溶胶稳定性的影响是非常重要的，少量的电解质通常有利于溶胶的稳定，但过量的电解质却能加速溶胶发生聚沉。下面从理论上简要介绍电解质对溶胶稳定性的影响。

溶胶的经典稳定理论——DLVO 理论　苏联科学家杰里亚金（Deijaguin）和朗道（Landau）以及荷兰科学家维韦（Verwey）和奥弗比克（Overbeek）分别于 1941 年和 1948 年提出了相似的关于带电胶体的稳定的理论，故简称为 DLVO 理论。该理论以溶胶粒子间的相互吸引力和相互排斥力为基础，认为当粒子相互接近时，这两种相反的作用力决定了溶胶的稳定性。DLVO 理论的基本要点如下。

a. 分散在介质中的胶团，可视为由表面带电的胶核及环绕其周围带有相反电荷的离子氛所组成，如图 11-20 所示。该理论认为在两个带电的胶团之间，存在两种相反作用的势能——引力势能 V_A 和斥力势能 V_R。

　　溶胶粒子间的相互吸引力是范德华力，主要为色散力。胶粒中含有大量分子，所以胶粒间的引力是各分子所贡献的总和，这种引力势能与胶粒间距离的 6 次方成反比，是一种远程作用力。

$$V_A = \kappa / r^6 \tag{11.4-1}$$

　　溶胶粒子间的排斥作用是由于带电胶粒靠拢时扩散层重叠产生的静电排斥力，其大小取决于粒子的电荷数目和相互距离：

$$V_R = a / e^r \tag{11.4-2}$$

　　b. 溶胶的稳定性取决于胶粒间引力势能和斥力势能的总效应，总势能的变化决定着溶胶的稳定性。

$$V_T = V_A + V_R \tag{11.4-3}$$

　　当斥力势能大于引力势能，并足以阻止胶粒由于布朗运动碰撞而聚集时，溶胶稳定；反之，当引力势能大于斥力势能时，胶粒因靠近发生聚沉而不稳定。当粒子相互聚集在一起时，必须克服一定的能垒，调整其相对大小可改变溶胶的稳定性。

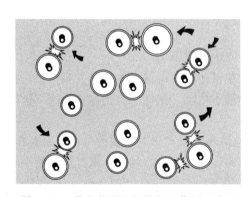

图 11-20　荷电粒子之间的相互作用示意图

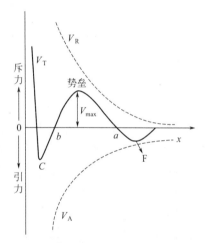

图 11-21　胶粒势能曲线示意图

　　溶胶系统的斥力势能、引力势能和总势能的势能曲线如图 11-21 所示，图中虚线 V_R 和 V_A 分别为斥力势能曲线和引力势能曲线，实线 V_T 为总势能曲线。当胶粒间的距离 x 较远时，V_R 和 V_A 均趋于零；当 x 较短时，V_R 比 V_A 趋于平缓；当 x 趋于零时，V_R 和 V_A 分别趋于正无穷大和负无穷大。因此，当两个胶粒从远处逐渐靠拢时，先是 V_A 起作用，即在 a 点以前为引力占优势。从 a 点之后 V_R 开始起主导作用，且在 a 点与 b 点之间，总势能出现极大值 V_{max}。在 b 点之后，V_A 在数值上迅速增加，且形成第一最小值 C，若两粒子再靠近，两带电胶核之间将产生强大的静电斥力而使总势能急剧加大。

　　图中 V_{max} 为胶粒间净的斥力势能的最大值。它代表溶胶发生聚沉时必须克服的"势垒"，当迎面碰撞的一对胶粒所具有的平动能足以克服"势垒"时，它们才能进一步靠拢而发生聚沉。如果势垒足够高，超过 $15k_BT$（k_B 为玻尔兹曼常数），一般胶粒的热运动则无法克服它，而使溶胶处于相对稳定的状态；若此"势垒"不存在或者很小，则溶胶易于发生聚沉。

　　在总的势能曲线上出现有两个极小值：距离较近而又较深的称为第一极小值 C，它如同一个陷阱，落入此陷阱的粒子则形成结构紧密而又稳定的聚沉物，故称其为不可逆聚沉或永久性聚沉。距离较远而又很浅的最小值称为第二极小值 F，有的溶胶由于胶粒很小不出现此极小值，即使出现第二极小值，粒子落入此处形成较疏松的沉积物，称之为聚凝（也叫暂时性聚沉），聚凝是一可逆过程，外界条件稍有变动，如加入新鲜的电解质溶液，沉积物可重新分散成溶胶。

（3）溶胶的聚沉——电解质的聚沉作用

前已述及，适量的电解质对溶胶的稳定起着重要的作用。如果电解质加入得过多，尤其是含高价反离子的电解质的加入，往往会促使溶胶发生聚沉。溶胶中的分散相粒子互相聚结，颗粒长大，进而发生沉淀的现象，称为聚沉。若增大电解质浓度或反离子价数，双电层的厚度（扩散层）变薄，排斥能 V_R 随 x 下降迅速，则总势能曲线 V_T-x 中的势垒 V_{max} 也随之减小，直至为零，而使胶粒在任何距离上都是吸引力占优势，从而易发生聚沉。图 11-22 示意了电解质对憎液溶胶稳定性的影响。

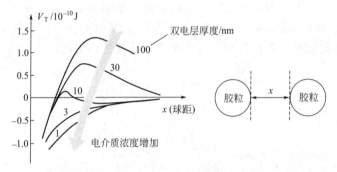

图 11-22　外加电解质对胶体稳定性的影响

衡量电解质对溶胶稳定性的影响程度，可以用聚沉值或聚沉能力来表达。聚沉值是指使一定量溶胶在一定时间内完全聚沉所需要电解质的最小浓度；聚沉能力则定义为聚沉值的倒数，某电解质的聚沉值愈小，表明其聚沉能力愈大。

① 舒采尔-哈迪（Schulze-Hardy）价数规则　电解质的反离子对溶胶的聚沉起主要作用，聚沉值与反离子的电价数有关。反离子的电价数越高，则聚沉能力越大，聚沉值就越小。聚沉值与反离子电价数的 6 次方成反比：$100：1.6：0.14 = 1/1^6：1/2^6：1/3^6$，这叫作舒采尔-哈迪价数规则。

② 感胶离子序　当与胶粒带相反电荷的反离子的电价相同时，其聚沉值也有一定的差别，但其作用远小于反离子电价数对聚沉的影响。这一差别通常与离子的半径有关。对同价正离子，由于正离子的水化能力很强，而且离子半径越小，水化能力越强。而水化层越厚，被吸附的能力就越小，使其进入斯特恩层的数量就减少，从而使聚沉能力减弱；相反，对于同价的负离子，由于负离子的水化能力很弱，所以负离子的半径越小，其吸附能力越强，聚沉能力就越强。根据上述原则，部分 +1 价阳离子对负溶胶的聚沉能力大小的顺序为：

$$H^+ > Cs^+ > Rb^+ > NH_4^+ > K^+ > Na^+ > Li^+$$

其中 H^+ 半径虽然最小，却有最强的聚沉能力，属于一反常现象。

部分 -1 价阴离子对正溶胶的聚沉能力大小的顺序为：

$$F^- > Cl^- > Br^- > NO_3^- > I^- > SCN^- > OH^-$$

这种将带有相同电荷的离子，按聚沉能力大小排列的顺序，称为感胶离子序。

当与胶体带相反电荷的反离子相同时，则另一同性离子的电价数也会影响聚沉值，一般是同性离子的电价数越高，其聚沉能力越低。此外，有机化合物的离子都有很强的聚沉能力，这可能与其具有强吸附能力有关。

【例题 11-4】 将浓度为 $0.09mol \cdot dm^{-3}$ 的 KI(aq)与 $0.06mol \cdot dm^{-3}$ 的 $AgNO_3$(aq)等体积混合后得到 AgI 水溶胶，试分析 K_2SO_4、$Ca(NO_3)_2$ 和 $Al_2(SO_4)_3$ 三种电解质对所得的 AgI 溶胶的聚沉能力顺序如何？

解： 由于 KI(aq)过量，优先吸附 I^- 带负电荷为形成 AgI 负溶胶。使其聚沉的反离子为正离子，依据舒采尔-哈迪规则，所以三种电解质聚沉能力顺序为：$Al_2(SO_4)_3 > Ca(NO_3)_2 > K_2SO_4$。

【例题 11-5】 等体积的 $0.08mol \cdot dm^{-3}$ NaBr 溶液和 $0.10mol \cdot dm^{-3}$ 的 $AgNO_3$ 溶液混合制得 AgBr 水溶胶，分别加入相同浓度的 KCl、Na_2SO_4、$MgSO_4$、Na_3PO_4 四种电解质溶液，讨论其聚沉能力的大小顺序如何？

解： 由于 $AgNO_3$(aq)过量，优先吸附 Ag^+ 带正电荷为 AgI 正溶胶。使其聚沉的反离子为负离子，依据舒采尔-哈迪规则，所以反离子的聚沉能力顺序为：$PO_4^{3-} > SO_4^{2-} > Cl^-$；而 Na_2SO_4 和 $MgSO_4$ 的反离子相同，其聚沉能力就受正离子的电价影响，同性离子的电价数越高，其聚沉能力越低，两者的聚沉能力顺序为：$Na_2SO_4 > MgSO_4$。所以总的聚沉能力顺序为：$Na_3PO_4 > Na_2SO_4 > MgSO_4 > KCl$。

（4）高分子化合物的作用

在溶胶中加入高分子化合物，既可使溶胶稳定（保护作用），也可使溶胶聚沉（聚沉作用），视加入量的多少而定。

① 保护作用　若在溶胶中加入较多的高分子化合物，许多个高分子化合物的一端吸附在同一个分散相粒子的表面上，或者是许多个高分子线团环绕在胶体粒子的周围，形成水化外壳，将分散相粒子完全包围起来，对溶胶则起到保护作用，如图 11-23(a) 所示。

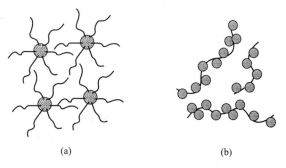

(a)　　　　　　　　(b)

图 11-23　高分子化合物对溶胶的保护作用（a）和搭桥效应（b）示意图

通常用"金值"（或金数）来比较各种不同的高分子溶液对溶胶的保护能力。金值是指为了保护 $10cm^3$、质量分数为 6×10^{-5} 的金溶胶，在加入 $1cm^3$、质量分数为 0.1 的 NaCl 溶液后，在 18h 以内不致凝结所必须加入的高分子物质的最小质量（用 mg 表示）。例如，明胶、蛋白质、土豆淀粉的金值分别为 $0.01mg$、$2.5mg$、$20mg$，明胶对溶胶的保护能力明显较强。溶胶被保护后，其原有的性质（如电泳速率、对电解质的敏感程度等）都会发生较大改变，与保护它的大分子性质相接近。

② 聚沉作用　在憎液溶胶中加入极少量高分子化合物时，会促使溶胶的聚沉，称为聚沉作用或敏化作用。高分子化合物对溶胶的聚沉作用主要有以下几个方面的效应：

a. 搭桥效应　一个长链高分子可同时吸附多个胶粒，起到"搭桥"的作用，把多个胶粒连接起来，变成较大的聚集体而聚沉。搭桥效应如图 11-23(b) 所示。例如，对 SiO_2 进行重量分析时，在 SiO_2 的溶胶中加入少量明胶，使 SiO_2 的胶粒黏附在明胶上，便于聚沉后过滤，减少损失，使分析更准确。

b. 脱水效应　高分子化合物对水具有更强的亲和力，由于它的溶解与水化作用，使胶粒脱水，失去水化外壳而聚沉。

c. 电中和效应　加入离子型高分子化合物，吸附在带电胶粒上，从而中和了胶粒的表面电荷，粒子间的斥力势能降低，而使溶胶聚沉。

11.5　大分子溶液

11.5.1　大分子化合物及其溶液

（1）大分子化合物

大分子化合物是指一类分子量很大的化合物，也称为高分子、大分子等。德国化学家施陶丁格（Staudinger）把分子量高于 10^4 的分子称为大分子，大分子通常由 $10^3 \sim 10^5$ 个原子以共价键连接而成，可分为无机高分子和有机大分子。由于大分子多是由小分子通过聚合反应而制得的，因此也常被称为聚合物或高聚物，用于聚合的小分子则被称为"单体"。例如，天然橡胶分子由几千个异戊二烯分子连接而成，故也称为聚异戊二烯；人工合成的聚苯乙烯就是由苯乙烯单体聚合而成的。

有机大分子化合物可以分为天然有机大分子化合物（如淀粉、纤维素、蛋白质、天然橡胶等）和合成有机大分子化合物（如聚乙烯、聚氯乙烯等），它们的分子量可以从几万到几百万或更大，但它们的化学组成和结构却比较简单，它们的分子往往都是由特定的结构单元通过共价键多次以重复的方式排列而成。当今世界上作为材料使用的大量高分子化合物，是以煤、石油、天然气等为起始原料制得低分子有机化合物，再经聚合反应而制成。人工合成的高分子化合物不但能代替一些自然资源不足的天然高分子材料，而且具有一些天然材料所不具备的优点，特别是一些功能性高分子，如光敏高分子、导电性高分子、医用高分子和高分子膜等，对科学研究和国民经济的发展起着积极的推动作用。高分子科学已逐渐发展成为一门独立的学科。

不论是天然的还是人工合成的大分子化合物，每个分子所含的单体数目（或称为聚合度，用 n 表示）不可能完全相同，即分子大小是不一样的，所以大分子的摩尔质量与聚合度都是指它的平均值。实验测试的方法或平均计算的方法不同，大分子平均摩尔质量的数值也会有差异，常用的表示大分子的平均摩尔质量有以下三种。

① 数均摩尔质量（M_n）　其定义式为：

$$M_n = \frac{\sum\limits_{B} n_B M_B}{\sum\limits_{B} n_B} \tag{11.5-1}$$

式中，M_B 为大分子混合物中 B 分子的摩尔质量；n_B 为 B 分子的物质的量。

数均摩尔质量可以用溶液的依数性如凝固点降低、沸点升高和渗透压等方法测定。

② 质均摩尔质量（M_m）　其定义式为：

$$M_m = \frac{\sum\limits_{B} m_B M_B}{\sum\limits_{B} m_B} \tag{11.5-2}$$

式中，M_B 为大分子混合物中 B 分子的摩尔质量；m_B 为 B 分子的质量。

质均摩尔质量用光散射法测定。在这个统计过程中，显然质量大的分子对质均摩尔质量的贡献也大。

③ 黏均摩尔质量（M_v）　其定义式为：

$$M_v = \left[\frac{\sum\limits_{B} m_B M_B^{\alpha}}{\sum\limits_{B} m_B} \right]^{1/\alpha} \tag{11.5-3}$$

式中，M_B 为大分子混合物中 B 分子的摩尔质量；m_B 为 B 分子的质量；α 为与溶剂、大分子化合物和温度有关的经验常数，常用大分子物质的 α 值可查表，一般为 $0.5\sim1.0$。黏均摩尔质量可以用黏度法测定。

（2）大分子溶液的性质及其黏度

大分子在合适的溶剂中以分子或离子的状态均匀地分散在分散介质中形成均相溶液，没有相界面，是热力学上的稳定系统。但是由于单个大分子本身的线尺寸介于胶体分散系统的范围之间，且具有胶体分散系统的某些特性，因此又将大分子溶液称为亲液溶胶。为便于比较，将大分子溶液与溶胶在主要性质上的异同点列于表 11-3 中。

表 11-3　大分子溶液与溶胶性质的比较

项目	大分子溶液（亲液溶胶）	溶胶（憎液溶胶）
相同点	大分子线度为 $10^{-9}\sim10^{-7}$ m	分散相粒子大小为 $10^{-9}\sim10^{-7}$ m
	扩散慢	扩散慢
	不能通过半透膜	不能通过半透膜
不同点	真溶液,热力学稳定系统	热力学不稳定系统
	稳定原因主要是溶剂化	稳定原因主要是胶粒带电
	均相系统,丁铎尔效应弱	多相系统,丁铎尔效应强
	对电解质稳定性大	少量电解质能使粒子聚沉
	黏度大	黏度小（接近纯溶剂）
	凝聚,高分子溶液具有可逆性	聚沉,溶胶具有不可逆性

从表 11-3 中可以看出，大分子溶液的性质体现在以下三个方面：

① 具有真溶液的性质　大分子溶液的分散相与分散介质之间没有相界面、形成均相的热力学稳定系统，丁铎尔效应较弱，对外加电解质不敏感，这些性质与真溶液相同。如果加入大量的电解质只会影响大分子的溶剂化程度及其溶解度，而不影响它的热力学稳定性。由于大分子与溶剂分子之间有亲和力作用，即使将溶剂完全蒸发，大分子发生凝聚，若再加入适量的溶剂，它又能恢复到原来一样的溶液。

② 具有憎液溶胶的性质　大分子溶液的分散相线尺寸介于溶胶粒子范围，分子的扩散速率慢，一般都不能透过半透膜，这些性质与憎液溶胶相同。而且，大分子与胶粒的大小都是不均匀的，胶粒中所含的难溶物质的分子数是不完全相同的，同一种大分子的分子链所含的聚合度也并不相同。

③ 大分子溶液自身的性质　大分子溶液的主要特征之一是黏度大。具有高黏度的主要原因是大分子本身所占的体积较大，又有较强的溶剂化作用，使得溶液的流变性下降。另外大分子自身的不同链节之间可能有相互作用，也会阻碍大分子流动，使溶液的黏度增加。

大分子溶液的黏度与大分子在溶液中的分子链长度、形状、浓度、溶剂性质、温度、压力以及大分子在溶液中的定向作用等因素有关。大分子的摩尔质量可通过测定其溶液的黏度而得。例如，聚乙烯在某一溶剂中的溶液，随着其聚合度 n 的不同而呈现不同的黏性。大分子溶液多属于非牛顿型流体，通常采用相对黏度、增比黏度、比浓黏度以及特性黏度表示。若以 η、η_A 分别表示大分子溶液和纯溶剂 A 的黏度，ρ_B 表示溶液中大分子的体积质量，则有：

a. 相对黏度　定义为：

$$\eta_r = \eta / \eta_A \tag{11.5-4}$$

式中，η_r 为相对黏度，表示溶液黏度相对纯溶剂黏度的倍数，为量纲为 1 的量。

b. 增比黏度　定义为：

$$\eta_{sp} = \frac{\eta - \eta_A}{\eta_A} = \eta_r - 1 \tag{11.5-5}$$

式中，η_{sp} 为增比黏度，表示溶液黏度比纯溶剂黏度增加的分数，为量纲为 1 的量。

c. 比浓黏度　定义为：

$$\frac{\eta_{sp}}{\rho_B} = \frac{\eta_r - 1}{\rho_B} \tag{11.5-6}$$

式中，η_{sp}/ρ_B 为比浓黏度，表示单位体积质量的增比黏度，$m^3 \cdot kg^{-1}$。

d. 特性黏度　定义为：

$$[\eta] = \lim_{\rho_B \to 0} \frac{\eta_r - 1}{\rho_B} \tag{11.5-7}$$

式中，$[\eta]$ 为特性黏度，$m^3 \cdot kg^{-1}$。有实验证明，在稀溶液中比浓黏度 $\dfrac{\eta_r - 1}{\rho_B}$ 是 ρ_B 的线性函数，以 $\dfrac{\eta_r - 1}{\rho_B}$ 对 ρ_B 作图，外推至 $\rho_B = 0$ 即可得到 $[\eta]$。

特性黏度与大分子化合物的相对摩尔质量 M_r 之间存在如下经验关系：

$$[\eta] = K M_r^a \tag{11.5-8}$$

式中，K 和 α 是与溶剂、大分子化合物性质和温度有关的经验常数。α 为特性常数，其值取决于大分子/溶剂系统的性质及大分子结构，可以反映大分子在溶液中的形态，通常 α 介于 0.5～1.0 之间。影响 α 值的因素很多，主要与大分子性质、溶剂性质、分子浓度以及大分子的形成条件有关。K 值是一个与系统性质关系不大，但依赖于温度的量。对于 K 和 α 的确定，通常是先把大分子化合物按相对摩尔质量大小不同分为若干级，用测定相对摩尔质量的其他方法，测定各级的相对摩尔质量 M_r 及相应的 $[\eta]$。然后以 $\ln\{\eta/[\eta]\}$ 对 $\ln M_r$ 作图，从直线的斜率和截距即可求出 K 和 α 的值。许多重要的大分子在各种溶剂中的 K 和 α 值都已经测定，表 11-4 列出了常见的几种高分子溶液在 298K 的 K 和 α 值。

若 K 和 α 值已知，按照式（11.5-8），可通过测定溶液的特性黏度 $[\eta]$ 来求大分子化合物的相对摩尔质量 M_r。但在引用已知的 K 和 α 值来计算大分子摩尔质量时，必须注意 K 和 α 值所使用的溶剂、摩尔质量范围和温度等条件是否符合要求。黏度法测大分子的摩尔质量是目前最常用的方法，所用的设备简单、操作便利、耗时少、精确度较高。此外，运用黏度法与其他方法配合，还可以研究大分子在溶液中的形态、尺寸及大分子与溶剂分子的相互作用等。

表 11-4　298K 时一些高分子溶液的 K 和 α 值

高分子/溶剂	$K \times 10^5 / m^3 \cdot kg^{-1}$	α	高分子/溶剂	$K \times 10^5 / m^3 \cdot kg^{-1}$	α
醋酸纤维/丙酮	1.49	0.82	聚甲基丙烯酸甲酯/苯	0.94	0.76
聚乙烯/甲苯	3.70	0.62	聚氯乙烯/环己烷	0.11	1.0

11.5.2　唐南平衡

（1）大分子溶液的渗透压

渗透压是稀溶液的一种依数性，只与溶质的数量有关，与溶质的性质无关。小分子稀溶液渗透压的范特霍夫（van't Hoff）公式为：

$$\Pi = c_B R T \tag{11.5-9}$$

在低浓度范围内，大分子溶液已是非理想混合物，其渗透压不符合上式。因此渗透压与浓度的依赖关系需用下式表示：

$$\Pi = \rho_B RT \left(\frac{1}{M} + B_2 \rho_B + B_3 \rho_B^2 + \cdots \right) \tag{11.5-10}$$

式中，ρ_B 为大分子的体积质量（密度）；M 为摩尔质量；R 为气体常数；T 为温度；B_2、B_3 分别为第二、第三维里系数。当溶液很稀时，可略去高次方项，得式：

$$\Pi = \rho_B RT \left(\frac{1}{M} + B_2 \rho_B \right) \tag{11.5-11a}$$

或

$$\frac{\Pi}{\rho_B} = RT \left(\frac{1}{M} + B_2 \rho_B \right) \tag{11.5-11b}$$

由式（11.5-11b）可知，在恒温时，Π/ρ_B-ρ_B 满足线性关系，可由该直线的斜率及截距来计算大分子化合物的摩尔质量 M 及第二维里系数 B_2。

渗透压法测定大分子化合物的摩尔质量的范围是 $10 \sim 10^3 \, \text{kg} \cdot \text{mol}^{-1}$，摩尔质量太小时，分子容易通过半透膜，制膜比较困难；而摩尔质量太大时，渗透压很低，计算误差较大。而且，式（11.5-10）只适用于不电离的大分子溶液，对于电离大分子（如蛋白质钠盐）溶液，只有在等电点时适用。

（2）唐南平衡

在大分子电解质中通常含有少量电解质杂质，即使杂质含量很低，但按离子数目计还是很可观的。在半透膜两边，一边放大分子电解质，一边放纯水。大分子离子不能透过半透膜，而离解出的小离子和杂质电解质离子可以。由于膜两边要保持电中性，使得达到渗透平衡时小离子在两边的浓度不等，这种因大分子离子的吸引而使小离子在膜两侧分布不均匀的现象称为膜平衡，又称唐南（Donnan）平衡。

大分子溶液膜平衡有三种情况：a. 不电离的大分子溶液；b. 能电离的大分子溶液；c. 在外加电解质时的大分子溶液。

① 不电离的大分子溶液　如图 11-24 所示，当浓度 c 的不电离的大分子 P 溶液与纯溶剂水置于半透膜的两侧时，由于大分子 P 不发生电离，且不能透过半透膜，而 H_2O 分子可以透过，所以在平衡时膜两边会产生渗透压。此时渗透压可以用范特霍夫公式计算，即：

$$\Pi = c_B RT \tag{11.5-9}$$

大分子物质的浓度不能很高，否则易发生凝聚，如等电点时的蛋白质，所以产生的渗透压很小，用这种方法测定大分子的摩尔质量误差较大。

② 能电离的大分子溶液　如图 11-25 所示，若将浓度为 c 的大分子 Na_zP 溶液置于半透膜左侧，右侧为纯溶剂水。Na_zP 在水中可以电离成大分子离子 P^- 和小离子 Na^+，虽然 Na^+ 可以透过半透膜，但是为了维持左侧溶液的电中性，Na^+ 不能到右侧去，Na^+ 必须与大分子离子 P^- 位于同一侧，导致 Na^+ 在半透膜两侧浓度不相等。由于 1 个 Na_zP 电离产生 1 个 P^- 和 z 个 Na^+，当达到渗透平衡时，其渗透压的计算式为：

$$\Pi = (z+1)cRT \tag{11.5-12}$$

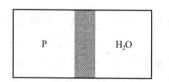

图 11-24　不电离的大分子溶液的渗透压

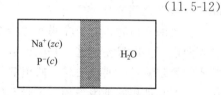

图 11-25　能电离的大分子溶液的渗透压

③ 大分子电解质溶液与小离子电解质溶液成膜平衡　如图 11-26（a）所示，将浓度为 c 的大分子 Na_zP 溶液置于半透膜左侧，右侧不是纯水，而是浓度为 c' 的小离子 NaCl 溶液。由于 Cl^- 也可以从右侧透过半透膜到达左侧，而每一个 Cl^- 通过半透膜，必然同时有一个 Na^+ 透过半透膜进入左侧，以维持两侧溶液的电中性。设平衡时有浓度为 x 的 NaCl 到达左侧，如图 11-26（b）所示。当达到渗透平衡时，其渗透压的计算式为：

$$\Pi = (\sum c_{B,左,平衡} - \sum c_{B,右,平衡})RT \tag{11.5-13}$$

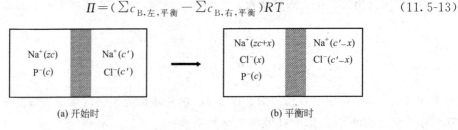

(a) 开始时　　　　　　　　　　　　　　　　(b) 平衡时

图 11-26　大分子电解质溶液的渗透压（两侧体积相等）

当渗透达到膜平衡时，NaCl 在半透膜两侧的化学势必相等，即：

$$\mu(NaCl,左) = \mu(NaCl,右) \tag{11.5-14}$$

所以　　　　　　　　$[a(Na^+)a(Cl^-)]_左 = [a(Na^+)a(Cl^-)]_右$

对稀溶液，可用浓度代替活度，且将 $c(Na^+,左) = zc+x$，$c(Cl^-,左) = x$；$c(Na^+,右) = c'-x$，$c(Cl^-,左) = c'-x$

代入上式，得　　　　　　　　$(zc+x)x = (c'-x)^2$

于是有　　　　　　　　　　$x = \dfrac{(c')^2}{2c'+zc}$

将平衡时，粒子的浓度代入式（11.5-9）

$$\Pi = (\sum c_{B,左} - \sum c_{B,右})RT$$
$$= [(zc+x+x+c) - 2(c'-x)]RT$$
$$= (zc+c-2c'+4x)RT$$

再将 x 代入到上式，整理得：

$$\Pi = \frac{z^2c^2 + zc^2 + 2cc'}{zc + 2c'}RT \tag{11.5-15a}$$

式中，当加入的 NaCl 浓度远小于大分子电解质的浓度时，即 $c' \ll c$ 时，式（11.5-15a）变为：

$$\Pi \approx \frac{z^2c^2 + zc^2}{zc}RT = (z+1)cRT \tag{11.5-15b}$$

当加入的 NaCl 浓度远大于大分子电解质的浓度时，即 $c' \gg c$，式（11.5-15a）变为：

$$\Pi \approx \frac{2cc'}{2c'}RT = cRT \tag{11.5-15c}$$

可见，在半透膜的右侧加入不同量的电解质 NaCl 时，可使蛋白质的渗透压在 $(z+1)cRT \sim cRT$ 之间变化。

在唐南平衡时，由于在膜两边带电粒子的不均匀分布，相当于组成一个浓差电池，如是在膜两边产生电势差，这就是膜电势。它的存在会影响渗透压的数值，因此在测定大分子电解质的摩尔质量时要设法减小膜电势的影响。然而，膜电势对维持生理平衡起着非常重要的作用。人和动物的细胞膜相当于带有生理活性的半透膜，细胞膜两边的离子浓度是不等的，当细胞膜内的蛋白质和离子与细胞外的体液建立平衡时，就会产生一定的电势差。

11.6　凝　胶

11.6.1　凝胶

凝胶是胶体分散系统的一种特殊形式。无论是憎液溶胶 [如 $Fe(OH)_3$ 溶胶、SiO_2 溶胶等] 还是亲液溶胶（如明胶、天然橡胶等），在一定条件下胶粒或大分子在某些部位上相互连接，形成空间网络结构，分散介质（液体或气体）充满网络结构的所有空间，使溶胶失去流动性，形成一个既不完全像固体（有一定形状，有部分固体的力学性质如弹性、强度等，但它是一个两相系统，强度很低，极易被破坏），又不完全像液体（没有流动性，包含大量液体，在外力作用下会形成液体）的一个中间状态，称为凝胶。由大分子溶液或溶胶形成凝胶的过程称为胶凝作用。凝胶基本结构示意图如图 11-27 所示，图中质点结合形成的凝胶结构可形象地表示为：a．"项链"网络结构，球形质点互连（如 SiO_2、TiO_2 形成的凝胶）；b．"联翼"网络结构，片状或棒状质点互连（如白土、V_2O_5 形成的凝胶）；c．"蛛网"网络结构，线型大分子互连（如明胶、棉花纤维形成的凝胶，但其规则性和有序性不如蛛网）；d．"砖墙"网络结构，线型大分子交联（如硫化橡胶、含二乙烯苯的聚苯乙烯）。

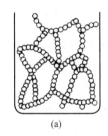

(a)　　　　　　(b)　　　　　　(c)　　　　　　(d)

图 11-27　凝胶的基本结构示意图

11.6.2　凝胶的分类

凝胶有多种分类方法，如按来源分，可分为天然凝胶、合成凝胶；按交联方式可分为化学交联凝胶与物理交联凝胶；按凝胶尺寸分为微凝胶与宏观凝胶；依据介质是液体还是气体可分为水凝胶、有机凝胶与干凝胶。下面仅作选择性介绍。

（1）弹性凝胶和刚性凝胶

凝胶根据分散质点的刚柔性分为弹性凝胶和刚性凝胶。例如，柔性的线型高聚物分子所形成的凝胶都属于弹性凝胶，如橡胶、明胶、琼脂、肌肉等。因为分散质点本身具有柔性，故在凝聚后具有弹性，在一定范围内变形后能自动恢复原状，如图 11-28 所示。弹性凝胶在吸收或释放液体后会改变体积，显示出溶胀的性质。弹性凝胶对液体的吸收具有明显的选择性。例如，橡胶吸收苯后自身膨胀，但它不吸收水，在水中不会膨胀，而明胶则相反。

图 11-28　弹性凝胶

大多数无机凝胶如硅胶、TiO_2、V_2O_5 干燥胶等是刚性凝胶。因为其质点本身和凝聚时形成的骨架活动范围小，具有刚性，一旦被破坏，自身不能复原。这种刚性凝胶在吸收或释放出液体时，自身体积变化很小，是非溶胀型的。此类干凝胶通常具有多孔性，只要能润湿它的液体均能被其吸收，无选择性。

（2）冻胶与干胶

凝胶根据其含水量多少分为冻胶和干胶。含水量多的称为冻胶，冻胶多数由柔性大分子构成，有一定的弹性，如琼脂、肉冻、豆腐脑等，含水量可达99％以上。含水量少的凝胶称为干胶，如硅胶、市售明胶（含水量在15％左右）等。溶胶在发生凝聚时将介质都包囊在它的空间网络结构内就形成了冻胶，冻胶失去介质后变成干胶。若将干胶中再加入分散介质，又可变为凝胶的则称为可逆凝胶，亲液溶胶一般都是可逆溶胶。

（3）触变性凝胶

有些固体状凝胶，其胶粒之间以范德华力连接（物理交联），相互作用力较弱。在外力（如搅拌、摇晃、加压和振动等）作用下，胶粒之间的结构被破坏，又变成了溶胶，呈液体状态；当外力作用停止，经静置后，被破坏的结构又可恢复成原来的凝胶状态，这种现象称为触变。例如，沼泽地中的泥炭、可塑性黏土、混凝土浆料等均属于触变性凝胶。这种凝胶的胶粒往往是线状的，在外力的作用下，线状粒子形成的网络结构被破坏，粒子互相离散，出现流动性。当外力消除，静置后线状粒子又重新交联形成网络结构。以共价键交联的凝胶（如硅胶）或以静电引力形成的凝胶（如蛋白质凝胶）因粒子间相互作用力强，一般没有触变现象。

11.6.3　凝胶的制备

凝胶使整个系统失去流动性，它介于固体和液体之间，所以有两种制备路线：一种是使溶胶发生胶凝而得到凝胶；另一种是使干凝胶吸收合适的介质发生溶胀而变成凝胶。

从干凝胶制备凝胶比较简单，干胶吸收液体溶胀即成，通常为弹性凝胶。

从溶胶制备凝胶，首先制备胶体分散系统，然后在适当的条件下使胶粒互相交联，形成网络结构，使之失去流动性，并将介质包囊在网络之中。从溶液制备凝胶需满足两个基本条件：a. 降低溶解度，使胶粒从溶液中呈"胶体分散态"析出；b. 析出的胶粒既不沉降，也不能自由移动，而是搭成骨架形成连续的网络结构。具体的制备方法可以有：a. 冷却胶体溶液，产生过饱和溶液，如0.5％琼脂溶液冷到35℃就形成固体状胶冻；b. 加入非溶剂，改变溶胶的浓度，例如胶水溶液加入酒精后就形成凝胶；c. 加入电解质，适量的电解质加入到亲水性较强尤其是形状不对称的憎液溶胶中，即可形成凝胶，如$Fe(OH)_3$溶胶、V_2O_5溶胶等；d. 化学反应，利用化学反应产生不溶物，并控制反应条件可得凝胶，如硅胶的制备。

当然，电解质也不能加得太多，过多的电解质会让胶粒凝聚而聚沉，使胶粒与分散介质彼此分离，这样得到的仅仅是分散相的沉淀，而不是凝胶。大分子溶液中加入过多的电解质而聚沉的现象称为盐析。

11.6.4　凝胶的性质

（1）凝胶的弹性

凝胶的特点是具有网络结构，充填在网眼里的溶剂不能自由流动，而相互交联成网架的高分子或溶胶粒子仍有一定的柔顺性，使凝胶成为弹性半固体。各种凝胶在冻态时（溶剂含量多的叫冻）弹性大致相同，但干燥后就显出很大差别。弹性凝胶在干燥后体积缩小很多，但仍保持弹性。脆性凝胶干燥后体积缩小不多，但失去弹性，并容易磨碎。

肌肉、脑髓、软骨、指甲、毛发、组成植物细胞壁的纤维素以及其他高分子溶液所形成的凝胶都是弹性凝胶，而氢氧化铝、硅酸等溶胶所形成的凝胶则是脆性凝胶。

（2）凝胶的溶胀（膨润）

弹性凝胶是由线型高分子构成，因高分子的分子链具有柔性，故在吸收或释放液体介质时很容易改变自身的体积，这种现象称为膨润或溶胀作用。有的弹性凝胶膨润到一定程度，体积增大就停止了，称为有限膨润，如木材在水中的膨润。有的弹性凝胶能无限地吸收溶剂，最后形成溶液，叫无限膨润，如牛皮胶在水中的膨润。

凝胶对吸收的液体是有选择性的，它只吸收与凝胶亲和性很强的液体，溶胀过程分为两个阶段：第一阶段是介质分子进入凝胶的网络结构中，与大分子相互作用形成溶剂化层，这一过程的速率较快，并伴有热效应；第二阶段是液体介质的渗透作用，介质分子进入凝胶结构的速率比大分子扩散到介质中的速率大得多，这样溶剂就大量渗入凝胶的结构内部，使凝胶的体积大大增加。

凝胶在溶胀时会显示一种对外的压力，称为溶胀压。这种压力有时相当可观，古代的"湿木裂石"就是利用溶胀压的例子。凝胶溶胀对溶剂具有选择性，例如，明胶和琼脂一般只能在水中溶胀，不能在乙醇或其他溶剂中溶胀，而橡胶却不能在水中溶胀，只能在苯和二硫化碳等有机溶剂中溶胀。

（3）凝胶的脱液收缩（离浆）

新形成的凝胶在老化的过程中会渗出一些小液滴，这些液滴可聚集成一个液相，而凝胶本身的体积也稍有收缩，这种现象称为凝胶的脱液作用或离浆作用。凝胶在脱液收缩后，剩下的仍是凝胶，不过含液体的量有所下降。例如，由血凝成的血块，在搁置后还会不断地有血清析出，这也是一种离浆作用。

凝胶的脱液收缩作用可以看作是溶胀的逆过程，其发生的原因是由于高分子之间继续交联的作用将液体从网络结构中挤出。弹性凝胶的离浆作用是可逆的，而刚性凝胶的离浆作用是不可逆的。脱水收缩现象的实际例子很多，如人体衰老时皮肤的变皱、面制食品的变硬、淀粉浆糊的"干落"等。

（4）凝胶中的扩散

凝胶的性质介于固体和液体之间，在一定程度上某些物理和化学过程可以在凝胶中进行，当凝胶中含水量很大时，部分小分子物质在凝胶中的扩散速率几乎与在纯溶剂中相同，所以在电动势测定中用琼脂凝胶制备的 KCl 盐桥，使 KCl 在凝胶中的电导与在纯水中差不多。随着凝胶中含水量的下降，粒子的扩散速率也随之下降。凝胶骨架中的孔道结构与分子筛（结晶硅铝酸盐）的结构类似，所以凝胶也有筛分分子的作用，凝胶色谱法就是利用凝胶的这一特点。凝胶中的化学反应进行时因没有对流存在，生成的不溶物在凝胶内具有周期性分布的特点。自然界中有许多类似的现象，如玛瑙和玉石的周期性结构、动植物体中也常遇到，如胆结石和树干年轮等。

11.6.5　凝胶的应用

凝胶在科学研究及国民经济中占有重要地位。例如凝胶色谱、凝胶电泳、凝胶染色和膜分离技术等都要用到特殊孔径结构的凝胶。作为一种高吸水高保水材料，水凝胶被广泛用于多个领域，如：干旱地区的抗旱，农用薄膜、建筑中的结露防止剂、调湿剂，石油化工中的堵水调剂，原油或成品油的脱水，在矿业中的抑尘剂，食品中的保鲜剂、增稠剂，医疗中的药物载体等。值得注意的是，不同的应用领域应该选用不同的高分子原料，以满足不同的需求。

气凝胶是一种固体物质形态，是世界上密度最小的固体之一。一般常见的气凝胶为硅气凝胶，但也有碳气凝胶存在。气凝胶因其半透明的色彩和超轻重量，有时也被称为"固态烟"或"冻住的烟"。这种新材料看似脆弱不堪，其实非常坚固耐用，最高能承受 1400℃ 的高温。气凝胶的这些特性在航天探测上有多种用途。俄罗斯"和平"号空间站和美国"火星探路者"探测器上都用到了气凝胶材料。美国国家宇航局研制出的一种新型气凝胶，由于密度只有 $3mg \cdot cm^{-3}$，目前已经作为"世界上密度最低的固体"正式入选《吉尼斯世界纪录》。

在药物制备中，常用明胶制成胶囊，将鱼肝油、亚油酸以及一些粉剂药物装载其中，便于存放和服用。在生物学和生理学中凝胶更有重要意义，细胞膜、红细胞膜和肌肉中的纤维等都是凝胶状物质，不少生理过程（如血液的凝结、人体的衰老等）也都与凝胶的性质有关。

11.7 乳状液和微乳液

11.7.1 乳状液

一种或几种液体以液珠的形式分散在另一种与其不互溶或部分互溶液体中所形成的分散系统称为乳状液。乳状液中的分散相粒子大小一般在 1000nm 以上，用普通的显微镜可以观察到，因此它属于粗分散系统。人们在生产及日常生活中都经常接触到乳状液，例如含水原油、橡胶乳胶、合成洗涤液、农药乳剂以及牛奶和乳汁等都是乳状液。

（1）乳状液的类型与鉴定

在乳状液中，若其中一相为水相，用 W 表示，另一相为有机物质，如酯、胺、油等，通常把它们称为油相，用 O 表示。依据乳状液的水相和油相的作用不同，可将其分为油包水型和水包油型。如果水为分散相（内相）、油为分散介质（外相），即水分散在油中，得到的是油包水型乳状液，以符号 W/O 表示，如原油、亮发油等；如果油为分散相（内相）、水为分散介质（外相），即油分散在水中，得到的是水包油型乳状液，以符号 O/W 表示，如牛奶、农药、日用雪花膏等。图 11-29 为 W/O 型和 O/W 型乳状液示意图。

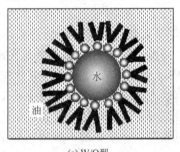
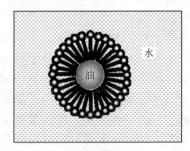

(a) W/O型   (b) O/W型

图 11-29 W/O 型和 O/W 型乳状液示意图

形成乳状液的类型主要取决于乳化剂的性质，通常与油相和水相的相对体积无关。一般说，亲水性大的物质，如碱性金属皂、明胶、磷脂等作为乳化剂时易形成 O/W 型乳状液；而亲油性大的物质，如二、三价金属皂作为乳化剂时易形成 W/O 型乳状液。若使用固体粒子作为乳化剂，则视其在水与油中的相对润湿性大小，若固体粒子表面易被水润湿，则形成 O/W 型，如 $CaCO_3$、黏土等；若易被油润湿，如炭黑、煤等，则形成 W/O 型乳状液。

鉴定乳状液的类型可用稀释法、染色法和导电法等。

① 稀释法 取少量乳状液滴入水中或油中，若乳状液在水中能稀释，即为 O/W 型；在油中能稀释，即为 W/O 型。例如牛奶可被水稀释，所以其外相为水，即牛奶为水包油型。

② 染色法　在乳状液中加入少许油溶性的染料如苏丹红，经振荡后取样在显微镜下观察，若内相（分散相）被染成红色，则为 O/W 型；若外相被染成红色，则为 W/O 型。也可用水溶性染料做试验，如亚甲基蓝能溶于水相并将其染成蓝色。

③ 导电法　一般来说，水比油的导电性强，因此，O/W 型乳状液的导电性远好于 W/O 型乳状液，因此测定电导即可区别其类型。但若乳状液中存在着离子型乳化剂时，W/O 型乳状液也有较好的导电性。

（2）乳状液的稳定

形成稳定乳状液的必要条件：a. 系统中必须存在两种或两种以上互不相溶（或微量互溶）的液体；b. 强烈搅动使一种液体破碎成微小的液滴并分散于另一种液体中；c. 要有乳化剂存在，使微小液滴能稳定地分散于另一种液体中。

乳状液的稳定性是指反抗粒子聚集而导致相分离的能力。乳状液在热力学上是不稳定的系统，有较大的表面 Gibbs 函数。因此所谓乳状液的稳定性实际上是指系统达到平衡状态所需要的时间，即系统中一种液体发生分离所需要的时间。为增加系统达到平衡状态所需要的时间，应尽量降低水-油界面的张力，最有效的办法是加入表面活性剂，即乳化剂。

常用的乳化剂多为表面活性剂物质，此外一些固体粉末也能起到乳化剂的作用。乳化剂具有使乳状液比较稳定存在的作用，称为乳化作用。少量的乳化剂之所以能使乳状液稳定，主要是由于乳化剂在内、外相之间形成一层坚固的保护膜（见图 11-30），其稳定作用简单介绍如下。

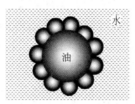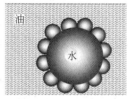

图 11-30　固体粉末对乳状液的稳定作用

① 降低界面张力　乳状液中存在大面积的液-液界面，加入少量表面活性剂在两相界面产生正吸附，能显著地降低液-液界面的界面张力，使系统的表面吉布斯函数降低，稳定性增加。

② 形成定向楔的界面膜　表面活性剂分子具有一端亲水的亲水性基团和另一端亲油的亲油性基团，亲水性基团通常是极性基团或离子基团，体积较大；而亲油性基团一般含 10 个或 10 个以上碳原子烷基链，线尺寸较长。当它吸附在乳状液的界面层时，其体积较大的亲水性基团聚集在一起朝向水相，而线型较长的亲油性基团朝向油相，组装成一有序密集的几何构形，就如同一个个的楔子楔在油水界面上，对乳状液起着保护作用。

③ 降低系统界面张力　将互不相溶的水和油分散成高度分散的系统时，必然产生巨大的相界面，由于界面张力的作用，导致系统的表面吉布斯函数大大增加，这是热力学非自发过程。在乳状液系统中加入少量的表面活性剂物质，表面活性剂分子在相界面层发生正吸附，大大降低液体的界面张力，使系统的表面吉布斯函数降低，从而稳定性增加。

④ 形成扩散双电层　离子型表面活性剂在水中发生电离，通常正离子在水中的溶解度比负离子要大，因此水相产生净的正电荷，油相则产生净的负电荷。表面活性剂负离子，定向地吸附在油-水界面层中，带电的一端都指向水相，水相中的正离子则呈扩散状态分布，即形成扩散双电层结构。一般其热力学电势及 ζ 电势都较大，所以有利于乳状液处于较为稳定的状态。

⑤ 固体粉末的稳定作用　在某些情况下加入固体粉末也能使乳状液趋于稳定。图 11-30 为固体粉末对液体粒子起稳定作用的示意图。根据空间效应，为使固体微粒在分散相的周围排列成紧密的固体膜，固体粒子的大部分应当处在分散介质中，这样粒子在油-水界面上的

不同润湿情况就会产生不同类型的乳状液。当粒子能被水润湿时，粒子大部分处于水中，形成水包油型乳状液，如黏土，Al_2O_3 等固体微粒；当粒子易被油润湿时，粒子大部分处于油中，形成油包水型乳状液，如炭黑，石墨粉等。固体颗粒的尺寸应远小于分散相的尺寸，固体表面愈粗糙，形状愈不对称，愈易于形成牢固的固体膜，使乳状液愈稳定。

(3) 乳状液的转型与去乳化

乳状液的 W/O 和 O/W 两种类型，在一定外界条件下可以相互转化。例如，用氧化硅粉末作乳化剂可形成 O/W 型乳状液，但加入一定量的炭黑作乳化剂可使其转变为 W/O 型。

使乳状液破坏的过程，称为破乳或去乳化作用。破乳过程分为絮凝和凝聚两步历程：首先是分散相的微小液滴絮凝成团，但仍未完全失去原来各自独立的属性；其次在重力场的作用下，絮凝成团的小液滴凝聚成更大的液滴而自动地分成两相（分层）。

乳状液稳定的主要原因是由于乳化剂的存在，所以凡能消除或削弱乳化剂保护能力的因素，都可达到破乳的目的。破乳方法有物理法（如加热、离心、电泳等）和物理化学法，常用的物理化学法有：a. 用不能形成牢固界面膜的表面活性物质代替原来的乳化剂，例如异戊醇，它的表面活性很强，但因碳氢链太短而无法形成牢固的界面膜；b. 加入某些能与乳化剂发生化学反应的物质，消除乳化剂的保护作用，例如在以油酸钠为乳化剂的乳状液中加入无机酸，使油酸钠变成不具有乳化作用的油酸，而达到破乳的目的；c. 加入类型相反的乳化剂，如向 O/W 型的乳状液中加入 W/O 型的乳化剂。

乳状液在工农业生产与生活中有广泛的应用。例如，乳胶炸药泛指一类用乳化技术制备的 W/O 型抗水工业炸药，其分散相为氧化剂（一般是硝酸铵）溶解于水中形成的微细液滴，悬浮在含有分散气泡或空心玻璃微球或其他多孔性材料的油类物质构成的连续介质中，柴油、重油、机油、凡士林、复合蜡等都是可选择的连续介质（燃料），形成一种油包水型的特殊乳化系统。另外，将农药配成乳状液后喷洒在农作物的叶子上，不仅节省药量，还能提高药效；在柴油中加入 7%～15% 的水制成乳状液，可提高 10% 燃烧值，而且减少大气污染；另外，在科研方面也有重要的应用，如乳化聚合法制备高分子化合物等。

11.7.2 微乳液

1943 年 Schulmann 等在乳状液中滴加醇，首次制得了透明或半透明、均匀并长期稳定存在的微乳液。微乳液的概念于 1959 年由英国化学家 J. H. Schulmann 提出，微乳液一般是由表面活性剂、助表面活性剂、油与水等组分在适当比例下形成的无色、透明（或半透明）、低黏度的热力学稳定系统。若两种或两种以上互不相溶的液体经混合乳化后，分散相液滴的直径在 5～100nm 之间，则该系统称为微乳液，简称微乳。微乳液为透明分散系统，其形成与胶束的增溶作用有关，又称为"被溶胀的胶束溶液"或"胶束乳液"，其特点是具有超低的界面张力（10^{-6}～10^{-7}N·m^{-1}）和很高的增溶能力（其增溶量可达 60%～70%）。分散相为油、分散介质为水的系统称为 O/W 型，反之则称为 W/O 型。微乳液一般需加较大量的表面活性剂，并需加入辅助表面活性剂（如极性有机物，一般为醇类）方能形成。

微乳液分类由 Winsor 提出，他命名了四种相平衡类型：

① 类型Ⅰ 表面活性剂在水中具有很好的溶解性时形成 O/W 型微乳液（Winsor Ⅰ型），富含表面活性剂的水相与油相共存，油相中表面活性剂仅以浓度较低的单体形式存在；

② 类型Ⅱ 表面活性剂主要存在于油相中时，W/O 型微乳液富含表面活性剂的油相与含表面活性剂较少的水相共存（Winsor Ⅱ型）；

③ 类型Ⅲ 它是三相系统，富含表面活性剂的中相与含较少表面活性剂的水油两相共

存 Winsor Ⅲ型或中相微乳；

④ 类型Ⅳ　单相各向同性的胶束溶液充分加入两亲分子表面活性剂加醇时形成。

Winsor Ⅰ、Winsor Ⅱ、Winsor Ⅲ或 Winsor Ⅳ 型的形成与表面活性剂的类型和组成情况有关，主导的类型与表面活性剂分子在界面上的分布有关，图 11-31 为分别对非离子型表面活性剂和离子型表面活性剂进行温度和盐度扫描的 Winsor 分类和相序结果，大部分表面活性剂处于阴影区域中。在三相系统中的中相微乳液 M 与过剩的水相 W 和油相 O 处于平衡。

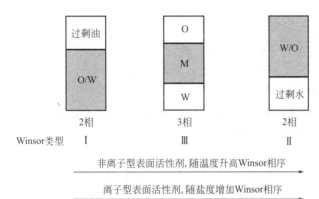

图 11-31　非离子型表面活性剂和离子型表面活性剂进行温度和盐度扫描的 Winsor 分类和相序

1982 年 Boutnonet 等首先在 W/O 型微乳液的水核中制备出 Pt、Pd、Rh 等金属团簇微粒，开拓了一种新的纳米材料的制备方法。由于微乳液能对纳米材料的粒径和稳定性进行精确控制，限制了纳米粒子的成核、生长、聚结、团聚等过程，从而使形成的纳米粒子包裹有一层表面活性剂，并有一定的凝聚态结构。此外，微乳液还广泛应用于工业生产中，如三次采油、洗涤去污、催化、化学反应介质和药物传递等领域中。

11.8　其他粗分散系统

11.8.1　泡沫

不溶性气体分散在液体或熔融固体中所形成的分散系统称为泡沫。泡沫的半径皆在 $0.1\mu m$ 以上，属于粗分散系统。例如饮料、啤酒、灭火剂、泡沫玻璃、泡沫塑料等，如图 11-32 所示。泡沫的形状常因环境而异，但气泡常常是多面体（特别是在泡沫较多时）的，如图 11-33 所示。由于气体的密度远小于液体，故多数泡沫形成后很快即升至液面，即泡沫一般皆不稳定。

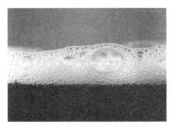

(a) 泡沫水泡 (液体泡沫)

(b) 聚苯乙烯泡沫板 (固体泡沫)

图 11-32　生活中的泡沫

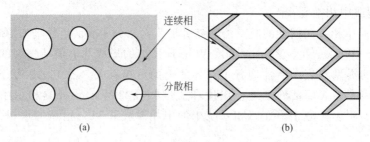

图 11-33　泡沫的形状

（1）泡沫的类型

① 液体泡沫（泡沫）：如肥皂泡沫、啤酒泡沫是气体分散在液体中。

② 固体泡沫：如泡沫塑料、泡沫橡胶和泡沫玻璃等则是气体分散在熔融体中，冷却后形成的气体分散在固体中的泡沫。

相比之下，液体泡沫更多见，其基本性质与乳状液极为相似。人们感兴趣的不是稀的泡沫，而是具有重要性质的浓的泡沫。

（2）泡沫的生成方法

纯液体不能形成稳定的泡沫，如纯净的水、乙醇、苯等，能形成稳定泡沫的液体，至少必须有两个以上组分，表面活性剂溶液、蛋白质以及其他一些水溶性高分子溶液等容易产生稳定、持久的泡沫，起泡溶液不仅限于水溶液，非水溶液也常会产生稳定的泡沫。

泡沫的生成分为物理法和化学法。物理法有送气法（鼓泡）、溶解度降低法、加热沸腾法等；化学法通常利用加热分解产生气体的反应产生气泡，如小苏打的加热分解等。要得到比较稳定的液体泡沫，必须加入起泡剂（通常是表面活性剂），表面活性剂分子在气-液界面上发生正吸附，形成定向排列的吸附膜，从而能显著地降低气-液界面张力，又可增加界面膜的机械强度。泡沫稳定存在的时间称为泡沫的寿命。泡沫的寿命长短与所加入的稳定剂的性质、温度、压力、介质的黏度等有关。泡沫的破坏即为消泡，消泡方法的原则是消除泡沫的稳定因素，例如把构成液膜的液体提纯、减少形成泡沫液体的黏度、用适当的方法消除起泡剂及加入消泡剂。

（3）泡沫的应用

泡沫的应用十分广泛，工业上如泡沫浮选（冶金及煤炭）、泡沫除尘、泡沫杀虫剂、泡沫塑料、泡沫陶瓷、泡沫玻璃、泡沫灭火及泡沫分离作用；生活中如食品中泡沫（面包、啤酒、汽水）、衣服中泡沫，故泡沫的应用是极为广泛的。

泡沫浮选是利用泡沫，把矿石中需要的成分与泥砂、黏土等物质分离，使有用矿物富集的过程。在此过程中，矿物的某种成分（一般是有用的矿物）附着在泡沫气泡上而浮于矿浆表面，其余成分则沉积于底部，有用的矿物随泡沫飘走，留下矿渣（偶尔也可使无用成分随泡沫飘走，留下有用的矿物）。浮选之前，先将矿石粉碎至一定大小，以利于随气泡漂浮，之后，加水制成矿浆，再加入浮选剂，以搅拌或其他方法通入空气，形成泡沫进行浮选。

泡沫分离是根据吸附的原理，向含表面活性物质的液体中鼓泡，使液体内的表面活性物质聚集在气-液界面（气泡的表面）上，在液体主体上方形成泡沫层，将泡沫层和液相主体分开，就可以达到浓缩表面活性物质（在泡沫层）和净化液相主体的目的。被浓缩的物质可以是表面活性物质，也可以是能与表面活性物质相络合的物质，但它们必须具备和某一类型的表面活性物质能够络合或螯合的能力。

　　泡沫也存在着不利之处。有时泡沫的产生对生产极为不利，如在发酵、减压蒸馏、过滤、炼油、制糖、造纸、污水处理、涂料等生产中，极希望不产生或尽可能消除泡沫，因有时泡沫还可能因液体随着泡沫的外溢（涨潮现象）造成技术安全事故。

11.8.2　悬浮液

　　不溶性固体粒子分散在液体中所形成的分散系统称为悬浮液（或悬浮体）。通常悬浮液中分散相的三维尺寸都在 1000nm 以上，由于颗粒较大，光散射强度十分微弱，不存在布朗运动，不可能产生扩散和渗透现象，在自身重力作用下易于沉降析出。虽为粗分散系统，但仍具有很大的相界面，且能选择性地吸附溶液中的某些离子而带电。一些高分子化合物对悬浮液也有保护作用，使得悬浮液暂时稳定存在。

　　悬浮液在自然界和工农业生产中都可遇到，我国长江等河流的水中含有大量的泥沙悬浮体，因带有电荷，在流动的河流中少有沉降，但到达入海口时，海水中的盐类离子会中和泥沙微粒电荷，加之流速大大降低，因而泥沙微粒在重力作用下很容易发生聚沉，这就形成了入海口三角洲（如长江三角洲）。此外，工业锅炉中常加入石墨或碳质的悬浮体作为凝结中心来防止结垢；涂料工业中更是常常遇到分散度较高的悬浮体。

　　因悬浮液中分散相粒子直径大于胶体粒子，分散相粒子几乎没有布朗运动作用，粒子主要受重力影响而下降。在静止分散介质中，受重力影响的粒子开始时会以加速度向下沉降，但随着粒子降落速度的急剧增加，分散介质对粒子的阻力也大大增加，因阻力与粒子降落速度成正比，当达到一定的降落速度时，阻力与重力达到平衡，此后粒子就不再加速降落，而以等速而沉降了。这个等速下降的速度就称为沉降速度（u），表 11-5 中列出了不同粒径的黏土粒子在水中的沉降速度实验值，说明粒子愈小在水中愈不易沉降，因此粒子在介质中沉降时就将发生粒度分级。

表 11-5　不同粒径的黏土粒子在水中的沉降速度

粒子直径 $d/10^{-3}$m	沉降速度 $u/10^{-2}$m·s^{-1}	沉降 0.1m 所需时间
0.5	4.104	2.44s
0.05	0.177	56.50s
0.005	1.79×10^{-3}	93min
0.0005	1.79×10^{-5}	155h

　　大多数的悬浮液，不论是天然的还是人工制成的，都是多级分散系统，即由大小不一的粒子所构成。在生产过程中，常需要了解大小不等的粒子在试样中的含量，即粒度分布。测定粒度分布最常用的方法是沉降分析。沉降分析可使用图 11-34 所示的沉降天平来进行。通过悬挂于悬浮液中的托盘及扭力天平，可测得不同时间 t 的沉降量 P，进而可计算出某一半径范围的离子占总量的百分比。沉降分析常用于测定悬浮液的粒度分布，在诸多领域如土壤学、硅酸盐、颜料等方面的科研和生产中都有着广泛的应用。

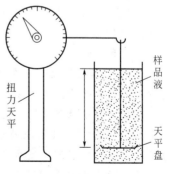

图 11-34　沉降天平示意图

11.8.3　气溶胶

　　由极小的固体或液滴分散在气体介质中所形成的分散系统称为气溶胶，如烟、雾、空气中的粉尘等。自然界中的云雾是小水滴分散在空气之中，而烟尘则是微小的固体粒子悬浮在空气之中，烟雾的粒子线度介于 10～1000nm，分散程度较高，属胶体范围；粉尘粒子线度介于 1～1000μm，分散程度较低，属于粗分散系统。按粉尘在静止空气中的沉降性质可划分为：

① 尘埃　粒子直径 10～100μm，颗粒较大，在静止的空气中呈加速沉降的尘粒；

② 尘雾　粒子直径 0.25～10μm，在静止的空气中呈等速沉降的尘粒；

③ 尘云　粒子直径 0.1μm 以下，颗粒很小，在静止的空气中不能下沉，而是处于无规则布朗运动状态的浮尘。

大气气溶胶的分散相的来源于自然界，如火山喷发的烟尘、被风刮起的土壤微粒、海水溅入大气后水分被蒸发形成的盐粒、细菌、植物花粉、流星燃烧所产生的细小微粒和宇宙尘埃等；有的则是由于人类活动产生的，如煤、油及其他矿物燃料燃烧后形成的灰尘，以及汽车尾气中的烟粒等。当气溶胶的浓度足够高时，将对人类健康造成危害，尤其是对哮喘病人及其他有呼吸道疾病的人群。空气中气溶胶还能传播真菌和病毒，导致一些疾病的爆发和流行。气溶胶的危害非常大，因此，气溶胶的破坏，消尘除烟，不仅是为了保护环境、回收有用物质，而且也是生产工艺条件的需求。破坏气溶胶的方法有惯性沉降法、过滤、超声或电场处理或引入种核等，最常用的收集气溶胶的装置如图 11-35 所示。

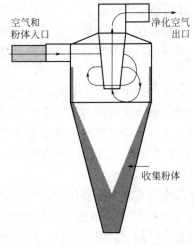

图 11-35　收集气溶胶最常用的方法

（图中标注：空气和粉体入口；净化空气出口；收集粉体）

本 章 小 结

1. 本章介绍了分散系统的概念、分类以及各分散系统的特征，尤其是三种胶体分散系统的含义及其特征；介绍了溶胶的制备方法及净化技术。溶胶是本章的重点内容。

2. 溶胶的性质包括动力性质、电学性质和光学性质。动力性质是指胶体粒子的布朗运动以及由其引起的扩散和沉降作用，而由胶体粒子对光发生散射作用产生的丁铎尔效应现象可由瑞利公式描述。电动现象包括电泳、电渗、流动电势和沉降电势，胶体粒子带电是产生电动现象的本质，也是胶体粒子具有聚结稳定性的主要因素。斯特恩双电层理论解释了溶胶的胶团结构。胶团是呈电中性的，由带电的胶粒（胶核＋紧密层）和带反电荷的扩散层组成。DLVO 理论解释溶胶的聚结稳定性，聚沉值或聚沉能力表达电解质对溶胶稳定性的影响，主要与反离子的电价与离子半径有关，也与同性离子的电价有关。

3. 高分子溶液是大分子在合适的溶剂中以分子或离子状态均匀分散在分散介质中形成的均相溶液，是热力学上的稳定系统。大分子与小分子透过半透膜建立的平衡——唐南平衡，无论在大分子性质研究还是生物系统都有着重要应用。

4. 凝胶是胶体分散系统的一种特殊形式，有刚性凝胶与弹性凝胶之分。凝胶无论在科学研究还是在国民经济以及生活中都占有重要地位。

5. 乳状液属于粗分散系统，是热力学不稳定系统。分为油包水型（W/O 型）和水包油型（O/W 型），乳化剂是乳状液稳定存在的必要条件，形成乳状液的类型与乳化剂的性质密切相关。而微乳液通常由油、水、表面活性剂、助表面活性剂和电解质等组成的透明或半透明的液态稳定系统，具有超低的界面张力和很高的增溶能力，其应用正在变得越来越广泛。

6. 本章核心概念

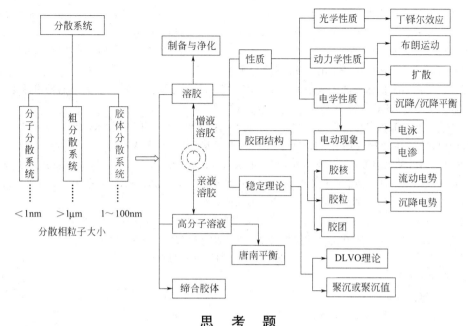

分散相粒子大小

思 考 题

1. 为什么说溶胶具有热力学不稳定性和动力学稳定性?

2. 新生成的 Fe(OH)$_3$ 沉淀中,加入少量的稀 FeCl$_3$ 溶液,沉淀会溶解,如再加上一定量的硫酸盐溶液,又会析出沉淀,为什么?

3. 为什么晴朗洁净的天空呈蓝色,而阴雨天时则是白茫茫的一片?

4. 影响胶粒电泳速度的主要因素有哪些?电泳现象说明什么问题?

5. 破坏溶胶最有效的方法是什么?试说明原因。

6. 溶胶为热力学非平衡系统,但它在相当长的时间范围内可以稳定存在,其主要原因是什么?

7. 什么是 ζ 电势?如何确定 ζ 电势的正、负号?ζ 电势在数值上一定要小于热力学电势吗?

8. 为什么输油管和运送有机液体的管道都要接地?

9. 大分子溶液的主要特征是什么?

10. 两种能够互溶的液体可能形成乳状液吗?

11. 试解释:(1) 江河入海口处,为什么常形成三角洲?(2) 明矾为何能使浑浊的水变澄清?(3) 做豆腐时"点浆"的原理是什么?哪些盐溶液可用来点浆?哪种盐溶液聚沉能力最强?(4) 蒸鸡蛋时忘了加盐或蒸的时间过长,将会出现什么现象?为什么?(5) 常用的微球型硅胶粒子是怎么制成的?用了哪些胶体化学和表面化学中的原理?

习 题

1. 某粒子半径为 30×10^{-7} cm 的金溶胶,25℃时在重力场中达到沉降平衡后,在高度相距 0.1mm 的某指定体积内粒子数分别为 277 个和 166 个,已知金与分散介质的密度分别为 19.3×10^3 kg·m^{-3} 及 1.00×10^3 kg·m^{-3}。试计算阿伏伽德罗常数。

2. 有一金溶胶,胶粒半径为 3×10^{-8} m,25℃时在重力场中达沉降平衡后,在某一高度处单位体积中有 166 个粒子,试计算比该高度低 10^{-4} m 处体积粒子数为多少?(已知金的体积质量 ρ_B 为 19300kg·m^{-3},介质的体积质量 ρ_0 为 19300kg·m^{-3})

3. 试用沉降平衡公式验证。在海平面附近,高度上升 12m,大气压下降 1mmHg。

4. 一胶体粒子直径为 20×10^{-7} cm,体积质量为 1.15×10^3 kg·m^{-3},估算其在 25℃的介质水中因扩散作用移动 0.2mm 所需的时间。(已知 25℃时水的黏度约为 $\eta = 0.001$Pa·s)

5. 在某内径为 0.02m 的管中盛油,使直径为 1.588×10^{-3} m 的钢球从其中落下,下降 0.15m 需时

16.7s。已知油和钢球的体积质量分别为 $960kg \cdot m^{-3}$ 和 $7650kg \cdot m^{-3}$。试计算在试验温度时油的黏度。

6. 写出由 $FeCl_3$ 水解制得 $Fe(OH)_3$ 溶胶的胶团结构。(已知稳定剂为 $FeCl_3$)

7. $NaNO_3$、$Mg(NO_3)_2$、$Al(NO_3)_3$ 对 AgI 水溶胶的聚沉值分别为 $140mol \cdot dm^{-3}$、$2.60mol \cdot dm^{-3}$、$0.067mol \cdot dm^{-3}$，试判断该溶胶是正溶胶还是负溶胶?

8. 某胶体铋在 20℃时水中的 ζ 电势为 $+0.016V$，求它在电势梯度等于 $1V \cdot m^{-1}$ 时的电泳速度。(已知水在室温时 $\eta = 0.001Pa \cdot s$，$\varepsilon_r = 81$，$\varepsilon_0 = 8.854 \times 10^{-12}C^2 \cdot N^{-1} \cdot m^{-2}$)

9. 在 H_3AsO_3 的稀溶液中通入 H_2S 气体，生成 As_2S_3 溶胶。已知 H_2S 能电离成 H^+ 和 HS^-。试写出 As_2O_3 胶团的结构，并比较 $AlCl_3$、$MgSO_4$ 和 KCl 对此溶胶聚沉能力的大小。

10. 欲制备 AgI 的正溶液。在浓度为 $0.016mol \cdot dm^{-3}$、体积为 $0.025dm^3$ 的 $AgNO_3$ 溶液中最多能加入 $0.005mol \cdot dm^{-3}$ 的 KI 溶液的体积是多少? 试写出该溶胶胶团结构的表示式。在此溶胶中加入相同浓度的 $MgSO_4$ 和 $K_3[Fe(CN)_6]$ 两种溶液，哪一个的聚沉值大?

11. 将 $0.010dm^3$、$0.02mol \cdot dm^{-3}$ $AgNO_3$ 溶液缓慢地滴加在 $0.100dm^3$、$0.005mol \cdot dm^{-3}$ 的 KCl 溶液中，可得到 AgCl 溶胶，试写出其胶团结构的表示式，指出胶体粒子电泳的方向。

12. 把 $1 \times 10^{-3}kg$、平均摩尔质量为 $200kg \cdot mol^{-1}$ 的聚苯乙烯溶在 $0.1dm^3$ 苯中，试计算所形成的溶液在 293K 时的渗透压?

13. 阿拉伯树胶的最简式为 $C_6H_{10}O_5$，其中 3%的水溶液在 298K 时的渗透压为 2756Pa，试求溶质的平均摩尔质量及其聚合度。(已知单体的摩尔质量为 $0.162kg \cdot mol^{-1}$)

14. 某大分子电解质 Na_zP (蛋白质钠盐) 水溶液及 NaCl 水溶液分别置于一半透膜两侧。该半透膜允许溶剂分子和 Na^+、Cl^- 透过，而 P^{z-} 不能透过。当达到唐南平衡时，试用热力学证明，在膜的两侧 $b(Na^+)$ 和 $b(Cl^-)$ 的乘积相等。

15. 298K 时在半透膜两边一边放浓度为 $0.1mol \cdot dm^{-3}$ 的大分子有机物 RCl，RCl 能完全电离，但 R^+ 不能透过半透膜;另一边放浓度为 $0.5mol \cdot dm^{-3}$ 的 NaCl，试计算达到膜平衡后，膜两边各种离子的浓度和渗透压。

16. 凝胶有哪些性质? 影响高分子溶液胶凝的因素有哪些? 哪些措施能增加凝胶的溶胀度? 为什么?

17. K、Na 等碱金属的皂类作为乳化剂时，易形成 O/W 型乳状液;而 Zn、Mg 等高价金属的皂类作为乳化剂时，则易于形成 W/O 型乳状液，试说明原因?

18. 某一元大分子有机酸 HR 在水中能完全电离，现将 $1.3 \times 10^{-3}kg$ 的该酸溶在 $0.1dm^3$ 很稀的 HCl 水溶液中，并装入火棉胶口袋，将口袋浸入 $0.1dm^3$ 的纯水中，在 298K 时达成平衡，测得膜外水的 pH 为 3.26，膜电势为 34.9mV，假定溶液为理想溶液，试求膜内溶液的 pH 值和该有机酸的相对摩尔质量。

附　　录

附录 1　SI 单位及常用基本常数

SI 基本单位

量		单　位	
名称	符号	名称	符号
长度	l	米	m
质量	m	千克(公斤)	kg
时间	t	秒	s
电流	I	安[培]	A
热力学温度	T	开[尔文]	K
物质的量	n	摩[尔]	mol
发光强度	I_v	坎[德拉]	cd

常用的 SI 导出单位

量		单　位		
名　称	符号	名称	符号	定义式
频率	υ	赫[兹]	Hz	s^{-1}
能量	E	焦[耳]	J	$kg \cdot m^2 \cdot s^{-2}$
力	F	牛[顿]	N	$kg \cdot m \cdot s^{-2} = J \cdot m^{-1}$
压力	p	帕[斯卡]	Pa	$kg \cdot m^{-1} \cdot s^{-2} = N \cdot m^{-1}$
功率	P	瓦[特]	W	$kg \cdot m^2 \cdot s^{-3} = J \cdot s^{-1}$
电荷量	Q	库[仑]	C	$A \cdot s$
电位;电压;电动势	U	伏[特]	V	$kg \cdot m^2 \cdot s^{-3} \cdot A^{-1} = J \cdot A^{-1} s^{-1}$
电阻	R	欧[姆]	Ω	$kg \cdot m^2 \cdot s^{-3} \cdot A^{-2} = V \cdot A^{-1}$
电导	G	西[门子]	S	$kg^{-1} \cdot m^{-2} \cdot s^3 \cdot A^2 = \Omega^{-1}$
电容	C	法[拉]	F	$A^2 \cdot S^4 \cdot kg^{-1} \cdot m^{-2} = A \cdot s \cdot V^{-1}$
磁通量	Φ	韦[伯]	Wb	$kg \cdot m^2 \cdot s^{-2} \cdot A^{-1} = V \cdot s$
电感	L	亨[利]	H	$kg \cdot m^2 \cdot s^{-2} \cdot A^{-2} = V \cdot A^{-1} \cdot s$
磁通量密度(磁感应强度)	B	特[斯拉]	T	$kg \cdot s^{-2} \cdot A^{-1} = V \cdot s \cdot m^{-2}$

用于构成十进倍数和分数单位的词头

因数	词头名称	符号	因数	词头名称	符号
10^{-1}	分	d	10	十	da
10^{-2}	厘	c	10^2	百	h
10^{-3}	毫	m	10^3	千	k
10^{-6}	微	μ	10^6	兆	M
10^{-9}	纳[诺]	n	10^9	吉[咖]	G
10^{-12}	皮[可]	p	10^{12}	太[拉]	T
10^{-15}	飞[母托]	f	10^{15}	拍[它]	P
10^{-18}	阿[托]	a	10^{18}	艾[可萨]	E

一些物理和化学的基本常数

量	符号	数值	单位
真空光速	c	299792458	$m \cdot s^{-1}$
真空磁导率	μ_0	$4\pi \times 10^{-7}$	$N \cdot A^{-2}$
		$12.566370614\cdots$	$10^{-7} N \cdot A^{-2}$
真空电容率$(1/\mu_0 c^2)$	ε_0	$8.854187817\cdots$	$10^{-12} F/m$
牛顿引力常数	G	6.6723	$10^{-11} m^3 \cdot kg^{-1} \cdot s^{-2}$
普朗克常数	h	6.62606876	$10^{-34} J \cdot s$
$h/2\chi$	h	1.054571596	$10^{-34} J \cdot s$
基本电荷	e	1.602176462	$10^{-19} C$
电子质量	m_e	0.910938188	$10^{-30} kg$
质子质量	m_p	1.67262158	$10^{-27} kg$
质子/电子质量比	m_p/m_e	1836.1526675	
里德伯常数	R_∞	10973731.5685	m^{-1}
阿伏伽德罗常数	L, N_A	6.02214199	$10^{-23} mol^{-1}$
法拉第常数	F	96485.3415	$C \cdot mol^{-1}$
摩尔气体常数*	R	8.314472	$J \cdot mol^{-1} \cdot K^{-1}$
玻耳兹曼常数(R/L_A)	k	1.3806503	$10^{-23} J \cdot K^{-1}$

注：1. 摩尔气体常数 R 值的量纲换算（供参阅以前的文献书籍时参考）：

$R = 8.314 J \cdot K^{-1} \cdot mol^{-1} = 8.314 \times 10^7 erg \cdot K^{-1} \cdot mol^{-1} = 1.9872 cal \cdot K^{-1} \cdot mol^{-1} = 0.08206 dm^3 \cdot atm \cdot K^{-1} \cdot mol^{-1} = 62.364 dm^3 \cdot mmHg \cdot K^{-1} \cdot mol^{-1}$。

2. 引自 Physics Today，vol 35（8），part2，Buyer's Guide 2000.

附录 2　能量单位间的换算

单位	$J \cdot mol^{-1}$	$kcal \cdot mol^{-1}$	eV	cm^{-1}
1 $J \cdot mol^{-1}$	1	2.390×10^{-4}	1.036×10^{-5}	8.359×10^{-2}
1 $kcal \cdot mol^{-1}$	4.184×10^3	1	4.336×10^{-2}	3.497×10^2
1eV	9.649×10^4	23.060	1	8.065×10^3
1 cm^{-1}	1.196×10	2.859×10^{-3}	1.240×10^{-4}	1

附录 3　物质 B 的 $S_m^{\ominus}$ 和 $\Delta_f G_m^{\ominus}$ 在不同标准状态之间的换算因数

A. 气体 B 的 $S_m^{\ominus}$ 的换算因数[①]

换算式	$\dfrac{\Delta_f S_m^{\ominus}(g, 100kPa)}{J \cdot mol^{-1} \cdot K^{-1}}$	$\dfrac{\Delta_f S_m^{\alpha}(g, 101.325kPa)}{cal \cdot mol^{-1} \cdot K^{-1}}$	$\dfrac{\Delta_f S_m^{*}(g, 101.325kPa)}{J \cdot mol^{-1} \cdot K^{-1}}$
$\dfrac{\Delta_f S_m^{\ominus}(g, 100kPa)}{J \cdot mol^{-1} \cdot K^{-1}} =$	$X^{\ominus}$	$4.184(X^{\alpha} + 0.02616)$	$X^{*} + 0.1094$
$\dfrac{\Delta_f S_m^{*}(g, 101.325kPa)}{J \cdot mol^{-1} \cdot K^{-1}} =$	$X^{\ominus} - 0.1094$	$4.418 X^{\alpha}$	X^{*}
$\dfrac{\Delta_f S_m(g, 100kPa)}{cal \cdot mol^{-1} \cdot K^{-1}} =$	$X^{\ominus}/4.184$	$X^{\alpha} + 0.02616$	$X^{*} + 0.1094\delta/4.184$
$\dfrac{\Delta_f S_m^{\alpha}(g, 101.325kPa)}{cal \cdot mol^{-1} \cdot K^{-1}} =$	$X^{\ominus} - 0.1094/4.184$	X^{α}	$X^{*}/4.184$

B. 298.15K 时，B 的 $\Delta_f G_m^\ominus$ 的换算因数[1]

换算式	$\dfrac{\Delta_f G_m^\ominus (100\text{kPa})}{\text{J} \cdot \text{mol}^{-1}}$	$\dfrac{\Delta_f G_m^\alpha (101.325\text{kPa})}{\text{cal} \cdot \text{mol}^{-1}}$	$\dfrac{\Delta_f G_m^* (101.325\text{kPa})}{\text{J} \cdot \text{mol}^{-1}}$
$\dfrac{\Delta_f G_m^\ominus (100\text{kPa})}{\text{J} \cdot \text{mol}^{-1}} =$	$X^\ominus$	$4.184(X^\ominus - 7.799\delta)$	$X^* - 32.63\delta$
$\dfrac{\Delta_f G_m^* (101.325\text{kPa})}{\text{J} \cdot \text{mol}^{-1}} =$	$X^\ominus + 32.63\delta$	$4.418X^\alpha$	X^*
$\dfrac{\Delta_f G_m (100\text{kPa})}{\text{cal} \cdot \text{mol}^{-1}} =$	$X^\ominus / 4.184$	$X^\alpha - 7.799\delta$	$X^* - 32.63\delta/4.184$
$\dfrac{\Delta_f G_m^\alpha (101.325\text{kPa})}{\text{cal} \cdot \text{mol}^{-1}} =$	$X^\ominus + 32.63\delta/4.184$	X^α	$X^* / 4.184$

[1] 符号 $X^\ominus$、X^α、X^* 代表栏头为无量纲的量。

注：δ 是由元素生成化合物 B 时的反应中所有气体 i 的化学计量数之和 $\sum\limits_i \nu_i$。按约定，反应物的 ν 为负，产物的 ν 为正。

附录 4　元素的原子量表

原子序数	元素名称	元素符号	相对原子质量	原子序数	元素名称	元素符号	相对原子质量
1	氢	H	1.00794(7)	36	氪	Kr	83.798(2)
2	氦	He	4.002602(2)	37	铷	Rb	85.4678(3)
3	锂	Li	6.941(2)	38	锶	Sr	87.62(1)
4	铍	Be	9.012182(3)	39	钇	Y	88.90585(2)
5	硼	B	10.811(7)	40	锆	Zr	91.224(2)
6	碳	C	12.017(8)	41	铌	Nb	92.90638(2)
7	氮	N	14.0067(2)	42	钼	Mo	95.94(2)
8	氧	O	15.9994(3)	43	锝	Tc	97.9072
9	氟	F	18.9984032(5)	44	钌	Ru	101.07(2)
10	氖	Ne	20.1797(6)	45	铑	Rh	102.90550(2)
11	钠	Na	22.989769 28(2)	46	钯	Pd	106.42(1)
12	镁	Mg	24.3050(6)	47	银	Ag	107.8682(2)
13	铝	Al	26.9815386(8)	48	镉	Cd	112.411(8)
14	硅	Si	28.0855(3)	49	铟	In	114.818(3)
15	磷	P	30.973762(2)	50	锡	Sn	118.710(7)
16	硫	S	32.065(5)	51	锑	Sb	121.760(1)
17	氯	Cl	35.453(2)	52	碲	Te	127.60(3)
18	氩	Ar	39.948(1)	53	碘	I	126.90447(3)
19	钾	K	39.0983(1)	54	氙	Xe	131.293(6)
20	钙	Ca	40.078(4)	55	铯	Cs	132.9054519(2)
21	钪	Sc	44.955912(6)	56	钡	Ba	137.327(7)
22	钛	Ti	47.867(1)	57	镧	La	138.90547(7)
23	钒	V	50.9415(1)	58	铈	Ce	140.116(1)
24	铬	Cr	51.9961(6)	59	镨	Pr	140.90765(2)
25	锰	Mn	54.938045(5)	60	钕	Nd	144.242(3)
26	铁	Fe	55.845(2)	61	钷	Pm	[145]
27	钴	Co	58.933195(5)	62	钐	Sm	150.36(2)
28	镍	Ni	58.6934(2)	63	铕	Eu	151.964(1)
29	铜	Cu	63.546(3)	64	钆	Gd	157.25(3)
30	锌	Zn	65.409(4)	65	铽	Tb	158.92535(2)
31	镓	Ga	69.723(1)	66	镝	Dy	162.500(1)
32	锗	Ge	72.64(1)	67	钬	Ho	164.93032(2)
33	砷	As	74.92160(2)	68	铒	Er	167.259(3)
34	硒	Se	78.96(3)	69	铥	Tm	168.93421(2)
35	溴	Br	79.904(1)	70	镱	Yb	173.04(3)

原子序数	元素名称	元素符号	相对原子质量	原子序数	元素名称	元素符号	相对原子质量
71	镥	Lu	174.967(1)	92	铀	U	238.02891(3)
72	铪	Hf	178.49(2)	93	镎	Np	[237]
73	钽	Ta	180.94788(2)	94	钚	Pu	[244]
74	钨	W	183.84(1)	95	镅	Am	[243]
75	铼	Re	186.207(1)	96	锔	Cm	[247]
76	锇	Os	190.23(3)	97	锫	Bk	[247]
77	铱	Ir	192.217(3)	98	锎	Cf	[251]
78	铂	Pt	195.084(9)	99	锿	Es	[252]
79	金	Au	196.966569(4)	100	镄	Fm	[257]
80	汞	Hg	200.59(2)	101	钔	Md	[258]
81	铊	Tl	204.3833(2)	102	锘	No	[259]
82	铅	Pb	207.2(1)	103	铹	Lr	[262]
83	铋	Bi	208.98040(1)	104	𬬻	Rf	[261]
84	钋	Po	[208.9824]	105	𬭊	Db	[262]
85	砹	At	[209.9871]	106	𬭳	Sg	[266]
86	氡	Rn	[222.0176]	107	𬭶	Bh	[264]
87	钫	Fr	[223]	108	𬭸	Hs	[277]
88	镭	Re	[226]	109	鿏	Mt	[268]
89	锕	Ac	[227]	110	𫟼	Ds	[271]
90	钍	Th	232.03806(2)	111	𬬭	Rg	[272]
91	镤	Pa	231.03588(2)				

注：$A_r(^{12}C)=12$。

附录 5　某些物质的临界参数

物　　　质		临界温度 T_c/K	临界压力 p_c/MPa	临界体积 $V_c/10^{-6} m^3 \cdot mol$	临界密度 $\rho/kg \cdot m^{-3}$	临界压缩因子 Z_c
He	氦	5.19	0.227	57	70.2	0.300
Ar	氩	150.87	4.898	75	532	0.293
H_2	氢	32.97	1.293	65	31.0	0.307
N_2	氮	126.21	3.39	90	311	0.291
O_2	氧	154.59	5.043	73	438	0.286
F_2	氟	144.13	5.172	66	576	0.285
Cl_2	氯	416.9	7.991	123	576	0.284
Br_2	溴	588	10.34	127	1258	0.269
H_2O	水	647.14	22.06	56	322	0.230
NH_3	氨	405.5	11.35	72	236	0.242
HCl	氯化氢	324.7	8.31	81	450	0.249
H_2S	硫化氢	373.2	8.94	99	344	0.285
CO	一氧化碳	132.91	3.449	93	301	0.295
CO_2	二氧化碳	304.13	7.375	94	468	0.274
SO_2	二氧化硫	430.8	7.884	122	525	0.269
CH_4	甲烷	190.56	4.599	98.60	163	0.286
C_2H_6	乙烷	305.32	4.872	145.5	207	0.279
C_3H_8	丙烷	369.83	4.248	200	220	0.276
C_2H_4	乙烯	282.34	5.041	131	214	0.281
C_3H_6	丙烯	364.9	4.60	185	227	0.281
C_2H_2	乙炔	308.3	6.138	122.2	213	0.293
$CHCl_3$	氯仿	536.4	5.47	239	499	0.293
CCl_4	四氯化碳	556.6	4.516	276	557	0.269
CH_3OH	甲醇	512.5	8.084	117	274	0.222
C_2H_5OH	乙醇	514.0	6.137	168	234	0.241
C_6H_6	苯	562.05	4.895	256	305	0.268
$C_6H_5CH_3$	甲苯	591.80	4.110	316	292	0.264

附录6　某些气体的范德华常数

气　　体		$10^3 a/\text{Pa} \cdot \text{m}^6 \cdot \text{mol}^{-2}$	$10^6 b/\text{m}^3 \cdot \text{mol}^{-1}$
Ar	氩	135.5	32.0
H_2	氢	24.52	26.5
N_2	氮	137.0	38.7
O_2	氧	138.2	31.9
Cl_2	氯	634.3	54.2
H_2O	水	553.7	30.5
NH_3	氨	422.5	37.1
HCl	氯化氢	370.0	40.6
H_2S	硫化氢	454.4	43.4
CO	一氧化碳	147.2	39.5
CO_2	二氧化碳	365.8	42.9
SO_2	二氧化硫	686.5	56.8
CH_4	甲烷	230.3	43.1
C_2H_6	乙烷	558.0	65.1
C_3H_8	丙烷	939	90.5
C_2H_4	乙烯	461.2	58.2
C_3H_6	丙烯	842.2	82.4
C_2H_2	乙炔	451.6	52.2
$CHCl_3$	氯仿	1534	101.9
CCl_4	四氯化碳	2001	128.1
CH_3OH	甲醇	947.6	65.9
C_2H_5OH	乙醇	1256	87.1
$(C_2H_5)_2O$	乙醚	1746	133.3
$(CH_3)_2CO$	丙酮	1602	112.4
C_6H_6	苯	1882	119.3

附录7　某些气体的摩尔定压热容与温度的关系（$C_{p,m}=a+bT+cT^2$）

物　　质		a $\text{J} \cdot \text{mol}^{-1} \cdot \text{K}^{-1}$	$10^3 b$ $\text{J} \cdot \text{mol}^{-1} \cdot \text{K}^{-2}$	$10^6 c$ $\text{J} \cdot \text{mol}^{-1} \cdot \text{K}^{-3}$	温度范围 K
H_2	氢	26.88	4.347	−0.3265	273～3800
Cl_2	氯	31.696	10.144	−4.038	300～1500
Br_2	溴	35.241	4.075	−1.487	300～1500
O_2	氧	28.17	6.297	−0.7494	273～3800
N_2	氮	27.32	6.226	−0.9502	273～3800
HCl	氯化氢	28.17	1.810	1.547	300～1500
H_2O	水	29.16	14.49	−2.022	300～1500
CO	一氧化碳	26.537	7.6831	−1.172	298～1500
CO_2	二氧化碳	26.75	42.258	−14.25	298～1500
CH_4	甲烷	14.15	75.496	−17.99	298～1500
C_2H_6	乙烷	9.401	159.83	−46.229	298～1500
C_2H_4	乙烯	11.84	119.67	−36.51	298～1500
C_3H_6	丙烯	9.427	188.77	−57.488	298～1500
C_2H_2	乙炔	30.67	52.810	−16.27	298～1500
C_3H_4	丙炔	26.50	120.66	−39.57	298～1500
CH_3OH	甲醇	−1.71	324.77	−110.58	298～1500
C_2H_5OH	乙醇	2.41	391.17	−130.65	298～1500
C_6H_6	苯	18.40	101.56	−28.68	273～1000
$C_6H_5CH_3$	甲苯	29.25	166.28	−48.898	298～1500
$(C_2H_5)_2O$	乙醚	−103.9	1417	−248	300～400
HCHO	甲醛	18.82	58.379	−15.61	291～1500
CH_3CHO	乙醛	31.05	121.46	−36.58	298～1500
$(CH_3)_2CO$	丙酮	22.47	205.97	−63.521	298～1500
HCOOH	甲酸	30.7	89.20	−34.54	300～700
$CHCl_3$	氯仿	29.51	148.94	−90.734	273～773

附录 8 某些物质的标准摩尔生成焓、标准摩尔生成吉布斯函数、标准摩尔熵及摩尔定压热容

($p^{\ominus}=100kPa$, 25℃)

物 质	$\dfrac{\Delta_f H_m^{\ominus}}{kJ \cdot mol^{-1}}$	$\dfrac{\Delta_f G_m^{\ominus}}{kJ \cdot mol^{-1}}$	$\dfrac{S_m^{\ominus}}{J \cdot mol^{-1} \cdot K^{-1}}$	$\dfrac{C_{p,m}}{J \cdot mol^{-1} \cdot K^{-1}}$
Ag(g)	0	0	42.55	25.351
AgCl(s)	−127.068	−109.789	96.2	50.79
Ag_2O(s)	−31.05	−11.20	121.3	65.86
Al(s)	0	0	28.33	24.35
Al_2O_3(α-刚玉)	−1675.7	−1582.3	50.92	79.04
Br_2(l)	0	0	152.231	75.689
Br_2(g)	30.907	3.110	245.463	36.02
HBr(g)	−36.40	−53.45	198.695	29.142
Ca(s)	0	0	41.42	25.31
CaC_2(s)	−59.8	−64.9	69.96	62.72
$CaCO_3$(方解石)	−1206.92	−1128.79	92.9	81.88
CaO(s)	−635.09	−604.03	39.75	42.80
$Ca(OH)_2$(s)	−986.09	−898.49	83.39	87.49
C(石墨)	0	0	5.740	8.527
C(金刚石)	1.895	2.900	2.377	6.113
CO(g)	−110.525	−137.168	197.674	29.142
CO_2(g)	−393.509	−394.359	213.74	37.11
CS_2(l)	89.70	65.27	151.34	75.7
CS_2(g)	117.36	67.12	237.84	45.40
CCl_4(l)	−135.44	−65.21	216.40	131.75
CCl_4(g)	−102.9	−60.59	309.85	83.30
HCN(l)	108.87	124.97	112.84	70.63
HCN(g)	135.1	124.7	201.78	35.86
Cl_2(g)	0	0	223.066	33.907
Cl(g)	121.679	105.680	165.198	21.840
HCl(g)	−92.307	−95.299	186.908	29.12
Cu(s)	0	0	33.105	24.435
CuO(s)	−157.3	−129.7	42.63	42.30
Cu_2O(s)	−168.6	−146.0	93.14	63.64
F_2(g)	0	0	202.78	31.30
HF(g)	−271.1	−273.2	173.779	29.133
Fe(s)	0	0	27.28	25.10
$FeCl_2$(s)	−341.79	−302.30	117.95	76.65
$FeCl_3$(s)	−399.49	−334.00	142.3	96.65
Fe_2O_3(赤铁矿)	−824.2	−742.2	87.40	103.85
Fe_3O_4(磁铁矿)	−1118.4	−1015.4	146.4	143.43
$FeSO_4$(s)	−928.4	−820.8	107.5	100.58
H_2(g)	0	0	130.684	28.824
H(g)	217.965	203.247	114.713	20.784
H_2O(l)	−285.830	−237.129	67.91	75.291
H_2O(g)	−241.818	−228.572	188.825	33.577
I_2(s)	0	0	116.135	54.438
I_2(g)	62.438	19.327	260.69	36.90
I(g)	106.838	70.250	180.791	20.786

物　　质	$\dfrac{\Delta_f H_m^{\ominus}}{kJ \cdot mol^{-1}}$	$\dfrac{\Delta_f G_m^{\ominus}}{kJ \cdot mol^{-1}}$	$\dfrac{S_m^{\ominus}}{J \cdot mol^{-1} \cdot K^{-1}}$	$\dfrac{C_{p,m}}{J \cdot mol^{-1} \cdot K^{-1}}$
HI(g)	26.48	1.70	206.594	29.158
Mg(s)	0	0	32.68	24.89
MgCl$_2$(s)	−641.32	−591.79	89.62	71.38
MgO(s)	−601.70	−569.43	26.94	37.15
Mg(OH)$_2$(s)	−924.54	−833.51	63.18	77.03
Na(s)	0	0	51.21	28.24
Na$_2$CO$_3$(s)	−1130.68	−1044.44	134.98	112.30
NaHCO$_3$(s)	−950.81	−851.0	101.7	87.61
NaCl(s)	−411.153	−384.138	72.13	50.50
NaNO$_3$(s)	−467.85	−367.00	116.52	92.88
NaOH(s)	−425.609	−379.494	64.455	59.54
Na$_2$SO$_4$(s)	−1387.08	−1270.16	149.58	128.20
N$_2$(g)	0	0	191.61	29.125
NH$_3$(g)	−46.11	−16.45	192.45	35.06
NO(g)	90.25	86.55	210.761	29.844
NO$_2$(g)	33.18	51.31	240.06	37.20
N$_2$O(g)	82.05	104.20	219.85	38.45
N$_2$O$_3$(g)	83.72	139.46	312.28	65.61
N$_2$O$_4$(g)	9.16	97.89	304.29	77.28
N$_2$O$_5$(g)	11.3	115.1	355.7	84.5
HNO$_3$(l)	−174.10	−80.71	155.60	109.87
HNO$_3$(g)	−135.06	−74.72	266.38	53.35
NH$_4$NO$_3$(s)	−365.56	−183.87	151.08	139.3
O$_2$(g)	0	0	205.138	29.355
O(g)	249.170	231.731	61.055	21.912
O$_3$(g)	142.7	163.2	238.93	39.20
P(α-白磷)	0	0	41.09	23.840
P(红磷,三斜晶系)	−17.6	−12.1	22.80	21.21
P$_4$(g)	58.91	24.44	279.98	67.15
PCl$_3$(g)	−287.0	−267.8	311.78	71.84
PCl$_5$(g)	−374.9	−305.0	364.58	112.80
H$_3$PO$_4$(s)	−1279.0	−1119.1	110.50	106.06
S(正交晶系)	0	0	31.80	22.60
S(g)	278.805	238.250	167.821	23.673
S$_8$(g)	102.30	49.63	430.98	156.44
H$_2$S(g)	−20.63	−33.56	205.79	34.23
SO$_2$(g)	−296.830	−300.194	248.22	39.87
SO$_3$(g)	−395.72	−371.06	256.76	50.67
H$_2$SO$_4$(l)	−813.989	−690.003	156.904	138.91
Si(s)	0	0	18.83	20.00
SiCl$_4$(l)	−687.0	−619.84	239.7	145.30
SiCl$_4$(g)	−657.01	616.98	330.73	90.25
SiH$_4$(g)	34.3	56.9	204.62	42.84
SiO$_2$(α,石英)	−910.94	−856.64	41.84	44.43
SiO$_2$(s,无定形)	−903.49	−850.70	46.9	44.4
Zn(s)	0	0	41.63	25.40
ZnCO$_3$(s)	−812.78	−731.52	82.4	79.71
ZnCl$_2$(s)	−415.05	−369.398	111.46	71.34
ZnO(s)	−348.28	−318.30	43.64	40.25

物　　质	$\Delta_f H_m^{\ominus}$ $kJ \cdot mol^{-1}$	$\Delta_f G_m^{\ominus}$ $kJ \cdot mol^{-1}$	$S_m^{\ominus}$ $J \cdot mol^{-1} \cdot K^{-1}$	$C_{p,m}$ $J \cdot mol^{-1} \cdot K^{-1}$
$CH_4(g)$　　甲烷	−74.81	−50.72	186.264	35.309
$C_2H_6(g)$　乙烷	−84.68	−32.82	229.60	52.63
$C_2H_4(g)$　乙烯	52.26	68.15	219.56	43.56
$C_2H_2(g)$　乙炔	266.73	209.20	200.94	43.93
$CH_3OH(l)$　甲醇	−238.66	−166.27	126.8	81.6
$CH_3OH(g)$　甲醇	−200.66	−161.96	239.81	43.89
$C_2H_5OH(l)$　乙醇	−277.69	−174.78	160.7	111.46
$C_2H_5OH(g)$　乙醇	−235.10	−168.49	282.70	65.44
$(CH_2OH)_2(l)$　乙二醇	−454.80	−323.08	166.9	149.8
$(CH_3)_2O(g)$　二甲醚	−184.05	−112.59	266.38	64.39
$HCHO(g)$　甲醛	−108.57	−102.53	218.77	35.40
$CH_3CHO(g)$　乙醛	−166.19	−128.86	250.3	57.3
$HCOOH(l)$　甲酸	−424.72	−361.35	128.95	99.04
$CH_3COOH(l)$　乙酸	−484.5	−389.9	159.8	124.3
$CH_3COOH(g)$　乙酸	−432.25	−374.0	282.5	66.5
$(CH_2)_2O(l)$　环氧乙烷	−77.82	−11.76	153.85	87.95
$(CH_2)_2O(g)$　环氧乙烷	−52.63	−13.01	242.53	47.91
$CHCl_3(l)$　氯仿	−134.47	−73.66	201.7	113.8
$CHCl_3(g)$　氯仿	−103.14	−70.34	295.71	65.69
$C_2H_5Cl(l)$　氯乙烷	−136.52	−59.31	190.79	104.35
$C_2H_5Cl(g)$　氯乙烷	−112.17	−60.39	276.00	62.8
$C_2H_5Br(l)$　溴乙烷	−92.01	−27.70	198.7	100.8
$C_2H_5Br(g)$　溴乙烷	−64.52	−26.48	286.71	64.52
$CH_2CHCl(l)$　氯乙烯	35.6	51.9	263.99	53.72
$CH_3COCl(l)$　氯乙酰	−273.80	−207.99	200.8	117
$CH_3COCl(g)$　氯乙酰	−243.51	−205.80	295.1	67.8
$CH_3NH_2(g)$　甲胺	−22.97	32.16	243.41	53.1
$(NH_2)_2CO(s)$　尿素	−333.51	−197.33	104.60	93.14

附录9　某些有机化合物标准摩尔燃烧焓（$p^{\ominus}=100kPa$，25℃）

物　　质	$-\Delta_c H_m^{\ominus}$ $kJ \cdot mol^{-1}$	物　　质	$-\Delta_c H_m^{\ominus}$ $kJ \cdot mol^{-1}$
$CH_4(g)$　　甲烷	890.31	$C_2H_5CHO(l)$　丙醛	1816.3
$C_2H_6(g)$　乙烷	1559.8	$(CH_3)_2CO(l)$　丙酮	1790.4
$C_3H_8(g)$　丙烷	2219.9	$CH_3COC_2H_5(l)$　甲乙酮	2444.4
$C_5H_{12}(l)$　正戊烷	3509.5	$HCOOH(l)$　甲酸	254.6
$C_5H_{12}(g)$　正戊烷	3536.1	$CH_3COOH(l)$　乙酸	874.54
$C_6H_{14}(l)$　正己烷	4163.1	$C_2H_5COOH(l)$　丙酸	1527.3
$C_2H_4(g)$　乙烯	1411.0	$C_3H_7COOH(l)$　正丁酸	2183.5
$C_2H_2(l)$　乙炔	1299.6	$CH_2(COOH)_2(s)$　丙二酸	861.15
$C_3H_6(g)$　环丙烷	2091.5	$(CH_2COOH)_2(s)$　丁二酸	1491.0
$C_4H_8(l)$　环丁烷	2720.5	$(CH_3CO)_2O(l)$　乙酸酐	1806.2
$C_5H_{10}(l)$　环戊烷	3290.9	$HCOOCH_3(l)$　甲酸甲酯	979.5
$C_6H_{12}(l)$　环己烷	3919.9	$C_6H_5OH(s)$　苯酚	3053.5
$C_6H_6(l)$　苯	3267.5	$C_6H_5CHO(l)$　苯甲醛	3527.9
$C_{10}H_8(g)$　萘	5153.9	$C_6H_5COCH_3(l)$　苯乙酮	4148.9
$CH_3OH(l)$　甲醇	726.51	$C_6H_5COOH(s)$　苯甲酸	3226.9
$C_2H_5OH(l)$　乙醇	1366.8	$C_6H_4(COOH)_2(s)$　邻苯二甲酸	3223.5
$C_3H_7OH(l)$　正丙醇	2019.8	$C_6H_5COOCH_3(l)$　苯甲酸甲酯	3957.6
$C_4H_9OH(l)$　正丁醇	2675.8	$C_{12}H_{22}O_{11}(s)$　蔗糖	5640.9
$CH_3OC_2H_5(l)$　甲乙醚	2107.4	$CH_3NH_2(l)$　甲胺	1060.6
$C_2H_5OC_2H_5(l)$　二乙醚	2751.1	$C_2H_5NH_2(l)$　乙胺	1713.3
$HCHO(g)$　甲醛	570.78	$(NH_3)_2CO(s)$　尿素	631.66
$CH_3CHO(l)$　乙醛	1166.4	$C_5H_5N(l)$　吡啶	2782.4

参 考 文 献

[1]   傅献彩，沈文霞，姚天扬等. 物理化学 [M]. 第5版. 北京：高等教育出版社，2006.
[2]   天津大学物理化学教研室编. 物理化学 [M]. 第5版. 李松林，周亚平，刘俊吉修订. 北京：高等教育出版社，2009.
[3]   印永嘉，奚正楷，张树永 等. 物理化学简明教程 [M]. 第4版. 北京：高等教育出版社，2007.
[4]   胡英主编，吕瑞东，刘国杰，黑恩成. 物理化学 [M]. 第5版. 北京：高等教育出版社，2007.
[5]   朱文涛. 物理化学 [M]. 北京：清华大学出版社，1995.
[6]   万洪文，詹正坤. 物理化学 [M]. 第2版. 北京：高等教育出版社，2010.
[7]   韩德刚，高执棣，高盘良. 物理化学 [M]. 北京：高等教育出版社，2001.
[8]   沈文霞. 物理化学核心教程 [M]. 第2版. 北京：科学出版社，2009.
[9]   刘国杰，黑恩成. 物理化学导读 [M]. 北京：科学出版社，2008.
[10]   葛华才，袁高青，彭程. 物理化学（多媒体版）[M]. 北京：高等教育出版社，2008.
[11]   傅玉普 主编. 物理化学 [M]. 第2版. 大连：大连理工大学出版社，2000.
[12]   邓景发，范康年. 物理化学 [M]. 北京：高等教育出版社，1993.
[13]   刘志平，吴也平，金丽梅等. 应用物理化学 [M]. 北京：化学工业出版社，2009.
[14]   林宪杰，许和允，殷保华. 物理化学 [M]. 北京：科学出版社，2010.
[15]   国家自然科学基金委员会. 自然科学学科发展战略调研报告：物理化学 [M]. 北京：科学出版社，1994.
[16]   周鲁. 物理化学教程 [M]. 第2版. 北京：科学出版社，2006.
[17]   韩德刚，高执棣. 化学热力学 [M]. 北京：高等教育出版社，1997.
[18]   朱文涛. 物理化学化学中的公式与概念 [M]. 北京：高等教育出版社，1998.
[19]   吴征铠. 热力学的几个问题，物理化学教学文集 [M]. 北京：高等教育出版社，1986.
[20]   屈松生. 化学热力学问题300例. 北京：人民教育出版社，1981.
[21]   肖衍繁，李文斌. 物理化学 [M]. 第2版. 天津：天津大学出版社，2004.
[22]   唐有祺. 统计热力学及其在物理化学中的应用 [M]. 北京：科学出版社，1964.
[23]   杨文治. 电化学基础 [M]. 北京：北京大学出版社，1981.
[24]   黄子卿. 电解质溶液理论导论（修订本）[M]. 北京：科学出版社，1983.
[25]   赵学庄. 化学反应动力学原理（上）[M]. 北京：高等教育出版社，1984.
[26]   赵学庄. 化学反应动力学原理（下）[M]. 北京：高等教育出版社，1990.
[27]   韩德刚，高盘良. 化学动力学基础 [M]. 北京：北京大学出版社，1987.
[28]   许越. 化学反应动力学 [M]. 北京：化学工业出版社，2005.
[29]   顾惕人，朱涉瑶，李外郎等. 表面化学 [M]. 北京：科学出版社，1999.
[30]   黄开辉，万惠霖. 催化原理 [M]. 北京：科学出版社，1983.
[31]   朱涉瑶，赵振国. 界面化学基础 [M]. 北京：化学工业出版社，1999.
[32]   陈宗淇，王光信，徐桂英. 胶体与界面化学 [M]. 北京：高等教育出版社，2001.
[33]   滕新荣主编. 表面物理化学 [M]. 北京：化学工业出版社，2009.
[34]   沈钟，赵振国，王果庭. 胶体与表面化学 [M]. 第3版. 北京：化学工业出版社，2004.
[35]   段世铎，谭逸玲. 界面化学 [M]. 北京：高等教育出版社，1990.
[36]   Robert G. Mortimer. Physical Chemistry [M]. 3rd. Elsevier Academic Press，2008.
[37]   林宗涵. 热力学与统计物理学 [M]. 北京：北京大学出版社，2007.
[38]   王竹溪. 热力学 [M]. 第2版. 北京：北京大学出版社，2005.
[39]   Bevan Ott J，Juliana Boerio-Goates. Chemical Thermodynamics：Advanced Applications [M]. Elsevier，2000.
[40]   Paul Monk. Physical Chemistry，Understanding our Chemical World [M]. John Wiley & Sons Ltd，2004.
[41]   Atkins P W，Trapp C A，Capy M P，et al. Physical Chemistry [M]. 8th. New York：W. H. Freeman and Company，2004.
[42]   兰允祥，何杰. 两个重要的化学储能反应研究进展 [J]. 大学化学，2011，26（3）：38-40.
[43]   何杰. 煤的表面结构与润湿性 [J]. 选煤技术，2000，（5）：13-15.
[44]   邝生鲁，奚强. 洁净环境中的电化学 [J]. 化学进展，1991，11（4）：429-439.

[45] 潘传智. 关于状态性质的加和性 [J]. 大学化学, 1988, 3 (1): 16-18.

[46] 何应森. 热力学的新进展 [J]. 化学通报, 1989, (4): 35-37.

[47] 苏文煅. 热力学基本关系式的建立及其应用条件 [J]. 化学通报, 1985, (3): 49-52.

[48] 杨永华. 也谈公式 $Q_p = \Delta H$ 的压力条件 [J]. 化学通报, 1990, (4): 64-65.

[49] 杨永华, 吴凤清. 化学反应 $\Delta_r G_m$ 的物理意义 [J]. 大学化学, 2005, 20 (2): 58-60.

[50] 高执棣. 广度量与强度量 [J]. 大学化学, 1992, 7 (1): 28-33.

[51] 王正烈. 偏摩尔量与化学势 [J]. 化工高等教育, 1995, (2): 46-53.

[52] 屈纯宇. 标准压力不再有 101325Pa [J]. 大学化学, 1997, 12 (3): 9-11.

[53] 杨喜平, 刘建平, 杨新丽等. 对由热力学基本方程推求可逆电池熵变的理解 [J]. 大学化学, 2011, 26 (3): 40-41.

[54] 吴振玉, 裘灵光, 宋继梅等. 大学化学中若干平衡问题的理解和思考 [J]. 大学化学, 2010, 25 (4): 67-71.

[55] 黑恩成, 刘国杰. 临界点的相律 [J]. 大学化学, 2008, 23 (5): 58-62.

[56] 高丕英, 吕瑞东. 对 Joule 实验的讨论 [J]. 大学化学, 2008, 23 (1): 51-57.

[57] 黑恩成, 史济斌, 邹时清. 面向 21 世纪课程教材《物理化学》的教学实践 [J]. 大学化学, 2004, 19 (4): 27-39, 34.

[58] 杨永华, 吴凤清. 关于吉布斯-杜亥姆方程的推导 [J]. 大学化学, 2003, 18 (3): 26-28, 30-31.

[59] 王季陶. 反应耦合现象和现代热力学分类系统 [J]. 大学化学, 2002, 17 (2): 29-34.

[60] 王鉴, 朱元海. 反应进度概念与化学反应体系 [J]. 大学化学. 2000, 15 (3): 49-51.

[61] 贺占博. 理想燃烧 [J]. 大学化学, 1998, 13 (1): 25-27.

[62] 杨永华. 化学势概念的正确理解及应用 [J]. 大学化学, 1996, 11 (5): 45-48.

[63] 姚天扬. 热力学标准态 [J]. 大学化学, 1995, 10 (2): 18-22, 26.

[64] 吴征铠. 关于熵和绝对熵 [J]. 自然杂志, 1982, (8): 5-6.

[65] 童祜嵩. 将热力学偏导数以状态方程变量, 热容和熵的表达的一般方法 [J]. 化学通报, 1988, (9): 48-51.

[66] 王正刚. 总熵判据和自由熔判据 [J]. 化学通报, 1982, (12): 47-51.

[67] 郑克祥, 赵洁. J. W. Gibbs 对化学热力学的贡献——纪念德文《物理化学杂志》创刊一百年 [J]. 大学化学, 1987, 2 (6): 57-61.

[68] 高执棣. 关于 $\Delta H^{\ominus}$ 与 $\Delta G^{\ominus}$ 的一些问题 [J]. 大学化学, 1987, 2 (2): 50-54, 61.

[69] 苏文煅, 吴金添. 热力学函数偏微商的求导规则 [J]. 化学通报. 1994, (11): 53-58.

[70] 赵传均, 张常群. 二元混合物对 Raoult 定律偏差类型的热力学分析 [J]. 化学通报, 1983, (1): 51-55.

[71] 金振兴, 孙曙光. 溶液的沸点升高及凝固点降低公式的简便推导 [J]. 大学化学, 1996, 11 (1): 58-59.

[72] 梁毅, 陈杰. 非理想气体和实际气体 [J]. 大学化学, 1996, 11 (2): 60-62.

[73] 奚正平, 冀春霖. 二元系溶液两组元活度系数的自洽性与对 Raoult 定律偏差类型 [J]. 化学通报, 1989, (11): 62-64.

[74] 赵慕愚. 相律中独立组元数的确定 [J]. 化学教育, 1981, (5): 3-6.

[75] 赵慕愚, 康鸿业, 徐宝琨等. 恒压相图中对应关系定理的应用 [J] 化学通报, 1987, (1): 3-7.

[76] 褚德莹. 水的三相点与国际实用温标 IPTS—68 [J]. 化学通报, 1981, (11): 62, 66.

[77] 崔志娱, 李竟庆. 杜亥姆定理及其应用——确定平衡物系的独立变量数 [J]. 化学通报, 1988, (5): 46-48.

[78] 印永嘉, 袁去龙. 关于相律中自由度的概念 [J]. 大学化学, 1989, 4 (1): 41-42.

[79] 高正虹, 崔志娱. 用相律分析固体物质分解反应的同时平衡 [J]. 大学化学, 2001, 16 (2): 50-52.

[80] 巩育军, 薛元英. 两相平衡体系的通用关系式及其应用 [J]. 大学化学, 1996, 11 (6): 55-58.

[81] 朱吉庆. 热力学过剩函数与相图计算 [J]. 大学化学, 1990, 5 (3): 41-43, 47.

[82] 王正烈. 多相平衡的杠杆规则 [J]. 化学通报, 1994, (1): 52-55.

[83] 蔡文娟. 丰富并深化相平衡图的热力学内涵 [J]. 大学化学, 1993, 8 (3): 15-18.

[84] 童汝亭, 金世勋. 微观可逆性原理和精细平衡 [J]. 大学化学, 1989, 4 (6): 33-37.

[85] 徐征文, 李作骏. 论化学动力学的稳态处理 [J]. 化学通报, 1987, (6): 37, 49-50.

[86] 金玳, 张报安. 反应速率控制步骤定义的更新 [J]. 化学通报, 1989, (10): 19, 52-54.

[87] 刘国杰, 张贤俊, 吕瑞东. 过渡状态理论的基本公式推导 [J]. 化学通报, 1985, (6): 55-57.

[88] 李远哲. 化学反应动力学的现状与将来 [J]. 化学通报, 1987, (1): 3-12.

[89] 高盘良, 赵新生. 过渡态实验研究的进展 [J]. 大学化学, 1993, 7 (4): 3-10.

[90] 刘若庄，于适国．化学反应势能面理论研究及其新发展（Ⅱ）[J]．化学通报，1985，(7)：62-64.

[91] 陈家相，秦啓宗．单分子反应理论——RRKM 理论 [J]．化学通报，1982，(10)：34-42.

[92] 罗谕然，高盘良．分子反应动态学讲座：(1)化学动力学进入微观层次；(2)态-态反应的动态特征；(3)关于反应机理；(4)从微观到宏观 [J]．化学通报，1986，(8)：58-61；1986，(9)：60-68；1986，(10)：52-55.

[93] 宋心琦．光化学原理及其应用 [J]．大学化学，1986，1 (2)：3-12.

[94] 吴越．酶和催化 [J]．化学通报，1981，(8)：40-48.

[95] 吴仲达．电动势形成机理和电极电势的含义 [J]．化学教育，1983，(3)：6-10.

[96] 杨永华．关于电解质的化学势及活度 [J]．大学化学，1997，12 (5)：15-17，21.

[97] 李啓隆．电导及其应用 [J]．化学教育，1988，(1)：28，42-46.

[98] 江琳才．电合成的某些进展 [J]．化学通报，1985，(10)：3-6.

[99] 吴金添，苏文煖．微小液滴化学势及其在界面化学中的应用 [J]．大学化学，1995，10 (2)：55-57.

[100] 李爱昌．凯尔文公式的应用及液体过热现象解释一些问题 [J]．大学化学，1996，11 (3)：61-64.

[101] 王笃金，吴瑾光，徐光宪．反胶团或微乳法制备超细颗粒的研究进展 [J]．化学通报，1995，(9)：1-5.

[102] 田雁晨．相变储能材料 [J]，化学建材，2009，25 (4)：32-34.

[103] 金振兴，孙曙光．溶液的沸点升高及凝固点降低公式的简便推导 [J]．大学化学，1996，11 (1)：58-59.

[104] 朱志昂．热力学标准态及化学反应的标准热力学函数 [M]．物理化学教学文集（二）．北京：高等教育出版社，1991：65-90.

[105] 靳福泉．阿伦尼乌斯方程探讨 [J]．大学化学，2007，22 (5)：45-47.

[106] 张德生．浅谈影响化学反应速率常数的因素 [J]．安庆师范学院学报：自然科学版，1999，5 (1)：85-90.

[107] 国家自然科学基金委员会．自然科学学科发展战略调研报告之五：物理化学 [J]．1992，(8)：17-20.

[108] 王玉春，徐惠．哲学思想在物理化学教学中的应用 [J]．甘肃联合大学学报：自然科学版，2008，22 (6)：105-107.

[109] 魏光，曾人杰，马兆海等．重新认识"物理化学"课程的战略地位 [J]．高等理科教育，2001，(1)：21-24.

[110] 侯文华．化学动力学的建立与发展概略 [J]．大学化学，2007，22 (3)：28-36，66.

[111] 范康年，陆靖．大学物理化学课程教学体系的形成和改革实践 [J]．大学化学，2007，22 (3)：8-10，21.

[112] 高盘良．与时俱进，实现物理化学教学的创新 [J]．临沂师范学院学报，2004，26 (6)：76-78.

[113] 南京大学物理化学国家精品课程：http://jw.nju.edu.cn/jingpin/courseware/wulihuaxue/html/main.html.

[114] 天津大学物理化学国家精品课程：http://course.tju.edu.cn/wlhx/.

[115] 华东理工大学物理化学国家精品课程：http://202.120.108.15/.

[116] 华南理工大学物理化学国家精品课程：http://202.38.193.234/wlhx/Courses_show.asp? SType_Type=15.

[117] 华南师范大学物理化学国家精品课程：http://jpkc.scnu.edu.cn/wlhx/index.htm.

[118] 郑州大学物理化学精品课程：http://pc.zzuedu.cn/? mod=net2.

[119] 厦门大学物理化学网络课程：http://xmujpkc.xmu.edu.cn/wlhx/wlhx/default.htm.

[120] 吉林大学物理化学网络课程：http://chem.jlu.edu.cn/eclass/zyjck/phychem/index.htm.

[121] 陕西师范大学物理化学国家精品课程：http://www.jingpinke.com/course/details? uuid=8a833996-18ac928d-0118-ac928fc5-02a8& courseID=A050087.

[122] 武汉理工大学物理化学精品课程：http://public.whut.edu.cn/wlhxyd/jpkc/item.asp? id=25.

[123] 中国科学技术大学物理化学精品课程：http://www.bb.ustc.edu.cn/jpkc/xiaoji/wlhx/index.htm.

[124] 中山大学物理化学网络课程：http://ce.sysu.edu.cn/down/sort/246_1.htm.

[125] 武汉大学物理化学国家精品课程：http://www.jingpinke.com/course/details? uuid=8a833996-18ac928d-0118-ac928fc5-02ac& courseID=A050086.

[126] 北京化工大学物理化学国家精品课程：http://course.buct.edu.cn/jpk/course/welcome.jsp? courseId=1079.

[127] 山东大学物理化学精品课程：http://202.194.4.88：8080/wlhx/03jcjs.htm.